JN452453

List of the Elements with Their Atomic Symbols and Atomic Masses

Name	*Symbol*	*Atomic Number*	*Atomic Mass*	*Name*	*Symbol*	*Atomic Number*	*Atomic Mass*
Actinium	Ac	89	(227)*	Mendelevium	Md	101	(258)
Aluminum	Al	13	26.981538	Mercury	Hg	80	200.59
Americium	Am	95	(243)	Molybdenum	Mo	42	95.94
Antimony	Sb	51	121.760	Neodymium	Nd	60	144.24
Argon	Ar	18	39.948	Neon	Ne	10	20.1797
Arsenic	As	33	74.92160	Neptunium	Np	93	(237)
Astatine	At	85	(210)	Nickel	Ni	28	58.6934
Barium	Ba	56	137.327	Niobium	Nb	41	92.90638
Berkelium	Bk	97	(247)	Nitrogen	N	7	14.0067
Beryllium	Be	4	9.012182	Nobelium	No	102	(259)
Bismuth	Bi	83	208.98038	Osmium	Os	76	190.23
Bohrium	Bh	107	(264)	Oxygen	O	8	15.9994
Boron	B	5	10.811	Palladium	Pd	46	106.42
Bromine	Br	35	79.904	Phosphorus	P	15	30.973761
Cadmium	Cd	48	112.411	Platinum	Pt	78	195.078
Calcium	Ca	20	40.078	Plutonium	Pu	94	(244)
Californium	Cf	98	(251)	Polonium	Po	84	(209)
Carbon	C	6	12.0107	Potassium	K	19	39.0983
Cerium	Ce	58	140.16	Praseodymium	Pr	59	140.90765
Cesium	Cs	55	132.90545	Promethium	Pm	61	(145)
Chlorine	Cl	17	35.453	Protactinium	Pa	91	231.03588
Chromium	Cr	24	51.9961	Radium	Ra	88	(226)
Cobalt	Co	27	58.933200	Radon	Rn	86	(222)
Copper	Cu	29	63.546	Rhenium	Re	75	186.207
Curium	Cm	96	(247)	Rhodium	Rh	45	102.90550
Dubnium	Db	105	(262)	Rubidium	Rb	37	85.4678
Dysprosium	Dy	66	162.50	Ruthenium	Ru	44	101.07
Einsteinium	Es	99	(252)	Rutherfordium	Rf	104	(261)
Erbium	Er	68	167.259	Samarium	Sm	62	150.36
Europium	Eu	63	151.964	Scandium	Sc	21	44.955910
Fermium	Fm	100	(257)	Seaborgium	Sg	106	(266)
Fluorine	F	9	18.998403	Selenium	Se	34	78.96
Francium	Fr	87	(223)	Silicon	Si	14	28.0855
Gadolinium	Gd	64	157.25	Silver	Ag	47	107.8682
Gallium	Ga	31	69.723	Sodium	Na	11	22.989770
Germanium	Ge	32	72.64	Strontium	Sr	38	87.62
Gold	Au	79	196.96655	Sulfur	S	16	32.065
Hafnium	Hf	72	178.49	Tantalum	Ta	73	180.9479
Hassium	Hs	108	(269)	Technetium	Tc	43	(98)
Helium	He	2	4.002602	Tellurium	Te	52	127.60
Holmium	Ho	67	164.93032	Terbium	Tb	65	158.92534
Hydrogen	H	1	1.00794	Thallium	Tl	81	204.3833
Indium	In	49	114.818	Thorium	Th	90	232.0381
Iodine	I	53	126.90447	Thulium	Tm	69	168.93421
Iridium	Ir	77	192.217	Tin	Sn	50	118.710
Iron	Fe	26	55.845	Titanium	Ti	22	47.867
Krypton	Kr	36	83.798	Tungsten	W	74	183.84
Lanthanum	La	57	138.9055	Uranium	U	92	238.02891
Lawrencium	Lr	103	(262)	Vanadium	V	23	50.9415
Lead	Pb	82	207.2	Xenon	Xe	54	131.293
Lithium	Li	3	6.941	Ytterbium	Yb	70	173.04
Lutetium	Lu	71	174.967	Yttrium	Y	39	88.90585
Magnesium	Mg	12	24.3050	Zinc	Zn	30	65.39
Manganese	Mn	25	54.938049	Zirconium	Zr	40	91.224
Meitnerium	Mt	109	(268)				

*Values in parentheses are the mass numbers of the most common or longest lived isotopes of radioactive elements.

PERIODIC TABLE OF THE ELEMENTS

Main groups (1A–2A, 3A–8A); Transition metals (3B–2B)

1 1A	2 2A	3 3B	4 4B	5 5B	6 6B	7 7B	8 8B	9 8B	10 8B	11 1B	12 2B	13 3A	14 4A	15 5A	16 6A	17 7A	18 8A
1 **H** 1.00794																	2 **He** 4.002602
3 **Li** 6.941	4 **Be** 9.012182											5 **B** 10.811	6 **C** 12.0107	7 **N** 14.0067	8 **O** 15.9994	9 **F** 18.998403	10 **Ne** 20.1797
11 **Na** 22.989770	12 **Mg** 24.3050											13 **Al** 26.981538	14 **Si** 28.0855	15 **P** 30.973761	16 **S** 32.065	17 **Cl** 35.453	18 **Ar** 39.948
19 **K** 39.0983	20 **Ca** 40.078	21 **Sc** 44.955910	22 **Ti** 47.867	23 **V** 50.9415	24 **Cr** 51.9961	25 **Mn** 54.938049	26 **Fe** 55.845	27 **Co** 58.933200	28 **Ni** 58.6934	29 **Cu** 63.546	30 **Zn** 65.39	31 **Ga** 69.723	32 **Ge** 72.64	33 **As** 74.92160	34 **Se** 78.96	35 **Br** 79.904	36 **Kr** 83.798
37 **Rb** 85.4678	38 **Sr** 87.62	39 **Y** 88.90585	40 **Zr** 91.224	41 **Nb** 92.90638	42 **Mo** 95.94	43 **Tc** (98)	44 **Ru** 101.07	45 **Rh** 102.90550	46 **Pd** 106.42	47 **Ag** 107.8682	48 **Cd** 112.411	49 **In** 114.818	50 **Sn** 118.710	51 **Sb** 121.760	52 **Te** 127.60	53 **I** 126.90447	54 **Xe** 131.293
55 **Cs** 132.90545	56 **Ba** 137.327	57 ***La** 138.9055	72 **Hf** 178.49	73 **Ta** 180.9479	74 **W** 183.84	75 **Re** 186.207	76 **Os** 190.23	77 **Ir** 192.217	78 **Pt** 195.078	79 **Au** 196.96655	80 **Hg** 200.59	81 **Tl** 204.3833	82 **Pb** 207.2	83 **Bi** 208.98038	84 **Po** (209)	85 **At** (210)	86 **Rn** (222)
87 **Fr** (223)	88 **Ra** (226)	89 **†Ac** (227)	104 **Rf** (261)	105 **Db** (262)	106 **Sg** (266)	107 **Bh** (264)	108 **Hs** (269)	109 **Mt** (268)	110 **††** (271)	111 (272)	112 (285)		114 (289)		116 (292)		

*Lanthanide series	58 **Ce** 140.116	59 **Pr** 140.90765	60 **Nd** 144.24	61 **Pm** (145)	62 **Sm** 150.36	63 **Eu** 151.964	64 **Gd** 157.25	65 **Tb** 158.92534	66 **Dy** 162.50	67 **Ho** 164.93032	68 **Er** 167.259	69 **Tm** 168.93421	70 **Yb** 173.04	71 **Lu** 174.967
†Actinide series	90 **Th** 232.0381	91 **Pa** 231.03588	92 **U** 238.02891	93 **Np** (237)	94 **Pu** (244)	95 **Am** (243)	96 **Cm** (247)	97 **Bk** (247)	98 **Cf** (251)	99 **Es** (252)	100 **Fm** (257)	101 **Md** (258)	102 **No** (259)	103 **Lr** (262)

†† The recently discovered elements 110 and above have not yet been named.
Elements 113 and 115 are not yet known.

원소개정안

원소명(영문)	원소명(국문)	원소명(영문)	원소명(국문)
Actinium	악티늄	Mercury(Hydrargryum)	수은
Aluminium	알루미늄	Molybdenum	몰리브데넘(몰리브덴)
Americium	아메리슘	Neodymium	네오디뮴
Antimony(Stibium)	안티모니(안티몬)	Neon	네온
Argon	아르곤	Neptunium	넵투늄
Arsenic	비소	Nickel	니켈
Astatine	아스타틴	Niobium	나이오븀/니오븀(니오브)
Barium	바륨	Nitrogen(Azote)	질소
Berkelium	버클륨	Nobelium	노벨륨
Berylium	베릴륨	Osmium	오스뮴
Bismuth	비스무트	Oxygen	산소
Boron	붕소	Palladium	팔라듐
Bromine	브로민(브롬)	Phosphorus	인
Cadmium	카드뮴	Platinum	백금
Caesium(Cesium)	세슘	Plutonium	플루토늄
Calcium	칼슘	Polonium	폴로늄
Californium	칼리포늄	Potassium(Kalium)	포타슘/칼륨
Carbon	탄소	Praseodymium	프라세오디뮴
Cerium	세륨	Promethium	프로메튬
Chlorine	염소	Protactinium	프로탁티늄
Chromium	크로뮴(크롬)	Radium	라듐
Cobalt	코발트	Radon	라돈
Copper(Cuprum)	구리	Rhenium	레늄
Curium	퀴륨	Rhodium	로듐
Dysprosium	디스프로슘	Rubidium	루비듐
Einsteinium	아인슈타이늄	Ruthenium	루테늄
Erbium	어븀/에르븀	Samarium	사마륨
Europium	유로퓸	Scandium	스칸듐
Fermium	페르뮴	Selenium	셀레늄(셀렌)
Fluorine	플루오린(플루오르)	Silicon	규소
Francium	프랑슘	Silver(Argentum)	은
Gadolinium	가돌리늄	Sodium(Natrium)	소듐/나트륨
Gallium	갈륨	Strontium	스트론튬
Germanium	저마늄/게르마늄	Sulfur(Thion)	황
Gold(Aurum)	금	Tantalum	탄탈럼(탄탈)
Hafnium	하프늄	Technetium	테크네튬
Helium	헬륨	Tellurium	텔루륨(텔루르)
Holmium	홀뮴	Terbium	터븀/테르븀
Hydrogen	수소	Thallium	탈륨
Indium	인듐	Thorium	토륨
Iodine	아이오딘(요오드)	Thulium	툴륨
Iridium	이리듐	Tin(Stannum)	주석
Iron(Ferrum)	철	Titanium	타이타늄/티타늄(티탄)
Krypton	크립톤	Tungsten(Wolfram)	텅스텐
Lanthanum	란타넘(란탄)	Uranium	우라늄
Lawrencium	로렌슘	Vanadium	바나듐
Lead(Plumbum)	납	Xenon	제논/크세논
Lithium	리튬	Ytterbium	이터븀/이테르븀
Lutetium	루테튬	Yttrium	이트륨
Magnesium	마그네슘	Zinc	아연
Manganese	망가니즈(망간)	Zirconium	지르코늄
Mendelevium	멘델레븀		

※ "/ "로 표시한 우리말 이름은 함께 인정하는 것이고, ( )의 우리말 이름은 널리 사용하고 있는 것이며, ( )의 영어 이름은 IUPAC에서 인정하는 것임.

FORUTH EDITION

생 화 학

Dennistion · Topping · Caret

생화학교재연구회

녹 문 당

General, Organic and Biochemistry, 4/e

Korean Language Edition Copyright © 2008 by McGraw-Hill Korea, Inc. All rights reserved. No part of this publication may be reproduced or distributed in any form or by any means, or stored in a database or retrieval system, without prior written permission of the publisher.

1 2 3 4 5 6 7 8 9 10 NMD 20 09 08 07 06

Original: General, Organic and Biochemistry, 4/e
By Katherine J. Denniston and Joseph J. Topping
ISBN 0-07-292003-3

This book is exclusively distributed in Nok Moon Dang Publishing Co.

When ordering this title, please use ISBN 97889-88684-56-6

Printed in Korea

머리말

미국의 경우 10여 년 전만 해도 관심사가 되는 연구주제를 가지고 연구를 지속하는 기간이 5년이었으나 근래는 2년으로 줄었다. 그리고 그 분야에 있어서는 생화학 분야가 계속 수위를 차지하고 있다. 아마 매스컴에서 다루는 문제들 중에서, 그리고 인구에 회자되는 문제들 중에서 생화학에 관련된 문제가 가장 많은 비율을 차지하고 있을 것으로 추정된다. 그만큼 인간에게 생화학은 관심사이며 중요한 문제이다. 그러한 의미에서 이 생화학을 공부하는 것은 영광이고 또한 행운이라고 생각한다.

이 책의 본래 이름은 *General, Organic, Biochemistry* (4th edition)이고, 저자들은 Denniston, Topping, Caret이다. 본래의 책 내용에서는 전반부 10개장에서 일반화학 분야를 그리고 후반부 6개장에서 유기화학 분야를 설명하고 있으며, 그 다음에 생화학을 8개장에 걸쳐 설명하였다. 이 책은 화학적 이론과 실제를 연결하면서 화학, 보건, 병리학 사이에 중요한 관계를 연결하는 생화학을 강조하면서 편집한 생화학 관련서적이다. 이 책은 무기화학, 유기화학, 생화학의 학제간 토픽을 연결하고 화학반응과 과학적 법칙에 기본을 두고 충실한 내용의 설명에 전력을 기울였다.

이 책은 각 장마다 그 내용과 관련이 있는 화학관련 토픽, 인간관련 토픽, 임상관련 토픽, 의학관련 토픽 등을 제시하고, 그 장의 내용에 대한 주제를 설명하면서 분자식과 표를 인용하여 예제를 도입하여 설명을 보충하였다. 그리고 내용과 직접 관련이 있는 문제를 중간에 삽입하였고, 각 장의 끝에 별도로 문제를 추가하였다. 각 장마다 설명이 끝난 다음 요약과 문제를 제시하였으며 각 문제에 대한 해답은 책의 말미에 별도로 모아서 제시하였다.

이 책은 제1장에서 탄수화합물을 취급한다. 탄수화합물은 그 종류를 분류한 다음 단당류, 입체화학, 생화학적으로 중요한 단당류, 이당류, 다당류를 설명한다. 제2장에서는 지방질과 생화학적 기능을 설명한 다음 지방산, 글리셀라이드, 비글리세라이드, 복합지방질, 생체막의 구조를 취급한다. 제3장에서는 단백질을 취급한다. 즉, 세포의 단백질 기능, 아미노산, 펩타이드 결합, 단백질의 1차구조, 2차구조, 3차구조, 4차구조를 설명한 다음 단백질 구조의 기능에 관한 개요와 미오글로빈 및 헤모글로빈, 단백질 변형, 단백질 식이와 소화를 설명한다. 제4장에서는 효소를 설명한다. 우선 효소의 분류와 명명법을 도입하고 효소 효과와 에너지, 효소촉매반응, 효소-기질 착물, 전이상태와 생성물 형성, 효소에 관한 pH와 온도효과를 설명한다. 제5장에서는 탄수화합물의 대사를 설명한다. 그 내용은 ATP, 탄수화물의 분해대사, 당분해과정, 발효, 펜토오스 인산 경로, 당분해와 당합성에 관하여 설명한다. 제6장에서는 호흡과 에너지 생산에 관하여 설명하는데 여기서는 미토콘드리아, Acetyl CoA, 산소호흡, Kreb 회로, 시트르산 회로, 산화 포스포릴화반응, 아미노산 분해, Urea 회로를 설명한다. 제7장에서는 지방산 대사를 설명하는데 그 내용은 지방대사, 지방산 분해, 키톤체, 지방산 합성, 지방과 탄수화물 대사, 세포대사에 관한 인슐린과 글루카곤의 효과에 관한 것이다. 제8장에서는 분자생물학을 설명하며 뉴클레오타이드 구조, DNA와 RNA의 구조, DNA복사, 생화학적 정보 등을 취급한다.

이 책은 배우기 쉽게 설명이 간결하고, 그림을 곁들여 이해를 도왔으며, 흥미있는 토픽의 읽을 거리를 실어 독자들의 관심을 유발토록 하였다. 끝으로 원고 교정에 힘써주신 김영편입학원의 박인규 선생께 특별한 감사를 드린다. 이 책을 이용하여 공부한 다음 더 상세한 공부를 원하면 다른 단행본 교재를 참고하기 바란다.

2008년 1월

역 자

차 례

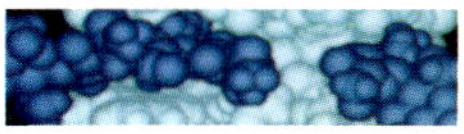

1장 탄수화물 · 2

2장 지질과 생화학체계에서 지방질의 기능 · 46

3장 단백질 구조와 기능 · 104

4장 효소 · 154

5장 탄수화물 대사 · 204

6장 산소호흡과 에너지 생산 · 256

7장 지방산 대사 · 296

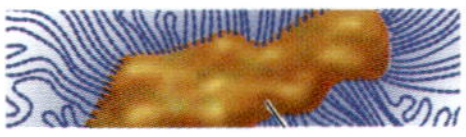

8장 분자 유전학 개요 · 330

용 어 · 389

부 록

1장 탄수화물

내 용

Carbohydrates

학습목적

1. 복합 탄수화물과 간단한 탄수화물 사이의 차이를 설명하고, 매일의 식이에 각기 추천된 양을 설명하라.
2. 결합사슬 중 작용기와 탄소 수에 따른 단당류의 분류 시스템과 명명을 설명하라.
3. 어떤 분자가 카이랄 중심을 갖는지 여부를 결정하라.
4. 입체이성질체를 설명하라.
5. 단당류를 D-와 L-형태로 분류하라.
6. 구조식을 이용하여 일반적 단당류 구조를 그린 다음 명명하라.
7. 어떤 단당류의 선형구조를 제시하고 그것의 α-와 β-고리 형태에 관한 Haworth투영식을 그려라.
8. 한 당루의 구조식을 살펴보고 환원당인가 또는 비환원당인가 여부를 예상하라.
9. 오줌에 함유된 글루코오스 농도 측정에 Benedict 시약의 용도를 설명하라.
10. 일반적 이당류의 구조를 그린 다음 명명하고 생물계에서 그들의 중요성을 설명하라.
11. 갈락토오스와 락토오스의 소화장애증 사이의 차이를 설명하라.
12. 전분, 글리코겐, 셀룰로스의 구조적, 화학적, 생화학적 성질을 설명하라.

화학관련 토픽; 거울을 통하여 보는 화학

"거울을 통하여 보는"이라는 동화에서 Lewis Carroll의 여주인공 Alice는 "거울에 비치는 우유"가 마시기 좋은가를 걱정한다. 이 장에서 알게 되는 것처럼 당(sugar)과 같은 여러 가지 생물학적 분자는 두 가지 입체이성질체(stereoisomer)인 거울상이성질체(enantiomer)로 존재한다. 이러한 두 가지 거울상 형태가 생성되므로 우리 몸 안에서 그리고 대부분의 생물계에서 그 두 가지 중에 한 가지만 발견된다. 예를 들어 일반적 당류는 D-계열이고 그 반면에 단백질을 구성하는 일반적 아미노산은 L-계열이다. 그러므로 우리들이 먹는 당류와 단백질을 절단하는 우리 몸 안의 효소들은 입체특이성이다. 즉 그 효소들은 거울상 이성질체만 인식한다. 이것을 알면 "거울에 비치는 우유"는 우리들의 효소로 소화되지 않을 수 있고 우리들에게 좋은 식품이 아니라는 것을 알 수 있다. 오히려 그것은 독성일 수 있다.

의약 화학자들은 우리들이 먹는 의약품의 입체화학적 순도에 보다 많은 관심을 갖는다. 몇 가지 예를 생각해 보자. 1960년에 thalidomide 약물은 일반적으로 유럽에서 진정제로 처방했다. 그러나 그 해 임신 중 thalomide를 먹은 수백 명의 임산부들이 많은 기형아를 출산하였다. Thalidomide는 두 가지 거울상이성질체의 혼합물이라고 밝혀 졌다. 한 가지는 진정제이고 다른 한 가지는 기형아를 출생하게 만드는 teratogen이다.

감기 또는 알레르기용 항히스타민제의 일반적 부작용 중 한 가지는 졸음이다. 다시 말해서 이것은 항히스타민제들이 거울상이성질체의 혼합물이라는 사실의 결과 때문이다. 한편으로는 졸음을 발생하게 하고 다른 한편은 우수한 충혈완화제역할을 한다.

Carvone 화합물 중 한 이성질체는 스페어민트 냄새와 관련있고 다른 이성질체는 caraway seed 또는 caraway dill의 향기를 갖는다. 리모넨(limonene)의 한 거울상형태는 레몬같은 냄새이고 다른 거울상이성질체는 오렌지향기를 갖는다.

진통제인 ibuprofen은 현재 이성질체의 혼합물로 판매하지만 그 중 하나는 다른 것보다 훨씬 더 효과적인 진통제이다.

몸 안에서 약물의 맛, 냄새, 생화학적 효과는 모두 화합물의 입체화학적 형태 그리고 세포 효소 또는 수용체와의 상호작용에 의존한다. 그래서 화학자들은 이성질체를 순수한 형태로 분리하는 방법을 고안하려고 활발하게 연구하고 있다. 또 한편으로 한 가지 이성질체만 생성하는 입체특이적 합성 방법을 찾고 있다. 순수한 입체이성질체를 제조하여 한 화합물의 생물학적 활성을 훨씬 더 주의깊게 조절할 수 있다. 이것을 이용해서 더 안전한 약을 만들 수 있다.

이 장에서 우리는 탄수화물을 이용하여 입체화학과 분자 내에서 원자의 공간적 배열에 관한 공부를 시작하겠다. 그 다음에 단백질을 구성하는 아미노산의 입체화학을 살펴보고 생명에 필수적 대사반응의 입체화학적 특이성을 고려하겠다. 더 완전한 입체화학 설명은 부록에 있다. 입체화학과 입체이성질체는 다시 설명하겠다.

서론

부유한 사업가인 Emil Fisher의 아버지는 Emil이 사업하기엔 너무 어리석어서 공부나 하는게 낫겠다고 말했다고 한다. 생화학 분야로서는 행운이게도, Emil은 그렇게 공부를 시작하게 되었다. 본래 그는 물리학 분야를 공부하기 원했다. 그러나 그의 사촌 Otto Fischer는 그가 화학분야를 공부할 것을 설득시켰다. 유기화학자로 시작한 Fischer는 마침내 생화학 연구를 시작하게 되었다. 우리는 그 생애의 전체 분야를 잠깐 살펴보겠다.

Fischer는 초기에 커피와 홍차에서 caffeine과 theobromine이라는 활성성분을 발견했다. 그는 마침내 그들의 구조를 발견하고 실험실에서 그들을 합성했다. Fischer는 1882년과 1906년 사이에 수행한 연구에서 adenine과 guanine이 식물 및 동물에서 발견된 다른 몇 가지 화합물과 함께 모두 같은 화합물 계열에 속한다고 제시했다. 그는 이들을 purine이라고 불렀다. 모든 purine계 화합물은 동일한 중심구조를 갖지만 고리에 결합한 작용기는 서로 다르다.

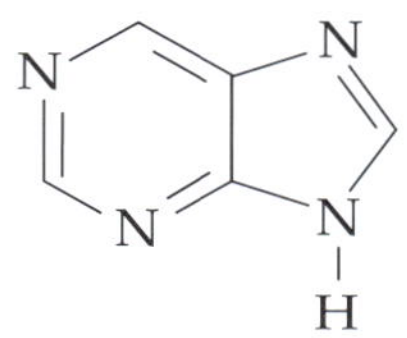

Purine 중심구조

Purine 화합물은 8장에서 공부할 것이고, 이들은 DNA와 RNA 유전자 분자의 두 가지 필수성분 중 하나이다. 우리는 DNA 이중나선을 만나게 될 것이다. 각 이중나선의 가닥은 교대로 나타나는 당류[RNA 중 리보스(ribose)와 DNA 중 디옥시리보스(deoxyribose)]와 인산 원자단의 뼈대로 구성한다. Purine은 우리들이 배우게 되는 두 가지 종류의 질소성 염기(nitrogenous base) 중 하나다. 그들은 나선형의 투영도를 만들고, 질소성 염기의 순서를 읽어 생명체의 유전암호를 해독한다.

Fischer는 1884년에 당(sugar)에 관하여 그의 기념비적 연구를 시작하였다. 그는 1890년에 모든 당류의 입체화학적 성질을 확립하였고 1891년과 1894년 사이에 알려진 모든 당류의 입체화학적 위치배열(configuration)을 해결하였고, 또한 모든 가능한 입체이성질체를 예측하였다. 입체화학은 두 가지 거울상이성질체를 갖는 분자를 연구한다. Fischer가 알아냈듯이, 자연은 가능한 두 거울이성질체중 오직 하나만을 자연계에 통용되는 형태로 선택했음을 우리도 알게될 것이다. Fischer는 실제로 모든 당류를 연구하였지만 그의 가장 위대한 업적 중 하나는 글루코오스(glucose), 프룩토오스(fructose), 만노스(mannose) 세 가지의 6탄당 합성이다. 우리는 이 장에서 입체화학에 대한 것과 함

8.1과 8.2절에서 더 상세하게 설명한다.

생물계에서 간단한 당류 및 구조와 기능은 1.2절과 1.4절에서 설명한다. 입체화학은 1.3절에서 설명한다.

께 탄수화물 구조와 기능에 관하여 더 많이 배울 것이다.

1899과 1908년 사이에 Fischer는 그의 관심을 단백질에 돌렸다. 그는 각 아미노산을 분리하고 확인하는 방법을 발전시키고 완전히 새로운 고리 아미노산(고리구조를 갖는다)을 발견했다. Fischer는 또한 아미노산으로부터 단백질 합성을 연구했다. 그는 펩타이드(peptide) 결합을 증명하고 실험실에서 작은 펩타이드 결합을 만드는 방법을 발견했다.

3장에서 배우게 되는 바와 같이 모든 아미노산은 카복실(carboxyl) 원자단과 아미노(amino) 원자단을 갖는 중심구조를 갖는다.

아미노산과 단백질 구조는 3장에서 배울 것이다.

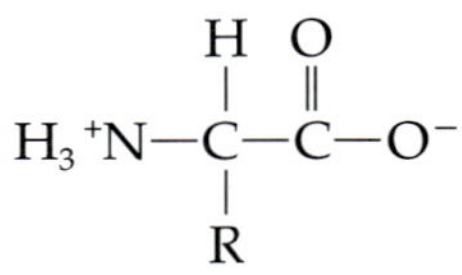

아미노산 중심구조

아미노산 사이에 생성되는 펩타이드 결합은 실제로 이러한 두 가지 원자단 사이의 아마이드(amide) 결합이다.

각 아미노산은 공통적인 중심구조를 갖는 반면에 그들은 서로 곁사슬(side chain) 또는 R 원자단의 성질이 다르다. 아미노산은 이 R 원자단이 갖는 성질에 따라 분류한다.

Fischer는 그의 생애에서 한참 후에 지방(fat)을 연구하였다. 지방은 소수성 특징을 갖는 여러가지 물질을 포함하는 집단이다. 우리는 2장에서 수 많은 종류의 지방 또는 지방질(lipid)을 공부할 것이다.

Fischer의 개인 생활은 그의 전문분야의 생활처럼 행복하지 않았다. 결혼 7년 후 그의 부인은 죽었고 Fischer는 세 아들이 있었다. 한 아들은 1차 세계대전에서 죽었고 또 다른 아들은 25세에 자살했다. 그러나 셋째 아들 Hermann Otto Laourenz Fischer는 그의 아버지를 계승하여 Berkeley에 있는 University of California에서 생화학 교수가 되었다.

1902년에 Fischer는 당과 purine 합성에 관한 연구로 Nobel 상을 받았다. 그의 업적을 간단히 살펴 보는 것 만으로도 유기화학자로 시작한 그가, 생체분자에 대한 뛰어난 연구를 통해 생화학분야를 정립한 위대한 인물임을 알 수 있다.

1.1 탄수화물의 종류

학습목적

1

우리들의 생화학 공부는 탄수화물에서 부터 시작한다. 탄수화물은 식물에서 광합성으로 생성된다(그림 1.1). 곡물과 곡식, 빵, 사탕수수, 과일, 우유, 꿀 등의 자연탄수화물 공급원은 동물에 중요한 에너지 공급원이다. **탄수화물**(carbohydrate), 특히 글루코오스는 뇌와 신경계에 주요한 에너지 공급원이고 여러 가지 다른 조직에 이용할 수 있다. 세포에서 에너지로 연소될 때 탄수화물은 1 g 마다 대략 4 kcal를 방출한다.

좋은 식이는 전분과 셀룰로스 같은 복합 탄수화물(complex carbohydrate), 프룩토오스와 수크로오스(sucrose) 같은 간단한 당류를 함유하여야 한다. 그러나 간단한 당류(simple sugar), 특히 수크로오스 양은 최소여야 한다. 왜냐하면 식이 중 다량의 수크로오스는 비만증과 치아부식을 촉진하기 때문이다.

kcal는 "칼로리 계산" 책과 영양 관계에서 설명한 칼로리와 같다.

복합 탄수화물은 우리들의 건강을 위하여 간단한 당류보다 더 좋다. 쌀, 감자, 빵, 곡식에서 발견된 전분은 우수한 에너지 공급원이다. 그 밖에 셀룰로스와 같은 복합 탄수화물은 식이 섬유의 중요한 공급원을 제공한다.

인간관계 토픽: 치아부식과 간단한 당류를 보라.

식이 중 몇 %를 탄수화물로 구성하여야 하는가는 정확하게 결정하기

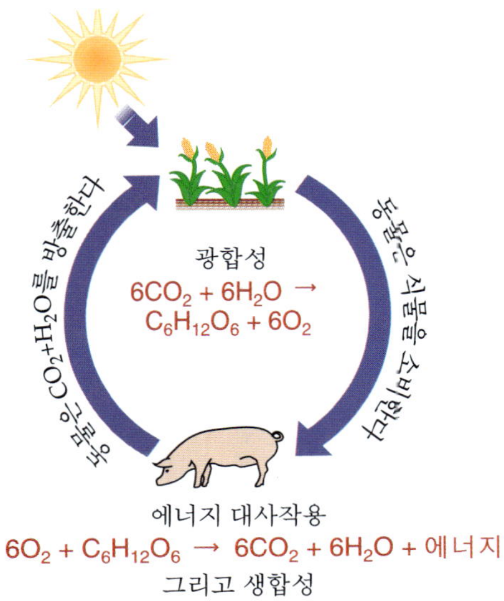

그림 1.1
탄수화물은 광합성 과정에서 생성된다. CO_2와 H_2O로부터 헥소스(hexose)를 생성할 때 햇빛 에너지를 이용한다. 식물은 이 헥소스를 이용하여 에너지를 수확하고 ATP를 생성하여 세포기능에 연료로 공급하고 전분, 셀룰로스(cellulose), 지방, 핵산(nucleic acid), 단백질을 포함하는 거대분자 등을 생성한다. 동물은 유기물 탄소 공급원을 식물에 의존한다. 헥소스는 대사작용을 통하여 ATP를 생성하고 탄수화물, 지방, 단백질, 핵산 등의 생합성에 선구물질로 이용한다.

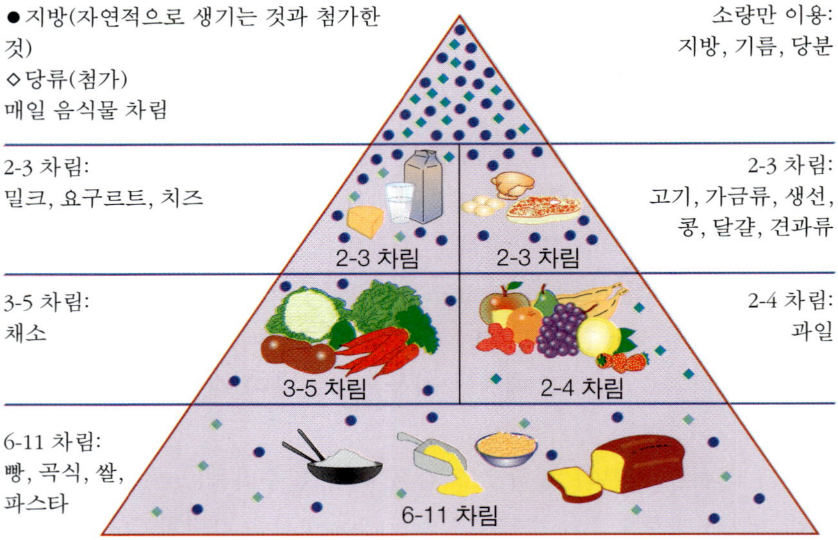

그림 1.2
미국 농무성은 곡식, 곡물, 과일, 채소 형태의 탄수화물이 우리 식이의 대부분을 구성해야 한다는 것을 설명하려고 식품 피라미드를 만들었다. 지방과 당분은 조금만 먹어야 한다. 출처: U.S. Department of Agriculture.

어렵다. 실제 %는 쌀이 주식인 극동지방의 80%로부터 미국에서 40~50%까지 전 세계에 걸쳐 큰 차이가 있다. 현재 식이 칼로리의 약 58%는 탄수화물로부터, 그리고 수크로오스는 1일 칼로리의 10% 이하여야 한다고 추천한다. 미국 농무성은 식이 중 여러 가지 식품의 권장량을 보여주기 위해 식품 피라미드를 만들었다(그림 1.2). 그 피라미드의 바닥층 식품인 곡물[빵, 곡식, 쌀, 파스타(pasta)]과 다음 층의 과일과 채소는 우리 식이에서 가장 많아야 한다. 이러한 식품군은 식이 탄수화물의 주요한 공급원이다.

문제 1.1

식이에 포함되어야 하는 탄수화물의 현재 권장량은 얼마인가? 매일 탄수화물 섭취량 중 간단한 당은 몇 %인가?

글루코오스와 프룩토오스 같은 **단당류**(monosaccharide)는 한 가지(mono-) 당(saccharide) 단위를 함유함으로 가장 간단한 탄수화물이다. **이당류**(disaccharide)에는 수크로오스와 락토오스 등이 있으며, 산소원자를 통해 결합된 두 개의 단당류 단위로 구성한다. 그러한 결합을 **글라이코시드 결합**(glycosidic bond)이라고 부른다. **올리고당**(oligosaccharie)은 글라이코시드 결합으로 결합된 3-10 단당류 단위로 구성한다. 가장 크고 가장 복잡한 탄수화물은 **다당류**(polysaccharide)이다. 그

인간관련 토픽; 치아부식과 간단한 당류

설탕 스낵을 먹은 다음 이를 닦으라고 부모님과 치과의사로부터 몇 번이나 잔소리를 들었는가? 이 잔소리는 짜증날 수도 있지만 치아부식 원인은 플라그(plaque)와 수크로오스를 기질로 이용하는 *Streptococcus mutans* 박테리아에 의하여 생성된 산 때문이라고 증명된 확실한 과학 자료에 바탕을 두고 있다.

타액(saliva)은 1 mL마다 1억 박테리아 농도로 가득 차있다. 치아를 닦은 다음 몇 분 안에 타액 중 끈끈한 당단백(glycoprotein)이 치아표면에 흡착된다. 그 다음 수백만 구강 박테리아는 즉시 치아표면에 결합한다.

모든 구강 박테리아들이 치아표면에 흡착한다. 그러나 *S. mutans*만 충치 또는 구멍을 만드는 원인을 제공한다. 왜 이 박테리아는 모든 다른 박테리아들이 일으키지 않는 구멍을 만드는 원인으로 작용하는가? 그 해답은 *S. mutans* 세포 표면에서 발견되는 *glucosyl 전달효소*(transferase)라고 부르는 특별한 효소에 있다.

Glucosyl 전달효소는 매우 특수한 효소다. 그 효소는 이당류인 수크로오스에 대하여만 반응하여 그것을 글루코오스와 프룩토오스로 분해한다. 아래 그림에 제시한 것처럼 그 효소는 다음에 글루코오스에 첨가되어 *dextran*이라는 다당류 사슬로 성장하고 그것은 치아 에나멜과 박테리아 양쪽에 단단하게 들어붙는다. *플라그*는 dextran에 내장되어 치아표면에 부착된 거대한 박테리아 덩어리를 만든다.

이것이 바로 구멍을 생성하는 첫째 단계다. 수크로오스의 분해에 의해 방출된 둘째 당이 프룩토오스라는 것을 다음 그림에서 유의하라. 박테리아는 당분해의 에너지-수확 과정과 젖산(lactic acid) 발효에 프룩토오스를 이용한다. 젖산 생성은 치아표면에서 pH를 감소하고 치아 에나멜로부터 칼슘을 녹이기 시작한다.

그 젖산은 치아표면에서 왜 씻겨나가지 않는가? 결국 우리는 매일 약 1 L 타액을 생성하고 타액이 젖산을 묽혀 치아로부터 제거한다. 문제는 dextran 플라그다. Dextran 플라그는 타액이 침투하지 않으므로 그 플라그는 박테리아를 보존하고 젖산은 에나멜에 들어 붙는다.

치아부식을 방지하려면 어떻게 해야하는가? 좋은 구강위생을 유지하라. 즉 식사 후에 이를 닦고 규칙적으로 치과용 실로 처리하여 플라그 생성을 감소한다. 칼슘 성분이 많은 식사를 하라. 즉 이것은 건강한 치아 에나멜 생성을 돕는다. 식이에 많은 복합 탄수화물을 포함하라. 즉 이들은 glucosyl 전달효소에 의하여 이용될 수 없고 젖산의 생성에 이용되지 않는다. 게다가 과일과 채소로부터 섭취한 복합 탄수화물은 치아표면으로부터 기계적으로 플라그를 제거하여 치아부식의 방지를 돕는다. 식사시간 사이에 간식으로 설탕함유 스낵을 피하라. 식사와 함께 나오는 설탕함유 디저트를 먹은 다음 이를 닦으면 플라그를 생성하지 않는다고 여러 연구들이 증명했다. 그러나 간식으로 소량의 설탕을 섭취하여도 바로 충치의 원인을 제공한다.

연구원들은 쥐에서 치아부식을 방지하는 백신(vaccine)을 개발했다. 그러한 백신은 미래에 인간을 위해 이용될 수 있을 것이다.

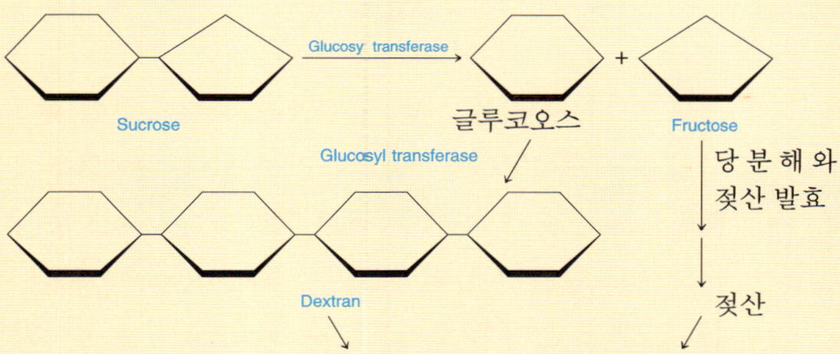

치아를 붕괴하는 *streptococcus mutans*의 glucosyl 전달효소 반응

박테리아는 dextran에 내장되어 플라그를 생성하고 프럭토스 발효에 의해 생성된 젖산은 치아에나멜을 녹인다.

것은 길고 때로는 많은 가지를 갖는 단당류 사슬(branch chain)을 갖는다. 전분, 글리코겐(glycogen), 셀룰로스는 모두 다당류의 한 예이다.

1.2 단당류

학습목적 2

단당류(monosaccharide)는 탄소, 수소, 산소로 구성되고 대부분은 $(CH_2O)n$ 일반식의 특성을 갖는다. 여기에서 n은 3에서 7까지의 정수다. 그러나 몇 가지 생물학적으로 중요한 단당류들은 화학적으로 변형한 것이므로 이 일반식은 정확하게 맞지 않다. 예를 들어 몇 가지 혈액형 항원과 박테리아 세포벽의 단당류는 아미노산으로 치환된다. 탄수화물 대사작용에서 여러 가지 중간체는 인산 원자단을 함유한다. DNA에서 발견된 단당류인 디옥시리보스는 앞의 일반식에서 예상되는 것보다 하나 더 작은 산소원자를 갖는다.

단당류는 그들이 함유하는 작용기에 바탕을 두어 명명한다. 한 키톤(ketone)(카보닐) 원자단을 갖는 단당류는 **케토오스**(ketose)이다. 알데하이드(aldehyde)(카보닐) 원자단이 존재하면 **알도오스**(aldose)이다. 단당류도 많은 하이드록시(hydroxy) 원자단을 함유하므로 그들은 때때로 폴리하이드록시 알데하이드 또는 폴리하이드록시 키톤이라고 부른다.

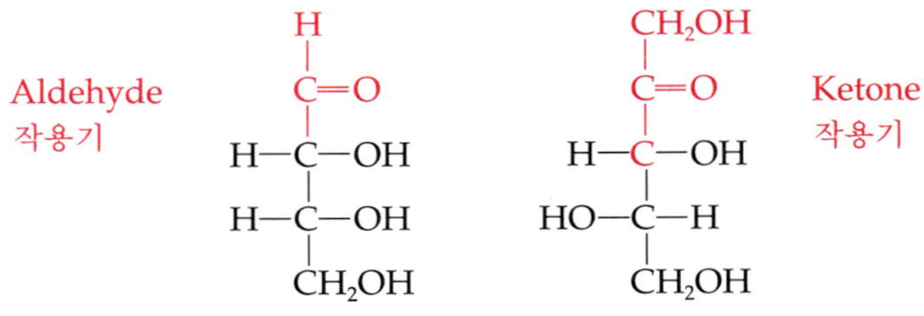

aldose ketose

또 다른 명명 시스템은 주골격의 탄소수에 따라 명명된다. 3-탄소 단당류는 **트리오스**(triose), 4-탄소 당은 **테트로스**(tetrose), 5-탄소 당은 **펜토스**(pentose), 6-탄소 당은 **헥소스**(hexose) 등이다. 그 두 가지 명명 시스템을 합치면 당의 구조와 성분에 관하여 훨씬 더 많은 정보를 제공한다. 예를 들어 알도데트로오스(aldotetrose)는 알데하이드도 함께 갖는 4-탄소 당이다.

이러한 일반 이름에 추가하여 각 단당류는 특이한 이름을 갖는다. 이러한 이름은 다음 구조식 아래에 파란색으로 나타나 있다. 단당류는 몇 가지 서로 다른 이성질 형태로 존재할 수 있으므로 완전한 이름으로 표현하는 것이 중요하다. 그리하여 다음 구조의 완전한 이름은 D-글리세르알데하이드(glyceraldehyde), D-글루코오스, D-프룩토오스다. 이러한 이름은 그 구조들의 특수한 당을 나타내고 또한 두 가지 가능한 이성질 형태(D- 또는 L-) 중 하나 임을 나타낸다.

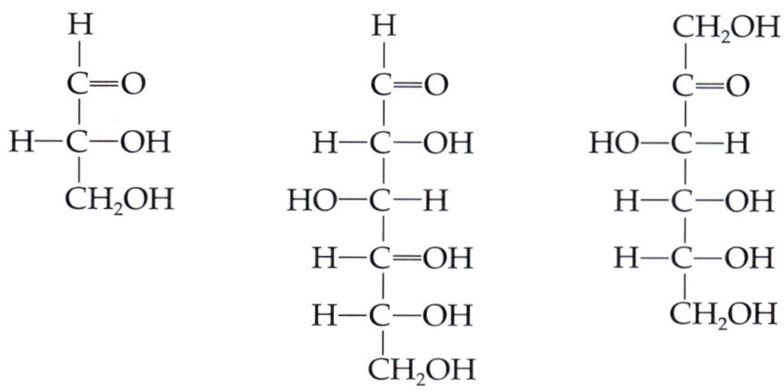

Aldose	Aldose	Ketose
Triose	Hexose	Hexose
Aldotriose	Aldohexose	Ketohexose
D-Glyceraldehyde	D-Glucose	D-Fructose

문제 1.2

알도오스와 케토오스의 구조차이는 무엇인가?

1.3 입체이성질체와 입체화학

입체이성질체

단당류의 이름에서 발견되는 접두사 D-와 L-은 두 가지 가능한 **입체이성질체**(stereoisomer)를 나타낸다. 정의에 따라 이들의 각 입체이성질체는 동일한 분자식과 동일한 결합을 갖는다. 그러면 D-계열 이성질체는 L-계열 이성질체와 어떻게 다른가? D-와 L-이성질체는 그 분자에서 원자들의 공간 배열이 다르다.

학습목적 3 4 5

이것을 입증하기 위하여 각기 다른 색의 다섯 개 이쑤시개와 껌을 이용하여 이 화합물의 모델을 만들어보라.

입체화학(stereochemistry)은 원자들의 서로 다른 공간 배열에 관한 연구이다. 한 쌍의 이성질체에 관한 일반 예를 그림 1.3에 제시한다. 이 예에서 일반적 분자 형태, 즉 C-abcd는 한 중심 탄소 결합으로부터

더 상세한 입체화학 설명은 부록 D 입체화학과 입체이성질체를 보라

네 가지 서로 다른 a, b, c, d 원자단으로 형성된다. 이것은 두 분자로 된다. 각 이성질체는 동일한 결합 패턴으로 형성되어있지만, 그들을 서로 동일하지 않다. 그들이 동일하다면 한 가지는 다른 것과 겹칠 것이나 그들은 겹치지 않는다. 그러므로 그들은 입체이성질체다. 이러한 두 가지 이성질체는 거울상 관계이고 왼손과 오른손의 거울상 관계와 비슷하다(그림 1.3b를 보라).

서로 겹치지 않는 거울상의 두 가지 입체이성질체를 한 쌍의 **거울상 이성질체**(enantiomer)라고 부른다. 거울상이성질체 형태로 존재할 수 있는 분자를 **카이랄 분자**(chiral molecule)라고 한다. 이 용어는 원자의 삼차원 배열이 다르기 때문에 그 분자들이 거울상 형태로 존재할 수 있다는 것을 의미한다. 겹치지 않는 거울상 한 쌍(거울상이성질체) 가운데 한쪽은 항상 D- 또는 L- 이라고 표시한다.

네 가지의 서로 다른 원자단이 결합된 탄소를 비대칭(또는 카이랄)

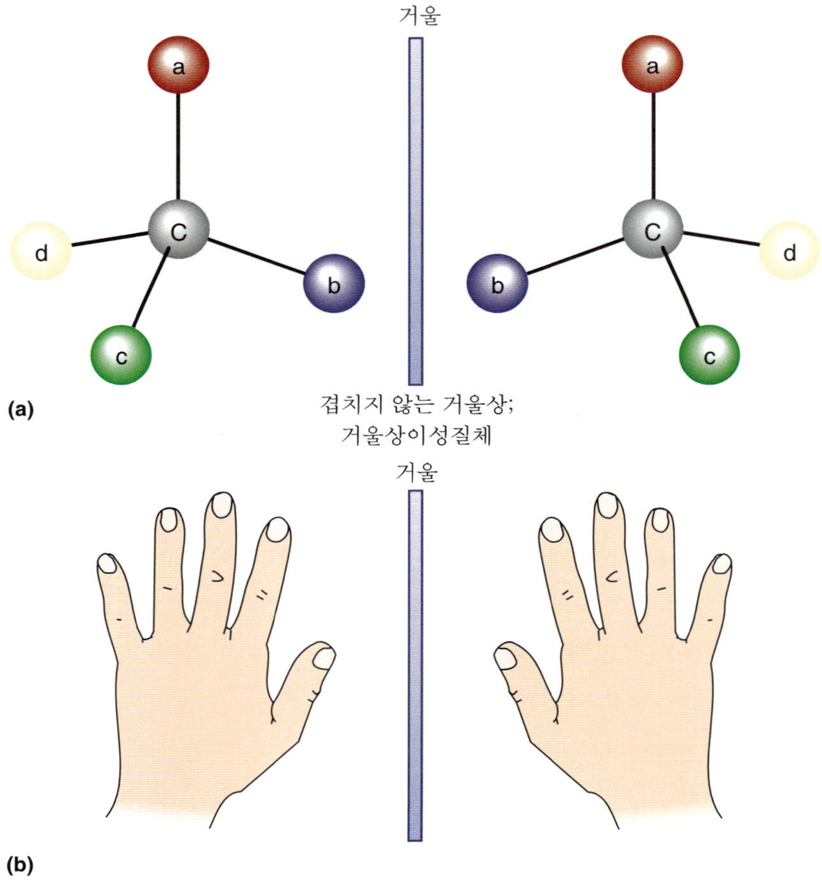

그림 1.3
(a) 일반 분자 C-abcd에 대한 한 쌍의 거울상이성질체.
(b) 오른손과 왼손의 거울상

탄소 원자라고 부른다. 카이랄 탄소를 함유하는 분자는 한 쌍의 거울상 이성질체로 존재한다. 그림 1.4에서 제시한 가장 간단한 글리세르알데하이드 탄수화물을 생각해 보자. 둘째 탄소는 네 가지 서로 다른 원자단과 결합하기에 그 탄소는 카이랄 탄소이다. 따라서 우리는 글리세르알데하이드를 서로 겹치지 않는 두 가지 거울상으로 그릴 수 있다. 더 큰 생체분자들은 대체로 한 개 이상의 카이랄 탄소를 갖는다.

평면편광 회전

입체이성질체는 광학적 성질이 서로 다르다. 한 쌍의 입체이성질체는 서로 다른 방향으로 평면편광을 회전한다.

백색광은 전자기파 복사선의 형태이고 그 백색광은 빛살 방향에 대한 수직 평면에서 진동하는 여러 가지 서로 다른 파장(또는 색)으로 구성된다(그림 1.5a). 과학자들은 거울상이성질체의 광학적 성질을 측정할 때 단색광을 발생하는 특수한 광원을 이용한다. 단색광은 한 파장만 갖는 빛이다. 그 단색광은 polaroid 렌즈처럼 편광물질을 통과하므로 한 평면에 있는 파동만 통과할 수 있다. 그 렌즈로부터 나오는 빛이 평면편광(plane-polarized light)이다(그림 1.5b).

이 원리를 이용하여 과학자들은 편광계(polarimeter)를 만들어 평면편광의 평면각을 변화시키는 화합물의 능력을 측정한다(그림 1.5c). 편광계는 한 화합물의 고유광회전도(specific rotation) 측정, 즉 평면편광을 회전하는 화합물 능력의 척도를 측정한다.

어떤 화합물은 시계 방향으로 빛을 회전한다. 이들을 우회전성(dextrorotatory)이라 하고 고유광회전도 값 앞에 플러스 기호(+)를 표시한다. 또한 어떤 물질은 시계 반대방향으로 빛을 회전한다. 이들을 좌회전성(levorotatory)이라 하고 고유광회전도 값 앞에 마이너스 기호(−)를 표시한다.

분자구조와 광학활성 관계

1848년에 Louis Pasteur는 화합물의 구조와 평면편광에 관한 그 화합물의 효과와의 상관 관계를 처음으로 알게 되었다. Pasteur는 포도주제조에 관한 연구에서 부산물로서 tartaric acid 염이 생성됨을 알았고, 두 가지 종류의 결정이 생성되고 그들이 서로 거울상이라는 것을 알았다. 확대경과 집게를 이용하여 Pasteur는 왼손방향 결정과 오른손방향 결편광계, 평면편광을 측정한다. 고유광회전도 계산은 부록D 입체화학과 입체이성질체에서 상세하게 설명되어 있다.

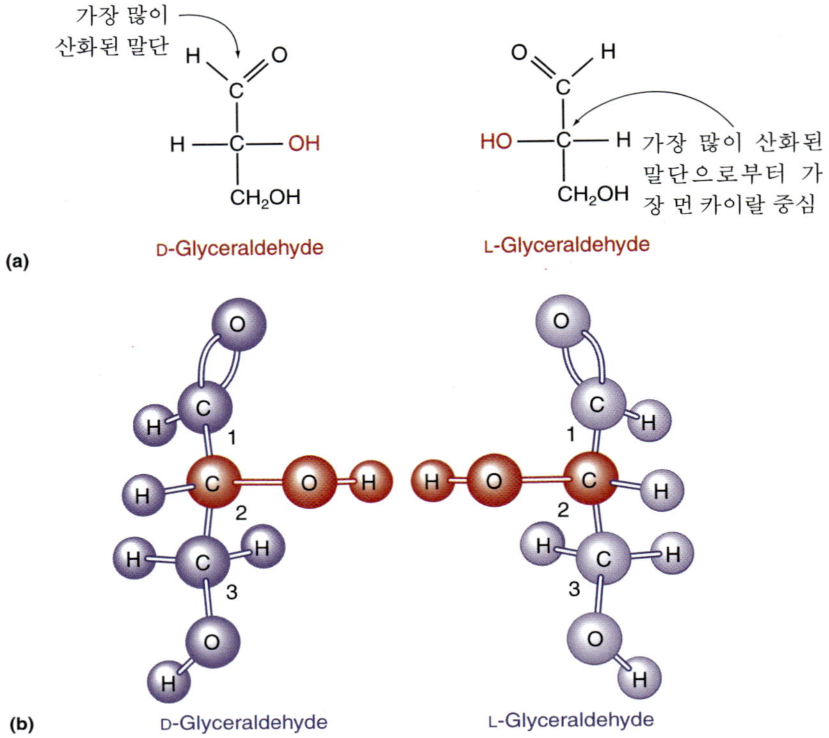

그림 1.4

(a) D-와 L-글리세르알데하이드 구조식. 카보닐 원자단을 갖는 분자 말단은 최대로 산화된 말단이다. 한 단당류의 D- 또는 L- 위치배열은 산화 말단으로부터 가장 먼 카이랄 탄소에 결합한 작용기의 방향에 의해 결정된다. D-거울상이성질체에서 -OH는 오른쪽에 있다. L-거울상이성질체에서 -OH는 왼쪽에 있다.

(b) D-와 L-글리세르알데하이드의 삼차원 표시.

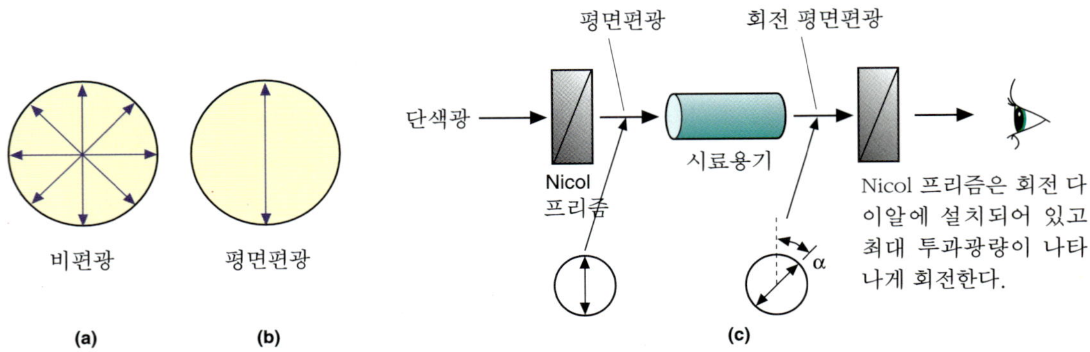

그림 1.5

파동운동하는 빛.

(a) 빛이 전파되는 축의 말단으로부터 관찰. 빛은 많은 평면안에서 진행하는 파동을 갖는다.

(b) 평면편광은 한 평면에서만 이동하는 빛을 갖는다.

(c) 편광계

정을 분리하였다. 그는 각 거울상 형태와 본래 혼합시료의 광학 활성도를 측정하여 다음과 같은 결과를 얻었다.

- 본래 결정 혼합물 용액은 광학적으로 비활성이다.
- 그러나 두 가지 거울상 결정은 광학적으로 활성이다. 실제로 각 거울상에 의한 고유광회전도(specific rotation)는 값의 크기는 같지만 반대부호를 갖는다.

Pasteur 연구는 구조와 광학활성 관계의 이해에 문을 열었지만, Dutch 화학자 van't Hoff와 France 화학자 LeBel이 각각 독립적으로 연구한 광학 활성도에 대한 기초이론 즉, 사면체 탄소원자는 네 가지 서로 다른 원자 또는 원자단에 결합한다는 사실을 밝힌 것은 1874년이 되어서야 이루어 졌다. 이와 같이 화학적, 물리적 성질이 동일한 두 가지 거울상이성질체는 동일한 각도로 평면편광을 회전하지만 회전방향은 반대이다.

Fischer 투영식

Emil Fischer에 의해 연구된 당류의 구조를 표시하는 방법을 배우기 위하여 알도트리오스인 글리세르알데하이드를 다시 살펴보자. **Fischer 투영식**(projection formula)은 두 직선의 교점에서 카이랄 탄소를 보여준다. 그것은 수평선을 이용하여 종이평면 앞으로 투영되는 결합을, 그리고 수직선을 이용하여 종이 평면 뒤로 투영되는 결합을 나타내는 이차원 그림이다. 당류에서 알데하이드 또는 키톤 원자단, 즉 가장 많이 산화된 탄소는 항상 "위쪽" 에 표시한다.

그림 1.4b를 다시 보자. 이러한 공-막대 모델(ball-and-stick model)은 삼차원 쐐기 그림으로 표시할 수 있다:

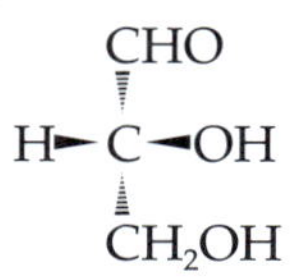

D-Glyceraldehyde

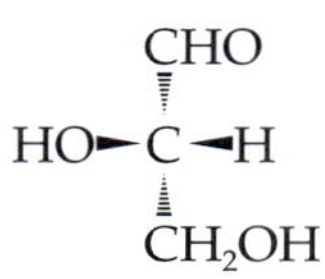

L-Glyceraldehyde

쐐기 그림 중에서 실선 쐐기는 보는 사람을 향한 결합을 표시한다. 점선 쐐기는 보는 사람과 멀리 종이 평면 뒤로 향한 결합을 표시한다. 이러한 분자에서 그림의 중심 원자는 그 구조에서 카이랄 탄소뿐이다. 이러한 쐐기 그림을 Fischer 투영도로 변환하려면 간단히 각 실선 쐐기 대신에 수평선을 이용하고 각 점선 쐐기 표시에 수직선을 이용한다. 카이랄 탄소는 다음 그림처럼 수직선과 수평선이 교차하는 점으로 나타낸다.

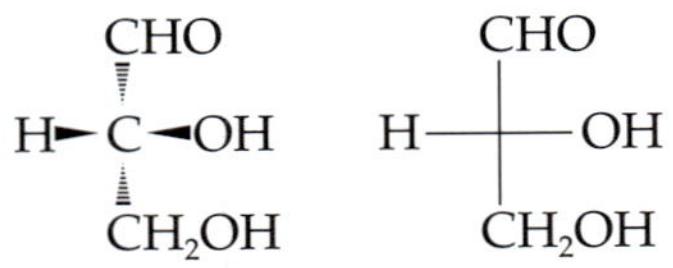

D-Glyceraldehyde

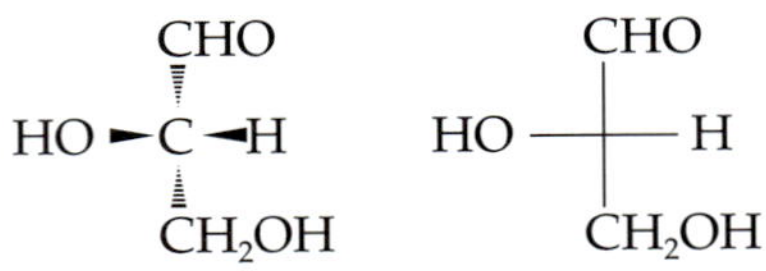

L-Glyceraldehyde

D-와 L-시스템 명명법

1891년에 Emil Fischer는 과학자들이 이성질체를 구별하는 명명 시스템을 고안했다. Fischer는 평면편광을 반대방향으로 회전하는 글리세르알데하이드의 두 거울상이성질체가 있다는 것을 알았다. 그는 구조와 평면편광 회전방향 사이를 연관시키는데 필요한 정교한 방법을 갖지 못하여, 그는 (+) 거울상이성질체는 카이랄 탄소의 오른쪽에 하이드록시 원자단을 가질것이라고 정했다.

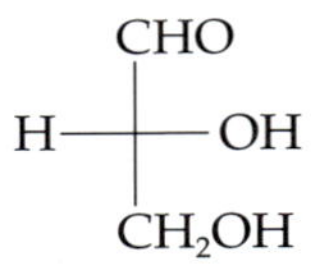

D-Glyceraldehyde

> Fischer에 의해 glyceraldehyde의 (+)와 (−) 거울상이성질체 구조를 제안했을 때 그가 정확하게 추측한 것을 연구자들이 증명할 수 있었던 것은 1952년에서야 이루어졌다.

평면편광을 (−) 또는 좌회전성 방향으로 회전하는 거울상이성질체를 L-글리세르알데하이드라고 불렀다(그림 1.4).

고유광회전도는 측정해야하는 실험값이므로 모든 단당류의 D-와 L-표시는 D-와 L-글리세르알데하이드를 이용하여 그들의 구조와 비교하여 결정한다. 3-탄소 이상을 갖는 당류는 카이랄 탄소를 한 개 이상 갖는다. 규칙에 따라 D- 또는 L-위치배열을 결정하는 하이드록시 원자단 위치는 카보닐 원자단(분자에서 가장 많이 산화된 말단)으로부터 가장 먼 카이랄 원자단에 있다. -OH 원자단이 왼쪽에 있으면 그 분자는 L-위치배열에 있다. 생명계에서 거의 모든 탄수화물은 D-계열이다.

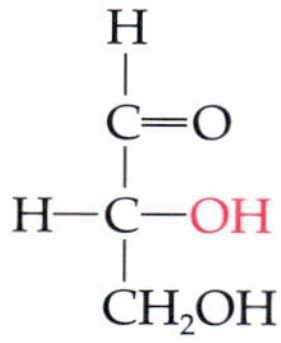
D-Glyceraldehyde

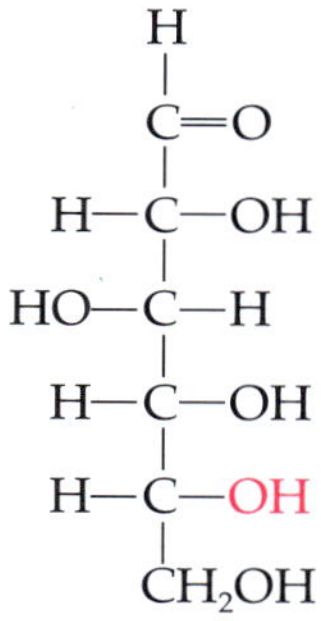
D-Glucose

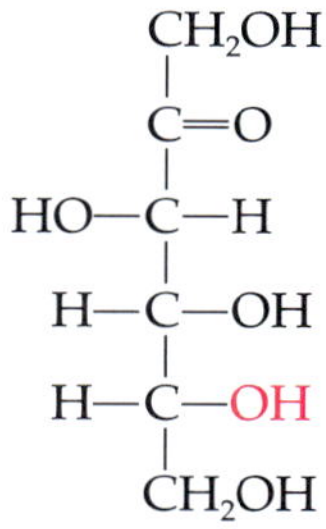
D-Fructose

D-와 L-glyceraldehyde의 구조와 표시는 약속에 따라 명시한다. 실제로 D-와 L-용어는 일반적으로 탄수화물과 아미노산에만 적용한다. 유기분자에 대한 D-와 L-약속은 카이랄 탄소의 절대 위치배열을 제공하는 새로운 시스템으로 대치되었다. (R)와 (S) 시스템이라고 부르는 이 시스템은 부록D, 입체화학과 입체이성질체에 설명되어 있다.

문제 1.3

다음 각 분자들은 알도오스인가 또는 케토오스인가?

a.

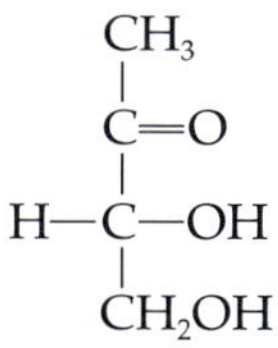

b.

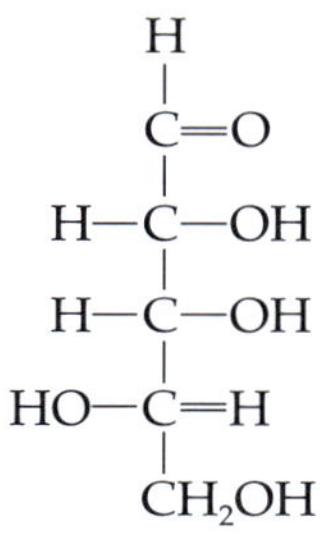

c.

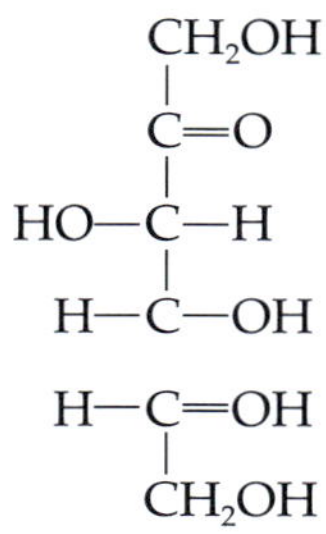

d.

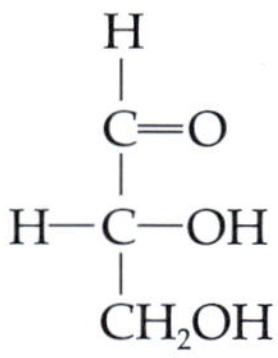

e.

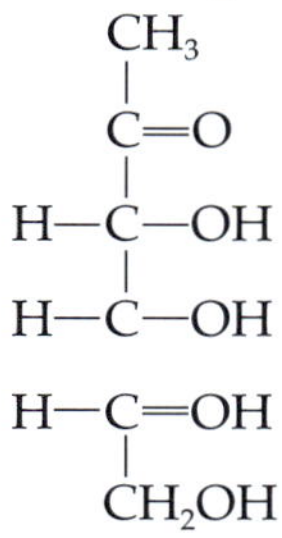

f.

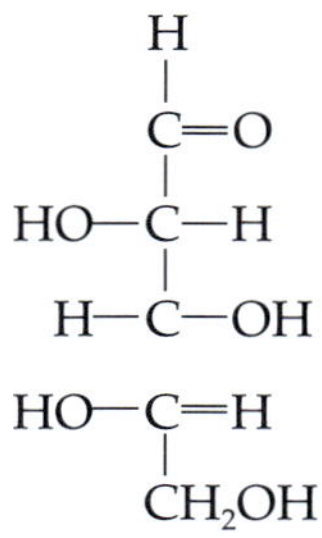

1.4 생물학적으로 중요한 단당류

학습목적

6

가장 간단한 단당류 탄수화물은 3에서 7까지의 탄소 뼈대를 갖는다. 여러 가지 단당류들이 있지만 우리는 생물계 시스템에 가장 보편적 단당류를 알아보자. 이들은 5-와 6-탄소 당류를 포함하고 그들은 글루코오스, 프룩토오스, 갈락토오스, 리보스, 디옥시리보스 등이다.

글루코오스

글루코오스(glucose)는 인체에서 가장 중요한 당이다. 그것은 많은 식품에서 발견되고 덱스트로스(dextrose), 포도당(grape sugar), 혈당(blood sugar) 등으로 불린다. 글루코오스는 당분해반응(glycolysis) 및 다른 경로로 분해되어 인체 기능을 위한 에너지를 방출한다.

혈액 중 글루코오스 농도는 정상적인 인체 기능에 중요하다. 혈중 글루코오스 농도는 호르몬인 인슐린(insulin)과 글루카곤(glucagon)에 의해 조절된다. 정상 혈액 글루코오스 농도는 100~120 mg/100 mL이고 식사후에 가장 농도가 높다. 인슐린은 인체의 대부분 세포에서 글루코오스를 과량으로 흡수하게 자극한다. 그러나 식후 1~2 시간 후에 글루코오스 농도는 정상상태로 돌아간다. 혈액 중 글루코오스 농도가 너무 낮으면 가벼운 두통과 어지러움을 느낀다. 이렇게 되면 글루카곤이 간을 자극하여 혈액으로 글루코오스를 방출하여 정상 수준을 다시 회복한다. 1.6 절에서 이 정교한 균형을 다시 더 상세하게 살펴볼 것이다.

글루코오스, 즉 알도헥소스 분자식은 $C_6H_{12}O_6$이다. 글루코오스 구조는 그림 1.6에 제시되어 있고 이 구조를 그리는 방법은 예 1.1에 설명되어 있다.

Hemiacetal 구조

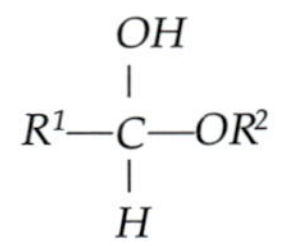

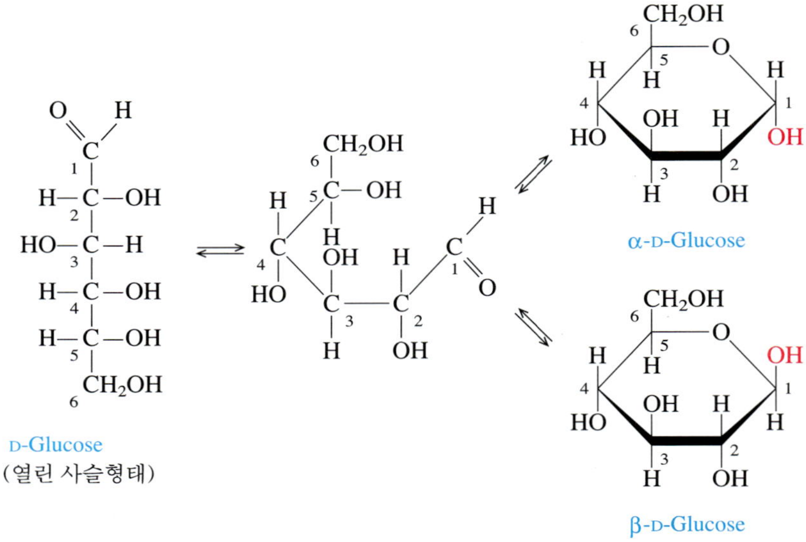

그림 1.6
글루코오스가 α-와 β-D-글루코오스를 만드는 고리화 반응. 카보닐 탄소(C-1)는 이 과정에서 카이랄로 되어 α-와 β-형태의 글루코오스를 생성하는 것에 유의하라.

예 1.1

단당류 구조 그리기

D-글루코오스 구조를 그려라.

학습목적 6

해답

글루코오스는 하나의 알도헥소스다.

단계 1. 수직선으로 6 탄소를 그려라. 각 탄소는 한 결합에 의해 위와 아래에 한 개씩 분리되어 있다.

단계 2. 가장 많이 산화된 탄소는 규칙에 따라 가장 위의 탄소에 놓는다(탄소-1). 이 경우에 탄소-1은 알데하이드 탄소다.

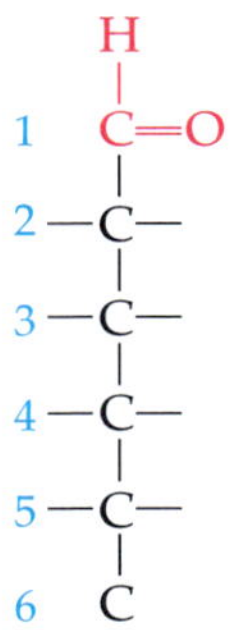

가장 많이 산화된 탄소 사슬의 말단 : aldehyde

단계 3. 원자들은 사슬 밑의 마지막 탄소원자까지 첨가하고 원하는 D- 또는 L- 위치배열로 만든다. D-글루코오스는 -OH 원자단이 오른쪽에 있다는 것을 기억하라. 의심스러우면 구조를 D-글리세르알데하이드와 비교하라.

(계속)

(계속)

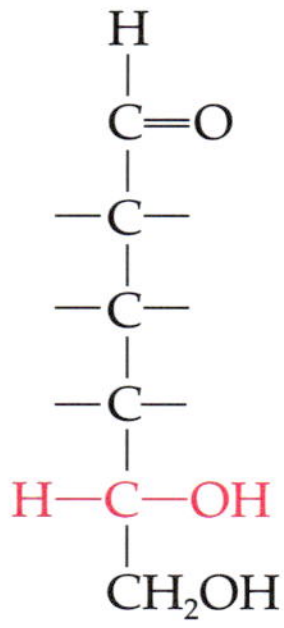

D-Isomer

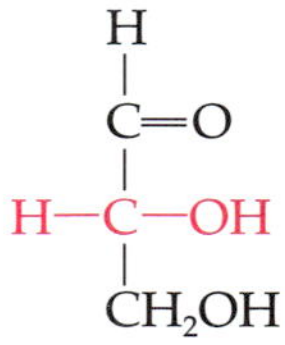

D-Glyceraldehyde

Carbonyl 원자단으로부터 가장 먼 카이랄 탄소를 비교하라.

단계 4. 모든 나머지 원자들은 그 다음에 첨가해서 원하는 탄수화물로 만든다. 예를 들어 D-글루코오스는 다음 구조로 그린다.

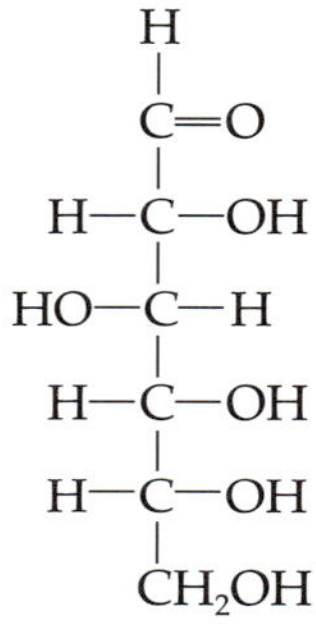

D-Glucose

나머지 탄소에서 수소원자와 하이드록시 원자단 위치는 각 당에 대하여 각기 배워야 한다. 예를 들어 D-프룩토오스와 D-갈락토오스의 완전한 구조는 이 절에서 뒤에 제시되어 있다.

실제로 글루코오스의 열린 사슬 형태는 세포에 매우 작은 농도로 존재한다. 생리적 조건에서는 고리 형태로 있다. 왜냐 하면 글루코오스의 C-1에 존재하는 카보닐 원자단은 C-5에 있는 하이드록시 원자단과 반응하여 6-원소 고리로 되기 때문이다. 알데하이드와 알코올이 반응하면 **헤미아세탈**(hemiacetal)로 된다. 글루코오스 분자의 알데하이드 부분이 C-5 하이드록시 원자단과 반응할 때 그 생성물은 분자내(intramolecular) 헤미아세탈 이다. 이 반응으로 D-글루코오스의 두 이성질체가 생성될 수 있다(그림 1.6을 보라). 이 이성질체를 α-D-글루코오스와 β-D-글루코오스라고 한다. 생성된 두 가지 이성질체는 헤미아세탈 탄소 C-1에 결합한 -OH 위치가 서로 다르다. 헤미아세탈 탄소

분자내 (intramolecular)라는 용어는 반응하는 carbonyl과 hydroxyl기가 동일한 분자의 부분이라는 것을 말한다.

주위에 결합배열이 다른 그러한 이성질체를 **anomer**라고 한다. **α-anomer**에서 C-1(anomer 탄소) 하이드록시 원자단은 고리 밑에 그리고 β-anomer에서 C-1 하이드록시 원자단은 고리 위에 있다. 앞에서 설명한 입체이성질체처럼 α-와 β-형태는 그들이 평면편광을 다르게 회전하므로 서로 구별할 수 있다.

그림 1.6에 **Haworth 투영식**이라고 부르는 새로운 형태의 구조식을

학습목적 7

예 1.2

구조식으로부터 단당류의 Haworth 투영식 그리기

β-D-글루코오스의 Haworth 투영식을 그려라.

해답

1. Haworth 투영식을 그리기 전에 여기에 제시한 고리형성의 첫 단계를 보라. 삼차원으로 제시한 분자를 눈으로 본다고 상상하라. 그 분자의 몇 가지 치환 원자단은 고리 위에 있고 몇 가지는 밑에 있다. 그 다음 문제는 어떤 원자단이 고리 위에 놓이고 어느 원자단이 고리 아래에 놓이는가를 어떻게 결정하는가?

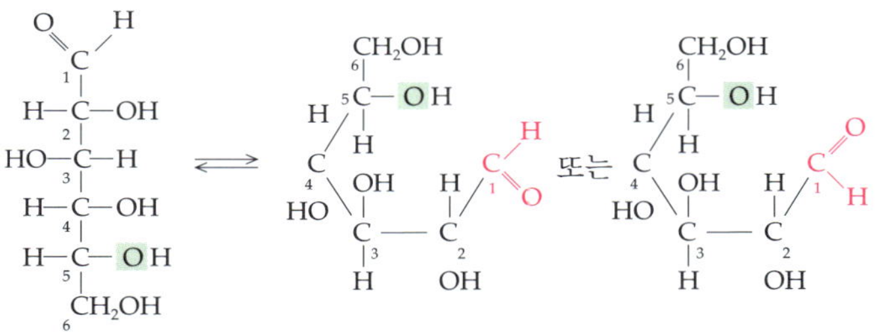

Glucose (열린사슬) Glucose (고리생성 중간체)

2. 이차원 구조식을 보라. 탄소 사슬의 왼쪽 원자단(남색으로 표시)에 유의하라. 이들은 Haworth 투영식에서 고리 위에 놓인다.

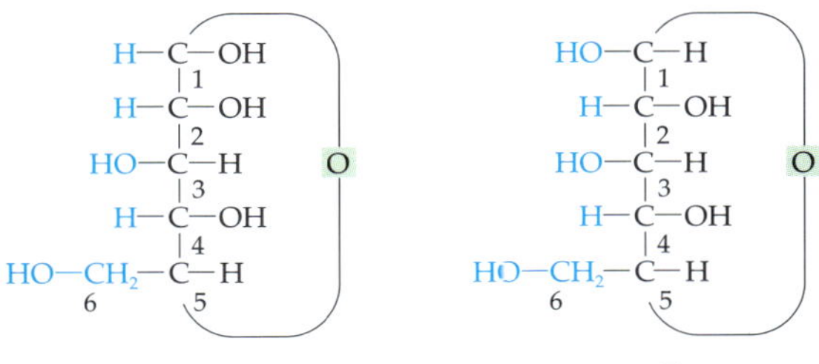

α-D-Glucose β-D-Glucose

(계속)

(계속)

3. 이제 탄소 사슬의 오른쪽 원자단(빨간색으로 표시)에 유의하라. 이들은 Haworth 투영식에서 탄소고리 밑에 놓일 것이다.

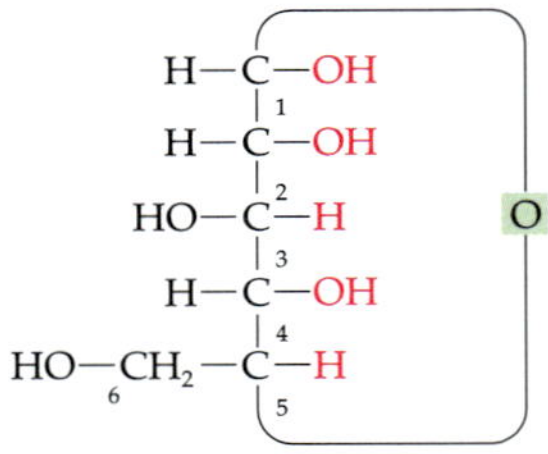

α-D-Glucose

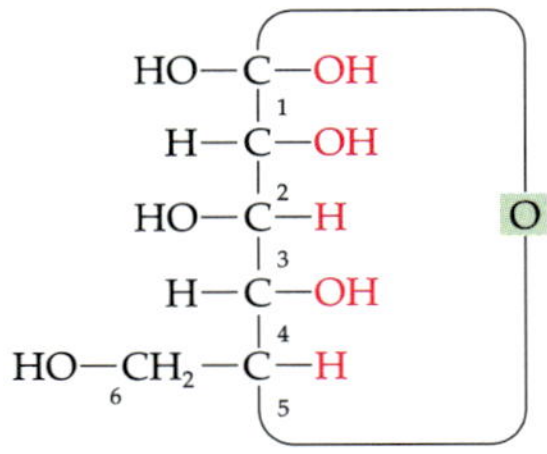

β-D-Glucose

4. 그리하여 어떤 D-당의 고리 형태에 관한 Haworth 투영식에서 $-CH_2OH$ 기는 항상 "위"에 있다. C-1에 있는 -OH 원자단도 "위"에 있을 때 $-CH_2OH$ 원자단에 대하여 cis 형태이고 그 당은 β-D-글루코오스다. C-1에 있는 -OH 원자단이 "밑"에 있을 때 $-CH_2OH$에 대하여 trans 형태이고 그 당은 α-D-글루코오스다.

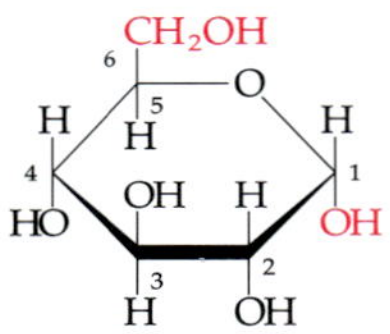

Haworth
α-D-Glucose

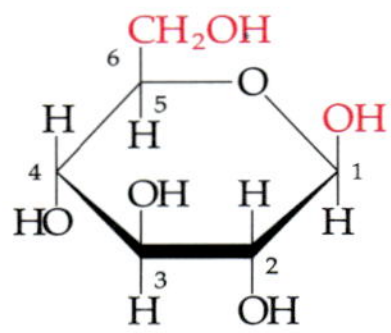

Haworth
β-D-Glucose

제시한다. 우선 보기에 복잡하게 보이지만 예 1.2에 제시한 것처럼 구조식으로부터 Haworth 투영식을 유도하는 것은 아주 간단하다.

문제 1.4 D-갈락토오스의 선형 구조를 참고하라. α-와 β-D-갈락토오스의 Haworth 투영식을 그려라.

프룩토오스

Levulose와 과당이라고도 부르는 **프룩토오스**(fructose)는 당 중에서 가장 달다. 그것은 꿀, 콘 시럽, 단맛의 과일 등에 다량으로 함유되어 있다. 프룩토오스 구조는 글루코오스 구조와 비슷하다. 탄소-1에 -CHO 원자단 대신에 $-CH_2OH$ 원자단이 있을 때 그리고 탄소-2에 -CHOH 대신에 -C=O 원자단이 있을 때 그 당은 케토오스다. 이 경우에 그것은 D-프룩토오스다.

프룩토오스의 고리화 반응은 α-D-프룩토오스와 β-D-프룩토오스를 생성한다.

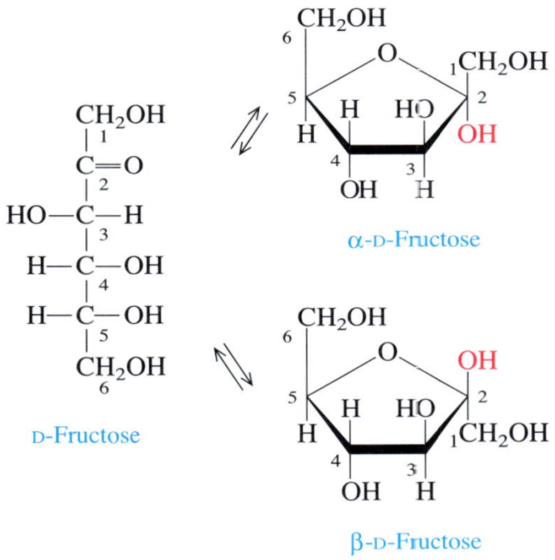

프룩토오스는 하나의 케토오스 또는 키톤 당이다. 알코올과 키톤 사이의 반응은 헤미케탈을 생성한다. 따라서 프룩토오스 분자에서 C-2 케토 원자단과 C-5 하이드록시 원자단 사이의 반응은 분자내 헤미케탈을 생성한다. 프룩토오스는 5-원자 고리구즈를 형성한다.

갈락토오스

또 다른 중요한 헥소스는 **갈락토오스**(galactose)이다. D-갈락토오스의 선형구조 그리고 α-D-갈락토오스와 β-D-갈락토오스의 Haworth 투영식을 여기에 제시한다.

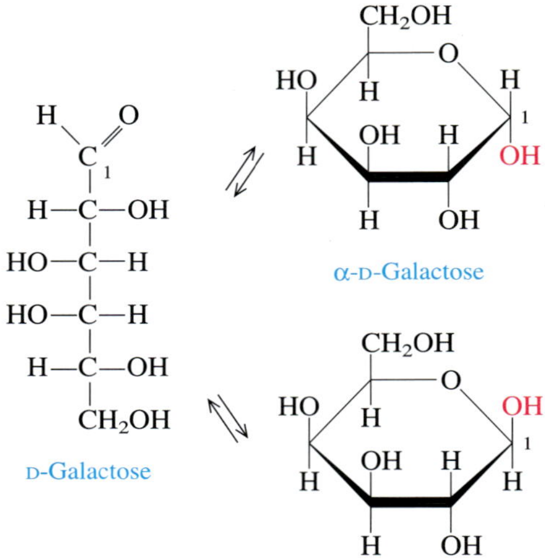

D-Galactose

α-D-Galactose

β-D-Galactose

갈락토오스는 생물계에서 이당류인 락토오스 (또는 유당)에서 발견된다. 이것은 대부분 포유동물의 젖 성분에서 발견되는 중요한 당이다. *β*-D-갈락토오스와 변형된 *β*-D-*N*-acetylgalactosamine도 혈액형 항원의 성분이다.

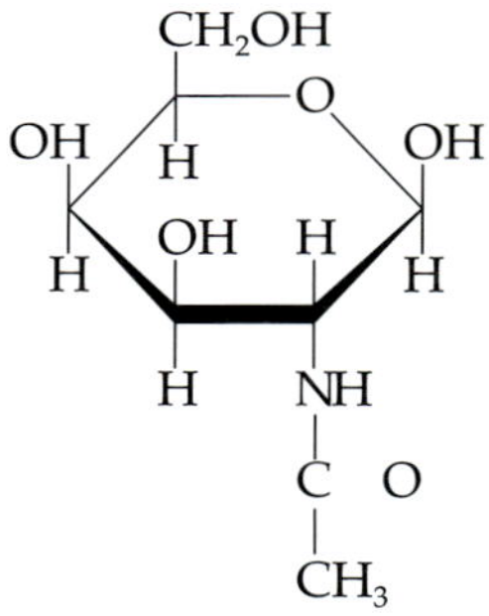

β-D-*N*-Acetylgalactosamine

리보스(ribose)와 디옥시리보스(deoxyribose), 5-탄소당

리보스는 여러 가지 생물학적으로 중요한 분자들에 포함되어 있다. 그 분자들은 RNA와 여러 가지 조효소, 즉 인체에서 생화학반응을 진행하는 여러 효소에 필요한 화합물이다. 5-탄소당인 D-리보스 구조는 그것의 열린 사슬 형태와 α-와 *β*-고리 형태로 나타낼 수 있다.

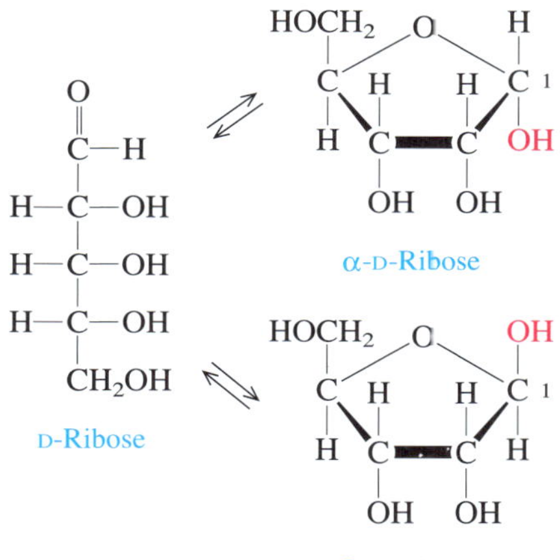

세포의 유전정보를 운반하는 DNA 분자는 2-디옥시리보스를 함유한다. 이 분자에서 C-2에 있는 -OH 원자단은 한 개의 수소로 치환된다. 따라서 산소가 없는 것을 나타내는 "2-디옥시"라는 이름 표시를 사용한다.

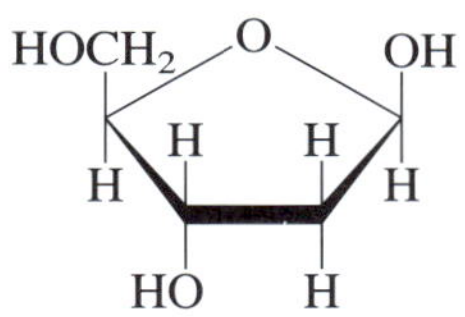

β-D-2-Deoxyribose

환원당

학습목적 8 9

알도오스의 알데하이드 원자단은 Benedict 시약에 의해 쉽게 산화된다. **Benedict 시약**은 Cu^{2+} 이온을 함유하는 염기성 완충용액이다. Cu^{2+} 이온은 염기성용액에서 Cu^{+} 이온으로 환원되어 적벽돌색 Cu_2O로 침전된다. 알도오스의 알데하이드 원자단은 카복실산으로 산화되고 산-염기 반응에 의하여 카복실 음이온을 생성한다.

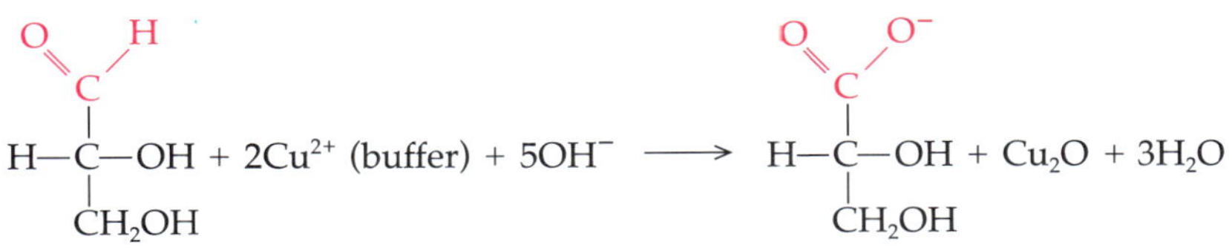

키톤화합물은 일반적으로 쉽게 산화되지 않지만 케토오스는 그렇지 않다. 탄소에 있는 -OH 원자단은 카보닐 원자단 옆에 있으므로 케토오스는 염기성 조건에서 endiol 반응을 경유하여 알도오스로 변환할 수 있다.

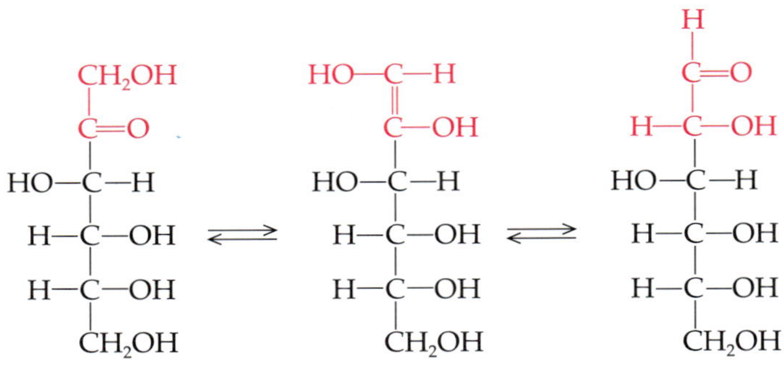

Enediol 반응의 이름은 케토오스가 알도오스로 변환하는 중간체 구조로부터 유래했다. 그것은 한 개의 이중결합(ene)과 두 개의 하이드록시 원자단(diol)을 갖는다. 이 enediol 반응 때문에 케토오스도 염기성 Benedict 시약과 반응할 수 있다. 용액 중 금속이온은 환원되므로 그 당은 환원제로 작용한다. 따라서 **환원당**(reducing sugar)이라고 부른다. 수크로오스를 제외한 모든 이당류와 모든 단당류는 환원당이다.

7장의 임상관련 토픽: 진성 당뇨병과 케톤체를 보라.

수년간 Benedict 시약은 당뇨(glucosurea, 오줌속에 과량의 글루코오스 존재)에 대한 시험에 이용했다. 제1종 인슐린 당뇨병으로 고통받는 사람들은 혈액으로부터 글루코오스 흡수를 조절하는 인슐린 호르몬을 생성하지 못한다. 혈당 농도값이 160 mg/100 mL 이상으로 증가하면 신장은 과량의 당을 다시 흡수할 수 없고 글루코오스는 오줌으로 배설된다. 혈당 농도는 인슐린 주사로 조절할 수 있지만 주사한 인슐린 양이 정확한가를 확인하기 위하여 뇨당 농도를 검사한다. Benedict 시약은 생성된 Cu_2O 양 때문에 유용한 방법이었고 반응 중 색의 변화 정도는 오줌에 들어있는 환원당량에 정비례한다. 빨간 벽돌색은 뇨당 농도값이 매우 높다는 것을 나타낸다. 노란색, 초록색, 남색-초록색 용액은 뇨당의 감소를 나타내고 남색 용액은 의미없는 농도를 나타낸다.

뇨당의 농도 시험에 대한 Benedict 시약의 이용은 더 정확한 결과를 제공하는 화학적 시험으로 대치되었다. 가장 보편적 방법은 색변화를 측정할 수 있게 글루코오스 산화효소와 기타 시약을 첨가한 시험용 종이쪽(strip)에 바탕을 두고 있다. 그러한 장치에서 색 변화를 나타내는 화합물은 과산화효소, orthotolidine이라고 부르는 화합물, 그리고 노란색 염료를 포함한다. 한 방울의 혈액을 그 시험용 종이쪽 위에 놓으면 글루코오스 산화효소는 글루코오스를 gluconic acid와 과산화수소로 변환시키는 촉매역할을 한다.

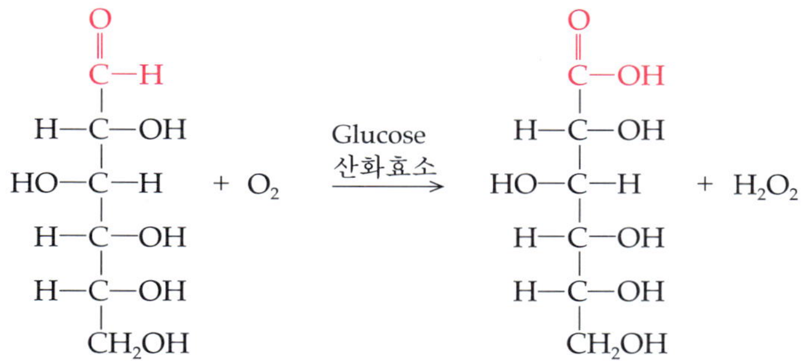

D-Glucose D-Gluconic acid

과산화효소는 과산화수소와 orthotolidine 사이의 반응을 촉매역할 한다. 이것은 남색 생성물을 만든다. 시험용 종이쪽에 묻은 노란색 염료는 단순하게 최종 생성물인 남색의 희석제로 작용하여 광범위한 글루코오스 농도범위에서 시험을 더 정밀하게 한다. 시료에 글루코오스가 없으면 시험용 종이쪽은 노란색으로 남는다. 그 색은 오줌 시료 중 글루코오스 농도에 따라 엷은 초록색으로부터 검은 남색까지 변한다.

실제로 glucose 산화효소는 β-D-glucose를 산화할 뿐이다. 그러나 혈액에는 glucose의 α-와 β-anomer 혼합물이 평형이다. 다행스럽게 α-D-glucose는 매우 빠르게 β-D-glucose로 변한다.

가끔 의사들은 당뇨병환자들이 혈당 농도를 매일 여러 번 검사하도록 한다. 왜냐하면 이것은 당뇨병환자들이 식이를 어떻게 잘 조절하는가의 정보를 더 정확하게 제공하기 때문이다. 작고 값싼 당도계(글루코오스 측정기)는 글루코오스 산화효소에 의한 글루코오스 산화와 적절한 색변화 시스템을 함께 연관시켜 주는 작고 값싼 당도계로 이용할 수 있다. 오줌 시험에서 색변화 값은 혈당량에 비례한다. 광도계는 색변화를 읽어 글루코오스 농도를 나타낸다. 훨씬 더 새로운 방법은 글루코오스 산화에 의해 발생된 전기전하를 검출하는 장치를 이용한다. 이 경우에 전하량은 글루코오스 농도에 비례한다.

학습목적 10

1.5 생물학적으로 중요한 이당류

이당류는 "산소 다리"를 통하여 결합한 두 개의 단당류로 구성된다. 생물계에서 단당류는 고리형태로 존재하고 이미 살펴본 바와 같이 그들은 실제로 헤미아세탈 또는 헤미케탈(hemiketal)이다. 헤미아세탈이 알코올과 반응할 때 그 생성물은 아세탈이고, 헤미케탈이 알코올과 반응하면 케탈(ketal)로 된다. 이당류의 경우에 알코올은 둘째 단당류로부터 나온다. 생성된 아세탈(acetal) 또는 케탈은 배당체(glycoside)라는 일반 이름을 갖는다. 그리고 탄소-산소 결합은 글라이코시드 결합이라고 부른다.

글라이코시드 결합 형성은 특이하지 않다. 그것은 헤미케탈 또는 헤미아세탈과 둘째 단당류의 하이드록시 원자간 사이에 생길 수 있다. 생물계에서 우리는 일반적으로 말토스(maltose, 그림 1.7), 락토오스(lactose, 그림 1.9), 또는 수크로오스(그림 1.10) 같은 특수한 이당류가 있다. 이들 특수한 이당류는 합성반응이 효소 촉매반응에 의해 세포내에서 생성된다. 각 효소는 특정한 이당류 합성을 촉매작용하고 이때 반응하는 단당류에 있는 특정한 하이드록시 원자단 한 쌍이 글라이코시드 결합 생성에 참여한다.

말토스

두 분자의 α-D-글루코오스가 그림 1.7처럼 결합하면 **말토스**(maltose) 또는 맥아당(malt sugar)이 된다. 이것은 전분 가수분해의 중간체 중 하나다. α-D-글루코오스의 C-1 하이드록시 원자단은 다른 글루코오스 분자의 C-4에 결합하므로, 그 이당류는 α-(1→4) 글라이코시드 결합에 의해 연결된다.

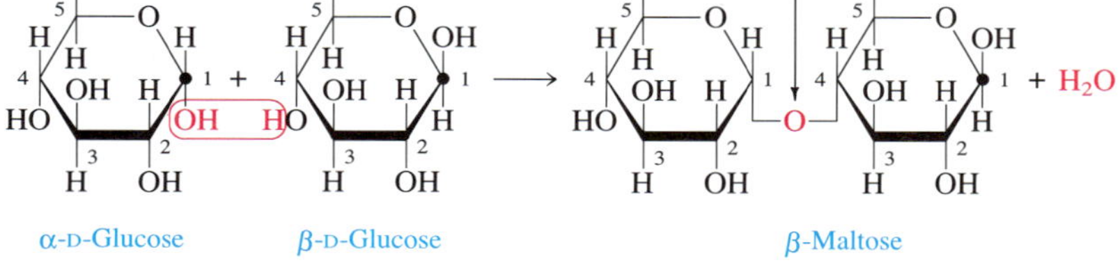

그림 1.7
α-D-글루코오스의 C-1 하이드록시 원자단과 β-D-글루코오스의 C-4 하이드록시 원자단 사이에 형성된 글라이코시드 결합. 환원되는 이당류 말단에 있는 하이드록시 원자단은 β-위치배열을 가지므로 그 이당류를 β-말토스라고 한다.

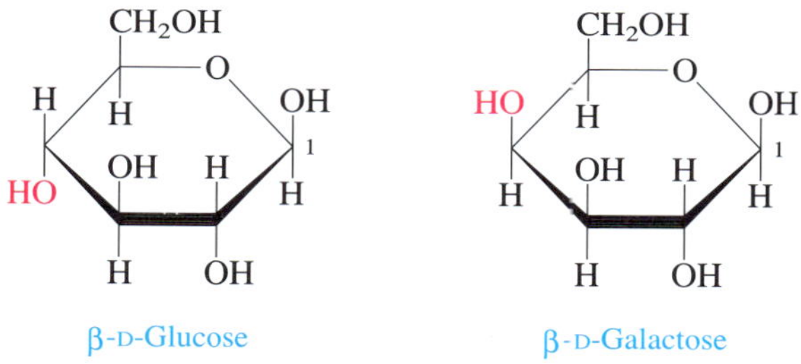

그림 1.8
글루코오스와 갈락토오스의 고리형태 비교. 갈락토오스는 C-4 하이드록시 원자단 위치를 제외하면 글루코오스와 같다는 것에 유의하라.

말토스는 환원당이다. 헤미아세탈 하이드록시 원자단(C-1의 자유 -OH 원자단)을 갖는 이당류는 모두 환원당이다. 이것은 고리구조가 이 위치에서 열려 자유 알데하이드를 형성하기 때문이다. C-1에 헤미아세탈 원자단을 함유하지 않는 이당류는 Benedict 시약과 반응하지 않고 이것을 **비-환원당**(nonreducing sugar)이라고 한다.

학습목적 11

락토오스

유당(milk sugar) 또는 **락토오스**(lactose)는 *β*-D-갈락토오스 한 분자와 α- 또는 *β*-D-글루코오스 한 분자로 구성된 이당류이다. 갈락토오스는 C-4의 하이드록시 원자단 위치배열만 글루코오스와 다르다(그림 1.8). 글루코오스의 고리형태에서 C-4 하이드록시 원자단은 "밑"에 있고 갈락토오스에서는 "위"에 있다. 락토오스에서 *β*-D-갈락토오스의 C-1 하이드록시 원자단은 α- 또는 *β*-D-글루코오스 중 하나의 C-4 하이드록시 원자단에 결합한다. 그러므로 두 가지 단당류 사이 결합은 *β*(1→4) 글라이코시드 결합이다(그림 1.9).

락토오스는 대부분 포유동물의 젖에 있는 주요한 당이다. 인체에 에너지원으로 이용하려면 락토오스는 가수분해되어 글루코오스와 갈락토오스를 생성해야 한다. 이것은 단순히 그림 1.9에 제시한 반응과 반대라

당분해 반응은 5장에서 설명한다.

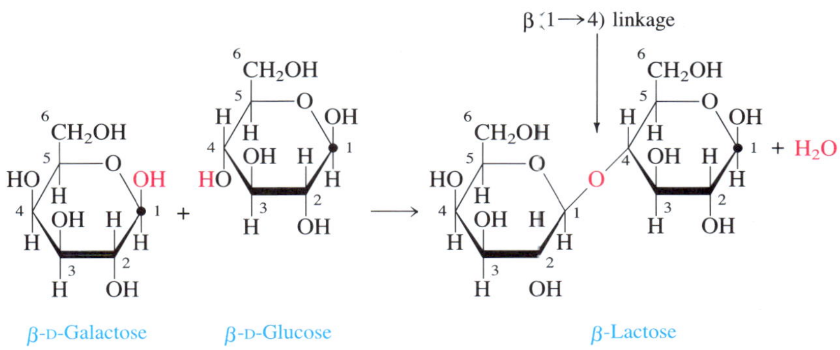

그림 1.9
β-D-갈락토오스의 C-1 하이드록시 원자단과 *β*-D-글루코오스의 C-4 하이드록시 원자단 사이에 생성된 글라이코시드 결합. 그 이당류는 *β*-락토오스라고 부른다. 왜냐하면 그 이당류의 환원 말단에 있는 하이드록시 원자단은 *β*-위치배열을 갖기 때문이다.

인간관련 토픽; 수혈과 혈액형 항원

출혈에 의해 유실된 인간 혈액을 보충하려고 외과 의사들이 동물 혈액을 이용했었다. 그것은 17세기에 처음으로 수혈이 시도되었다. 불행하게도 많은 사람들이 이렇게 시도한 치료의 결과로 죽었고 수혈은 유럽 여러 곳에서 금지 되었다. 혈액제공자는 큰 문제없지만 때때로 수혈자는 부작용 때문에 죽었다. 그리고 19세기에 수혈은 의료 실패 때문에 포기하였다. 1904년에 Dr. Karl Landsteiner는 그의 실험실에서 연구원들의 혈액을 이용하여 일련의 실험을 수행했다. 그의 실험 결과는 모호한 수혈 치사율을 설명하였고 혈액 수혈은 생명을 구하는 임상학적 방법으로 되돌아갔다. Dr. Landsteiner는 그의 공동연구원들로부터 혈액시료를 취하였다. 그는 혈장(혈액액체 성분)으로부터 혈액세포(혈구)를 분리하고 이들 시료를 시험관에서 섞었다. 그는 한 개인으로부터 취한 혈장을 또 다른 사람의 혈액 세포와 섞을 때 Landsteiner는 어떤 예에서 혈장 시료들이 적혈구(red blood cell, RBC) 응집이 생기는 것을 발견했다. 응집반응은 항상 두 가지 혈액이 양립할 수 없고(함께 섞을 수 없고) 수혈은 생명을 위협하는 반응이 일어날 수 있다는 것을 나타냈다. 그러한 많은 실험의 결과로 Landsteiner는 A, B, AB, O로 표시하는 네 가지 인간 혈액형이 있다고 제시했다.

현재 혈액형 사이의 차이는 단백질과 RBC 막의 지질에 결합한 올리고당류 사이의 차이라고 알고 있다. RBC 표면의 올리고당류는 뒤따르는 그림처럼 *β*-D-*N*-galactosamine, 갈락토오스, *N*-acetylneuraminic acid(sialic acid), L-fucose로 구성되는 공통 중심을 갖는다. 서로 다른 혈액형 세포를 구별하고 혈액형의 양립을 지배하는 것은 이러한 올리고당류의 말단 단당류다.

A혈액형 항원은 그것의 말단에 *β*-D-*N*-acetylgalactosamine을 갖는 반면에 B혈액형 항원은 α-D-갈락토오스를 갖는다. O혈액형에서는 이러한 당이 세포표면에서 발견되지 않고 중심 올리고당류만 존재한다. AB혈액형 세포에서 어떤 올리고당류는 말단 *β*-D-*N*-acetylgalactosamine을 갖고 그 반면에 다른 것은 한 말단에 α-D-갈락토오스를 갖는다.

왜 응집이 일어나는가? 양립할 수 없는 혈액을 섞을 때 일어나는 응집반응은 항원-항체 반응이다. 항원은 큰 분자이고 때때로 박테리아 또는 바이러스(virus)이고 그것은 방어항체를 생성하는 인체의 면역방어를 자극한다. 항체는 외부 항원과 결합하여 그들의 파괴를 돕는다.

A혈액형을 갖는 사람은 혈청 중에서 B혈액형에 대하여 항체(항-B항체)를 갖는다. A혈액형을 갖는 사람이 B혈액형을 수혈하면 항-B항체들이 B혈액형 세포와 결합하여 응집하고 이들 세포가 파괴되어 사망할 수 있다. B혈액형을 갖는 사람은 항-A항체를 생성하므로 A혈액형 사람으로부터 수혈 받을 수 없다. AB혈액형을 갖는 사람은 그들의 혈액에 항-A 또는 항-B 항체를 갖지 않으므로 만능수혈자(universal recipient)라고 생각한다. (만약 그들이 수혈하면 그들의 자체 적혈구 세포들이 파괴된다!) 그리하여 비상상태에서 AB혈액형을 갖는 사람은 위험스런 수혈반응 없이 어떤 혈액형을 갖는 사람으로부터도 혈액을 받을 수 있다. O혈액형은 RBC에 A 또는 B 항원을 갖지 않지만 항-A 또는 항-B 항체 두 가지를 갖는다. 두 가지 형태의 항체들이 존재하므로 O혈액형 사람들은 O혈액형을 갖는 사람으로부터만 수혈 받을 수 있다. 그와 반대로 적혈구 세포 표면에 A와 B 항원이 없다는 것은 O혈액형을 안전하게 어떤 혈액형 환자에게 수혈할 수 있다는 것을 의미한다. 그러므로 O혈액형 사람은 만능공혈자(universal donor)다.

인간관련 토픽; 수혈과 혈액형 항원

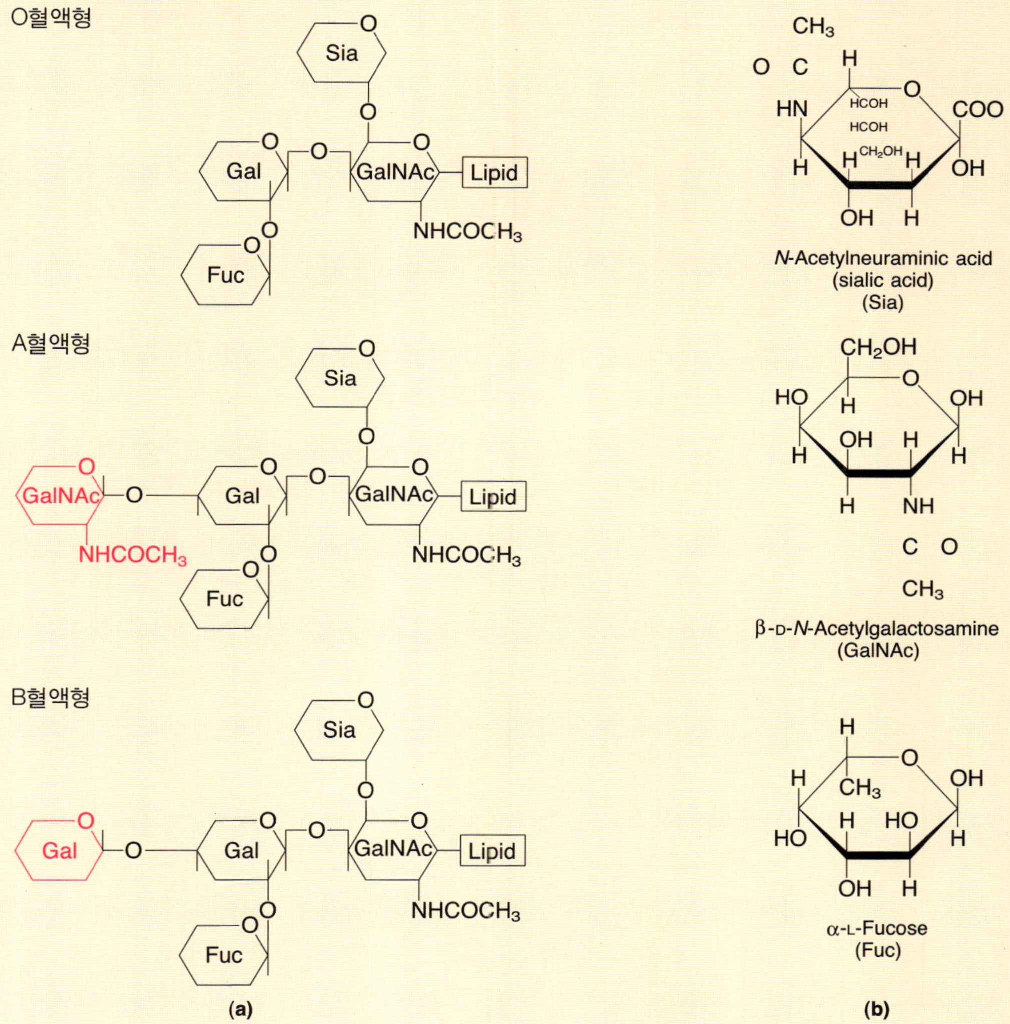

혈액형 올리고당류의 계통도. (a) 중심 올리고당류만 O혈액형 적혈구 세포 표면에서 발견된다. A혈액형 적혈구 세포에서 *β*-D-*N*-acetylgalactosamine은 중심 올리고당류의 갈락토오스(Gal)에 결합한다. B혈액형 적혈구 세포에서 갈락토오스 분자는 중심 올리고당류의 갈락토오스에 결합한 것으로 발견되었다. (b) 특이한 단당류 중 몇 가지 구조는 혈액형 올리고당류에서 발견된다.

는 것에 유의하라. 락토오스 가수분해에 의해 유리된 글루코오스는 직접 당분해반응의 에너지 생성에 이용한다. 그러나 갈락토오스를 세포의 대사반응에 이용하기 위해서는 글루코오스의 인산 형태로 변환해야 하는데, 이때는 일련의 반응이 필요하다. 인간의 **갈락토오스 혈증**(galactosemia) 유전병은 이 변환에 필요한 하나 이상의 효소가 부족해서 생긴다. 갈락토오스로부터 생성된 독성 화합물은 갈락토오스 혈증으로 고통받는 사람들에게 축적된다. 그 상태를 치료하지 않으면 갈락토오스 혈증은 심한 정신장애, 백내장, 조기 사망을 초래한다. 그러나 이 질병의 효과는 갈락토오스 혈증 어린이에게 갈락토오스를 함유하지 않은 식이를 제공하여 완전히 피할 수 있다. 물론 그러한 식이는 락토오스가 없어야 한다. 따라서 우유 또는 우유 제품이 아닌 것이어야 한다.

많은 어른들과 일부 아이들은 그들이 락타아제(lactage)라는 효소를 만들 수 없으므로 락토오스를 가수분해할 수 없다. 이 상태는 미국에서 20% 인구에 이르고 **락토오스 소화장애증**(lactose intolerance)이라고 알려졌다. 소화되지 않은 락토오스는 장관(intestinal tract)에 남아 응집되고 결과적으로 탈수를 일으킬 수 있는 설사를 유발한다. 일부 락토오스는 장 안에서 유기산과 CO_2 기체를 방출하는 장 박테리아와 대사반응하여 더 거북해진다. 락토오스 소화장애증은 유쾌하지 않지만 이 증상은 우유와 우유제품을 제외한 식이에 의해 피할 수 있다. 다른 방법으로 락토오스를 가수분해하는 효소를 정제 형태로 이용할 수 있다. 그것은 낙농제품을 섭취할 때 락토오스를 분해하여 그 증상이 방지된다.

수크로오스

수크로오스(sucrose)는 식탁용 설탕으로 불리우며 사탕수수 또는 사탕무우로 부터 만들어진다. 수크로오스는 식물에서 중요한 탄수화물이다. 그것은 물에 녹고 식물의 순환계통을 통하여 쉽게 운반된다. 그것은 동물에 의해 합성될 수 없다. 고농도 수크로오스는 큰 삼투압을 형성한다. 그러므로 그것은 미생물 성장을 억제한다. 따라서 수크로오스는 식품 보존제로 사용된다. 물론 그것은 감미료로 널리 이용된다. 실제로 수크로오스는 미국사람들이 평균 매년 약 100~125 pound를 소비한다. 수크로오스는 식이에서 바람직하지 않다고 생각하고 있다. 왜냐하면 그것은 빈(empty) 칼로리의 근원이기 때문이다. 즉 그것은 비타민 또는 무기질을 함유하지 않는다. 그러나 다만 과학적으로 증명

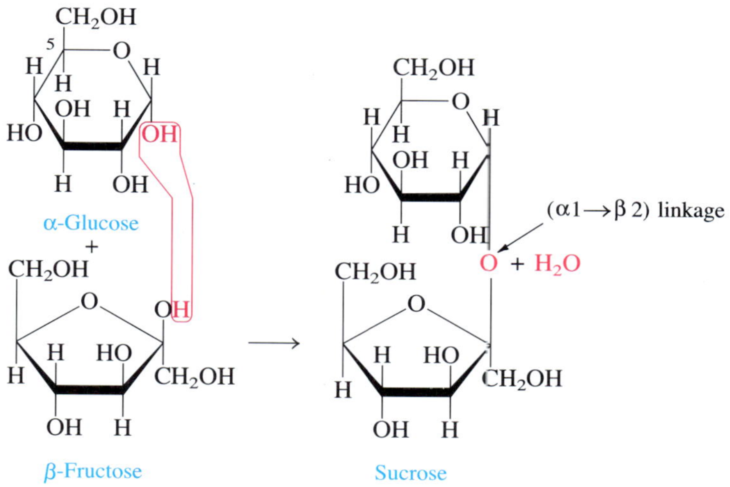

그림 1.10
α-D-글루코오스의 C-1 하이드록시 원자단과 β-D-프룩토오스의 C-2 하이드록시 원자단 사이에 생성된 글라이코시드 결합. 이 결합은 (α1→β2) 글라이코시드 결합이라고 부른다. 이 반응에서 생성된 이당류는 수크로오스다.

된 부정적 관련사항은 식이 중 수크로오스와 충치 또는 치아를 상하게 만드는 관계다(인간관련 토픽: 치아부식과 간단한 당류를 보라).

수크로오스는 α-D-글루코오스와 β-D-프룩토오스가 결합한 이당류이다(그림 1.10). α-D-글루코오스와 β-D-프룩토오스 사이의 글라이코시드 결합은 락토오스와 말토스에 대하여 시험한 것과 전혀 다르다. 이 결합은 두 가지 당의 anomer 탄소를 포함한다. 이 결합은 (α1→β2) 배당체 결합이라고 부른다. 왜냐하면 그것은 글루코오스의 C-1 anomer 탄소와 프룩토오스의 C-2 anomer 탄소를 포함하기 때문이다(그림 1.10의 빨간색에 유의하라). (α1→β2) 배당체 결합은 anomer 탄소와 결합하므로 헤미아세탈 원자단이 없다. 그러므로 수크로오스는 Benedict 시약과 반응하지 않고 환원당이 아니다.

1.6 다당류

학습목적 12

전분

자연에서 발견되는 대부분 탄수화물은 글루코오스의 큰 중합체다. 그와 같이 다당류는 하나 또는 그 이상의 사슬로 결합된 많은 단당류 단위(단위체, monomer)로 구성되어 있다.

중합체는 많은 작은 단위, 즉 단위체로 구성되고 화학결합에 의해 연결되어 있다.

그림 1.1처럼 식물들은 CO_2와 H_2O로부터 단당류, 즉 주로 글루코오스 생산을 위해 햇빛 에너지를 이용하는 능력을 갖는다. 수크로오스는

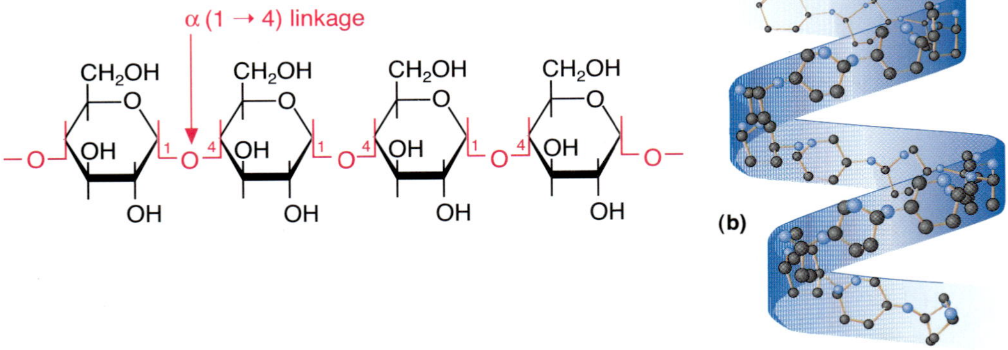

그림 1.11
아밀로오스 구조. (a) α(1→4) 글라이코시드 결합에 결합한 α-D-글루코오스의 선형 사슬이 아밀로오스의 일차구조를 만든다. (b) 수소결합 때문에 아밀로오스 사슬은 1 회전마다 6 글루코오스를 함유하는 왼손방향 나선형을 형성한다.

식물에서 주요한 운반형태이지만 전분(다당류의 한 종류)은 대부분의 식물에서 주요한 저장형태이다. 이들 식물은 글루코오스를 전분입자 형태로 저장한다. 거의 모든 식물 세포는 전분입자를 함유하는데 대두와 같은 종자에는 세포의 건조 무게로 80%가 전분이다.

전분은 글루코오스 중합체인 **아밀로오스**(amylose)와 **아밀로펙틴**(amylopectin)으로 구성된 불균일 물질이다. 식물 세포 중에 있는 전분의 약 80%를 차지하는 아밀로오스는 한 글루코오스 분자의 C-1과 다른 한 글루코오스의 C-4 사이에 글라이코시드 결합으로 연결된 α-D-글루코오스 분자의 선형 중합체다. 따라서 아밀로오스 중 글루코오스 단위는 α(1→4) 글라이코시드 결합으로 결합되어 있다. 한 개의 간단한 사슬은 글루코오스를 4000 단위까지 함유한다. 아밀로오스는 6 단위 글루코오스마다 반복되는 나선형으로 감겨 있다. 아밀로오스 구조는 그림 1.11에 제시되어 있다.

> 효소는 생물학적 촉매로 작용하는 단백질이다. 그들은 생화학 반응을 촉진하므로 생명과정을 이끈다. 이러한 효소를 α(1→4) glycosidase라고 한다. 왜냐하면 그들은 α-(1→4) glycosidic bond를 분해하기 때문이다.

아밀로오스는 두 가지 형태의 효소에 의해 분해된다. 그들은 췌장(pancreas) 중에서 생성되어 소장으로 분비되고 침샘은 그들을 타액으로 분비한다. α-아밀라아제는 무작위로 그 사슬을 따라 아밀로오스 사슬의 글라이코시드 결합을 분해하여 더 짧은 다당류 사슬을 생성한다. β-아밀라아제 효소는 연속적으로 아밀로오스 사슬의 환원 말단으로부터 이당류 말토오스를 분해한다. 글루코오스는 빠르게 장 세포와 인체 세포에 에너지원으로 흡수된다.

아밀로펙틴은 많은 가지를 갖는 아밀로오스이고 그것은 α(1→6) 글라이코시드 결합에 의하여 C-6 하이드록시 원자단에 결합한다(그림 1.12). 주사슬은 α(1→4) 글라이코시드 결합으로 구성된다. 각 곁가지

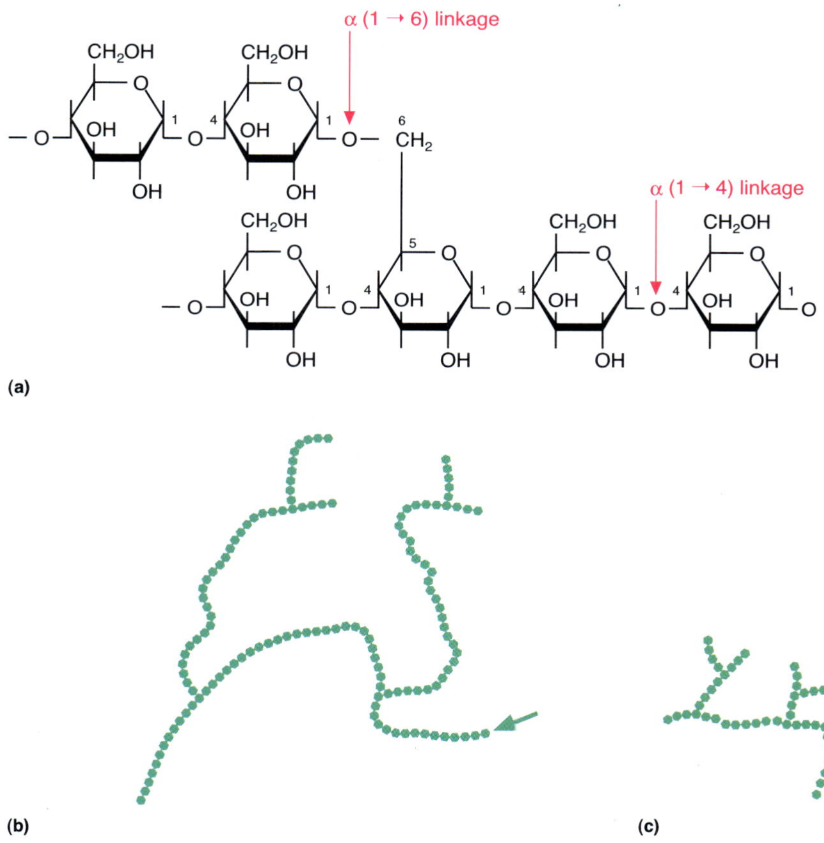

그림 1.12
아밀로펙틴과 글리코겐의 구조. (a) 아밀로펙틴과 글리코겐은 α(1→4) 글라이코시드 결합에의해 결합한 α-D-글루코오스 분자 사슬로 구성되어 있다. 이들 사슬의 곁가지는 동일한 구조지만 다른 사슬이다. 곁가지는 글루코오스 단위 사이에 α(1→6) 글라이코시드 결합의 생성에 의해 생긴다. (b) 아밀로펙틴의 곁가지 사슬구조. (c) 글리코겐의 곁가지 사슬구조. 글리코겐은 그 곁사슬이 더 짧고 더 많다는 것만 아밀로펙틴과 다르다.

임상관련 토픽; 박테리아 세포 벽

박테리아 세포 벽의 주요한 성분은 peptidoglycan이라고 알려진 복합 다당류이다. 그 이름은 이 구조가 당 분자(-glycan)와 펩타이드(peptido-; 아미노산의 짧은 중합체)로 구성된다는 것을 설명한다.

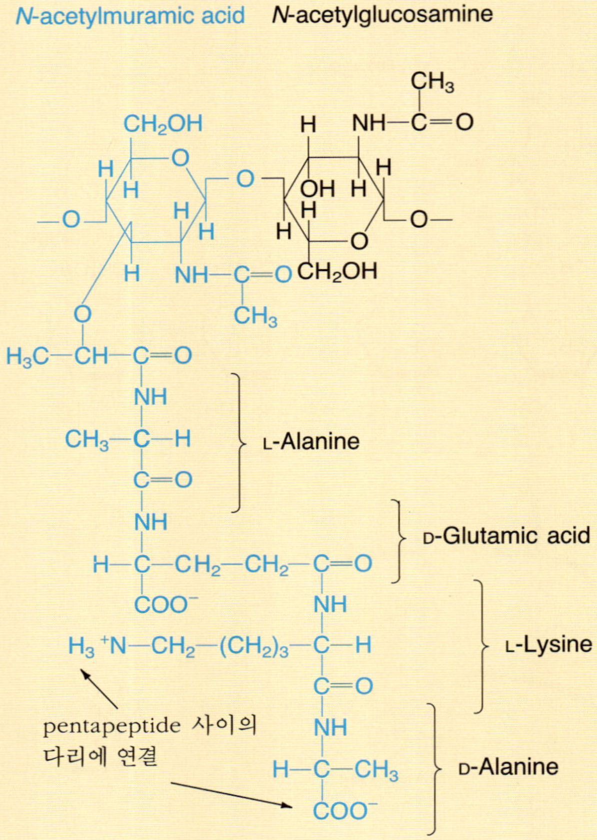

β(1→4) glycosidic bond에서 *N*-acetylglucosamine과 *N*-acetylmuramic acid의 구조. *N*-acetylmuramic acid와 결합한 tetrapeptide 다리에 유의하라.

임상관련 토픽; 박테리아 세포 벽

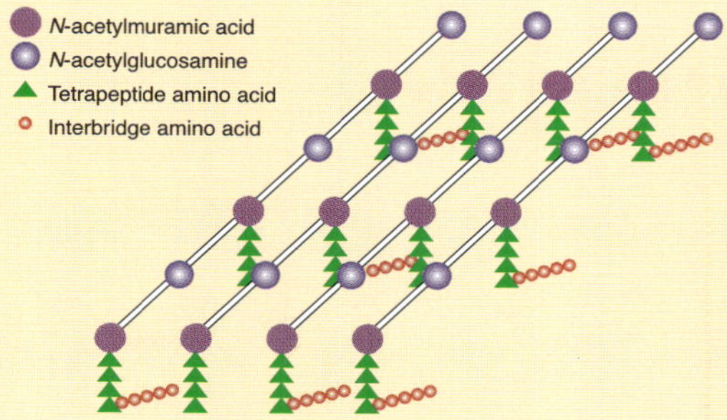

한 층의 peptidoglycan 삼차원 구조

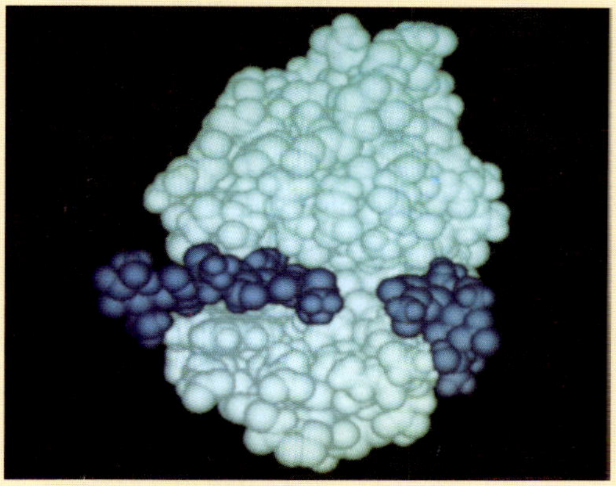

기질에 결합한 lysozyme의 입체배열. 효소는 박테리아 벽 세포 6-당 부분과 결합하여 그것을 분해한다. 그 기질은 효소표면의 깊은 균열에 들어 맞는다.

앞 쪽의 구조처럼 peptidoglycan의 탄수화물 부분은 *N*-acetylglucosamine과 *N*-acetylmuramic acid라고 부르는 두 가지 글루코오스 분자의 또 다른 단위의 중합체다. 이들 두 가지 특이한 단당류는 $\beta(1 \rightarrow 4)$ 글라이코시드 결합과 결합한다. 게다가 각 *N*-acetylmuramic acid는 네 개 아미노산의 사슬인 테트라펩타이드와 결합한다.

세포 벽의 구조 세기는 서로 반복단위가 연결되는 펜타펩타이드 교차결합의 결과 때문이다(그림을 보라). 그러한 수만 개 교차결합은 박테리아 주위에 거대한 수십 층의 peptidoglycan를 생성한다. 이러한 두꺼운 벽은 매우 단단하다. 그것은 박테리아 모양을 유지하고 주위의 염류 농도가 너무 작을 때[저장액성 상태(hypotonic condition)] 세포의 파열을 보호한다.

우리 몸은 항상 여러 가지 박테리아에 의해 공격받고 있다. 그리고 예상하는 바와 같이 우리들은 그 피해를 최소화하려고 보호 메카니즘을 만든다. 예를 들어 lysozyme 효소는 눈물과 타액에서 발견되고 petidoglycan의 $\beta(1 \rightarrow 4)$ 글라이코시드 결합의 가수분해를 촉매작용한다. 다음 그림처럼 세포 벽의 6-당 단위가 자동전화기의 구멍에 넣는 은행카드처럼 미끄러져 들어갈 수 있게 그 효소는 표면(활성 자리)에 깊은 홈(groove)이 있다. 그 다음에 lysozyme은 결합분해를 촉매작용하고 박테리아 세포 벽을 파괴한다.

Penicillin은 박테리아 세포 벽 합성을 방해하는 항생제다. 인체는 박테리아 세포 벽과 같은 구조를 갖지 않으므로 penicillin으로 처리하면 선택적으로 박테리아를 파괴하고 환자에게는 해가 되지 않는다. 그러나 어떤 사람은 penicillin에 알레르기를 일으킬 수 있다는 것을 항상 기억해야 한다.

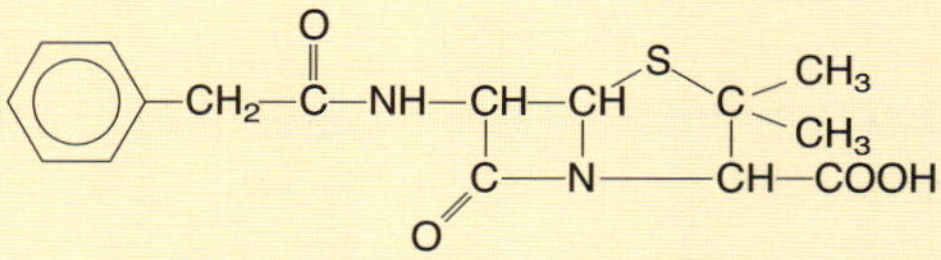

Penicillin G

Penicillin은 테트라펩타이드 사이에 교차결합 생성을 촉매작용하는 효소를 방해한다. 항생물질은 비가역적으로 그 효소의 활성자리에 결합하므로 그것은 테트라펩타이드 꼬리에 결합할 수 없다. 그리하여 교차결합을 만들 수 없다. 고도로 교차결합된 강하고 질긴 peptidoglycan 층이 없어지고 세포벽은 터지고, 박테리아는 죽는다.

의학관련 토픽; 단당류 유도체와 헤테로다당류의 의학적 관심

인체에서 중요한 기능을 갖는 많은 탄수화물은 간단한 단당류 유도체 또는 단당류 유도체의 복합 중합체다. 단당류 유도체의 한 종류인 uronate는 단당류의 말단-CH_2OH 원자단이 카르복시기로 산화될 때 생성된다. α-D-Glucuronate는 글루코오스의 한 uronate다.

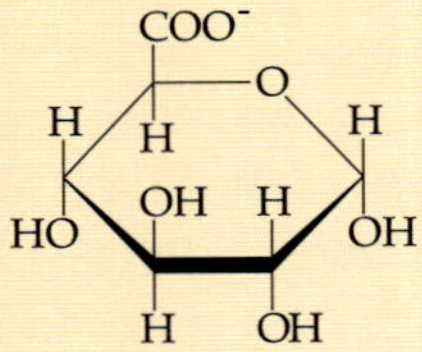

α-D-Glucuronate

간 세포에서 α-D-glucuronate는 스테로이드 같은 소수성 분자와 결합하여 물속에서 그들의 용해도를 증가한다. 변형 당과 결합할 때 스테로이드는 인체로부터 더 쉽게 제거된다.

아미노당(amino sugar)은 단당류 유도체 중 두 번째로 중요하다. 아미노당에서 하이드록시 원자단 중 하나(일반적으로 탄소-2에서)는 아미노 원자단에 의해 치환된다. 때때로 이들은 세포 단백질과 지질에 결합한 복합 올리고당류에서 발견된다. 가장 일반적 아미노당인 D-glucosamine과 D-galactosamine은 때때로 *N*-아세틸 형태로 발견된다. *N*-acetylglucosamine(앞에서 설명한 임상관련 토픽; 박테리아 세포벽을 보라)은 박테리아 세포벽의 한 성분이고 *N*-acetylgalactosamine은 A, B, O 혈액형의 한 성분이다(앞에서 설명한 인간관련 토픽: 수혈과 혈액형 항원을 보라).

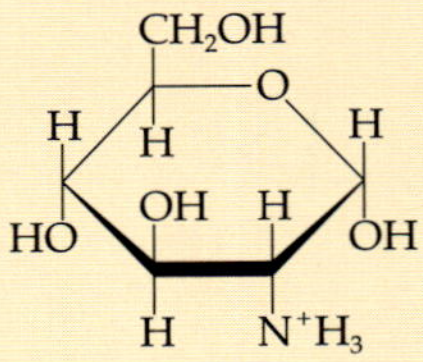

α-D-Glucosamine

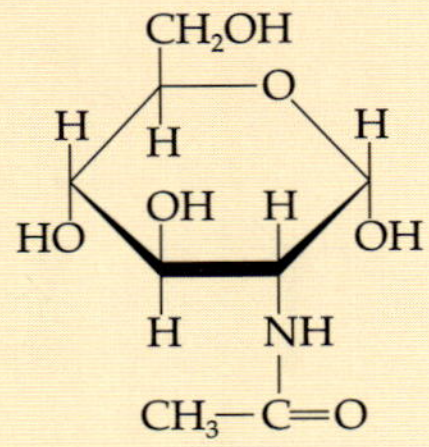

α-D-*N*-Acetylglucosamine

헤테로다당류는 한 종류 이상의 단당류를 포함하는 긴 사슬 중합체이고 이들 중 많은 것은 아미노당이다. 결과적으로 그들은 때때로 glycosaminoglycan이라 하고 그것은 황산 chondroitin, hyaluronic acid, heparin을 포함한다. Hyaluronic acid는 관절의 액체에 그리고 눈의 초자 체액(viterous humor)에 많다. 황산 chondroitin은 중요한 물렁뼈 성분이고 heparin은 항응고제 기능을 갖는다. 이들 중합체의 반복단위 구조는 다음에 있다.

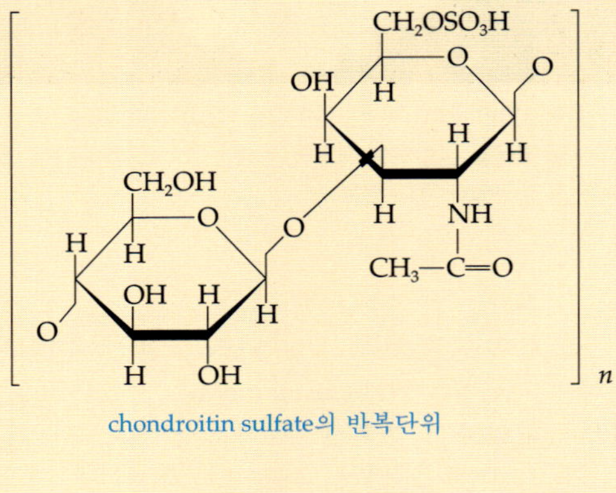

chondroitin sulfate의 반복단위

의학관련 토픽; 단당류 유도체와 헤테로다당류의 의학적 관심

이들도 분자는 골관절염과 관절의 고통스런 퇴행성 질환에 중요한 치료제로 연구되어왔다. 아미노당인 D-glucosamine은 콜라젠 생성을 자극하는 것으로 생각한다. 콜라젠은 관절 연골의 주요한 성분 중 하나이고 그것은 관절내부에서 충격흡수 완충제다. 노화에 따라 몇 가지 D-glucosamine은 손실되고 물렁뼈 층의 쇠약과 발병 그리고 관절염 진행을 초래한다. D-glucosamine 주입은 실제로 물렁뼈 생성을 "유발"하고 관절염 관절에서 손상된 연골의 회복을 돕는다.

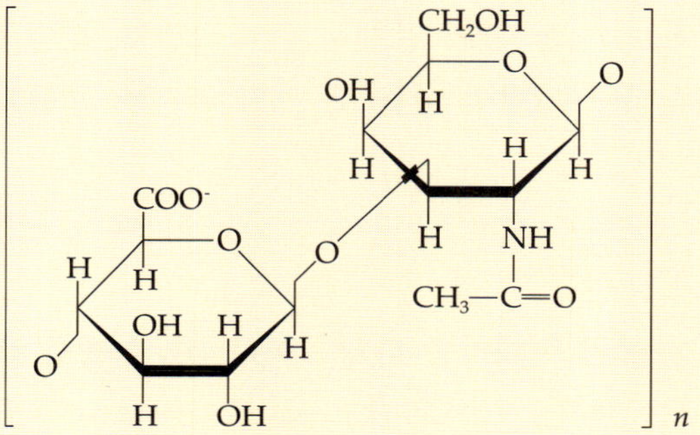

hyaluronic acid의 반복단위

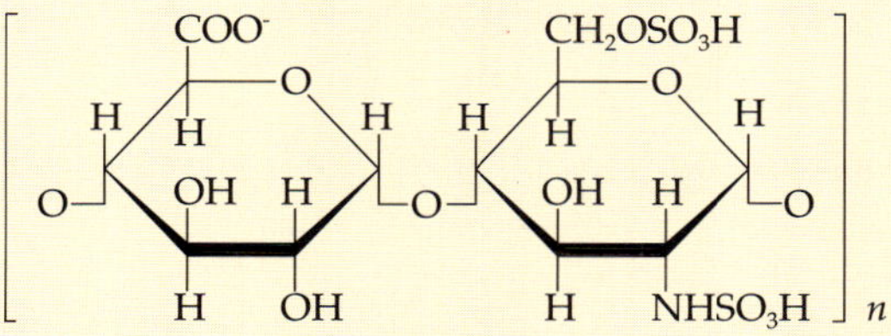

heparin의 반복단위

황산 chondroitin은 미숙한 상태의 파괴로부터 생기는 관절염을 보호할 수 있다. 그것은 다량의 물을 흡수하고 그 물은 연골 쪽으로 영양의 확산을 촉진하고 새로운 연골의 합성을 제공하는 것으로 생각된다. 증가된 유체는 또한 충격 흡수제로도 작용한다.

D-glucosamine과 황산 chondroitin이 퇴행성 관절염에 주는 효과는 계속해서 연구되고 있다. 현재까지 그 연구는 결론이 없다. 왜냐하면 골관절염 환자에게 많은 위약효과(placebo effect)가 관찰되기 때문이다. 이들 연구의 대조군에서 많은 사람들도 당 알갱이와 같은 위약(placebo)으로 치료할 때 증상의 완화를 경험하고 있다.

D-glucosamine과 황산 chondroitin을 함유하는 캡슐(capsule)은 의약품 판매점에서 이용할 수 있고 골관절염으로 고생하는 많은 사람들은 ibuprofen같은 어떤 비-스테로이드성 항염증 의약제(nonsteroidal anti-inflammatory drug, NSAID)의 대체물로서 영양보충제를 섭취하는 것이 더 좋을 수 있다. NSAID는 염증과 고통을 감소할 수 있지만 장기간 NSAID 이용은 위궤양, 청신경장애, 그리고 신장손상을 가져올 수 있다.

는 20~25 글루코오스 단위를 함유하고 주사슬을 겨우 구별할 수 있을 정도로 대단히 많은 곁사슬들이 있다.

글리코겐

글리코겐(glycogen)은 동물에서 주요한 글루코오스 저장 분자이다. 글리코겐 구조는 아밀로펙틴 구조와 유사하다. "주사슬"은 α(1→4) 글라이코시드 결합에 의해 연결되어 있다. 그리고 그것은 수많은 α(1→6) 글라이코시드 결합을 갖고 그 사슬을 따라 많은 곁사슬 점(point)을 제공한다. 글리코겐은 더 많고 더 짧은 곁사슬을 갖는 것만 아밀로펙틴과 다르다. 만약 그렇지 않으면 그 두 분자는 실제로 동일하다. 글리코겐 구조는 그림 1.12에 제시했다.

글리코겐은 간과 골격근육에 저장된다. 간에서 글리코겐의 합성과 분해를 조절한다. 1.7절에 설명한 것처럼 이들 두 가지 과정은 일정한 혈당농도 유지와 직접 관련이 있다.

셀룰로스

셀룰로스(cellulose)는 가장 많이 존재하는 다당류이다. 즉 실제로 세상에서 가장 많은 유기 분자는 셀룰로스이고 *β*(1→4) 글라이코시드 결합에 의해 결합된 *β*-D-글루코오스 단위의 중합체다(그림 1.13). 셀룰로스 분자는 전형적으로 약 3000 글루코오스 단위를 함유한다. 그러나 가장 큰 것으로 알려진 셀룰로스는 Valonia algae에 의해 생성된 것이고 26,000 글루코오스 분자를 함유한다.

셀룰로스는 식물 세포벽의 구성 성분이다. 곁 가지가 없는 셀룰로스

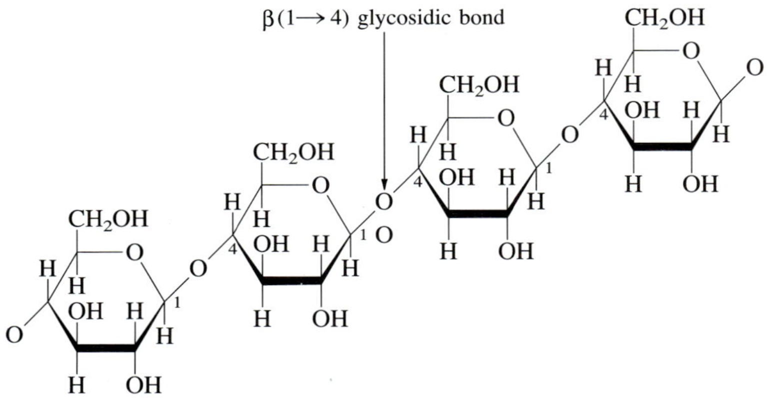

그림 1.13
셀룰로스 구조

중합체 구조와 $\beta(1\rightarrow4)$ 글라이코시드 결합은 원섬유(fibril)라고 부르는 평행 셀룰로스 분자의 긴 선형 사슬을 형성한다. 이들 원섬유는 대단히 단단하고 수소결합에 의해 서로 단단하게 붙잡혀 있다. 그리하여 셀룰로스가 세포벽의 구조 성분이라는 것은 놀라운 것이 아니다.

글리코겐, 아밀로오스 그리고 아밀로펙틴과는 달리 셀룰로스는 인간에 의해 소화되지 않는다. 그 이유는 인간이 $\beta(1\rightarrow4)$ 글라이코시드 결합을 가수분해할 수 있는 셀룰라아제 효소를 합성할 수 없기 때문이다. 실제로 흰개미, 젖소, 염소와 같은 몇몇 동물만이 셀룰로스를 소화할 수 있다. 이들은 소화관내에 셀룰라아제 효소를 만들 수 있는 미생물을 갖고 있다. 이 미생물의 소화에 의해 방출된 당은 흡수되고 이들에 의해 이용된다. 인간은 과일과 채소로부터 섭취한 셀룰로스를 식이섬유로 이용한다.

α-아밀라제와 β-아밀라제는 어떤 화학반응을 촉매작용하는가? **문제 1.5**

요약

1.1 탄수화물의 종류

탄수화물은 다양한 형태의 천연물질중에서 발견되고 인체에서 주요한 에너지원으로 이용된다. 식이 탄수화물은 감자 전분과 같은 복합 탄수화물과 수크로오스같은 간단한 탄수화물을 포함한다.

탄수화물은 단당류(한 개의 당 단위), 이당류(두 개의 당 단위), 올리고당류(3에서 10개의 당 단위) 또는 다당류(많은 당 단위)로 분류한다.

1.2 단당류

가장 많이 산화된 작용기로서 알데하이드를 갖는 단당류는 알도오스다. 그리고 가장 많이 산화된 작용기로서 키톤 원자단을 갖는 단당류는 케토오스다. 그들은 탄수화물의 탄소원자 수에 따라 트리오스, 테트로오스, 펜토스 등으로 분류할 수 있다.

1.3 입체이성질체와 입체화학

단당류의 입체이성질체는 카이랄 탄소원자가 존재하기 때문에 존재한다. 그들은 알데하이드 또는 키톤 원자단으로부터 가장 먼 카이랄 탄소의 원자배열에 따라 D- 또는 L-로 분류한다. 이 탄소에 -OH 원자단이 오른쪽에 있으면 그 입체이성질체는 D-계열이다. -OH 원자단이 왼쪽에 있으면 이성질체는 L-계열이다.

각 한 쌍의 입체이성질체는 서로 다른 방향으로 평면편광을 회전한다. 편광계는 평면편광의 회전방향 측정에 이용한다. 시계방향으로 빛을 회전하는 화합물은 오른쪽 회전성이라 하고 플러스(+) 부호로 표시한다. 빛을 시계 반대방향으로 회전하는 화합물은 왼쪽 회전성이라 하고 마이너스(−) 부호로 표시한다.

Fischer 투영식은 두선의 교차점에서 카이랄 탄소를 나타내는 한 분자의 이차원 그림이다. 수평선은 종이 평면을 벗어나 투시되는 결합을 나타내고 수직선은 종이 평면에 투시되는 결합을 나타낸다. 가장 많이 산화된 탄소는 항상 그 구조의 "위"에 나타낸다.

1.4 생물학적으로 중요한 단당류

중요한 단당류는 글리세르알데하이드, 글루코오스, 프룩토오스를 포함한다. 5 또는 6 탄소원자를 함유하는 단당류는 5-원소 또는 6-원소 고리로 존재한다. 고리를 형성하면 본래 카보닐 탄소에 새로운 카이랄 탄소를 갖고 그것은 원자단 방향에 따라 α-또는 β-로 표시한다. 알도오스 고리화는 분자내 헤미아세탈을 생성하고 케토오스 고리화는 분자내 헤미케탈을 만든다.

환원당은 Benedict 시약에 의해 환원된다. 모든 단당류와 수크로오스를 제외한 모든 일반 이당류는 환원당이다. 한때 Benedict 시약은 오줌에서 글루코오스 농도 측정에 이용했다.

1.5 생물학적으로 중요한 이당류

중요한 이당류는 락토오스와 수크로오스이다. 락토오스는 β(1→4)와 D-글루코오스가 결합한 β-D-갈락토오스의 한 이당류다. 갈락토오스 혈증에서 갈락토오스의 불완전한 대사작용은 독성 부산물의 축적을 초래한다. 갈락토오스 혈증에 의하여 생기는 좋지 않은 결과는 그 영향을 받은 아이들의 식이중 우유와 우유제품을 제외시켜 피할 수 있다. 한 이합체 수크로오스는 β-D-프룩토오스가 (α1→β2)와 결합한 α-D-글루코오스로 구성되어 있다.

1.6 다당류

식물 세포의 저장 다당류인 전분은 대략 80%의 아밀로오스와 20%의 아밀로펙틴으로 구성되어 있다. 아밀로오스는 α(1→4) 결합으로 연결된α-D-글루코오스의 한 중합체다. 아밀로오스는 나선형이다. 아밀로펙틴은 많은 곁사슬을 갖는다. 그것의 주사슬은 α(1→4) 결합으로 연결된 α-D-글루코오스 단위로 구성한다. 그 곁사슬은 α(1→6) 글라이코시드 결합으로 연결된다.

동물 세포의 주요한 저장 다당류인 글리코겐은 아밀로펙틴과 비슷하지만 더 많고 더 짧은 곁사슬을 같는다. 간의 글리코겐 저장은 혈당 농도 조절에 이용된다.

셀룰로스는 식물의 주요한 구조 분자다. 그것은 수천 글루코오스 단위체를 포함하는 D-글루코오스의 β(1→4) 중합체다. 셀룰로스는 동물에 의해 소화될 수 없다. 왜냐하면 β(1→4) 글라이코시드 결합을 분해할 수 있는 효소를 만들 수 없기 때문이다.

주요한 용어

- 갈락토오스 혈증(1.5)
- 갈락토오스(1.4)
- 거울상이성질체(1.3)
- 글라이코시드 결합(1.1)
- 글루코오스(1.4)
- 글리세르알데하이드(1.3)
- 글리코겐(1.6)
- 다당류(1.1)
- 당류(1.1)
- 데트로스(1.2)
- 락토오스 불내성(1,5)
- 락토오스(1.5)
- 리보스(1.4)
- 말토스(1.5)
- 비대칭 탄소(1.3)
- 비환원당(1.5)
- 셀룰로스(1.6)
- 수크로오스(1.5)
- 아밀로오스(1.6)
- 아밀로펙틴(1.6)
- 알도오스(1.2)
- 올리고당류(1.1)
- 이당류(1.1)
- 입체이성질체(1.3)
- 입체화학(3.3)
- 카이랄 분자(1.3)
- 케토오스(1.2)
- 탄수화물(1.1)
- 트리오스(1.2)
- 펜토스(1.2)
- 프룩토오스(1.4)
- 헤미아세탈(1.4)
- 헤미케탈(1.4)
- 헥소스(1.2)
- 환원당(1.4)
- anomer(1.4)
- benedict시약(1.4)
- Fischer투영식(1.3))
- Haworth 투영식(1.4)

문제

탄수화물의 종류

1.6 단당류와 이당류 사이의 차이는 무엇인가?

1.7 당신의 부엌에서 몇 가지 식품의 이름표를 읽어라. 그리고 그 상품의 성분에서 한 가지 이상 탄수화물을 나열한 제품은 몇 가지인가? 이들 제품의 목록을 작성하라. 그리고 그들을 단당류, 이당류, 다당류로 분류하라.

1.8 탄수화물 1 g을 태우거나 연소할 때 에너지를 몇 kcal 방출하는가?

1.9 알도헥소스와 케토헥소스를 그린 다음 이름을 제시하라.

단당류

1.10 다음 각 당의 이름은 무엇인가? 각기 헤미아세탈 또는 헤미케탈로 명명하라.

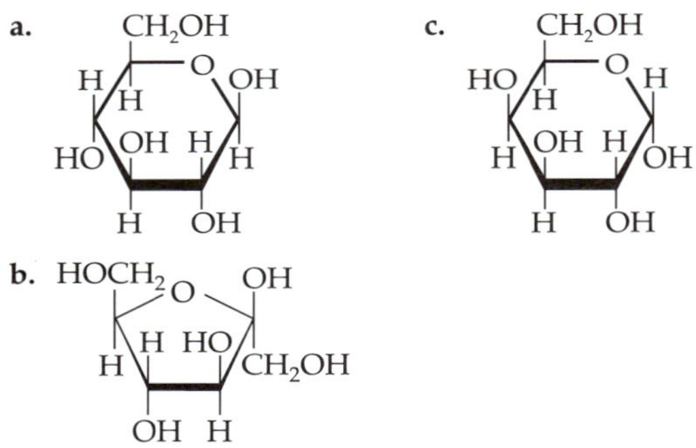

1.11 분자식 $C_3H_6O_3$의 모든 서로 다른 가능한 알도트리오스들을 그려라.

입체이성질체와 입체화학

1.12 덱스트로오스와 D-글루코오스 사이에 어떤 차이가 있는가?

1.13 D-와 L-글리세르알데하이드는 어떤 관련이 있는가?

1.14 입체이성질체라는 용어를 정의하라.

1,15 카이랄이라는 용어를 정의하라.

1.16 편광계는 어떻게 조작하는가 설명하라.

1.17 다음 각 화합물의 Fischer 투시화학식을 그려라. 별표를 이용하여 각 카이랄 탄소를 지적하라.

a. 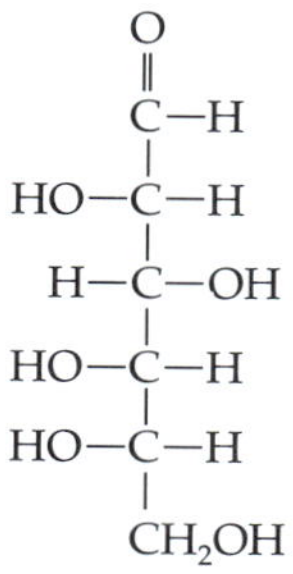 b. 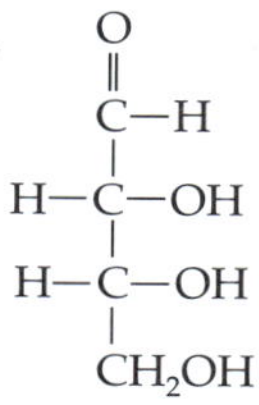 c. 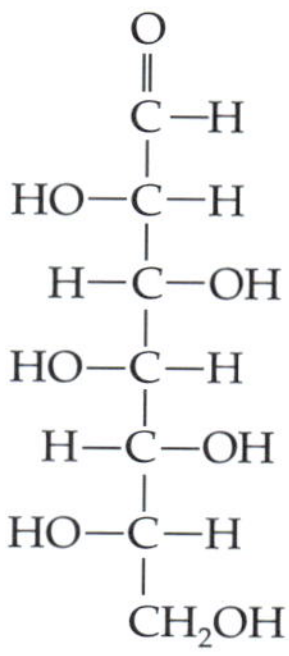

생물학적으로 중요한 단당류

1.18 D-글루코오스 고리화는 왜 α-와 β-D-글루코오스의 두 가지 이성질체로 되는가?

1.19 다음 중 어느 것이 Benedict 시험에서 양성으로 되는가?

a. Sucrose b. Glycogen c. β-Maltose d. 2-Lsctose

1.20 한 쌍의 거울상이성질체는 무엇을 의미하는가 설명하라.

1.21 당류를 설명할 때 한 분자내 헤미아세탈은 무엇을 의미하는가?

생물학적으로 중요한 이당류

1.22 α(1→4)로 결합된 두 글루코오스 단위로 구성되는 아밀로오스로부터 분리된 말토스는 이당류이다. 이 분자의 구조를 그려라.

1.23 락토오스의 주요한 생물학적 공급원은 무엇인가?

1.24 갈락토오스 혈증의 나쁜 영향은 어떤 간단한 치료로 대부분 방지되는가?

1.25 락토오스 장애증이란 무엇인가?

다당류

1.26 셀룰로스 구조와 아밀로오스 구조 사이의 차이는 무엇인가?

1.27 글리코겐의 주요한 생리학적 목적은 무엇인가?

1.28 α-아밀로오스와 β-아밀로오스는 어디에서 생성되는가?

2장 지질과 생화학체계에서 지방질의 기능

내 용

Lipids and Their Functions in Biochemical Systems

학습목적

1. 각 지방질 계열의 물리화학적 성질과 생물학적 기능을 설명하라.
2. 포화와 불포화지방산의 구조를 쓰라.
3. 포화와 불포화지방산의 구조와 성질을 비교하고 대조하라.
4. 지방산의 반응식을 쓰라.
5. Prostaglandin의 기능을 설명하라.
6. 아스피린이 진통을 완화하는 메카니즘을 설명하라.
7. 인산지질 구조를 그린 다음 그것의 양극성 성질을 설명하라.
8. Sphingolipid의 일반 종류와 기능을 설명하라.
9. 스테로이드 핵의 구조를 그린 다음 스테로이드 호르몬의 기능을 설명하라.
10. 트리글리세라이드 중 지질단백질 기능과 인체 중 콜레스테롤 수송을 설명하라.
11. 세포막의 구조를 그린 다음 기능을 설명하라.
12. 세포막을 통한 물질의 수동확산과 촉진확산을 설명하라.
13. 삼투과정을 설명하라.
14. Na^+–K^+ ATPase 반응 메카니즘을 설명하라.

화학관련 토픽; 생명을 구하는 지방질

중환자 육아실에서 미숙아는 살기 위해 투쟁하고 있다. 3개월 보름 일찍 태어난 그 아이의 체중은 1.6 pound 밖에 안된다. 그리고 그의 허파는 충분한 산소를 제공하여 작은 몸의 생명을 유지하기 위하여 애쓰고 있다. 미숙아는 때때로 호흡곤란을 겪는다. 이것은 그들의 폐에서 아직 계면활성제가 생성되지 않기 때문이다.

폐 계면활성제는 폐의 폐포(alveoli)에서 표면장력을 감소하는 인지질과 단백질의 결합체다(폐낭은 폐에서 작고 얇은 벽의 공기 주머니다). 이것은 폐낭 세포막을 통하여 효과적으로 기체교환을 한다. 산소는 공기로부터 세포조직으로 더 쉽게 확산되고, 이산화탄소는 세포조직으로부터 공기로 쉽게 확산할 수 있다.

계면활성제 없이는 폐에서 기체교환은 매우 빈약하다. 폐의 계면활성제는 임신 6개월까지 생성되지 않는다. 자연적으로 계면활성제의 분비를 시작하기 전에 태어난 미숙아는 호흡곤란증후군(respiratory distress syndrome, RDS)으로 고통받고 미숙아들이 숨쉬는 공기로부터 충분한 산소를 얻을 때 큰 어려움이 생긴다.

최근까지 RDS는 미숙아 사망의 주요한 원인이었다. 그러나 이제는 치료로 생명을 구할 수 있다. 미세 에어졸의 인공 계면활성제를 직접 기도에 투약한다. Glaxo-Wellcome Company의 EXOSURF Neonatal이라는 제품은 표면장력을 감소하는 인지질, 즉 레시틴(lecithin)을 확산하는 1-hexadecanol 그리고 레시틴과 1-hexadecanol을 확산하는 tyloxapol이라 부르는 중합체 등을 함유하고 있다.

인공적 폐 계면활성제 치료는 RDS에 의해 생긴 미숙아 사망을 크게 감소시켰고, 700 g (약 1.5 pound) 이하 무게로 태어난 모든 아기들의 전체 사망률을 감소시키는 것으로 나타나 있다. 이러한 진전은 건강한 사람과 그렇지 못한 사람의 신체조직과 분비물 조성의 차이에 대한 연구에서 비롯되었다. 때때로 그러한 기초적인 연구는 효과적 치료의 발전에 필요한 정보를 제공한다.

이 장에서 우리는 여러 가지 구조와 생물학적 기능을 갖는 지질화학에 관하여 공부할 것이다. 이들에는 지방조직을 이루는 트리글리세라이드, 진통을 일으키는 prostaglandin, 그리고 우리의 이차성징(secondary sex characteristic)을 결정하는 스테로이드들이 있다.

서론

지방질(lipid)은 특히 의약과 영양 분야에서 가장 논쟁이 많은 생물분자의 한 무리처럼 보인다. 관심 있는 것 중의 하나는 운동선수들에 의한 생합성 스테로이드(anabolic steroid, 의학분야에서는 동화 스테로이드라고 부른다)의 이용이다. 이들 호르몬은 근육 질량을 증진하고 근육의 성능을 증진하지만, 우리는 그들이 인체에 주는 피해에 대하여 지금 이해하기 시작하고 있다.

우리는 우리들이 소비하는 식이지방 종류에 관하여 관심을 갖는다. 우리는 때때로 식이 중 포화지방과 콜레스테롤(cholesterol) 양에 관하여 듣는다. 왜냐하면 이들 지방질과 심장병 사이에는 유력한 상호관계

대한화학회 용어는 lipid = 지방질, fat = 지방, oil = 기름을 추천한다.

가 있기 때문이다. 다량의 식이 중 포화지방도 결장, 식도샘, 위장, 유방암에 원인을 제공할 수 있기 때문이다. 결과적으로 우리는 콜레스테롤과 포화지방의 섭취 감소를 권고한다.

그럼에도 불구하고 지방질은 생명계에 여러 가지 필수적 기능을 제공하고 식이에도 필요하다. 지방섭취의 기준은 실험적으로 결정할 수 없다. 그러나 가장 최근의 U.S. Dietary Guideline에 의하면 식이 지방은 매일 열량 섭취량의 30%를 넘지 않고 포화지방은 10%를 넘지 않을 것을 권장한다.

2.1 지방질의 생물학적 기능

학습목적 1

지방질(lipid)이라는 용어는 실제로 여러 가지 화학성분 중 유기물 분자의 축적과 관계있다. 지방질은 무극성 용매 중에서 용해도에 바탕을 두고 분류한다. 지방질은 일반적으로 네 가지 주요한 그룹으로 분류한다.

1. 지방산(포화와 불포화)
2. 글리세라이드(지방을 포함하는 글리세롤)
3. 비(non)-글리세라이드 지방질(Sphingolipid, 스테로이드, 왁스)
4. 복합 지방질(지질단백질)

이 장에서 그림 2.1에 제시한 각 지질 그룹의 구조, 성질, 화학반응, 생물학적 기능 등을 살펴보겠다.

지방질은 그들 구조의 차이 때문에 인체에서 여러 가지 서로 다른 기능을 제공한다. 다음에 간략히 적은 항목들은 생물학적 과정에서 지방질의 중요성에 관한 간단한 아이디어를 제공해줄 것이다.

- 에너지 근원 : 탄수화물처럼 지방질은 인체에 대단히 좋은 에너지원이다. 지방이 산화될 때, 지방 1g은 9kcal의 에너지를 방출하여 탄수화물 1g이 산화되어 방출하는 에너지보다 두 배 이상이다.
- 에너지 저장 : 인체에 저장된 대부분의 에너지는 지방질형태(트리글리세라이드)이다. 지방 세포에 저장된 지질을 지방세포(adipocyte)라고 부른다. 이들 지방은 특히 인체에 대한 풍부한 에너지 원이된다.

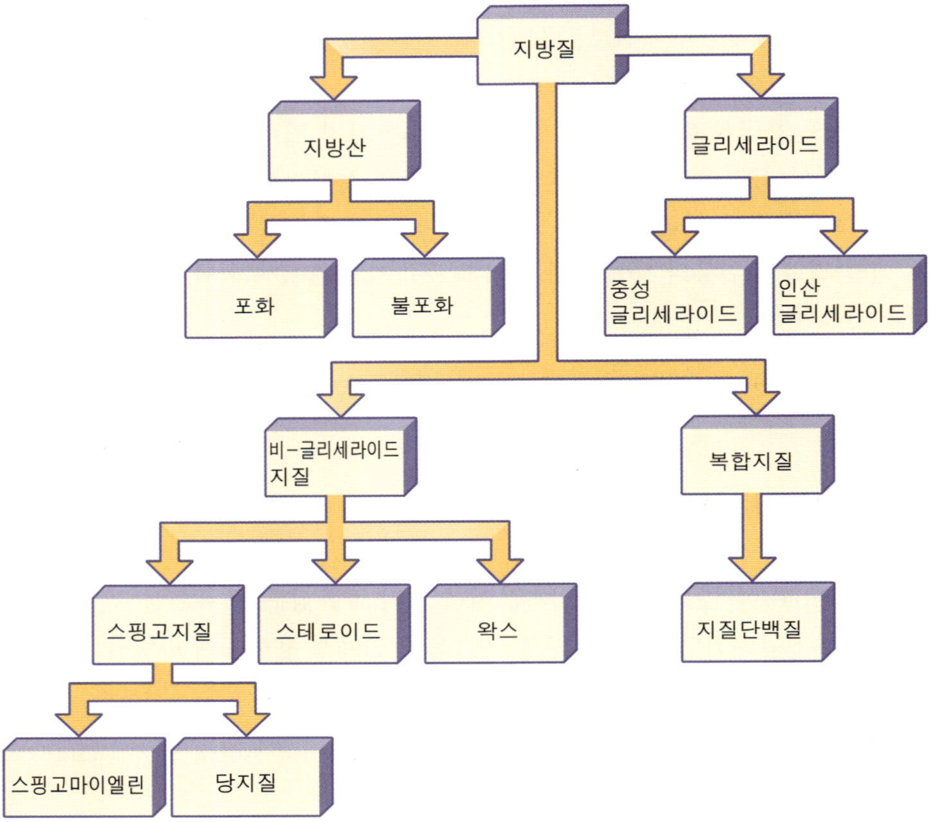

그림 2.1
지방질의 분류

지용성 비타민은 부록에서 상세하게 설명한다.

- 세포막의 구조성분 : 포스포글리세라이드, sphingolipid, 스테로이드는 모든 세포막의 기본 구조를 만든다. 세포막은 세포 내외의 분자흐름을 조절하고 세포-세포 사이의 의사전달을 유지한다.
- 호르몬 : 스테로이드 호르몬은 인체조직이 서로 의사전달을 유지하는 주요한 화학적 전령이다. Prostaglandin은 호르몬을 만드는 세포와 인체의 다른 세포 두 가지에 강력한 생물학적 효과를 발휘한다.
- 비타민 : 지용성 비타민 A, D, E, K는 혈병(blood clotting)과 시각(vision)을 포함하는 몇몇 중요한 생물반응 조절에 주요한 역할을 한다.
- 비타민의 흡수 : 식이 지방은 지용성 비타민의 운반체로 작용한다. 이들 지용성 비타민 지방분자와 공동으로 소장 세포로 운반된다. 그러므로 지방이 너무 적은 식이는 이들 네 가지 비타민의 부족을

초래한다.

- 보호 : 지방은 중요한 기관에 대한 충격흡수제 또는 보호층으로 작용한다. 전체 체지방 중 약 4%는 이러한 중요한 기능을 보유한다.
- 절연 : 피부 밑에 저장된 지방(피하 지방)은 극한 온도에서 인체의 절연체로 작용한다.

2.2 지방산

구조와 성질

학습목적 2

지방산(fatty acid)은 긴-사슬 모노카복실산이다. 그들의 생합성 결과 때문에 지방산은 일반적으로 짝수 탄소원자를 포함한다. **포화지방산**(saturated fatty acid)의 일반식은 $CH_3(CH_2)nCOOH$이고, 여기에서 n은 생물계에서 짝수의 자연수다. n = 16이면 그 결과는 18-탄소 포화지방산 stearic acid이고 다음 구조식을 갖는다.

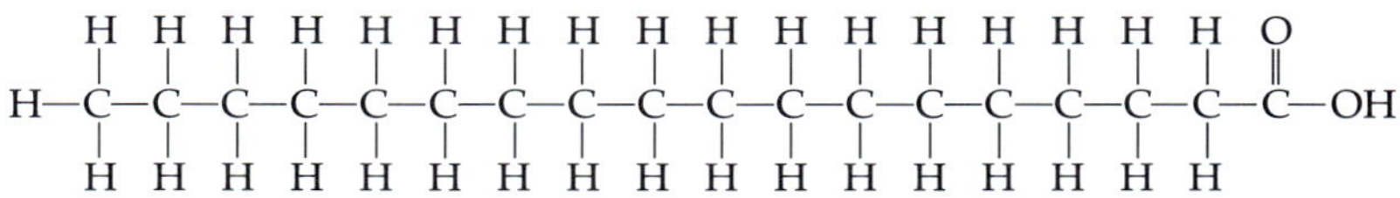

사슬 중 각 탄소는 최대수의 수소원자와 결합한다는 것에 유의하라. 포화지방산 구조의 기억을 돕기 위하여 다시 설명하면, 사슬 중 각 탄소들이 수소원자로 "포화" 된다고 생각할 수 있다. 일반 포화지방산의 예는 표 2.1에 있다. 불포화지방산(unsaturated fatty acid)의 예는 18-탄소 불포화지방산 oleic acid이고 그것은 다음 구조식을 갖는다.

포화지방산은 알칸 유도체라고 생각할 수 있다.

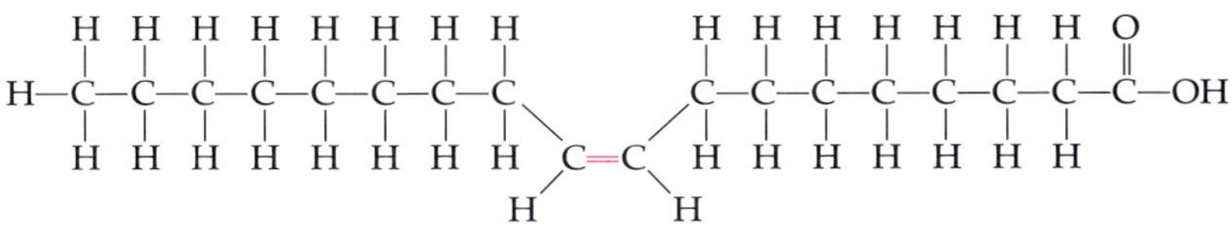

불포화지방산의 경우는 적어도 한 개 이상의 탄소-탄소 사이에 이중결합이 있다. 이중결합 때문에 이들 결합에 관여한 탄소원자는 수소원자로 "포화" 되지 않는다. 자연계에 존재하는 불포화지방산에서 발견된 이중결합은 거의 모두 *cis* 배열(configuration)이다. 게다가 이중결

불포화지방산은 알켄 유도체라고 생각할 수 있다.

예 2.1

불포화지방산의 구조식 쓰기

Palmitoleic acid 구조식을 그려라.

해답

Palmitoleic acid의 I.U.P.A.C. 이름은 *cis*-9-hexadecenoic acid다. 이것은 9와 10 탄소 사이에 탄소-탄소 이중결합을 갖는 16-탄소 지방산이라는 이름을 갖는다.

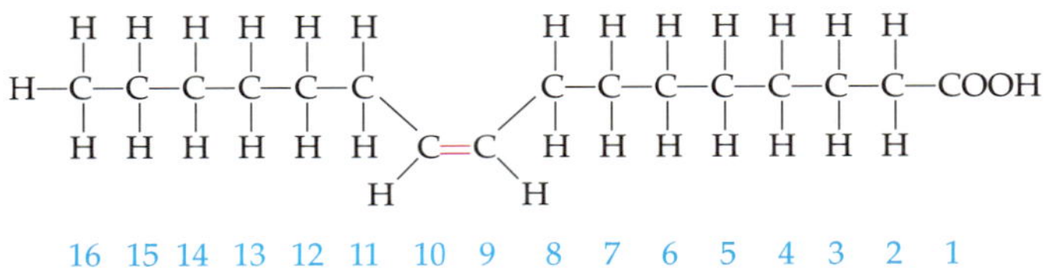

합은 그 탄화수소 사슬에 아무렇게나 자리잡지 않는다. 이중결합 위치와 기하 위치배열 두 가지는 불포화지방산 생합성을 촉매작용하는 효소에 의하여 결정된다. 일반적 불포화지방산의 예는 표 2.1에도 제시되어 있다.

학습목적 3

표 2.1과 그림 2.2를 살펴보면 지방산의 물리적 성질에 관한 몇 가지 흥미있고 중요한 점이 밝혀진다.

- 포화지방산의 녹는점은 알칸(alkane)의 경우처럼 탄소수 증가에 따라 증가한다. 10 또는 그 이상의 탄소를 포함하는 포화지방산은 실온에서 고체다.
- 포화지방산의 녹는점은 동일한 사슬길이의 불포화지방산보다 높다. 그 이유는 포화지방산 사슬은 모두 확장되고 규칙적 구조로 쌓아지고 그럼으로서 분자내 인력이 증가하는 경향이 있다. *cis* 이중결합이 탄화수소 사슬에 도입되면 30° 굽어진다. 그러한 "꼬임" 분자는 조직적 배열로 쌓이지 않는다. 그러므로 분자간 인력이 더 작아지고 녹는점이 더 낮아진다.
- 포화지방산의 경우처럼 불포화지방산의 녹는점은 탄화수소 사슬길이의 증가에 따라 증가한다.

표 2.1 일반 포화지방산과 불포화지방산

일반 포화지방산 관용명	I.U.P.A.C. 이름	녹는점(°C)	RCOOH 화학식	축소 화학식
Capric	Decanoic	32	$C_9H_{19}COOH$	$CH_3(CH_2)_8COOH$
Lauric	Dodecanoic	44	$C_{11}H_{23}COOH$	$CH_3(CH_2)_{10}COOH$
Myristic	Tetradecanoic	54	$C_{13}H_{27}COOH$	$CH_3(CH_2)_{12}COOH$
Palmitic	Hexadecanoic	63	$C_{15}H_{31}COOH$	$CH_3(CH_2)_{14}COOH$
Stearic	Octadecanoic	70	$C_{17}H_{35}COOH$	$CH_3(CH_2)_{16}COOH$
Arachidic	Eicosanoic	77	$C_{19}H_{39}COOH$	$CH_3(CH_2)_{18}COOH$

일반 불포화지방산 관용명	I.U.P.A.C. 이름	녹는점(°C)	RCOOH 화학식	이중결합수	이중결합 위치
Palmitoleic	*cis*-9-Hexadecenoic	0	$C_{15}H_{29}COOH$	1	9
Oleic	*cis*-9-Octadecenoic	16	$C_{17}H_{33}COOH$	1	9
Linoleic	*cis, cis*-9,12-Octadecadienoic	5	$C_{17}H_{31}COOH$	2	9, 12
Linolenic	모두 *cis*-9,12,15-Octadecatrienoic	−11	$C_{17}H_{29}COOH$	3	9, 12, 15
Arachidonic	모두 *cis*-5,8,11,14-Eicosatetraenoic	−50	$C_{19}H_{31}COOH$	4	5, 8, 11, 14

축소 화학식	
Palmitoleic	$CH_3(CH_2)_5CH = CH(CH_2)_7COOH$
Oleic	$CH_3(CH_2)_7CH = CH(CH_2)_7COOH$
Linoleic	$CH_3(CH_2)_4CH = CH - CH_2 - CH = CH(CH_2)_7COOH$
Linolenic	$CH_3CH_2CH = CH - CH_2 - CH - CH_2 - CH(CH_2)_7COOH$
Arachidonic	$CH_3(CH_2)_4CH = CH - CH_2 - CH = CH - CH_2 - CH = CH - CH_2 - CH = CH - (CH_2)_3COOH$

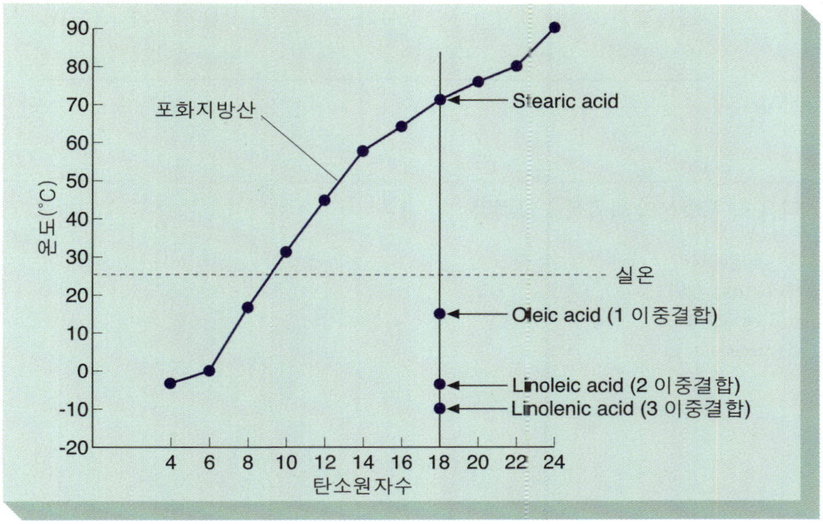

그림 2.2
지방산의 녹는점. 포화지방산과 불포화지방산의 녹는점은 그 사슬의 탄소원자수 증가에 따라 증가한다. 불포화지방산의 녹는점은 동일한 탄소원자수에 상당하는 지방산보다 낮다. 또한 사슬의 이중결합수 증가에 따라 녹는점이 감소한다.

예 2.2

포화지방산과 불포화지방산 사이의 유사성과 차이점 살펴보기

포화지방산과 불포화지방산의 구조와 성질을 비교하는 표를 작성하라.

해답

성질	포화지방산	불포화지방산
화학성분	탄소, 수소, 산소	탄소, 수소, 산소
화학구조	말단에 카복실 원자단을 갖는 탄화수소 사슬	말단에 카복실 원자단을 갖는 탄화수소 사슬
탄화수소 사슬 내에서 탄소-탄소 결합	C – C 단일결합만 갖는다	적어도 한개의 C = C 이중결합을 갖는다.
탄화수소 원자단 특성을 갖는 탄화수소 사슬	알칸	알켄
탄화수소 사슬의 "모양"	선형, 모두 확장	C = C 이중결합 자리에서 탄소사슬이 구부러진다.
실온에서의 물리적 상태	고체	액체
동일한 탄화수소 길이를 갖는 두 가지 지방산의 녹는점	더 높다	더 낮다
녹는점과 사슬 길이 사이 관계	사슬길이가 길수록, 더 높은 녹는점	사슬길이가 길수록, 더 높은 녹는점

문제 2.1

다음 각 지방산의 화학식을 그려라.

a. Oleic acid
b. Lauric acid
c. Linoleic acid
d. Stearic acid

지방산의 화학반응

학습목적 4

지방산의 반응은 짧은-사슬 카복실산의 화학반응과 같다. 그들이 진행하는 주요한 반응은 에스터화반응(esterification), 에스터(ester)의 산 가수분해, 비누화반응, 이중결합 첨가반응이다.

에스터화반응

에스터화반응에서 지방산은 다음 반응식에 따라 알코올과 반응하여 에스터와 물을 만든다.

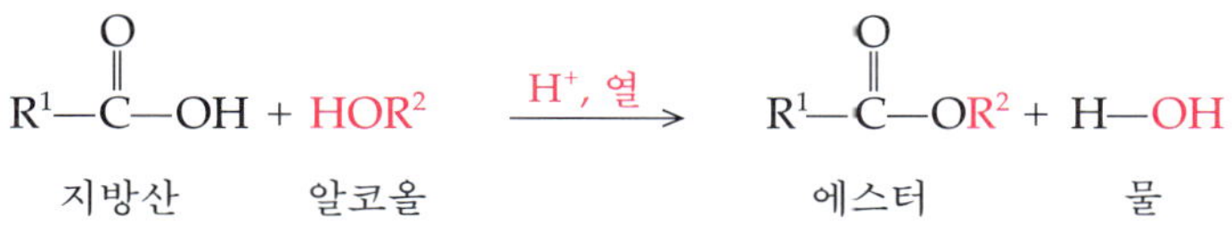

산 가수분해

산 가수분해는 에스터화반응의 반대반응이고, 에스터로부터 지방산을 만든다.

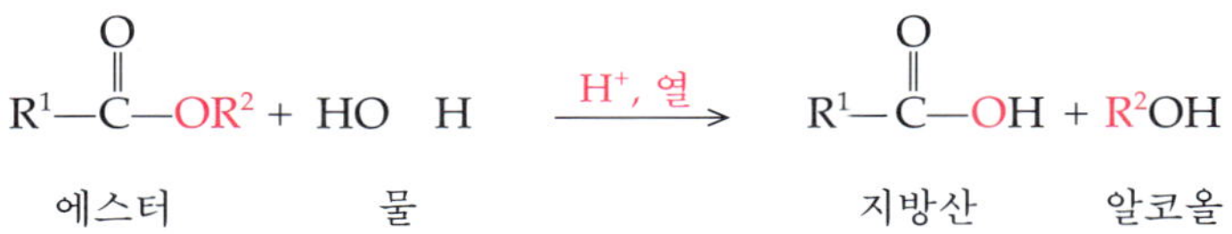

비누화반응

비누화반응(saponification)은 에스터의 염기-촉매 가수분해반응이다.

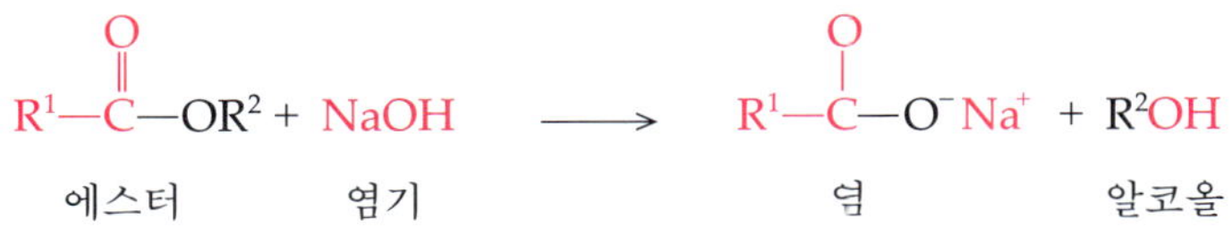

이 반응의 이온화염 생성물은 비누다. 비누는 전하가 없는 긴 탄화수소 꼬리와 음전하 꼬리(카복실산 원자단)를 가지므로 그들은 기름과 때(dirt) 입자를 녹이는 미셀(micell)을 생성한다. 그리하여 그 때(dirt)는 유화되어 작은 입자로 파괴되어 씻겨나간다.

미셀(micelle)의 예는 그림 7.1에 있다.

경수를 세탁용수로 이용할 때 문제가 생긴다. 왜냐 하면 센물 세탁용수에서 고농도 Ca^{2+}와 Mg^{2+}는 지방산염을 만들어 침전되기 때문이다.

이것은 비누의 유화반응을 방해할 뿐만 아니라 침전물의 표면이나 용기 표면에 굳은 찌꺼기를 남기기 때문이다.

$$2R-\overset{\overset{\displaystyle O}{\|}}{C}-O^- + Ca^{2+} \longrightarrow (R-\overset{\overset{\displaystyle O}{\|}}{C}-O^-)_2Ca^{2+}\,(s)$$

이중결합(불포화지방산) 반응

수소화반응(hydrogenation)은 첨가반응의 한 예다. 다음은 한 지방산의 이중결합에 대한 수소 첨가반응의 예다.

$$\underset{\text{(Linoleic acid)}}{CH_3(CH_2)_4CH{=}CHCH_2CH{=}CH(CH_2)_7COOH} \xrightarrow{2H_2,\ Ni} \underset{\text{(Stearic acid)}}{CH_3(CH_2)_{16}COOH}$$

수소화반응은 고불포화도(polyunsatyurated)의 식용유를 포화 고체지방으로 변환에 이용한다. 부분 수소화반응(partial hydrogenation)은 고불포화도 기름의 이중결합을 전체가 아닌 일부분에 대하여 수소를 첨가하는 반응이다. 이 방법으로 액체 식용유는 고체형태로 변환된다. Crisco 상품은 수소화 식용유의 한 예다.

> 식용유의 수소화 반응은 *cis* 와 *trans* 불포화지방산의 혼합물을 생성한다. 지방산은 *trans* 불포화 죽상경화증(atherosclerosis : 동맥경화)에 기여하는 것으로 생각된다.

마가린도 옥수수 기름 또는 콩기름처럼 식용유의 부분 수소화반응으로 만든다. 수소화반응의 정도는 조심스럽게 조절하므로 고체 지방은 펴질 수 있고 먹을 때 버터와 같은 굳기를 유지한다. 이중결합이 너무 많이 수소화반응하면 그 결과 생성물은 바람직하지 않은 동물지방과 같은 굳기를 갖는다. 제품에는 인공 색을 첨가한다. 그리고 밀크와 함께 섞어 버터같은 겉보기와 향미를 가진 제품을 만들 수 있다.

대한화학회에서 추천하는 용어

접두사와 접미사로 사용되는 특성기

종류	식	접두사	접미사
카복실산 (Carboxylic acid)	–COOH	카복시 (Carboxy)	–카복실산 (–Carboxylic acid)
에스터(Ester)	–COOR	R옥시카보닐	–카복실산 R (R–carboxylate)

인간관련 토픽; 비누로 변한 미이라

Washington, D.C.에 있는 Smithsonian Museum of National History에서 여러 가지 대단히 놀라운 자연세계를 발견할 수 있다. 비누로 만들어진 시체처럼 무서운것도 없을 것이다. 문제의 그 남자는 18세기에 황열(yellow heat) 때문에 사망하고 Boston 근처에 매장되었다. 실제로 그는 "비누 부인"이라고 별명이 붙은, 그의 생애를 통하여 사랑한 한 부인 옆에 매장되었다. 그러나 그 부부는 아주 오랫 동안 헤어지게 되었다. 왜냐하면 그 비누부인은 1874년 이후 Philadelphia에 있는 College of Physican의 Mutter Museum에서 전시하고 있기 때문이다.

최근에 National Geographic Channel의 한 영상물인 "The Mummy Road Show"를 위해 시체를 살피려고 이미 만든 CT Scan을 영화로 만들었을 때 비누부인은 텔레비전에서 명성을 얻게 되었다. 그것을 살펴보는 이유는 이러한 화학적으로 변환되는 조건을 이해하려는 것이었다. 현재 이 두 사람이 어떻게 비누로 변했는가는 아무도 정확하게 확신하지 못하고 있다. 한 실마리는 매장 위치의 환경에 있다. 겉보기에 그 묘지를 통하여 흐르는 지하수가 바로 기본 원인이다. 또 다른 그 신비에 대한 실마리는 그 비누 부부가 과체중이라는 것이었다. 분명히 이들 두 가지 인자는 이 뚱뚱한 부부를 비누덩어리로 변하게 만든 비누화반응이 그 원인이었다.

비누 부인

예 2.3 지방산의 화학반응을 나타내는 반응식 쓰기

다음 반응에 대한 반응식을 쓰고 각 유기 반응물과 생성물의 이름을 I.U.P.A.C 방식으로 명명하라.

a. Capric acid와 propyl alcohol의 에스터화반응

해답

$$CH_3(CH_2)_8-\overset{O}{\overset{\|}{C}}-OH + CH_3CH_2CH_2OH \xrightarrow{H^+,\ heat} CH_3(CH_2)_8-\overset{O}{\overset{\|}{C}}-O-CH_2CH_2CH_3 + H_2O$$

Decanoic acid, Propanol → Propyl decanoate

b. Methyl decanoate의 산 가수분해

해답

$$CH_3(CH_2)_8-\overset{O}{\overset{\|}{C}}-O-CH_3 + H_2O \xrightarrow{H^+,\ heat} CH_3OH + CH_3(CH_2)_8-\overset{O}{\overset{\|}{C}}-OH$$

Methyl decanoate → Methanol, Decanoic acid

c. Ethyldodecanoate의 염기-촉매 가수분해

해답

$$CH_3(CH_2)_{10}-\overset{O}{\overset{\|}{C}}-O-CH_2CH_3 + NaOH \longrightarrow CH_3(CH_2)_{10}-\overset{O}{\overset{\|}{C}}-O^-Na^+ + CH_3CH_2OH$$

Ethyl dodecanoate → Sodium dodecanoate, Ethanol

d. Oleic acid의 수소화반응

해답

$$CH_3(CH_2)_7CH{=}CH(CH_2)_7-\overset{O}{\overset{\|}{C}}-OH \xrightarrow{H_2,\ Ni} CH_3(CH_2)_{16}-\overset{O}{\overset{\|}{C}}-OH$$

cis-9-Octadecenoic acid → Octadecanoic acid

문제 2.2 다음 각 반응의 완전 반응식을 쓰라.

a. Lauric acid와 에탄올의 에스터화반응
b. Oleic acid와 NaOH 반응
c. Arachdonic acid의 수소화반응

Eicosanoid: Prostaglandin, Leukotriene, Thromboxane

한 개 이상의 이중결합을 함유하는 몇 가지 불포화지방산은 인체에 의해 합성될 수 없다. **필수 지방산**인 linolenic acid와 linoleic acid는 특정한 생화학적 기능에 필요하고 식이로 공급해야 한다고 수년간 알려져 왔다(표 2.1을 보라). Linoleic acid의 기능은 linoleic acid가 **arachidonic acid**의 생합성에 필요하다는 것이 발견되었던 1960년대에 분명해졌다. Arachidonic acid는 **eicosanoid**라고 알려진 일종의 유사 호르몬 분자의 선구물질이다. 그 이름은 20을 뜻하는 희랍어 eikos로부터 유래한다. 왜냐하면 그들은 모두 20-탄소 지방산의 유도체이기 때문이다. Eicosanoid는 구조적으로 관련있는 prostaglandin, leukotriene, thromboxane 화합물의 세 그룹을 포함한다.

호르몬은 특별한 조직에 의해 생성된 화학적 신호이고 혈액에 의해 목표조직으로 운반된다. Eicosanoid는 다른 목표조직과 마찬가지로 그들을 만드는 세포에 영향을 주므로 호르몬과 비슷한 것으로 생각한다.

학습목적

5 6

Prostaglandin은 유사 호르몬 활성을 갖는 대단히 유력한 생물 분자다. 그들은 본래 전립선샘에서 생성된 정액으로부터 분리되기 때문에 prostaglandin이라는 이름을 얻었다. Prostaglandin은 5-탄소 고리를 포함하는 20-탄소 뼈대로 구성되는 불포화 카복실산이다.

Prostaglandin의 몇몇 종류는 서로 다른 것들을 A, B, E, F 표기로 그룹을 나눈다. Prostaglandin 명명은 탄소 뼈대의 배열과 이중결합, 하이드록시 원자단, 키톤 원자단 등의 방향에 기초한다. 예를 들어, PGF_2 이름에서 PG는 prostaglandin을, F는 탄소-9에 결합된 하나의 하이드록시 원자단을 갖는 prostaglandin의 특정 원자단을 지칭하고, 2는 그 화합물에서 탄소-탄소 이중결합이 두 개 있다는 것을 나타낸다. 그림 2.3은 prostaglandin의 일반 구조와 현대 명명 시스템을 예로 설명한다.

Prostaglandin은 대부분 조직에서 만들고 그들을 만드는 세포와 바로 이웃의 기타 세포에 생물학적 효과를 나타 낸다. Prostaglandin의 특수 기능은 다음과 같다.

- 원활한 근육 자극
- 스테로이드 생합성 조절
- 위액분비 억제
- 호르몬에 민감한 lipase의 억제
- 혈소판 응집 억제
- 혈소판 응집 자극

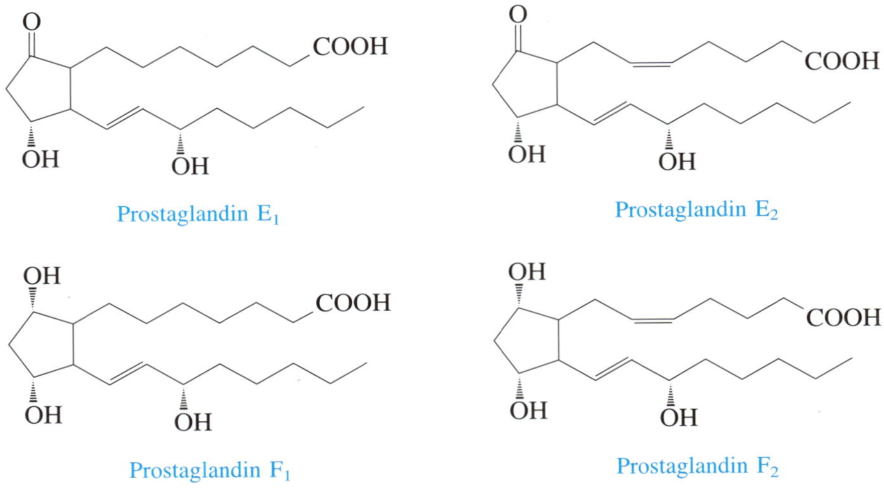

그림 2.3
네 가지 prostaglandin 구조

- 신경 전달 조절
- 통증에 대한 감각
- 염증 감응의 전달

Prostaglandin 그리고 밀접한 관련이 있는 leukotriene과 thromboxane은 인체반응에 대단히 많은 영향을 주면, 그리고 그들은 때때로 서로 다른 조직에 반대효과를 주므로 그들의 여러 가지 조절기능의 유지는 어려울 수 있다. Prostaglandin, leukotriene, thromboxane에 의해 조절되는 것으로 생각되는 몇 가지 생체반응을 간단히 요약하면 다음과 같다.

1. **혈병**(blood clot) : 혈병은 혈관이 손상될 때 형성된다. 그러나 손상 되지 않은 혈관 벽에서의 그러한 혈병은 심장발작 또는 뇌졸중을 일으킬 수 있다. Thromboxane A_2(그림 2.4)는 혈액 중 혈소판에 의해 만들어지고 혈관 수축과 혈소판 응집을 자극한다. 그와 반대로 PGI_2(prostacyclin)는 혈관 내부의 세포에 의해 생성되고 정확하게 thromboxane A_2와 반대효과를 갖는다. Prostacyclin은 혈소판 응집을 억제하며 혈관을 확장하고 그리하여 불시의 혈병 생성을 방지한다.
2. **염증 반응** : 염증 반응은 인체의 보호 메카니즘 중 또 다른 감응이다. 조직이 기계적 상해, 화상 또는 미생물 침투 등에 의해 손상

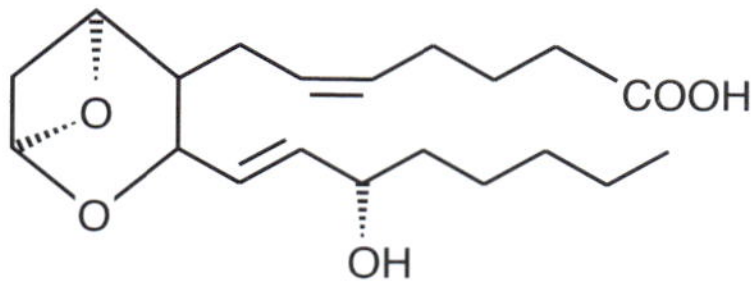

Thromboxane A_2

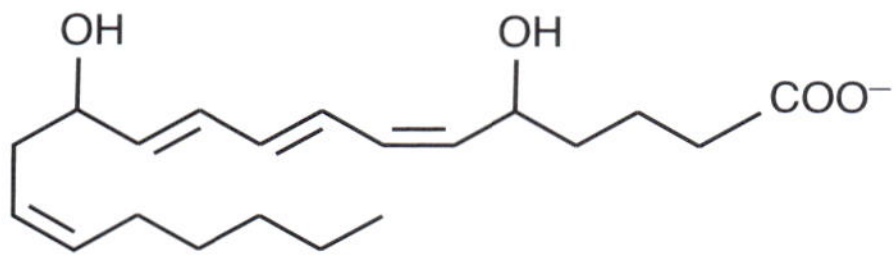

Leukotriene B_4

그림 2.4
Thromboxane A_2와 leukotriene B_4 구조

될 때 여러 가지 백혈구 세포는 조직파괴를 최소화하려고 손상 자리로 이동한다. 이 반응 결과는 팽창, 적색화, 발열, 진통이다. Prostaglandin은 어떤 관점의 염증 반응, 특히 진통과 발열을 증진하는 것으로 생각한다. 아스피린과 같은 약물은 prostaglandin 합성을 방해하고 증상 완화를 돕는다. 이 절의 뒤에서 이 약물의 반응 메카니즘을 살펴 보겠다.

3. **생식계** : PGE_2는 원활한 근육 수축, 특히 자궁수축을 자극한다. Prostaglandin 농도 증가는 분만시작 전에 즉시 알 수 있다. PGE_2는 2차적 3개월 미숙아 유산(second trimester abortion)의 유발에 이용한다. 많은 여성은 두가지 prostaglandin의 과잉 분비로 월경곤란을 겪고 있다. 실제로 prostaglandin 합성을 억제하는 ibuprofen 같은 약물은 FDA에 의해 승인받았고 이들 증상으로부터 고통을 완화하는 것으로 알려져 있다.

4. **위장관** : Prostaglandin은 산 분비를 억제하고 위장 안으로 보호성 점액층의 분비를 증가하는 것으로 알려져 있다. 이 방법에서 prostaglandin은 위장 내벽의 보호를 돕는다. 아스피린과 같은 약을 오래 복용할 때 위장에 대한 가능한 부작용, 즉 위장 내벽의 궤양 발생을 생각해 보자. 아스피린은 prostaglandin 합성을 억제하므로 그것은 실제로 정상적 보호성 점액층 생성을 억제하여 위궤양을 촉진할 수 있는 반면에 동시에 위산 분비를 증가하게 한다.

5. **신장** : 신장에서 생성된 prostaglandin은 신장 혈관을 팽창한다. 신장을 통한 혈액 흐름이 클수록 수분과 전해질 배설은 증가한다.
6. **호흡기도** : 어떤 백혈구 세포에 의해 생성된 eicosanoid, 즉 leukotriene(그림 2.4)은 천식과 관련있는 기관지 수축을 촉진한다. 또 다른 prostaglandin은 기관지 확장을 촉진한다.

이 간단한 개요에 제시하는 것과 같이 prostaglandin은 수많은 효과, 때때로 길항효과(antagonistic effect)를 갖는다. 그들은 호르몬(한 특수한 조직에서 생성되고 순환계에 의해 인체 중 다른 목표 조직으로 수송되는 한 물질)의 형식적 정의에 맞지 않지만, prostaglandin은 분명히 광범위한 효과를 갖는 강력한 생물 조절제이다.

설명한 것처럼 prostaglandin은 염증 반응을 자극하여 결과적으로 일부분이 진통을 일으키는 연속단계의 원인이 된다. 아스피린은 그러한 진통을 완화하는 것으로 알려졌고 우리는 현재 prostaglandin 합성을 억제하기 때문에 그렇게 되는 것으로 알고 있다(그림 2.5).

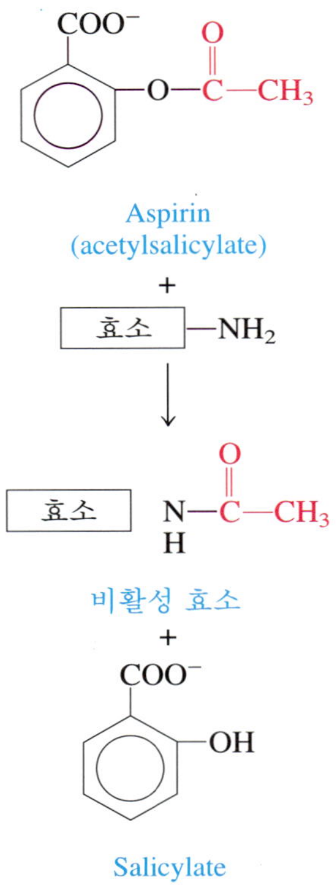

그림 2.5
아스피린은 cyclooxygenase 효소를 아세틸화하여 prostaglandin 합성을 억제한다. 아세틸화 효소는 더 이상 기능하지 않는다.

Prostaglandin을 합성하는 첫 두 단계에서(그림 2.6) 막으로부터 방출된 arachidonic acid와 그것을 cyclooxygenase 효소에 의하여 PGH_2로의 변환은 prostaglandin을 생성할 수 있는 모든 조직에서 일어난다. PGH_2의 다른 생물활성 형태로 변환은 조직 특성이고 어떤 조직에서만 발견되는 적당한 효소가 필요하다.

아스피린은 cyclooxygenase를 억제하여 영향을 미치고 그것은 arachidonic acid로부터 PGH_2로 진행하는 경로의 첫 단계를 촉매작용한다. 아스피린의 acetyl 원자단은 그 효소와 공유결합하여 그 효소를 비활성화한다(그림 2.5). Cyclooxygenase에 의한 촉매반응은 모든 세포에서 일어나므로 아스피린은 모든 prostaglandin 합성을 효과적으로 억제한다.

2.3 글리세라이드

중성 글리세라이드

글리세라이드는 글리세롤 분자와 지방산을 포함하는 지방질 에스터(ester)다. 그들은 중성 글리세라이드와 포스프글리세라이드라는 두 가지 종류로 더 세분할 수 있다. 중성 글리세라이드는 비이온성(nonionic)과 무극성이다. 포스포글리세라이드 분자는 무극성 지방산 꼬리 이외에 하나의 극성 포스포릴 원자단 부분을 갖는다. 이들 각 글리세라이드 구조는 그들의 기능에 필수적이다.

지방산과 글리세롤의 에스터화반응(esterification)은 **중성 글리세라이드**를 생성한다. 에스터화반응은 하나, 둘 또는 세 개 모두의 위치에서 일어나 **모노글리세라이드, 디글리세라이드, 트리글리세라이드**를 생성한다. 이러한 모노-, 디- 또는 트리글리세라이드에 관하여도 알게 될 것이다.

모노글리세라이드와 디글리세라이드는 자연에 존재하지만 가장 중요한 중성 글리세라이드는 트리글리세라이드이고 세포의 주요한 성분이다. 트리글리세라이드는 에스터 결합(붉은 색으로 표시)을 통하여 세 개의 지방산 단위와 결합한 글리세롤 뼈대(검은 색으로 표시)로 구성한다. 트리글리세라이드 생성은 다음 식으로 나타낸다.

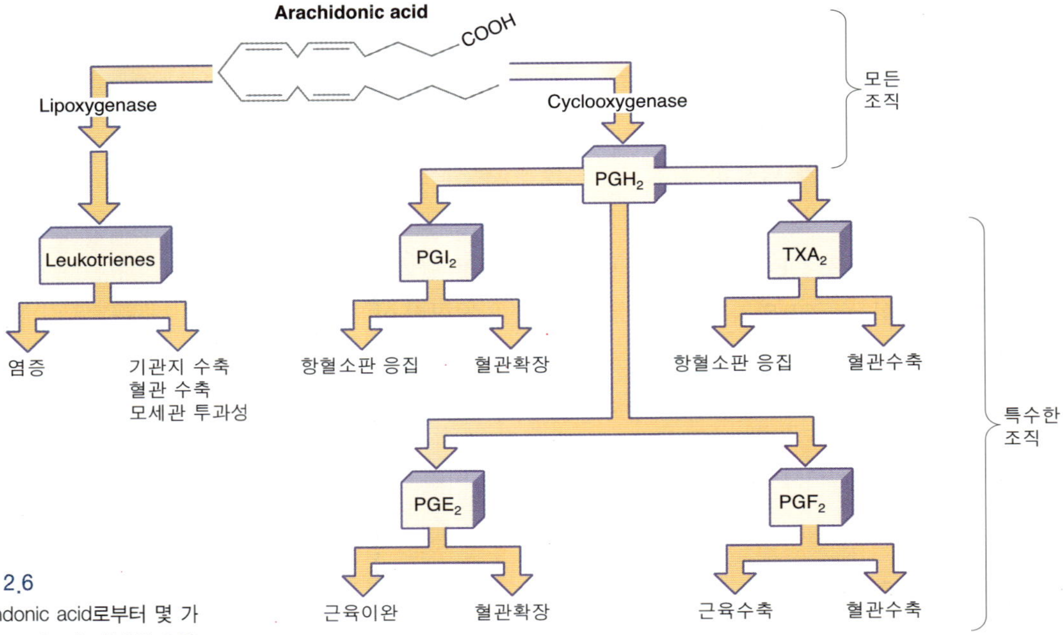

그림 2.6
Arachdonic acid로부터 몇 가지 prostaglandin 합성의 요약

예 2.4 **모노글리세라이드 합성 반응식 쓰기**

글리세롤과 한 지방산의 에스터화반응의 일반 반응식을 쓰라.

해답

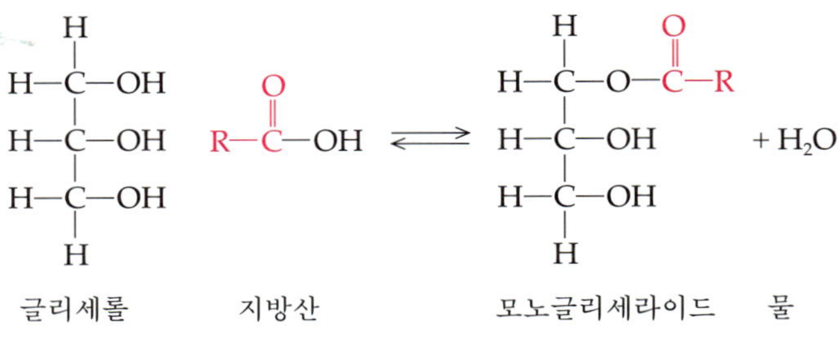

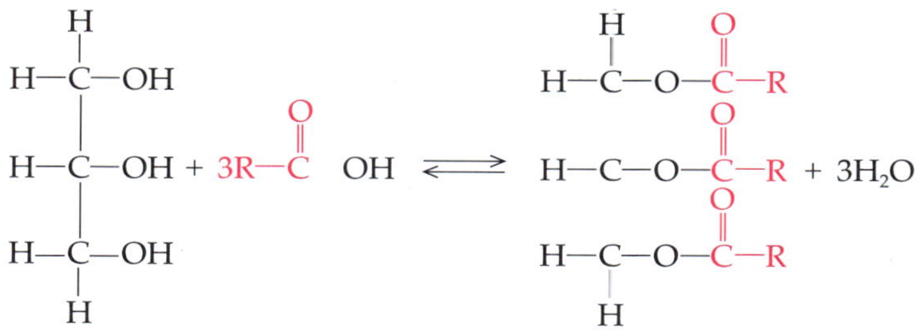

글리세롤 지방산 트리글리세라이드 물

트리글리세라이드(트리아실글리세롤)는 "뼈대" 이름의 글리세롤을 접두사로 이용하여 명명한다. 지방성 aceyl 원자단 이름은 앞에 놓는다. 지방성 acyl 원자단은 이름 말단의 *-ic acid*를 생략하고 *-oyl*로 대치하여 명명한다. 다음 예에서 왼쪽 트리글리세라이드의 이름은 tristearoylglycerol이다. 접두사 tri-는 글리세롤 뼈대에 결합한 세 개 stearic acyl 원자단이 있다는 것을 설명한다. 오른쪽 트리글리세라이드는 혼합 트리글리세라이드다. 즉 글리세롤 뼈대에 결합된 서로 다른 세 개의 지방성 acyl 원자단이 있다. 그들은 글리세롤뼈대에서 그들의 위치에 따라 이름을 적는다.

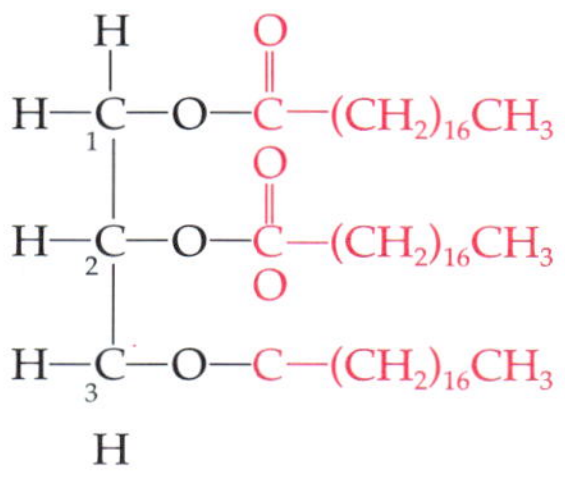

Tristearoylglycerol

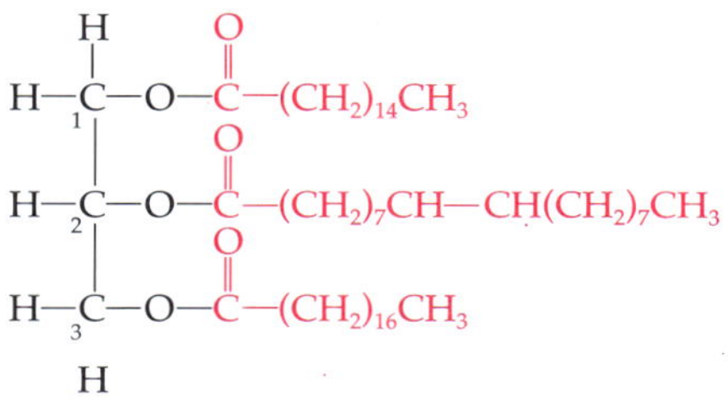

1-Palmitoyl-2-oleoyl-3-stearoylglycerol

이들 분자는 전하(+ 또는 −)를 갖지 않으므로 중성 글리세라이드라고 부른다. 이러한 긴 분자는 쉽게 서로 층으로 쌓이고 인체의 지방 세포에 저장된 지방질의 주성분이다.

생화학계에서 주요한 트리글리세라이드 기능은 에너지 저장이다. 대사과정에 필요한 것보다 더 많은 영양분을 섭취하면 과량이 중성 글리세라이드로 변환하여 지방 조직의 지방 세포에 트리글리세라이드로 저장된다. 에너지가 필요할 때 그 트리글리세라이드는 인체에 의해 대사작용되어 에너지로 방출된다. 이러한 이유 때문에 과체중인 사람들

지방질 대사작용은 7장에서 설명한다.

23장의 인간관계 토픽 : 원하지 않은 adipose 조직 중량의 감소를 보라.

에게 적절한 칼로리 섭취감소와 함께 운동하는 것을 권장한다. 에너지-요구 과정의 운동은 지방의 대사작용 속도를 증가시켜 체중을 감소한다.

인산글리세라이드

학습목적 7

인산지방질(phospholipid)은 인산 에스터의 한 지방질 그룹이다. 포스포릴 원자단은 극성 머리(포스포릴 원자단)와 무극성 꼬리(지방산의 알킬 사슬)를 갖는 분자에 있다. 포스포릴 원자단은 용액에서 이온화되므로 전하를 띤 지방질로 된다.

가장 풍부한 막 지방질은 글리세롤-3-인산으로부터 유래하며 인산글리세라이드라고 알려져 있다. 인산글리세라이드는 글리세롤-3-인산의 C-1과 C-2에 있는 긴 사슬 지방산으로부터 유래한 acyl 원자단을 포함한다. C-3에 있는 포스포릴 원자단은 인산에스터 결합에 의해 글리세롤에 결합한다. 가장 간단한 인산글리세라이드는 하나의 자유 포스포릴 원자단을 포함하고 **phosphatidate**라고 알려져 있다(그림 2.7). 포스포릴 원자단이 또 다른 친수성 분자와 결합할 때 더 복잡한 복합 인산글리세라이드를 생성한다. 예를 들어 phosphatidylcholine(레시틴)과 phosphatidylethanolamine(cephalin)은 대부분 세포 막에서 발견된다(그림 2.7).

이 장의 처음에 제시한 화학관련 토픽: 생명을 구하는 지방질을 보라.

레시틴(lecithin)은 한 극성 머리와 한 무극성 꼬리를 갖는다. 그러므로 그것은 양쪽성 분자다. 이 구조는 앞에서 설명한 비누 또는 세정제 분자와 비슷하다. 이온성 머리는 친수성이고 물분자와 상호작용하는 반면에 무극성 꼬리는 소수성이고 무극성 분자와 상호작용한다. 이 양쪽성 성질은 그 구조와 세포막 기능의 중심이 된다.

레시틴은 세포막 이외에도 폐의 계면활성제 중에서 주요한 인산지질이다. 그것은 계란 노른자위와 콩에서도 발견되고 아이스크림에서 유화제로 이용한다. **유화제**(emulsifying agent)는 물에서 트리글리세라이드의 현탁(suspension)을 돕는다. 양쪽성 레시틴은 큰 극성 물 분자와 무극성 트리글리세라이드를 함께 붙잡는 다리 역할을 한다. 레시틴의 친수성 머리와 소수성 꼬리는 트리글리세라이드에 녹기 때문에 유화가 일어난다.

Cephalin은 레시틴의 일반구조와 비슷하지만 인산 원자단에 결합한 아민 원자단만 다르다.

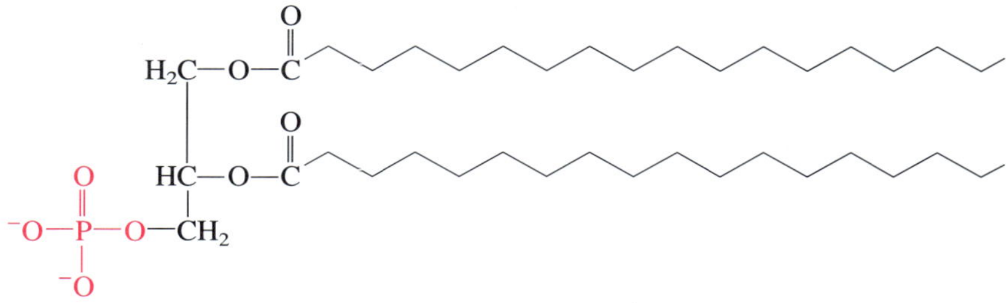

Phosphatidate

(a)

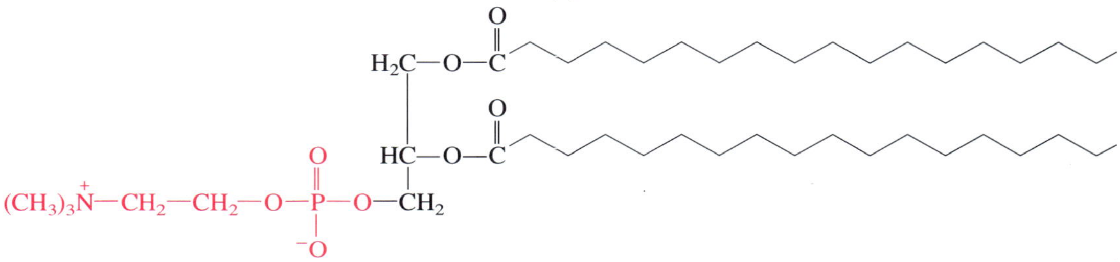

Phosphatidylcholine (lecithin)

(b)

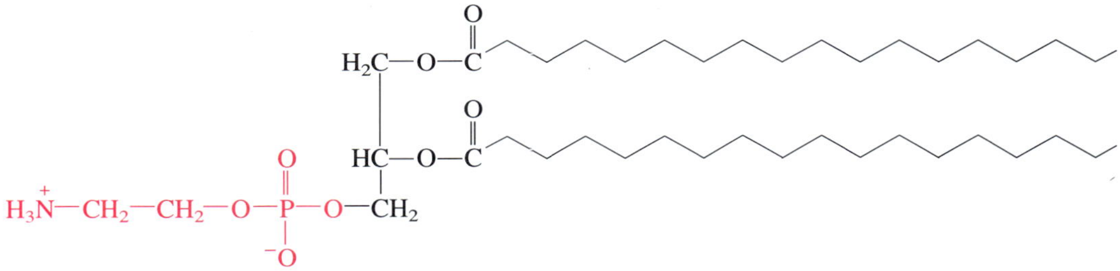

Phosphatidylethanolamine (cephalin)

(c)

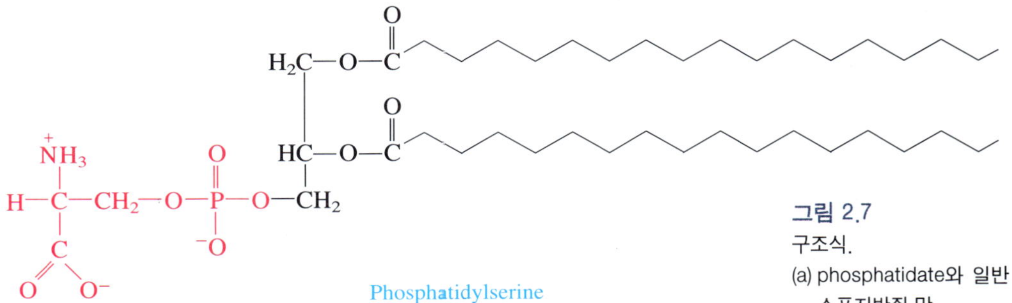

Phosphatidylserine

(d)

그림 2.7
구조식.
(a) phosphatidate와 일반 포스포지방질 막.
(b) phosphatidylcholine (lecithin).
(c) phosphatidylethanolamine(cephalin).
(d) phosphatidyl serine.

문제 2.3 축소 화학식을 이용하여 다음 각 산과 글리세롤의 에스터화반응으로부터 생기는 모노-, 디-, 그리고 트리-글리세라이드를 그려라.

a. oleic acid
b. capric acid
c. lauric acid

2.4 비-글리세라이드 지방질

sphingolipid

학습목적 8

Sphingoliplid는 글리세롤로부터 유도되지 않는 지방질이다. Sphingolipid는 인산지방질처럼 양쪽성이고, 극성 머리 원자단과 두 개의 무극성 지방산 꼬리를 갖고 세포막의 구조 성분이다. 그들은 하나의 긴 사슬의 질소 함유(amino) 알코올을 갖는 sphingosine으로부터 얻어진다.

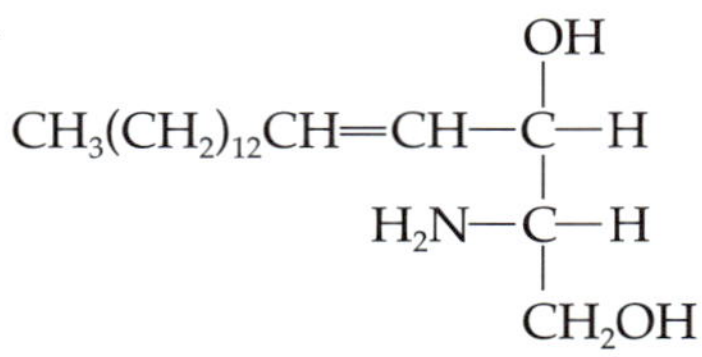

Sphingosine

Sphingolipid는 sphingomyelin과 glycosphingolipid를 포함한다. Sphingomyelin은 유일하게 인산지방질의 한 종류인 sphingolipid이다.

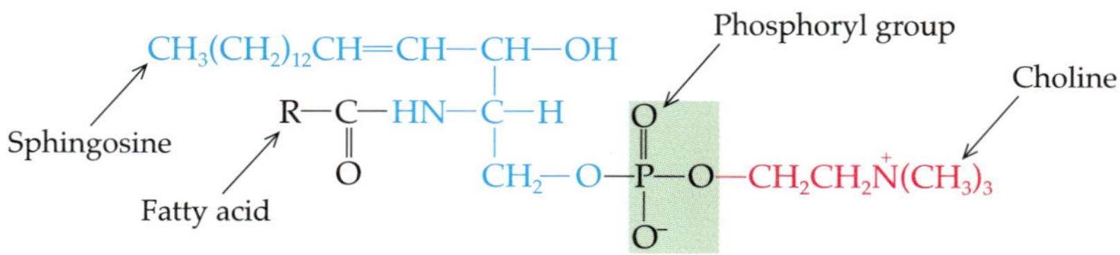

Sphingomyelin

Sphingomyelin은 모든 인체에 있지만 특히 신경 세포막의 중요한 구조적 지방질 성분이다. 그들은 중추신경계 세포를 둘러싸서 절연시키는 myelin sheath에 많다. 인간은 myelin sheath 중 약 25%가 sphingomyelin이다. 그들의 역할은 적절한 뇌 기능과 신경 전달에 필수 성분이다.

Glycosphingolipid 또는 당지방질은 celebroside, sulfatide, ganglioside를 포함하고 ceramide 뼈대 구조를 갖고 그것은 한 sphingosine의 지방산 유도체다.

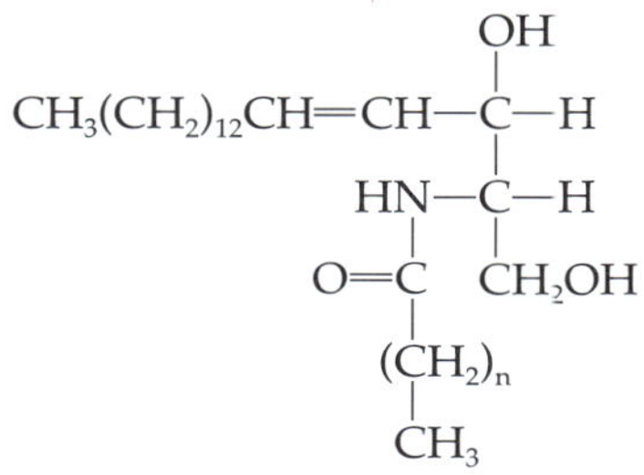

Ceramide

Cerebroside는 한 개의 단당류를 포함하는 머리 원자단의 존재로 특성이 나타난다. 보편적 두 가지 cerebroside는 glucocerebroside 및 macrophage(외부 미생물을 소화하고 파괴하여 인체를 보호하는 세포)와 특히 뇌 세포에서 많이 발견되는 galactocerebroside이다. Glucocerebroside는 헥소스인 글루코오스와 결합한 ceramide로 구성되어 있다. galactocerebroside는 단당류인 갈락토오스에 결합한 ceramide로 구성되어 있다.

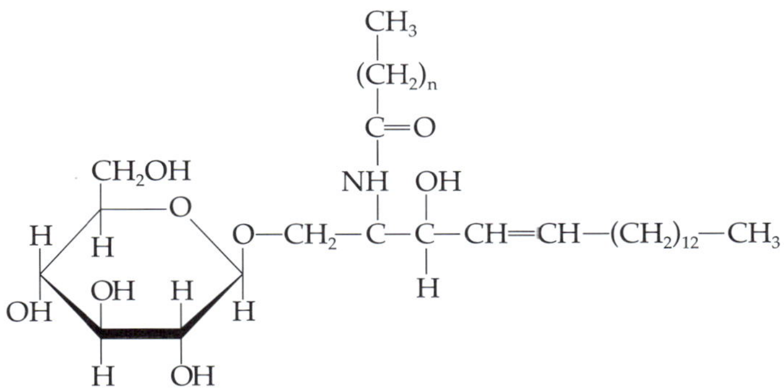

Glucocerebroside

임상관련 토픽; Sphingolipid 대사작용의 장애

Sphingolipid 장애에는 여러 효소 중 한 효소의 부족 때문에 생기는 인간 유전장애가 여러 가지 있다. 일반적으로 그 증상은 특정 세포내에서 이들 지질이 비정상적으로 다량 축적되기 때문에 생긴다. Niemann-Pick 병, Gaucher 병, Tay-Sachs 병이라는 세 가지는 다른 민족들보다 북유럽의 Ashkenazi 민족 사이에서 훨씬 더 자주 발견되는 것에 흥미있다.

Niemann-Pick 병의 네 가지 특수형 중 A형은 가장 심각하다. 그것은 sphingomyelinase 효소의 부족 때문에 생기며 열성 장애(유전자의 결손 복사는 각 부모로부터 유전되어야 한다)로 유전된다. 이 효소가 없으면 뇌, 골수, 간, 비장에 다량의 sphingomyelin과 콜레스테롤을 저장되게 한다.

어떤 어린 아이는 몇 달 지나 증상이 시작될 수도 있다. 부모들은 운동발육지연과 급식 문제로 알아낼 수 있다. 유아는 어느 정도 움직일 수 있지만, 결국 시각, 청각 뿐만 아니라 근육의 강도와 세기를 잃게된다. 그 질병은 빠르게 진행하고 그 아이는 전형적으로 몇 년 안에 사망한다.

Tay-Sache 병은 ganglioside 대사작용에 기능을 발휘하는 hexosaminidase 효소의 결핍 때문에 생긴다. 그 효소 부족의 결과 때문에 2.4절에 제시한 ganglioside가 뇌세포에 축적되어 신경학적 퇴화를 일으킨다. Niemann-Pick 질병처럼, 그것은 성 열성 유전자가 특성이고 유아 수명이 몇 달 안에 판명되고 빠르게 진행되어 몇 년 안에 사망한다. 그 증상은 무관심, 과민성, 발작, 마비, 근육긴장과 근육기능의 상실, 실명,

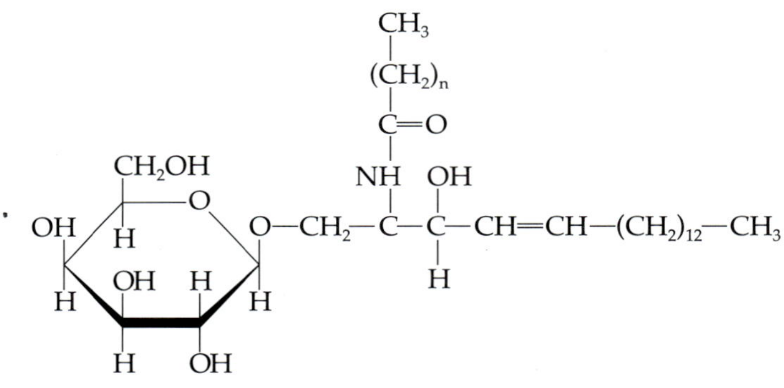

Galactocerebroside

Sulfatide는 황산 원자단을 포함하는 galactocerebroside 유도체다. 그들은 생리적 pH에서 음전하를 띠는 것에 유념하라.

난청, 정신과 사회적 기능의 지연 등을 포함한다.

Gaucher 병은 glucocerebrosidase의 부족에서 생기는 성 열성 유전자의 장애다. 정상 상태에서 이 효소는 glucocerebroside를 파괴하고 그 분해산물은 세포막에서 발견된 복합 glycosphingolipid 합성과 분해의 중간체다. Gaucher 병에서 glucocerebroside는 간, 비장, 골수에서 발견되는 대식세포(macrophage)에서 증가된다. 이들 세포는 과량의 액체로 채워지고 골수에 있는 건강한 정상 세포를 치환한다. Gaucher 병의 증상은 심한 빈혈, 혈소판 감소증(혈소판 수의 감소), heptosplenomegaly(비장과 간의 확장)를 포함한다. 골격 문제는 뼈의 퇴화와 이차 골절도 포함할 수 있다.

Fabry 병은 α-galactosidase 부족 때문에 생기는 하나의 X-관련 유전장애다. 이 질병으로 전 세계적으로 5만명이 고통받고 있다. 전형적으로 손가락과 발가락의 진통 그리고 허리 주위의 발진을 포함하는 증상이 20세에 도달할 때 나타나기 시작한다. 예비진단은 α-galactosidase A 효소 농도를 측정하여 확인할 수 있다. Fabry 병을 갖는 환자는 신장과 심장병 위험이 증가하고 예상 수명이 감소한다. 이것은 X-관련 장애이므로 여성보다 남성 사이에 더 일반적 이다.

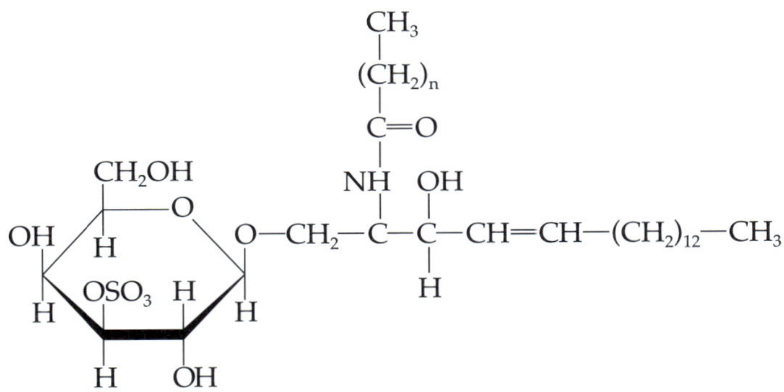

A sulfatide of galactocerebroside

Ganglioside는 하나 또는 그 이상의 *N*-acetylneuraminic acid(sialic acid) 분자를 포함하는 다당류 원자단을 갖는 당지방질이다. 신경조직 막으로부터 분리된 ganglioside는 대부분 인체 조직에서 발견된다.

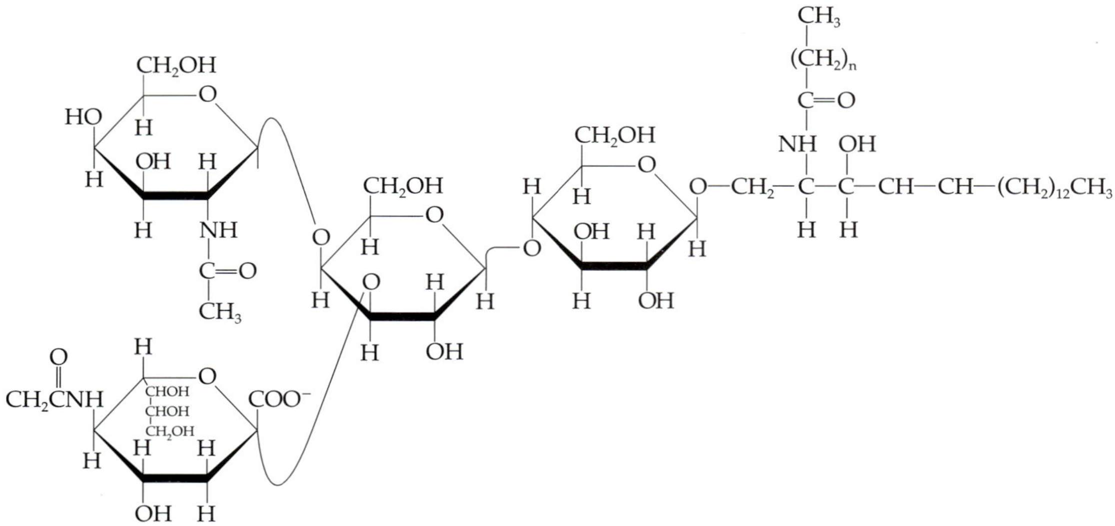

Tay-Sachs 질병과 관련있는 ganglioside

스테로이드

학습목적 9

지질소화는 7.1절에서 설명한다.

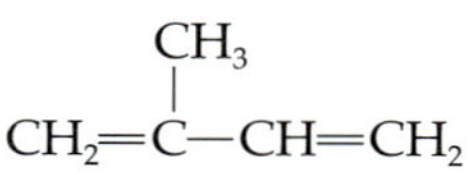

Isoprene

지용성 비타민의 구조와 기능은 부록 B, 지용성 비타민에 있다.

스테로이드(steroid)는 자연에서 생기는 유기물이고 생화학과 의학적으로 관심있는 유기 분자 계열이다. 여러 가지 스테로이드는 많은 논쟁으로 둘러싸여 있다. 우리는 식이 중 콜레스테롤의 양과 건강효과에 관하여 걱정한다. 우리는 근육량을 강화하고 근육량의 성능을 개선하기 원하는 운동선수들의 생합성 스테로이드(anabolic steroid) 이용에 관하여 흥미를 갖는다. 그러나 콜레스테롤로부터 파생된 이 분자 계열은 인체에서 여러 가지 중요한 기능을 갖는다. 지방질의 유화와 소화를 돕는 담즙산염(bile salt)은 성 호르몬 testosterone과 estrone의 스테로이드 분자다.

스테로이드는 isoprenoid라고 부르는 큰 여러 가지 지방질의 집합체다. 이러한 화합물의 전체 구조는 isoprene이라고 부르는 하나 또는 그 이상의 5-탄소 단위로 구성되어 있다.

Terpene은 isoprene 단위로부터 합성된 지방질에 대한 일반 용어다. Terpene의 예에는 스테로이드와 담즙산염, 지용성 비타민, 클로로필, 그리고 어떤 식물 호르몬이 있다.

모든 스테로이드는 다음과 같은 스테로이드 핵(스테로이드 탄소 골격)을 함유한다.

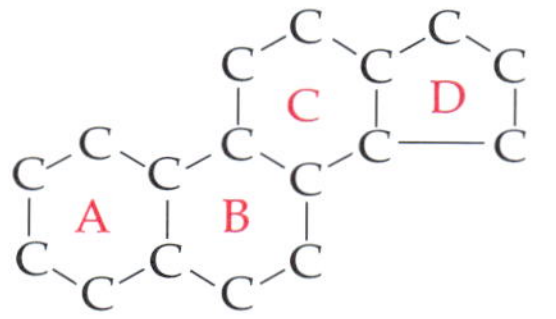

스테로이드 핵의 탄소 골격

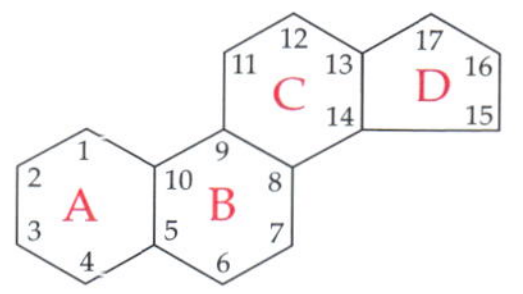

스테로이드 핵

스테로이드 탄소 골격은 네 개의 붙은 고리(fused ring)로 구성되 어있다. 각 고리 쌍은 공통적으로 두 개의 탄소를 갖는다. 그리하여 두 개 붙은 고리는 그들의 고리 뼈대 부분으로 하나 또는 그 이상의 공통 결합을 공유한다. 예를 들어 고리 A와 B, B와 C, C와 D는 모두 그 구조가 붙어있다. 여러 가지 스테로이드는 탄소-17과 결합한 알킬, 키톤, 알코올 등의 원자단과 함께 탄소-10과 탄소-13에 결합한 메틸 원자단을 갖는다.

일반 스테로이드인 **콜레스테롤**은 대부분 동물 세포에서 발견된다. 콜레스테롤은 양쪽성 분자이고 소수성 막 영역에 쉽게 녹는다. 그것은 무극성 붙은 고리의 결과 때문에 막의 유동성 조절과 관련있다. 그러나 하이드록시 원자단은 극성이며 sphingolipid와 인산지질의 극성 머리와 같은 기능을 갖는다. 혈장에서 발견되는 콜레스테롤 농도와 심장병, 특히 **동맥경화**(동맥이 굳어지는 질병) 사이에는 유력한 상호관계가 있다. 다른 물질과 결합한 콜레스테롤은 동맥의 통로를 좁게 만든다. 좁아질수록 적당한 혈액의 흐름에 더 많은 압력이 필요하고 고혈압(hypertension, high blood pressure)을 발생한다. 고혈압도 심장병과 밀접한 관련이 있다.

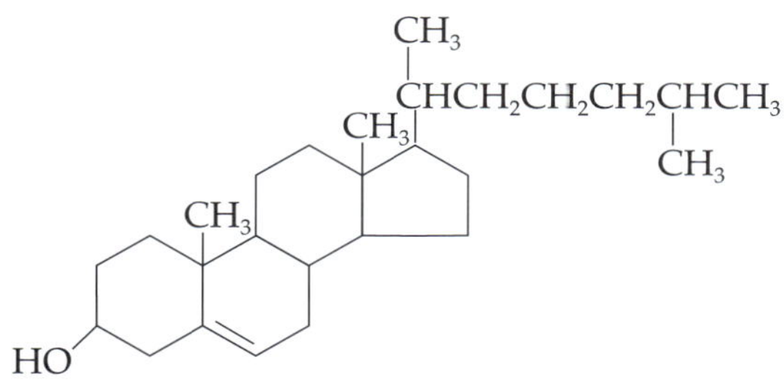

Cholesterol

계란 노른자는 여러 가지 낙농제품과 동물지방처럼 고농도 콜레스테롤을 함유한다. 그래서 식이에서 이들 제품의 양은 콜레스테롤의 식이 섭취를 적절하게 조절하라고 권장한다.

담즙산염은 7.1절에서 더 상세하게 설명한다.

인간관련 토픽; 생합성 스테로이드와 운동

1988년 한국에서 개최된 여름 올림픽에서 캐나다 육상선수 Ben Johnson은 100m 경주에서 역사상 가장 빠르게 9.79 초에 달렸고 금메달을 받았다. 2일 후에 국제 올림픽 위원회의 Michele Verdier는 기자회견장에서 다음과 같은 성명서를 읽었다. "캐나다 100m 육상선수 Ben Johnson의 오줌시료를 1988년 9월 24일 토요일에 수집하여 분석한 결과 생합성 스테로이드, 즉 stanozolol이라는 한 금지약물의 대사물질이 함유된 것을 발견했다." Johonson은 실격되었고, 그 대신에 미국 Carl Lewis가 100m 경기에서 올림픽 금메달 수상자로 바뀌었다.

체력 운동에서 경쟁하는 운동선수들은 왜 생합성 스테로이드를 섭취하는가? 생합성 스테로이드 이용은 경기에서 여러 가지 바람직한 효과를 나타낸다. 우선 생합성 스테로이드는 도약 또는 중량 인상에서 성공적인 근육량을 형성하는 것을 도와준다. 생합성 스테로이드는 격렬한 경쟁적 운동훈련에 의해 생긴 근육 손상의 치료를 촉진한다.

이들 호르몬이 그런 유익한 효과를 갖는다면 모든 운동에서 왜 생합성 스테로이드 이용을 허용하지 않는가? 불행하게도 그 유익한 효과보다 부정적 부작용이 훨씬 더 많다. 이들에는 신장과 간 손상, 뇌졸중, 발기불능, 불임, 심장질환의 증가, 그리고 대단히 공격적 행동 등이 포함된다.

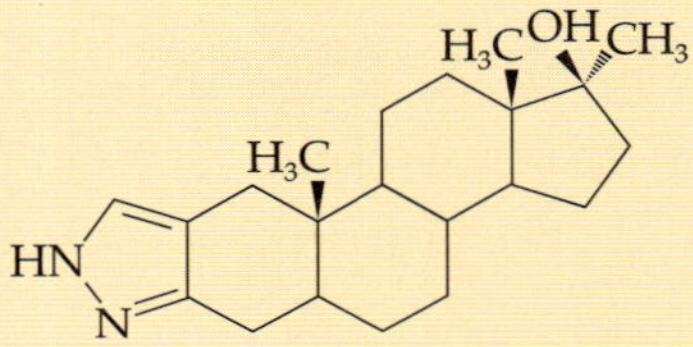

Stanozolol

이러한 생명을 위협하는 부작용은 잘 알려져 있지만 운동선수들은 생합성 스테로이드 이용을 계속한다. 그 유혹은 Ben Johnson에게 너무 컸다. 아마추어 경기에서 한 동안 출전금지를 받은 다음 그는 다시 경기에 출전했다. 1993년 4월 경기하기 전에 시험에서 그는 운동력을 증진하려고 다시 생합성 스테로이드를 복용한 것이 밝혀졌다. 결국 Ben Johnson은 아마추어 경기로부터 영원히 출전이 금지되었다.

담즙산염(bile salt)은 간에서 합성되어 담낭에 저장되는 양극성 유도물질이다. 인간의 주요한 담즙산염은 cholate와 chenodeoxycholate이다.

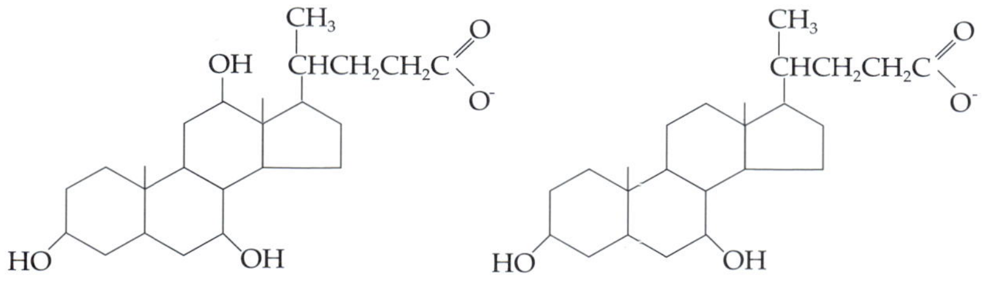

Cholate　　Chenodeoxycholate

담즙산염은 극성 하이드록시 원자단이 물과 상호작용하고 소수성 부분은 지질과 결합하는 유화제이다. 식사를 하면 담즙이 담낭으로부터 십이지장(소장의 윗부분)으로 분비된다. 여기서 담즙산염은 소장에서 발견되는 lipase(지방 소화효소)에 의해 더 쉽게 소화될 수 있도록 작은 방울로 식이 지방을 유화한다.

스테로이드는 생식 사이클에서 중요한 역할을 한다. 일련의 화학반응으로 콜레스테롤은 임신과 관련있는 가장 중요한 progesterone 스테로이드로 변환된다. 난소와 태반에서 생성된 progesterone은 성공적인 임신의 시작과 성공적인 완전 임신의 두 가지 중요한 역할을 한다. 그것은 수정란을 받기 위하여 자궁의 라이닝(lining)을 준비한다. 일단 수정란이 부착하면 progesterone은 태아의 발달에 관여하고 임신기간 동안 더 많은 배란억제에 중요한 역할을 한다.

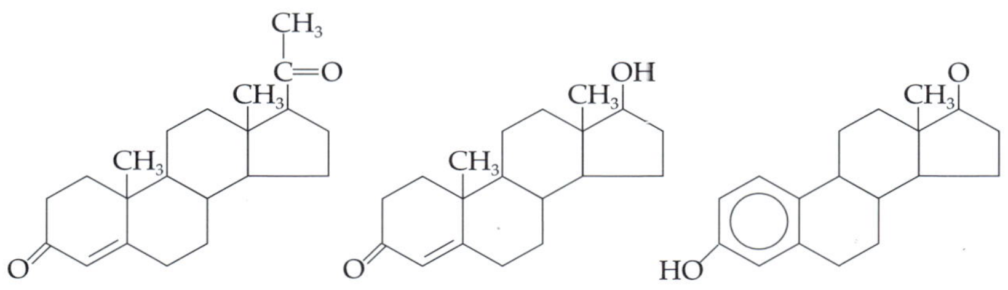

Progesterone　　Testosterone　　Estrone

정소(testis)에서 발견되는 남성 호르몬(testosterone)과 여성 호르몬(estrone)은 progesterone의 화학적 변형에 의해 생성된다. 이들 호르몬은 남성과 여성의 성 발달과 관련있다.

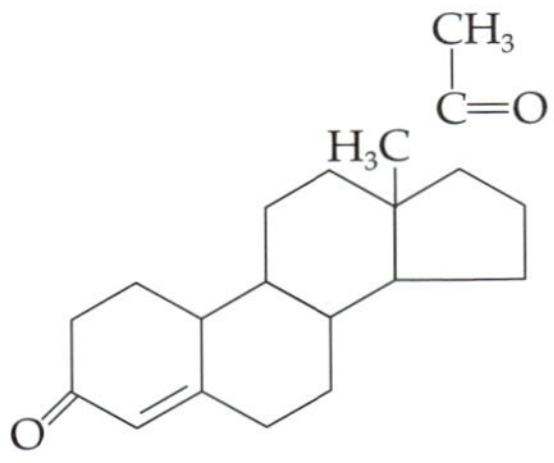

19-Norprogesterone

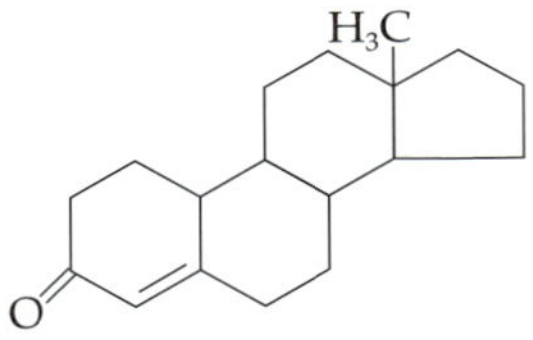

Norlutin

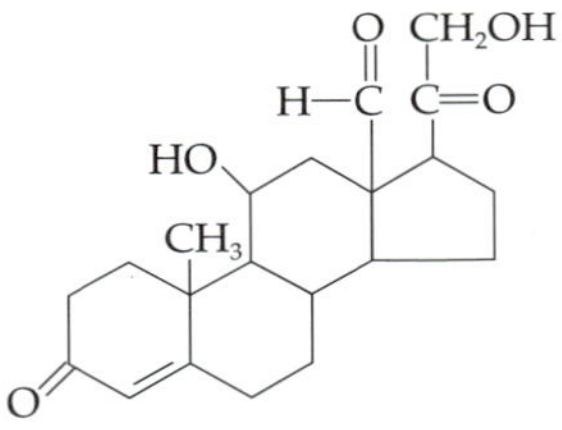

Aldosterone

Progesterone을 포함하는 여러 가지 스테로이드는 수태조절제의 발전에 중요한 역할을 한다. 19-Norprogesterone은 첫 번째 합성 수태조절제 중 하나이다. 이것은 수태 조절 준비에서 progesterone보다 거의 10배나 더 효과적이다. 그러나 이것의 용도는 크게 제한받는다. 왜냐하면 이 화합물은 경구투여할 수 없고 주사로 투여해야 하기 때문이다. 이와 관련있는 norlutin 화합물(화합물 이름; 17-α-ethynyl-19-nortestosterone)은 19-norprogesterone의 장점과 효과 두 가지를 제공하는 것으로 알려져 있고 구강투여할 수 있다.

현재는 "복합" 경구투여 피임제를 자주 처방하고 있다. 이들은 progesterone과 estrogen을 포함한다. 보다 새로운 이 제품들은 개별적으로 투여하는 어느 피임제보다 더 좋은 피임효과를 가져다 준다. 이들은 또한 심한 월경 출혈을 갖는 환자의 월경 조절에 이용된다. 1950년대 후반에 처음으로 연구되어 1961년에 FDA에 의해 승인받은 현재 이용가능한 피임제는 적어도 삼십 종류 이상의 복합제들이 있다. 이 외에도 폐경후 골다공증 치료를 위한 경피패치(transdermal patch)가 연구되고 있다.

모든 이러한 화합물은 거짓임신을 유발하고 배란을 억제한다. 경구피임제를 투여할 때 배란은 일반적으로 3 월경 주기후에 되돌아온다. 피임제와 관련된 문제점들이 있지만 많은 인구에 효과적이고 안정한 가족계획 방법으로 나타나 있다.

Cortisone은 또한 여러 가지 적절한 생화학 반응 조절에 있어서 중요하다. 예를 들어 그것은 탄수화물 대사작용과 관련이 있다. Cotisone은 또한 류마티스 관절염, 천식, 위장장애, 여러 가지 피부상태, 여러 가지 다른 질병 등의 치료에 이용된다. 그러나 cortisone 치료에 위험이 없는 것은 아니다. Cortisone 치료에서 가능한 몇 가지 부작용은 액체 머무름, Sodium 머무름, 울혈성 심부전증을 유발할 수 있는 Potassium 손실 등이 있다. 다른 부작용으로는 근육 약화, 골다공증, 위궤양을 포함하는 위장관 뒤집힘, 현기증, 투통, 경련을 포함하는 신경증 등이 있다.

임상관련 토픽; 스테로이드와 심장병 치료

Foxglove(digitalis purpurea) 식물은 현재 알려진 가장 강력한 심장 근육 자극제 중의 하나를 만드는 약초이다. Foxglove(digitalis) 식물 중의 한 성분은 강심 배당체 또는 강심제 스테로이드이고 그것은 digitoxin, digosin, gitalin을 포함한다.

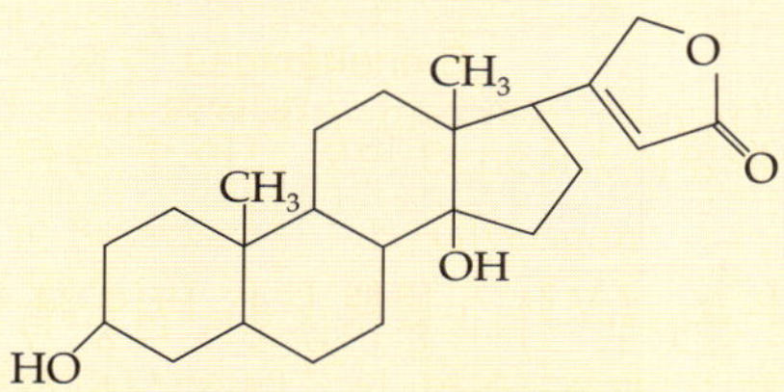

Digitoxin

Foxglove 식물에 의해 생성된 강심제 스테로이드 중의 한 digitoxin 구조

Digitalis purpurea, the foxglove plant.

이들 약물은 임상적으로 심장이 강력하고 효과적으로 박동하지 않는 결과를 나타내는 울혈성 심장부전 치료에 이용된다. 혈액이 효과적으로 심혈관계를 통하여 순환되지 않을 때 혈액은 폐와 더 낮은 팔다리에 모아진다(부종증). 울혈성 심부전증의 주요한 증상은 확대된 심장, 허약, 부종증, 짧은 호흡, 그리고 폐에 액체의 축적 등이다. 이 상태는 본래 1785년에 의사 William Withering이 설명하였다. 그는 민간의약으로 만성 심장문제의 치료로 유명한 농부의 부인을 알게 되었다. 그녀의 약물에는 20종류 이상의 약초의 혼합물이 포함되었다. Dr. Withering은 의사이면서 식물학자이므로 즉시 foxglove에 그 혼합물의 활성 성분이 있다는 것을 발견하였다. Withering은 Digitalis purpurea를 이용하여 성공적으로 울혈성 심장부전증을 치료하였고, 그것의 이용에 관한 몇 가지 주의사항도 설명하였다.

강심제 스테로이드는 대단히 센 심장 흥분제이다. 1 mg 정도의 작은 양을 투여해도 심장 박동부피를 증가하고(수혈할 때마다 혈액 부피), 수축 세기를 증가하고 심장속도를 감소한다. 심장은 digitalis에 의해 자극받으므로 더 효과적으로 펌핑한다.

Digitalis는 울혈성 심장부전증 조절에 이용한다. 그러나 그 투여량은 조심스럽게 결정해야 하고 그 치료량은 독성을 발생하는 투여량에 가깝기 때문에 조심스럽게 측정하고 감시해야 한다. 강심제를 고농도로 투여할 때 생기는 증상은 구토, 시력감퇴, 가벼운 두통, 탈수 증가, 경련, 그리고 사망 등이 있다. 울혈성 심장부전증을 조절하는 최초 투여량과 개인에 대한 유지 스케쥴과 독성의 부작용을 피하는 것은 의사만 이 결정할 수 있다.

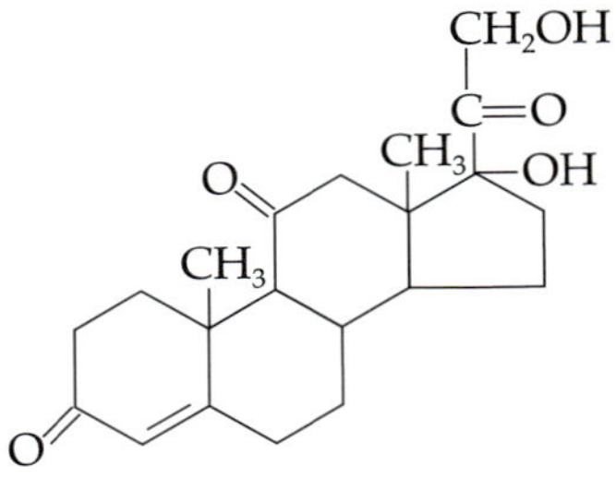

Cortisone

Aldosterone은 부신피질에서 생성되는 스테로이드 호르몬이고 혈액 중 Sodium이온 농도가 너무 작을 때 혈액 안으로 분비된다. 신장에 있는 세뇨관 세포에서 aldosterone은 혈액으로 되돌아가려는 Sodium이온과 물을 발생하는 한쌍의 반응을 활성화한다. Sodium 농도 값이 증가하면 aldosterone은 부신피질로부터 분비되지 않고 신장에 의해 혈액에서 걸러진 Sodium이온은 배설된다.

문제 2.4 스테로이드 핵의 구조를 그려라. A, B, C, D의 스테로이드 고리 위치를 적어라.

왁스

왁스(wax)는 여러 가지 서로 다른 원료 물질로부터 생기고, 그 원료 물질에 따라 여러 가지 화학적 성분을 갖는다. 예를 들어, 파라핀 왁스는 고체 탄화수소(일반적으로 선형 사슬 화합물)의 한 혼합물이다. 자연 왁스는 일반적으로 긴 사슬 알코올이 긴 사슬 지방산으로 에스터화된 것이다. 긴 탄화수소 꼬리는 대단히 소수성이므로 왁스는 물에 완전히 불용성이다. 왁스는 그들의 고분자량 때문에 실온에서도 고체이다. 왁스의 두 가지 예는 밀랍의 주요한 성분인 myricyl palmitate와 향유고래의 머리로부터 얻은 고래 기름(경랍 왁스)이다. 고래 기름 왁스는 cetyl palmitate로 구성되어 있다.

$$CH_3(CH_2)_{14}-\overset{\displaystyle O}{\overset{\|}{C}}-O-(CH_2)_{29}CH_3$$

Myricyl palmitate
(밀랍)

$$CH_3(CH_2)_{14}-\overset{\displaystyle O}{\overset{\|}{C}}-O-(CH_2)_{15}CH_3$$

Cetyl palmitate
(고래 기름)

자연계에 존재하는 왁스는 여러 가지 용도를 갖는다. 털과 피부의 보호피복 물질인 lanolin은 피부 크림과 연고로 사용된다. Carnauba 왁스는 자동차 광택제로 이용된다. 고래 기름은 한 때 연료, 연고, 양초로 이용했다. 그러나 고래 사냥의 금지 노력 때문에 고래 기름은 합성 왁스로 많이 대치되고 있다.

2.5 복합 지방질

복합 지방질(complex lipid)은 다른 종류의 분자와 결합한 지방질이다. 가장 일반적이고 중요한 복합 지방질은 혈장 지질단백질이고 그것은 인체에서 다른 지방질을 수송한다.

학습목적 10

지방질은 물에 아주 조금만 녹는다. 그리고 한 기관으로부터 다른 기관으로 혈액을 통한 지방질 이동은 **혈장 지질단백질**(plasma lipoprotein)을 이용하는 수송 시스템이 필요하다. 지질단백질 입자는 양극성 단백질, 인산지방질, 콜레스테롤에 의해 둘러싼 소수성 지방질의 핵으로 구성되어 있다(그림 2.8).

혈장 지질단백질에는 네 가지 주요한 종류가 있다.

- **Chylomicron**은 0.95 g/mL보다 작은 밀도를 갖고 장으로부터 다른 조직으로 식이 트리글리세라이드를 운반한다. 나머지 지질

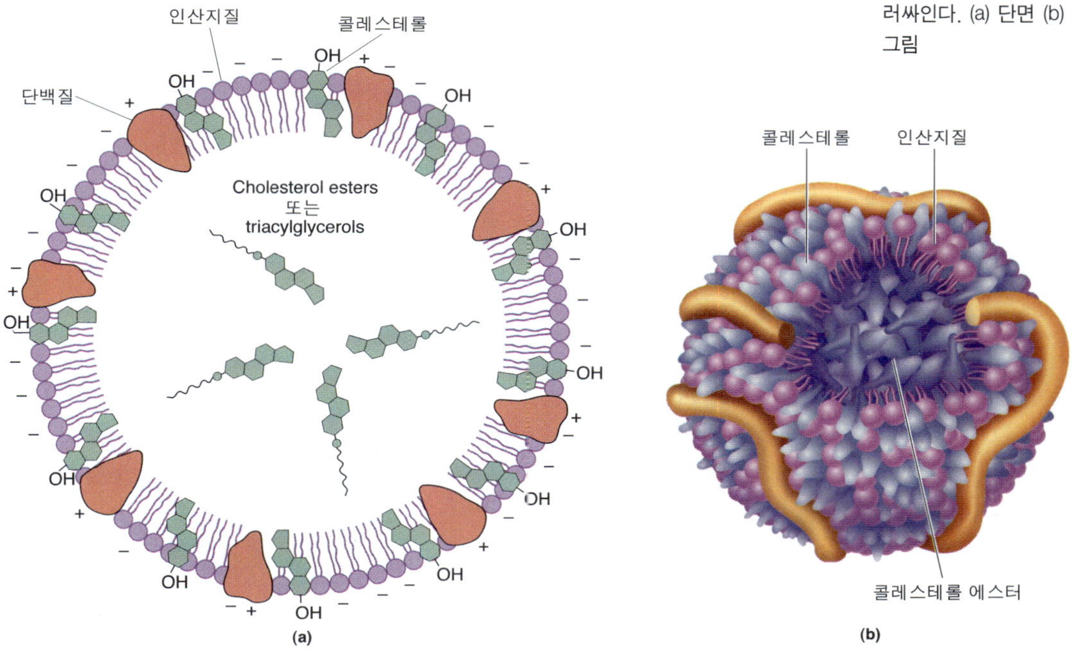

그림 2.8 혈장 지질단백질의 구조 모델. 여러 가지 지질단백질은 단백질 콜레스테롤로 구성하고 인산지방질은 트리글리세라이드 또는 콜레스테롤 에스터(지방산으로 에스터화된 콜레스테롤)와 같은 더 소수성 분자로 둘러싸인다. (a) 단면 (b) 삼차원 그림

단백질은 그들의 밀도에 따라 분류한다.

- **매우 낮은 저밀도 지질단백질**(Very Low Density lipoprotein, **VLDL**)은 0.95~1.019 g/mL 밀도를 갖는다. 그들은 간에서 합성된 트리글리세라이드와 결합하여 그들을 지방 조직과 기타 조직으로 운반하여 저장한다.
- **저밀도 지질단백질(LDL)**는 1.019~1.063 mg/mL 밀도의 특성을 갖는다. 그들은 콜레스테롤을 말초 조직으로 운반하고 이들 조직에서 콜레스테롤 농도 조절을 돕는다. 이들은 콜레스테롤이 가장 많고 때때로 혈장 콜레스테롤의 40%를 운반한다.
- **고밀도 지질단백질**(high-density lipoprotein, **HDL**)은 1.063-1.210 mg/mL 밀도를 갖는다. 그들은 혈장 콜레스테롤과 결합한다. 그러나 그들은 말초 조직으로부터 간으로 운반된다.

각 혈장 지질단백질 성분의 요약을 그림 2.9에 제시한다.

Chylomicron은 식이 트리글리세라이드를 인체의 전체 세포로 수송하는 트리글리세라이드와 단백질의 결합체이다. 혈액 중 모든 지방이 직접 식이로부터 오는 것은 아니다. 트리글리세라이드와 단백질 사이에 합성되고 또한 혈액을 통하여 지질단백질 덩어리로 운반된다. 트리글리세라이드는 에너지가 필요한 조직으로 또는 저장되기 위하여 adi-

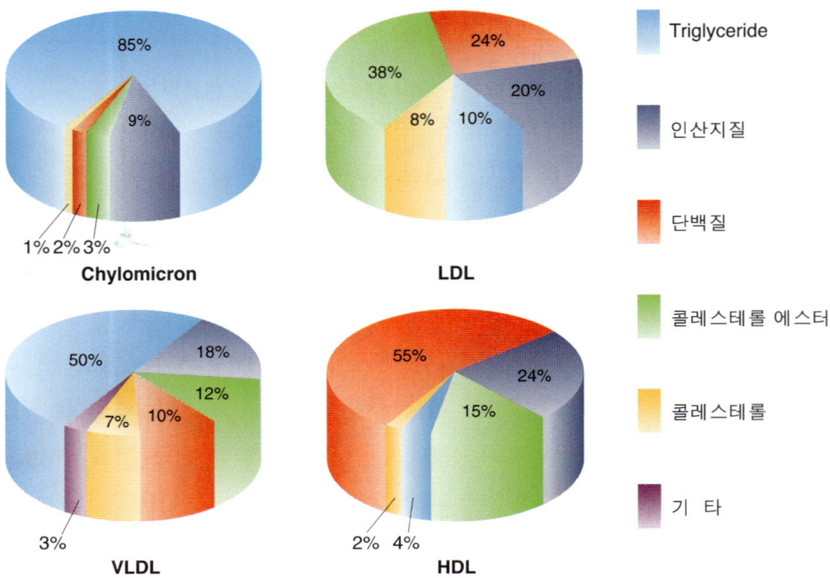

그림 2.9
네 가지 종류의 혈장 지질단백질 중 콜레스테롤, 인산지방질, 단백질, 트리글리세라이드, 콜레스테롤 에스터의 상대적 양

pose 조직으로, 그리고 에너지가 풍부한 지방질 분자를 운반하는 VLDL 입자로 모인다. 마찬가지로 콜레스테롤은 간으로부터 말초 조직으로 운반하기 위하여 LDL 입자에 모인다.

LDL 입자들이 세포로 들어가는 것은 LDL 입자를 막에 결합된 단백질 수용체가 인식함으로써 시작된다. 저밀도 지질단백질 수용체(LDL 수용체)는 간 외부의 세포막에서 발견되고 여러 조직의 세포에 의한 콜레스테롤 섭취에 원인이 있다. LDL(콜레스테롤과 결합한 지질단백질)은 LDL 수용체와 특이하게 결합하고 그 결합 복합체는 수용체 매개 세포내 흡입작용(receptor-mediated endocytosis)이라고 부르는 과정에 의해 세포 안으로 섭취된다(그림 2.10). 막은 LDL 받개 복합체 자리에서 세포 안으로 잡아당겨지기 시작한다. 이것은 전체 LDL 입자를 그 세포로 끌어당긴다. 결과적으로 LDL을 둘러싸고 있는 막의 부분은 그 세포막으로부터 분리되어 LDL 입자 주위에서 새로운 막을 형성한다. 2.6절에서 보게 되는 것과 같이 막은 액체이고 쉽게 흐른다. 그리하여 그들은 LDL 입자를 포함하는 막소포(vesicle) 또는 endosome을 형성한다.

Lysosome이라고 알려진 세포상 소화 소기관(cellular digestive organelle)은 endosome과 융합한다. endosome 막과 lysosome이 함께 흘러 더 큰 막-결합체 또는 막소포를 만들 때 이러한 융합이 완성된다. Lysosome으로부터 가수분해 효소는 그 다음에 모든 복합체를 소화하여 콜레스테롤을 그 세포의 세포질(cytoplasm)로 방출한다. 거기에서 콜레스테롤은 그 자체의 생합성을 억제하고 콜레스테롤을 콜레스테롤 에스터로 저장하는 효소를 활성화한다. 세포내의 고농도 콜레스테롤은 LDL 수용체(receptor) 합성을 억제하여 세포가 너무 많은 콜레스테롤을 받지 않게 지킨다. LDL 수용체의 유전자 암호에 유전결함을 갖고 있는 사람들은 많은 콜레스테롤을 받지 못한다. 결과적으로 그들은 혈장에 LDL 콜레스테롤을 축적하게 된다. 이 과량 혈장 콜레스테롤은 그 다음에 동맥 벽에 흡착되어 동맥경화를 유발한다. 이 질병을 콜레스테롤 과다혈증(hypercholesterolemia)이라고 한다.

간 지질단백질 수용체는 다량의 콜레스테롤을 혈액으로부터 제거하여 혈장 중의 콜레스테롤을 저농도로 유지한다. 다른 인자들이 같을 경우 지질단백질 수용체를 가장 많이 갖는 사람이 많은 콜레스테롤 식이에 대하여 취약점이 가장 적고 동맥경화 가능성도 가장 적다.

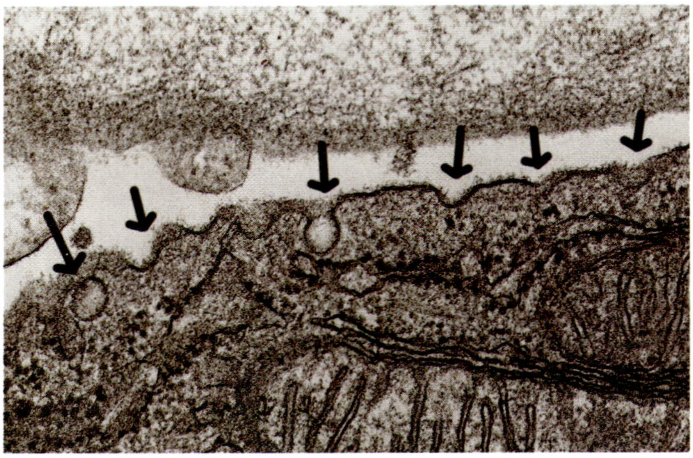

(a)

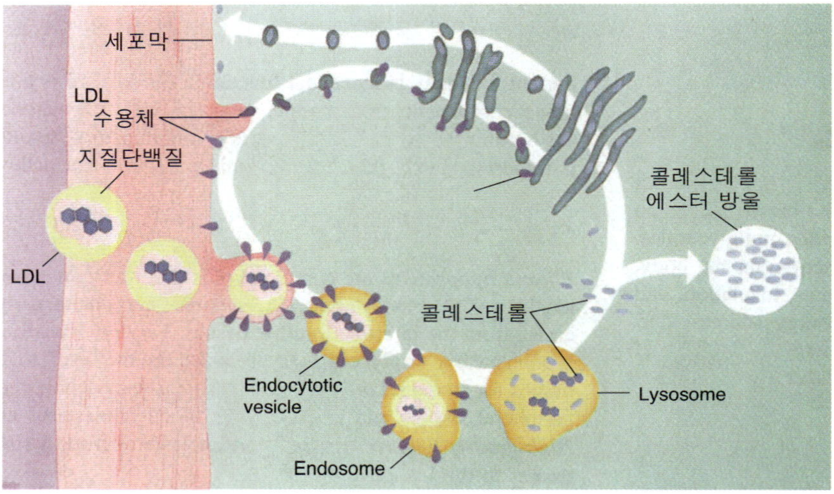

(b)

그림 2.10 수용체 매개 세포내 흡입작용.
(a) 수용체 매개 세포내 흡입작용의 전자현미경 사진
(b) LDL의 수용체 매개 세포내 흡입작용 요약.

최근에는 염증 단백질인 C-반응 단백질을 죽상경화증(동맥경화)과 관련시키고 있다. 혈액중 이 단백질의 농도 시험은 심장마비의 위험을 예고하는 한 방법으로 제시되었다. 일년 이내에 감도 좋은 시험법을 이용할 수 있기를 희망한다.

혈액 중 고농도의 HDL이 동맥경화 발생의 감소를 돕는 다는 증거도 있다. 그것은 아마도 HDL이 콜레스테롤을 말초 조직으로부터 간으로 다시 되돌려 보내기 때문이다. 간에서는 약간의 콜레스테롤을 담즙 합성에 이용하여 소장으로 분비하고 다시 담즙으로부터 배출된다.

최종 상호관계는 식이와 동맥경화 사이에 있다. 포화지방이 많은 식이를 섭취하는 사람들은 혈액에 고농도 콜레스테롤을 갖는 경향이 있다. 포화지방산과 콜레스테롤 사이의 상호관계는 분명하지 않지만 불포화 지방이 많은 식이는 콜레스테롤 농도를 감소하는 것으로 알려져 있다. 실제로 식이에서 불포화 지방의 이용은 LDL 농도의 감소와 HDL 농도를 증가한다. 심장질환과 고농도 콜레스테롤 사이의 분명한 상호 관계를 이용하여 현대의 식이법은 적은 양의 지방과 불포화 지방(식물성 기름)으로 포화 지방(동물 지방)을 대치할 것을 권장하고 있다.

문제 2.5

혈장으로부터 콜레스테롤 섭취 메카니즘은 무엇인가?

2.6 생체 막의 구조

학습목적 11

생체막은 소수성 탄화수소 꼬리가 그 이중층의 중심에 충진되고 이온성 머리 원자단은 표면에 노출되어 물과 상호작용하는 지방질 이중층(lipid bilayer)으로 되어 있다(그림 2.11). 막 인산지방질의 탄화수소 꼬리는 어느 한 쪽 분자들이 섞이는 것을 방지하는 무극성 물질의 얇은 껍질을 제공한다. 그리하여 막 인산지방질의 무극성 꼬리는 세포내부와 그 주위 사이에 장벽을 제공하고 그들은 대단히 잘 녹는다. 구어체로 "엎침-뒤침"(flip-flop)이라고 알려진 교환은 이중층의 절반 외부와 절반 내부 지질 사이에서 일어나는 것인데 잘 일어나지 않는다(그림 2.12). 그것에 비하여 지방질 분자의 수평 이동은 그 이중층의 한 얇은 판 내부에서 빠르게 일어난다. 박테리아 세포는 대략 2 ㎛ 길이이고 지방질 분자는 1 초 안에 그 세포의 한 끝에서 다른 끝으로 확산된다.

인산지방질 이중층 막의 두 층은 성분이 같지 않다. 예를 들어 인간 적혈구 세포막의 외부 층 인산지방질은 대략 80%가 phosphatidylcholine과 sphingomyelin인 반면에, 내부 층은 phosphatidylethanola-

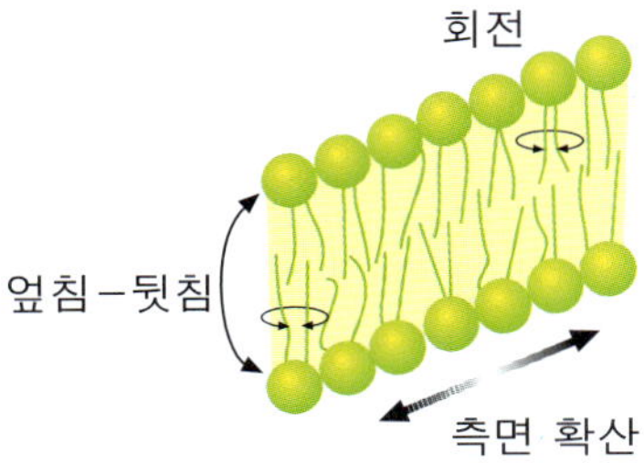

그림 2.12
생체막에서 측면 확산은 빠르지만 그 막을 통한 "엎침-뒷침"은 전혀 일어나지 않는다.

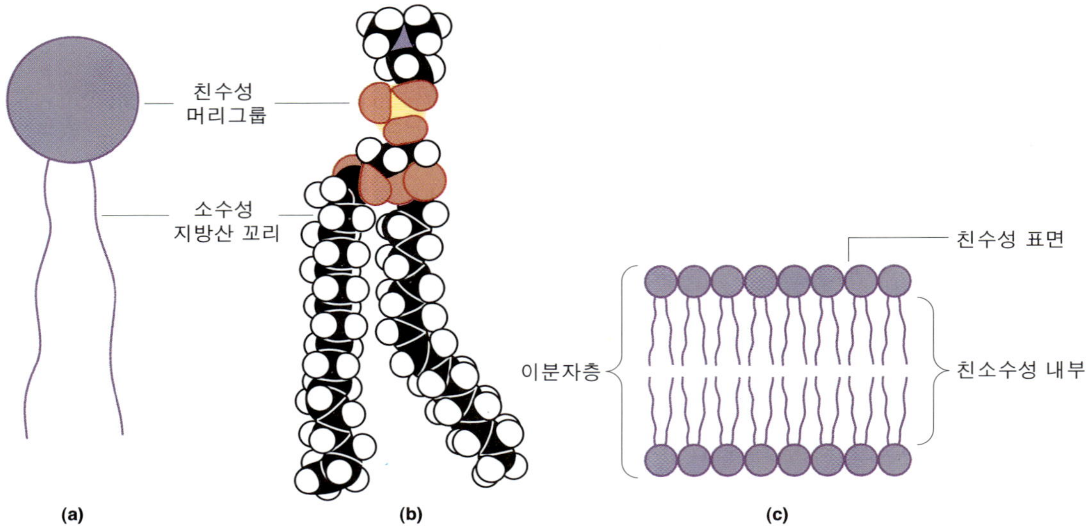

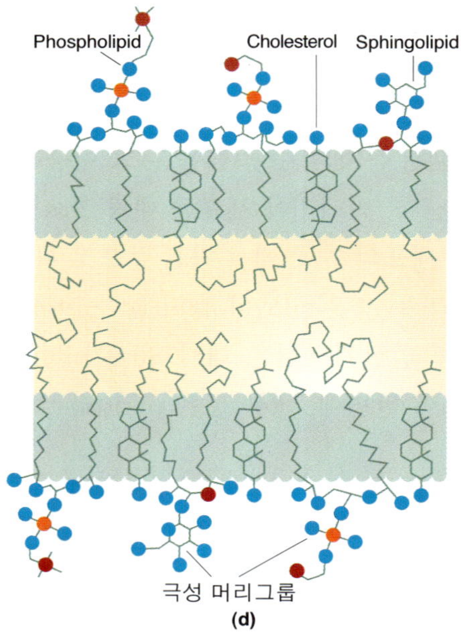

그림 2.11
(a) 인산지방질의 모식도
(b) 인산지방질의 공간-채움 모델
(c) 인산지방질 이중층 막의 모식도
(d) 인산지방질, 콜레스테롤 그리고 sphingolipid로 구성된 이중층 막의 선 화학식 표시

mine과 phosphatidylserine이 대략 80%를 구성한다. 그 외에 탄수화물 원자단은 어떤 막의 외부 층에서 발견되는 인산지방질에만 결합된 것으로 발견된다. 그들은 수용체와 인식 기능에 참여한다.

생체막의 유동성 모자익 모델

우리들이 바로 지적한 것처럼 생체 막은 정적(static)이지 않다. 그들은 움직이는 분자로 구성되어 있다. 생체막의 유동성은 막 인산지방질에서 포화지방산과 불포화지방산 원자단 비율로 측정한다. 모든 근원의 막 지질로부터 분리된 지방산의 약 절반은 불포화되어 있다.

인산지방질의 불포화지방산 꼬리는 탄화수소 사슬에 도입된 이중결합의 굽힘 때문에 막 유동성에 기여하게 된다. 이러한 "꼬임" 때문에 지방산 꼬리는 서로 세게 쌓이게 되지 않는다.

우리는 또한 막 지방질 중의 불포화지방산 백분율이 주위 온도에 반비례하는 것도 발견한다. 예를 들어, 박테리아는 주위 온도에 따라 막 지방질이 서로 다른 포화지방산과 불포화지방산 비율을 갖는다. 예를 들어 북극해에서 성장하는 박테리아 막은 불포화지방산이 고농도이므로 그들의 막은 이러한 빙하 온도에서도 액체상태를 유지한다. 그와 반대로 Yellowstone National Park 온천에서 사는 생체는 물의 끓는점 부근의 온도에서 고농도의 포화지방산으로 된 막을 갖는다. 이러한 지방산 함량의 유동성은 그 박테리아를 거의 100℃ 온도범위 이상에서 동일한 막의 유동성을 유지할 수 있게 한다.

일반적으로 포유류의 체온은 대단히 일정하다. 그러므로 그들의 막 지방질에 있는 지방산의 성분은 대단히 균일하다. 한 흥미있는 예외는 순록이다. 순록은 수년 동안 얼음과 눈 속에서 여행하여야 한다. 그러므로 발굽과 다리는 몸체의 나머지 보다 훨씬 더 차가운 온도에서 기능을 계속 유지해야 한다. 이러한 이유 때문에 생체막중의 불포화지방산의 백분율은 순록의 다리 길이에 따라 변한다. 우리는 불포화지방산 비율이 발굽에 가까울수록 증가한다는 것을 알고 있다. 큰 비율로 불포화지방산을 포함하는 더 낮은 어는점과 더 큰 유동성 지방질은 얼음과 눈의 낮은 온도에 노출되는 다리에서 생체막이 기능을 발휘하게 된다.

그리하여 생체막은 주위 온도와 무관한 액체다. 실제로 생체막은 올리브 기름과 거의 같은 일관성을 갖는 것으로 추정한다.

액체 지방질 이중층에 의해 만들어진 소수성 장벽은 막의 중요한 특

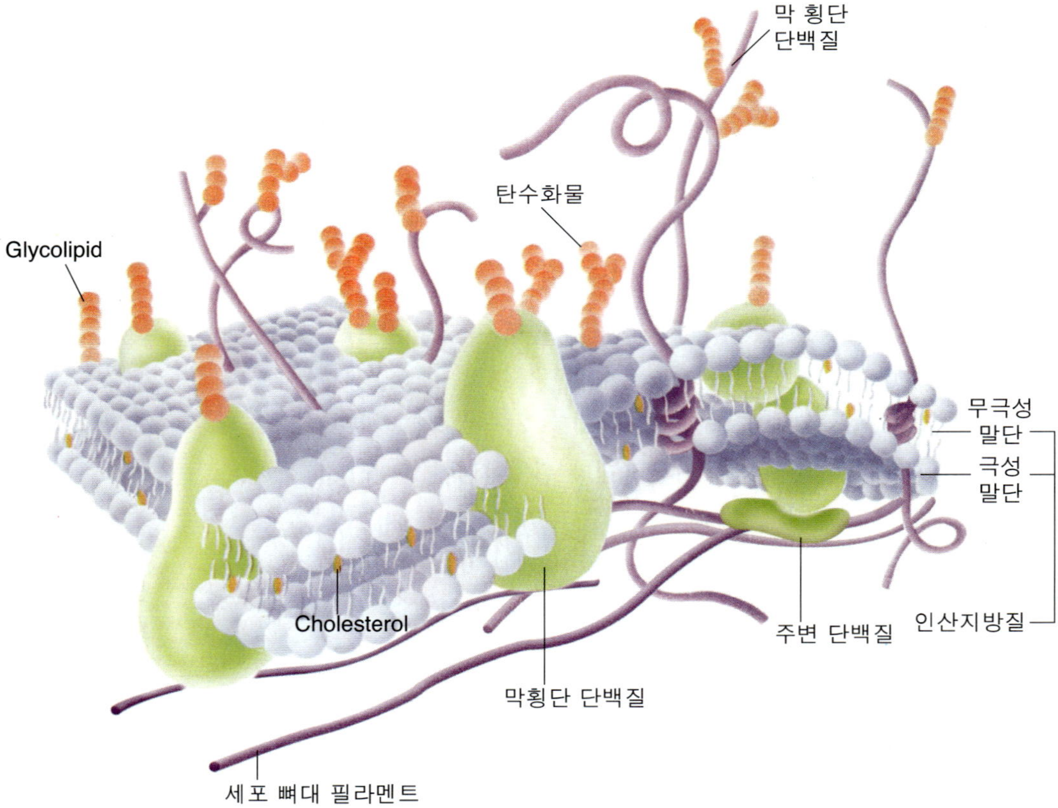

그림 2.13
막 구조의 액체 모자익 모델

징이지만 지방질 이중층 안에 파묻힌 단백질도 마찬가지로 중요하고 또한 중요한 세포 기능의 원인이다. 이들 막 단백질의 존재는 동결절편(freeze-fracture) 전자현미경방법에 의해 밝혀졌다. 세포를 매우 낮은 온도에서 동결한 다음 매우 날카로운 다이아몬드 칼을 이용하여 얇은 절편으로 만든다. 전자 현미경으로 볼 때 그 막은 단백질이 흩어진 모자익으로 보인다. 막의 유동성과 전자현미경으로 본 단백질의 겉모양 때문에 막 구조의 개념을 **유동성 모자익 모델**(fluid mosaic model)이라고 한다(그림 2.13).

말초 막 단백질(peripheral membrane protein)이라는 몇 가지 관찰된 단백질은 막 단백질의 이온성 머리 원자단과 말초 단백질 표면의 이온성 아미노산 사이의 상호반응에 의해 그 막의 표면 중 한 쪽에만 결합되어 있다. **막횡단 단백질**(transmembrane protein)이라고 부르는 다른 막 단백질은 막 안에 결합되어 막을 통하여 모두 확장되어 세포 내외 양쪽으로 노출된다.

막의 인산지방질이 비대칭인 것처럼 막횡단 단백질의 배향도 마찬가지 이다. 각 막횡단 단백질은 막 인산지방질의 지방산 꼬리와 관련있는 소수성 영역을 갖고 있다. 또한 각기 막의 외브 층과 관련되어 항상 발견되고 그 세포의 외부에 위치한 한 독특한 소수성 영역을 갖는다. 이 전형적인 단백질 영역은 공유결합된 올리고당을 갖고 있다. 그러므로 이들 단백질은 당단백질(glycoprotein)이다. 마찬가지로 각 막 횡단 단백질은 그 막의 내부 층에서 항상 발견되며 세포의 세포질에 돌출된 2차 친수성 영역을 갖는다. 전형적으로 이 막횡단 단백질 영역은 세포질 뼈대의 필라멘트와 결합한다.

지방질 이중층은 액체이므로 막 단백질은 지방질 이중층을 통하여 빠르게 측면 확산할 수 있다. 막 단백질은 막 지방질처럼 막을 지나면서 "엎침-뒤침"(flip-flop)하지 않고 백화점 회전문처럼 막에서 회전한다.

막 단백질과 지방질의 이동성에 관한 지식으로부터 추론할 수 있는 것처럼 막은 동적 구조를 갖는다. 생체막에 파묻힌 단백질 이동도는 붉은색과 초록색 형광 염료를 이용하여 인간과 마우스 세포의 막 단백질 중 어떤 단백질을 표지하여 연구했다. 인간과 마우스의 세포를 융합하였다. 바꿔 말하면 특수한 방법을 이용하여 마우스와 인간의 세포가 하나의 세포를 만들도록 함께 흐르게 만들었다. 그 새로운 세포는 특별한

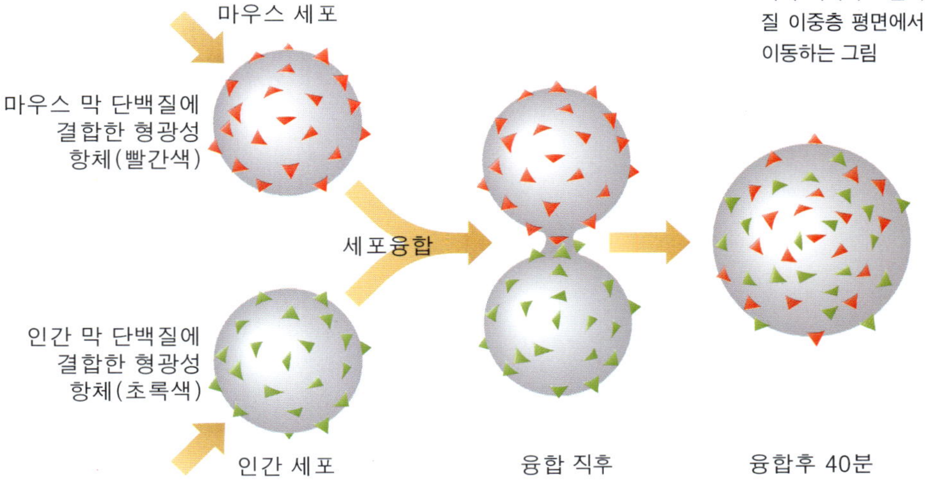

그림 2.14
막이 액체이고 단백질이 지방질 이중층 평면에서 자유롭게 이동하는 그림

자외선 또는 형광 현미경을 통하여 관찰하였다. 붉은색과 초록색 팻치(patch)는 실험을 시작할 때 그들 본래 세포막의 영역 내부에 편재되었다. 한 시간 후에 그 색을 띤 팻치는 융합 세포 막에 균일하게 분포한다(그림 2.14). 이 실험은 어떤 대양이 움직이면서 떠있는 얼음덩어리로 채워진 것 같은 액체 모자익 막으로 생각할 수 있다는 것을 암시한다.

막수송

학습목적 12

세포막은 세포가 그 주위와의 상호작용을 조정하고 세포내외로 물질 통과를 조절하는 역할을 한다. 외부 세포막은 연료 물질이 들어가고 물 생성물이 나오는 것을 조절한다. 내부 세포막 부분은 세포 소기관 사이에서 대사작용한다. 이러한 수송과정의 대부분은 막횡단 이동 단백질에 의해 조정된다. 이러한 수송단백질은 세포 문지기(gatekeeper)이고 세포막의 수송기능 역할을 하는 문지기는 세포의 화학반응에서 효소 역할을 하는 것과 같다. 그러나 어떤 분자들은 확산과 삼투의 **수동수송**(passive transport) 과정에 의해 수송단백질의 도움없이 막을 통과한다. 그들은 세포들이 소비하는 어떤 에너지도 필요없으므로 이들을 수동과정이라고 한다.

수동 확산 : 가장 간단한 생체막 투과 형태

유리컵의 물 표면에 한 숟가락의 즉석 냉 홍차를 놓으면 그 분자들은 곧 그 용액을 통하여 퍼진다. 용질(홍차)과 용매(물) 두 가지는 마구잡이 분자 운동에 의해 추진된다. 초기 농도의 홍차는 점점 더 묽어진다. 농도 기울기(gradient; 진한 농도 영역으로부터 묽은 농도 영역으로)를 갖는 이러한 한 용질의 알짜 이동 과정을 **확산**(diffusion)이라고 한다(그림 2.15).

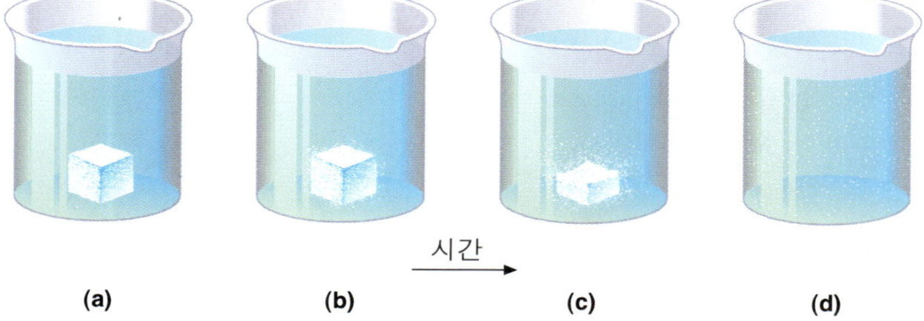

그림 2.15
당과 물분자들이 고농도 영역에서 저농도 지역으로 알짜 이동하여 생기는 확산. 결과적으로 비커에서 당과 물의 농도는 같아질 것이다.

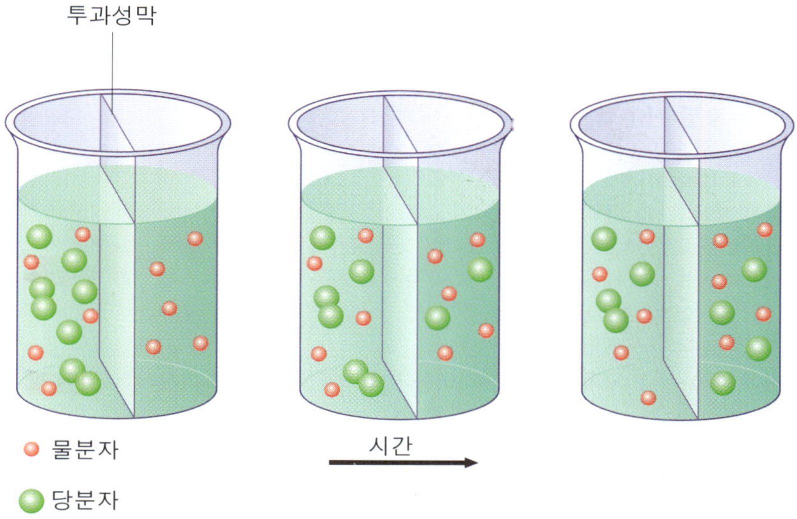

그림 2.16
막을 통한 용질 확산

확산은 막을 통한 수동투과의 한 방법이다. 한 생체막이 존재하고 한 물질이 그 막의 외부에서 일정한 농도가 발견되고, 그 막의 내부에서는 농도의 절반이 발견된다고 상상하자. 용질이 막을 통과할 수 있으면 초기 고농도 영역으로부터 초기 저농도 영역으로 물질의 알짜 투과를 갖는 확산이 일어나고 그 물질은 세포막을 통하여 평형이 성립할 것이다, 잠시 후에 그 물질농도는 그 막의 양쪽이 같아질 것이다; 그 계는 평형에 있을 것이고 더 이상 알짜 변화가 일어나지 않을 것이다.

세포에 대한 확산은 어떤 실질적 가치를 가지고 있을까? 분명히 확산은 대사물질을 세포 내부를 통하여 효과적으로 분배할 수 있다. 그러나 그 막을 통하여 어떤 분자 이동이 있는가? 막의 지질 이중층 구조 때문에 소수 분자만 막을 통하여 자유롭게 확산할 수 있다. 이들은 O_2와 CO_2같은 작은 분자가 있다. 어떤 큰 분자나 이온 또는 큰 전하를 띤 분자 또는 이온은 직접 지방질 이중층을 통과할 수 없다. 그러한 분자는 세포막 단백질로부터 도움이 필요하다. 어떤 분자의 확산은 허용하고 다른 분자는 허용하지 않는 막을 선택투과라고 한다.

촉진확산 : 분자투과의 특성

대부분의 분자들은 투과효소(permease)라고 알려진 특수한 단백질 운반체에 의해 생체막을 통하여 운반된다. 한 용질이 고농도 영역으로부터 저농도 영역으로 한 투과효소의 내부 통로를 통과하여 확산할 때

임상관련 토픽; 리포솜 송달 시스템

리포솜은 1961년에 Dr. Alec Bangham에 의해 발견되었다. 인산지방질과 혈병에 관한 그의 연구 동안에 인산지방질과 물을 섞으면 리포솜이라고 부르는 작은 인산지질 이중층 주머니들이 자연적으로 형성되는 것을 발견했다. 첫 번째 발견 후에 리포솜은 탈모 치료제 minoxidil이 항종양과 항바이러스 약물에 대하여 효과적 송출 시스템으로 개발되었다.

한 약물이 리포솜 형성 동안 용액에 포함되면 그 인산지방질은 용액 주위에 한 주머니를 형성할 것이다. 이 방법으로 그 약물은 인산지방질 구형체 안에 둘러싸인다. 이들 리포솜은 혈관에 주사하거나 인체 표면에 바른다. 때때로 과학자들은 리포솜 표면에 친수성 분자를 포함하게 만든다. 이것은 그들이 혈액 순환에 오래 남아있는 시간을 증가한다. 비밀스런 리포솜이라고 부르는 이들은 doxorubicin과 mitoxantrone 같은 항암제 운반에 이용한다. 리포솜도 인간 면역결핍 바이러스(HIV) 감염 치료에 이용하는 AZT와 ddC 같은 항바이러스 약물의 운반체로도 이용한다.

약물-운반 리포솜의 목표 달성을 돕는 더 현명한 비밀은 리포솜 표면에 한 항체를 포함하는 것이다. 이들 항체는 특수하게 종양세포 표면에 결합하게 만든 단백질이다. 종양세포 표면에 결합하는 리포솜 막은 세포막과 융합한다. 이 방법으로 치명적 화합물이 파괴하려는 목표 세포에만 공급된다. 이것은 정상적 건강한 세포들이 약물에 의해 죽을 때 생기는 화학요법 치료의 여러 가지 불유쾌한 부작용을 피하게 돕는다.

리포솜의 또 다른 응용은 화장품 공업에 있다. 리포솜은 비타민, 약초제, 또는 다른 영양소를 캡슐에 넣어 형성할 수 있다. 피부에 적용할 때 리포솜은 죽은 피부의 외부 층을 통하여 쉽게 통과하고 살아있는 피부 세포 밑으로 리포솜 내용물을 공급한다. 약용 리포솜은 때때로 화장의약이라 부르고 이러한 리포솜은 피부세포와 융합한다. 그리하여 그들은 유익한 화장품을 직접 가장 유익할 수 있는 세포에 직접 수송한다.

40년 전에 그들을 우연히 발견한 이후 리포솜 형성에 관하여 많이 알았고 그들을 더 효과적으로 리포솜 내용물을 수송하는 방법을 알았다. 이것은 과학연구와 기술응용을 이용한 우연히 발견하는 능력의 결합, 즉 우연한 발견의 또 다른 예다. 우리는 새로운 종류의 리포솜 연구를 계속할 때 인간 상태를 개선하는 방법을 훨씬 더 많이 발견할 것으로 예상한다.

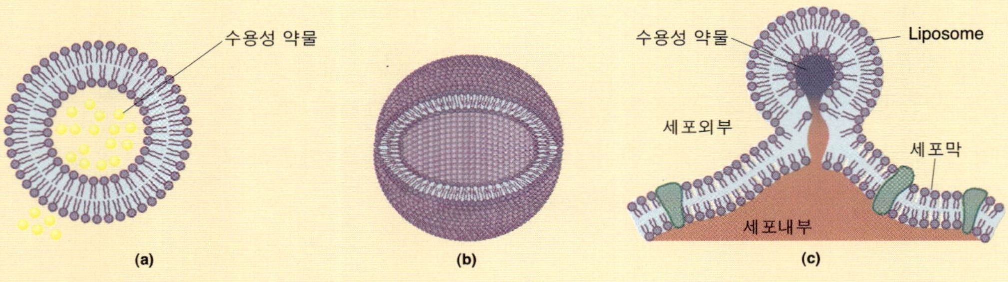

(a) liposome 단면 (b) liposome의 삼차원 그림 (c) 세포막과 liposome 융합

그 과정을 **촉진확산**(faciliated diffusion)이라고 한다. 에너지는 촉진확산에 의해 소비되지 않는다. 그러므로 그것은 또 다른 수동투과의 방법이다. 그리고 수송 방향은 막 양쪽의 대사물질 농도에 의존한다.

촉진확산에 의한 세포막을 통한 수송은 수송분자에 대하여 상보적 입체배열 또는 모양을 갖는 투과효소 내부의 구멍을 통하여 일어난다. 그 구멍의 전하와 입체배열은 운반체의 특성을 밝혀준다(그림 2.17). 정확한 모양을 갖는 분자만 그 구멍에 들어갈 수 있다. 결과적으로 어떤 분자의 확산속도는 그 분자들이 통과하는 막에서 운반체 permease 분자수에 의하여 제한받는다.

글루코오스 수송은 운반체 투과효소 단백질의 특성을 예로 설명하겠다. D-글루코오스는 글루코오스 운반체에 의해 수송되지만 그것의 거울상 이성질체인 L-글루코오스는 그렇지 않다. 그러므로 글루코오스는 입체특이성을 나타낸다. 바꿔 말하면 세포 안으로 들어오는 용질은 permease 구조 내부의 인식 자리에 장갑과 손이 맞는 것처럼 정밀하게 들어맞아야 한다. 4장에서 세포내부 생화학반응을 촉매역할하는 효소들이 이와 동일한 종류의 특이성을 보여주는 것을 보게 될 것이다.

효소 특이성은 4.5절에서 설명한다.

세포 내부로의 대사물질 수송속도는 많은 세포의 알짜 대사속도에 영향을 줄 수 있다. 인슐린, 즉 pancreas의 소도(islet) β-세포에 의해 합성된 폴리펩타이드 호르몬은 3~4가지 인자에 의해 글루코오스 수송속도를 최대로 증가시킨다. 그 결과는 세포의 대사 활동도를 크게 증가한다.

인슐린의 대사효과는 5.7절과 7.6절에서 설명한다.

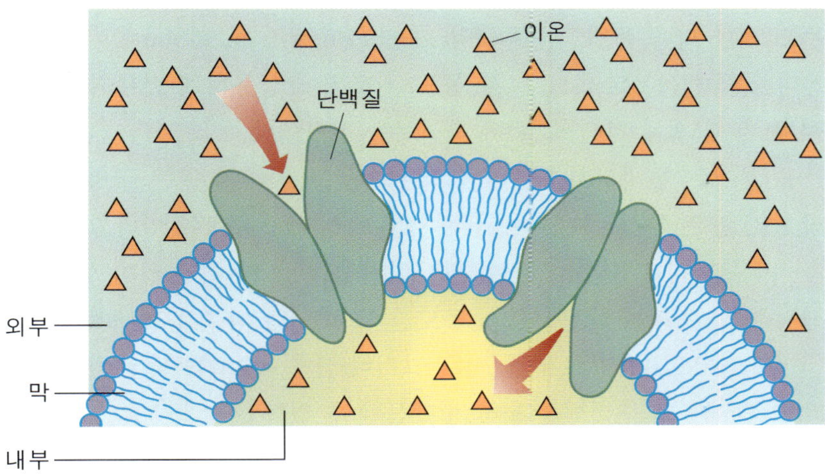

그림 2.17
탄수화물은 광합성 과정에서 생성된다. CO_2와 H_2O로부터 헥소스(hexose)를 생성할 때 햇빛 에너지를 이용한다. 식물은 이 헥소스를 이용하여 에너지를 수확하고 ATP를 생성하여 세포기능에 연료로 공급하고 전분, 셀룰로스(cellulose), 지방, 핵산(nucleic acid), 단백질을 포함하는 거대분자 등을 생성한다. 동물은 유기물 탄소 공급원을 식물에 의존한다. 헥소스는 대사작용하여 ATP를 생성하고 탄수화물, 지방, 단백질, 핵산 등의 생합성에 선구물질로 이용한다.

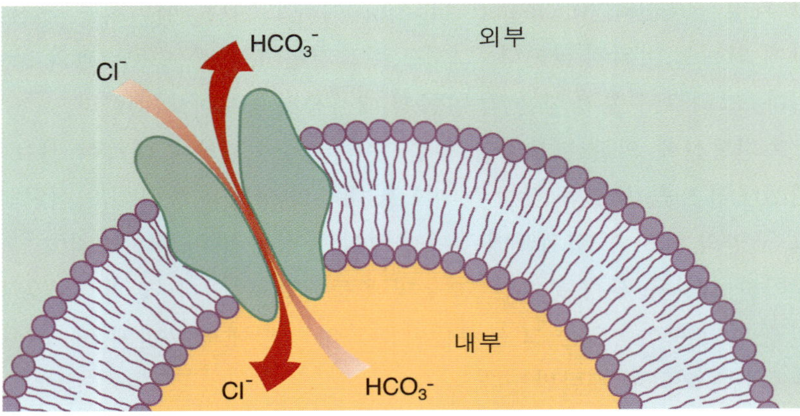

그림 2.18
적혈구 세포막을 통하여 반대 방향으로 Cl^-와 HCO_3^- 수송

그림 2.17 촉진확산에 의한 수송은 크기와 모양이 수송 단백질과 상보적 수송 단백질의 구멍을 통하여 일어난다.

적혈구 세포는 동일한 음이온 통로를 이용하여 Cl^-을 세포로 수송하고 중탄산이온(HCO_3^-)을 교환한다(그림 2.18). 이 두 방향 수송은 역수송(antiport)이라고 알려져 있다. 이 수송은 촉진확산에 의해 일어나므로 Cl^-은 진한 외부 농도로부터 묽은 내부 농도 쪽으로 이동하고 중탄산이온은 진한 내부 농도로부터 묽은 외부 농도쪽으로 이동한다.

학습목적 13

삼투현상: 막을 통한 한 용매의 수동이동

한 세포막은 선택적으로 투과할 수 있으므로 용질은 농도 기울기(gradient)에 상당하게 막을 통하여 항상 통과할 수 없다. 그러한 경우 용매는 막을 통하여 확산한다. 용매는 통과하지만 용질은 통과하지 않는 그러한 막을 특별히 **반투과막**(semipermeable membrane)이라고 부른다. **삼투현상**(osmosis)은 물 농도 기울기에 상응하게 반투막을 통하여 물 용매(생체 계에서 물)가 확산하는 현상이다.

한 용액의 삼투(용질) 농도와 그 용액의 물 농도 사이에는 반대관계가 있다는 것을 기억하라.

물 분자는 통과하고 글루코오스 분자는 통과하지 않는 구멍을 갖는 막으로 만든 투석 주머니에 글루코오스 0.5 M 용액이 있다고 상상하자. 이 주머니를 순수가 들어 있는 비커에 넣을 때 어떤 일이 생기는가 생각하자. 우리는 글루코오스 농도를 그 주머니 외부보다 내부 농도가 더 진한 농도 기울기로 만들었다. 그러나 글루코오스는 막의 양쪽 농도가 동등하게 그 주머니를 통하여 확산할 수 없다.

이제 이 상황을 또 다른 방법으로 생각해보자. 막의 외부(여기에서

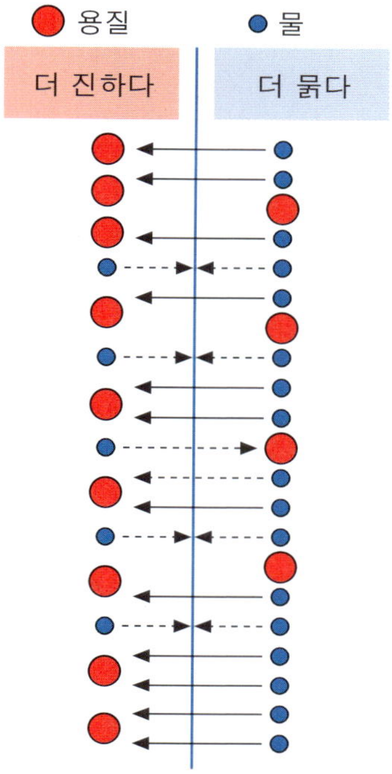

그림 2.19
각을 통한 삼투현상. 물 용매는 더 묽은 용질농도 영역으로부터 더 진한 용질농도 영역으로 확산한다.

약간의 물 분자는 용매 분자의 수화에 의해 점유되고 결과적으로 그 시스템에서 자유롭게 이동할 수 없다)보다 그 주머니 내부(여기에서는 순수한 물만 있다)의 물 분자 농도가 더 진하다. 물은 막을 통하여 확산할 수 있으므로 물의 알짜 확산은 막을 통하여 그 주머니 쪽으로 일어난다. 이것은 투석 과정이다(그림 2.19).

이미 예측한 것처럼 이 시스템은 결코 평형(그 주머니의 내외부에서 동일한 농도)에 도달할 수 없다. 왜냐하면 물이 주머니 안으로 얼마 확산하는가와 무관하게 글루코오스 용액을 묽혀 글루코오스 농도는 항상 주머니 안에서 더 진하게 되기 때문이다(그리고 수반되는 자유 물 농도는 항상 더 작다).

그 주머니에 많은 물이 들어가서 가능한 많이 팽창할 때 어떤 일이 생기는가? 이제 그 주머니 벽은 주머니 안으로 알짜 물 흐름이 정지되는 힘이 가해진다. **삼투압**(osmotic pressure)은 삼투에 의해 선택적으로 투과막을 통한 물의 흐름을 저지하게 하기위해 가해야하는 압력이다. 더 정밀하게 말하면 한 용액의 삼투압은 두 부분이 반투막에 의해 분리될 때 물이 순수 부분으로부터 삼투에 의해 들어가는 알짜 압력이다.

삼투 농도 또는 삼투몰 농도(osmotic concentration 또는 osmolari-

임상관련 토픽; 완벽한 막을 파괴하는 항생물질

"항생물질의 시대"는 Alexander Fleming이 아주 우연하게 Penicillium 곰팡이 생성물이 의심스런 박테리아를 죽일 수 있다는 것을 발견한 1927년에 시작되었다. penicillin은 세포벽 합성을 방해하여 박테리아 성장을 억제한다는 것을 알고 있다. Fleming 시대 이후 수백 종류 항생물질은 의심스런 미생물이나 곰팡이를 죽이거나 성장을 억제하는 것이 발견되었다. 항생물질 치료의 요점은 미생물의 "목표" 즉 인간이 갖지 않은 대사반응 또는 미생물 구조를 찾아내는 것이다. 이러한 방법으로 항생제는 환자에 해롭지 않게 그리고 발병 유기체를 선택적으로 억제할 것이다.

많은 항생물질은 세포막을 파괴한다. 세포막은 항생제 치료에 이상적 목표가 아니다. 왜냐하면 인간과 박테리아의 모든 세포는 막을 갖기 때문이다. 그러므로 그 두 가지 종류 세포는 손상된다. 이들 항생제는 소화할 때 넓은 범위의 독성 부작용을 나타내므로 항생제는 일반적으로 감염 퇴치에(인체 표면에서) 이용한다. 이 방법은 숙주 손상을 최소화하고 미생물 억제효과는 최대화한다.

Polymyxin은 Bacillus polymyxa 박테리아에 의해 생성된다. Polymyxin은 결합 지방산 때문에 소수성 끝머리를 갖는 단백질 유도체다. 그것의 반대쪽은 친수성이다. 이 성질 때문에 그 polymyxin은 막 안에 파묻인 소수성 끝을 갖는 막과 결합한다.

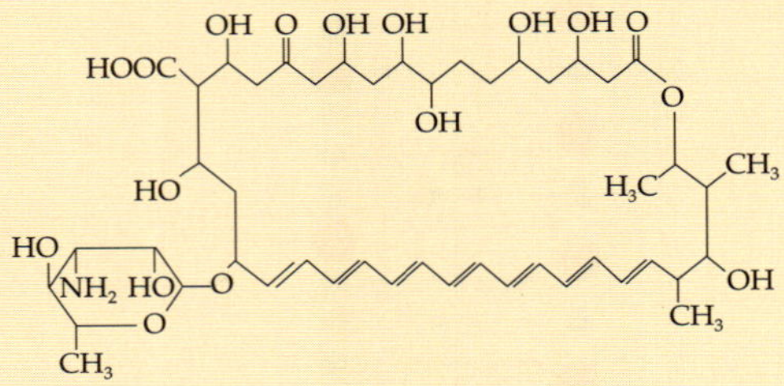

Amphotericin B

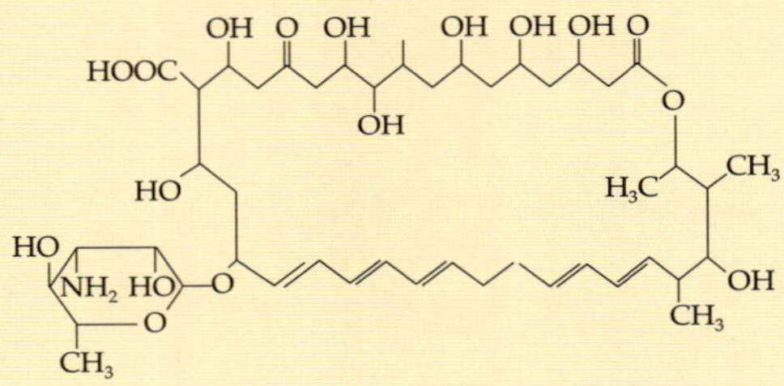

Nystatin

Amphotericin B와 nystatin 구조. 두 가지 항진균성 항생제 운반체

(계속)

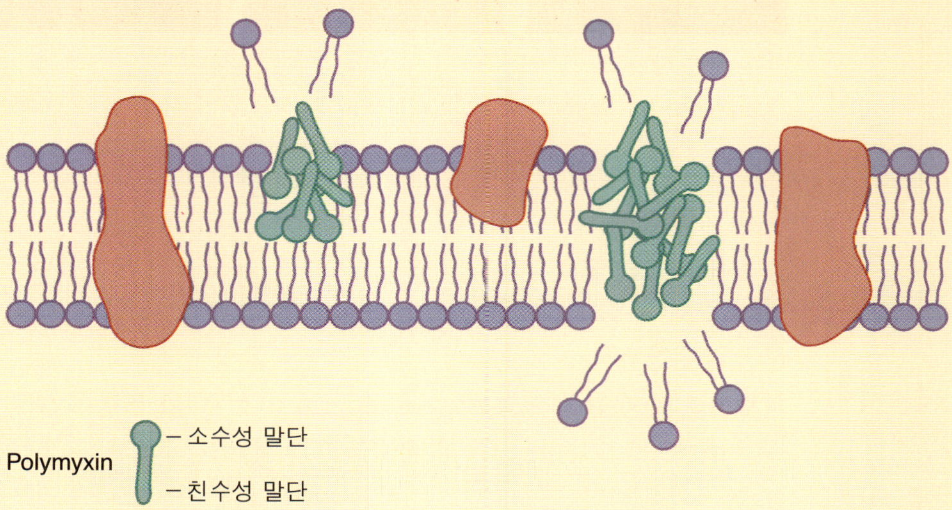

polymyxin은 막 완전성을 파괴하고 세포를 죽이는 세정제 처럼 작용한다.

결과적으로 막의 완전성은 파괴되고 세포 성분이 누출되어 세포는 죽는다.

Polymyxin은 몇 가지 뇨도관 감염, 폐렴, 화상 환자의 감염 치료 등에 유용한 것으로 알려져 있지만 신장과 중추신경계에 관한 polymyxin의 부작용 때문에 다른 항생제들을 현재 선호한다. Polymyxin B는 아직 일반적으로 이용하지만 다른 두 가지 neomycin과 bacitracin 항생제와 함께 합쳐 비처방 연고로 이용할 수 있다.

막을 파괴하는 다른 두 가지 amphotericin B와 nystatin 항생제는 심한 계통적 곰팡이 감염 치료에 이용하는 큰 고리 구조를 갖는 항생제다. 이들 항생제는 곰팡이 세포막에서 ergosterol 착물을 형성하고 그들은 막 투과성을 붕괴하여 세포 성분을 누출하게 만든다. 대부분 박테리아는 그들의 막에 ergosterol을 갖지 않으므로 박테리아 감염 치료에 유용하지 않다. Amphotericin B와 nystatin 두 가지는 대단히 큰 독성이고 메스꺼움, 구토, 발열, 오한, 빈혈, 신부전 등을 포함하는 증상을 나타낸다. 이들의 약물 이용이 왜 생명을 위협하는 곰팡이의 질병치료를 제한하는가는 이해하기 쉽다.

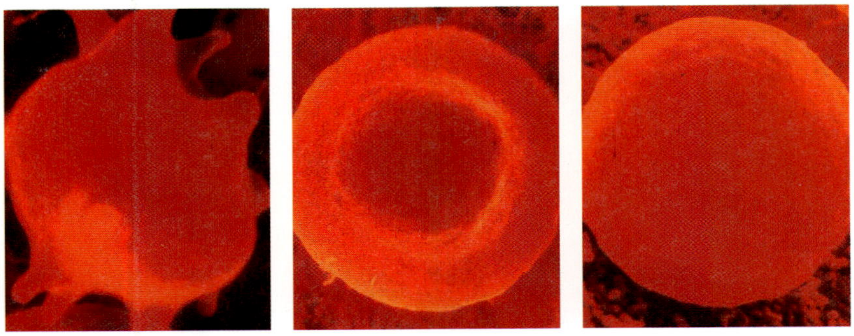

그림 2.20
(a) 고장성 용액
(b) 등장성 용액
(c) 저장성 용액에 노출된 적혈구 세포의 전자현미경 사진

ty)는 한 용액의 삼투 세기 설명에 이용하는 용어다. 그것은 용매 입자 수에 대한 용질 입자 수의 비율에만 의존한다. 그러므로 용질의 화학적 성질과 크기는 중요하지 않고 몰농도로 표시한 농도만 중요하다. 예를 들어 2 M 글루코오스 농도(분자량 180의 당)는 2 M 알부민(분자량 60,000의 단백질)용액과 동일한 삼투몰농도를 갖는다.

혈장은 0.30 M 글루코오스 용액 또는 0.15 M NaCl 용액에 상당하는 삼투몰농도를 갖는다. 소금 용액의 농도가 절반인 이유는 NaCl 용액은 Na^+와 Cl^-로 해리하고 그러므로 이온화하지 않는 분자보다 두 배 용질 입자 수를 갖기 때문이다. 혈장과 동일한 삼투몰농도를 갖는 적혈구 세포를 0.30 M 글루코오스 용액에 넣으면 알짜 삼투작용은 일어나지 않는다. 왜냐하면 적혈구 세포 내부에서 삼투몰농도와 물 농도는 0.30 M 글루코오스 용액과 같기 때문이다. 적혈구 세포의 내외 용액은 **등장성 용액**[isotonic에서 iso-는 same, 그리고 tonic은 strength(세기)를 의미한다]이라고 말한다. 삼투몰농도는 적혈구 세포의 내외가 동일하므로 그 적혈구 세포는 같은 크기로 남아 있다(그림 2.20b).

적혈구 세포를 이제 **저장성 용액**(hypotonic solution), 즉 세포의 세포질보다 묽은 삼투몰농도를 갖는 용액에 놓으면 어떤 일이 생기는가? 이 상황에서 물의 농도 기울기에 따라 물이 확산할 때 물은 세포 내부로 알짜 이동할 것이다. 적혈구 세포막은 이 물의 흐름을 정지하기에 충분한 압력을 가하는 세기를 갖지 못한다. 그리고 그 세포는 팽창하여 터질 것이다(그림 2.20c). 그 대신 적혈구 세포를 **고장성 용액**(hypertonic solution, 그 세포보다 더 큰 삼투몰농도를 갖는 용액)에 넣으면 물은 세포 외부로 나오고 세포는 크기가 많이 줄어든다(그림2.20a).

이 원리는 사람의 내부로 정맥(IV)용액을 공급할 때 중요하게 응용한다. 주입된 정맥주사 액체는 정상적으로 적절한 삼투몰농도를 가져야 한다. 그들은 혈액 세포 및 혈장과 등장성이어야 한다. 그러한 주입액은 때때로 5.5% 덱스트로오스(글루코오스) 또는 "표준 염수"(normal saline)다. 첫째 용액은 5.5 g 글루코오스/100 mL 용액(0.30 M)이고 둘째 용액은 0.9 g NaCl/100 mL(0.15 M)이다. 어느 경우든 그들은 혈장과 혈액 세포들이 동일한 삼투압력과 삼투몰농도를 갖고 혈액과 혈액 세포 사이에 삼투 균형의 뒤바뀜 없이 안전하게 조절할 수 있다.

학습목적 14

수송에 필요한 에너지

단순한 확산, 촉진확산 그리고 삼투현상은 더 진한 농도 영역으로부터 더 묽은 영역으로(농도 기울기) 물질의 자발적 흐름과 관련있다. 생명을 유지하기 위하여 세포들은 때때로 물질을 농도 기울기와 반대되는 "오르막"[uphill; 이것은 농도 기울기(gradient)의 오르막을 뜻한다] 쪽으로 이동해야 한다. **능동수송**(active trnsport)이라고 부르는 이 현상은 에너지가 필요하다. 여러 가지 이온과 식품 분자는 능동수송에 의해 세포막을 통하여 끌어들인다. 이 과정에 이용한 에너지는 세포의 대사작용에 의하여 얻은 전체 에너지의 절반 이상을 소비하기도 한다.

능동수송의 좋은 예는 Na^+–K^+ ATPase이고 이것은 이들 이온을 그들의 농도 기울기에 거슬러서 여기저기로 이동한다(그림 2.21). 세포들은 세포 내부에서는 Na^+ 농도를 진하게 그리고 세포 외부에서는 K^+ 농도

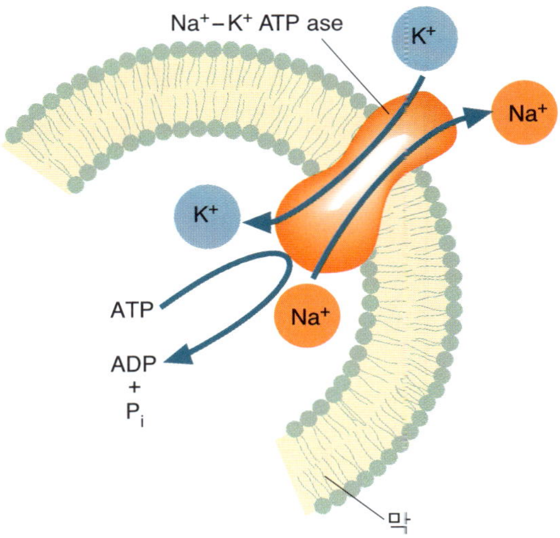

그림 2.21
Na^+ –K^+ ATPase의 계통적 조작 도표

를 진하게 유지해야 한다. 이것은 adenosine triphosphate(ATP) 형태로 에너지 공급을 계속한다. 세포에 의하여 생성된 전체 ATP의 1/3 이상이 세포막을 통한 이러한 Na^+와 K^+ 농도 기울기 유지에 이용한다. Na^+–K^+ ATPase라는 이름은 ATP를 가수분해하는 효소 활동도와 관련있다. ATP 가수분해는 세포막을 통한 Na^+와 K^+ 이온의 이동에 필요한 에너지를 방출한다. 각각의 ATP분자가 가수분해 될 때 마다 세 개의 Na^+를 세포 외부로 이동시키고 두 개의 K^+ 이온을 세포 내부로 수송한다.

문제 2.6 막수송은 효소 촉매작용과 비슷한가?

요약

2.1 지방질의 생물학적 기능

지질은 무극성 용매 중에서 그들의 용해도로 특성을 나타내는 유기 분자다. 지방질은 구조특성에 바탕을 두어 지방산, 글리세라이드, 비-글리세라이드, 복합 지방질의 종류로 나눈다. 지방질은 체내에서 에너지 저장, 기관보호, 단열, 비타민 흡수를 포함하는 여러 가지 기능을 한다. 기타 지방질은 에너지 근원, 호르몬, 또는 비타민이다. 세포는 화학 에너지를 지방질형태로 저장하고 세포막은 지방질 이중층이다.

2.2 지방산

지방산은 12와 14 탄소원자 사이를 갖는 포화와 불포화 카복실산이다. 짝수 탄소원자를 갖는 지방산은 자연에서 가장 자주 생긴다. 지방산 반응은 카복실산과 같다. 그들은 에스터화반응, 에스터화의 산 가수분해에 의한 생성, 비누화, 이중결합에 대한 첨가반응 등을 포함한다. Prostaglandin, thromboxane, leukotriene은 여러 가지 생리효과를 갖는 20 탄소원자 지방산의 유도체다.

2.3 글리세라이드

글리세라이드는 가장 많은 지질이다. 글리세롤의 트리에스터(트리글리세라이드)는 가장 중요하다. 중성 트리글리세라이드는 에너지를 저장하는 능력 때문에 중요하다. 이온성 인산지방질은 모든 생체막의 중요한 성분이다.

2.4 비-글리세라이드 지방질

비-글리세라이드 지방질은 sphingomyelin, 스테로이드, 왁스로 구성한다. Sphingomyelin은 중추신경계 세포 주위에서 myelin 얇은 판의 성분이다. 스테로이드는 많은 생화학적 기능에 중요하다. 콜레스테롤은 막 성분이다. testosterone, progesterone, estrone은 성 호르몬이다. 그리고 cortisone은 많은 생화학 반응 경로의 조절에 중요한 항-감염 스테로이드다.

2.5 복합 지방질

혈장 지질단백질은 기타 지방질을 혈액을 통하여 수송하는 복합 단백질이다. Chylomicron은 소장으로부터 다른 조직으로 식이 트리글리세라이드를 운반한다. 매우 낮은 저밀도 지질 단백질은 간에서 합성된 트리글리세라이드를 다른 조직에 저장하기 위하여 운반한다. 저밀도 지질 단백질은 콜레스테롤을 말초조직으로 운반하여 혈액 콜레스테롤 농도 조절을 돕는다. 고밀도 지질 단백질은 콜레스테롤을 말초조직으로부터 간으로 수송한다.

2.6 생체 막의 구조

막 구조의 유동 모자익 모델은 단백질이 결합된 지질 이중층으로 구성된 생체막을 설명한다. 막 지방질은 극성 머리 원자단과 무극성 탄화수소 꼬리를 함유한다. 인산지방질의 탄화수소 꼬리는 짝수 탄소원자를 함유하는 포화와 불포화 긴 사슬 지방산으로부터 생긴다. 지방질과 단백질은 지방질 이중층에서 빠르게 확산하지만 가끔 한쪽에서 다른 쪽으로 횡단한다.

가장 간단한 막의 수송형태는 고농도 영역으로부터 저농도 영역으로 지방질 이중층을 통한 물질의 수동확산이다. 많은 대사물질들이 막을 통하여 구멍을 형성하는 투과효소에 의하여 생체막을 건너 수송된다. 세포는 에너지를 이용하여 능동수송이라고 알려진 과정, 즉 그들의 농도 기울기에 역행하여 혈장 막을 건너 분자를 수송한다.

Na^+–K^+ATPase는 ATP 분자를 가수분해하여 3 Na^+를 세포 안쪽에서 외부로 내보내면서 2 K^+를 교환하기 위한 구동력을 제공한다.

주요한 용어

- 고밀도지질단백질(HDL)(2.5)
- 고장성용액(2.6)
- 글리세라이드(2.3)
- 능동수송(2.6)
- 동맥경화(2.4)
- 등장성용액(2.6)
- 디글리세라이드(2.3)
- 막횡단단백질(2.6)
- 매우 낮은 저밀도 지질단백질(2.5)
- 모노글리세라이드(2.3)
- 반투막(2.6)
- 복합 지방질(2.5)
- 불포화지방산(2.2)
- 비누화(2.2)
- 삼투압(2.6)
- 삼투현상(2.6)
- 수동수송(2.6)
- 수소화반응(2.2)
- 스테로이드(2.4)
- 액체 모자익 모델(2.6)
- 에스터화반응(2.2)
- 왁스(2.4)
- 유화제(2.3)
- 저밀도지방질단백질(2.5)
- 저장성용액(2.6)
- 중성 글리세라이드(2.3)
- 지방산(2.2)
- 지방질(2.1)
- 촉진확산(2.6)
- 콜레스테롤(2.4)
- 트리글리세라이드(2.3)
- 포스포글리세라이드(2.3)
- 인산지방질(2.3)
- 포화지방산(2.2)
- 표재성 막 단백질(2.6)
- 플라즈마 지질단백질(2.3)
- 필수 지방산(2.2)
- arachdonic acid(2.2)
- chylomicron(2.5)
- eicosanoid(2.2)
- phosphatidate(2.3)
- sphingolipid(2.4)
- sphingomyelin(2.4)
- terpene(2.4)

문제

지방질의 생물학적 기능

2.7 네 가지 주요한 지방질 원자단을 나열하라.

지방산

2.8 포화와 불포화지방산의 구조는 무엇인가?

2.9 포화지방산의 탄화수소 사슬의 길이가 증가할 때 녹는점에 어떤 효

과를 갖는가?

2.10 다음 각 지방산의 구조를 그려라.

a. Decanoic acid

b. Stearic acid

c. *trans*-5-Decenoic acid

d. *cis*-5-Decenoic acid

2.11 다음 각 반응식을 쓰라.

a. 세 분자의 myristic acid와 글리세롤의 에스터화반응

b. tristearoyl 글리세롤의 산 가수분해

c. decanoic acid와 KOH 반응

d. linoleic acid의 수소화반응

2.12 필수 지방산의 기능은 무엇인가?

2.13 염증감응의 감소에 대한 아스피린 효과의 생화학적 기본은 무엇인가?

2.14 prostaglandin의 네 가지 효과를 나열하다.

글리세라이드

2.15 C-1, C-2, C-3에서 각각 hexadecanoic acid, *trans*-9-hexadecenoic acid, *cis*-9-hexadecenoic acid와 에스터화반응에 의해 생성된 트리글리세라이드 분자 구조를 그려라.

2.16 C-1, C-2에서 각각 capric acid 및 lauric acid와 에스터화된 글리세롤-3-인산 사이에 생성된 phosphatidate 구조를 그려라.

2.17 트리글리세라이드(트리글리세롤)와 인산지방질 사이의 구조적 차이는 무엇인가?

비-글리세라이드 지방질

2.18 sphingolipid란 무엇인가?

2.19 생체막에서 콜레스테롤의 역할은 무엇인가?

2.20 progesterone, testosterone, estrone의 생물학적 기능은 무엇인가?

2.21 cortisone의 의학적 응용은 무엇인가?

2.22 밀랍에서 발견되는 왁스는 myricyl palmitate이다. 어떤 지방산과 어떤 알코올을 이 화합물 생성에 이용하는가?

2.23 isoprenoid란 무엇인가?

2.24 terpene의 몇 가지 중요한 생물 분자를 나열하라.

복합 지방질

2.25 네 가지 주요한 혈장 지질단백질의 종류는 무엇인가?

2.26 동맥경화와 고혈압 사이의 관계는 무엇인가?

2.27 동맥경화에 관여하는 LDL 수용체에서 유전적 결함은 무엇인가?

생체 막의 구조

2.28 인산 지방질의 지방산 꼬리가 포화로부터 불포화 사슬로 변환하면 생체막 성질은 어떻게 변하는가?

2.29 생체막의 기본 구조는 무엇인가?

2.30 말초 막 단백질을 설명하라.

2.31 생체막의 성질에 대한 콜레스테롤의 주요한 효과는 무엇인가?

2.32 단백질이 생체막의 지방질 이중층 내부에서 확산되는 것을 보여주는 실험적 관찰은 무엇인가?

막수송

2.33 막을 통한 단순확산과 촉진확산 사이의 차이는 무엇인가?

2.34 능동 수송은 촉진확산과 어떻게 다른가?

2.35 antiport라는 용어는 무엇을 의미하는가?

2.36 수송 단백질(투과효소)의 성질은 그 특성을 어떻게 결정하는가?

2.37 Na^+–K^+ ATPase의 화학량론은 무엇인가?

2.38 능동 수송이라는 용어는 무엇을 의미하는가?

3장 단백질 구조와 기능

내 용

Protein Structure and Function

학습목적

1. 단백질 기능을 나열하라.
2. 아미노산의 일반구조를 그린 다음 R 원자단에 근거하여 아미노산을 분류하라.
3. 단백질의 일차구조를 설명하고 펩타이드 결합구조를 그려라.
4. 작은 펩타이드 구조를 그린 다음 그들을 명명하라.
5. 단백질의 이차구조 형태를 설명하라.
6. 단백질의 이차구조를 유지하는 힘을 설명하라.
7. 섬유 단백질의 구조와 기능을 설명하라.
8. 단백질의 삼차와 사차구조를 설명하라.
9. 단백질 입체구조를 유지하는 R 원자단의 상호작용을 나열하라.
10. 보결원자단이 필요한 단백질의 예를 나열하고 그들이 기능을 발휘 하는 방법을 설명하라.
11. 단백질의 기능에 대한 단백질의 삼차원구조 중요성을 설명하라.
12. 헤모글로빈과 미오글로빈 역할을 설명하라.
13. 극단적인 pH와 온도가 단백질을 어떻게 변성하는가 설명하라.
14. 필수와 비필수 아미노산의 차이를 설명하라.

화학관련 토픽; 혈관신생 억제제: 종양성장을 억제하는 단백질

암 연구원들은 성장하는 종양에 영양소와 산소를 제공하고, 세포대사 폐기물을 제거하는 새로운 혈관 형성을 자극하지 않으면, 고형 종양은 핀 머리보다 크게 성장할 수 없다는 것을 오래전부터 알고 있었다. 정상조직에서 새로운 혈관을 생성하는 즉, 혈관신생(angiogenesis) 연구는 항암제 약물의 무기고에 새로운 무기를 제공하는 것과 같다.

혈관신생은 조심스럽게 조절되는 단계의 순서를 통하여 일어난다. 몇 가지 단백질 성장 인자 중 하나는 회복되는 조직에 성장, 분할, 이동을 시작하기 위하여 존재하는 혈관 라이닝을 형성하는 내피세포의 자극이다. 새로운 내피세포의 가는 실은 속이 빈 실린더형 또는 관 모양을 만든다. 이들 작은 관은 손상조직을 통하여 새로운 혈관 그물조직을 만든다. 이들 새로운 혈관은 손상된 자리로 필요한 영양소, 산소, 기타 인자들을 가져와서 조직을 회복하고 치료한다.

이 과정을 자극하는 성장인자 이외에 새로운 혈관형성을 억제하는 다른 몇 가지 단백질이 있다. 실제로 정상적 혈관신생 과정은 자극성 성장인자와 억제성 단백질의 적절한 균형에 의존한다.

정상적 혈관신생은 종양 성장에서 중요한 계기에 두 가지 일을 한다. 종양 세포는 혈관신생을 자극하는 것으로 알려진 하나 또는 그 이상 성장인자를 분비한다. 새로 형성된 혈관은 성장과 분할의 계속에 필요한 모든 것을 함께 종양 성장세포에 제공한다.

인체 내에서 종양세포가 다른 자리로 확산되는 전이도 혈관신생이 필요하다. 전형적으로 더 많은 혈관을 가질 수록 이들 종양은 더 많이 전이한다. 임상학적으로 이들 종양 치료는 더 나쁜 결과를 초래한다.

연구원들은 전이에 관하여 알려진 이러한 모든 정보와 종양 형성 및 전이에 관한 영향을 고려했다. 그들은 혈관형성을 억제하는 단백질이 성장하는 종양에 대하여 효과적인 무기로 이용될 수 있다는 가정을 세웠다. 이 가정이 실험에 의하여 사실로 밝혀지면 혈관신생 억제제 이용에 많은 이점이 있을 것이다. 이들 단백질은 인체에 의하여 정상적으로 생성되므로 억제제는, 대단히 많은 항암제 약물에 의하여 야기된 독성 부작용을 갖지 않아야 한다. 그 외에 혈관신생 억제제는 암세포의 약물저항 문제를 극복할 수 있다. 대부분 암세포는 돌연변이하는 경향이 있고, 돌연변이 세포는 항암제 약물 개발에 저항하는 경향이 있다. 혈관신생 억제제는 유전학적으로 안정한 정상적 내피세포(endothelial cell)를 목표로 삼는다. 결과적으로 약물저항은 훨씬 더 적게 일어난다.

Endostatin는 항-혈관신생 단백질의 한 가지다. 그것은 1997년에 발견되었고 20,000g/mol 단백질이라고 알려졌으며 콜라젠(collagen) XVIII의 C-말단 조각분자다. 실험적으로 Endostatin은 종양 성장에 효력있는 억제제다. 그것은 세포 표면의 heparin sulfate proteoglycan과 결합하여 성장인자 신호를 방해한다. 결과적으로 내피세포의 성장과 분할은 억제되고 새로운 혈관을 생성하지 못한다.

Angiostatin은 인체 내에서 정상적으로 발견되는 또 다른 항-혈관신생 단백질이다. 그것은 1994년에 발견되었고 인간 plasminogen의 단백질 조각분자이고 분자량은 50,000 g/mol이다. 인체에서 Angiostatin 역할은 혈관형성을 억제하여 질병조직의 성장을 봉쇄한다. Endostatin처럼 Angiostatin은 그들의 혈관공급을 억제하여 종양 성장을 봉쇄한다.

현재 인간을 포함한 임상실험에서 약 20종류의 맥관 조직형성 억제제를 실험하고 있다. 대부분은 임상 I 또는 II 단계 실험에 있고, 그 단계들은 과학자들이 안전투여를 측정하고 어떤 부작용의 피해도를 평가한다. 소수 사람들만 임상 I과 II 단계 실험에 관여한다. III 단계 실험에서는 많은 환자들을 두 그룹으로 나눈다. 한 그룹은 표준 항암제 치료제와 위약(placebo)을 받는다. 다른 그룹은 표준치료제와 새로운 약물을 받는다. 우리들이 Endostatin 및 Angiostatin 단백질과 관련있는 임상실험 결과를 기다릴 때 과학자들은 암세포를 공격하는 다른 방법들을 연구하고 있다. 이들 중 몇 가지는 특이하게 암세포와 결합하고 그들을 억제하거나 파괴에 도움줄 수 있는 항체라고 부르는 단백질과 관련있다.

앞으로 우리들이 발견하게 되는 것처럼 인체에 대한 여러 가지 기능을 수행하는 많은 서로 다른 종류의 단백질이 있다. Endostatin과 Angiostatin은 조절 단백질로 이용된다. 항체는 감염질병에 대한 인체의 방어 시스템으로 이용된다. 이들과 다른 여러 가지 단백질은 이 장의 초점이다.

서론

1800년대에 Johannes Mulder는 **단백질**(protein)이라는 이름을 사용했고, 그 용어는 희랍어의 "가장 중요하다"를 의미하는 것에서 유래되었다. 실제로 단백질은 식품분자 중에서 매우 중요한 종류다. 왜냐하면 단백질은 탄소와 수소뿐만 아니라 질소와 황을 생물에 제공하기 때문이다. 질소와 황 두 가지 원소는 다른 주요한 식품분자 종류, 즉 지방과 탄수화물로부터는 얻을 수 없다.

그들의 식이 중요성 이외에도 단백질은 세포에 가장 많은 거대분자이고 세포에서 대부분 일을 수행한다. 감염으로부터 인체보호, 기계적 지지와 강도, 대사반응의 촉매작용과 같은 모든 것은 생명유지를 위한 필수 단백질의 기능이다.

3.1 단백질의 세포 기능

학습목적 1

다음에 간단히 제시하는 것처럼 단백질은 여러 가지 생물학적 기능을 갖는다.

- **효소**는 생물학적 촉매다. 우리들이 배우는 대부분 효소는 단백질이다. 효소없이 몇 일 또는 몇 주 걸리는 또는 대단히 높은 온도가 필요한 반응도 효소는 한 순간에 완결되도록 한다. 예를 들어 펩신(pepsin), 트립신(trypsin), 키모트립신(chymotrypsin) 같은 소화효소는 우리 식이에서 단백질을 분리하여 그 소단위를 우리 세포에 이용하기 위하여 흡수하게 만들 수 있다.
- 항체[면역글로불린(immunoglobulin)이라고도 부른다]는 외부 항원에 대응하는 면역 시스템 중 특수한 세포에 의하여 생성된 특이 단백질 분자다. 이러한 외부 침입자는 인체에 감염되는 박테리아와 바이러스를 포함한다. 각 항체는 단일 항원에 정확하게 들어맞아 결합하는 영역을 갖는다. 항체는 항원과 결합하여 감염되지 않게 돕고 인체로부터 박테리아나 바이러스의 파괴 또는 제거를 돕

는다.

- **수송 단백질**(transport protein)은 인체 내에서 물질을 한 장소로 부터 다른 장소로 운반한다. Transferrin 단백질은 철을 간에서 골수로 수송한다. 이때 철은 헤모글로빈의 햄(heme) 원자단 합성에 이용한다. 헤모글로빈과 미오글로빈(myoglobin) 단백질은 각기 고등동물에서 산소의 수송과 저장 역할을 한다.
- **조절 단백질**(regulatory protein)은 대사와 생식을 포함하는 여러가지 세포기능을 조절한다. 우리들은 제한된 조건에서만 기능을 할 수 있다. 생명이 존재하기 위해서는 체온, 혈액의 pH, 혈당농도 등을 조심스럽게 조절해야 한다. 인슐린과 글루카곤(glucagon)같은 인체기능을 조절하는 여러 가지 호르몬은 단백질이다.
- **구조 단백질**(structural protein)은 큰 동물에 대한 기계적 지지와 그들의 외부 껍질을 제공한다. 우리들의 머리카락과 손톱은 대부분 케라틴(keratin) 단백질로 구성된다. 다른 단백질은 뼈, 힘줄, 피부에 대한 기계적 강도 등을 제공한다. 그러한 지지가 없으면 우리 자신과 같은 큰 다세포 생물은 존재할 수 없다.
- **운동 단백질**(movement protein)은 모든 형태의 운동에 필요하다. 가장 중요한 심장근육은 악틴(actin)과 미오신(myosin) 단백질의 상호작용을 통하여 수축하고 팽창한다. 정자는 단백질로 만들어진 긴 편모를 갖기 때문에 헤엄칠 수 있다.
- **영양 단백질**(nutrient protein)은 태아 또는 유아에 대한 아미노산 공급원으로 이용된다. 달걀 알부민과 우유 카제인(casein)은 영양소 저장 단백질의 예이다.

넓은 의미에서 항원은 면역 감응을 자극하는 어떤 물질이다.

3.2 α-아미노산

학습목적 2

인체 단백질은 α-**아미노산**이라는 서로 다른 20종류의 작은 단위들이 몇 가지로 결합하여 구성한다. α-아미노산의 일반 구조는 그림 3.1에 있다. 단백질에서 보편적으로 분리된 19~20종류의 아미노산은 이것과 동일한 일반 구조를 갖는 것으로 알고 있다. 그들은 α-탄소에 일차 아민이 있다. 나머지 proline 아미노산은 이차 아민이다.

일반 구조에서 α-탄소는 카복실 원자단(양성자를 잃은 $-COO^-$)과 양

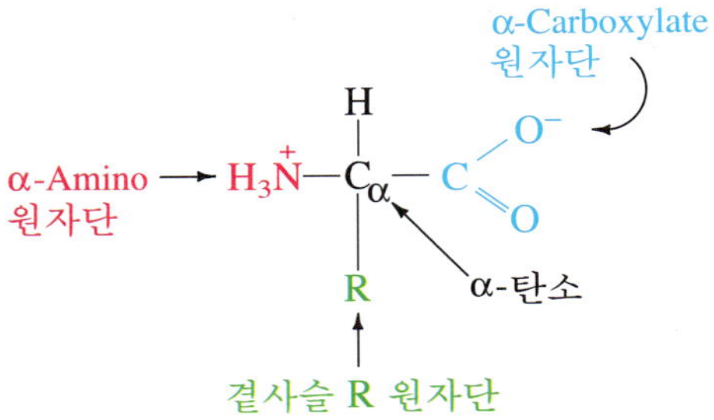

그림 3.1
α-아미노산의 일반 구조. 단백질에서 분리된 아미노산은 proline을 제외하고 이러한 일반 구조를 갖는다.

성자화 아미노 원자단(양성자를 얻은 아미노 원자단, 즉 $-NH_3^+$)과 결합한다. 생명 기능에 필요한 대략 pH 7 상태의 수용액에서 카복실 원자단이 양성자화(-COOH)된 아미노산과 아미노 원자단이 양성자화되지 않은 아미노산은 존재하지 않는다. 이 상태에서 카복실 원자단은 이온화되고 염기성 아미노 원자단은 방출되는 양성자를 포획한다. 동일한 수의 양전하와 음전하를 갖는 어떤 중성 분자를 쯔비터 이온(zwitterion)이라고 한다. 그러므로 물에서 아미노산은 양쪽성 이온이라고 부르는 이중극성 이온으로 존재한다.

각 아미노산의 *α*-탄소도 수소 원자와 곁 사슬 또는 R 원자단에 결합한다. 단백질에서 R 원자단은 여러 가지 약한 인력을 통하여 서로 상호작용한다. 이들 상호작용은 그것의 근본적 기능을 결정하는 한 정밀한 삼차원 모양의 단백질 사슬 겹침에 참여한다. 그들도 삼차원 입체배열의 유지에 이용한다.

α-탄소는 glycine을 제외한 모든 아미노산에서 서로 다른 네 가지 원자단과 결합한다. 그러므로 *α*-아미노산의 *α*-탄소는 카이랄(chiral)이다. 즉 단백질에서 분리된 *α*-아미노산은 그것의 거울상과 겹칠 수 없다. Glycine은 *α*-탄소와 결합한 두 개 수소원자를 갖고 다만 카이랄이 아닌 단백질에서만 보편적으로 발견된 아미노산이다.

화학량론은 1.3절과 부록 A에서 설명한다.

단백질에서 분리된 *α*-아미노산의 입체배열은 L-형태다. 이것은 아미노산과 D-글리세르알데하이드(glyceraldehyde)의 비교에 근거를 둔다(그림 3.2). 그림 3.2에서 D-글리세르알데하이드 및 L-글리세르알데하이드를 D-alanine 및 L-alanine와 비교를 보여 준다. 각 카보닐 원자단의 경우에 가장 많이 산화된 그 분자의 끝은 그 분자의 위에 그린다. 글리세르알데하이드의 D-이성질체에서 -OH 원자단은 오른쪽에 있다. 마찬가지로 alanine의 D-이성질체에서 $-N^+H_3$ 원자단은 오른쪽에 있다. 그 두 가지 화합물의 L-이성질체에서 -OH와 $-N^+H_3$ 원자단은 왼쪽

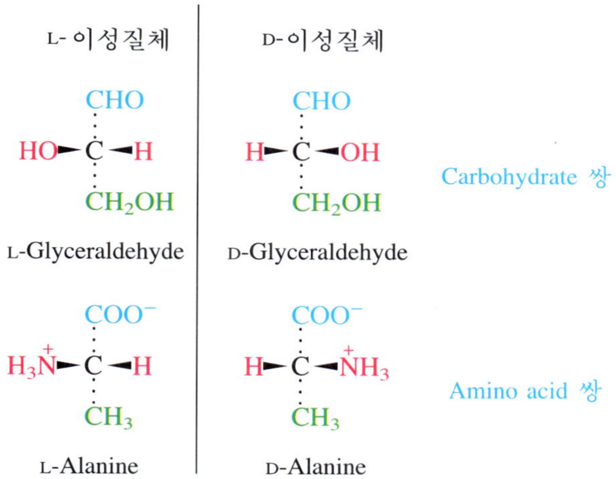

그림 3.2
D-와 L-글리세르알데하이드 구조 그리고 D-와 L-alanine에 대한 그들의 관계. (학생들은 이들 화합물의 모델을 조립해 보아야 한다. 그것으로부터 각 쌍의 화합물이 겹치지 않는 거울상이라는 것을 즉시 알게 된다.)

에 있다. 글리세르알데하이드의 거울상 이성질체를 비교하여 아미노산의 D-와 L-거울상 이성질체를 명백하게 보여줄 수 있다.

1장에서 우리는 자연에서 발견된 거의 모든 단당류들이 D계열이라고 배웠다. α-아미노산에 대해서는 정반대가 사실이다. 자연에서 단백질로부터 분리된 거의 모든 α-아미노산은 L-계열이다. 바꿔 말하면 이들 α-아미노산의 카이랄 탄소 주위에 네 개 원자단 방향이 L-글리세르알데하이드의 카이랄 탄소 주위에 네 개 원자단 방향과 비슷하다.

모든 아미노산은 카복실 원자단과 아미노 원자단을 가지므로 아미노산 사이에 모든 차이는 곁-사슬 R 원자단에 의존한다. 아미노산은 그림 3.3에 아미노산의 곁-사슬 극성에 따라 그룹을 제시한다.

무극성 R원자단 사이에 소수성 상호반응은 단백질의 적절한 삼차원 모양의 유지에 도움주는 한 힘이다.

어떤 아미노산의 곁-사슬은 무극성이다. 그들은 서로 물과 접촉하는 것보다 그들끼리 서로 접촉하는 것을 선호하고 그들을 **소수성**(hydrophobic, 물을 싫어하는) **아미노산**이라고 한다. 그들은 일반적으로 단백질 내부에 매몰된 것으로 발견된다. 거기에서 그들은 서로 결합되어 있고 물에서 분리된 상태로 남아있다. Alanine, valine, leucine, isoleucine, proline, glycine, methionine, phenylalanine, tryptophan 같은 9 종류 아미노산은 이 범위에 속한다. Proline의 R 원자단은 특이하고 그것은 실제로 α-아미노 원자단과 결합하여 이차 아민을 형성한다.

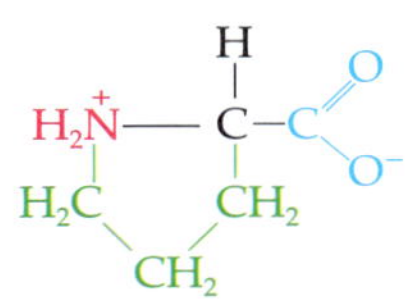
Proline (Pro)

그 나머지 아미노산의 곁-사슬은 극성이다. 그들은 극성 물 분자와 결합하므로 **친수성**(hydrophilic, 물을 좋아하는) **아미노산**이라고 한다.

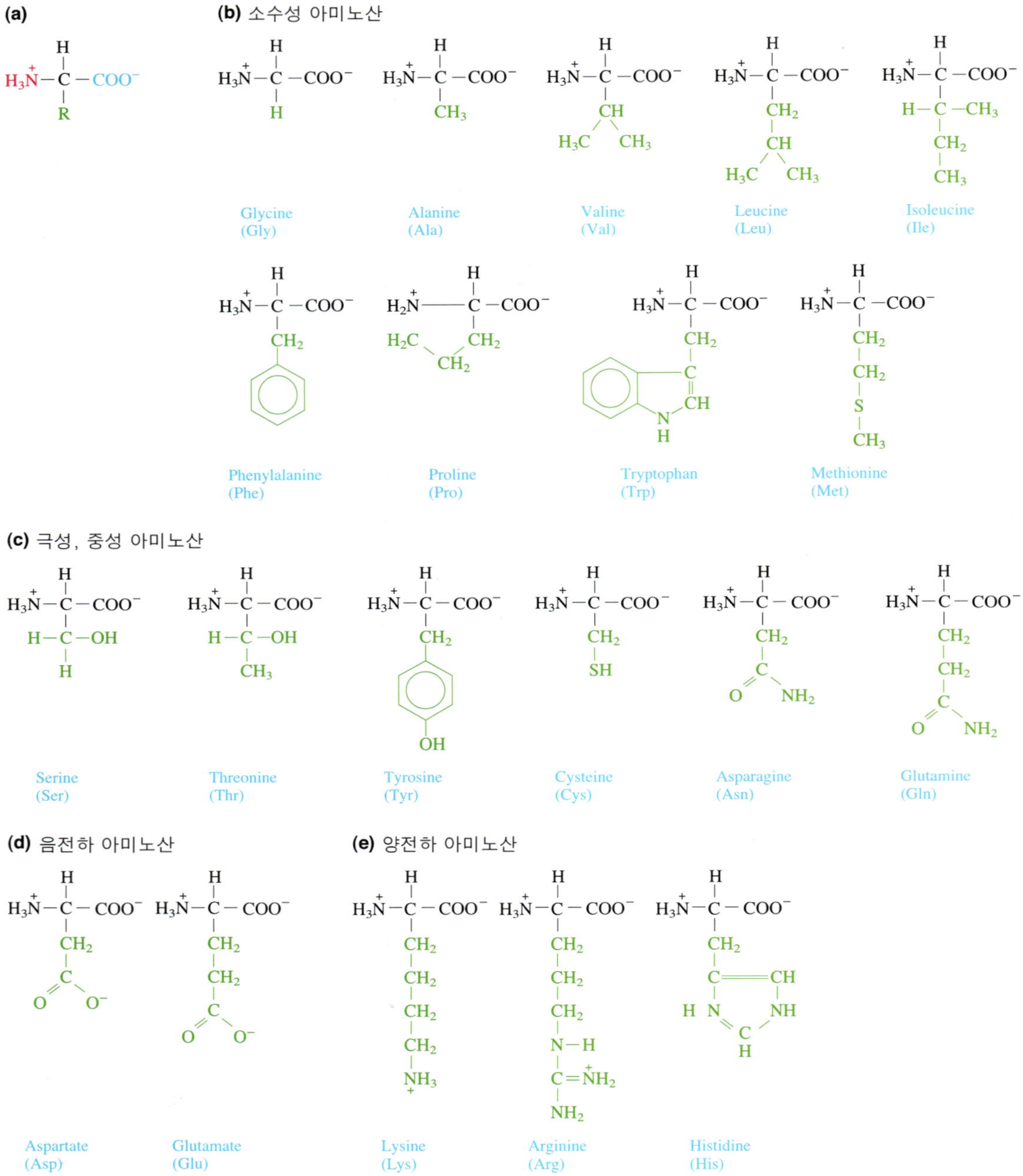

그림 3.3 pH 7에서 아미노산 구조

(a) 아미노산의 일반구조, (b) 소수성, (c) 극성, 중성, (d) 음전하, (e) 양전하.

임상관련 토픽; 혈액 중 단백질

건강한 사람의 혈장은 60~80 g/L 단백질을 포함한다. 이 단백질은 α에서 γ까지 다섯 종류로 분리할 수 있다. 그 분리는 각 단백질 종류의 전체 표면전하에 근거를 둔다. (4장에서 표면전하에 근거한 단백질 분리를 설명한 임상관련 토픽: 효소, 동위효소(isoenzyme) 그리고 심근 경색증을 보라).

혈액 중에 가장 많은 단백질은 알부민(albumin)이고 약 55%까지 혈액 단백질을 차지한다. 알부민은 녹는 분자이므로 단순히 혈액의 삼투압에 기여한다. 또한 물에 조금만 녹는 중요한 대사물질에 대하여 비특이성 수송 분자로도 이용한다. 혈액을 통하여 알부민에 의해 수송된 분자 사이에는 bilirubin(헤모글로빈 분해의 폐기 생성물), 칼슘, 지방산(유기 음이온)이 있다.

α-글로불린(globulin)(α_1과 α_2)은 혈장 단백질의 13%를 차지한다. 그들은 당단백질(당 원자단이 결합된 단백질), 고밀도 지질 단백질, haptoglobin(자유 헤모글로빈의 수송 단백질), ceruloplasmin(구리 수송 단백질), prothrombin(혈병화와 관련있는 단백질) 그리고 매우 저밀도 지질 단백질 등을 포함한다. 가장 많은 것은 α_1-글로불린과 α_1-안티트립신이다. 그 이름은 이 단백질이 트립신 소화효소를 억제한다고 믿지만 α_1-안티트립신의 일차 기능은 폐를 손상하는 한 효소의 비활성화이다(4장에서 의학관련 토픽: α_1-항트립신과 가족성 기종(familia emphysema을 보라). α_1-안티키모트립신(antichymotrypsin)은 혈액에서 발견된 또 다른 억제제다. 아밀로이드(amyloid) 단백질과 함께 이 단백질은 알쯔하이머병[alzheimer disease(AD)]의 아밀로이드 판(plaque)에서 발견된다. 결과적으로 이 단백질의 과량 생산은 AD에 영향줄 수 있다. 혈액 중에서 α_1-안티키모트립신은 또한 전립선, 특이 항원(prostate specific antigen, PSA)과 착화합물로 발견된다. 그 PSA는 전립선암의 척도를 측정하는 단백질 항원이다. PSA 농도 증가는 알쯔하이머병과 함께 관찰된다. PSA는 키모트립신-유사 단백질분해 효소라고 지적하는 것은 흥미있다.

β-글로불린은 혈장 단백질 중에서 13%를 차지하고 transferrin(철 수송 단백질)과 저밀도 지질단백질을 포함한다. 혈액 응고와 관련있는 fibrinogen 단백질은 혈장 단백질의 7%를 차지한다. 마지막으로 γ-글로불린, 즉 IgG, IgM, IgA, IgD, IgE는 혈장 단백질의 나머지 11%를 차지한다. γ-글로불린은 B 임파세포에 의해 합성되지만 나머지 대부분 혈장 단백질은 간에서 합성된다. 실제로 가끔 나타나는 간 질환의 특징은 혈장 단백질의 감소이다.

친수성 곁-사슬은 때때로 단백질 표면과 결합한다. 극성 아미노산은 세 가지 종류로 세분할 수 있다.

- 극성을 띤 중성 아미노산은 물에 대하여 큰 친화성을 갖는 R 원자단을 갖지만 pH 7에서 이온화되지 않는다. Serine, threonine, tyrosine, cysteine, asparagine, glutamine은 이 종류에 속한다. 이들 아미노산의 대부분은 서로 수소결합으로 연결되지만 cysteine은 3.6절의 설명처럼 서로 이황화물 결합을 형성한다.
- 음전하 아미노산은 카복실 원자단을 곁-사슬에 갖는다. 이들 아미노산은 pH 7에서 -1 알짜 전하를 갖는다. 두 가지 Asparagine과 glutamine 아미노산은 이 종류에 속한다. 그들은 카복실산으로부

수소결합은 단백질의 적절한 삼차원 구조의 유지를 돕는 또 다른 약한 상호작용이다. 한 단백질 안에서 양전하와 음전하 아미노산은 이온성 다리를 형성하는 또 다른 것과 상호작용할 수 있다.

터 이온화되어 한 양성자를 방출하므로 산성아미노산이라고 한다.

- 양전하 아미노산은 lysine, arginine, histidine이고 그들은 pH 7에서 곁-사슬에 양전하 원자단을 가지므로 한 양전하를 갖는다. 이들 아미노 원자단은 염기성이다. 왜냐하면 곁-사슬이 물과 반응하여 한 양성자와 결합하고 수산화(OH^-) 이온을 방출하기 때문이다.

아미노산 이름은 3-글자의 약자로 표시할 수 있다. 이들 약자를 표 3.1에 제시한다.

표 3.1 α-아미노산 이름과 3-글자의 약자

아미노산	3-글자로 단축
Alanine	ala
Arginine	arg
Asparagine	asn
Aspartate	asp
Cysteine	cys
Glutamic acid	glu
Glutamine	gln
Glycine	gly
Histidine	his
Isoleucine	ile
Leucine	leu
Lysine	lys
Methionine	met
Phenylalanine	phe
Proline	pro
Serine	ser
Threonine	thr
Tryptophan	trp
Tyrosine	tyr
Valine	val

문제 3.1

다음 아미노산을 3-글자 약자로 쓰고 구조를 그려라.

a. Glysine b. Proline
c. Threonine d. Asparagine
e. Lysine

3.3 펩타이드 결합

단백질은 L-α-아미노산의 선형 중합체다. 한 아미노산의 카복실 원자단은 또 다른 아미노산과 결합한다. 그 반응에서 형성된 아마이드 결합을 **펩타이드 결합**(peptide bond)이라고 한다(그림 3.4).

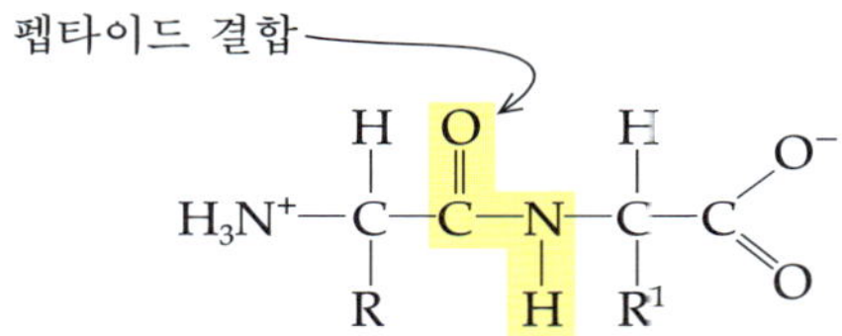

두 아미노산이 축합반응하여 생성된 분자를 디펩타이드(dipeptide)라고 한다. 자유 α-N^+H_3 원자단을 갖는 아미노산은 아미노-말단 아미노산 또는 간단히 ***N*-말단**(terminal) **아미노산**이라 알려져 있고 자유 -COO^- 원자단을 갖는 아미노산은 카복시 아미노산 또는 ***C*-말단**(terminal) **아미노산**이라고 알려져 있다. 단백질 구조는 관례적으로 왼쪽에 *N*-말단 아미노산을 쓴다.

작은 펩타이드 중 아미노산의 수는 접두사를 *di*-(두 개 단위), *tri*-(세 개 단위), *tetra*-(네 개 단위), 등등으로 표시한다. 펩타이드는 *C*-말단 아미노산의 유도체로 명명하고 그것은 전체 이름에 사용한다. 다른 모든 아미노산은 접미사 *-ine*를 *-yl*로 바꾼다. 그러므로 alanylglycine의 디펩타이드는 *glycine*을 전체 이름으로 나타낼 때 그것의 *C*-말단 아미노산으로서 *glycine*을 갖는다.

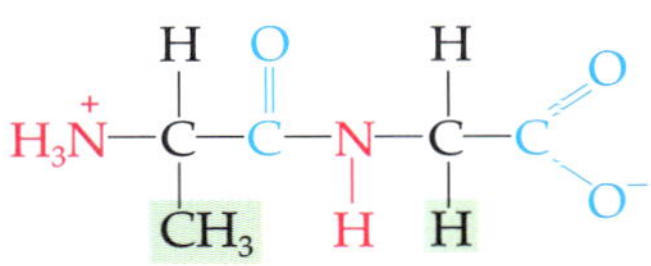

Alanyl-glycine
(ala-gly)

학습목적

3

N-말단 아미노산이 처음에 놓이고 C-말단이 최후에 놓이는 이유를 이해하려면 단백질 합성 과정을 살펴볼 필요가 있다. 8.6절에서 보는 바와 같이 *N*-말단 아미노산은 단백질의 첫번째 아미노산이다. 그것은 카복실 원자단과 단백질의 둘째 아미노산 중 아미노 원자단이 관여하는 펩타이드 결합을 형성한다. 그러므로 한 자유 아미노원자단은 문자 그대로 그 단백질의 왼쪽 끝으로 부터 투영한다. 마찬가지로 C-말단 아미노산은 단백질 합성 동안에 단백질에 첨가된 마지막 아미노산이다. 이 아미노산의 아미노 원자단과 단백질 사슬의 오른쪽 끝으로부터 한 자유 카복실 원자단 투영, 즉 앞의 아미노산 카복실원자단 사이에 펩타이드결합이 형성된다.

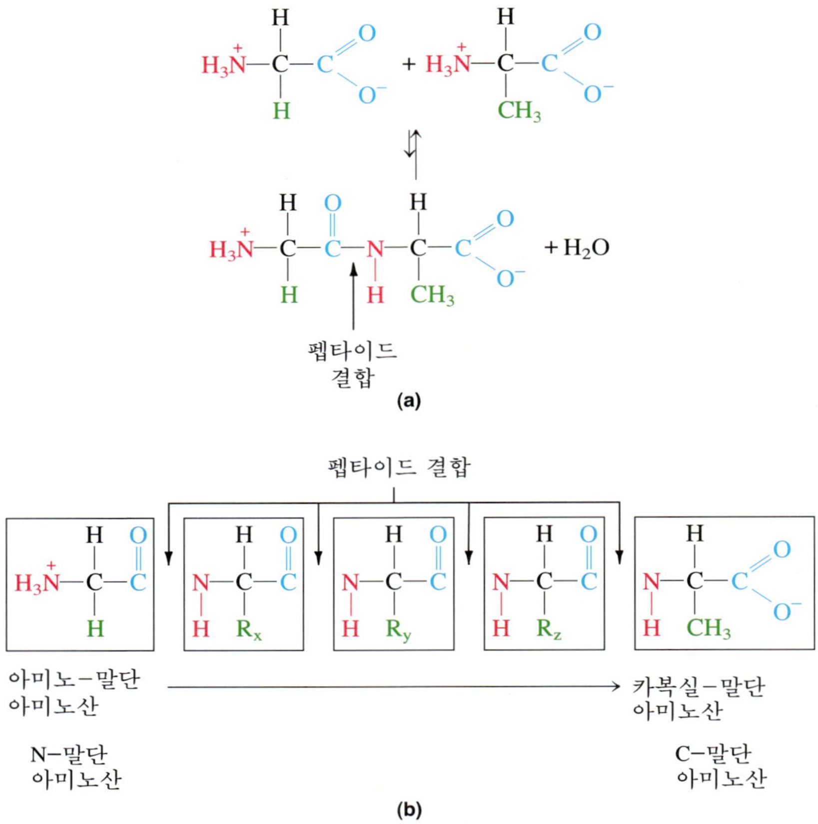

그림 3.4
(a) 두 가지 α-아미노산이 축합반응하여 한 디펩타이드(dipeptide)을 형성. 제시한 두 개 아미노산은 glycine과 alanine이다.
(b) 펜타펩타이드(pentapeptide) 구조. 아미노산 잔기는 네모꼴에 들어 있다. Glycine은 아미노-말단 아미노산이고 alanine은 카복실-말단 아미노산이다.

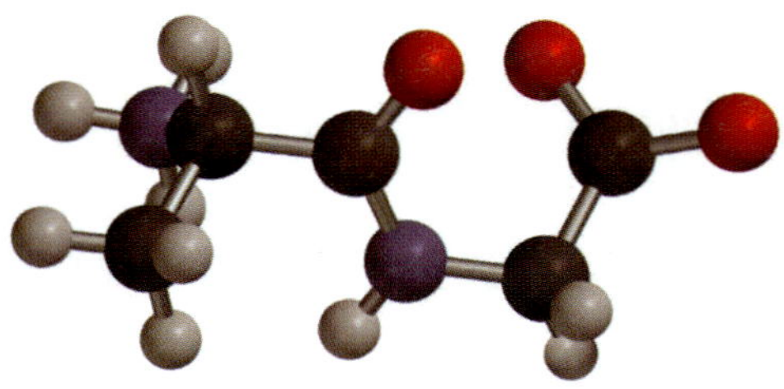

Alanyl-glycine

C-말단 아미노산으로서 alanine을 갖는 alanine과 glycine으로 생성된 디펩타이드는 glycyl-alanine이다.

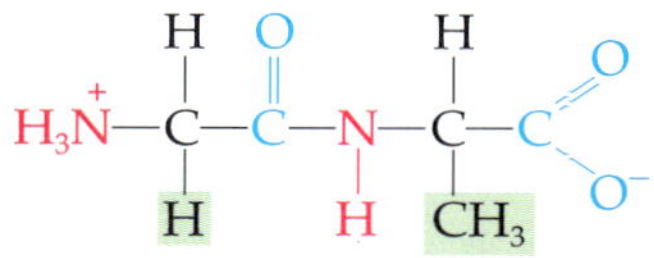

Glycyl-alanine
(gly-ala)

이들 두 가지 디펩타이드는 동일한 아미노산 성분을 갖지만 다른 아미노산 서열을 갖는다.

작은 펩타이드 구조는 어떤 규칙을 따를 때 연습을 통해 쉽게 그릴 수 있다. 우선 펩타이드 뼈대가 반복되는 서열을 포함하는 것에 주목하라.

N—C—C—N—C—C—N—C—C

1 2 1 2 1 2

여기에서 N은 α-아미노산이고, 탄소-1은 α-탄소이고, 탄소-2는 카복실 원자단이다. 탄소-1은 항상 수소원자와 각 아미노산에서 특이한 R 원자단 곁-사슬에 결합한다. 예 3.1에 설명한 것처럼 계속해서 그려라.

학습목적 4

예 3.1

트리펩타이드(tripeptide) 구조 그리기

Alanyl-glycyl-valine 트리펩타이드 구조를 그려라.

해답

1 단계. 트리펩타이드 뼈대를 쓰라. 3 원자의 3 셋트 또는 전체 9 원자를 포함한다. *N*-말단 아미노산은 왼쪽에 쓴다는 것을 기억하라.

N—C—C　　N—C—C　　N—C—C

Set 1　　Set 2　　Set 3

2 단계. 카복실 탄소에 산소 그리고 아미노 질소에 수소를 가한다.

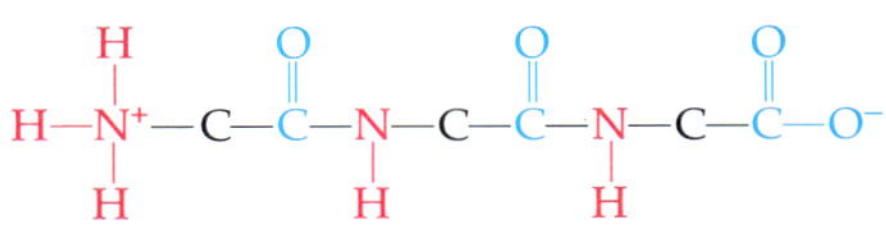

3 단계. α-탄소에 수소를 가하라.

(계속)

인간관련 토픽; 양귀비와 뇌의 펩타이드

동양산 양귀비 종자는 몰핀(morpine)을 함유한다. 몰핀은 인체와 뇌에 여러 가지 졸음, 쾌감, 심리적 착란, 만성변비 등의 효과를 갖는 마약이다. 몰핀은 1805년에 처음 확인되었고 1850년대 까지 분리되지 않았다. 그리고 피하주사의 출현 때문에 진통제로서 효과적으로 이용하게 되었다. American Civil War 동안에 몰핀은 인체 부상과 절단의 고통 완화에 널리 이용했다. 마약중독의 성질에 주목한 것은 이 때였다. American Civil War의 종전 당시에 100,000명 이상 병사들이 몰핀에 중독되었다.

Harrison Act(1914년)의 결과 때문에 몰핀은 정부가 관리하게 되었고 처방에 의해서만 이용할 수 있었다. 몰핀은 마약이지만 몰핀의 한 유도체인 헤로인(heroin)은 훨씬 더 중독성이 강하고 쾌감이 더 오래 지속된다.

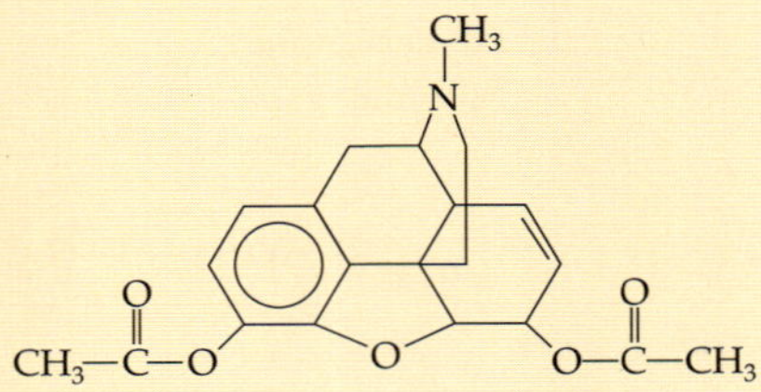

헤로인

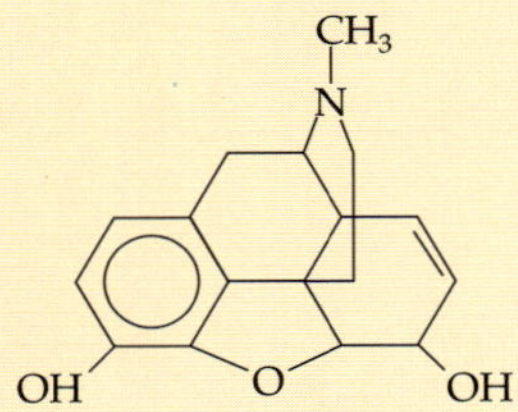

몰핀

헤로인과 몰핀 구조

헤로인과 몰핀은 왜 뇌에 그렇게 강력한 효과를 갖는가? 그 두 가지 약물은 뇌의 세포 표면에서 수용체(receptor)와 결합하는 것이 발견되었다. 이 수용체 기능은 특정한 화학 신호와 결합하고 응답하는 뇌 세포로 향한다. 그러나 우리의 뇌 세포들이 식물 화합물에 대하여 수용체를 갖는 것은 이상한 것처럼 보인다. John Hughes에 의해 뇌 그 자체가 몰핀과 유사한 구조를 갖는 작은 펩타이드 호르몬 합성을 발견했을 때 이러한 신비스러움이 해결되었다. 이러한 몰핀 펩타이드 중 두 가지는 methionine enkephalin 또는 met-enkephalin과 leucine enkephalin 또는 leu-enkephalin이라고 부른다.

이들 신경 펩타이드(neuropeptide) 호르몬은 여러 가지 효과를 갖는다. 그들은 장 운동과 위장관으로 혈액 흐름을 억제한다. 이것은 몰핀 이용자들의 만성 변비를 설명한다. 그 이외에도 이들 enkephalin은 한 중요한 진통 인식에서 한 역할, 즉 아마도 진통 차단제로 작용하는 것으로 생각한다. 이것은 그들이 고통스런 자극에 뒤따라 혈액 흐름에 더 진한 농도로 발견되는 실험에 의해 밝혀졌다. 그들이 기분과 정신보건에서 어떤 역할을 할 수 있는 것은 더욱 의심스럽다. 소위 runner's high(달리기에 의해 얻는 도취감)는 과도하게 오래 동안 또는 지치지 않는 달리기에 의해 얻은 쾌감이라고 생각된다.

몰핀과 다르게 enkephalin 반응은 수명이 짧다. 그들은 세포 수용체와 결합하여 세포 감응을 유발한다. 그 다음 그들은 enkephalin의 펩타이드 결합을 가수분해하는 뇌에서 효소에 의해 빠르게 파괴된다. 한번 파괴되면 그들은 세포 반응을 더 이상 유도할 수 없다. 몰핀과 헤로인은 이러한 동일한 수용체와 결합하여 세포 반응을 유발한다. 그러나 이들 약물은 파괴되지 않으므로 뇌에서 생물학적 효과를 계속해서 발휘하기에 충분한 고농도를 오래 지속한다.

많은 연구원들은 몰핀과 헤로인이 왜 중독성인가를 이해하려고 연구하고 있다. 세포 배양을 이용한 연구는 몰핀과 마약중독에 대한 한 가지 메카니즘을 제안한다. 정상적으로 세포 수용체들이 enkephalin과 결합할 때 이것은 세포에 신호를 주어 cyclic AMP 또는 간단히 cAMP라고 부르는 한 화학 전령의 생성을 감소한다.

[이 화합물은 뉴클레오타이드(nucleotide), 즉 adenosine-5'-monophosphate와 밀접한 관계가 있다.] cAMP 농도 감소는 진통의 차단을 돕고 사람의 기분을 좋게 만드는 것을 돕는다. 몰핀을 이들 세포에 적용하면 그들은 처음에 cAMP 농도 감소에 반응한다. 그러나 몰핀을 만성적으로 이용하면 그 세포는 민감성이 감소한다. 즉 그들은 cAMP 생성을 감소하지 않으므로 몰핀이 존재하지 않은 것처럼 거동한다. 그러나 더 많은 몰핀 양은 다시 cAMP 농도를 감소한다. 그러므로 마약중독과 약물이 더 필요한 중독진행은 그 세포의 생화학 반응으로부터 생기는 것처럼 보인다.

이 논리는 금단증후군의 이해까지 확장할 수 있다. 약물을 이용하여 중독을 중지하면 사람들은 과도한 땀 발생, 불안, 떨림을 포함하는 금단증후군이 나타난다. 그 원인은 고농도 몰핀을 cAMP 농도 이하로 유지하여 진통을 감소하고 쾌감을 맛보게 할 수 있기 때문이다. 몰핀을 완전히 제거하면 그 세포는 지나치게 반응하여 많은 양의 cAMP를 생성한다. 그 결과는 모두 집단적으로 금단증후군(withdrawal syndrome)이라고 알려진 불쾌한 증상이다.

분명히 몰핀과 헤로인은 오남용에 대한 잠재성을 나타내고 몇 가지 관점에서 사회적 문제다. 때때로 약물 습관 유지에 필요한 돈은 도둑, 강도, 매춘과 같은 불법적 방법으로 취득한다. 더 최근에 약물 주사용 바늘의 공동 사용은 AIDS(acquired immune deficiency syndrome)를 발생하는 바이러스 확산의 불안한 결과를 가져오는 것이 분명해졌다. 그럼에도 불구하고 몰핀은 알려진 가장 효과적 진통제 중 하나로 남아 있다. 분명히 암, 고통스런 화상, 심한 부상으로 고생하는 사람들에게 중독 위험은 몹시 괴로운 고통으로부터 구원의 이익 보다 훨씬 중요하다.

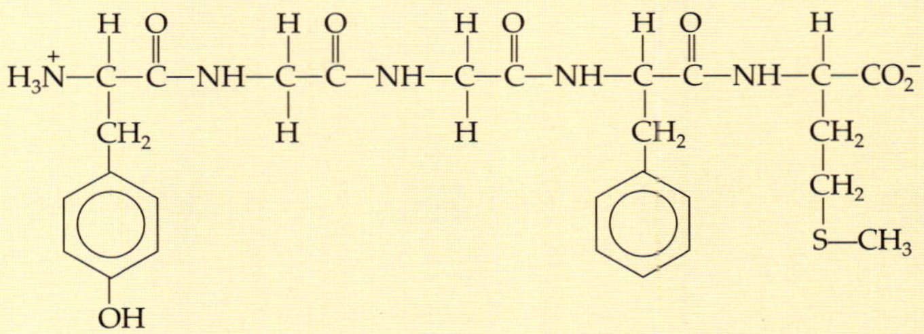

Tyr-Gly-Gly-Phe-Met
Methionine enkephalin

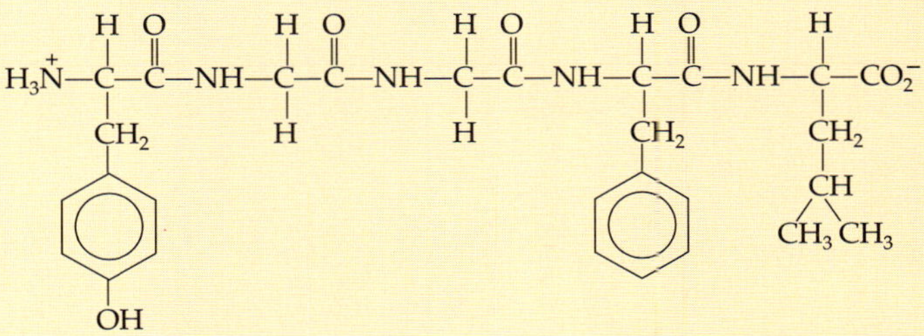

Tyr-Gly-Gly-Phe-Leu
Leucine enkephalin

leucine enkephalin 그리고 methionine enkephalin의 peptide 진정제의 구조. 이들은 인체의 자체 진정제다.

(계속)

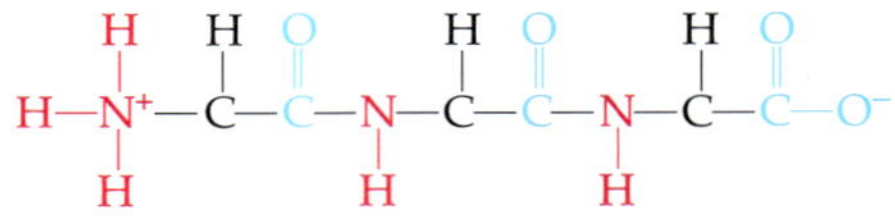

4 단계. 곁-사슬을 첨가하라. 이 예(ala-gly-val)에서 그들은 왼쪽에서 오른 쪽으로 $-CH_3$, H, $-CH(CH_3)_2$이다.

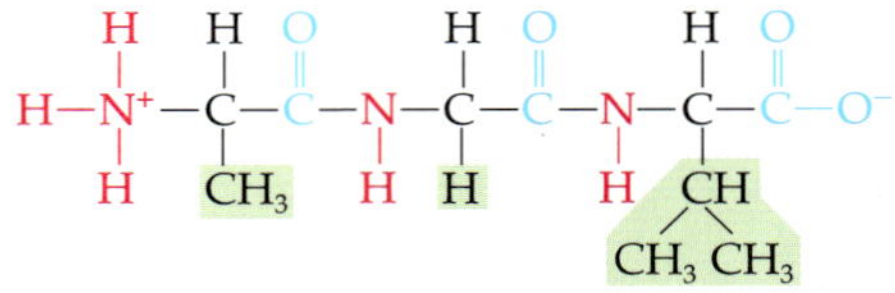

펩타이드 결합 주위에 자유회전을 예상하지만 이것은 그렇지 않다. 질소원자의 고립 전자쌍은 카보닐 원자단의 탄소 및 산소와 상호반응하여 그 분자는 공명을 나타낸다. 이것은 부분적 이중결합 특성을 갖는 펩타이드 결합으로 된다.

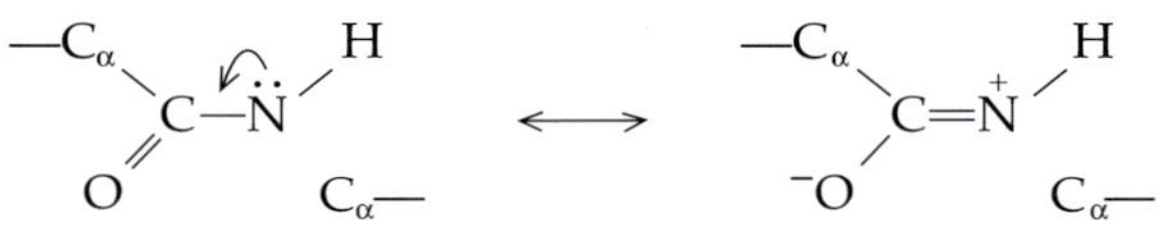

결과적으로 그 펩타이드 결합은 평면이고 약간 경직성(rigid)이다. 이것은 단백질 구조를 상대적으로 경직상태로 만들기 때문에 생리학적으로 대단히 중요하다. 그들이 모양을 유지할 수 없으면 그들은 단백질의 기능을 가질 수 없다.

문제 3.2 pH 7에서 다음 각 펩타이드 구조를 쓰라.

a. Alanyl-phenylalanine
b. Lysyl-alanine
c. Phenylalanyl-tryosyl-leucne

3.4 단백질의 일차구조

단백질의 일차구조(primary structure of protein)는 단백질 사슬의 아미노산의 결합순서(sequence, 서열이 아니고 순서라고 한다)다. 그것은 단백질 사슬(펩타이드)의 아미노산 사이에 공유결합으로 생긴다. 단백질의 일차구조는 유전자에 포함된 정보를 해독한다. 각 단백질은 서로 다른 아미노산이 사슬을 따라 다른 위치에 놓이는 서로 다른 일차구조를 갖는다.

학습목적 3

유전자들은 진화과정 동안 돌연변이에 의해 변화할 수 있다. 한 유전자의 돌연변이는 단백질의 일차구조 아미노산 순서의 변화 결과를 가져올 수 있다. 이 변화는 더 오랫 동안에 걸쳐 일어날 수 있다. 두 가지 생물 종이 매우 최근에 파생한다면(새로운 종으로 되면) 그들 단백질의 아미노산결합 순서는 차이가 없을 것이다. 그와 반대로 그들이 수백만년 전에 파생되었다면 그들 단백질의 아미노산 순서는 더 많은 차이가 있을 것이다. 그러므로 두 가지 종에 존재하는 단백질의 일차구조를 비교하여 종 사이에 진화관계를 비교할 수 있다.

유전암호와 단백질 합성 과정은 8.5절과 8.6절에서 설명한다.

단백질 합성에 관한 돌연변이와 그들의 효과는 8.7절에서 설명한다.

3.5 단백질의 이차구조

단백질의 일차 순서, 즉 공유결합 아미노산 사슬은 한 벽거리 융단과 비슷한 디자인을 갖는 규칙적 반복 구조로 겹친다. 이들 반복 구조를 **단백질의 이차구조**(secondary structure of protein)라고 정의한다. 이차구조는 펩타이드 결합의 아마이드 수소와 카보닐 산소 사이에 수소결합의 결과다. 이차구조의 유지에 많은 수소결합이 필요하다. 한 단백질 사슬의 서로 다른 영역은 서로 다른 형태의 이차구조를 가질 수 있다. 단백질 사슬의 어떤 영역은 마구잡이 또는 비규칙 구조를 가질 수 있다. 그러나 이차구조의 가장 보편적 두 가지 형태는 그 뼈대에 가장 많은 수소결합을 갖기 때문에 생기는 α-나선형과 β-주름판 구조다.

학습목적 5 6

α-나선형

이차구조의 가장 보편적 형태는 α-나선형(α-helix)이라고 알려진 코일 나선형의 위치배열(conformation)이다(그림 3.5). α-나선형은 몇 가지 중요한 특징을 갖는다.

- 펩타이드 뼈대와 결합한 모든 아마이드 수소와 카보닐 산소는 그 사슬이 α-나선형으로 감길 때 수소결합과 관련있다. 이들 수소결합은 본래의 장소에 α-나선형이 고정된다.
- 모든 카보닐 산소는 사슬에서 떨어진 네 개 아미노산의 아마이드 수소와 결합한 수소를 갖는다.
- α-나선형의 수소결합은 나선형의 긴 축과 평행하다(그림 3.5).
- α-나선형에서 폴리펩타이드(polypeptide) 사슬은 오른쪽 방향 회전이다. 그것은 정상적 나사와 같은 방향이다. 나사를 시계 방향으로 회전하면 벽 속으로 들어가고 시계 반대방향으로 회전하면 벽에서 빠져나온다.
- 나선형의 반복 거리 또는 그것의 핏치는 5.4 Å이고 나선형의 한 회전마다 3.6개 아미노산이 있다.

학습목적 7

섬유상 단백질(fibrous protein)은 단백질 이차구조의 한 종류만이 갖는 섬유 또는 판상으로 배열된 단백질 구조다. α-**케라틴**(keratin)은 대부분 육지 동물의 표피 덮개를 형성하는 섬유상 단백질이다(머리카락, 양털, 손톱, 발급, 솜털). 사람의 머리카락은 α-케라틴 구조의 전형적 예를 제시한다. 머리카락 단백질은 거의 예외없이 α-나선형으로 감긴 폴리펩타이드 사슬로 구성된다. 한 단일 α-나선형은 다른 두 나선형과 함께 한 다발로 감겨 원섬유(protofibril)라고 부르는 3-가닥 상부구조로 된다. 원섬유는 미세섬유(microfibril)라고 알려진 한 배열의 부분이다(그림 3.6). "나선형의 돼지꼬리 분자"와 비슷한 이들 구조는 기계적 힘이 크고 실제로 물에 녹지 않는다.

근육의 섬유상 단백질도 상당히 많은 수의 α-나선형을 갖는 단백질로 구성한다. 예를 들어 근육의 주요한 단백질, 즉 **미오신**(myosin)은 두 개 α-나선형이 감긴 코일 모양을 형성하는 막대 비슷한 구조다(그림 3.7).

α-나선형으로 감긴 코일 상부구조의 주요한 구조 성질이 그것의 큰

기계적 힘이다. 이 성질은 피부와 근육의 두 가지 섬유상 단백질에 매우 효과적으로 응용된다. 예상하는 바와 같이 이들 단백질은 기계적 지지와 근육수축 능력이 매우 강력하다.

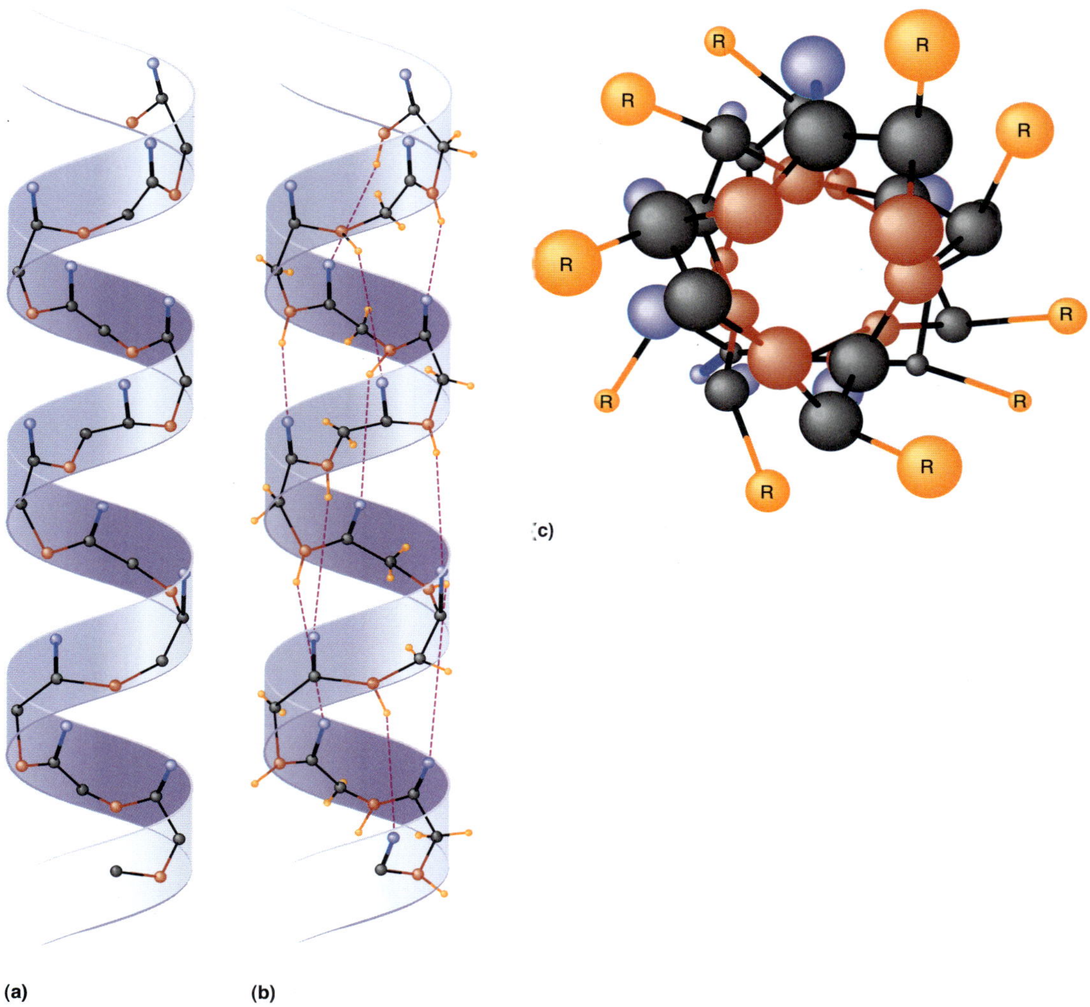

그림 3.5
α-나선형.
(a) 나선형 뼈대만 보여주는 계통도.
(b) 분자 모델. C=O와 N–H 원자단 사이에 모든 수소결합은 나선형의 긴 축에 대하여 평행한 것에 유의하라. 나선형의 핏치(pitch, 나선형으로 감긴 형태의 간격)는 5.4 Å(0.54 nm)이고 각 회전마다 3.6개 아미노산 잔기(residue)를 갖는다.
(c) α-나선형을 위에서 내려다 본 그림. 나선형의 곁-사슬은 나선형의 긴 축으로부터 벗어난다. 그 모양은 나선형의 원통안에 있다.

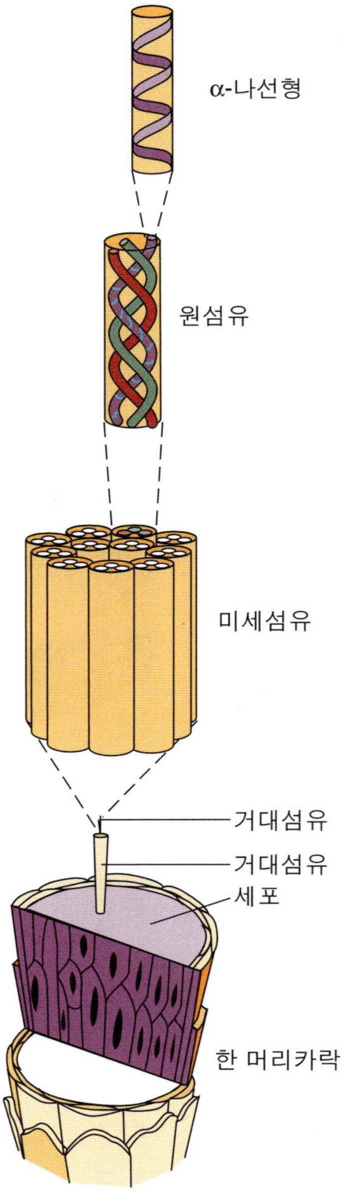

그림 3.6
α-케라틴 구조. 이들 단백질은 미세섬유라고 알려진 배열로 집합된 삼중-나선형 원섬유 집합체다. 이들은 순서대로 원섬유로 집합한다. 머리카락은 원섬유와 머리카락 세포의 한 집합이다.

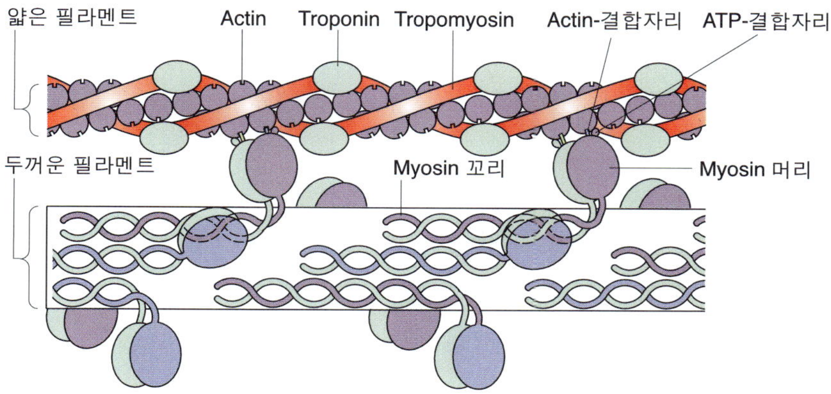

그림 3.7
미오신 구조의 계통도. 이 근육 단백질은 두 가지 원형 머리를 갖는 α-나선형 막대같은 코일로 구성하고, 또한 그것은 그것의 C-말단에서 미오신에 결합한 단백질로 구성한다. 근육에서 미오신 분자는 단백질, actin, troponin, tropomyosin으로 구성된 얇은 필라멘트와 교대로 나타나는 두꺼운 필라멘트로 구성한다. 이들이 함께 일할 때 이들 필라멘트는 근육을 수축하고 이완하게 만든다.

β-주름판 구조

단백질에서 두 번째로 보편적 단백질의 이차구조는 주름잡힌 커튼과 비슷하고 **β-주름판 구조**(β-pleated sheet)라고 알려져 있다(그림 3.8). β-주름판 구조에서 모든 카보닐 산소와 아마이드 수소는 수소결합에 관여하고 폴리펩타이드 사슬은 거의 완전히 확장된다. β-주름판 구조에서 폴리펩타이드 사슬은 두 가지 방향을 갖는다. N-말단이 머리를 맞대면 그 구조는 평행 β-주름판 구조라고 알려져 있다. 한 사슬의 N-말단이 둘째 사슬C-말단과 일직선으로 정렬(머리-대-꼬리)하면 그 구조는 역평행 β-주름판 구조라고 알려져 있다.

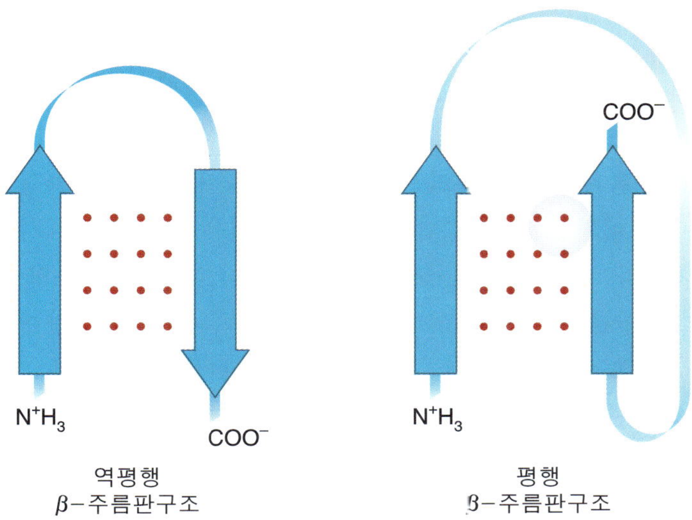

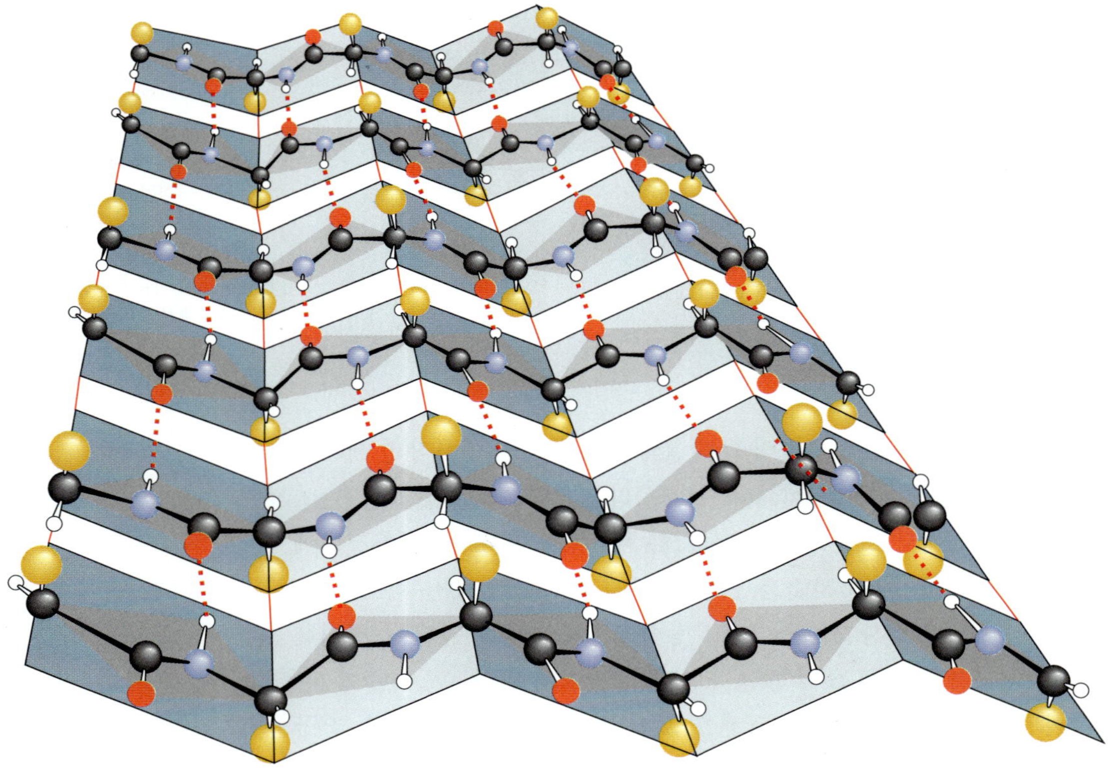

그림 3.8
β-주름판 구조. 폴리펩타이드 사슬은 거의 완전히 확장되고 C=O와 N−H 원자단 사이에 수소결합은 폴리펩타이드 사슬의 긴 축에 대하여 90° 에 있다.

몇 가지 섬유상 단백질은 β-주름판 구조로 구성한다. 예를 들어 누에는 비단섬유를 생산한다. 그 단백질은 역평행 β-주름판 구조다(그림 3.9). β-주름판 구조의 폴리펩타이드 사슬은 거의 완전히 확장되고 비단은 쉽게 펴지지 않는다. Glycine은 비단섬유 아미노산의 거의 절반을 차지한다. Alanine과 serine은 대부분이 다르다. Alanine의 메틸 원자단과 serine의 hydroxymethyl 원자단은 주름판 구조의 반대쪽에 놓인다. 그러므로 쌓인 판은 주름잡힌 카드 판처럼 편안하게 자리잡는다. 왜냐하면 R 원자단은 대단히 작아서 쌓인 판의 상부구조로 되기 때문이다.

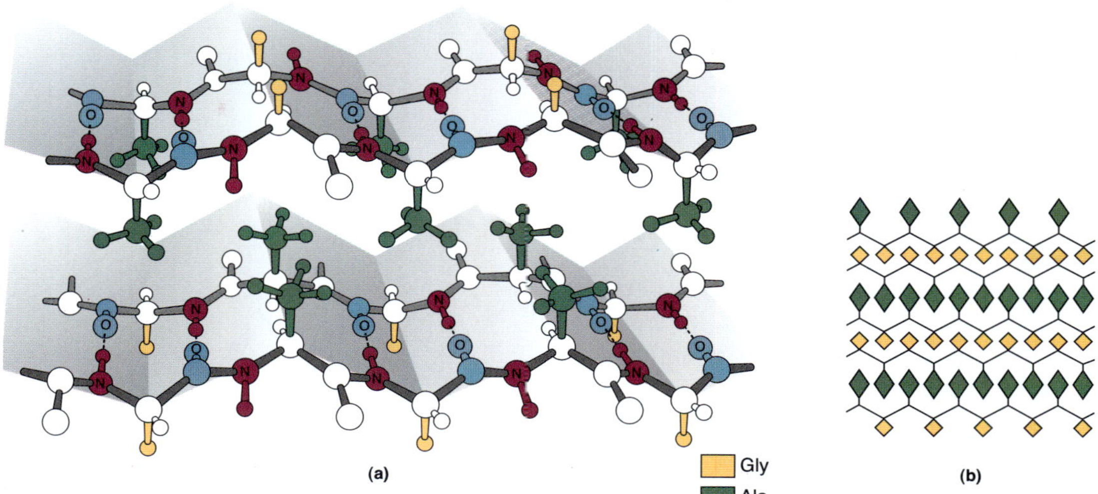

그림 3.9
비단섬유 구조는 거의 완전한 역평행 β-주름판 구조다.
(a) 비단섬유 단백질 부분의 분자 구조.
(b) 자리잡은 R 원자단을 갖는 역평행 β-주름판 구조의 계통도.

3.6 단백질의 삼차구조

학습목적 8

비단, 콜라젠, α-케라틴 같은 대부분 섬유 단백질은 물에 거의 완전히 녹지 않는다. (우리 피부가 비에 녹으면 매우 좋지 않을 것이다.) 그러나 대부분 세포 단백질은 세포질에 녹는다. 녹는 단백질은 일반적으로 **구형 단백질**(globular protein)이다. 구형 단백질은 이차구조와 분명히 다른 **단백질의 삼차구조**(tertiary structure of protein)라고 부르는 삼차원 구조를 갖는다. α-나선형과 β-주름판 구조의 단백질 이차구조 영역을 갖는 폴리펩타이드 사슬은 그 자신끼리 접혀 삼차구조로 된다.

단백질의 이차구조를 유지하는 힘은 펩타이드 결합의 아마이드 수소와 카보닐 산소 사이에 수소결합이라고 앞에서 설명했다. 단백질의 삼차구조를 유지하는 힘은 무엇인가? 구형 삼차구조는 자연적으로 형성되고 아미노산의 R 원자단 곁-사슬 사이에 상호작용 결과로 유지된다. 그 구조는 다음과 같은 분자 상호작용에 의해 유지된다.

인간관련 토픽; 콜라젠 : 우리 몸을 구성하는 단백질

콜라젠(collagen)은 인체에 가장 많은 단백질이고 전체 단백질 함량의 약 1/3을 차지한다. 그것은 뼈, 힘줄, 피부, 혈관에 기계적 힘을 제공한다. 뼈의 콜라젠 섬유는 hydroxyapatite(인산칼슘 중합체) 결정 주위에 배열된 발판을 제공한다. 피부는 모든 방향으로 팽창할 수 있는 느슨하게 짜여진 콜라젠을 포함한다. 눈의 각막은 콜라젠으로 구성된다. 이들 조직을 살펴보면 그들은 인장력(힘줄), 가변성(혈관), 투명성(각막)처럼 전혀 다른 성질을 갖는다는 것을 알 수 있다.

이러한 여러 가지 구조를 한 단일 단백질로 어떻게 구성할 수 있는가? 그 해답은 콜라젠이 실제로 유전학적으로 다른 별개의 20가지 계열이지만 밀접한 관련이 있는 것은 단백질이라는 사실에 있다. 이러한 서로 다른 콜라젠 단백질의 아미노산 순서 차이는 인체에서 여러 가지 기능을 수행하게 만들지만 그들은 유사한 삼차원 구조를 갖는다. 콜라젠은 삼중 나선형(triple helix)이라고 부르는 "초나선(superhelix)을 형성하기 위해 서로 꼬여 합친 세 개의 왼손-방향 폴리펩타이드 나선형으로 구성한다. 콜라젠의 각 펩타이드 사슬은 왼손 방향 나선형이지만 서로 주위를 오른손 방향으로 감는다.

콜라젠 삼중 나선형 구조

콜라젠 사슬의 셋째 아미노산마다 glycine이 존재한다. 삼중-가닥 나선형은 glycine을 포함하는 수소결합 사슬 사이의 결과로 생기므로 그 구조에서 중요하다. 그러므로 한 가닥의 셋째 아미노산마다 다른 두 가닥과 매우 가깝게 접촉한다. Glycine은 또 다른 이점이 있다. 즉 R 원자단을 갖는 아미노산만 삼중-가닥 구조에 의해 허용된 공간에 들어맞을 정도로 충분히 작다.

특이한 두 가지 하이드록실화 아미노산은 콜라젠에서 거의 1/4을 차지한다고 생각한다. 이들 아미노산은 4-hydroxyproline과 5-hydroxylysine이다. 4-hydroxyproline과 5-hydroxylysine의 두 가지 아미노산 구조는 콜라젠에서만 발견된다. 이들 아미노산은 콜라젠 구조의 중요한 성분이다. 왜냐하면 그들은 삼중-가닥 안에서 이웃분자 사이에 공유성 교차결합을 형성하기 때문이다. 그들은 가닥 사이의 수소결합에도 참여하여 그 구조를 더 강화할 수도 있다.

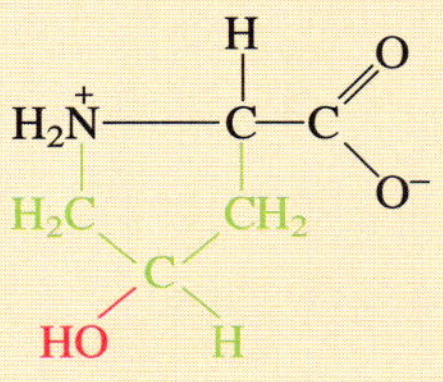

4-Hydroxyproline

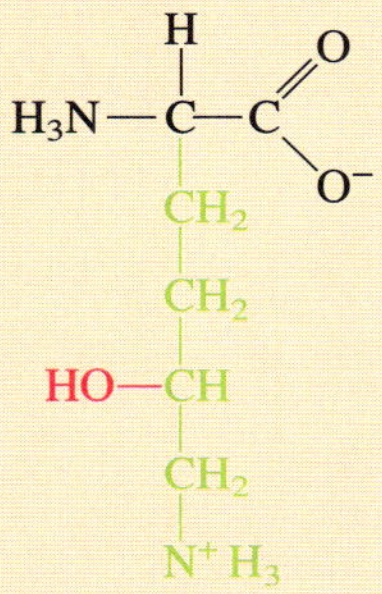

5-Hydroxylysine

콜라젠을 합성할 때 proline과 lysine 아미노산은 아미노산 사슬에 참여한다. 이들은 두 효소에 의해 변형되어 4-hydroxyproline과 5-hydroxylysine을 형성한다. 이들 두 가지 효소는 이 반응의 진행에 비타민 C가 필요하다. 하이드록실화반응(hydroxlation)이 없으면 수소결합을 형성할 수 없고 삼중 나선형이 약하고 연약한 혈관이 만들어 진다.

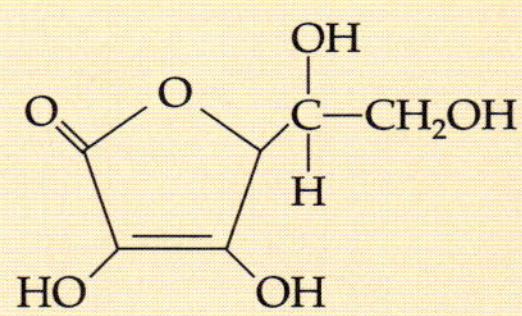

Vitamin C
(ascorbic acid)

18세기 이전에 선원들이 오래 항해할 때 비타민 C가 결핍된 사람들은 콜라젠 대사의 질병, 즉 괴혈병이 발생했다. 괴혈병 증상은 피부 손상, 연약한 혈관, 잇몸출혈을 포함한다. 영국 해군은 선원의 식이에 비타민 C를 많이 함유한 라임(lime)을 포함한 괴혈병 해독제를 공급했다. 그러므로 영국인에 대한 속어로서 limey라는 별명이 영어에 들어있다.

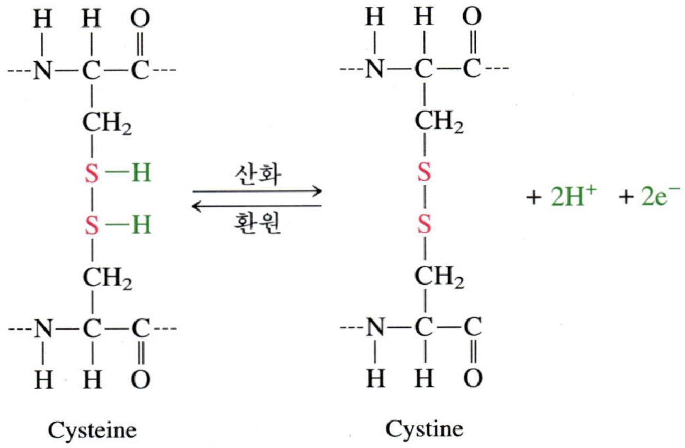

그림 3.10
두 개 cysteine 산화는 이합체 cystine으로 된다. 이 반응은 세포에서 일어나고 용이한 가역성이다.

학습목적 9

- 소수성의 무극성 아미노산의 R 원자단 사이에 van der Waals 힘.
- 극성 아미노산의 R 원자단 사이의 수소결합.
- 반대전하 아미노산의 R 원자단 사이의 이온결합(염 다리).
- 티올(thiol)-함유 아미노산 사이에 공유결합. 극성 cysteine의 두 개는 cystine이라고 부르는 이량체(dimer) 아미노산으로 산화될 수 있다(그림 3.11). cystine의 이황화물 결합은 서로 다른 단백질 사이에 교차결합할 수 있다. 또는 한 단백질 안에서 두 가지 조각 분자들이 함께 결합할 수 있다.

다음 절에서 몇 가지 단백질이 기능에 영향을 주는 추가 구조와 사차 구조를 보여 주겠다.

단백질의 삼차구조를 유지하는 결합은 그림 3.11에 있다. 단백질의 삼차구조로 생물학적 기능을 명확하게 설명한다는 것을 알면 이들 결합의 중요성이 분명해진다. 무극성 아미노산은 대부분 시간을 물과 접촉없이 구형 단백질 안에서 파묻혀 조밀하게 쌓인다. 극성과 전하를 띤 아미노산은 구형 단백질 표면에 놓인다. 구형 단백질은 대단히 조밀하다. 삼차구조는 α-나선형과 β-주름판 구조 영역을 포함한다. 마구잡이 코일의 결합선 영역은 α-나선형과 β-주름판 구조 영역을 연결한다. 그것의 순환 구조 때문에 proline은 α-나선형을 파괴한다. 그러므로 proline은 때때로 이들 결합선에서 발견된다. 한 단백질로부터 다음 단백질까지 각 이차구조 형태는 정확한 양으로 변한다.

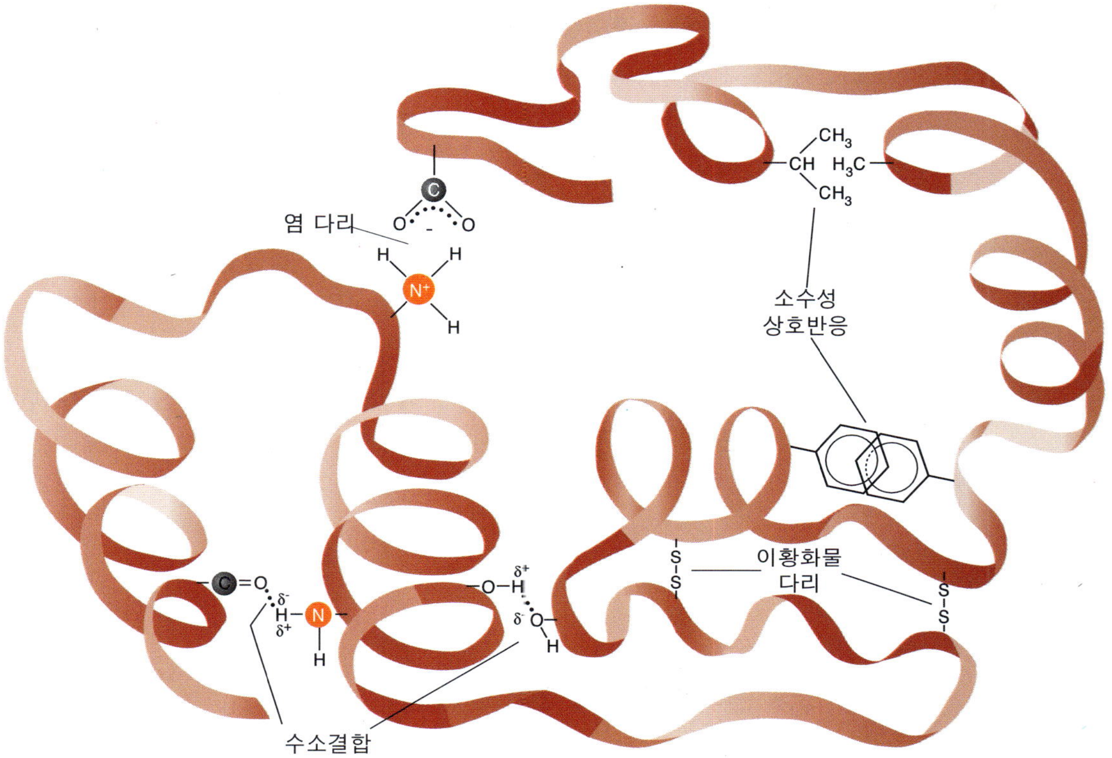

그림 3.11
단백질의 삼차구조 유지를 돕는 약한 상호작용

3.7 단백질의 사차구조

여러 가지 단백질의 작용기 형태는 한 펩타이드를 구성하지 않고 더 작은 구형 펩타이드 집합체를 구성한다. 예를 들어 단백질 헤모글로빈은 네 개 구형 펩타이드 소단위를 구성한다. 두 개는 동일한 α-소단위이고 두 개는 동일한 β-소단위다. 네 개 펩타이드가 서로 결합할 때만 단백질분자 기능을 갖는다. 기능성 단백질을 생성하기 위한 몇 개 폴리펩타이드 결합을 **단백질의 사차구조**(quaternary structure of protein)라고 정의한다.

학습목적
8

헤모글로빈의 단위설명에 α-와 β-표기는 이차구조 형태와 관계없다.

단백질의 사차구조를 유지하는 힘은 삼차구조를 유지하는 것과 같다. 이들은 극성 아미노산 사이에 수소결합, 반대전하 아미노산 사이에 이온성 다리, 무극성 아미노산 사이의 van der Waals 힘, 그리고 이황화물 다리 등을 포함한다.

학습목적 10

어떤 경우에 기능성 단백질의 사차구조는 비단백질 그룹의 결합에 관여한다. 이러한 추가 원자단을 **보결 원자단**(prosthetic group)이라고 한다. 예를 들어 세포표면의 많은 수용체 단백질은 당단백질(glycoprotein)이다. 이들은 공유결합된 당 원자단을 갖는 단백질이다. 헤모글로빈의 각 소단위는 철-함유 헴 원자단과 결합한다. 헴 원자단은 그 안에서 배위결합된 철 이온을 갖는 큰 불포화 유기 고리 아민이다. 헤모글로빈의 경우처럼 보결 원자단은 단백질 기능을 결정한다. 예를 들어 헤모글로빈은 가역적으로 산소와 결합 가능한 철-함유 헴 원자단이을 갖는다.

문제 3.3 네 가지 단백질구조를 설명하라.

3.8 단백질 구조와 기능의 개요

여러 가지 단백질 구조의 종류와 그들 서로의 관계를 요약해 보자(그림 3.12).

- 일차구조 : 단백질의 일차구조는 단백질의 아미노산 결합순서다. 일차구조는 아미노산 사이에 공유결합성 펩타이드 결합 형성으로부터 생긴다. 펩타이드 결합은 한 아미노산의 α-카복실산 원자단 그리고 다른 α-아미노 원자단 사이에 생성된 아마이드 결합이다.
- 이차구조 : 단백질 사슬이 성장할 때 폴리펩타이드 사슬의 뼈대에서 비공유 결합 상호작용을 할 수 있는 여러 번의 기회를 이용할 수 있게 된다. 이들은 그 사슬이 겹치고 여러 가지 입체배열로 그 자체가 방향잡는다. 단백질의 이차구조는 α-나선형과 β-주름판 구조를 포함한다. α-나선형과 β-주름판 구조는 펩타이드 결합의 아마이드 수소와 카보닐 산소 사이에 수소결합의 결과다. 서로 다른 사슬 부분은 서로 다른 종류의 이차구조 배열과 관련있을 수 있다.어떤 영역은 α-나선형일 수 있고 다른 영역은 β-주름판 구조일 수 있다.

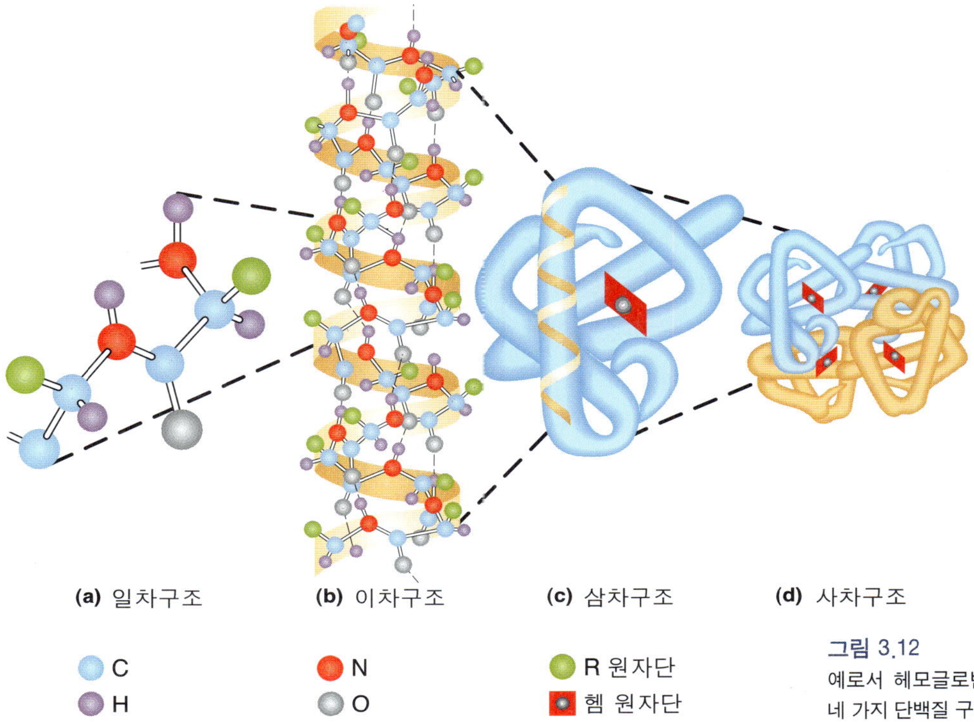

그림 3.12
예로서 헤모글로빈을 이용한 네 가지 단백질 구조의 요약

- 삼차구조 : 삼차구조는 모든 사슬의 전체적 접힘이 관심대상이다. 즉, 이차구조가 어떤 방식으로 접힘이 더 진행되는가가 중요하다. 그 사슬의 두 끝이 함께 접근하는가? 또는 떨어져 있는가? 일반적인 모양은 어떤 관련이 있는가? 아미노산의 R 원자단과 공유결합성 이황화물 다리 사이에 비공유결합성 상호작용은 삼차구조 결정에 한 역할을 한다. 비공유결합성 상호작용은 수소결합, 이온결합 그리고 van der Waals 힘을 포함한다.
- 사차구조 : 삼차구조처럼 사차구조는 서로에 관하여 두 가지 이상 펩타이드 사슬의 위상학적 공간배열과 관련있다. 한 사슬은 다른 것에 관하여 어떻게 배향되어 있는가? 최종 기능 단백질은 전체적으로 어떤 모양일가?

단백질 삼차원 구조는 특수한 생체기능을 갖은 특성이 있다. 그러나 단백질이 어떻게 접히고 최종 모양이 무엇인가를 결정하는 R 원자단 순서가 일차구조라는 것을 항상 기억해야 한다.

사차구조는 삼차구조의 원인과 동일한 힘에 의해 유지된다. 단백질의 기능을 최종적으로 설명하는 것은 단백질의 삼차구조와 사차구조다. 어떤 것은 큰 힘을 갖는 섬유상 구조다. 이들은 세포와 그 생물의 주요한 성분을 구성한다. 때때로 그들은 그 생물의 운동에 기여한다.

학습목적
11

다른 것들은 구형 모양으로 접혀 있다. 대부분의 수송 단백질, 조절 단백질의 효소들은 구형 단백질이다. 매우 정확한 수송 단백질의 삼차원 구조는 특정한 분자를 인식하여 세포 속으로 들어가게 촉진한다. 마찬가지로 수용체들이 목표의 세포 표면과 결합하게 만드는 특이한 삼차원구조들이 있다. 그들은 이러한 방법으로 세포와 통신하고 어떤 반응과정에 참여하게 인도한다. 4장에서 삼차원 구조 효소들이 결합자리를 활성화하여 그들의 특이 반응물과 반응하게 만들고 생화학적 반응을 촉진한다는 것을 알게 될 것이다.

다음 절에서 낫세포 헤모글로빈의 예에서 보는 것과 같이 단백질의 일차구조 안에서 단 하나의 아미노산 변형은 멀리까지 영향을 미칠 수 있다. 한 펩타이드에서 한 아미노산이 다른 것을 치환하면그 단백질 사슬의 위치에 R 원자단 변화가 있다. 이것은 비공유결합성 상호작용 성질이 그 결합에 이용 가능한 R 원자단을 변화시키므로 서로 다른 삼차구조와 아마 사차구조를 만들 것이다. 마찬가지로 다른 아미노산을 proline으로 치환은 이차구조의 중요한 영역을 파괴할 수 있다. 그러므로 일차 아미노산 결합순서의 변화는 기능성이 없는 것으로 만드는 방식으로 단백질의 삼차원 구조를 변화할 수 있다. 낫세포 헤모글로빈의 경우에 이 단백질의 기능장애는 사망에 이를 수도 있다.

3.9 미오글로빈과 헤모글로빈

미오글로빈과 산소저장

학습목적 12

인체 세포의 대부분은 인체 내부에 묻혀 있으므로 직접 식품분자를 섭취할 수 없고, 또한 폐기물을 제거할 수도 없다. 이 문제들은 순환 시스템이 영양소와 산소를 인체 세포에 공급하고 폐기물을 운반하여 해결한다. 세포들은 일정한 산소공급이 필요하다. 그러나 산소는 약간만 물에 녹는다. 우리는 이 용해도 문제를 극복하려고 산소수송 단백질 **헤모글로빈**(hemoglobin, Hb)을 가지고 있다. 헤모글로빈은 적혈구 세포에서 발견되며 고등동물의 산소수송 단백질이다. 미오글로빈은 뼈대근육의 산소저장 단백질이다.

미오글로빈(myoglobin, Mb) 구조는 그림 3.13에 있다. **헴 원자단**(heme group)도 이 단백질의 필수 성분이다(그림 3.14). 헴 원자단의

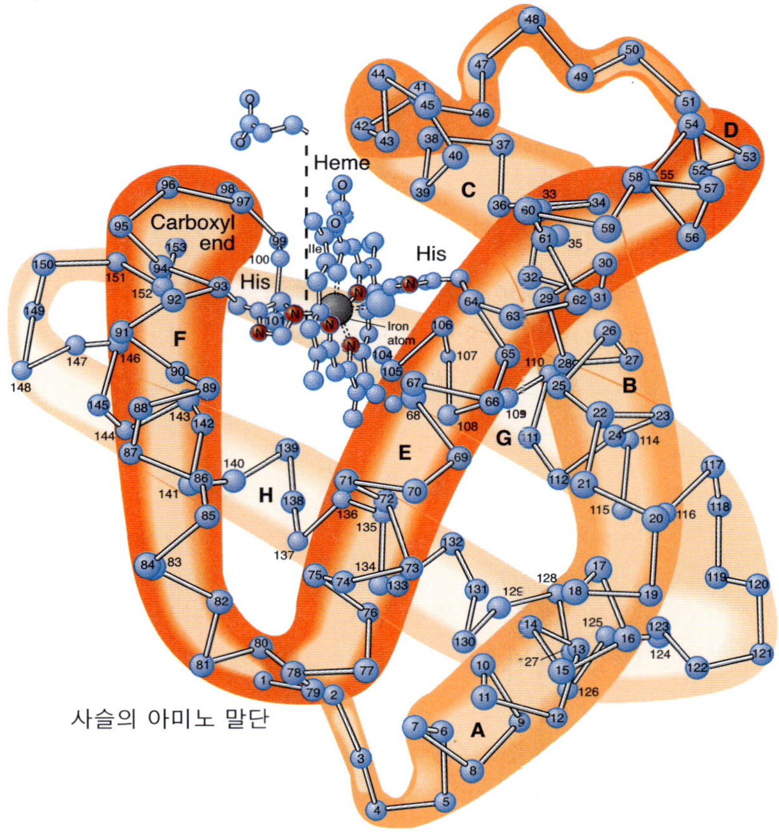

그림 3.13
미오글로빈. 헴 원자단은 산소와 결합하는 철 원자를 갖는다.

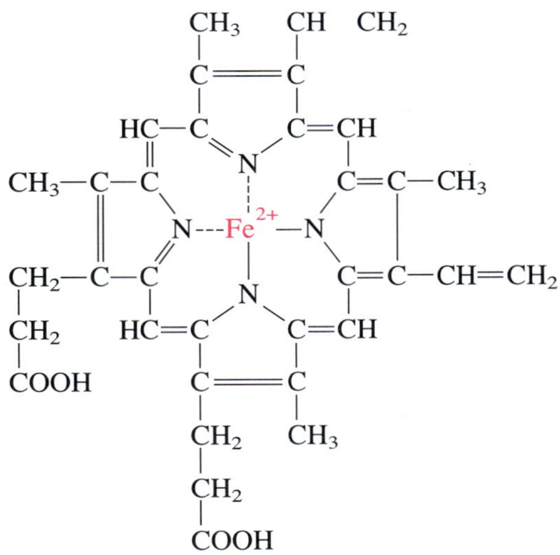

그림 3.14
미오글로빈과 헤모글로빈에 결합하는 헴 보결 원자단의 구조.

Fe^{2+} 이온은 미오글로빈과 헤모글로빈 두 가지에서 산소가 결합하는 자리다. 다행스럽게 산소에 대한 인력은 미오글로빈이 헤모글로빈보다 더 크다. 그러므로 혈액으로부터 인체 세포로 산소 수송이 효과적이다.

헤모글로빈과 산소수송

헤모글로빈(hemoglobin, Hb)은 네 개 폴리펩타이드 소단위로 구성된 사량체(tetramer)이다(그림 3.15). 헤모글로빈의 각 소단위는 한 헴 원자단을 포함하므로 한 헤모글로빈 분자는 네 개 산소 분자와 결합할 수 있다.

$$\underset{\text{Deoxyhemoglobin}}{\text{Hb}} + 4O_2 \longrightarrow \underset{\text{Oxyhemoglobin}}{\text{Hb}(O_2)_4}$$

폐의 헤모글로빈 산소화반응과 인체조직에서 헤모글로빈으로부터 미오글로빈으로 산소운반은 매우 복잡한 과정이다. 공기 호흡과 관련 있는 탐색을 시작하겠다.

폐에서 헤모글로빈의 산소화반응은 폐의 산소 부분압(pO_2)과 혈액의 산소 부분압 차이 때문에 대단히 유리하다. 폐에서 공기의 pO_2는 대략 100 mm Hg이고 산소-고갈 혈액 중 pO_2는 약 40 mm Hg뿐이다. 산소는 폐의 큰 pO_2 영역으로부터 혈액의 작은 pO_2 영역으로 확산된다.

그림 3.15
헤모글로빈 구조. 단백질은 α-와 β-로 표시한 네 개 소단위를 포함한다. α-소단위와 β-소단위는 서로 중앙 공간을 통하여 대면한다. 그 사량체의 각 소단위는 산소와 결합하는 헴 원자단을 포함한다.

거기에서 산소는 적혈구 세포로 들어가서 deoxyhemoglobin의 헴 원자단 중 Fe^{2+} 이온과 결합하고 oxyhemoglobin을 형성한다. 이 결합은 실제로 혈액으로 더 많은 O_2를 가져오게 돕는다.

산소결합은 약간 복잡하다. Deoxyhemoglobin은 유기 음이온 2,3-bisphosphoglycerate(BPG)가 결합하는 한 공간을 중심부에 가지고 있다. 네 개 deoxyhemoglobin 소단위 중 하나가 O_2와 결합할 때 단백질은 BPG를 추방하는 모양으로 변한다. 이것은 나머지 세 개 헤모글로빈 소단위들이 연속적으로 모양을 변화하여 산소분자를 받아들일 수 있는 능력을 증가하는 일을 시작한다. 그리하여 첫째 소단위가 O_2를 받으면 나머지 세 개는 빠르게 뒤따른다.

H^+ 농도도 산소와 결합하는 deoxyhemoglobin 능력에 영향을 준다. Deoxyhemoglobin이 산소와 결합할 때 양성자를 방출한다. 이들은 탄산 탈수효소에 의한 촉매반응에서 빠르게 제거된다.

$$H^+ + HCO_3^- \xrightarrow{\text{탄산탈수효소}} CO_2 + H_2O$$

이것은 용이한 역반응이다. 실제로 공기 대사의 폐기 생성물인 CO_2가 활발한 대사조직으로부터 혈액으로 들어갈 때 이 반응에 관여한 HCO_3^-는 본래 역반응에 의해 생성된다.

Denmark 생리학과 Christian Bohr는 핵물리학자 Niels Bohr의 아버지이고 H^+감소는 헤모글로빈의 산소화반응을 촉진한다고 처음 실험했다. 이 현상을 Bohr효과라고 한다.

$$H^+ + HCO_3^- \xleftarrow{\text{탄산탈수효소}} CO_2 + H_2O$$

폐에서 deoxyhemoglobin에 의하여 방출된 양성자는 반응을 오른쪽으로 추진하여 CO_2 폐기 생성물을 방출한다. 이것은 혈액에서 더 큰 pCO_2 영역으로부터 폐속의 공기 중 더 작은 pCO_2 영역으로 확산된다. 그 다음 그것은 숨을 내쉴 때 호흡에 의해 인체로부터 제거된다.

혈액으로부터 H^+ 방출은 deoxyhemoglobin에 의한 산소결합을 자극하므로 그 정반응은 헤모글로빈의 산소화반응도 돕는다. 그러므로 deoxyhemoglobin의 산소화반응 동안 H^+ 방출은 인체로부터 CO_2 폐기물의 제거와 헤모글로빈에 의한 O_2결합 두 가지를 촉진한다. 산소화된 혈액이 활발한 대사조직에 도달할 때 CO_2 폐기물은 혈액으로 확산된다. 이것은 바로 전에 설명한 그 과정의 역반응을 시작한다. CO_2는 탄산탈수효소가 H_2O와 결합을 촉매작용하는 적혈구 세포로 들어가 HCO_3^-와 H^+를 생성한다. 폐의 혈액으로부터 H^+ 제거는 헤모글로빈의 산소화반응을 촉진하는 것처럼 대사조직과 접촉한 혈액 중 H^+ 증가는

의학관련 토픽; 면역글로불린: 인체를 방어하는 단백질

살아있는 생물은 박테리아, 바이러스, 기생충, 곰팡이에 의한 질병에 항상 직면해 있다. 이러한 위험으로 부터 방어가 없으면 우리는 곧 죽을 것이다. 모든 척추동물은 면역 시스템을 갖고 있다. 인간의 면역 시스템은 약 10^{12} 세포로 구성하고 그것은 대략 뇌와 간의 세포에 상당하는 양이다. 많은 세포는 외부 침입자로부터 우리들을 보호한다. 이 면역 시스템은 세 가지 중요한 특성을 갖는다.

1. **면역은 대단히 특이하다.** 감염에 대한 면역 반응은 면역균 또는 그와 비슷하고 관련 있는 세균에 대해서만 특이성을 나타내거나 반대로 작용한다.
2. **면역은 기억을 가지고 있다.** 면역 시스템이 감염에 대하여 한번 반응하면 인체는 동일한 세균에 의한 재감염에 대하여 방어한다. 우리들은 가끔 동일한 질병에 한번 이상 걸린다. 우리들이 재발하여 고통받는 일반 감기와 독감같은 질병의 대부분은 실제로 동일한 바이러스 중 여러 가지 서로 다른 균주에 의해 생긴다. 이들 각 균주는 면역계에 대하여 "새로운" 것이다.
3. **면역은 "자신 아닌 것"으로부터 "자신"을 인식한다.** 우리들이 출생할 때 면역계는 이미 우리 인체의 모든 항원을 알고 있다. 이들은 이것을 "자신"으로 인식하고 공격하지 않는다. "자신"으로 분류하지 않는 모든 항원과 마주칠 때 면역계에 의해 공격을 받는다. 어떤 사람은 자기 자신의 인체 세포를 공격하는 면역반응 결핍으로부터 고통을 받는다. 그 결과는 치명적일 수 있는 자가면역반응(autoimmune reaction)이다.

면역반응의 한 면은 항원(antigen)이라고 부르는 한 단일 거대분자와 특이하게 결합하는 면역글로불린(immunoglobulin) 또는 항체(antibody)의 생합성이다. 이들 항체는 *B lymphocyte* 라고 부르는 특별한 백혈구 세포에 의해 생산된다. 우리는 아마 서로 다른 백만 개 이상의 항원에 대항하는 항체를 생산할 수 있는 여러 가지 B lymphocyte를 가지고 출생할 것이다. 어떤 항원이 체내로 들어올 때 그것을 파괴하기 위하여 항체를 생산하게 미리 계획된 B lymphocyte와 결합한다. 그 다음 이들 모든 새로운 B 세포는 그 질병의 원인(agent)과 결합하는 항체를 생산하고 그것의 파괴를 촉진한다. 각 B 세포는 그것의 목표 항원에 대한 절대 특이성을 갖는 한 종류의 항체만 생산한다. 여러 가지 서로 다른 B 세포는 각 감염에 대하여 반응한다. 왜냐 하면 그 발병-발생 원인은 여러 가지 서로 다른 항원으로 만들어지기 때문이다. 항체는 여러 가지 침입자 항원과 결합하게 된다. 이 일차 면역반응은 대단히 느리다. 감염과 싸울 수 있게 혈액에 고농도 항체를 생산하는 충분한 B세포를 가지려면 1~2 주가 걸릴 수 있다.

면역반응은 기억을 하므로 질병-유발 원인과 만나는 두 번째에 항체반응이 즉시 나타난다. 이것이 두 번째 볼거리, 홍역, 수두로부터 고통이 극히 드물게 나타나는 이유다. 이 면역계 성질은 많은 질병에 대하여 우리 자신을 보호하는 이점이 있다. 예방접종 과정에서 어떤 사람은 바이러스 또는 미생물(백신)의 소량 항원을 접종하여 감염 질병에 대하여 면역될 수 있다. 그 다음 인체의 B lymphocyte는 감염 원인의 항원에 대하여 항체를 생산한다. 사람들이 후에 발병하는 미생물과 접촉하면 감작(sensitization) B lymphocyte는 항원을 "기억"하고 매우 빠르게 다량의 특이 항체를 생산하여 질병이 나타나기 전에 미생물이나 바이러스를 제압한다. 면역글로불린 분자는 이황화물 결합에 의해 연결되고 Y-모양 사차구조로 배열된 네 개 펩타이드 사슬을 포함한다.

각 면역글로불린은 Y-모양의 끝에 위치한 두 개 동일한 항원-결합 자리를 갖는다. 그러므로 그것은 2가(valent)다. 대부분 항원은 세 개 이상 항체-결합 자리를 가지므로 면역글로불린은 용액으로부터 침전되는 큰 교차결합 항원-항체 착물을 형성한다.

면역글로불린 G(IgG)는 주요한 혈청 면역글로불린이다. 몇 가지 IgG 분자는 세포막을 통과할 수 있으므로 출생하기 전에 태반을 통하여 어미와 태아 사이를 통과한다. 이것은 중요

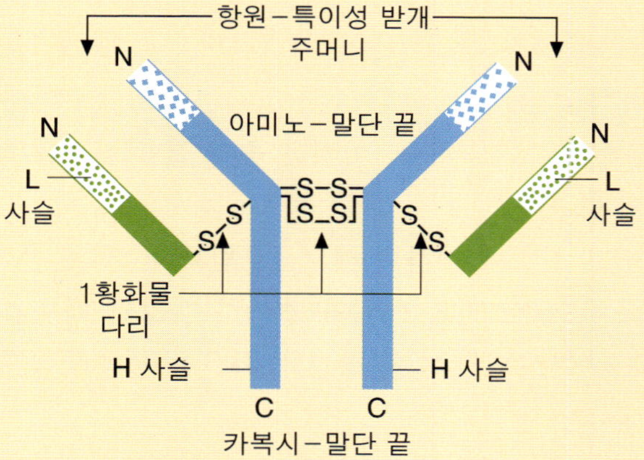

Y-모양 면역 글로불린 분자의 계통도.
항원 결합자리는 Y-모양의 끝에 있다.

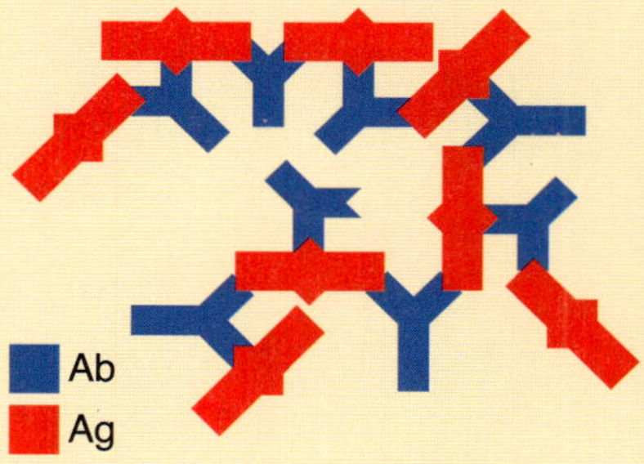

교차-결합 면역 글로불린-항원 격자의 계통도.

하다. 왜냐 하면 태아 면역계는 미숙하여 질병으로부터 적절하게 보호할 수 없기 때문이다. 다행스럽게 어미로부터 물려받은 IgG는 출생하기 전에 만날 수 있는 대부분 박테리아와 바이러스 감염에 대하여 태아를 보호한다.

항체 분자는 단백질 성분이 변하는 네 가지 종류가 있지만 모두 동일한 일반적 Y-모양을 갖는다. 이들 중 하나는 IgM이고 그것은 감염에 반응하여 생성되는 첫번째 항체다. 둘째로 B 세포는 동일한 항원-항체 영역에서 IgG 분자를 생성하지만, 그 분자의 나머지는 단백질 성분이 다르다. IgA는 소화관, 구강, 비뇨생식기 통로의 점막처럼 인체 표면을 보호하는 면역글로불린이다. IgA도 모유에서 발견되고 신생아는 출생 후 몇 주 동안 질병에 대하여 보호한다. IgD는 매우 소량이 발견되고 항체 조절과 관련 있는 것으로 생각된다. 마지막 면역 글로불린 종류는 IgE다. 수년간 IgE는 알지 못하였다. 그것은 알레르기로부터 고생하는 사람의 혈액에서 다량 발견되었고 그러므로 먼지입자와 꽃가루에 대한 "바람에 흩날린" 면역학적 반응에 원인이 있다고 생각된다.

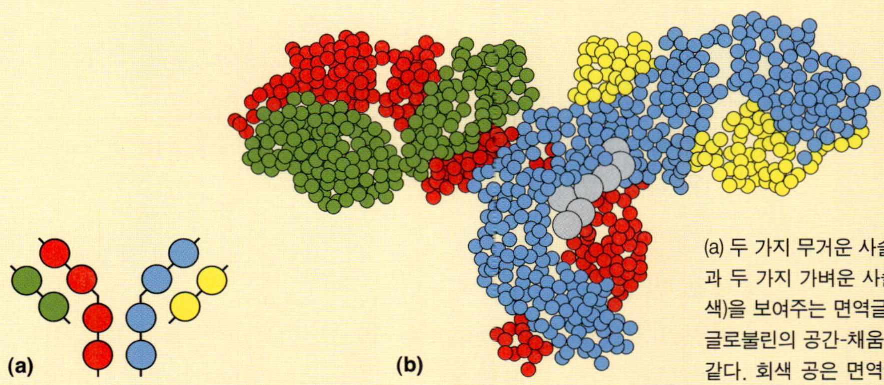

(a) 두 가지 무거운 사슬(빨간색과 남색)과 두 가지 가벼운 사슬(초록색과 노란색)을 보여주는 면역글로불린. (b) 면역글로불린의 공간-채움 모델. 색은 (a)와 같다. 회색 공은 면역글로불린 분자와 결합한 당 원자단을 나타낸다.

헤모글로빈으로부터 산소방출을 증가한다. 방출된 산소는 그 다음에 더 큰 pO_2 영역의 혈액으로부터 산소가 필요한 조직으로 확산될 수 있다.

BPG는 헤모글로빈으로부터 산소방출을 가속한다. 네 개 헤모글로빈 소단위 중 하나로부터 O_2를 방출하면 즉시 BPG는 헤모글로빈 분자의 공간 속에서 다시 일하기 시작한다. 이것은 즉시 결합 산소를 방출하는 소단위로 모양이 변한다.

조직 중 미오글로빈은 산소에 대하여 헤모글로빈보다 더 큰 친화성을 갖는다. 왜냐하면 미오글로빈은 BPG와 결합하지 않기 때문이다. 미오글로빈은 조직으로 확산되는 O_2를 빠르게 확산하고 공기 호흡이 필요할 때 산소를 방출한다.

어미로부터 태아로 산소수송

태아는 산소를 어미로부터 태반을 거쳐 간단한 확산에 의해 받아들인다. 태아와 어미가 같은 종류 헤모글로빈을 갖는다면 이 전이과정은 효율적이지 않다. 왜냐하면 태아와 어미의 헤모글로빈은 산소에 대하여 동일한 친화력을 갖기 때문이다. 그러나 태아는 태아 헤모글로빈 이라고 부르는 특이한 종류의 헤모글로빈을 갖는다. 이 특이한 헤모글로빈 분자는 산소에 대하여 어미의 헤모글로빈보다 더 큰 친화력을 갖는다. 왜냐하면 그것은 어른 헤모글로빈과는 달리 BPG와 결합하지 않기 때문이다. 그러므로 산소는 순환계를 거쳐 어미의 폐로부터 태아에게 효과적으로 수송된다. 태아 헤모글로빈을 암호화(encoding)하는 유전자가 바뀌면 출생후, 즉시 태아의 헤모글로빈 생합성이 정지되고 어른 헤모글로빈에 대한 유전자 암호화를 시작한다.

문제 3.4

산소는 혈액 중 헤모글로빈으로부터 근육의 미오글로빈으로 왜 효과적으로 전이되는가?

낫세포 빈혈

이러한 변성에 관한 유전의 기초는 8장에 있다.

낫세포 빈혈(sickle cell anemia)은 적도 서부와 중앙 아프리카에서 처음에 나타난 인간 유전병이다. 그것은 아프리카계 미국인의 약 0.4%에 영향이 미친다. 이 사람들은 낫세포 헤모글로빈(sickle cell hemoglobin, Hb S)이라고 알려진 돌연변이체 헤모글로빈을 생성한다. 낫세포 빈혈은 이 상태에서 형성되는 적혈구 세포의 낫 모양으로부터 그 이름이 유래되었다(그림 3.16). 낫세포는 순환계의 작은 모세관을 통과할 수 없고 순환이 방해받는다. 이것은 여러 가지 기관, 특히 뼈와 신장에 손상을 주고 어린 나이에 죽을 수 있다.

낫세포 헤모글로빈은 한 아미노산 때문에 정상 헤모글로빈과 다르다. 낫세포 헤모글로빈의 β-사슬에서 valine(소수성 아미노산)은 glutamic acid(음전하 아미노산)으로 치환된다. 이 치환은 서로 헤모글로빈 S 분자의 결합에 대한 기초를 제공한다. Oxyhemoglobin S가 산소를 해리할 때 각 deoxyhemoglobin S 분자는 서로 긴 중합체 섬유로서 결합한다. 이것은 valine이 둘째 deoxyhemoglobin S 분자 표면의 소수성 주머니에 적절하게 들어맞기 때문에 생긴다. 이 방법으로 발생된 섬유는 근본적으로 적혈구 세포 모양이 변경되어 낫 모양으로 되는 효과를 갖는다.

헤모글로빈이 O_2를 운반할 때 그것을 oxyhemoglobin이라고 한다. O_2와 결합하지 않을 때는 그것은 deoxyhemoglobin이라 부른다.

낫세포 빈혈은 양쪽 부모로부터 낫세포 헤모글로빈에 대한 유전자를 물려받은 사람에서 생긴다. 유전자를 받은 사람은 90~100% 결함 β-사슬을 갖는다. 한 정상 유전자와 한 결함 유전자를 물려받은 사람은 정상 β-사슬과 변경된 β-사슬 두 가지를 갖는다. 아프리카계 미국사람 중 약 10%는 적혈구 겸상형성 경향(sickle cell trait)이라고 알려진 상태의 한 결함 유전자 복사본을 운반한다. 크게 영향받지 않지만 그들이 아이들에게 유전자를 물려줄 기회는 약 50%정도이다.

흥미있는 것은 낫세포 겸상형성 경향(sickle cell trait)과 말라리아에

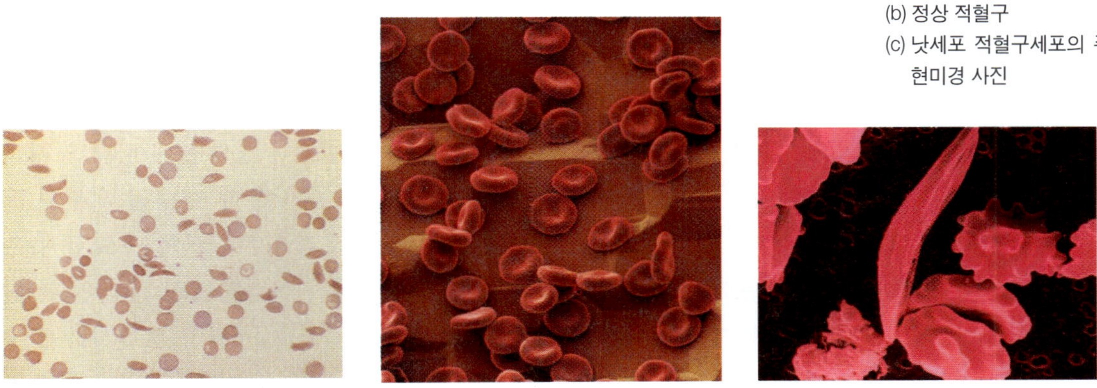

(a) (b) (c)

그림 3.16
(a) 광학현미경을 이용한 낫세포와 정상 적혈구 세포
(b) 정상 적혈구
(c) 낫세포 적혈구세포의 주사현미경 사진

대한 저항 사이에 있다. 아프리카의 어떤 지역에서 인구의 20%까지 낫세포 겸상형성 경향을 갖는다. 아프리카의 동일한 지역에서 주요한 사망 원인 중 하나는 말라리아다. 낫세포 겸상형성 경향의 존재는 말라리아에 대한 저항성 증가와 관련있다. 왜냐하면 말라리아 기생충은 낫세포 적혈구에 효과적으로 산소를 공급할 수 없기 때문이다. 낫세포 질병을 갖는 사람은 젊어서 죽는다. 낫세포 겸상형성 경향이 없는 사람들은 말라리아에 걸리는 확률이 높다. 낫세포 겸상형성 경향을 갖는 중앙 지역에 사는 사람들은 낫세포 빈혈로부터 많은 고통받지 않고 동시에 치명적 말라리아에 저항한다. 이들 낫세포 겸상향성 경향은 생존과 생식 기회가를 더 많이 가지므로 낫세포 헤모글로빈 유전자는 사람들에게 유지되고 있다.

3.10 단백질의 변성

학습목적 13

단백질 모양은 단백질 기능에 절대로 필수적이라는 것을 보여 주었다. 또한 생명은 대단히 좁은 범위의 온도와 pH에서만 존재할 수 있다고 설명했다. 이러한 두 가지 개념은 어떤 관계에 있을가? 앞으로 알게 되는 것과 같이 극단적 pH와 온도는 단백질 입체배열에 큰 효과를 미쳐 단백질 분자들이 그들의 특성적 삼차원 모양을 잃게 만든다. 구형 단백질, α-나선형, β-주름판 구조, 삼차구조 겹침 등의 조직적 구조가 완전히 무질서하게 변할 때 단백질의 **변성**(denaturation)이 생긴다. 그러나 일차구조는 변하지 않는다. α-나선형 단백질 변형을 그림 3.17에 제시한다.

온도

예를 들어 계란 흰자 단백질 용액의 온도를 증가하는 효과를 고려하자. 우선 온도 증가는 간단히 분자 운동속도, 즉 용액안에서 각 분자운동을 증가한다. 그 다음 온도를 계속해서 증가할 때 단백질 내부의 결합은 더 격렬하게 진동하기 시작한다. 결과적으로 단백질 구조를 유지하는 수소결합과 소수성 상호작용 같은 약한 상호작용이 파괴된다. 단백질이 그들의 특성적 삼차원 입체배열을 잃고 완전히 무질서하게 될 때 단백질 분자는 변성된다. **응고**(coagulation)는 그 다음에 단백질 분

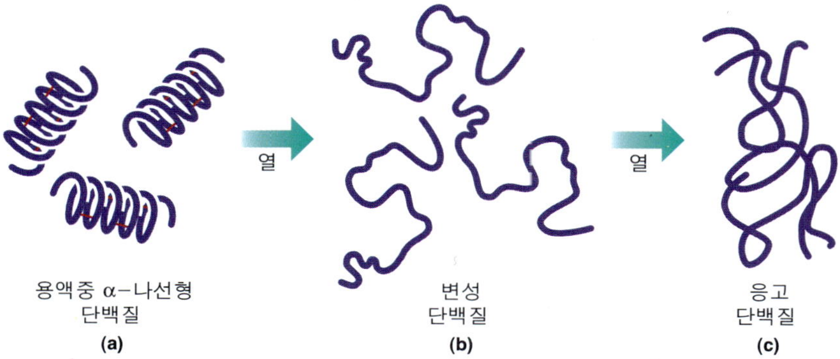

3.17
열에 의한 단백질 변성.
(a) α-나선형 단백질은 용액에 있다.
(b) 열을 가할 때 이차구조를 유지하는 수소결합은 파괴되고, 그 단백질 구조는 질서가 파괴되며 그 단백질은 변성된다.
(c) 변성 단백질은 함께 뭉치거나 응집되어 난용성 형태로 된다.

자들이 접히지 않고 엉킬 때 생긴다. 이 때 단백질은 더 이상 용액이 아니다, 즉 단백질은 집합하여 고체로 된다(그림 3.17). 계란 흰자는 계란 알부민의 점성 용액으로 되기 시작한다. 그러나 요리할 때 그 단백질은 변성되고 응고되어 고체로 된다.

예를 들어 우리들의 세포, 즉 대부분의 효소 단백질은 세포질 안에서 같은 종류의 점성 용액이다. 기능을 적절하게 계속하려면 그들이 용액 상태를 유지하고 정확한 삼차원 입체배열을 유지해야 한다. 체온이 너무 높거나 또는 신체의 한 부위의 온도가 너무 높으면, 즉 뜨거운 가열판에 닿을 때 세포 단백질이 변성된다. 그 때 단백질은 기능을 상실하고 그 세포 또는 생물은 죽는다.

pH

아미노산의 R 원자단 때문에 모든 단백질은 특성적 전하를 갖는다. 모든 단백질은 서로 다른 아미노산 성분을 가지므로, 단백질 표면에 각기 특성있는 알짜 전하를 갖는다. 분자 표면의 양전하와 음전하 R 원자단은 이온 및 물과 상호작용하고, 이들 상호작용은 세포질 내부 용액의 단백질을 보존한다.

그림 3.18a에 제시한 단백질은 두 개 여분 $-N^{+}H_3$ 원자단을 가지므로 2+ 알짜 전하를 갖는다. NaOH 2 mol 염기를 가하면 양성자화 아미노산은 양성자를 잃고 전기적으로 중성이 된다. 이제 단백질의 알짜 전하는 0이다. 한 단백질이 동일한 수의 양전하와 음전하를 갖는 pH, 즉 알짜 전하값이 0이 되는 pH를 **등전점**(isoelectric point)이라고 한다. 그림 3.18b에 제시한 단백질은 추가되는 두 개 카복실 원자단 때문에 2- 알

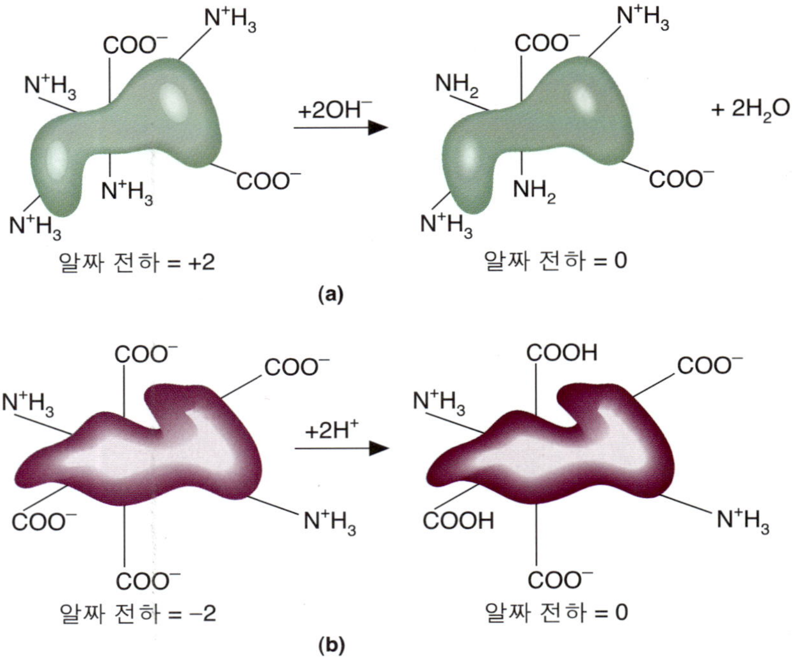

3.18
단백질에 대한 pH 효과.
(a) 단백질은 전체 2+ 전하를 갖는다. 한 염기를 가할 때 어떤 양성자화 아미노 원자단은 양성자를 잃는다. 이 단백질은 등전성이다. 즉 그것은 동일한 양전하와 음전하를 갖는다.
(b) 단백질은 전체 2- 전하를 갖는다. 산을 가할 때 어떤 카복실 원자단은 양성자화된다. 그 결과는 그 단백질이 등전성으로 된다.

짜 전하를 갖는다. 산 2 mol을 가하면 카복실 원자단은 양성자화된다. 이 단백질은 이제 전기적으로 중성이고 이 단백질의 알짜 전하는 0이다. 다음 예처럼 그 단백질 용액은 등전점에 있다.

한 단백질 용액의 pH 값이 등전점 위에 있으면 모든 단백질 분자는 알짜 음전하 표면전하를 갖는다. 등전점 이하에서 단백질은 어떤 알짜 양전하를 갖는다. 어느 경우든지 이들과 같은 전하 분자는 서로 반발하고, 이 반발력은 용액에서 이러한 매우 큰 분자의 유지를 돕는다.

등전점에서 단백질 분자는 더 이상 알짜 표면 전하를 갖지 않는다. 결과적으로 단백질은 더 이상 강력하게 서로 반발하지 않고 최소 용해 상태에 있다. 이러한 상태에서 단백질은 함께 덩어리로 되는 경향이 있지만 용액에서 침전되지는 않는다. 이 경우에 단백질은 변성되지 않지만 응고될 수 있다.

젖산발효는 5.4절에서 설명한다.

이것은 아마 부엌에서 관찰되는 한 반응일 것이다. 우유를 오랫 동안 냉장고에 두면 박테리아는 우유에서 자라기 시작한다. 그들은 발효과정에 유당(milk sugar), 즉 락토오스(lactose)를 에너지원으로 이용하고 부산물로 젖산(lactic acid)을 만든다. 박테리아가 계속해서 성장하면 젖산 농도는 증가한다. 녹아있는 우유 표면에 노출된 카복실 원자단이 양성자화되면 추가로 젖산을 만든다. 이들은 등전점으로 되고 두부같은 고체 덩어리로 응집한다.

혈액 pH 값이 너무 많이 산으로 또는, 너무 많이 염기로 되면 어떤 일이 생기는가 상상해 보자. 혈액은 액체이고 돝, 녹은 전해질, 산소수송을 책임지는 적혈구 세포, 여러 가지 서로 다른 단백질을 포함하는 여러 가지 세포 등을 포함한다. 이들 단백질은 응혈과 관련있는 fibrinogen, 질병으로부터 우리를 보호하는 면역글로불린, 혈액에서 소수성 분자를 운반하는 알부민 등을 포함한다.

앞 장의 임상관련 토픽; 혈액 중 단백질을 보라.

혈액 pH 값이 너무 낮으면 혈액 단백질이 폴리양이온으로 된다. 마찬가지로 혈액 pH 값이 너무 높으면 단백질이 폴리음이온으로 된다. 어느 경우든지 전하 반발과 안정화 이온 상호작용의 상실 때문에 그 단백질은 접히지 않는다. 이러한 극단적 상태에서 변성 혈액 단백질은 더 이상 그들이 필요한 기능을 수행할 수 없다. 혈액 세포도 그들의 중요한 효소가 변성되면 죽을 것이다. 적혈구 세포 중 헤모글로빈은 변성될 것이고 더 이상 산소를 수송할 수 없다. 다행스럽게도 인체는 대사곤란과 호흡곤란의 결과로 생길 수 있는 혈액 pH의 근본적 변화를 피하기 위하여 앞에서 설명한 탄산 완충 시스템과 같은 여러 가지 완충 메카니즘을 갖는다.

유기 용매

소독용 알코올(2-propanol)과 같은 극성 유기 용매는 단백질 내부에서 수소결합을 파괴하고 다음에 물 용매와 수소결합을 형성하여 단백질을 변성한다. 이들 용매의 무극성 영역은 단백질 분자 내부에서 소수성 상호작용을 방해하여 입체배열을 파괴한다. 관례적으로 소독용 70% 알코올 용액은 때때로 소독용 또는 방부제로 이용했다. 그러나 최근의 증거는 이러한 능력이 효과가 없다고 제시한다.

계면활성제

계면활성제는 소수성 영역(지방산 꼬리)과 극성 또는친수성 영역을 갖는다. 계면활성제들이 단백질과 반응하면 그들은 소수성 반응을 파괴하여 단백질 사슬의 접힘이 펴진다.

중금속

수은(Hg^{2+}) 또는 납(Pb^{2+}) 같은 중금속은 음전하를 띤 곁-사슬과 결합을 형성한다. 단백질 사슬의 아미노산 R 원자단 사이에 형성된 염다리(salt bridge) 방해는 입체배열의 상실을 초래한다. 이것은 단백질의 삼차원 구조에 커다란 변화를 일으킬 수 있고 기능 상실을 수반한다.

기계적 스트레스

젓기, 거품 일구기 또는 흔들기는 단백질 입체구조를 유지하는 약한 상호작용을 파괴할 수 있다. 이것은 바로 계란 흰자의 거품이 딱딱한 머랭(meringue, 계란 흰자와 설탕을 거품을 내면서 섞고 구워서 만든 과자)을 생성하는 이유다.

문제 3.5 고온은 단백질을 어떻게 변성하는가?

3.11 식이 단백질과 단백질 소화

학습목적 14

비활성 상태의 단백질 가수분해효소는 zymogen 또는 proenzyme이라 부른다. 이들은 4.9절에서 설명한다.

단백질은 탄수화물 및 지방과 함께 식이에 주요한 종류의 에너지 공급원이다. 탄수화물과 지방처럼 단백질은 몇 가지 식이목적에 이용된다. 그밖에 단백질 가수분해에 의해 유리된 아미노산은 직접 생합성에 이용된다. 세포의 단백질 합성 기관은 식이 단백질의 소화에 의해 방출된 아미노산과 협력하여 직접 새로운 세포 단백질로 결합된다. 아미노산도 질소화합물이라고 부르는 많은 중요한 분자를 합성한다. 이 그룹은 몇 가지 호르몬, 헤모글로빈과 미오글로빈의 헴 그룹, DNA와 RNA에서 발견된 질소-함유 염기 등을 포함한다.

식이 단백질 소화는 위장에서 시작한다. 위장의 펩신(pepsin) 효소는 단백질의 펩타이드 결합을 가수분해하여 소화를 시작한다. 이것은 단백질을 분해하여 더 작은 펩타이드로 만든다.

펩신과 기타 단백질 분해효소의 생산은 조심스럽게 조절해야 한다. 왜냐 하면 활성 효소는 그들을 만드는 세포를 소화하여 분해하기 때문이다. 그러므로 실제로 펩신을 만드는 위장 표면 세포는 펩시노젠

(pepsinogen)이라고 부르는 불활성 형태로 합성하여 분비한다. 펩시노젠은 일차구조에 42개 아미노산을 갖는다. 이들은 위장에서 분비되어 활성 펩신을 만든다.

단백질 소화는 소장에서 계속된다. 소장은 트립신(trypsin), 키모트립신(chymotrypsin), 엘라스타제(elastase) 그리고 기타 효소들이 단백질의 다른 자리에서 펩타이드를 가수분해한다. 예를 들어 키모트립신은 방향족 아미노산의 카보닐 자리의 펩타이드 결합을 가수분해하고 트립신은 염기성 카보닐 자리의 펩타이드 결합을 분해한다. 이들 단백질분해 효소는 함께 큰 식이 단백질을 아미노산으로 분해하여 소장 세포에 의해 흡수되게 만들 수 있다. 아미노산은 두 가지 주요한 영양 종류로 나눌 수 있다. **필수 아미노산**(essential amino acid)은 인체에 의해 합성될 수 없고 식이에 필요하다. **비필수 아미노산**(nonessential amino acid)은 인체에 의해 합성될 수 있고 식이에 포함될 필요가 없다. 표 3.2에 필수와 비필수 아미노산을 수록한다.

단백질 가수분해효소 특성은 4.11절에서 설명한다.

소화 단백질 가수분해효소 반응의 더 상세한 설명은 4.11절과 그림 4.12를 보라.

단백질도 완전 단백질과 불완전 단백질로 분류한다. 동물 재료로부터 나온 단백질은 일반적으로 **완전 단백질**(ccmplete protein)이다. 즉 그것은 거의 정확한 양의 생합성 필수 아미노산과 비-필수 아미노산을 모두 제공한다. 그것에 비하여 채소 재료로부터 나온 단백질은 일반적

표 3.2 필수 아미노산과 비필수 아미노산

필수 아미노산	비필수 아미노산
Isoleucine	Alanine
Leucine	Arginine[1]
Lysine	Asparagine
Methionine	Aspartate
Phenylalanine	Cysteine[2]
Threonine	Glutamate
Tryptophan	Glutamine
Valine	Glycine
	Histidine[1]
	Proline
	Serine
	Tyrosine[2]

[1]Histidine과 Arginine은 유아에 필수 아미노산이고, 건강한 성인에서는 아니다.
[2]Cysteine과 Tyrosine은 반필수 아미노산이라 생각된다. 이들은 미숙아와 아픈 성인에 필요하다.

으로 필수 아미노산이 충분한 양보다 부족하므로 **불완전 단백질**(incomplete protein)이다. 채식 식이를 유지하기 원하는 사람들과 동물 단백질을 자주 섭취할 수 없는 사람들에게는 고농도 단백질 채소만으로는 매일 충분한 섭취량 유지에 필요한 모든 필수 아미노산을 공급하지 못하는 문제가 생긴다. 예를 들어, 콩의 주요한 단백질은 많은 lysine과 tryptophan을 함유하지만 methionine은 매우 작은 양이다. 그와 반면에 옥수수는 많은 양의 methionine을 함유하지만, tryptophan과 lysine은 매우 작은 양을 함유한다. 그러나 콩과 옥수수 혼합물은 양쪽을 만족한다. Succotash 라고 부르는 배합식품은 수세기 동안 아메리카 원주민의 가장 중요한 식량이었다.

몇 가지 채식을 매주 먹는 것은 모든 필요한 아미노산을 공급할 수 있고 동시에 식이 포화지방 양의 감소를 돕는다. 여러 가지 민족 특유의 식품은 혼합 단백질 재료의 원리를 응용하고 있다. Tortilla와 refried bean같은 멕시코 음식, 양념 콩과 쌀의 Cajun 음식, 쌀과 렌즈콩의 인도 요리, 그리고 미국의 땅콩, 버터, 샌드위치도 완전 단백질을 공급하는 식품혼합 방법의 예다.

문제 3.6 적절한 식이를 공급하기 위하여 채소 단백질 재료를 왜 혼합해야 하는가?

요약

3.1 단백질의 세포 기능

단백질은 생물 촉매(효소)와 보호 항체로 이용된다. 수송단백질은 인체를 통하여 물질을 운반한다. 단백질 호르몬은 인체의 상태를 조절한다. 단백질은 또한 기계적 지지를 제공하고 운동에 필요하다.

3.2 α-아미노산

단백질은 각기 α-COO^-와 α-N^+H_3 원자단을 갖는 20가지 서로 다른 아미노산으로 만들어진다. 그들은 곁-사슬 R 원자단만 다르다. 모든 α-아미노산은 glycine을 제외하고 카이랄이다. 자연적으로 생기는 아미노산은 L-으로 표시된 동일한 카이랄성을 갖는다. 아미노산은 그들의 R 원자단의 극성에 따라 몇 가지 그룹으로 나눈다.

3.3 펩타이드 결합

아미노산은 펩타이드에 의 해 결합되어 펩타이드와 단백질을 생성한다. 펩타이드 결합은 한 아미노산의 카복실 원자단과 또 다른 아미노 원자단 사이의 반응에서 형성된다. 그 펩타이드 결합은 극성이고 비교적 경직성이다.

3.4 단백질의 일차구조

단백질은 아미노산의 선형 중합체다. 아미노산의 선형 결합 순서는 단백질의 일차구조라고 한다. 생물의 종 사이에 진화 과정은 그들 단백질의 일차구조를 비교하여 추론할 수 있다.

3.5 단백질의 이차구조

단백질의 이차구조는 일차 순서가 α-나선형 또는 β-주름판 구조로 접힌 단백질이다. 이들 구조는 펩타이드 결합의 아마이드 수소와 카보닐 산소 사이의 수소결합에 의해 유지된다. 통상적으로 α-케라틴과 비단 섬유 같은 구조 단백질은 모두 α-나선형과 β-주름판 구조로 구성된다.

3.6 단백질의 삼차구조

구형 단백질은 삼차구조라고 부르는 고급 수준의 구조로 접힌 α-나선형과 β-주름판 구조의 양을 여러 가지로 함유한다. 단백질의 삼차구조는 아미노산의 R 원자단 사이의 인력에 의해 유지된다. 이들 힘은 소수성 상호작용, 수소결합, 이온성 다리, 이황화물 결합 등을 포함한다.

3.7 단백질의 사차구조

어떤 단백질은 한 가지 이상 펩타이드로 구성된다. 그들은 단백질의 사차구조를 갖는다고 말한다. 아미노산 R 원자단 사이에 약한 상호작용에 의하여 단백질의 펩타이드 소단위들이 함께 붙잡혀 있다. 어떤 단백질은 결합된 비단백질 보결원자단이 필요하다.

3.8 단백질 구조와 기능의 개요

단백질의 일차구조는 그것이 이차와 삼차구조로 접히는 방법을 제시한다. 그것은 또한 단백질이 사차구조에서 다른 펩타이드 소단위와 결합할 수 있는 방법을 결정한다. 일차구조에서 변하는 아미노산은 단백질 접힘에 큰 영향을 줄 수 있다. 단백질이 적절하게 접히지 않으면 그리고 정확한 삼차원 모양이라고 생각되지 않으면 그것의 세포기능은 수행할 수 없을 것이다.

3.9 미오글로빈과 헤모글로빈

뼈대 근육의 산소 저장 단백질인 미오글로빈은 헴 원자단이라고 부르는 보결 원자단이다. 이 헴 원자단은 산소결합 자리다. 헤모글로빈은 네 개의 펩타이드로 구성된다. 이것은 산소를 폐로부터 조직적으로 운반한다. 미오글로빈은 산소에 대하여 헤모글로빈보다 더 큰 친화성을 가진다. 그러므로 산소는 혈액 중 헤모글로빈으로부터 조직 중 미오글로빈으로 효과적으로 이동한다. 태아 헤모글로빈은 산소에 대하여 어미 헤모글로빈보다 더 큰 친화성을 갖는다. 그리고 산소는 태반을 통하여 어미로부터 태아에게로 효과적으로 이동할 수 있다. 돌연변이 헤모글로빈은 낫 세포 빈혈이라는 유전병의 원인이다.

3.10 단백질의 변성

열은 수소결합과 단백질 구조를 유지하는 소수성 상호작용을 파괴한다. 결과적으로 단백질은 접힘이 풀리고 조직적 구조를 잃는다. 이를 단백질의 변성이라고 말한다. 응고 또는 뭉침은 단백질 사슬의 접힘이 풀리고 엉킬 때 생긴다. 이것이 일어나면 단백질은 더 이상 녹지 않는다. pH 변화는 단백질을 등전성(양전하와 음전하가 동일한 수)으로 되게 만든다. 등전 단백질은 서로 더 이상 반발하지 않으므로 응고된다. pH 값이 매우 낮게 감소하면 단백질은 폴리음이온으로 된다. 어느 경우든 단백질은 전하반발 때문에 변성된다.

3.11 식이 단백질과 단백질 소화

필수 아미노산은 식이에서 얻어야 한다. 비필수 아미노산은 인체에 의해 합성될 수 있다. 완전 단백질은 필수와 비필수 아미노산을 함유한다. 불완전 단백질은 하나 이상 필수 아미노산을 잃는다. 단백질 소화는 단백질이 펩신 효소에 의해 분해되는 위장에서 시작한다. 더 이상 소화는 트립신과 키모트립신 같은 효소에 의해 소장에서 일어난다.

주요한 용어

- 구조 단백질(3.1)
- 영양 단백질(3.3)
- 구형 단백질(3.6)
- 완전 단백질(3.11)

- 낫세포 빈혈(3.9)
- 단백질(서론)
- 단백질의 사차구조(3.7)
- 단백질의 삼차구조(3.6)
- 단백질의 이차구조(3.5)
- 단백질의 일차구조(3.4)
- 당단백질(3.7)
- 등전점(3.10)
- 미오글로빈(3.9)
- 미오신(3.5)
- 변성(3.10)
- 보결 원자단(3.7)
- 불완전 단백질(3.11)
- 비-필수 아미노산(3.11)
- 섬유상 단백질(3.5)
- 소수성 아미노산(3.2)
- 수송 단백질(3.1)
- 운동 단백질(3.1)
- 응고(3.10)
- 조절 단백질(3.1)
- 친수성 아미노산(3.2)
- 펩타이드 결합(3.3)
- 필수 아미노산(3.11)
- 항원(3.1)
- 항체(3.1)
- 헤모글로빈(3.9)
- 헴 원자단(3.9)
- 효소(3.1)
- α-keratin(3.5)
- α-나선형(3.5)
- α-아미노산(3.2)
- β-주름판 구조(3.5)
- C-말단 아미노산(3.3)
- *N*-말단 아미노산(3.3)

문제

단백질의 세포 기능

3.7 단백질의 다섯 가지 생화학적 기능을 나열하라.

α-아미노산

3.8 L-α-아미노산의 기본적 일반 구조를 쓰라.

3.9 아미노산의 R 원자단 중요성은 무엇인가?

3.10 소수성 곁-사슬을 갖는 9 종류 아미노산의 구조를 쓰라.

펩타이드 결합

3.11 다음 각 펩타이드 구조를 쓰라.

a. His-trp-cys b. Gly-leu-ser c. Arg-ile-val

3.12 펩타이드 결합 성질은 그것의 기하구조와 어떤 관련이 있는가?

단백질의 일차구조

3.13 단백질의 일차구조와 그 단백질의 유전자 사이에 관계를 설명하라.

3.14 단백질의 일차구조는 무엇인가?

단백질의 이차구조

3.15 단백질의 이차구조를 정의하라.

3.16 다음의 특성은 단백질 이차구조의 어떤 형태인가?

a. α-keratin b. 비단 섬유

3.17 섬유 단백질을 정의하라.

3.18 평행 β-주름판 구조를 설명하라.

단백질의 삼차구조

3.19 단백질의 삼차구조를 정의하라.

3.20 Cysteine 산화에 의하여 생성된 아미노산 구조를 쓰라.

3.21 이차와 삼차 단백질 사이에 관계를 설명하라.

단백질의 사차구조

3.22 단백질의 사차구조를 설명하라.

3.23 당단백질은 무엇인가?

단백질 구조와 기능의 개요

3.24 수소결합은 단백질 구조에 왜 그렇게 중요한가?

3.25 펩타이드 결합구조는 단백질 구조를 어떻게 상대적 강체로 만드는가?

3.26 단백질구조는 유전학적으로 결정된다고 말하는 것은 무엇을 의미하는가?

미오그로빈과 헤모그로빈

3.27 헤모글로빈 기능은 무엇인가?

3.28 헤모글로빈 구조는 무엇인가?

3.29 헤모글로빈과 미오글로빈에서 헴 기능은 무엇인가?

3.30 일산화탄소는 헤모글로빈과 미오글로빈의 헴 원자단과 세게 결합한다. 이 친화성은 일산화탄소의 독성에 어떤 영향을 미치는가?

3.31 Glutamic acid를 valine으로 치환은 왜 헤모글로빈을 변화시켜 결과적으로 낫 세포 빈혈을 초래하는가?

3.32 낫세포 질병과 낫세포 겸상형성 경향 사이에 차이는 무엇인가?

단백질의 변성

3.33 변성이라는 용어는 무엇인가?

3.34 열은 왜 효과적 소독 방법인가?

3.35 혈액이 몇 가지 완충작용하는 것은 왜 중요한가?

3.36 대단히 낮은 pH에서 단백질은 왜 폴리양이온으로 되는가?

3.37 Yogurt는 낙농용 박테리아 반응에 의해 우유로부터 만든다. 이들 박테리아는 그들의 대사반응 부산물로 젖산을 만든다. pH 감소는 우유 단백질을 응고하게 만든다. Yogurt의 박테리아 성장 억제에 왜 식품 보존제가 필요없는가?

식이 단백질과 단백질 소화

3.38 채식가의 적당한 식이에 채소 단백질을 섞어 공급하는 것이 왜 필요한가?

3.39 필수 아미노산과 비필수 아미노산 사이의 차이는 무엇인가?

3.40 소화 효소의 합성은 왜 조심스럽게 조절해야 하는가?

4장 효소

내 용

Enzymes

학습목적

1. 촉매반응 형태와 특이성 형태에 따라 효소를 분류하라.
2. 효소 관용명과 그것의 기능 사이에 상호관계의 효과를 설명하라.
3. 효소들이 한 반응의 활성화 에너지에 관하여 갖는 효과를 설명하라.
4. 효소촉매 반응에 관한 기질농도 효과를 설명하라.
5. 활성 자리 역할과 효소 특이성의 중요성을 설명하라.
6. 효소-기질 착물형성의 열쇠-자물쇠 모델과 유발적합 모델 사이에 차이를 설명하라.
7. 효소 활성도의 보조인자와 조효소 역할을 설명하라.
8. pH와 온도는 효소촉매 반응의 속도에 어떻게 영향주는가 설명하라.
9. 효소 활성도를 조절하기 위하여 세포에 이용되는 메카니즘을 설명하라.
10. 어떤 화합물에 의해 효소 활성도가 억제되는 메카니즘을 설명하라.
11. 키모트립신 효소와 기타 serine 단백질 분해효소의 역할을 설명하라.
12. 효소를 이용하는 의약학의 예를 제시하라.

화학관련 토픽; 초고온 효소와 생명의 기원

약 40억년전 지구를 상상해 보자. 그때 지구는 탄생된지 10억년도 되지 않은 젊은 행성이었다. 적색-고온 용융상태의 지구로부터 시작해서 지구표면은 서서히 식어서 고체 암석이 되었다. 그러나 지구 내부는 아직도 지구껍질을 통하여 대단히 뜨거운 기체와 용암을 내품으면서 분출한다. 결과적으로 이 분출은 울퉁불퉁한 땅덩어리와 수소, 이산화탄소, 암모니아, 수증기와 같은 기체로 구성된 대기를 생성했다. 수증기가 식을 때 액체 물로 응축되고 연못과 얕은 바다를 형성했다.

생물 생명의 초기에 지구표면은 아직도 대단히 뜨겁고 바위 봉우리와 얕은 대양으로 덮혀있었다. 그 대기는 산화질소 기체로 채워지고 산소를 함유하지 않은 바로 그것이었다. 그러나 이것이 이 지구에서 생명의 시작을 조성하는 환경이다.

어떤 과학자는 그들이 지구의 최초 서식 생물과 매우 밀접하게 관련있는 박테리아, 즉 살아있는 화석을 찾았다고 생각한다. 그 박테리아는 물의 끓는점보다 높은 온도에서 번성한다. 몇 가지는 그들의 대사과정에 H_2, CO_2, H_2O만 필요하고 그들은 산소분자의 존재하에서 금방 죽는다.

이러한 생명체는 몇 가지 불안정한 문제를 야기한다. 예를 들어 이들 박테리아는 우리들이 더 친밀한 생명체를 음식으로 조리하는 대단히 높은 온도에서 어떻게 생존할 수 있는가? University of Georgia, Mike Adams 연구원은 몇 가지 해답을 발견했다. Adams와 그 제자들은 이들 특이한 박테리아 중 하나로부터 생물촉매로 작용하는 단백질 효소의 구조를 연구했다. 그는 초고온 효소구조를 정상온도에서 자라는 미생물로부터 정제한 동일한 효소와 비교했다. 그 두 가지 효소의 전체 삼차원 구조는 매우 비슷했다. 이것은 그들이 동일한 반응을 촉매작용하므로 이치에 맞는 것이다.

그러므로 문제는 초고온 효소들이 매우 고온에서 왜 대단히 안정하고 한편 낮은 온도에서 왜 그렇지 않은가이다. 그 해답은 그 효소의 삼차구조에 있다. Adams는 초고온 효소의 삼차원 구조가 낮은 온도의 효소에서 발견되는 훨씬 더 많은 R 원자단 상호작용에 의해 함께 결합한 것을 관찰했다. 이들 R 원자단은 다른 차이와 함께 100℃ 이상 온도에서도 안전한 단백질과 기능을 유지한다.

3장에서 우리는 단백질 구조와 성질을 배웠다. 이제 우리는 세포에 대하여 주요한 일을 하는 단백질 그룹의 연구에 그 지식을 응용하려고 한다. 이들 특수한 효소 단백질은 식품분자를 분해하여 세포들이 에너지를 수확하는 생화학반응을 촉매작용한다. 그들은 또한 세포에 필요한 분자들을 만드는 생합성반응도 촉매작용한다. 이 장에서 우리는 이 특수한 단백질 그룹의 성질을 배울 것이고 그들이 생화학 반응을 어떻게 크게 가속하는가를 배울 것이다.

서론

이 장에서 설명하는 효소는 단백질이다. 그러나 몇 가지 ribonucleic acid(RNA) 분자는 생물반응을 촉매반응하는 능력을 갖는 것으로 나타났다. 이들은 ribozyme이다.

효소는 생화학 반응에 촉매로 이용하는 생물학적 분자다. 대부분 효소는 단백질이다. 생화학 반응을 가속하는 효소없이 생명은 존재할 수 없다. 새포의 생명은 온화한 조건에서 빠르게 일어나는 동시에 발생하는 수백 가지의 화학반응에 의존한다. 예를 들어, 물을 알켄(alkene)에 첨가할 수 있다. 그러나 이 반응은 일반적으로 100℃ 황산 수용액에서 일어난다. 그러한 반응은 세포를 죽일 것이다. 연약한 세포는 체온(37

℃)에서 그리고 어떤 센 산이나 염기 없이 화학반응이 일어난다. 이것은 어떻게 일어날 수 있는가? 촉매는 화학반응의 활성화 에너지를 더 낮추므로 반응속도를 증가한다. 세포는 세포내에서 알려진 온화한 조건에서 빠르게 일어나야 하는 화학반응의 문제 해결에 효소를 이용한다. 효소는 활성화 에너지를 낮추고 반응속드를 증가하여 생화학 반응을 촉진한다. 효소의 효과적 기능은 세포와 생물체의 생명에 필수다.

큰 특이성과 빠른 반응속도의 두 가지 현상은 효소 활성도의 바탕이고 이 장의 토픽이다. 전형적 세포는 생명과정의 화학에 중요한 서로 다른 수천 가지 분자를 함유한다. 각 효소들은 하나만 또는 때때로 이들 분자 중 몇 가지를 인식한다. 효소에서 가장 주목받는 특징 중 하나는 이 특이성(specificity)이다. 각기 한 형태의 기질(subsreate) 또는 반응물만 인식하고 결합한다. 분자 크기, 모양, 효소와 기질의 전하분포는 이러한 선택적 결합반응과 조화되어야 한다. 그 때 효소는 기질을 빠른 속도로 생성물로 변형된다. 실제로 효소-촉매 반응은 때때로 촉매 없는 반응보다 백만-수백만 배 더 빠르게 일어난다.

Catalase 효소는 효소에 의해 일어난 반응속도 증가 중에서 가장 주목받는 예의 하나를 제공한다. 이 효소는 산소-함유 환경에서 생명체에 필요하다. 이 환경에서 식품분자를 분해하는 호기성 과정(산소 필요)은 과산화수소(H_2O_2)를 생성한다. H_2O_2는 세포에 독성이므로 그것은 분해하여야 한다. 한 catalase 분자는 4천단 과산화수소 분자를 인체에 해롭지 않은 물과 산소로 일초 이내에 변환된다.

$$2H_2O_2 \xrightarrow[\text{(효소)}]{\text{Catalase}} 2H_2O + O_2$$

이 반응은 매 초마다 4천만번 일어난다.

이것은 상처에 과산화수소를 바를 때 보이는 것과 동일한 반응이다. Catalase는 과산화수소를 빠르게 분해되어 상처로부터 방출된다. 이 때 나타나는 거품 방울은 반응생성물로 방출된 산소기체이다.

4.1 명명법과 분류

효소 분류

학습목적 1

효소는 그들이 촉매작용하는 반응 형태에 따라 분류할 수 있다. 그 여섯 종류는 다음과 같다.

산화환원효소류

산화환원 반응은 한 물질로부터 다른 물질로 전자 이동과 관련이 있다.

산화환원효소류(oxidoreductase)는 산화-환원(redox) 반응을 촉매작용하는 효소다. 젖산탈수소효소(lactate dehydrogenase)는 젖산 분자로부터 수소를 제거하는 한 산화한원효소다. 산화환원효소류 중 다른 하위 분류(subclass)는 산화효소(oxidase)와 환원효소(reductase)를 포함한다.

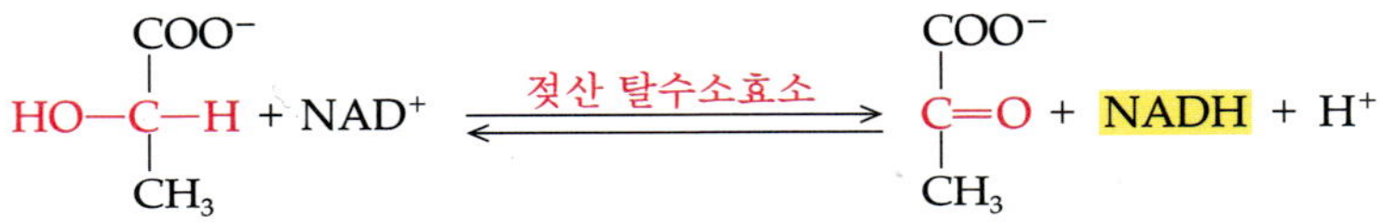

젖산 Pyruvate

전이효소류

에너지 대사작용에 운반되는 인산 원자단의 중요성은 5.1과 5.3절에서 설명한다.

전이효소류(transferase)는 한 분자로부터 다른 분자로 기능기 전이를 촉매작용하는 효소다. 예를 들어 전이효소는 아미노 작용기를 촉매작용하고 kinase는 인산 원자단 전이를 촉매작용한다. Kinase는 ATP와 관련있는 에너지-수확 과정에서 중요한 역할을 한다. 부신에서 norepinephrine은 phenylethanolamine-N-methyltransferase(PNMT) 효소, 즉 transmethylase 효소에 의해 epinephrine으로 변환된다.

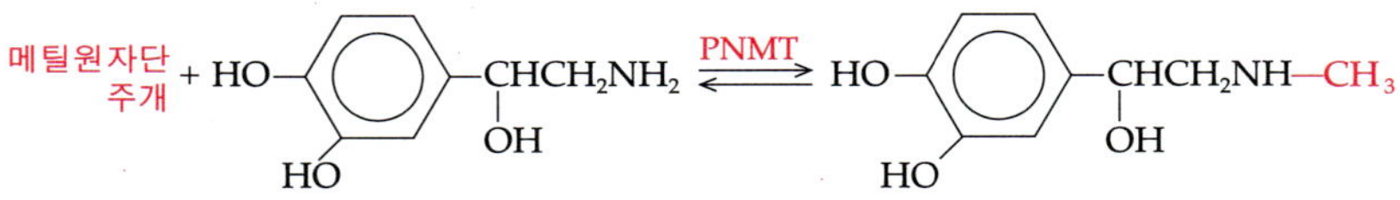

Norepinephrine Epinephrine

가수분해효소류

가수분해효소류(hydrolase)는 가수분해 반응, 즉 한 결합에 물분자를 첨가하여 결합을 파괴하는 반응을 촉매작용한다. 이들 반응은 소화과정에 중요하다. 예를 들어 지방질가수분해효소(lipase)는 트리글리세라이드(triglyceride)의 에스터(ester)결합을 가수분해하는 반응을 촉매작용한다.

> 소화에서 분해효소 반응은 7.1절에서 설명한다.

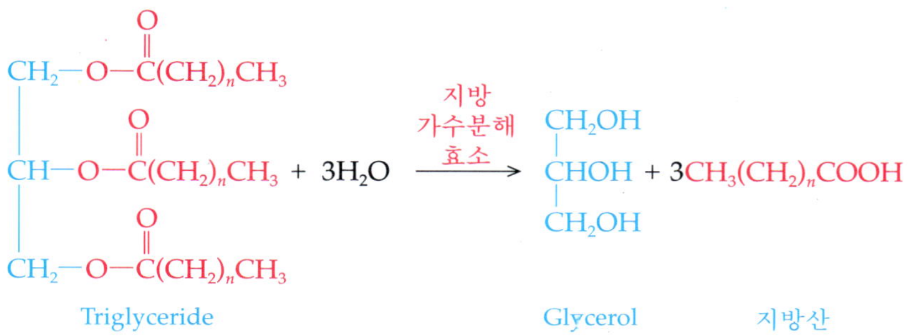

분해효소류

분해효소류(lyase)는 한 이중결합에 한 원자단을 첨가반응 또는 이중결합을 형성하게 한 원자단의 제거반응을 촉매작용한다. 탄산탈수효소(carbonic anhydrase)는 한 분해효소의 한 예이다. 3.9절에서 설명한 이 반응은 혈액에서 일어나고 완충체액에 대한 인체의 메카니즘 중 하나다. 다음 반응은 이중결합에 대한 한 원자단의 첨가반응이다.

> 분해효소는 기질에서 비가수분해 반응으로 어떤 원자단을 제거하여 이중결합을 형성하든가 또는 이중결합에서 어떤 원자단을 첨가하는 반응을 촉매작용하는 효소

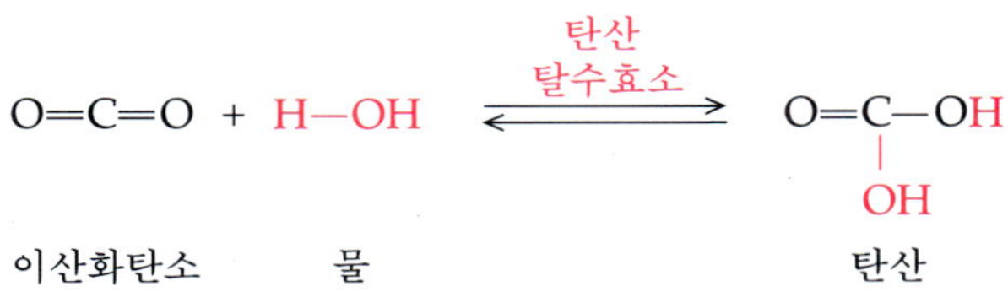

시트르산 분해효소는 이중결합에서 한 원자단의 제거 또는 이중결합의 형성에서 보는 것처럼 훨씬 더 복잡한 반응을 촉매작용한다. 특히 시트르산 분해효소는 한 시트르산 분자로부터 아세틸(acetyl) 원자단 제거를 촉매작용한다. 이 반응 생성물은 oxaloacetate, acetyl CoA, ADP, 무기물 인산(Pi)을 포함한다.

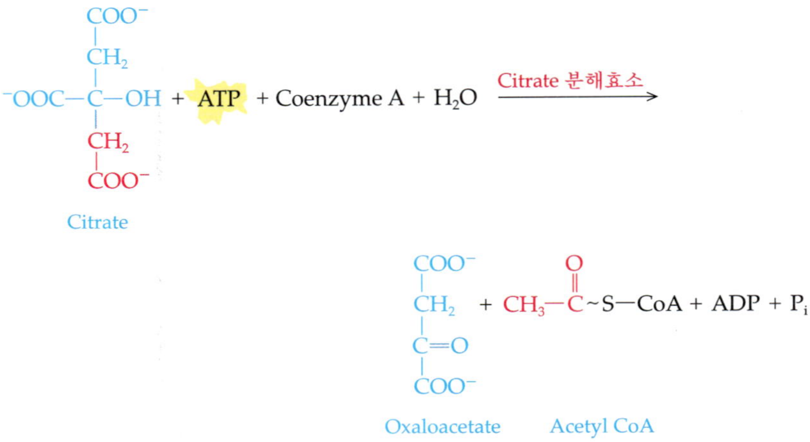

(~)표시는 높은 에너지 결합을 나타낸다는 것을 기억하라.

이성질화효소류

이성질화효소류(isomerase)는 분자내부의 작용기를 재배열하고 한 이성질체를 다른 것으로 변환을 촉매작용하는 효소다. 예를 들어, phosphoglycerate 자리옮김효소(mutase)는 한 3-phosphoglycerate 구조 이성질체를 다른 2-phosphoglycerate로 변환한다.

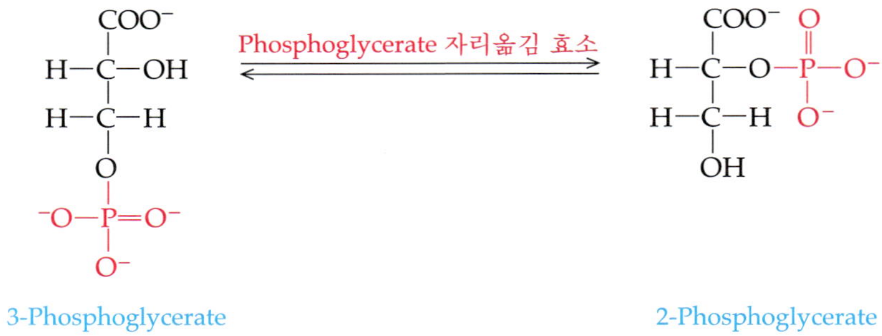

연결효소류

재조합 DNA 연구에 DNA 연결효소의 이용은 8.8절에서 상세하게 설명한다.

연결효소류(ligase)는 C-C, C-S, C-O, C-N 결합을 만들거나 절단반응을 촉매작용하는 촉매다. 이것은 ATP-ADP 상호변환을 수반한다. 예를 들어, DNA 연결효소는 한 DNA 가닥의 하이드록시 원자단이 이웃 뉴클레오타이드(nucleotide)의 인산 원자단과 인산에스터 결합 형성을 촉매작용한다.

예 4.1

촉매작용하는 반응형태에 따른 효소 분류

다음 각 반응을 촉매작용하는 효소를 분류하라. 그리고 그 이유를 설명하라.

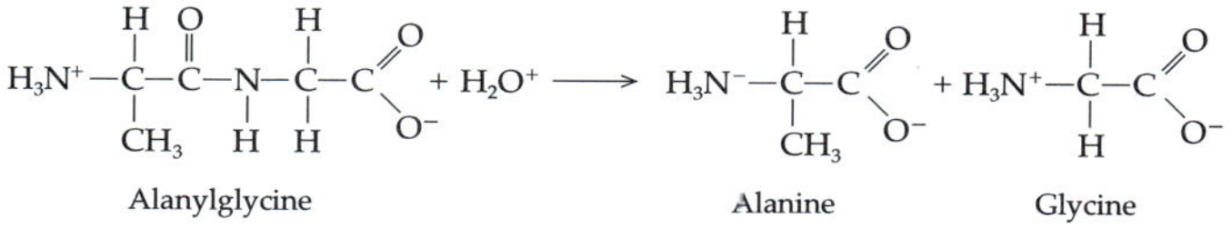

해답

여기에서 일어나는 반응은 이 경우에 펩타이드 결합이고 그 결합이 물 분자 첨가에 의해 분해되는 것과 관련있다. 그 효소는 가수분해효소(hydrolase), 즉 구체적으로는 펩타이드가수분해효소(peptidase)다.

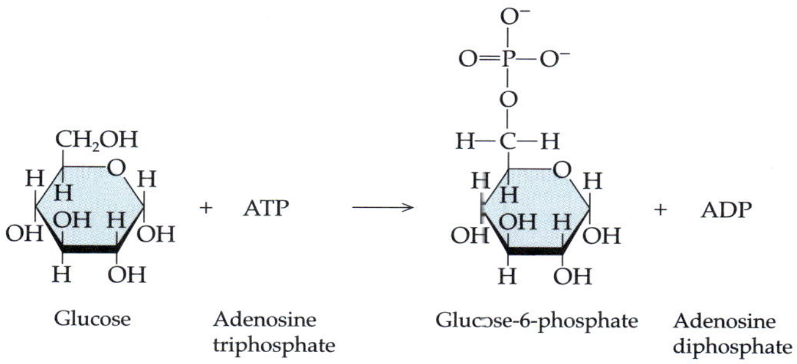

해답

이것은 해당과정(glycolysis)이라고 부르는 생화학 경로의 첫 번째 반응이다. 인산 원자단은 한 adenosine 트리인산(triphosphate) 주개로부터 글루코오스 받개 분자로 전이한다. 그 생성물은 글루코오스-6-인산과 adenosine 이인산(diphosphate)이다. Hexokinase라고 부르는 이 효소는 한 전이효소의 예다.

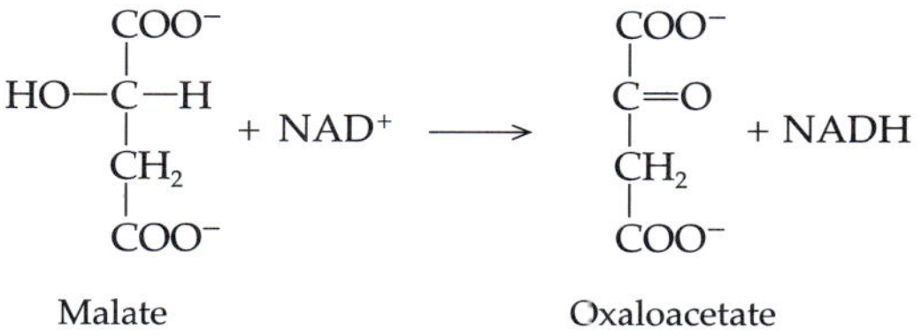

해답

이 반응에서 반응물 malate는 산화되고 NAD^+ 조효소는 환원된다. 이 반응을 촉매작용하는 malate 탈수소효소는 산화환원효소다.

(계속)

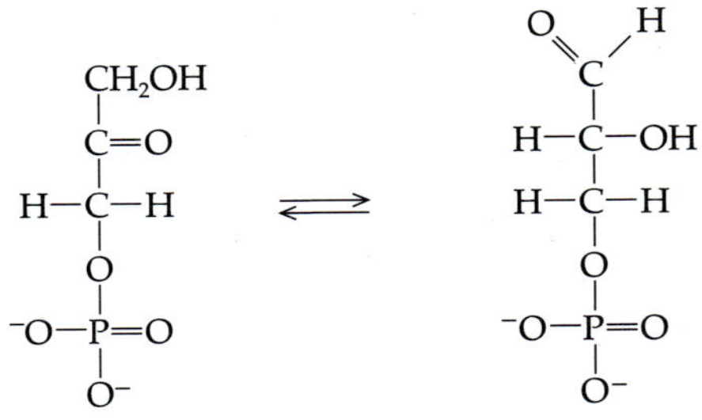

Dihydroxyacetone phosphate   Glyceraldehyde-3-phosphate

해답

반응물과 생성물 구조를 조심스럽게 살피면 그들은 각기 동일한 수의 탄소, 수소, 인 원자들을 갖는 것이 밝혀진다. 그리하여 그들은 구조이성질체여야 한다. 그 효소는 이성질화효소이어야 한다. 그것의 이름은 triose 인산 이성질화효소다.

ATP(adenosine triphosphate)는 우리들이 배운 모든 생명현상에 대한 범용적 에너지 통용이다. ATP는 ADP (adenosine diphosphate) 분자에 포스포릴 원자단 첨가에 의해 형성된다. 그러므로 연결효소가 한 결합을 끊을 때 그 방출 에너지는 ATP 형성에 이용한다. 연결효소는 결합을 형성할 때 에너지가 필요하다. 그 에너지는 ATP에서 말단 인산 무수물의 가수분해에 의해 제공된다.

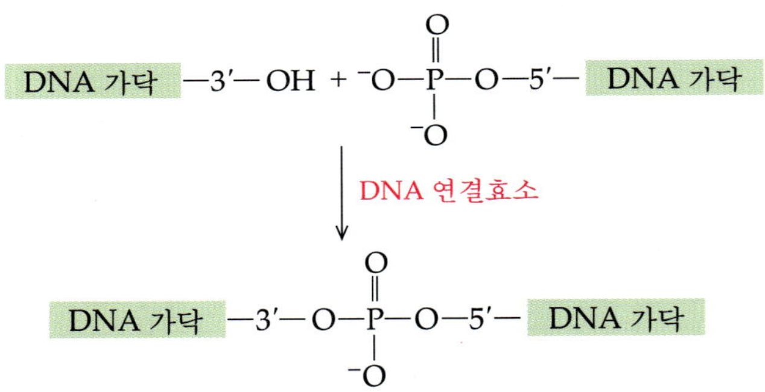

문제 4.1 다음 각 효소는 어느 종류에 속하는가?

a. Pyruvate kinase
b. RNA 연결효소
c. Triose 이성질화효소
d. Pyruvate 탈수소효소
e. Phosphoglucoisomerase

효소 명명법

학습목적 2

한 가수분해효소의 관용명은 효소와 결합하면서 그리고 생성물로 변환하는 반응물, 즉 **기질**(substrate) 이름으로부터 유래한다. 다른 효소 이름은 그들이 촉매작용하는 반응형태를 반영한다. 이것 때문에 효소 기능은 일반적으로 효소 관용명에 의해 직접 나타난다.

이러한 간단한 개념의 몇 가지 예를 살펴보자. 요소(urea)는 요소가 수분해효소(urease)에 의해 반응하는 기질이다.

Urea – a + ase = Urease
기질 효소

이 효소이름은 간단히 단어 끝에 -ase를 추가한 기질의 이름이라는 것에 유의하라. 어떤 역사적 관용명을 제외하면 한 효소이름의 일반적 단어 끝은 -ase를 갖는다. 예를 들어 lactose는 lactase의 기질이다.

Lactose – ose + ase = Lactase
기질 효소

기타 효소는 그들이 촉매작용하는 반응에 대하여 이름을 붙일 수 있다.

Dehydrogenases(탈수소효소)는 수소원자를 제거하여 그들을 조효소에 전달한다.
Decarboxylase(탈카복실화효소)는 카복실 원자단을 제거한다.

조효소는 화학반응 동안에 전자, 수소원자, 또는 기타 작용기의 받개 또는 주개로 작용하는 몇 가지 효소에 필요한 분자다. 조효소는 4.7절에서 설명한다.

접두사 *de*-는 작용기 제거를 제시한다. 그와 반대로 수소화효소(hydrogenase)와 카복실화효소(carboxylase)는 수소 또는 카복시 원자단을 첨가한다. 어떤 효소이름은 기질이름과 반응형태 두 가지를 포함한다. 예를 들어, lactate 탈수소효소는 lactate 이온으로부터 수소원자를 제거한다. 그리고 pyruvate 탈카복실화효소는 pyruvate로부터 카복실 원자단을 제거한다.

젖산 탈수효소에 대한 완전한 이름은 NAD 산화환원효소다. 이 계통적 이름은 기질, 조효소, 촉매반응 형태를 설명한다.

다른 화학 분야처럼 기질이나 반응과 관계없는 역사적 명칭은 계속해서 이용하게 될 것이다. 이러한 경우에 기질과 반응은 간단히 기억해야 한다. 몇 가지 관용명 예는 catalase, 펩신(pepsin), 키모트립신(chymotrypsin), 트립신(trypsin)을 포함한다.

문제 4.2 다음 각 효소의 기질은 무엇인가?

a. Sucrase(자당가수분해효소) b. Pyruvate 탈카복실화효소
c. Succinate 탈수소효소

4.2 반응의 활성화 에너지에 관한 효소 효과

학습목적 3

활성화 에너지는 화학반응 생성을 압도하는 한계 에너지다.

효소는 화학반응을 어떻게 가속되는가? 반응이 일어나는 경로를 변경하여 더 낮은 에너지 통로를 제공하므로서 기질을 효소 촉매반응으로 생기는 화학종, 즉 **생성물**로 변환한다. 그리하여 효소는 반응의 활성화 에너지를 낮추어 반응을 가속한다.

모든 화학반응은 평형상수로 특성을 나타낸다는 것을 기억하라. 예를 들어, 다음 간단한 평형을 생각하자.

$$aA \rightleftharpoons bB$$

이 반응 평형상수 K_{eq}는 다음과 같이 정의한다.

$$K_{eq} = \frac{[B]^b}{[A]^a} = \frac{[\text{생성물}]^b}{[\text{반응물}]^a}$$

이 평형상수는 실제로 반응물과 생성물 사이에 에너지 차이를 반영한다. 평형상수는 반응물과 생성물에 대한 상대적 안정도의 척도다. 화학반응이 어떻게 일어나든 간에(어느 경로를 따라 일어나든 간에) 반응물과 생성물 사이에 에너지 차이는 항상 같다. 그러므로 효소는 그것이 촉매작용하는 반응의 평형상수를 변화시키지 않는다. 다만, 효소는 반응과정이 일어나는 경로를 변경하여 기질이 생성물로 변환되는 더 낮은 에너지 통로를 제공한다. 효소는 반응의 활성화 에너지를 낮추어 화학반응 속도를 증가한다(그림 4.1). 그리하여 효소는 반응을 촉매작용하여 평형에 도달하는 속도를 증가한다.

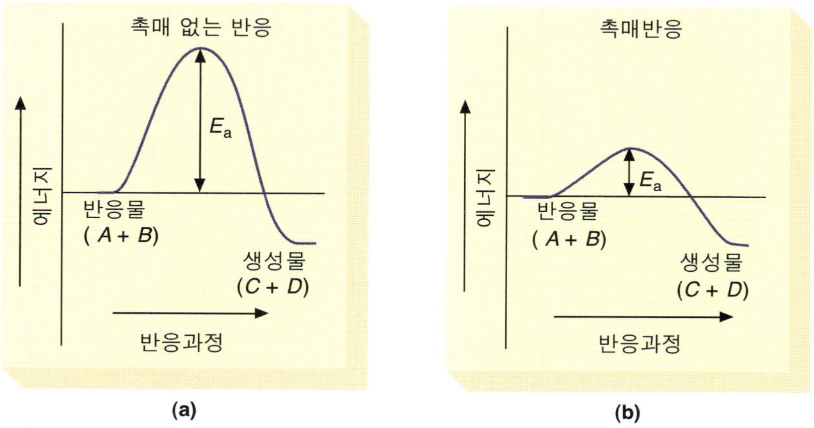

그림 4.1
한 반응에 대한 반응물(*A*와 *B*)과 생성물(*C*와 *D*) 사이에 에너지 차이 그림. 효소는 에너지 차이를 변화할 수 없지만 그 반응에 대한 활성화 에너지 (E_a)를 낮추어 반응을 촉진한다.

4.3 효소촉매 반응에 관한 기질농도 효과

학습목적 4

촉매 없는 화학반응 속도는 때때로 기질농도를 두 배로 증가할 때마다 두 배로 된다(그림 4.2a). 그러므로 기질농도를 증가하면 반응속도는 직접 증가한다. 그러나 이 경우는 효소촉매 반응이 아니다. 반응속도는 처음에 기질농도에 대하여 반응하지만 어떤 기질농도에서 반응속도는 최대 값에 도달한다. 기질농도 [*S*]에 대한 반응속도 [*V*]의 그래프는 그림 4.2b에 제시되어 있다. 반응속도는 처음에 기질농도에 따라 빠르게 증가하지만 그 속도는 최대 값에서 더 이상 빨라지지 않는다. 그 최대 속도에서 용액 중 모든 효소분자의 활성 자리는 한 기질분자에 의해 점유된다. 그 활성자리는 본질적으로 기질과 결합하여 그 반응을 촉

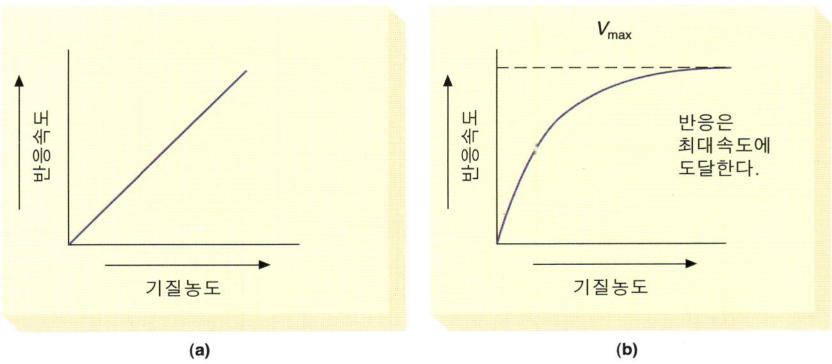

그림 4.2
기질농도[*S*]에 대한 반응속도 [*V*]의 관계.
(a) 효소촉매 없는 반응
(b) 효소촉매반응, 효소촉매반응 속도는 모든 촉매분자들이 기질과 결합할 때 최대로 된다. 이 기질농도보다 더 많은 기질농도 증가는 그 속도에 영향을 주지 못한다.

매작용하는 효소영역이다. 새로운 기질 분자는 이미 효소와 결합한 기질 분자들이 생성물로 변환할 때까지 제시된 효소분자와 결합할 수 없다. 그리하여 그 효소촉매 반응은 두 단계로 일어나는 것으로 나타난다. 첫째 단계는 빠른 단계이고 그것은 효소-기질 복합물 형성이다. 둘째 단계는 더 느린 단계이고 반응이 일어날 수 있는 속도를 조절한다. 이것을 속도결정(rate-limiting)이라 하고 기질이 생성물로 변환과 관련있고, 그리고 효소-생성물 복합물로부터 생성물과 효소의 방출은 서로 관련있다. 실제로 반응속도는 기질이 생성물로 변환과 그 생성물을 방출하는 그 속도에 의해 제한받는다. 그리하여 반응속도는 효소이용도에 의존한다.

4.4 효소-기질 복합물

학습목적

5

다음 가역반응 계열은 효소 촉매 반응단계를 나타낸다. 첫단계(남색으로 표시)는 그것의 기질과 효소, 그리고 **효소-기질 복합물**(enzyme-substrate complex) 형성과 관련있다.

E + S	단계 I ⇄	ES	단계 II ⇄	ES*	단계 III ⇄	EP	단계 IV ⇄	E + P
효소 + 기질		효소-기질 복합물		전이 상태		효소-생성물 복합물		효소 + 생성물

기질과 결합하는 효소 부분을 **활성 자리**(active site)라고 한다. 활성 자리의 성질은 효소기능에 중요하고 다음과 같은 일반 특성을 갖는 것이 발견된다.

- 효소활성 자리는 효소 구조에서 주머니 또는 V-글자 모양이다. 촉매작용과 관련있는 활성자리에 R 원자단을 촉매 원자단(catalytic group)이라고 한다.
- 활성자리 모양은 기질 모양에 대하여 상보적이다. 즉 기질은 효소 활성 자리에 적절하게 들어맞는다.
- 효소는 약한 비공유결합 상호작용에 의해 그것의 기질을 끌어당겨 결합한다. R 원자단은 기질 결합과 관련있고 필연적으로 촉매반응하지 않으며 활성 자리를 형성한다.

한 단백질의 전체 모양은 여러 가지 약한 상호작용에 의해 유지된다. 어떤 때 몇 가지 약한 상호작용은 열에너지 또는 부분적 pH변화에 의해 파괴된다. 몇 개 결합만 파괴되면 매우 빠르게 재형성된다. 전체 결과는 효소모양에 조금 변화가 있다. 그러므로 단백질이나 효소는 부분적 작은 변화에 대응하며 모양이 약간 변하는 유연한 분자라고 볼 수 있다.

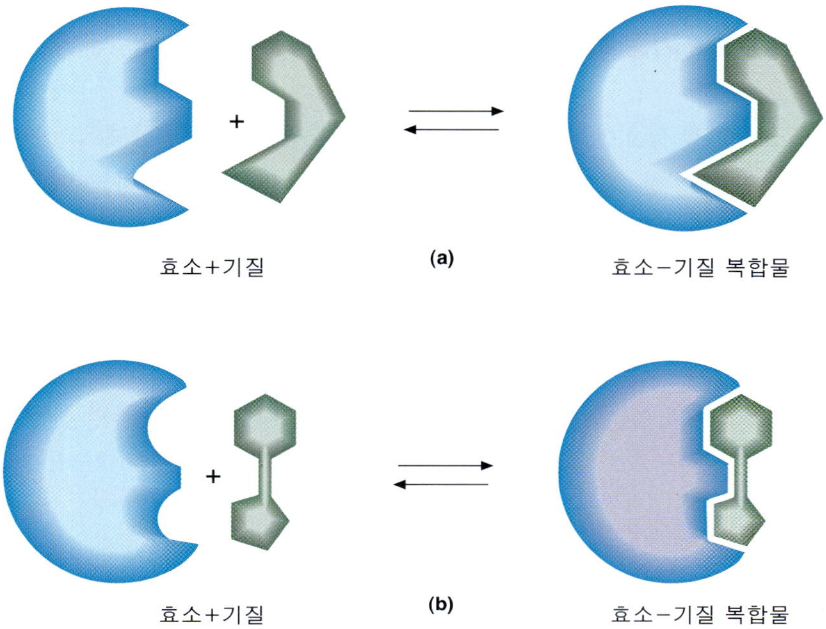

그림 4.3
(a) 효소-기질의 열쇠-자물쇠 모델은 효소 활성 자리가 기질에 대하여 모양과 전하의 분포들이 정밀하게 상보적 경직 구조를 갖는다고 생각한다.
(b) 효소-기질 결합의 유발 적합 모델. 효소와 기질이 결합할 때 활성 자리 모양은 정밀하게 기질 모양과 일치한다. 그 기질 모양도 변할 수 있다.

- 활성 자리의 입체 배열은 활성자리에 들어맞는 기질만 반응에 이용하므로 활성자리 입체배열은 효소의 특이성을 결정한다.

그림 4.3a 에 제시한 효소 활동도의 **열쇠-자물쇠 모델**은 1894년 Emil Fischer에 의해 제안되었다. 그 당시에 기질은 조각 맞추기 퍼즐(jig-saw puzzlr)처럼 또는 자물쇠속의 열쇠처럼 간단히 어떤 자리에 들어맞는 것으로 생각했다.

오늘날 단백질은 신축성있다고 알려져 있다. 이것은 Daniel E. Koshland에 의해 효소와 기질의 상호반응 방법에 관한 더 정교한 모델을 목적으로 유도했다. 1958년에 제안된 이 모델을 **유도적합 모델**(induced fit model)이라고 한다(그림 4.3b). 이 모델에서 효소 활성자리는 기질이 정밀하게 들어맞는 경직상태 주머니가 아니고, 기질모양에 가까운 신축성있는 한 주머니다. 그 기질이 주머니에 들어가면 활성자리는 기질주위를 그 자신이 둘러싼다. 이것은 완전한 효소-기질 "접합"(fit)을 생성한다.

학습목적
6

문제 4.3
효소-기질 결합에 관한 열쇠-자물쇠 모델과 유발-적합 모델을 비교하라.

4.5 효소-기질 복합물의 특이성

학습목적

1 5

효소-기질 상호반응이 일어나려면 효소표면과 기질이 상보적이여야 한다. 이것은 한 효소가 특정한 기질과 결합하여 화학반응하는 여부를 결정하는 특이한 적합에 필요하다.

효소 특이성(enzyme specifity)은 효소가 하나만 또는 매우 소수 기질과 결합하여 한 단일 반응만 촉매작용하는 능력이다. 효소 특이성을 예 들기 위하여 다음 반응을 고려하자.

> 이 반응은 고양이를 기를 때 볼 수 있는 반응이다. Urea는 단백질 분해의 폐기물이다. 고양이 오줌엔 요도분해효소를 생성하는 박테리아가 들어 있다. 요소분해효소가 고양이 오줌에서 Urea를 분해할 때 방출된 암모니아는 원하지 않는 냄새를 낸다.

요소 분해효소는 요소를 이산화탄소와 암모니아로 다음처럼 분해를 촉매작용한다.

$$\underset{\text{요소}}{H_2N-\overset{\overset{\displaystyle O}{\|}}{C}-NH_2} + H_2O \xrightarrow{\text{요소 분해효소}} CO_2 + 2NH_3$$

그것에 비하여 methylurea는 요소와 비슷한 구조지만 요소 분해효소에 의해 영향받지 않는다.

$$\underset{\text{Methylurea}}{H_2N-\overset{\overset{\displaystyle O}{\|}}{C}-NHCH_3} + H_2O \xrightarrow{\text{요소 분해효소}} \text{반응하지 않는다.}$$

모든 효소들은 동일한 특이성 정도를 나타내지 않는다. 네 가지 종류의 효소 특이성이 다음처럼 관찰되었다.

> Aminoacyl tRNA 생성효소는 8.6절에서 설명한다.

- **절대 특이성** : 한 기질의 반응만 촉매작용하는 효소는 절대 특이성(absolute specifity)을 갖는다. Aminoacyl tRNA 합성효소는 절대 특이성을 나타낸다. 각기 정확한 아미노산이 정확한 전달 RNA 분자와 결합해야 한다. 틀린 아미노산이 전달 RNA와 결합하면 펩타이드 사슬에 잘못 첨가되어 기능성 없는 단백질을 만든다.

> Hexokinase 활성도는 5.3절에서 설명한다.

- **원자단 특이성** : 동일한 작용기를 함유하면서 비슷한 분자와 관련있는 반응을 촉매작용하는 효소는 원자단 특이성(group spcificity)을 갖는다. Hexokinase는 첫단계 당분해 반응에서 인산 원자단을 hexose sugar glucose에 첨가반응을 촉매작용하는 원자단-특이성 효소다. Hexokinase도 인산 원자단을 몇 가지 다른 6-탄소 당에

의학관련 토픽; HIV 단백질 분해효소 억제제와 약물설계

1982년에 Georgia in Atlanta에 있는 Center for Disease Control은 후천성 면역결핍 증후군(aquired immune deficiency syndrom, AIDS)이라는 새로운 질병 증상을 인정했다. 그 증상은 여러 가지 기회감염, 암, 치매에 걸리는 뇌손상의 특성이 있다. AIDS는 혈액, 혈액 제품, 성접촉에 의해 전염된다는 것이 분명해졌다.

HIV 감염치료에 효과를 증명한 최초 약물은 바이러스 유전물질의 모든 복사 억제제였다. 이들 치료는 초기에 효과있었고 많은 생명을 연장했지만 오래지 않아 돌연변이 바이러스들이 이들 약물에 대한 저항을 나타나기 시작했다.

1989년에 한 그룹 과학자들은 HIV 단백질분해효소의 삼차원 구조를 밝혔다. 이 구조는 오른쪽의 그림과 같다. 이 바이러스들은 이들의 모든 단백질 제조에 비정상 방법을 가지므로 HIV 효소는 바이러스 복제가 필요하다. 각 단백질은 하나씩 개별적으로 만드는 것보다 오히려 바이러스 복사에 필요한 최종 단백질을 형성하여 다음에 HIV 단백질분해효소에 의해 절단되는 큰 폴리단백질을 만든다.

과학자들은 이 효소가 HIV 복사에 필수라는 것을 알았으므로 그들은 활성 자리에 비가역적으로 결합하여 그 효소를 억제하는, 즉 본질적으로 그것을 마개로 막아버리는 어떤 물질을 만들기로 결정했다. 그 다음 그 도전은 마개를 막는 어떤 물질을 설계하는 것이었다. 연구원들은 이전의 핵산 서열 연구로부터 HIV 단백질분해효소(아미노산 순서)의 일차 단백질구조를 알았다. 1898년에 그들은 매우 완전한 그 분자의 삼차원 성질의 영상을 만들었다. 그들은 X-선 결정분광기에 의해 만들었다.

이들은 이러한 모든 정보를 정교한 컴퓨터 모델링 프로그램에 넣고 어떤 각도에서 단백질분해효소를 볼 수 있었다. 그들은 활성 자리에서 각 아미노산의 R 원자단 위치를 볼 수 있었다. 이 정보 종류는 효소 활성 자리의 모양과 전하분포에 대한 상보적 분자, 바꿔 말하면 정상 단백질분해효소의 기질과 비슷한 구조를 과학자들이 설계하였다. 그 과학자들이 HIV 단백질분해효소 억제제에 대한 몇 가지 후보 약물을 생산하기까지 오래 걸리지 않았다.

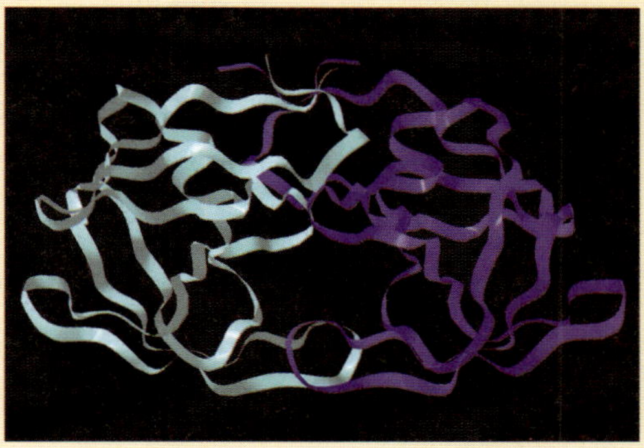

인간 면역결핍 바이러스 단백질 분해효소

그러나 그 약물이 안전하고 효과적인 것으로 시장에 소개할 수 있기 전에 약물 후보는 통과해야하는 시험이 많이 있다. 과학자들은 후보약물이 효과적으로 HIV 단백질분해효소와 결합하여 바이러스 복사 억제를 증명해야 했다. 용해도, 인체에 의한 흡수효율, 인체에서 활성도 기간, 후보약물의 독성 등과 같은 성질을 모두 측정해야 한다.

1996년에 HIV에 이용할 수 있는 단백질분해효소는 세 가지 있었다. 현재 이들 약물 중 7 종류가 시장에 나왔다. 많은 경우에 한 후보 약물의 개발과 시험은 15년 걸릴 수 있다. 첫 번째 HIV 단백질분해효소 억제제의 경우에 처음에 나온 세 가지 약물이 8년 이내에 시장에 나왔다. 이것은 HIV치료의 긴급한 필요와 그 문제 해결에 이용할 수 있는 기술에 대한 두 가지의 증명이다.

첨가할 수 있다.

> 단백질 분해효소는 4.11절에서 설명한다.

- **결합 특이성 :** 한 분자에서 어떤 결합만 생성 또는 분해를 촉매작용 하는 효소는 결합 특이성(linkage specificity)을 갖는다. 트립신, 키모트립신, elastase같은 단백질 분해효소는 선택적으로 펩타이드 결합을 가수분해 하는 효소다. 그리하여 이들 효소는 결합 특이성이다.
- **입체화학적 특이성 :** 한 거울상 이성질체를 다른 것과 구별할 수 있는 효소는 입체화학적 특이성(stereochemical specificity)을 갖는다. 대부분 인체 효소는 입체화학적 특이성을 나타낸다. 우리는 D-당과 L-아미노산만 이용하므로 소화와 대사작용에 관여한 효소들은 특수한 입체이성질체만 인식한다.

4.6 전이상태와 생성물 형성

효소-기질 결합은 어떻게 화학반응을 더 빠르게 진행하는가? 이 질문에 대한 정확한 해답은 아마 각 효소-기질 쌍마다 서로 다를 것이고, 실제로 우리는 소수의 효소에 대하여 정확한 촉매작용 메카니즘을 이해하고 있다. 우리는 반응속도와 생성물 형성을 증가하는 일반적 효소-기질 특성을 살펴볼 수 있다. 이렇게 하려면 우리는 효소-촉매반응 단계들을 다시 한번 살펴보아야 한다. 남색으로 표시한 나머지 단계들에 초점을 맞추어 보자.

$$E + S \underset{}{\overset{\text{단계 I}}{\rightleftharpoons}} ES \overset{\text{단계 II}}{\rightleftharpoons} ES^* \overset{\text{단계 III}}{\rightleftharpoons} EP \overset{\text{단계 IV}}{\rightleftharpoons} E + P$$

E + S	ES	ES*	EP	E + P
효소	효소	전이	효소	효소
+	기질	상태	생성물	+
기질	복합물		복합물	생성물

4.4절에서 효소와 기질이 상호작용하여 효소-기질 착물을 형성하는 1단계의 결과를 살펴보았다. 이 절에서는 생성물 형성에 이르는 결과를 살펴보겠다. 우리는 벌써 효소를 신축성있는 분자로 설명했다. 기질도 어느 정도 신축성을 갖는다. 효소와 기질 사이에 계속되는 상호작용은 분자의 위치배열이 더 이상 에너지적으로 안정하지 않은 그러한 방법으로 기질의 모양 또는 위치를 변화한다(II 단계), 이 상태에서, 즉

전이상태(transition state)에서 기질 모양은 효소와 상호작용 때문에 기질과 최종 생성물 두 가지 특성을 갖는 중간체 형태로 변한다. 다음에 이 전이상태는 차례로 기질이 생성물로 전환을 선호한다(III 단계). 그 생성물은 매우 짧은 동안 효소와 결합하여 존재한다. 그 다음 IV 단계에서 생성물과 효소는 서로 해리하고, 그 효소는 완전하게 변화없이 남는다.

어떤 반응이 더 빠르게 진행되는 기질에서 어떤 종류의 전이상태 변화가 일어날 수 있는가?

1. 효소는 한 결합에 "스트레스"(stress)를 가할 수 있었고 그것에 의해 결합분열을 촉진한다. 슈크로오스 가수분해효소에 의한 슈크로오스 당의 가수분해를 생각하자. 그 효소는 이당류 슈크로오스를 단당류 글루코오스와 프럭토오스로 가수분해를 촉매작용한다. 효소-기질 촉매 형성(그림 4.4a와 4.4b)은 효소모양의 변화를 가져온다. 이것은 차례로 그 기질결합 중 하나를 잡아당기거나 압력을 가한다. 그러한 스트레스는 결합을 약화하여 효소없는 것보다 훨씬 더 쉽게 분해된다. 이것은 프럭토오스와 글루코오스 사이에 굽은 O-글라이코시드 결합이고 그림 4.4c에 제시한다. 이 전이상태에서 기질은 본래 기질의 이당류 및 결과 생성물의 두 가지 단당류와 비슷한 분자형태를 갖는다. 분명히 결합에 가한 스트레스

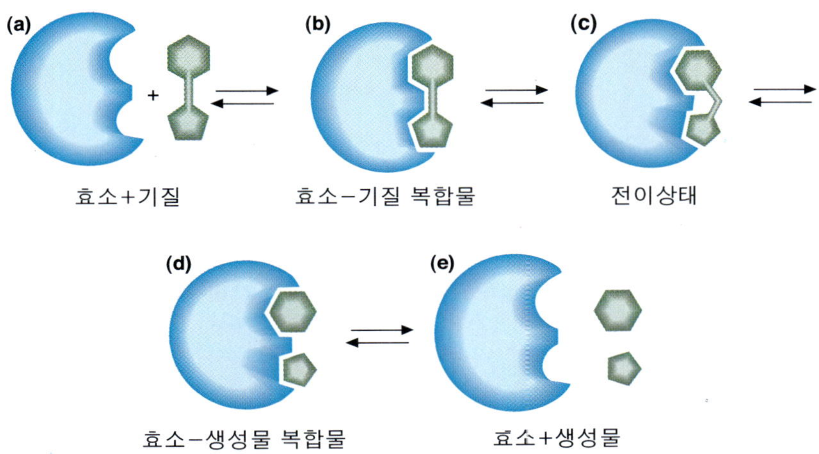

그림 4.4
한 결합에 대한 스트레스(stress)의 결과 때문에 효소에 의해 결합분열이 가속된다.
(a, b) 효소-기질 복합물이 형성된다.
(c) 전이상태에서 효소는 모양을 변화하여 두 가지 단당류를 함께 붙잡는 O-글라이코시드 결합에 스트레스를 가한다. 이것은 이 반응의 활성화 에너지를 더 작게 감소한다.
(d, e) 결합은 파괴되고 생성물을 방출한다.

는 결합을 약화하고 그 결합을 파괴하고 생성물 형성에 필요한 에너지는 훨씬 더 작다(그림 4.4 d와 4,4c). 이것은 또한 반응을 촉진하는 효과도 갖는다.

2. 효소는 두 가지 반응물을 아주 가깝게 가져와서 반응을 촉진하고 적절한 방향으로 가져와서 반응이 일어나는 것을 촉진할 수 있다. 이제 글루코오스와 프룩토오스 사이에 응축반응이 슈크로오스를 만든다고 생각하자(그림 4.5a). 각 당류는 응축반응하여 이당류를 만들 수 있는 다섯 개 하이드록시 원자단을 갖는다. 불규칙 충돌에 의해 두 가지 분자들이 적절한 방향으로 충돌하여 슈크로오스를 만드는 기회는 25회 중 1회다. 그 두 가지 분자들이 반응하는 확률은 반응이 일어나기에 만족해야 하는 방향 이 외에 여러 가지 조건 때문에 실제로는 훨씬 더 적다. 예를 들어 체온상태에서 적절한 방향에 있다 하더라도 대부분 충돌은 활성화 에너지를 극복

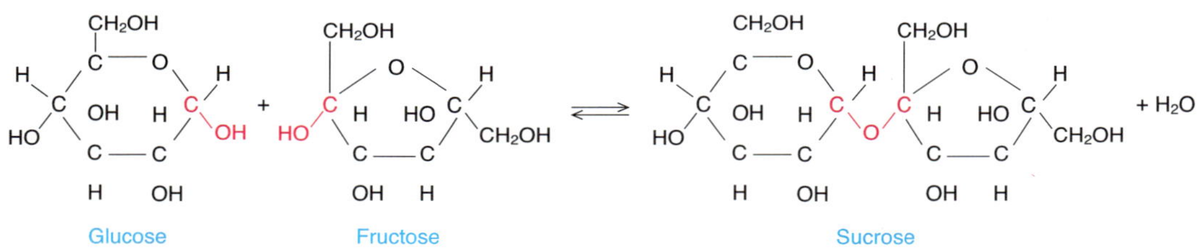

(a)

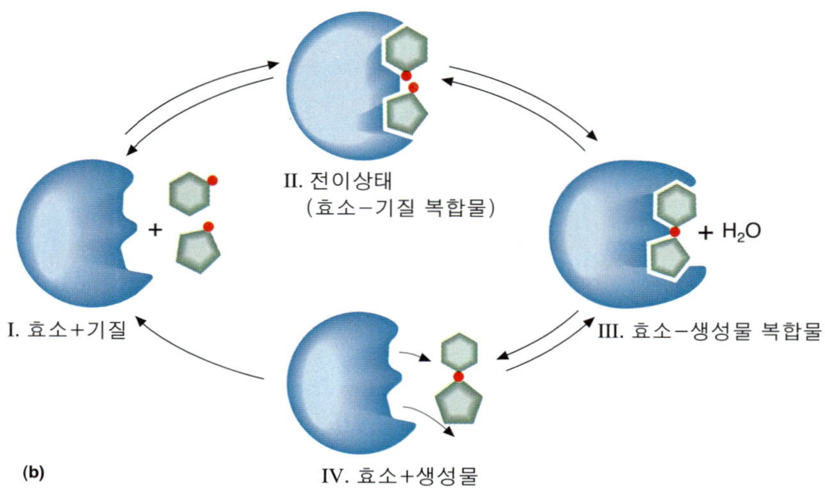

(b)

그림 4.5
한 효소는 기질을 아주 가깝게 정확한 방향으로 붙잡아 반응에 필요한 활성화 에너지를 감소한다.
(a) 글루코오스와 프룩토오스는 O-glycosidic bond로 합쳐저 저슈크로오스를 만드는 응축반응.
(b) 서로에 대하여 확장된 결합에 관여한 하이드록시 원자단을 갖는 그 두 가지 단당류를 함께 가깝게 가져와서 효소-기질 복합물을 형성한다.

하기에 충분한 에너지 양을 갖지 못한다. 효소는 두 가지 분자를 함께 가깝게 정확한 방향으로 가져와서 강제로 그 두 가지 분자가 원하는 반응 원자단을 전이상태로 만들어 반응이 크게 가속되게 촉진한다(그림 4.5b).

3. 한 효소의 활성 자리는 기질을 둘러싼 미세한 환경의 pH를 변경할 수 있다. 이것을 이루려고 효소는 예를 들어 H^+의 주개 또는 받개로 작용한다. 결과적으로 다른 곳의 정상 pH는 방해하지 않고 기질근처의 pH를 변화한다.

문제 4.4 한 효소가 한 반응의 활성화 에너지를 더 낮출 수 있는 세 가지 방법을 요약하라.

4.7 보조인자와 조효소

학습목적 7

3.7절에서 우리는 몇 가지 단백질이 그 기능역할을 위하여 추가로 비-단백질(nonprotein) 보결원자단이 필요한 것을 배웠다. 몇 가지 효소도 똑같은 사실이다. 그러한 효소의 폴리펩타이드 부분은 **주효소**(apoenzyme)라 하고 비-단백질 보결원자단을 **보조인자**(cofactor)라고 한다. 그들은 함께 **완전효소**(holoenzyme)라고 부르는 활성 효소를 형성한다. 보조인자는 금속이온, 유기화합물, 유기금속화합물일 수 있다. 그들은 효소 활성자리의 정확한 위치배열을 유지하기 위하여 효소와 결합해야 한다(그림 4.6). 보조인자가 결합하고 활성 자리가 적절한 입체배열에 있을 때 그 효소는 기질과 결합하고 그 반응을 촉매작용할 수 있다.

기타 효소들은 임시로 **조효소**(coenzyme) 결합이 필요하다. 그러한 결합은 일반적으로 수소결합과 같은 약한 상호작용이 중간역할을 한다. 조효소는 일반적으로 전자 또는 화학 원자단의 운반체로 작용하는 유기물분자다. 화학반응에서 조효소는 그 기질에 대하여 원자단을 주거나 그 기질로부터 제거된 원자단의 수용체로 작용할 수 있다(그림 4.7).

때때로 조효소는 그들의 구조 부분으로서 변형 비타민을 함유한다. 비타민(vitamin)은 식이에 소량만 필요한 유기물이다. 수용성 비타민

수용성 비타민은 부록 C에서 더 자세하게 설명한다.

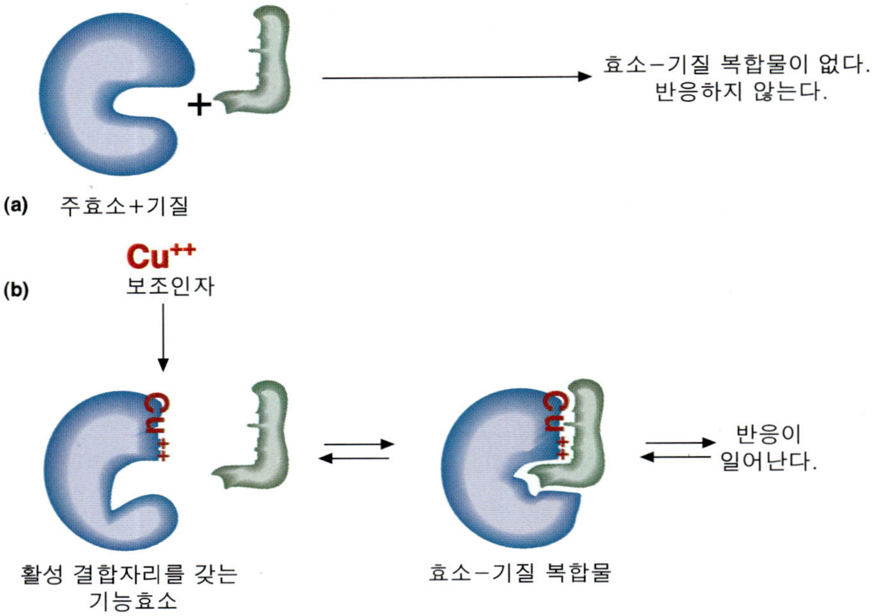

그림 4.6
(a) 주효소는 그것의 기질과 결합할 수 없다.
(b) 보조인자가 필요할 때, 이 경우에 구리 이온(Cu^{2+})을 이용할 수 있다. 그것은 주효소와 결합한다. 이제 활성 자리는 정확한 위치배열을 취하고, 효소-기질 복합물을 형성하고 그 반응이 일어난다.

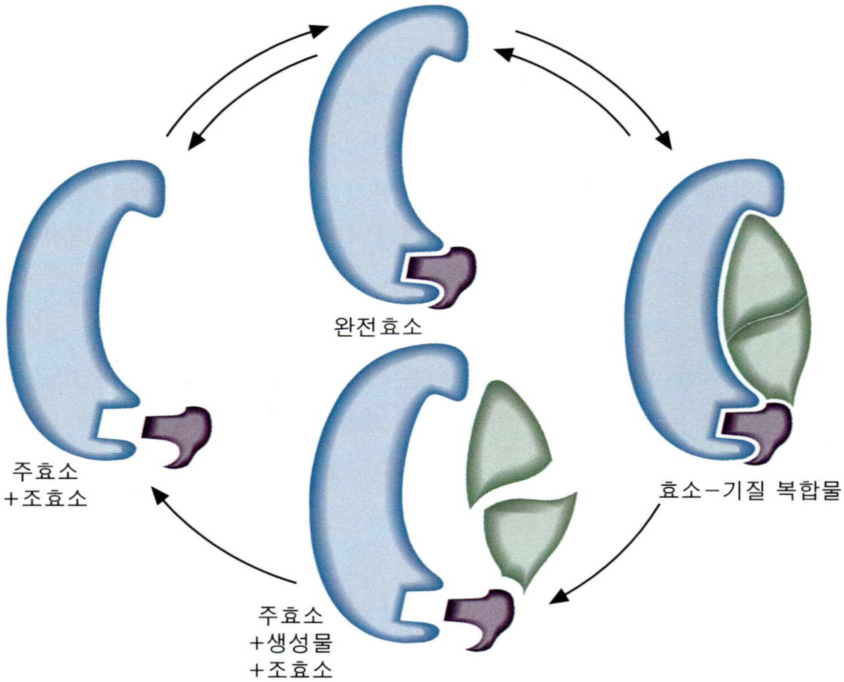

그림 4.7
몇 가지 효소는 반응 촉진에 조효소가 필요하다. 주효소는 촉매 영역의 한 부분이고 작용기를 주거나 받아 반응이 일어나게 한다. 한번 그 생성물이 형성되면 생성물과 조효소를 방출한다.

표 4.1 구조성분의 수용성 비타민과 조효소

비타민	조효소	기능
Thiamine(B_1)	Thiamine pyrophosphate	탈카복실화 반응
Riboflavin(B_2)	Flavin mononucleotide(FMN)	H원자 운반체
	Flavin adenine dinucleotide(FAD)	
Niacin(B_3)	Nicotinamide adenine dinucleotide(NAD^+)	
	Nicotinamide adenine dinucleotide phosphate($NADP^+$)	수소음이온 운반체
Pyridoxine(B_6)	Pyridoxal phosphate	아미노산 원자단과 카복실 원자단 운반체
	Pyridoxamine phosphate	
Cyanocobalamin(B_{12})	Deoxyadenosyl cobalamin	아미노산 대사작용의 조효소
Folic acid	Tetrahydrofolic acid	1-C 전이 조효소
Pantothenic acid	Coenzyme A	아실 원자단 운반체
Biotin	Biocytin	CO_2 고정 조효소
Ascorbic acid	알 수 없다.	Collagen의 proline과 lysine의 하이드록시화 반응

중 비타민 C만 조효소와 관련없다. 표 4.1은 그들이 만드는 몇 가지 조효소와 수용성 비타민 용액이다.

그림 4.8에 제시한 nicotinamide adenine dinucleotide(NAD^+)는 세포 에너지- 수확 과정의 산화반응에서 대단히 중요한 조효소의 한 예이다. 그 NAD^+ 분자는 에너지-수확 반응의 기질로부터 수소 음이온(H^-, 두 개 전자를 갖는 수소원자)을 받을 수 있는 능력을 갖는다. 그 기질은 산화되고 niacin 비타민으로부터 유도된 NAD^+ 부분이 환원되어 NADH를 만든다. 그 이후에 NADH는 전자전달계의 첫번째 전자수용체에게 H^-이온(hydride ion)을 건네준다. 이것은 NAD^+를 재생하고 세포에 필요한 화학 에너지, 즉 ATP 생성을 위한 전자들을 제공한다. 또한 그림 4.8처럼 수소 음이온 운반체 NAD^+와 수소원자 운반체 FAD가 있다. 그 두 가지는 세포를 위한 에너지 수확의 산화-환원 반응에 이용한다. NADH 및 $FADH_2$와 다르게 NADPH는 생화학 반응에서 수소 음이온을 주어 그 세포에 대한 "환원력"으로 작용한다. NAD^+처럼 $NADP^+$는 niacin으로부터 만든다. FAD는 riboflavin 비타민으로부터 만든다.

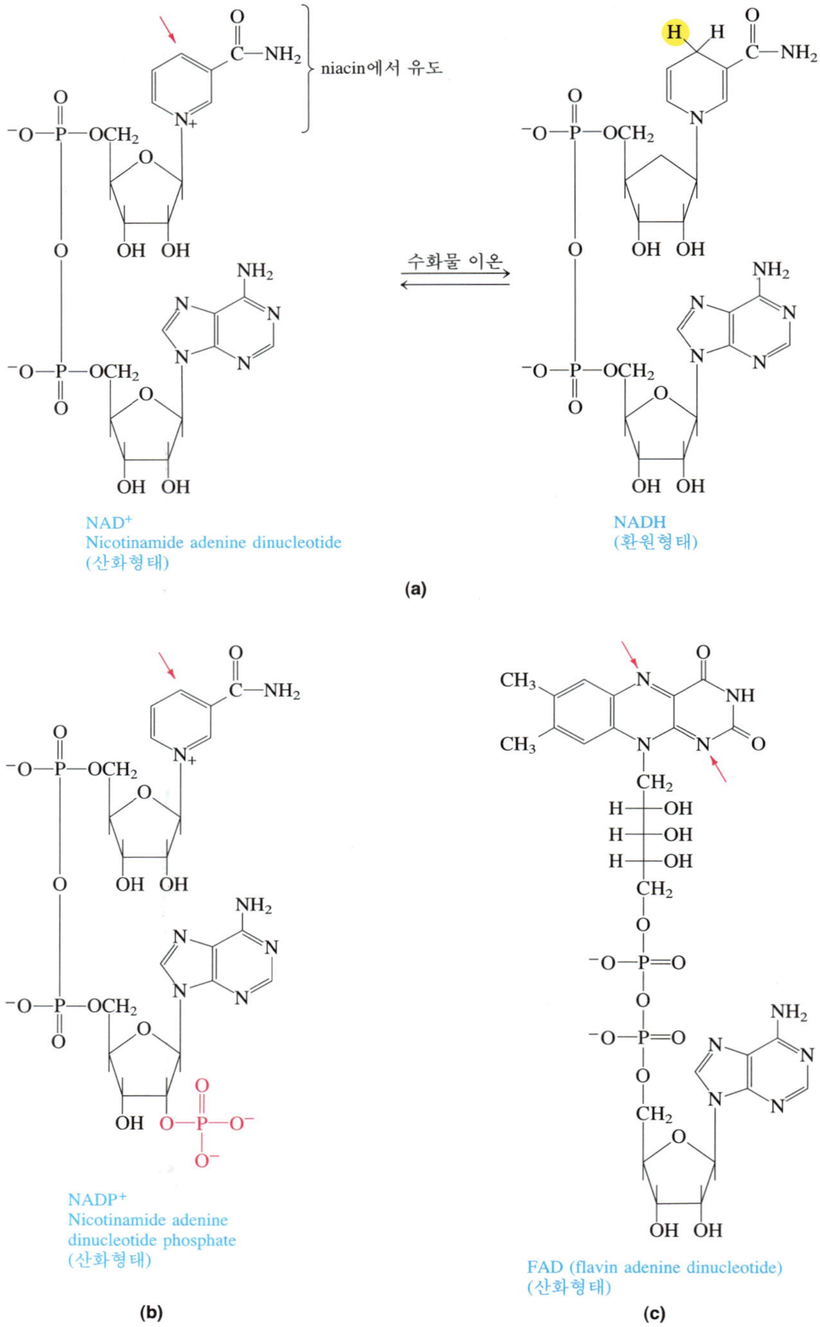

그림 4.8
세 가지 조효소의 구조.
(a) nicotinamide adenine dinucleotide의 산화와 환원 형태.
(b) 아주 가까운 관계에 있는 nicotinamide adenine dinucleotide phosphate(NADP$^+$) 수소 음이온 운반체의 산화 형태. 그것은 NAD$^+$와 동일한 자리에서 수소 음이온을 받는다(빨간 색으로 표시).
(c) flavin adenine dinucleotide(FAD)의 산화형태는 빨간색으로 표시한 위치에서 수소이온을 받는다.

문제 4.5 인체는 왜 수용성 비타민이 필요한가?

4.8 환경효과

pH 효과

학습목적 8

대부분 효소는 매우 좁은 pH 범위에서만 활성이다. 세포질은 pH 7이고 대부분 세포질 효소는 이 pH 7에서 최대 기능의 효율을 발휘한다. 전형적 세포질 효소가 pH에 대한 효소의 특이반응(specific reaction)을 촉매작용하는 상대적 속도를 그림 4.9에 제시한다.

한 효소가 기능을 최대로 발휘하는 pH를 **최적 pH**라고 부른다. 용액을 더 염기성이나 더 산성으로 만들면 반응속도는 급격하게 감소한다. 3.10절에서 설명한 것처럼 극단적 pH에서 그 효소는 실제로 생물학적 활성 입체배열을 잃고 변성된다. 이것은 그들이 수소결합할 수 있는 정도와 함께 단백질 사슬 중 아미노산 R 원자단의 이온화 정도를 변화하기 때문이다. 마치 이들 상호작용이 한 단백질의 전체 위치배열을 변화하는 것처럼 효소 활성 자리에 있는 R 원자단의 작은 변화도 효소-기질 착물을 형성하는 능력을 크게 파괴한다.

세포액과 세포를 둘러싼 액체는 pH 7이 되도록 조심스럽게 조절되어 있지만, 인체의 특정부분에서는 pH 7에서 멀리떨어진 pH에서 기능해야 하는 효소도 있다. 단백질 순서는 극단적 pH 조건에서 적절한 삼차원 구조를 유지할 수 있게 전개된다. 예를 들어 위액의 pH는 위장 내벽의 특수한 세포에 의한 염산 분비 때문에 대략 pH 2이다. 단백질 분해효소 펩신은 이 극단적 pH에서 효과적으로 단백질을 분해해야 한다. 펩신의 경우에 그 효소는 pH 2에서 안정한 삼차원 구조를 유지할

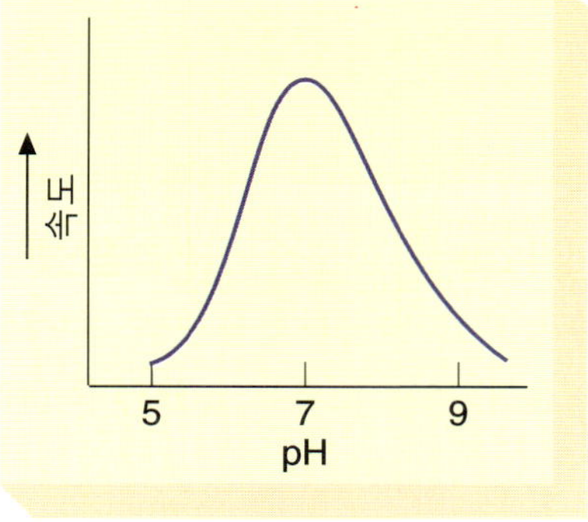

그림 4.9
효소 촉매반응의 속도에 관한 pH 효과. 효소 기능은 pH 7에서 가장 효과적이다. 그 반응속도는 용액을 더 산성 또는 염기성으로 만들 때 빠르게 감소한다.

수 있고 매우 낮은 pH에서 변성된 펩타이드 가수분해에 가장 활발하게 촉매작용하는 그러한 방식으로 전개된다. 그러므로 펩신의 최적 pH는 2이다.

마찬가지 방식으로 또 다른 단백질 분해효소 트립신은 소장에서 알려진 더 높은 pH 조건에서 기능을 발휘한다. 두 가지 펩신과 트립신은 실제로 동일한 메카니즘에 의해 펩타이드 결합을 분해하지만, 그들의 아미노산 서열은 아주 다른 환경에서 각각 안정하고 활발하도록 진화되어 왔다.

인체는 그 자신의 파괴 방어 메카니즘 중 하나에 대항해서 그 자신을 보호하기 위하여 서로 다른 환경에 적응하는 효소를 이용한다. 한 세포질 내에 lysosome이라고 부르는 세포소기관이 있다. 1956년에 lysosome을 발견한 Christian de Duve는 그들을 "자살 주머니"라고 불렀다. 왜냐하면 그들은 서로 다른 대략 50종류 가수분해효소 또는 가수분해성 효소를 함유하는 막-결합 막소포(vesicle)이기 때문이다. 이러한 효소 목적은 큰 분자를 에너지-수확 반응에 유용한 작은 분자로 분해하는 것이다. 예를 들어 lysosome 중 몇 가지 효소는 단백질을 아미노산으로 분해하고 다른 효소는 다당류를 단당류로 가수분해한다. 어떤 면역 방어 시스템 세포는 박테리아와 바이러스 같은 외부 침입자를 먹어치운다. 그 다음 그들은 lysosome 가수분해효소를 이용하여 그 침입자를 분해하고 파괴하여 간단한 당, 아미노산, 그리고 에너지 근원을 생성하는 지질로 이용한다.

Lysosome 가수분해효소를 우연히 세포질 안으로 방출하면 어떤 일이 생기는가? 분명히 그 결과는 세포 거대분자의 파괴와 그 세포의 사망이다. 이 위험 때문에 그 세포는 완전한 lysosome 막의 유지에 많은 에너지를 투자한다. 그 밖의 보호 메카니즘은 lysosome 효소들이 산성 pH(pH 4.8)에서 최선으로 기능을 발휘하는 사실에 의존한다. 이러한 약간의 lysosome 효소가 밖으로 누출되거나 우연히 lysosome이 파열되면 pH 7.0~7.3 인 세포질에서 비활성으로 된다.

온도효과

용액 온도를 37℃보다 훨씬 더 증가하면 효소는 빠르게 파괴된다. 그러나 그들은 훨씬 낮은 온도에서 안정하게 머무른다. 임상분석에 용액을 사용하기 전에 냉장고에 저장하는 것은 이러한 이유 때문이다. 그림

의학관련 토픽; α_1-항트립신과 가족의 기종

미국에서 거의 이백만명이 기종(emphysema)으로 고통받는다. 기종은 폐포(폐의 작은 탄성 공기 주머니)의 파괴에 의해 생긴 호흡질병이다. 이 손상은 탄력소(elastin)라는 한 단백질의 비가역 파괴로부터 생긴다. 그 탄력소는 폐포 벽의 세기와 유연성에 필요하다. 유연성이 파괴될 때 세기관지(bronchioles)라고 부르는 폐에 있는 작은 공기 통과관이 더 좁아지고 또는 납작하게 붕괴된다. 이것은 폐의 내외부로 공기흐름을 크게 제한하고 호흡곤란을 일으키고 극한 조건에서 사망을 초래한다.

몇몇 사람들은 기종에 대한 유전학적 소인을 갖는다. 이것을 가족의 기종(familial emphysema)라고 부른다. 이러한 각 개인들은 인간 혈장 단백질 α_1-항트립신을 암호화하는 유전자에서 유전결함을 갖는 것이 발견되었다. 그 이름이 암시하는 것처럼 α_1-항트립신은 단백질 분해효소 트립신의 억제제다. 그러나 이 장에서 본 것처럼 트립신은 serine 단백질 분해효소이고 단백질 분해효소의 큰 계열 중 한 종류일 따름이다. 폐에서 α_1-항트립신 활성도의 경우에 중요한 것은 elastase의 억제다.

Elastase는 elastin을 손상 또는 파괴하고 그 elastin은 다음에 기종 발전을 증진한다. 정상 수준의 α_1-항트립신을 갖는 사람들은 그들의 α_1-항트립신이 elastrase를 억제하여 elastin을 보호하므로 가족성 기종으로부터 보호된다. 그 결과는 폐에 건강한 폐포가 존재한다. 그러나 기종에 대하여 유전 소인을 갖는 사람들은 매우 낮은 수준의 α_1-항트립신을 갖는다. 이것은 단백질 사슬에서 한 아미노산 치환이 일어나는 돌연변이 때문이다. 폐에서 elastrase는 효과적으로 조절하지 못하므로 심각한 폐 손상 기종의 특성이 생긴다.

기종은 또한 담배흡연으로도 생긴다. 이러한 두 가지 기종 형태 사이에 어떤 연관이 있는가? 그 해답은 yes다. 담배연기는 α_1-항트립신의 아미노 말단에 가까운 methionine을 산화하는 것이 연구에 의해 밝혀졌다. 화학적 손상은 α_1-항트립신 활성도를 파손한다. 폐에는 methionine을 환원하고 그것을 다시 본래 화합물 형태로 변환하고 α_1-항트립신 활동도를 회복하는 효소들이 있다. 그러나 오래 동안 흡연은 α_1-항트립신 활동도 수준을 크게 감소한다. 축적된 폐 손상은 많은 만성적 흡연가들에게 기종을 초래한다.

현재 기종의 표준 치료는 산소호흡의 이용이다. 산소는 α_1-항트립신을 혈액으로부터 분리할 수 있는 것이 알려졌다. 정맥내 주입에 의한 이 물질의 도입은 안전한 효과를 보인다고 연구들이 제시했다. 그러나 혈액 중 α_1-항트립신 농도는 반복 투약에 의해 유지하여야 한다.

α_1-항트립신 유전자는 복제된다. 양들을 이용한 실험에서 그 단백질을 한 에어졸로 투여할 때 안전하게 남아 있는 것이 제시되었다. 그것은 폐 상피를 통하여 통과한 다음 그대로 기능을 발휘한다. 이 연구는 이러한 놀라운 질병에 대한 효과적 치료의 희망을 제공한다.

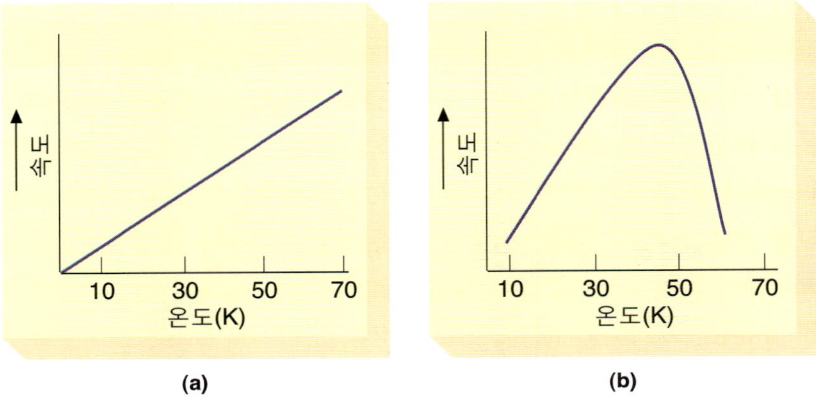

그림 4.10
온도 효과.
(a) 촉매없는 반응.
(b) 효소 촉매반응.

4.10은 효소-촉매작용과 촉매없는 반응에 관한 온도효과를 보여준다. 촉매없는 반응속도는 온도 증가에 따라 일정하게 증가한다. 왜냐하면 그 반응에 대한 에너지 장벽을 극복하기 위하여 충분한 에너지를 가지고 더 많은 충돌이 일어나기 때문이다. 효소-촉매반응 속도도 역시 조심성있는 온도 증가에 따라 증가한다. 왜냐하면 효소와 기질 사이에 충돌수의 증가 때문이다. 최적 온도에서 그 효소는 가장 적절하게 기능을 발휘하고 반응속도는 최대이기 때문이다. 최적온도 이상으로 온도증가는 효소 내부에서 결합의 진동 에너지를 증가하기 시작한다. 결과적으로 대단히 많은 결합과 약한 상호작용이 분해되고 그 효소는 변성되고 그 반응이 정지한다.

효소와 기타 단백질을 가열하면 그들의 특성적 삼차원구조와 그들의 활성도 역시 파괴되므로 세포는 매우 고온에서 살아남을 수 없다. 세포는 적절한 효소 활성이 없으면 기능을 발휘할 수 없으므로 가열은 의료기기와 수혈용액 또는 임상시험 기기의 살균에 한 효과적 방법이다. 그 기기들은 적어도 두 시간 건조공기 오븐에서 건조가열(160℃)하여 살균할 수 있지만 가압멸균기(autoclave)는 더 빠르고 신뢰할 수 있는 방법이다. 가압멸균기는 압력 조리기 원리로 작동한다. 공기는 가압멸균기로부터 펌프로 빼내고 2기압 될 때까지 가압 수증기를 가압멸균기 안에 펌프로 넣는다. 압력은 수증기 온도를 변하게 만든다. 그것은 대기압에서 100℃로부터 121℃로 상승한다. 20분 안에 모든 박테리아와 바이러스는 죽는다. 이것은 관심있는 여러 가지 임상 박테리아에 의해 생성된 열-저항 내생포자(endospore) 파괴에 가장 효과적 방법이다. 이들 박테리아는 Bacillus와 Clostridium genera(속)을 포함하고 그것은 탄저병, 가스 괴저(gas gangrene), 파상풍, 보툴리니스(botulism) 식중독 같은 아주 불쾌하고 치명적인 질병과 관련있다.

그러나 고온으로 가열한다 하여도 모든 효소들이 비활성으로 되지 않는다. 어떤 박테리아는 실제로 연소되고 있는 석탄 더미와 같은 이상한 장소에서 살고 있다. 다른 것은 온도와 압력이 대단히 큰 대양 바닥의 깊은 구멍에서 살고 있다. 또 다른 것은 Yellowstone National Park 온천에서 자라고 있다. 그 곳에서는 몇 가지 박테리아들이 물의 끓는점 근처 온도에서 번성한다. 그들 효소와 함께 이들 미생물은 믿을 수 없는 조건에서 생존한다. 왜냐하면, 그들 단백질의 아미노산 순서들이 그러한 불가능한 것처럼 보이는 극한 온도에서 안정한 구조를 강요하기 때문이다.

문제 4.6

pH 감소는 효소 활성도를 어떻게 감소하는가?

4.9 효소 활성도 조절

학습목적 9

효소촉매가 비생물 촉매와 서로 다른 주요한 방법 중 하나는 때때로 세포에 의한 효소 활성도의 조절이다. 이러한 효소 기능 조절에는 많은 이유들이 있다. 몇 가지는 에너지의 고려와 관련있다. 세포들이 에너지를 모두 사용하면 죽을 것이다. 그러므로 세포 에너지 보존에 많은 메카니즘이 존재한다. 예를 들어 기질을 아용할 수 없으면 효소 생성에 많은 에너지를 낭비한다. 마찬가지로 효소-촉매 반응 생성물이 과량으로 존재하면 효소는 반응의 촉매작용을 계속하기 위하여 에너지를 낭비한다. 그래서 원하지 않는 생성물을 더 생성한다.

효소 활성도 조절에 많은 이유가 있는 것과 마찬가지로 그러한 조절에도 많은 메카니즘이 있다. 가장 간단한 메카니즘은 기질이 존재할 때만 효소를 생성하는 것이다. 이 메카니즘은 여러 가지 당을 분해하여, 세포 작업을 위한 ATP 생산에 필요한 효소를 조절하려고 박테리아에 이용한다. 만약 이용할 수 있다면 그 박테리아는 그들의 환경에 관하여, 또는 어떤 먹이 공급원에 관하여 조절하지 않는다. 모든 가능한 당의 분해에 필요한 모든 효소 생산에 에너지를 크게 소비할 것이다. 그리하여 그 박테리아는 특수한 당 기질을 이용할 때만 그 효소를 생성하여 에너지를 저축한다. 효소 활성도를 조절하는 기타 메카니즘은 다른 자리효소의 이용, 되먹임 억제, 선구효소의 생산, 단백질 변형 등을 포함한다. 몇 가지 상세하게 이러한 조절 메카니즘을 살펴보자.

다른 자리 효소

효소 조절의 한 가지 형태는 결합자리를 하나 이상 갖는 효소와 관련있다. **다른 자리 효소**(allosteric enzyme)라고 부르는 이들 효소는 "다른 자리"를 의미하고 활성자리들이 효과인자 분자(effector molecule)라고 부르는 작은 분자의 결합에 의해 변경될 수 있는 효소를 의미한다. 그림 4.11처럼 그것의 결합자리에 대한 효과인자 결합은 효소의 결합자리 모양을 변경한다. 그 결과는 활성자리를 비활성 위치배열, 즉

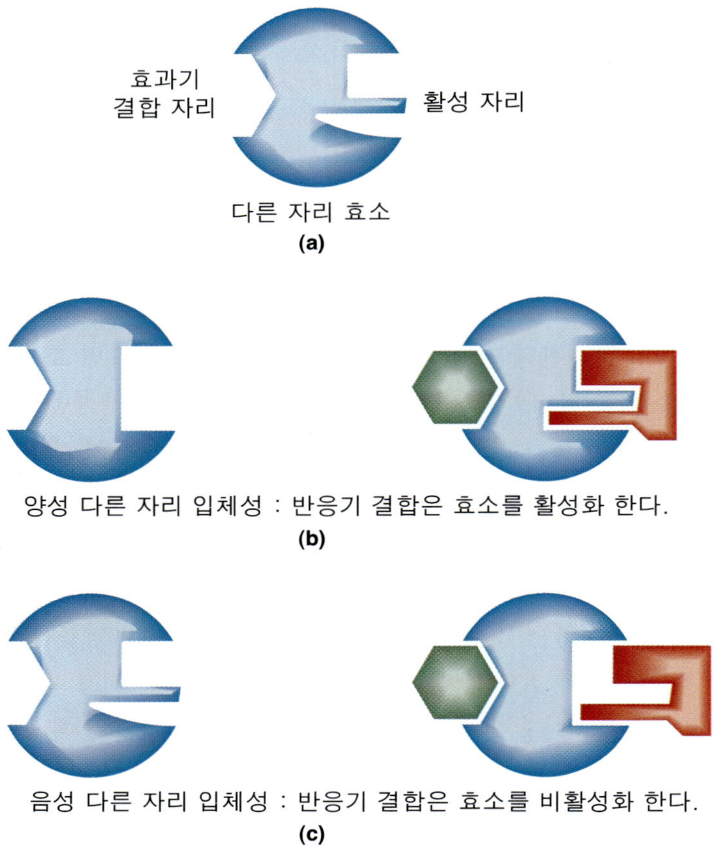

그림 4.11
(a) 다른 자리 효소는 큰 여러 가지 생화학 경로를 조절한다. 다른 자리 효소는 한 활성 자리와 한 효과인자 결합자리를 갖는다.
(b) 양성 다른 자리 입체성.
(c) 음성 다른 자리 입체성.

음성 다른 자리 입체성(negative allosterism)으로 활성자리 변환 또는 활성 입체배열, 즉 **양성 다른 자리 입체성**(positive allosterism)으로 활성자리를 변환을 할 수 있다. 어느 경우든지 효과인자의 결합은 활성인가 또는 비활성인가의 결정에 의해 효소 활성도틀 조절한다.

다음 장에서 우리는 대사 경로에 대한 연구를 시작하겠다. 대사 경로는 하나 이상 생물 분자를 분해 또는 합성하는 일련의 생화학 반응이다. 탄수화물이 분해하여 세포에 이용할 수 있는 에너지 방출의 첫 단계, 즉 당 가수분해 경로를 생각하자(adenosine triphosphate 또는 ATP). 그러한 경로는 인체의 요구와 조화되어야 한다. 더 많은 에너지가 필요할 때 반응 경로는 더 빠르게 일어나서 더 많은 에너지를 방출해야 한다. 그러나 에너지 요구가 적으면 그 반응은 느려져서 ATP를 더 적게 생산해야 한다.

해당작용의 셋째 반응은 ATP분자로부터 fructose-6-phodsphate 분자로 인산 원자단의 전달이다. 여기에 제시한 이 반응은 phosphofructokinase라고 부르는 한 효소에 의해 촉매작용한다.

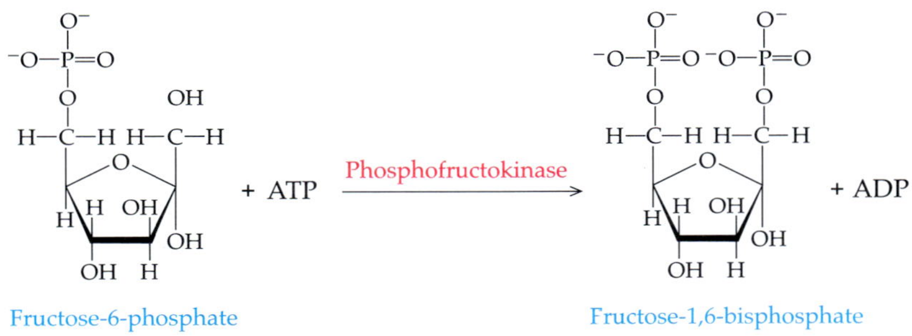

Phosphofructokinase 활성도는 양성과 음성 다른 자리 입체성 두 가지에 민감하다. 예를 들어 ATP가 충분히 존재할 때, 즉 인체가 충분한 에너지를 갖는 신호를 가질 때 phosphofructokinase는 효과인자 결합자리에 결합한다. 이것은 효소 활성도를 억제하고 그리하여 모든 경로들이 느려진다. ATP 선구물질인 많은 AMP(adenosine monophosphate)농도가 높다면, 이것은 인체가 충분한 에너지 공급을 위해 ATP를 합성해야 한다는 증거다. AMP가 phosphofructokinase의 결합자리에 결합할 때 효소 활성도는 증가하고 그 반응과 전체 경로를 촉진한다.

되먹임 억제

다른 자리 효소는 생화학 경로 중 **되먹임 억제**(feedback inhibition)의 기초다. 이 시스템은 온도조절기의 온도측정기와 같은 원리로 기능을 발휘한다. 온도 측정기를 70℉에 설정하고 온도조절기 센서에 70℉ 실온을 나타낼 때까지 온도조절기를 작동한다. 그 다음 온도조절기 신호를 끈다.

되먹임 억제는 일반적으로 생물분자 합성과 관련있는 효소의 경로를 조절한다. 그러한 경로는 계통적으로 다음과 같다.

$$A \xrightarrow{E_1} B \xrightarrow{E_2} C \xrightarrow{E_3} D \xrightarrow{E_4} E \xrightarrow{E_5} F$$

이 경로에서 출발물질 A는 효소 E_1에 의해 B로 변환한다. 효소 E_2는 즉시 B를 C로 그리고 계속해서 최종 F를 합성할 때까지 진행한다. 만약 F가 더 이상 필요없으면 F를 생산하는 세포 에너지는 계속해서 소비된다.

이 에너지 소비를 피하려고 그 세포는 되먹임 억제를 이용한다. 이 경로에서 그 생성물은 그 자체를 합성하는 경로 전체를 차단한다. 이것은 생성물 F가 그 경로의 초기 효소 중 하나에 음성 다른 자리 효과인자로 작용하는 사실의 결과 때문이다. 예를 들어 효소 F_1은 A와 결합하는 활성 자리에 추가해서 F에 대한 한 효과인자-결합 자리를 가질 수 있다. F가 과량으로 존재할 때 그것은 효과인자-결합 자리와 결합한다. 이 결합은 활성 자리를 닫게 만들므로 기질 A와 결합할 수 없다. 그리하여 A는 B로 변환하지 않는다. 만약 B를 생성하지 않으면 E_2 효소에 대한 기질이 없고 전체 경로는 작동이 멈춘다. 온도조절기에 의하여 생성된 열은 최종적으로 열생성 그 자체를 중지하는 원인이 되는 것처럼 F 생성물은 그것 자체의 합성과 관련있는 모든 단계를 중지한다.

선구효소

효소 활동도를 조절하는 또 다른 방법은 **선구효소**(zymogen 또는 proenzyme)라고 부르는 한 비활성 형태의 효소 생산과 관련있다. 그 다음에 그것이 활성도 자리에 도달할 때 일반적으로 단백질 가수분해에 의해 활성 형태로 변환한다. 이 메카니즘 종류의 목적은 무엇인가?

표 4.2 소화관의 선구효소

선구효소	활성제	효소
Proelastase	Trypsin	Elastase
Trypsinogen	Trypsin	Trypsin
Chymotrypsinogen A	Trypsin + chymotrypsin	Chymotrypsin
Pepsinogen	Acid pH + pepsin	Pepsin
Procarboxypeptidases	Trypsin	Carboxypeptidase A, carboxypeptidase B

첫째 시험에서 그것은 한 효소 합성에 한 단계를 추가하여 낭비하는 것처럼 보인다. 그러나 생명에 필요한 몇 가지 효소의 매우 파괴적 성질을 잠깐 생각해 보자. 펩신, 트립신, 키모트립신은 모두 소화관의 단백질 분해효소다. 그들은 식이 단백질을 세포에 이용하는 아미노산으로 분해하므로 생명에 필요하다. 그러나 그들이 활성 형태로 합성되면 이들 효소를 생성하는 세포에 어떤 일이 생기는가? 이들 세포는 분해된다. 그러므로 펩신을 만드는 위장 세포는 실제로 pepsinogen이라는 비활성 선구효소를 생산한다. pepsinogen은 추가로 42 종류 아미노산을 갖는다. 위산과 이전에 활동한 펩신 존재에서 여분의 42 종류 아미노산은 분해되고 선구물질은 활성 효소로 변형된다. 표 4.2에 몇 가지 선구효소와 그들이 활성 형태로 변환하는 효소들을 수록한다.

단백질 변형

단백질 변형(protein modification)은 세포들이 효소를 활성화 하거나 또는 중단할 때 이용할 수 있는 또 다른 메카니즘이다. 이것은 화학 원자단이 단백질에 공유결합으로 첨가 되거나, 또는 단백질로부터 제거되는 한 과정이다. 이 공유결합성 변형은 효소를 활성화 하거나 또는 중단시킨다.

가장 보편적 단백질 변형 형태는 효소의 인산화 또는 탈인산화다. 전형적으로 인산 원자단은 효소의 단백질 사슬 중 serine, tyrosine, 또는 threonine의 R 원자단에 첨가(또는 제거 형태)된다. 이들 세 가지 아미노산은 그들의 R 원자단에 자유 -OH를 갖고 그것을 인산 원자단의 첨가 자리로 이용하는 것에 유념하라.

효소 구조의 공유결합성 변형은 다른 효소에 의해 촉매작용한다. 단백질 kinase는 인산 원자단을 목표 효소에 첨가하고 한편으로 phosphatase는 인산 원자단을 제거한다. 몇 가지 효소는 인산화 형태이고 그것은 활성이다. 예를 들어, 지방 조직에서 인산화는 triacylglycerol 연결효소를 활성화하고, 그 효소는 triglyceride를 지방산과 glycerol로 분해한다. Glycogen phosphorylase 효소는 glycogen 분해와 관련있고 또한 인산 원자단 첨가에 의해 활성화된다. 그러나 몇 가지 효소는 인산화반응이 효소를 비활성화한다. 이것은 glycogen 합성에 관여한 glycogen 생성효소에 대하여 사실이다. 이 효소를 인산화하면 비활성화된다.

이러한 조절형태의 편리한점은 그것의 가역성이다. 한 효소는 환경 또는 생리 조건에 반응하여 빠르게 활성화 되거나 중단된다.

4.10 효소 활성도 억제

학습목적

10

여러 가지 화합물은 효소와 결합하거나 제거되고 또는 그들의 촉매능력이 크게 감소될 수 있다. 이러한 화합물을 효소 억제제(enzyme inhibitor)라 부르고 수백 년 동안 이용해 왔다. Lucretia Borgia는 비소를 이용하여 그녀의 희생자를 독살 할 때 그녀 희생자의 단백질 중 cysteine 아미노산의 thiol 원자단과 비소가 결합하여 효소의 사차구조 안정화에 필요한 이황화물 결합이 형성되는 것을 방해하는 사실을 알지 못하였다. 그러나 그녀는 비소와 수은 같은 중금속 염류의 치명적 독성을 잘 알았다. 당신이 박테리아 감염에 페니실린(peniclin)을 이용할 때 당신은 또 다른 효소 억제제를 섭취하고 있다. 페니실린은 박테리아 세포벽 합성과 관련있는 몇 가지 효소를 억제한다.

박테리아 세포벽 생합성에 관한 penicillin 효과는 1장에서 임상관련 토픽: 박테리아 세포 벽에서 설명한다.

효소 억제제는 그 억제가 가역인가 또는 비가역인가, 그리고 경쟁적인가 또는 비경쟁적인가에 바탕을 두어 분류한다. 가역성은 억제제가 결과적으로 효소로부터 해리하여 활성 형태로 방출하는 여부를 다룬다. 경쟁은 억제제가 자연 기질과 구조적 상사성 또는 겉보기-유사성인가 여부와 관련있다. 만약 그렇다면 억제제와 기질은 효소 활성 자리와 경쟁한다.

비가역 억제제

비소와 같은 **비가역 효소 억제제**(irreversible enzyme inhibitor)는 일반적으로 효소와 매우 단단하게 , 때로는 공유결합으로도 결합한다. 이것은 일반적으로 활성자리 아미노산의 R 원자단 중 하나에 대한 억제제의 결합과 관련있다. 결합하는 억제제는 활성자리 결합 원자단을 방해하므로 효소-기질 착물을 형성할 수 없다. 그렇지 않으면 어떤 억제제는 활성 자리의 촉매 원자단을 방해하여 효과적으로 촉매반응을 제거할 수 있다. 비가역 억제제는 일반적으로 서로 다른 많은 효소를 억제한다. 예는 독사의 독과 신경 가스를 포함한다.

가역성 경쟁 억제제

가역성 경쟁 효소 억제제(reversible, competitive enzyme inhibitor)는 때때로 **구조-상사성**(structural analog)과 관련있다. 즉 그들은 특수한 효소에 대한 자연 기질의 구조와 전하 분포가 비슷한 분자들이다. 이러한 유사성 때문에 그 억제제는 효소 활성 자리를 점유할 수 있다. 그러나 반응은 일어날 수 없고 효소 활성도는 억제된다. 이 억제를 경쟁이라고 말한다. 왜냐하면 그 억제제와 기질은 효소 활성 자리에 대한 결합을 경쟁하기 때문이다. 그리하여 그 억제 정도는 그들의 상대적 농도에 의존한다. 그 억제제들이 활성 자리에 대하여 과량으로 또는 더 단단하게 결합하면 더 빈번하게 활성 자리를 점유할 것이고 효소 활성도는 크게 감소할 것이다. 그와 반대로 자연 기질이 과량으로 존재하면 더 빈번하게 활성 자리를 점유할 것이고 억제는 없을 것이다.

8장의 [임상관련 토픽: "매우 흡사한" 뉴클레오타이드를 이용한 AIDS 바이러스 속이기]를 보라.

발견된 첫 번째 설파제(sulfa drug) 항생물질은 folic acid 비타민 합성에 필요한 박테리아 효소의 **경쟁 억제제**(competitive inhibior)다. Folic acid는 methionine과 질소성 염기의 생합성에서 메틸 원자단의 전이에 필요한 비타민이다. 인간은 folic acid를 합성할 수 없고 식이로부터 얻어야 한다. 그와 반대로 박테리아는 환경으로부터 취할 수 없으므로 folic acid를 만들어야 한다.

식이에 공급된 folic acid 이외에도 창자 박테리아로부터 folic acid를 얻는다.

para-Aminobenzoic acid(PABA)는 folic acid 합성 초기 단계에의 기질이다. 1930년대에 Gerhard Domagk에 의해 발견된 기본형 설파제는 PABA와 구조-상사성 물질이고 그것의 정상 기질로 PABA을 이용하는 경쟁적 효소 억제제다.

임상관련 토픽; 효소, 신경전달 그리고 신경 가스

신경근 접합부(neuromuscular junction)에서 신경자극 전달은 여러 단계들이 있고 그들 중 하나는 acetylcholinesterase라고 부르는 한 중요한 효소의 활성도다. Acetylcholinesterase는 신경자극을 억제하는 화학전령 acetylcholine의 가수분해를 촉매작용한다. 이 효소 활성도의 필요는 근육세포에 의한 적절한 반응에서 신경세포와 신경말단으로부터 나오는 메시지(message)와 함께 시작하는 이벤트를 생각할 할때 분명해진다. Acetylcholine은 신경세포로부터 근육세포로 한 메시지를 보내는 한 화학전령이다. 그러한 분자는 신경전달물질(neurotransmitter)이라고 알려져 있다. Acetylcholine은 신경세포 말단에서 연접부 막소포(synaptic vesicle)라고 부르는 막-결합 자루(membrane-bound bag)에 저장한다.

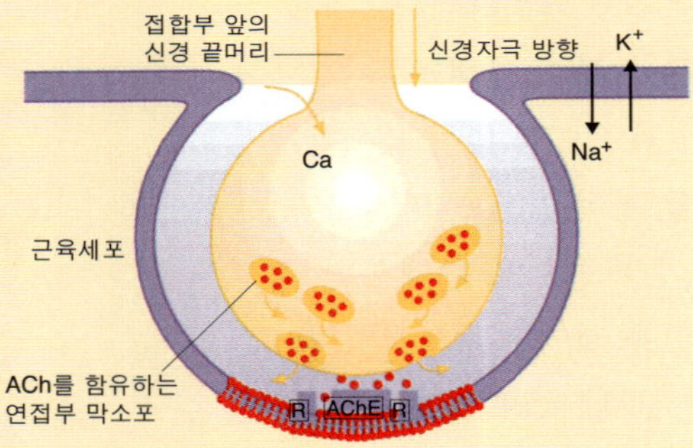

신경근 접합부에서 접합부의 계통도. 신경자극은 연접부 막소포로부터 방출되는 acetylcholine(ACh)을 발생한다. Acetylcholine은 연접부 갈라진 틈새를 통하여 확산하고 접합부 뒤의 막에서 특이 받개 단백질(R)과 결합한다. Na^+이온이 세포 안으로 흘러들어오게 한 채널을 열고 K^+이온은 세포 밖으로 흘러나간다. 이것은 근육수축을 초래한다. 연접부의 갈라진 틈새에 남아있는 어떤 ACh는 acetylcholinesterase(AChE)에 의해 파괴되어 근육세포 자극이 종결된다.

Acetylcholinesterase는 다음 방식으로 역할을 한다. 신경 축삭(axon)의 말단 판에 신경자극 도착은 Ca^{2+} 유입을 발생한다. 이것은 막 소포를 함유하는 acetylcholine을 발생하여 근육세포와 접촉하는 신경세포 막으로 이동한다. 이것을 접합전 막(presynaptic membrane)이라고 부른다. 그 막 소포는 접합전 막과 합쳐 신경전달물질을 방출한다. 그 다음 acetylcholine은 신경접합부(신경세포와 근육세포 사이 공간)를 통하여 확산하고 근육세포의 접합후 막에서 acetylcholine 수용체 단백질과 결합한다. 이 수용체는 그 다음에 Na^+와 K^+이온이 각기 세포 내외로 흐르는 막의 구멍을 연다. 이것은 신경자극을 발생하고 근육을 수축하게 만든다. Acetylcholine이 신경근 접합부에 남아 있으면 근육수축 자극을 계속한다. 이러한 계속되는 자극을 정지하려면 acetylcholine을 가수분해한 다음 acetylcholinesterase로 파괴한다. 이렇게 되면 choline은 더 이상 acetylcholine 수용체와 결합할 수 없고 신경자극이 중지된다.

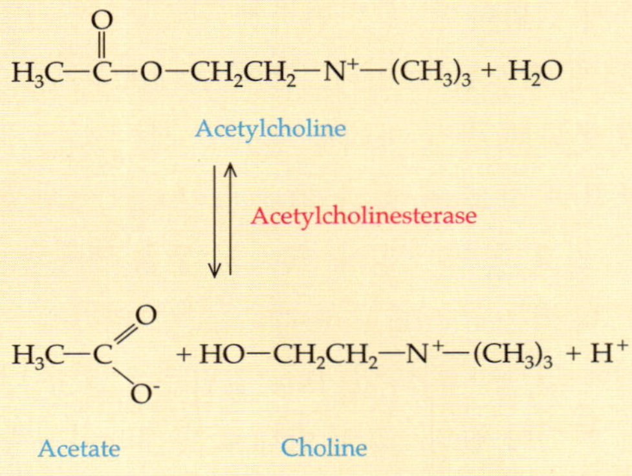

Acetylcholine 억제제는 독극물과 약물 두 가지로 이용한다. Acetylcholinesterase의 가장 중요한 억제제 사이에 유기 인산이라고 알려진 한 화합물 종류가 있다. 이들 중 하나는 Sarin(isopropylmethylfluorophosphate) 신경 가스다. Sarin은 acetylcholinesterase의 활성 자리와 중간체로 공유결합한 형태다. 그리하여 그것은 비가역 비경쟁 억제제로 작용한다.

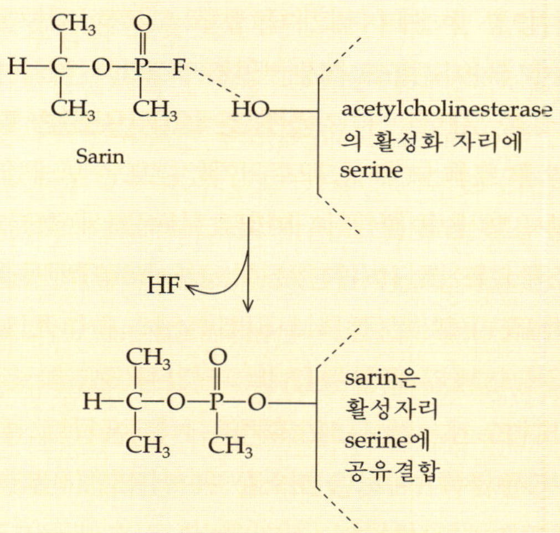

공유결합 중간체는 안정하고 그러므로 acetylcholinesterase는 비활성이다. 그것은 다른 기질과 반응이 불가능하다. 신경전달은 계속되어 근육경련을 초래한다. 사람은 후두경련(laryngeal spasm)의 결과로 죽을 수 있다. 여러 가지 살충제와 신경가스를 포함하는 유기인산 독성에 대한 해독제들이 개발되었다. 이들 해독제 중 하나는 PAM(pyridine aldoxime methiodide)라고 알려져 있다. 이 분자는 효소 활성자리로부터 유기인산 원자단을 치환하고 독성효과를 완화한다.

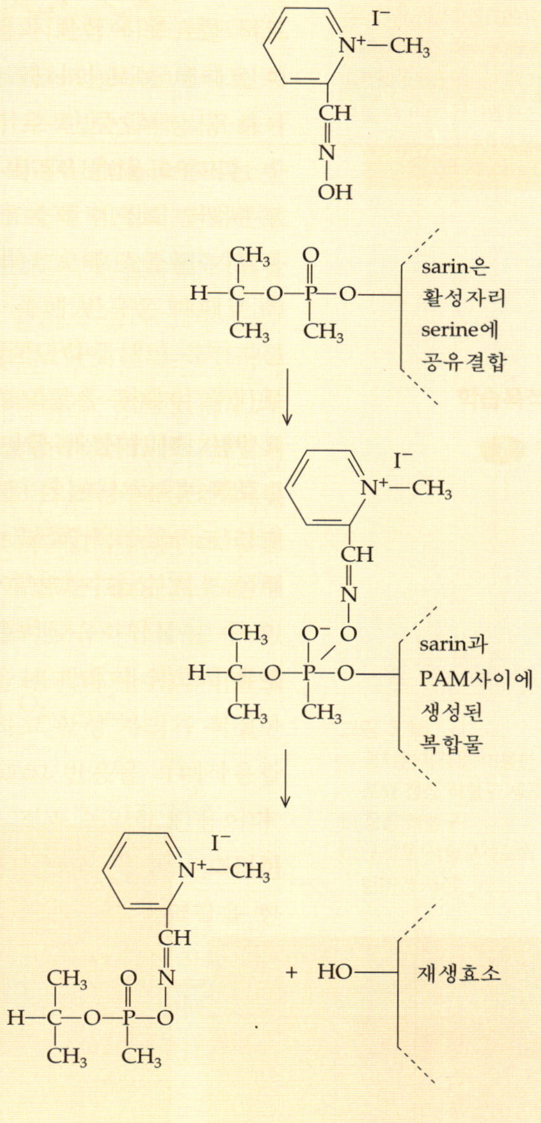

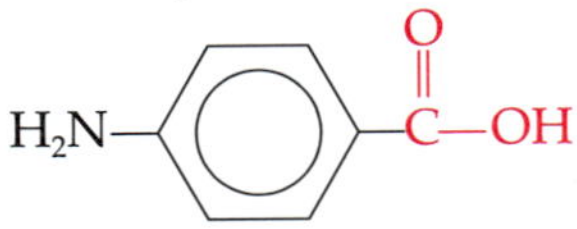

p-Aminobenzoic acid

Sulfanilamide

정확한 기질(PABA)이 효소와 결합하면 반응이 일어나고 그 박테리아는 생존한다. 그러나 설파제가 PABA보다 과량으로 존재하면 그것은 더 빈번하게 효소의 활성자리와 결합한다. Folic acid는 생성되지 않고 박테리아 세포는 죽는다.

우리는 folic acid를 식이로부터 얻으므로 설파제는 우리들에게 해롭지 않다. 그러나 박테리아를 선택적으로 죽인다. 다행스럽게 우리는 이러한 성질을 박테리아 감염 치료에 이용할 수 있다. 그리고 결과적으로 설파제는 수많은 생명을 구한다. 설파제와 기타 항생제를 발견하기 전에 박테리아 감염은 주요한 감염 원인이었지만 현재 박테리아 감염에 의해 발생된 사망은 비교적 드물다.

가역 비경쟁 억제제

가역 비경쟁 효소 억제제(reversible noncompetitive enzyme inhibitor)는 아미노산의 R 원자단 또는 아마 금속이온 보조인자와 결합한다. 그러나 비가역 억제 상황과 다르게 그 결합은 약하고 억제제가 효소-억제제 착물로부터 해리할 때 효소 활성도는 회복된다. 이들 억제제는 일반적으로 활성 자리에 결합하지 않지만 그들은 그 밖의 단백질 구조와 결합하여 활성자리 모양을 변형한다. 한 효소의 전체 삼차원 구조는 활성 자리의 정확한 모양 유지에 필요하다는 것을 기억하라. 효소표면의 하나 이상 자리에 억제제의 이온성 결합 또는 약한 결합은 다른 자리 효과인자와 유사한 방식으로 활성자리 모양을 변경할 수 있다. 이들 억제제도 넓은 범위의 효소를 비활성화한다.

문제 4.7 비가역 억제제는 왜 독성물질이라고 생각하는가?

문제 4.8 구조 유사성은 무엇인가?

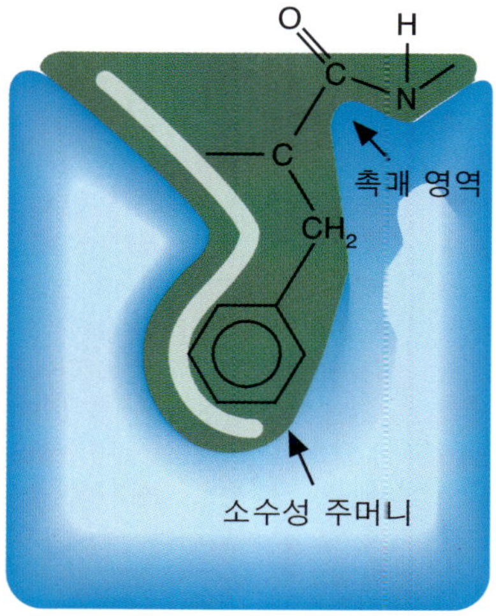

그림 4.12
키모트립신 특이성은 그 기질의 방향족 곁사슬을 붙잡는 소수성 주머니에 의해 결정된다. 이것은 분해되는 펩타이드 결합을 활성 자리의 촉매 구역으로 가져온다.

4.11 단백질 분해효소

학습목적 11

단백질 분해효소(proteolytic enzyme)는 단백질을 분해하는 효소다. 즉 그들은 일차 단백질 구조를 유지하는 펩타이드 결합을 분해한다. 예를 들어 키모트립신(chymotrypsin)은 소장에서 식이 단백질을 가수분해하는 효소다. 결합 분열에 의해 방출된 펩타이드의 C-말단 아미노산은 methionine, tyrosine, tryptophan, phenylalanine이다. 키모트립신 특이성은 소수성 주머니(hydrophobic pocket)의 존재에 의존한다. 소수성 주머니는 단백질 사슬의 삼차원 접힘에 의해 함께 뭉친 소수성 아미노산 덩어리다. 어떤 아미노산(tyrosine, tryptophan, phenylalanine)의 평면 방향족 곁-사슬은 이 주머니 속으로 미끄러져 촉매에 필요한 결합 특이성을 제공한다(그림 4.12).

우리는 키모트립신과 같은 단백질 분해효소에 의해 어느 결합이 분해 되는 것을 어떻게 측정하는가? 어느 결합이 분해 되는가를 알려면 분해 되는 펩타이드 영역에 아미노산 순서를 이용해야 한다. 이것은 아미노산 순서기법에 의해 실험적으로 측정한다. *N*-말단 아미노산은 왼쪽에 그리고 *C*-말단 아미노산은 오른쪽에 쓴다는 것을 기억하라. 그 주머니 안에 갖는 한 단백질의 -Ala-Phe-Gly- 순서를 생각하자. 한 반응은 키모트립신 효소를 단백질 기질과 섞은 것으로 설정한다. 그 반응이 일어난 다음 그 생성물을 정제하고 그들의 아미노산 순서를 측정한

임상관련 토픽; 효소, 동위효소 그리고 심근경색증

심각하게 죄드는 가슴 통증, 얕은 불규칙 호흡, 창백하고 끈적거리는 피부를 갖는 한 환자가 응급실로 실려왔다. 진단결과는 심근경색증(심장발작)이다. 참여한 간호사와 의사의 첫째 생각은 환자 생명을 구하는 일련의 치료와 방법에 대한 관심이다. 잠시 후 환자 상태가 안정될 때 의사는 진단을 확인하는 효소분석의 종합 테스트를 생각하기 시작한다.

심근경색증은 심장 근육에 대한 혈액 공급이 한 동안 차단될 때 일어난다. 국소빈혈이라고 부르는 이러한 혈액공급 부족이 연장되면 심근경색증은 비가역 세포 손상과 근육사망 또는 경색으로 고통 받는다. 이것이 일어날 때 죽은 세포들이 혈액으로 그들의 내용물을 방출하므로 혈액 중 심근세포에 있던 효소 농도는 크게 증가한다. 많은 효소를 방출하지만 우선 중요한 것은 세 가지다. 이들 세 가지 효소는 creatinephosphokinase(CPK), lactate dehydrogenase(LDH), aspartate aminotransferase/serum glutamate-oxaloacetate transaminase (AST/SGOT)이고 심근경색증과 그 다음 정상상태로 회복에 뒤따르는 혈청에서 특성적으로 연속적으로 증가를 나타낸다. 그림에 제시한 이 효소 양상은 특성적이고 심장발작에 대한 기본자료다.

다른 기관에서 조직손상에 의해 생긴 오류진단을 확인하기 위하여 alanine aminotransferase/serum glutamate-pyruvate transaminase

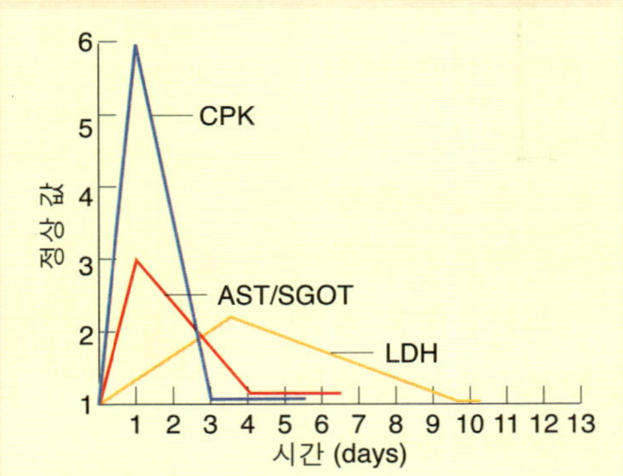

심근 경색증에 따르는 혈청 심장 효소농도의 특성

(ALT/SGPT) 그리고 isocitrate dehydrogenase (ICD)를 포함하는 기타 혈청효소 농도도 측정한다. ALT와 AST는 일반적으로 동시에 측정하여 심장병과 간장병 사이를 구별한다. ALT 농도는 간 질환일 때 더 높고 그 반면에 혈청의 AST 농도는 심각한 심근경색증 다음에 더 높다. ICD는 우선적으로 간에서 발견되고 혈청농도는 심장발작 후에 증가하지 않는다.

LDH와 CPK 농도만 이용하면 잘못 진단을 초래할 수 있다. 왜냐하면 이들 효소는 여러 가지 조직에 의하여 생성되기 때문이다. 증가된 혈청효소 농도가 또 다른 조직에 공존하는 질병을 제시할 때 의사는 신뢰성을 가지고 심장병을 어떻게 진단할 수 있는가? 의사들은 정확한 진단을 제공하는 동위효소 존재 때문에 그러한 결정을 할 수 있다. 왜냐하면 동위효소는 본래의 조직을 밝혀주기 때문이다.

동위효소는 약간 다른 아미노산 서열을 갖는 동일한 효소 형태다. 결합자리와 촉매작용 자리는 같다. 그러나 단백질의 삼차원 구조를 유지하는 효소의 발판 순서에 차이가 있다. 인체의 각 세포는 서로 다른 이러한 모든 효소 형태의 생산을 지시할 수 있는 유전자를 함유한다. 그 발현은 조직특성(tissue-specific)이다. 이것은 어떤 동위효소의 유전자를 우선적으로 서로 다른 조직형태로 발현한다는 것을 의미한다.

어떤 동위효소는 왜 간에서 작동하고 그 반면에 또 다른 것은 왜 심장에서 우세한가? 이것은 분명하지 않다. 그러나 실험실에서 전기장에 놓인 젤(gel)을 통한 동위효소의 이동에 근거하여 서로 다른 형태 사이를 분간할 수 있다는 것을 알고 있다. 이 과정을 젤 전기영동(gel electrophoresis)이라고 한다. 이 실험은 각 단백질이 아미노산의 R 원자단으로부터 생기는 특성적 표면전하를 갖는 사실에 근거한다. 이 단백질을 젤 매트릭스에 놓고 전류를 통하면 단백질은 그 전하의 기능에 의해 이동한다. 다음 그림은 전기이동한 다음 다섯 종류 LDH의 동위효소 위치를 보여준다.

각기 서로 다른 전하를 갖는 혈청 단백질의 혼합물을 한 전기장에 놓는다고 상상하자. 가장 큰 음전하를 갖는 단백질은 양전하 전극으로 가장 세게 끌릴 것이고 그 쪽으로 빠르게 이동할 것이다. 그 반면에 더 작은 음전하를 갖는 단백질은 훨씬 더 느리게 이동할 것이다. 그리하여 그 단백질은 그들의 특성적 전체 전하에 근거하여 젤을 통하여 분포할 것이다.

일단 전기이동이 끝나면 각 동위효소 띠의 위치를 측정해야 하고 각기 양을 측정해야 한다. 이것을 하려면 한 효소를 분석해야 한다. 기질은 효소에 대하여 적절한 조건을 제공하는 용액의 젤에 첨가한다. 그 생성물은 눈으로 볼 수 있는 착색 물질이다. 그 젤에서 염색된 띠 위치를 조사하여 어느 조직 동위효소가 존재하는가를 결정할 수 있다.

각기 양을 측정하려면 그 색의 세기를 분광기로 측정한다. 그 색의 세기는 생성물의 양에 정비례하고, 그러므로 본래 시료 중 효소 양에 비례한다. 이것으로 시료 중 각 동위효소 농도를 계산한다.

이들 자료는 임상학자들이 질병조직의 성질에 관한 정확한 양상을 제공한다. 한 심장발작 희생자는 심장발작 다음 3일안에 creatine phosphokinase isoenzyme 2 (CPK II, 우세한 심장 동위효소)가 증가할 것이다. CPK I (뇌) 그리고 CPK III (뼈대 근육) 농도는 변함없이 유지할 것이다. 마찬가지로 LDH I (심장근육에서 만드는 lactate 탈수소효소 동위효소)는 증가할 것이다. LDH 2-5 농도는 정상 값 이내에서 유지할 것이다.

내과 의사들도 심장발작 환자 치료에 이용할 수 있는 효소를 가지고 있다. 대부분 심근경색증은 관상혈관 안에서 혈전증(thrombus) 또는 응고(clot)의 결과를 갖는다. 그 응고는 심장근육으로 혈액흐름을 제한한다. 혈관 혈전증(한 응고 형성에 의해 발생된 심장발작)에 뒤따르는 치료에 대한 약속을 증명하는 한 방법은 streptokinase라고 부르는 한 효소의 정맥내 주사 또는 혈관내 주사에 의한 응고의 분해다. 이 효소는 이전에 발병 박테리아 Streptococcus pyogenes 로부터 정제하였지만 현재는 재조합 DNA 방법을 통하여 이용할 수 있고 이 효소는 plasminogen 선구효소로부터 plasmin 단백질분해효소 생산을 촉매작용한다. Plasmin은 한 섬유소 응고를 소단위로 분해하는 능력을 갖는다. 물론 이것은 혈액이 심장으로 흐름을 제한하는 응고를 녹이는 효과를 갖는다. 그러나 추가로 함께 보호 기능이 있다. 섬유소 응고의 plasmin 분해에 의해 생성된 소단위는 thrombin을 억제하여 더 이상 응고 형성을 억제할 수 있다.

재조합 DNA 방법은 또 다른 아마 더 장래성 있는 응고용해 효소를 이용하는 의과학을 제공한다. 조직형태 plasminogen 활성제(tissiue-type plasminogen actovator, TPA)는 인체 내에서 항응고 메카니즘으로 자연적으로 생기는 단백질 분해효소다. TPA는 선구효소와 plasminogen을 plasmin 활성 효소로 변환한다. 처음 가슴 통증 후 두 시간 이내에 TPA 주사는 심장에 대한 순환을 개선할 수 있고 환자의 회생기회를 크게 개선할 수 있다.

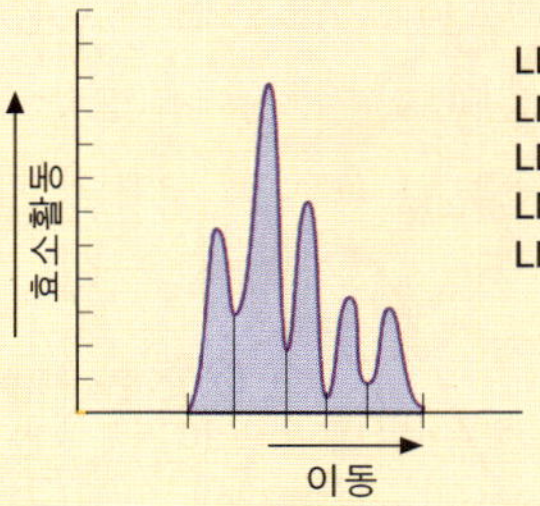

(a)

분율	%	기준 범위
LD1	19.8	13.5 – 28.8
LD2	37.3	26.9 – 43.5
LD3	19.4	15.9 – 25.2
LD4	11.1	6.0 – 14.0
LD5	12.5	4.9 – 20.8

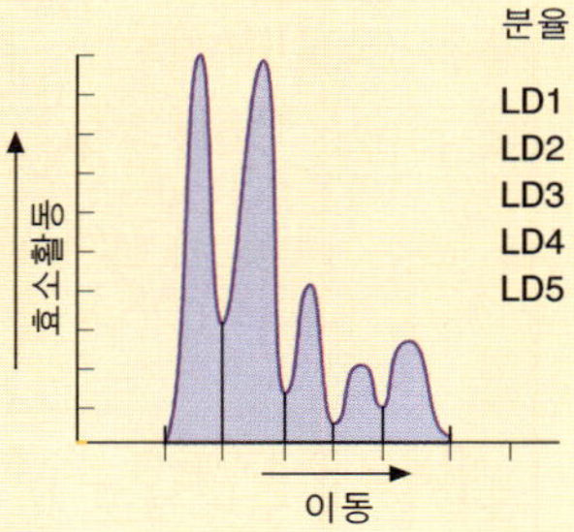

(b)

분율	%	기준 범위
LD1	37.1	13.5 – 28.8
LD2	34.0	26.9 – 43.5
LD3	12.0	15.9 – 25.2
LD4	6.3	6.0 – 14.0
LD5	10.6	4.9 – 20.8

젖산 탈수소효소의 혈청 동위효소.
(a) 정상인의 LDH 동위효소. (b) 심근경색증으로부터 고통받는 사람의 LDH 동위효소.

다. 이 종류의 실험은 키모트립신이 phenylalanine과 glycine 사이에 결합이 분해된다고 증명한다. 그리고 그것은 방향족 곁-사슬을 갖는 아미노산의 카보닐 곁에 펩타이드 결합이다.

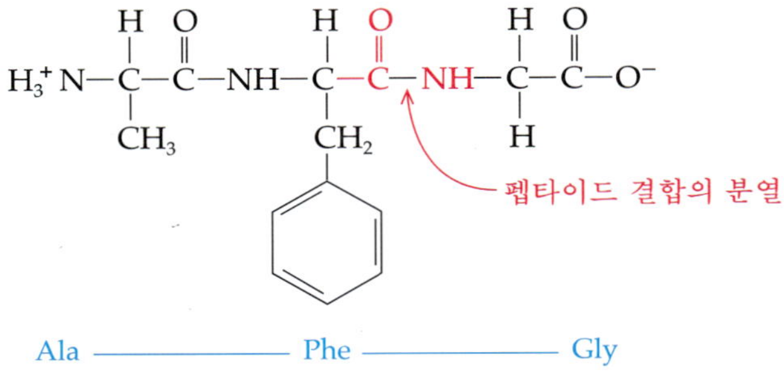

> 이들 효소는 serine 단백질 분해효소라고 부른다. 왜냐하면 그들은 펩타이드 결합 가수분해에 필요한 활성자리의 촉매 영역에 아미노산 serine을 갖기 때문이다.

췌장 serine 단백질 분해효소(트립신, 키모트립신, elastase)는 모두 펩타이드 결합을 가수분해한다. 이들 효소는 한 조상 유전자가 처음에 복사되고 그 다음에 각 사본이 각기 진화한다는 발산진화(divergent evolution)의 결과다. 그들은 삼차구조와 비슷한 유사 일차구조를 갖고(그림 4.13) 실제로 동일한 반응 메카니즘이다. 그러나 진화 결과 때문에 이들 효소는 모두 서로 다른 특이성을 갖는다.

- 키모트립신은 방향족 아미노산의 카보닐 곁사슬과 methionine처럼 큰 소수성 아미노산의 펩타이드 결합을 분해한다.

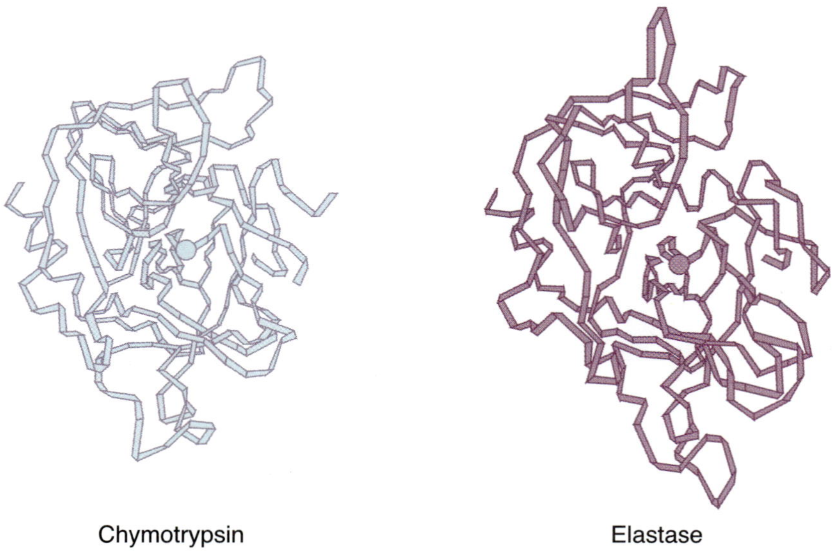

그림 4.13
키모트립신과 elastase 구조는 실제로 동일하고 이들 효소들이 한 보편적 조상 단백질분해효소로부터 진화된 것을 암시한다.

- 트립신은 염기성 아미노산의 카보닐 곁사슬의 펩타이드 결합을 분해한다.
- Elastase는 glysine과 alanine의 카보닐 곁사슬의 펩타이드 결합을 분해한다.

이들 효소는 그들 기질의 곁사슬에 서로 다른 주머니를 갖는다. 즉 서로 다른 열쇠는 서로 다른 자물쇠에 맞는다. 이 차이는 그 자신이 앞에서 암시한 기질 특이성을 명시한다. 예를 들어 트립신의 결합 주머니는 lysine 또는 arginine R 원자단에 적응하기 위하여 길고 좁은 음전하를 갖는다. 그러나 결합 주머니는 발산진화하지만 그 촉매자리는 변화없이 그대로 남아있고 단백질 가수분해반응 메카니즘은 모든 serine 단백질가수분해효소와 같다. 각 경우에 그 메카니즘은 한 serine R 원자단과 관련있다.

문제 4.9

다음 펩타이드의 구조식을 그린 다음 어느 결합이 키모트립신에 의해 분해되는가를 증명하라.

a. ala-phe-ala
b. tyr-ala-tyr
c. trp-val-gly
d. phe-ala-pro

4.12 의학에서의 효소 이용

학습목적 12

어떤 효소 농도에 대한 혈청분석은 환자의 의학적 상태에 관하여 풍부한 자료를 제공할 수 있다. 때때로 그러한 검사는 질병 증상 또는 임상에 근거한 예비 진단 확인에 이용한다.

예를 들어 심장발작이 일어날 때 심장근육에 대한 공급혈액 부족은 어떤 심장근육 세포를 죽이는 원인이다. 이들 세포는 그들의 효소를 포함하는 내용물을 혈액으로 방출한다. 간단한 검사로 혈액 중 어떤 효소량을 측정할 수 있다. 효소 분석이라고 부르는 그러한 검사는 효소-기질 복합물의 특이성에 근거하므로 매우 정밀하고 특이적이다. 젖산 탈수소효소(lactate dehydrogenase, LDH)를 시험하기 원하면 적당한 기질, 즉 이 경우에 pyruvate와 NADH만 첨가할 필요가 있다. 일어나는 반응은 NADH를 NAD^+으로 산화 그리고 pyruvate의 젖산으로 환원이다. 그 화학반응 속도를 측정하려면 그 기질의 소멸 또는 그 생성물 중 하나의 축적량을 측정할 수 있다. LDH의 경우에 분광광도법(한 기질 또는 한 생성물의 빛 흡수 성질에 근거한다)은 NAD^+ 생성 속도측정에 이용할 수 있다. 기질 선택은 측정하려는 효소 활성도 값이 얼마인가를 결정한다.

질병진단에서 LDH와 기타 효소의 역할은 [임상관련 토픽; 효소, 동위효소 그리고 심근경색증]에서 설명한다.

혈청 중 amylase와 지질가수분해효소 농도 증가는 췌장염(췌장 감염)을 지적한다. 간경변과 간염 같은 간 질병은 혈청에서 젖산 탈수소효소(lactate dehydrogenase, LDH_5) 중 하나의 농도 증가 그리고 alanine aminotransferase/serum glutamate-oxaloacetate transaminase(AST/SGOT)의 농도를 증가한다. 실제로 이러한 후자의 두 가지 효소도 심장발작 다음에 농도를 증가하지만 내과 의사들은 그 두 가지 효소의 상대적 증가를 고려하여 이러한 두 가지 상태를 구별할 수 있다. ALT/SGPT 값이 AST/SGOT보다 더 크게 증가하면 그 문제는 간 기능장애라고 결론지을 수 있다.

효소들은 임상실험실에서 그들의 특이성 때문에 분석시약으로도 이용한다. 그들은 때때로 관심있는 한 물질과 선택적으로 반응하여 쉽게 측정되는 한 생성물을 만든다. 이것의 한 예는 혈액 중 요소의 임상분석이다. 혈액 중 요소농도 측정은 혈액의 복잡성 때문에 어렵다. 그러나 요소분해효소를 이용하여 요소를 암모니아로 변환하면 그 암모니아는 요소를 측정하는 한 척도로 이용된다. 왜냐하면 암모니아는 요소로부터 생기고 쉽게 측정되기 때문이다. 혈액 요소 질소 검사(blood urea nitrogen test, BUN)라고 부르는 이 검사는 신장장애 진단에 유용하고 임상화학에서 효소 사용의 한 예로 이용한다.

효소 치환 치료법도 어떤 질병 치료에 이용할 수 있다. Gaucher 질병 glucocerebrosidase 효소의 부족에서 생기는 한 유전 장애다. 정상 상태에서 이 효소는 glucocerebroside라고 부르는 당지방질을 분해한다. Glucocerebroside는 세포막에서 발견된 glycosphingolipid 복합체의 합성과 분해의 한 중간체다. Glucocerebrosidase는 glucocerebroside를 글루코오스와 ceramide로 가수분해하는 lysosome에서 발견된다.

2장에서 [임상관련토픽; sphingolipid 대사작용의 장애]를 보라.

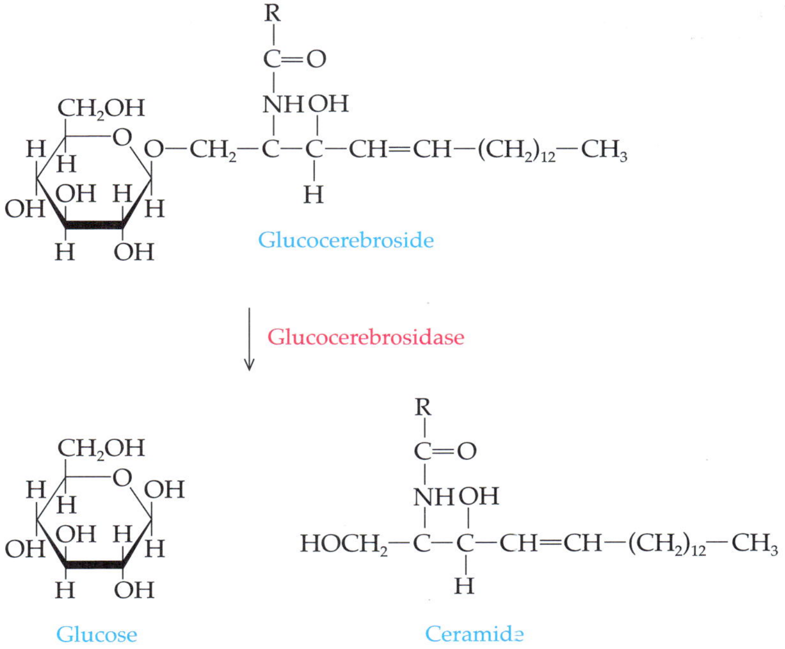

Gaucher 질병에서 그 효소는 존재하지 않고 glucocerbroside는 간, 비장, 골수에서 발견된 큰 대식 세포(macrophage)에서 만들어진다. 이들 세포는 대사할 수 없는 과량 지질로 충만되어 있고 그 다음에 골수에서 건강한 정상 세포를 치환한다. Gaucher질병 증상은 심한 빈혈, 혈소판 감소증(혈소판 수의 감소), 간과 비장 증대증을 포함한다. 뼈 악화와 이차골절을 포함하는 골격 문제도 있을 수 있다.

재조합 DNA 방법은 Genzyme Corporation에 의해 β-glucocerebrosidase 라는 인체 lysosomal enzyme 생산에 이용하였다. Cerezyme이라는 상품 이름의 그 효소는 glucocerebroside를 글루코오스와 ceramide로 가수분해하므로 그 생성물은 정상적으로 대사할 수 있다. 환자들은 한두 시간에 걸쳐 Cerezyme을 정맥주사한다. 그 투약과 치료 과정은 각 개인에 따라 맞추어 만들 수 있다. 그 검사결과는 매우 고무적이다. 환자들은 개선된 적혈구 세포와 개선된 혈소판 계수를 시험하고 감소된 간과 비장 증대증을 시험한다.

요약

4.1 명명법과 분류

효소는 가장 자주 관용 명명 시스템을 이용하여 명명한다. 그들은 때때로 기질 이름 또는 효소에 의해 촉매작용하는 기질반응으로부터 유도한다. 효소는 기능에 따라 분류한다. 일반적 여섯 종류는 산화환원효소, 전이효소, 가수분해효소, 절단효소, 이성질화효소, 연결효소다.

4.2 반응의 활성화 에너지에 관한 효소 효과

효소는 세포의 생물학적 촉매다. 그들은 활성화 에너지를 낮추지만 그들이 촉매작용하는 반응의 평형상수는 변경하지 못한다.

4.3 효소촉매 반응에 관한 기질농도 효과

비촉매반응은 기질농도 증가에 의해 반응속도를 증가한다. 효소촉매반응은 기질농도 증가에 의해 처음에 반응속도를 증가하지만 특정한 농도에서 그 반응속도는 최대에 도달한다. 이 농도에서 모든 효소 활성 자리는 기질로 채워진다.

4.4 효소-기질 복합물

효소-기질 착물 형성은 효소 촉매반응의 첫 단계다. 이것은 효소 활성 자리에 대한 기질결합과 관련있다. 기질결합의 열쇠-자물쇠 모델은 효소가 기질에 정밀하게 들어맞는 경직 구조로 설명한다. 더 새로운 유발 적합 모델은 효소를 유연한 분자로 설명한다. 활성 자리 모양은 기질 모양을 추정하고 그 다음 기질 주위를 그 자신이 둘러싼다.

4.5 효소-기질 복합물의 특이성

효소는 그들의 특이성에 근거하여 분류한다. 네 가지 특이성 분류는 절대 특이성, 원자단 특이성, 결합 특이성, 입체화학 특이성이다. 절대 특이성 효소는 한 기질만 반응을 촉매작용한다. 원자단 특이성 효소는 동일한 기능 작용기를 갖는 비슷한 기질과 관련있는 반응을 촉매작용한다. 결합 특이성 촉매는 한 결합 종류와 관련있는 반응을 촉매작용한다. 입체화학 특이성 촉매는 한 거울상이성질체만 관련있는 반응을 촉매작용한다.

4.6 전이상태와 생성물 형성

효소-촉매 반응은 불안정한 전이상태를 통하여 중간체를 만든다. 이것은 한 결합에 스트레스를 가하는 효소와 관련있고 반응물을 정확한 방향으로 또는 부분적 pH를 변경하여 반응물을 아주 가깝게 가져온다.

4.7 보조인자와 조효소

보조인자는 효소와 결합하는 그리고 활성 자리의 정확한 위치배열 유지를 돕는 금속이온, 유기화합물 또는 유기금속 화합물이다. 조효소라는 용어는 특이하게 반응 동안에 효소와 일시적으로 결합하는 유기 원자단과 관련있다. 그것은 화학 원자단을 받거나 준다.

4.8 환경효과

효소는 pH와 온도에 민감하다. 고온 또는 극한 pH는 효소를 변성하여 대부분 효소를 빠르게 비활성화한다.

4.9 효소 활성도 조절

효소는 세포에 의해 조절된다는 점에서 무기물 촉매와 다르다. 몇 가지 효소 조절방법은 다른 자리조절, 되먹임 억제, 비활성형태의 생성, 선구효소, 그리고 단백질 변형을 포함한다. 다른 자리 효소는 활성자리와 함께 한 효과인자 결합자리를 갖는다. 효과인자 결합은 효소 활성도(양성 다른 자리 입체성) 또는 비활성(음성 다른 자리 입체성)을 만든다. 되먹임 억제에서 한 생합성 경로의 생성물은 음성 다른 자리 입체성을 거쳐 전체 경로를 중단한다. 단백질 변형에서 공유결합 원자단의 첨가 또는 제거는 효소를 활성화 또는 비활성화한다.

4.10 효소 활성도 억제

효소 활성도는 비가역 억제제, 또는 효소와 단단하게 결합하여 그들의 활성도를 영구히 파괴하는 독성 물질 등 여러 가지 억제제에 의해 파괴될 수 있다. 경쟁억제제는 일반적으로 효소에 대한 자연 기질과 구조적 상사성을 갖는다. 그들은 정상 기질과 활성자리에 대한 결합을 경쟁한다. 경쟁억제제가 활성 자리에 결합하면 반응이 일어날 수 없고 생성물이 형성되지 않는다.

4.11 단백질 분해효소

단백질 분해효소는 펩타이드 결합을 촉매작용한다. *Pancreatic serine* 단백질 분해효소 키모트립신, 트립신, elastase는 비슷한 구조와 반응 메카니즘을 갖지만 기질 특이성이 다르다. 그들은 보편적 조상 단백질 분해효소로부터 진화한 것으로 생각한다.

4.12 의학에서의 효소 이용

어떤 효소의 비정성적 고농도에 대한 혈청분석은 환자 상태에 관하여 가치있는 정보를 제공한다. 그러한 분석은 심장발작, 간 질환, 췌장염의 진단에 이용된다. 효소는 혈액 요소 질소(BUN) 검사와 질병치료처럼 분석시약으로도 이용된다.

주요한 용어

- **가수분해효소**(4.1)
- **가역 경쟁 효소 억제제**(4.10)
- **가역 비경쟁 효소 억제제**(4.10)
- **결합 특이성**(4.5)
- **경쟁 억제제**(4.10)
- **구조적 상사성**(4.10)
- **기질**(4.1)
- **다른자리효소**(4.9)
- **단백질 변형**(4.9)
- **단백질 분해효소**(4.11)
- **되먹임 억제**(4.9)
- **반전효소**(4.7)
- **보조인자**(4.7)
- **분해효소**(4.1)
- **비가역 효소 억제제**(4.10)
- **비타민**(4.7)
- **산화환원효소**(4.1)
- **생성물**(4.2)
- **선구효소**(4.7)
- **양성 다른 자리 입체성**(4.9)
- **연결효소**(4.1)
- **원자단 특이성**(4.5)
- **유발 적합 모델**(4.4)
- **음성 다른 자리 입체성**(4.9)
- **이성질화효소**(4.1)
- **입체화학 특이성**(4.5)
- **열쇠-자물쇠 모델**(4.4)
- **전이상태**(4.6)
- **전이효소**(4.1)
- **절대 특이성**(4.5)
- **조효소**(4.7)
- **주효소**(4.7)
- **최적 pH**(4.8)
- **최적 온도**(4.8)
- **췌장 serine 단백질분해효소**(4.11)
- **활성자리**(4.4)
- **효소 특이성**(4.5)
- **효소**(서론)
- **효소-기질 착물**(4.4)

문제

명명법과 분류

4.10 기질과 그것에 상당하는 효소를 각기 비교하라.

4.11 다음 각 효소이름이 의미하는 기능을 설명하라.

a. citrate decarboxylase b. adenine diphosphate phosphorylase

a. oxalatereductase d. nitrite oxidase

e. cis-trans isomerase

반응의 활성화 에너지에 관한 효소 효과

4.12 한 반응의 활성화 에너지는 무엇인가?

4.13 효소 중간체 반응의 평형상수에 대한 반응식을 쓰고 설명하라. 효소는 K_{eq}를 변화하는가?

효소촉매 반응에 관한 기질농도 효과

4.14 화학반응속도에서 기질농도를 두 배로 만들면 그 효과는 어떠한가?

4.15 효소-촉매 반응의 속도에 관한 기질농도의 증가효과를 설명하는 그래프를 그려라.

효소-기질 복합물

4.16 효소 활성 자리의 세 가지 주요한 성질을 나열하라.

4.17 효소-기질 결합의 열쇠-자물쇠 모델은 무엇인가?

효소-기질 복합물의 특이성

4.18 네 가지 종류의 효소 특이성을 나열하고 정의하라.

전이상태와 생성물 형성

4.19 효소-촉매 반응에서 일반적 네 가지 단계를 간단히 설명하라.

4.20 어떤 종류의 전이상태가 효소의 활성화 에너지를 감소할 것으로 상상하는가?

보조인자와 조효소

4.21 효소 활동도에서 보조인자 역할은 무엇인가?

4.22 NAD$^+$ 기능은 무엇인가? 어느 종류 효소가 이 종류의 조효소를 필요로 하는가?

환경효과

4.23 효소 활성도에 영향주는 인자를 나열하라.

4.24 최적 pH로부터 pH를 크게 변화할 때 효소는 활성도를 왜 상실하는가?

4.25 높은 온도는 외과 기구의 박테리아 살균에 효과적 메카니즘이다. 고온은 세포 죽음에 어떤 결과를 가져오는가?

4.26 Lysosome은 무엇인가?

4.27 병원에서 임상분석에 이용하는 효소는 왜 냉장고에 저장하는가?

효소 활성도 조절

4.28 a. 효소 활성도의 농도 조절은 세포에 왜 중요한가?

b. 소화 효소 합성은 왜 조심스럽게 조절해야 하는가?

4.29 양성과 음성 다른 자리 입체성 사이에 차이는 무엇인가?

4.30 선구효소는 무엇인가?

효소 활성도 억제

4.31 경쟁적 효소 억제를 설명하라.

4.32 한 구조적 상사성 구조를 설명하라.

4.33 비가역 효소 억제를 정의하라.

4.34 어떤 제약회사는 어떤 효소에 대한 기질로서 거의 동일한 구조를 갖지만 화학적으로 효소에 의해 작용할 수 없는 것을 생산했다고 상상하자. 그 화합물은 효소와 어떤 종류의 상호작용을 갖는가?

단백질 분해효소

4.35 키모트립신, 트립신, elastase와 비슷한 구조는 그들의 진화 관계에 관하여 무엇을 암시하는가?

4.36 Try-lys-ala--phe 펩타이드에 대한 완전한 구조식을 그려라. 이 펩타이드가 키모트립신과 반응할 때 어느 결합이 파괴되는가를 증명하라.

4.37 10종류 아미노산 잔기(residue)를 함유하는 한 펩타이드 순서는 다음과 같다.

ala-gly-val-leu-trp-lys-ser-phe-arg-pro

Elastase, 트립신, 키모트립신에 의해 분해되는 펩타이드 결합을 화살표로 나타내라.

의학에서의 효소 이용

4.38 심근경색증 다음에 혈청에서 농도가 증가하는 효소를 나열하라.

5장 탄수화물 대사

내 용

Carbohydrate Metabolism

학습목적

1. 세포 에너지 전이과정에서 ATP 중요성을 설명하라.
2. 식이 단백질의 분해대사 작용에 대한 세 가지 단계를 설명하라.
3. 주요한 두 가지 부분의 관점에서 해당과정을 설명하라.
4. 해당작용에서 일어나는 어떤 화학반응을 나타내는 한 반응식을 보고, 일어나는 반응종류와 그 경로에 대한 그 반응의 중요성을 설명하라.
5. 해당작용 속도의 조절 메카니즘을 설명하라. 그 조절의 특수한 예를 설명하라.
6. 발효반응의 실제 역할과 대사 역할을 설명하라.
7. 생합성에 필요한 펜토스 인산의 몇 가지 생성물을 나열하라.
8. 해당작용과 글루코오스 신생합성을 비교하라.
9. 글리코겐 생성과 글리코겐 분해에 의한 혈당농도의 조절을 설명하라.

화학관련 토픽; 파스타를 먹고 취해서 비틀거리는 사람

한 접시의 스파게티 또는 한 봉지의 감자 칩을 먹은 다음 취해서 비틀거리는 것을 상상하자. 그것은 Charles Swaart가 이차대전 후 일본 도쿄에서 머무르는 동안 바로 일어난 일이다. 그는 한 방울의 알코올도 마시지 않고 갑자기 완전히 취했다.

이후 20년간 Swaart는 설명할 수 없는 술에 취한 상태의 발작과 숙취가 계속되었다. 문제는 대단히 위험하게도 그의 간이 손상된 것이었다. 그러나 1964년에 Swaart는 그것과 동일한 신비스럽고 당혹스런 증상으로 고통받는 한 사람의 소식을 일본에서 들었다. 25년 후에 내과 의사들은 그 문제를 진단했다. 일본 사람의 창자 안에 살아있는 효모 *Candida albicans*의 변종 균주들이 있었다. 이들 효모 세포는 사람의 식이로부터 에탄올을 만들기 위하여 탄수화물을 이용하고 있었다. 이들 효모세포들이 이용한 대사경로는 해당작용(glycolysis)과 알코올 발효(fermentation)였다. 그 두 가지 경로를 이 장에서 공부하겠다.

Swaart가 일본에서 이용한 치료에 유의할 점이 있다. 그는 수년간에 걸쳐 몇 가지 항생제로 치료했다. 최종적으로 1975년에 그의 창자 안에 모든 변종 효모 세포들이 죽었고, 그의 생활은 정상으로 돌아왔다.

내과 의사들은 이러한 의학적 비밀의 해결에 왜 그렇게 많은 어려움이 있었는가? 비발효성 *Candida albicans*은 인간의 소화관에 정상적으로 서식하는 미생물이다. 이러한 변종 에탄올-생산 균주를 찾아내려고 몇 가지를 매우 현명하게 과학적으로 연구했다. 과학자들은 변종 효모들이 어디서 왔는가에 관하여 한 전제 조건을 가지고 있다. 그들은 나가사끼와 히로시마에서 원자탄 폭발로 방출된 방사선이 변종을 발생했다고 생각했다.

이 장에서는 세포에 필요한 작업에 에너지를 제공하기 위하여 모든 미생물이 이용하는 화학반응에 대한 공부를 시작하겠다.

8장에서는 미생물의 구조 또는 기능이 변할 수 있는 DNA손상(변이)의 종류를 살펴 보겠다.

서론

우리들이 달리고 뛰어오르고 생각할 때 에너지가 필요한 것처럼 세포는 세포 활동을 할 때 여러 가지 기능을 위하여 세포 에너지의 공급이 필요하다. 세포는 환경과 세포 사이에 분자를 이동하기 위한 능동수송(active transport)에 에너지가 필요하다. 작은 대사 분자 합성과 이들 중간체로부터 거대분자 생합성에도 에너지가 필요하다. 마지막으로 근육 수축과 정자세포 이동을 포함하는 기계적 일에 에너지가 필요하다. 표 5.1에 이들 에너지-요구 과정에 관한 몇 가지 예를 나열하였다.

이와 같이 필요한 세포 에너지를 공급하기 위하여 분해 또는 산화될 수 있는 에너지가 많은 식품분자 공급이 필요하다. 우리 식이는 세 가지 주요한 에너지 공급원, 즉 탄수화물, 지방, 단백질을 포함한다. 이러한 각 종류의 큰 생물분자는 세포에 섭취되어 세포 에너지 생산에 이용하기 전에 그것의 소단위, 즉 간단한 당, 지방산과 글리세롤, 그리고 아미노산으로 분해되어야 한다. 이들 식품분자 종류 중 탄수화물을 가장 쉽게 이용한다. 탄수화물 분해의 첫 단계 경로는 해당작용(glycolysis)이라고 부른다. 박테리아와 인간만큼이나 서로 다른 생명체도 동일한 경로로 해당과정이 이루어진다.

이 장에서는 이러한 오래된 에너지-수확 경로의 단계를 살펴보려고 한다. 우리들은 몇 가지 탄수화물의 결합 에너지 획득과 adenosine triphosphate(ATP) 분자 형태로 에너지 저장과 관련이 있는 것을 알게 될 것이다. 해당작용은 실제로 글루코오스의 퍼텐셜 에너지를 매우 소량 방출하고 저장한다. 그러나 그 경로도 생합성 구성단위의 공급원으로 이용한다. 또한 그 퍼텐셜 에너지의 40% 정도를 방출할 수 있는 방법으로 탄수화물을 변형한다.

한 화합물의 퍼텐셜 에너지는 그 화합물의 결합 에너지라는 것을 기억하라.

표 5.1 에너지가 필요한 세포 작업의 종류

생합성: 대사 중간체와 거대분자 합성
식물의 광합성 과정에서 CO_2와 H_2O로부터 글루코오스 합성
아미노산 합성
뉴클레오타이드 합성
지방질 합성
아미노산으로부터 단백질 합성
핵산 합성
세포기관과 막의 합성
능동 운반: 이온과 분자의 운동
일정한 pH를 유지하기 위한 H^+ 수송
세포로 식품 분자의 수송
신경자극 전달을 위하여 신경세포 내외부로 K^+와 Na^+ 수송
벽세포로부터 위장으로 HCl 분비
혈액으로부터 신장 안의 오줌으로 노폐물 수송
창자로부터 혈액으로 아미노산과 대부분 헥소스 당의 수송
Mitochondria의 칼슘이온 축적
운동성
근육 세포의 수축과 이완
세포 분할 중 염색체 분리
정자의 편모에 의한 헤엄치는 능력
기도관 상피의 내벽에서 섬모에 의하여 호흡관 밖으로 외부물질의 이동
암컷 생식관에서 섬모에 의하여 나팔관으로 충란의 자리옮김

5.1 ATP: 세포 에너지 유통

학습목적

1

분해대사(catabolism)라고 부르는 연료분자의 분해는 **합성대사**(anabolism) 또는 생합성을 포함하는 세포 에너지 요구의 작용에 에너지를 제공한다. 실제로 어떤 식품에 공급원을 둔 에너지는 두 가지 중 하나, 즉 열로서, 또는 세포에 더 중요한, 화학결합 에너지로 방출할 수 있다. 우리는 간단한 글루코오스 당의 호기성 분해에 관하여 두 가지 방식 중 양자택일을 생각할 수 있다. 우리는 비교법으로 글루코오스를 불에 연소하는 것으로 간단히 설정할 수 있다. 이것은 CO_2와 H_2O로 완전히 산화되고 686 kcal/mol 글루코오스를 방출한다. 그러나 세포에서는 무엇이 이루어지는가? 아무것도 없다. 글루코오스 결합의 모든 퍼텐셜 에너지는 열과 빛으로 잃는다.

세포는 다른 방법을 이용한다. 일련의 효소를 이용한 세포 생화학 과정은 단계별로 글루코오스를 산화한다. 소량 에너지는 그 경로의 몇 가지 점에서 방출된다. 그리고 그 에너지는 한 분자결합에서 수확하여 보존한다. 그것을 범용 에너지 화폐(universal energy currency)이라고 부른다. 이 분자는 **adenosine triphosphate(ATP)**이다.

질소성 염기는 헤테로고리 아민이다. 5탄소당은 1.4절에서 설명하였다. nucleotide 구조에 관한 더 많은 정보는 8.1절에 있다.

ATP는 분해대사 발열반응(에너지를 방출하는, exergonic reaction)과 합성대사 흡열반응(endogonic reaction)의 두 가지 사이에 중간 삽입 분자로 작용한다. 이 분자들이 에너지-요구 반응을 위하여 어떻게 에너지를 수확하고 방출하는가를 이해하려면 이 놀라운 분자 구조를 살펴보아야 한다(그림 5.1). ATP는 뉴클레오타이드(nucleotide)이고 그것은 질소성 염기(nitrgenous base)의 한 분자, 즉 5-탄당과 1, 2, 또는 3 인산 원자단으로 구성된 한 분자라는 것을 의미한다.

ATP에서 포스포에스터(phosphoester) 결합은 첫째 포스포릴 원자단($-PO_3^{2-}$)이 5-탄당 리보오스와 결합한다. 그 다음 두 가지 포스포릴 원자단은 서로 포스포 무수물 결합으로 합쳐진다(그림 2.1). 포스포무수물(phosphoanhydride) 결합은 고에너지 띠(high-energy band)라는 것을 기억하라. 그 결합은 분해하거나 가수분해할 때 다량 에너지를 방출한다. ATP의 포스포무수물 결합이 분해할 때 방출 에너지는 세포 작업에 이용할 수 있다. 이러한 고에너지 결합은 그림 5.1에 짧은 곡선(~)으로 표시한다.

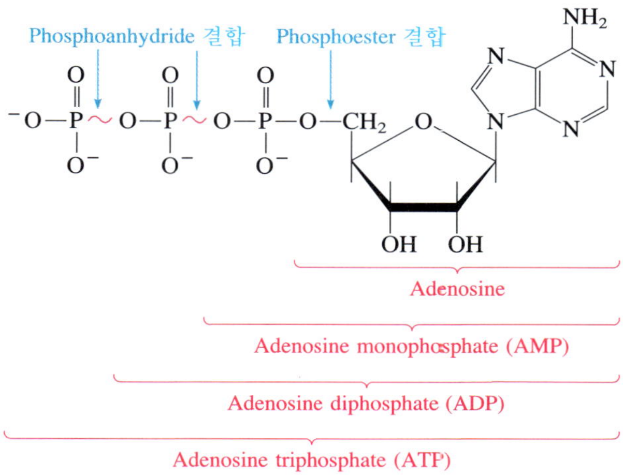

그림 5.1
범용 에너지의 통용분자, 즉 ATP 분자의 구조

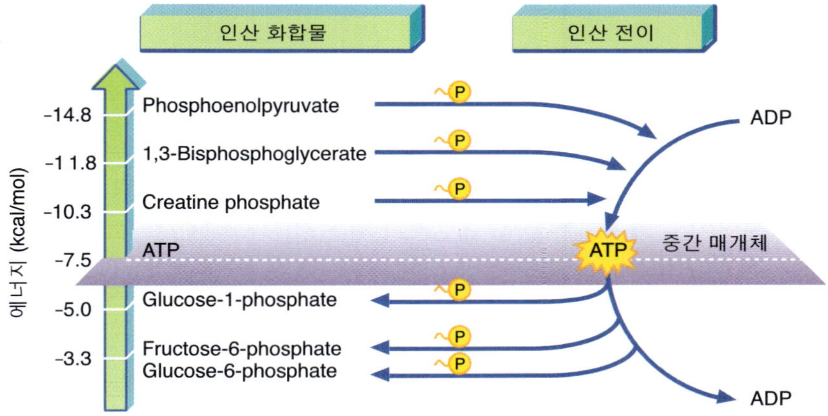

그림 5.2
세포대사 반응에 중요한 몇 가지 포스포릴 화합물의 에너지 비교

ATP 구조는 그 분자가 세포에서 에너지 변환 사이에 좋은 한 중간 매개체라는 것이 그 이유의 한 일부분일 따름이다. ATP는 에너지를 제공하는 화합물보다 큰 에너지를 가져야 한다. 그러나 그것은 에너지 형성과 관련있는 화합물보다 작은 에너지를 함유해야 한다. 이 방법으로 ATP를 생성하는 반응과 세포의 작업에 에너지를 제공하는 ATP 가수분해는 발열반응이므로 모든 반응은 이 방법을 선호한다. 그림 5.2는 에너지 대사와 관련있는 ATP를 포함하는 몇 가지 포스포릴 화합물의 상대적 에너지를 보여준다.

ATP 가수분해는 adenosine diphosphate(ADP), 무기 인산 원자단(Pi), 그리고 에너지를 형성한다(그림 5.3). 이 ATP 가수분해에 의해 방

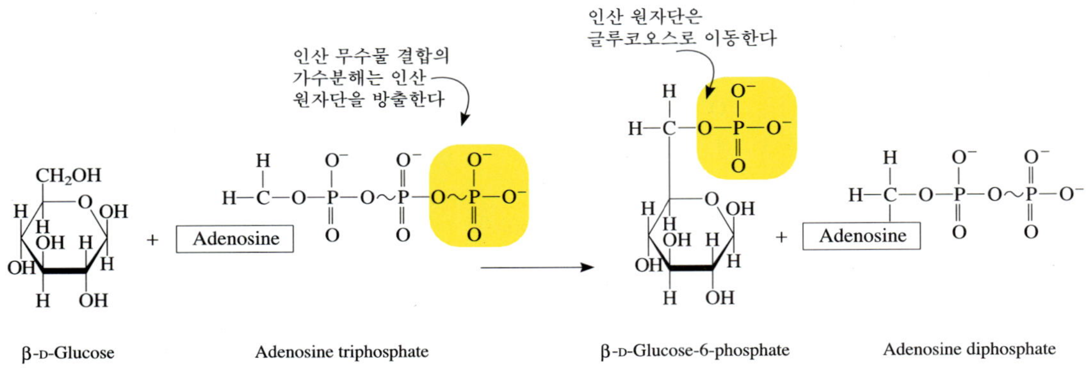

그림 5.3
ATP의 포스포무수물 결합의 가수분해는 무기 인산과 에너지를 방출한다. 한 효소에 의하여 촉매반응한 한 쌍의 반응에서 포스포릴 원자단과 약간의 방출 에너지는 β-D-글루코오스로 이동한다.

출된 에너지는 그 다음에 생물학적 방법, 즉 예를 들어 글루코오스 또는 프럭토오스의 포스포릴화반응에 이용한다.

ATP 에너지를 이용하는 그 방법의 한 예는 해당작용의 첫 단계, 즉 화학 에너지를 제공하는 글루코오스의 혐기성 분해에서 볼 수 있다. 첫 단계는 ATP로부터 글루코오스의 C-6 하이드록시 원자단으로 포스포릴 원자단($-PO_3^{2-}$) 전이와 관련있다(그림 5.3). 이 반응은 hexokinase 효소에 의해 촉매작용한다.

이 반응은 분리하여 ATP 역할을 에너지 공급원으로 나타낼 수 있다. 이것은 한 쌍의 반응이지만 두 가지 과정으로 생각할 수 있다. 첫 단계는 ADP와 인산(약자는 P_i)으로 ATP가 가수분해한다. 이것은 약 7 kcal/mol 에너지를 방출하는 발열반응이다.

$$\text{ATP} + H_2O \longrightarrow \text{ADP} + P_i + 7\ \text{kcal/mol}$$

둘째 단계, 즉 글루코오스와 인산으로부터 글루코오스-6-인산의 합성은 3.0 kcal/mol이 필요한 흡열반응이다.

$$3.0\ \text{kcal/mol} + \text{glucose} + P_i \longrightarrow \text{glucose-6-phosphate} + H_2O$$

이 두 가지 화학반응은 합쳐서 ATP 가수분해가 글루코오스 인산화 반응과 짝짓는 방법을 보여주는 반응식으로 될 수 있다.

$$ATP + H_2O \longrightarrow ADP + P_i + 7\ kcal/mol$$
$$3.0\ kcal/mol + glucose + P_i \longrightarrow glucose\text{-}6\text{-}phosphate + H_2O$$
$$\text{Net: } ATP + glucose + P_i \longrightarrow glucose\text{-}6\text{-}phosphate + ADP + 4\ kcal/mol$$

ATP 가수분해는 글루코오스와 인산으로부터 글루코오스-6-인산 합성에 필요한 것보다, 더 많은 에너지를 방출하므로 이 과정에서 전체 에너지는 방출되고, 그 반응은 오른쪽으로 자발적으로 진행한다. 글루코오스-6-인산 생성물은 글루코오스 반응물보다 더 에너지를 가지므로 그것은 ATP결합에 있었던 에너지의 일부를 운반하게 된다.

모든 분해대사 경로의 주요기능은 연료 분자의 화학 에너지 수확과 ATP 생성에 의한 그 에너지의 저장이다. 이러한 계속되는 ATP 생성은 대부분 세포기능 촉진에 이용하는 저장 퍼텐셜 에너지를 제공한다.

문제 5.1

ATP를 왜 범용 에너지 유통이라고 부르는가?

5.2 분해대사 과정의 개요

학습목적 2

탄수화물, 지방, 단백질은 모두 분해하여 에너지를 방출할 수 있지만 탄수화물을 가장 쉽게 에너지 공급원으로 이용한다. 헥소스(hexose) 글루코오스의 산화를 살펴보기 시작하겠다. 6장과 7장에서는 글루코오스의 산화 경로를 지방과 단백질 분해에도 어떻게 이용하는가에 관하여 살펴보겠다.

어떤 분해과정은 영양소 공급과 함께 시작해야 한다. 식사를 할 때 탄수화물, 지방, 단백질을 먹는다. 이때부터 분해과정은 일련의 단계로 나누어 볼 수 있다. 분해과정의 세 단계를 그림 5.4에 요약한다.

단계 I : 식이 거대분자를 작은 소단위로 가수분해

첫 단계 분해대사 목적은 큰 식품분자를 그들의 성분 소단위로 분해하는 단계다. 이러한 소단위, 즉 간단한 당, 아미노산, 지방산, 글리세롤 등은 그 다음에 인체에 섭취되어 에너지 공급원으로 이용한다. 그 소화과정을 그림 5.5에 요약한다.

다당류는 단당류로 가수분해한다. 이 과정은 아밀라제(amylase) 효

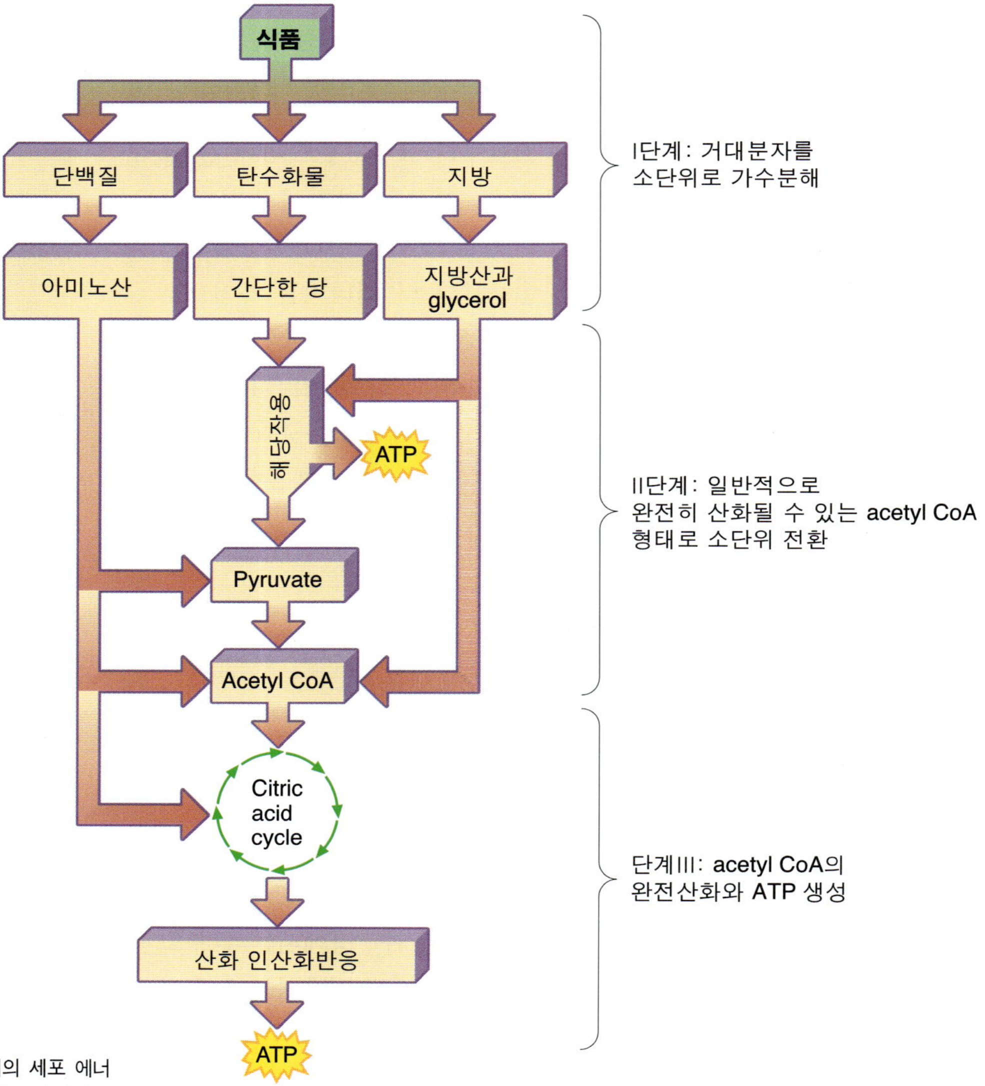

그림 5.4
식품을 ATP형태의 세포 에너지 형태로 전환하는 세 단계

소에 의해 전분 가수분해를 시작하는 입으로부터 시작한다. 소화는 소장에서 계속된다. 그 소장에서 췌장효소는 전분을 말토스(maltose, 글루코오스의 이당류)로 더 가수분해된다. Maltase는 말토스 가수분해를 촉매작용하여 두 분자의 글루코오스를 만든다. 마찬가지로 수크로오스는 sucrase 효소에 의해 글루코오스와 프룩토오스로 가수분해되고 락토오스(유당, milk sugar)는 소장에서 lactase 효소에 의해 글루코오스와 갈락토오스의 단당류로 분해된다. 그 단당류는 능동수송(active transport)이라고 부르는 에너지 요구 과정에서 소장의 표피세포에 의

실험실에서 아마이드 결합의 가수분해는 센 산 또는 센 염기와 고온이 필요하다. 그러나 효소로 촉매작용하면 이 반응이 생리조건에서 빠르게 진행한다.

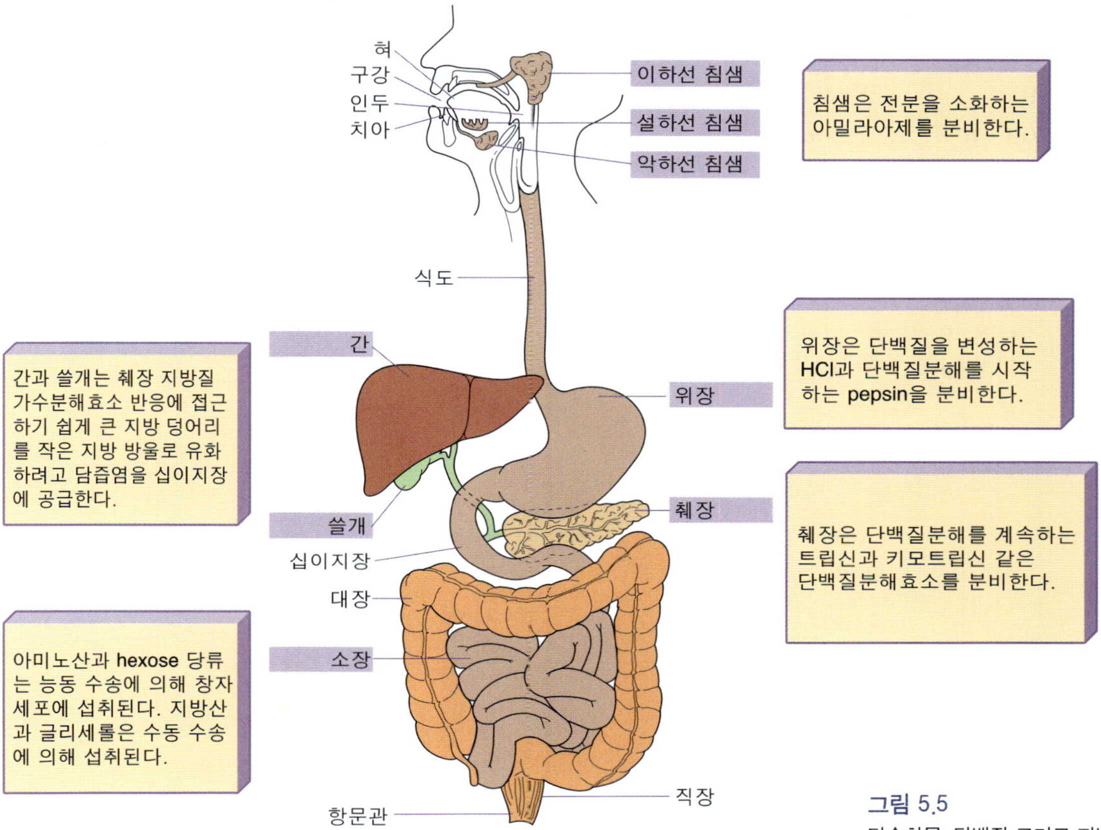

그림 5.5
탄수화물, 단백질 그리고 지방을 가수분해하는 소화과정의 개요

해 섭취된다.

단백질 소화는 위장에서 시작한다. 그곳에서 낮은 pH는 단백질을 변성하므로 단백질은 펩신(pepsin) 효소에 의해 더 쉽게 가수분해된다. 단백질은 소장에서 트립신(trypsin), 키모트립신(chymotrypsin), elastase, 기타 단백질 분해효소에 의해 더 분해된다. 단백질 소화 생성물, 즉 아미노산과 짧은 올리고펩타이드(oligopeptide)는 소장의 벽 세포에 섭취된다. 이 섭취도 능동수송 메카니즘과 관련있다.

타액과 위장액체 두 가지의 지방질 가수분해효소도 있지만 식품이 소장에 도착할 때까지 지방 소화는 시작되지 않는다. 지방은 십이지장(소장의 첫 부분)에 큰 지방질 덩어리로 도착한다. 간에서 생성된 담즙산염이 이들을 작은 지방 방울의 에멀젼(emulsion)으로 분해한다. 작은 방울일 수록 더 큰 표면적을 가지므로 지방질은 췌장 지방질 가수분

소화와 지방수송은 7장에서 상세하게 설명한다.

능동수송과 수동수송은 2.6절에서 설명하였다.

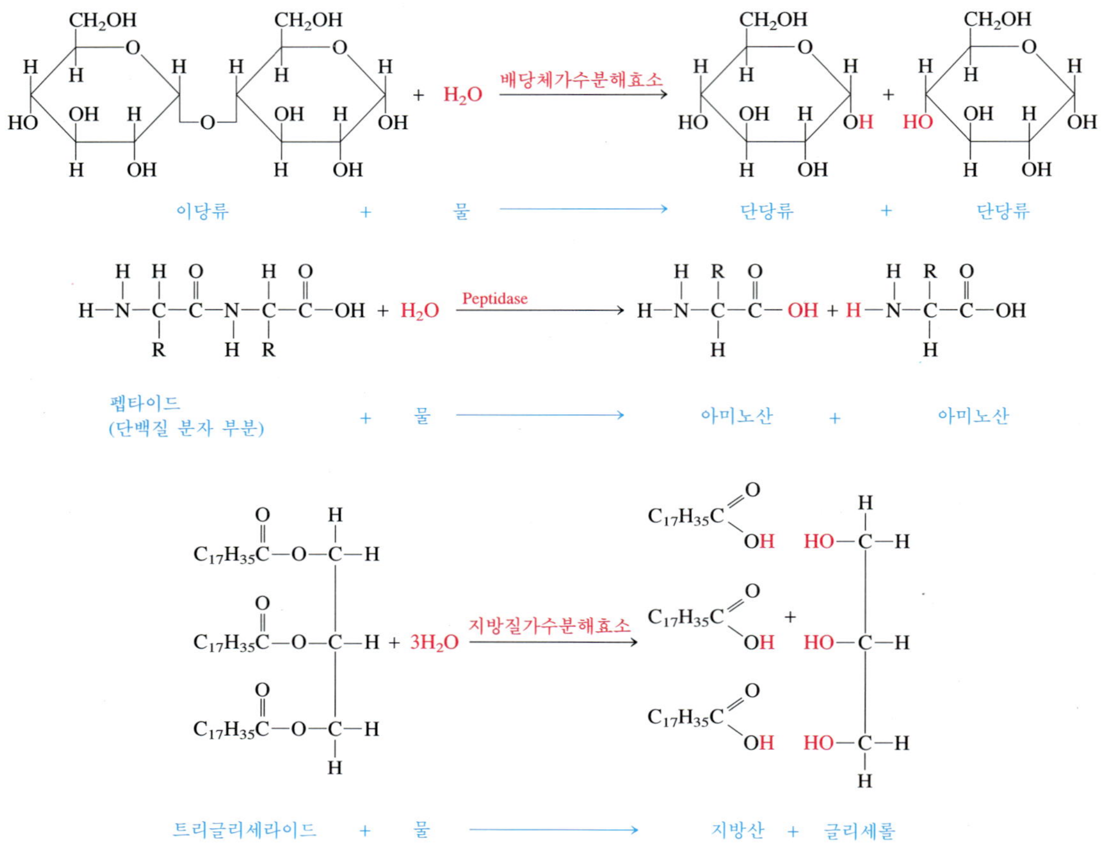

그림 5.6
탄수화물, 단백질 그리고 지방의 가수분해반응 요약

해효소 반응에 더 참여할 수 있다. 이 효소는 지방을 지방산과 글리세롤로 가수분해하고 에너지가 필요 없는 수송과정에 의해 장관 세포에 섭취된다. 이 과정을 수동수송(passive transport)이라고 부른다. 이 가수분해를 그림 5.6에 요약한다.

단계 II: 단위체를 완전히 산화가능한 형태로 변환

Citric acid 순환은 6.4절에서 설명한다.

단당류, 즉 아미노산, 지방산, 글리세롤은 이제 에너지 대사과정으로 통합 되어야 한다. 그 두 가지 주요경로는 해당작용과 시트르산 회로(citric acid cycle)다(그림 5.4). 당류는 일반적으로 글루코오스 또는 프룩토오스 형태로 해당작용 경로에 들어간다. 그들은 결과적으로 시트르산 회로에서 완전히 산화가능한 형태, 즉 acetyl CoA로 변환한다. 아미노 원자단은 아미노산에서 제거되고 나머지 탄소 뼈대는 시트르산 회로의 여러 단계에서 분해과정에 들어간다. 지방산은 acetyl CoA으로 변환하여 그 형태로 시트르산 회로에 들어간다. 지방 가수분해에 의해 생성된 글리세롤은 글리세르알데하이드-3-인산, 즉 해당작용의 중간체 중 하나로 변환하고 그 수준에서 에너지 대사에 들어간다.

단계 III: 영양소의 완전 산화와 ATP 생성

Acetyl CoA는 그 영양소 중 나머지 2-탄소, 즉 acetyl 원자단을 시트르산 회로에 운반한다. Acetyl CoA는 시트르산 회로에 들어가고 전자와 수소원자들은 acetyl 원자단을 CO_2로 완전히 산화하는 동안 수확된다. Coenzyme A는 추가 acetyl 원자단을 그 경로로 운반하기 위하여 방출한다(재순환). 수확된 전자와 수소원자는 ATP를 생성하기 위하여 산화적 인산화 과정에 이용한다.

산화 인산화 반응은 6.6절에서 설명한다.

문제 5.2

세 단계 분해작용을 간단히 설명하라.

5.3 해당작용

개요

해당작용(glycolysis)은 Embden-Meyerhof 경로라고도 알려져 있고 D-글루코오스 기질을 가지고 시작하는 탄수화물의 분해작용 경로다. 모든 생물이 해당작용의 에너지 공급원으로 글루코오스를 이용할 수 있다는 바로 그 사실은 해당작용이 지구에서 진화된 첫 번째 성공적 에너지-수확 경로라는 것을 암시한다. 지구의 대기가 자유 산소가 없는 혐기성(anaerobic)일 때 그 당시에 진화된 경로를 이용할 수 있었다. 결과적으로 해당작용은 산소가 필요없다. 그것은 한 혐기성 과정이다. 게다가 그것은 박테리아와 대단히 비슷한 매우 간단한 단일세포 미생물로부터 진화되었음에 틀림없다. 이들 미생물은 특이한 세포기능을 수행하는 세포질에 복잡한 세포 소기관을 갖지 않았다. 그리하여 해당작용은 그 세포질에서 자유로운 효소에 의해 수행된 한 과정이었다. 오

늘날까지 해당작용은 우리 자신과 같이 복잡한 세포에서도 세포질 효소에 의해 수행된 혐기성 과정이 남아있다

10 단계 해당작용을 그림 5.7에 제시한다. 그 경로에서 첫 번째 기질은 헥소스 당 글루코오스다. 그 경로반응의 수행에 10 가지 효소들이 필요하다. 첫 번째 해당작용 반응은 에너지 투자와 관련있다. ATP분자는 가수분해되고 에너지는 방출되고 포스포릴 원자단은 헥소스 당에 첨가된다. 나머지 해당작용 단계에서 에너지를 수확하여 알짜 ATP 이득(gain)이 생긴다.

세 가지 주요한 해당작용 생성물이 그림 5.7에 있다. 이들은 ATP 형태의 화학 에너지, NADH 형태의 화학 에너지, 그리고 두 가지 3-탄소 pyruvate 분자다. 이들 생성물은 각각 다음과 같이 생각된다.

- **ATP로서 화학에너지.** 네 개 ATP분자들은 기질-수준 포스포릴화 반응(substrate-level phosphrylation)에 의해 생성된다. 이것은 해당작용에서 그 기질의 하나로부터 고에너지 포스포릴 원자단이 ADP로 전이된 ATP 생성을 의미한다. 이들 전이반응에 관여한 두 가지 기질은 1,3-bisphosphoglycerate 및 phosphoenolpyruvate와 관련있다(그림 5.7의 7과 10 단계를 보라). 네 개 ATP분자는 해당작용 중에 생성되지만 알짜 이득(gain)은 두 개 ATP 분자뿐이다. 왜냐하면 두 개 ATP 분자는 먼저 해당작용에서 이용하기 때문이다(그림 5.7의 1과 3 단계). 생성된 두 개 ATP 분자는 글루코오스분자 퍼텐셜 에너지의 2.2% 뿐이다. 그리하여 해당작용은 매우 효과적 에너지수확 과정이 아니다.

NAD+ 구조와 수소 음이온 운반체로서 기능 역할을 하는 방법은 그림 4.8과 2.7에서 설명한다.

- **NAD^+가 환원된 NADH 형태의 화학에너지.** Nicotinamide adenine dinucleotide(NAD)는 niacin 비타민으로부터 유도한 조효소다. NAD^+의 환원 형태, 즉 NADH는 두 개 전자를 갖는 수소원자, 즉 수소 음이온($H:^-$)를 운반하고 글리세르알데하이드-3-인산 형태로 그 기질 중 하나가 산화되는 동안 제거된다(그림 5.7 단계 6을 보라). 호기성 상태에서 그 전자와 수소원자는 세포질로부터 미토콘드리아(mitochondria)로 수송한다. 여기에서 그들은 **산화적 포스포릴화 반응**에 의한 ATP 생성을 위하여 전자수송 시스템에 들어간다. NADH는 발효반응에서 전자공급원으로 이용한다.

- **두 개 pyruvate 분자.** 해당작용 말기에 6-탄소 글루코오스 분자는

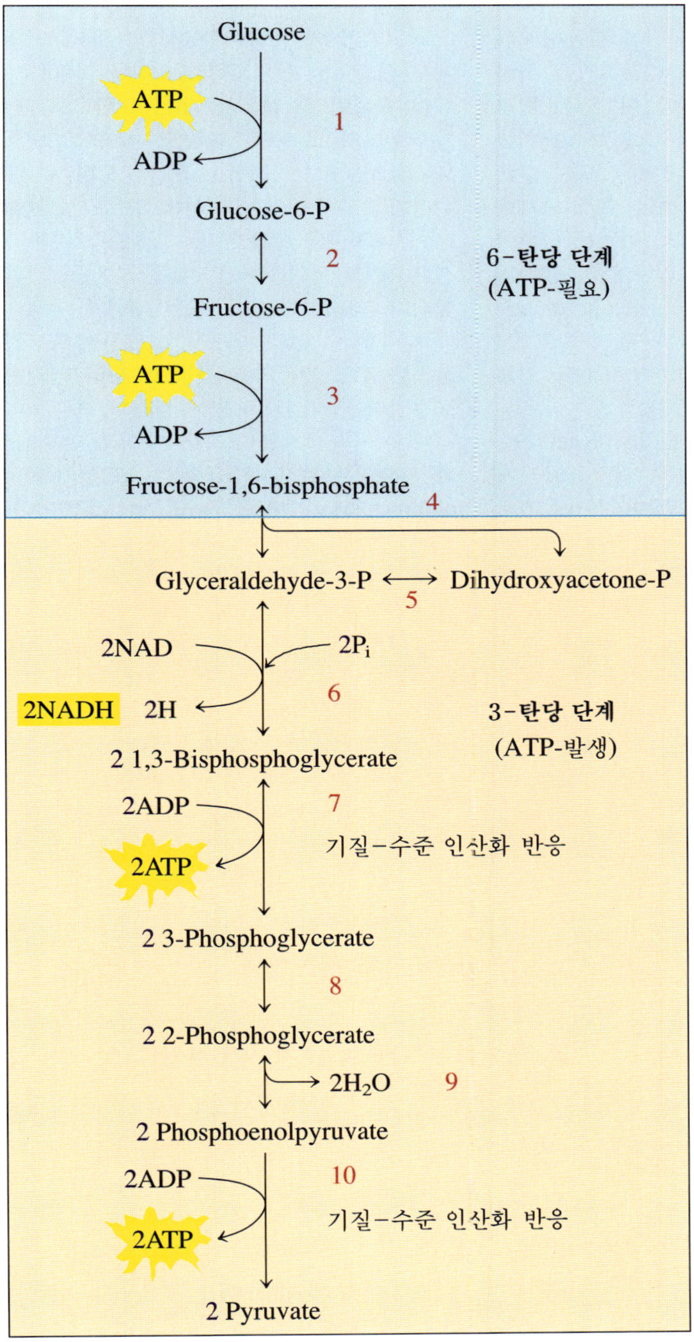

그림 5.7
해당작용 반응의 요약. 이들 반응은 세포질에서 일어난다.

의학관련 토픽; 해당작용의 유전장애

항상 신체단련에 어려움이 있다고 상상하라. 코치가 당신이 꼴지이므로 당신이 튼튼해지라고, 그리고 다시 한번 왕복해서 달리기를 하라고 명령한다고 상상해 보라. 당신은 당신 몫의 야영 기구를 운반하지 않아서 게으르다고 비난받는 것을 상상해 보라. 당신이 친구 또는 다른 사람과 함께 체육시간을 왜 견딜 수 없는가를 모두 알지못한다고 상상해 보라. 이것은 당신이 먹는 식품으로부터 에너지를 얻는 것이 불가능하여 생기는 대사 근육장애[metabolic muscle myopathy, 근육(muscle)은 myo-를 뜻하고 장애(disorder)는 -pathy를 의미한다]로부터 고생하는 수천명의 운명이 걸려 있다.

운동 중 피로 징후를 운동허용능(exercise intolerance)이라고 한다. 그것은 대사 근육장애의 주요한 증상 중 하나다. 그러나 간단한 피로는 바로 가장 온화한 증상이다. 지나친 운동은 근육세포들이 그들 자신을 위해 충분한 ATP 에너지를 제공할 수 없어 기능이 억제되기 시작하는 일시적 근육손상(rhabdomyolysis)이 발생할 수 있다. 근육손상은 creatine kinase의 혈액농도를 크게 증가한다. Creatine kinase는 에너지 대사에 중요한 근육에 많이 존재하는 효소다[인간관련 토픽:운동과 에너지 대사(6장)을 보라]. 근육세포들이 손상될 때 이 효소는 혈액으로 방출된다. 또 다른 증상은 myoglobinuria(오줌의 myoglobin)이다. Myoglobin은 근육에서 산소저장 단백질이라는 것을 기억하라. 근육이 손상될 때 myoglobin은 오줌으로 배출되고 Cola의 소프트 드링크 색으로 변한다. Myoglobinuria는 콩팥손상을 일으킬 수 있다. 이러한 임상증상에 수반하여 많은 사람들이 심한 근육통증을 호소한다. 그들은 그것을 근육경련이라고 설명한다. 그러나 그 통증은 통증이 아니다. 왜냐하면 그 근육은 에너지 부족 때문에 수축할 수 없기 때문이다. 오히려 그 통증은 충분한 ATP 생성의 불가능으로부터 생기는 세포사망과 조직손상 때문에 생긴다.

대사 근육장애를 초래하는 세 가지 해당작용과 관련있는 효소부족이 있다. 그 첫째는 phosphofructokinase 부족 또는 Tarui 질병이다. 이것은 성-관련 장애가 아니지만 환자 대부분이 남성이다(남성 9명-대-여성 1명). 그 장애는 가장 자주 미국에서 Ashkenazi Jews와 Italian 가계에서 발견된다. 그 증상의 시발은 유아와 어린이에서 몇 가지 심각한 경우들이 보고되고 있지만 전형적으로 20대와 40대 사이에서 생긴다. Tauri 질병이 늦게 발병되는 환자들은 전형적으로 그들이 젊을 때 운동허용능을 경험했다. 격렬한 운동은 myoglobinuria와 심한 근육통증

두 개 3-탄소 pyruvate 분자로 전환한다. pyruvate의 운명은 그 반응이 일어나는 동안 산소의 존재 여부에 의해 결정된다. 호기성 상태에서 그것은 시트르산 회로와 완전 산화를 위하여 예정된 acetyl CoA 생성에 이용한다. 혐기성 상태에서 그것은 발효반응에서 전자 받개로 이용한다.

어떠한 상황이라도 이 마지막 두 생성물은 어떻게든 소비되어야 해당과정이 계속 진행될 수 있다. 이것에 대하여는 두 가지 이유가 있다. 첫째, pyruvate를 증가하면 해당작용이 정지하고 그래서 ATP 생성이 중지된다. 그리하여 pyruvate는 추구하는 어떤 종류의 호기성 또는 혐기성 반응에 이용해야 한다. 둘째, 단계 6에서 글리세르알데하이드-3-

을 초래한다. 탄수화물이 많은 식사는 운동허용능을 악화시킨다. 일찍부터 그 질병의 초기 증상은 때때로 호흡곤란, 심근병증(심장근육질병), 발작, 피질성맹(cortical blindness)과 관련있다.

Phosphoglycerate kinase 부족은 한 성관련 유전장애다(X 염색체에 위치한). 그러므로 이 질병으로부터 여성보다 훨씬 더 많은 남성이 고통받는다. 그들은 모두 동일한 환자에서 드믈게 발견될 뿐이지만 이 부족증과 연관있는 임상 증상은 많이 있다. 이들 증상은 정신장애와 발병으로부터 느린 진행성 근육장애까지 범위다.

Phosphoglycerate mutase 부족은 염색체 7에 나타난다. 그 장애는 주로 미국에서 아프리카계 미국인, 이태리계, 일본계에서 발견된다. 임상특징은 운동허용능, 근육통증, 더 심한 운동 다음에 myoglobinuria 등을 포함한다.

이러한 각 장애는 효소부족 때문에 생기므로 과학자들은 잃어버린 활성도를 대치하는 방법을 디자인하려고 노력한다. 효소는 단백질이므로 경구투여는 연구하지 않는다. 입으로 먹으면 그들 효소는 식이 단백질처럼 간단히 소화된다. 효소치환 요법은 연구하고 있는 한 접근방법이다. 이것은 당뇨에 인슐린을 주사하는 바로 그 치료처럼 혈관에 효소를 주기적으로 주사하는 것과 관련있다. 효소치환 요법은 효소의 다량 공급이 필요하다. 인슐린 모델에 따라 효소에 대한 유전자를 박테리아에 클론(clone)할 수 있다. 그 박테리아는 단백질을 생성하고 그 단백질은 인간에 이용하기 위해 정제한다.

또 다른 방법은 환자 세포에서 없어진 효소를 위해 유전자를 도입하는 방법이다. 이것은 유전자요법이라고 부른다. 이 방법은 그 효소에 대한 유전자 클론(clone)도 필요하다. DNA는 그 다음에 목포세포로 유입을 증진하는 한 안전한 방법을 이용하여 체내로 도입하여야 할 것이다. 이 치료 형태를 대사 근육장애 환자에게 실제로 응용하기 전에 극복할 장애물이 아직도 많다.

수많은 내과 의사들은 이러한 장애치료에 상식적 접근방법을 이용한다. 사람이 식이 탄수화물로부터 에너지를 수확할 수 없으면, 아마 고단백과 고지방질 식이가 이로울 수 있다고 이론적으로 말한다. 이 종류의 어떤 상태는 식이 장애를 이해하고, 그리고 주문대로 만드는 식이를 처방하고 감독하는 내과의사와 상의하는 것이 중요하다.

인산은 산화되고 NAD^+는 환원된다(수소음이온을 받는다). 그 세포는 NAD^+를 소량만 보유하고 있다. 모든 NAD^+가 환원되면 이 반응을 이용할 수 없고 해당작용은 정지할 것이다. 그러므로 NADH는 다시 산화되어야 세포가 해당과정을 계속 진행시키면서 ATP를 합성할 수 있다.

해당작용 반응

학습목적 3 4

해당작용 중간체 구조는 각 단계에서 일어나는 반응의 집약적 설명 및 각 반응을 촉매작용하는 효소 이름과 함께 그림 5.8에 제시한다.

해당작용은 두 가지 주요한 부분으로 나눌 수 있다. 첫째 주요한 부분은 ATP 에너지의 투자다. 이러한 투자없이 글루코오스는 해당작용을 계속할 충분한 에너지를 갖지 못하고 생성된 APT는 존재하지 않는

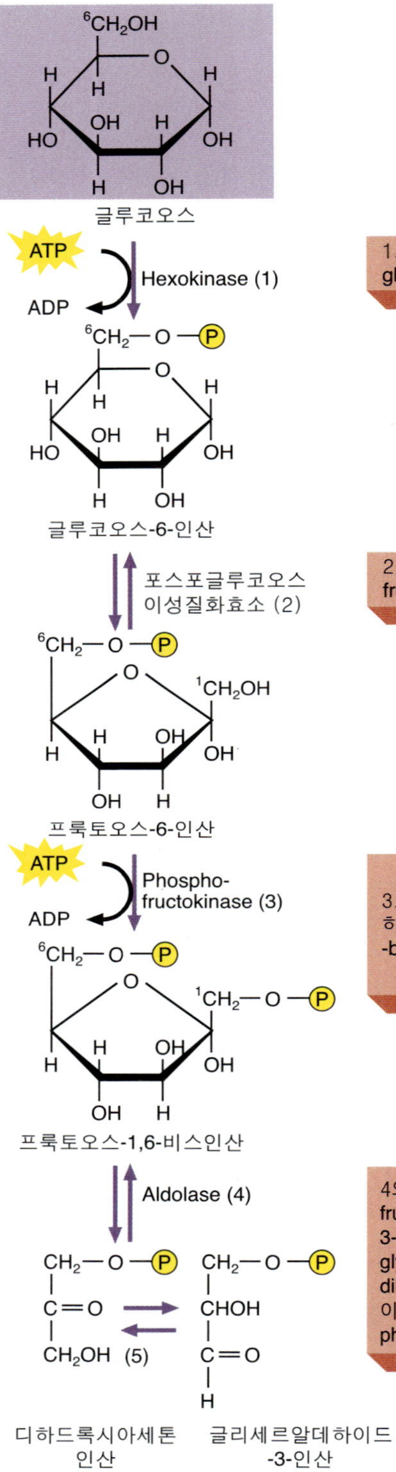

1. glucose는 ATP를 써서 가인산화하여 glucose-6-phosphate를 만든다.

2. glucose-6-phosphate는 재배열하여 fructose-6-phosphate를 만든다.

3. fructose-6-phosphate는 가인산화 반응 하여또다른 ATP를 써서 fructose-1,6 -bisphosphate를 만든다.

4와 5. 알도오스는 6-탄소 프룩토오스, 즉 fructose-1,6-bisphosphate를 두가지 서로 다른 3-탄소 분자인 dihydroxyacetone phosphate와 glyceraldehyde-3-phosphate로 분해한다. dihydroxyacetone phosphate는 트리오스 인산 이성질화효소에 의해 glyceraldehyde-3-phosphate로 변환한다.

그림 5.8
해당작용의 중간체와 효소

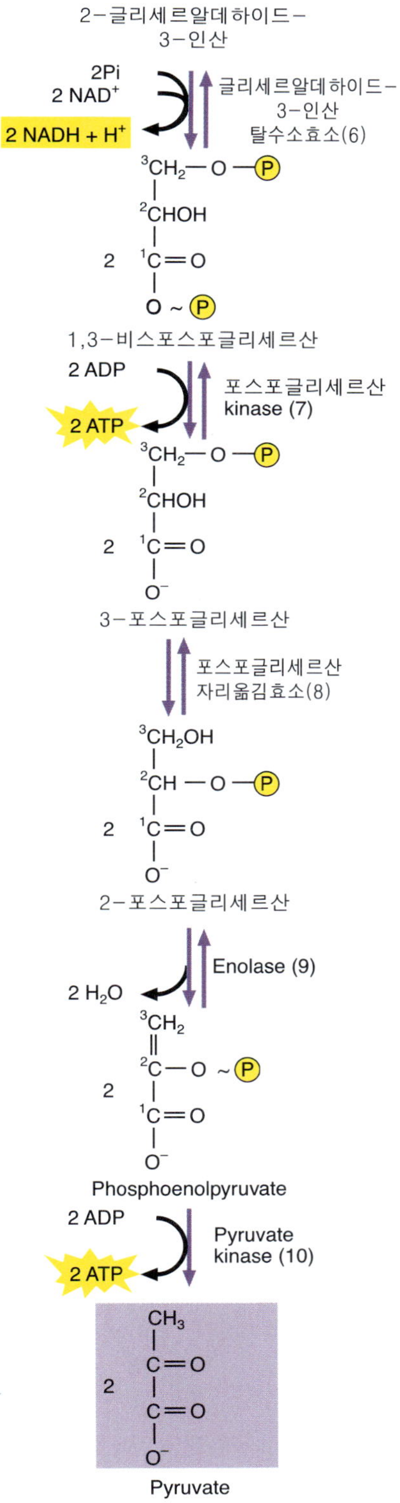

6. Glyceraldehyde-3-phosphate는 산화되어 NADH를 만든다. 무기 인산 원자단은 카복실 원자단으로 전이하여 1,3-bisphosphoglycerate을 만든다.

7. ATP는 그 경로에서 첫째 기질-수준 가인산화 반응에서 생긴다.인산 원자단은 그 기질로부터 ADP로 전이하여 ATP를 만든다.

8. 3-phosphoglycerate의 C-3인산 원자단은 둘째 탄소로 전이한다.

9. 2-phosphoglycerate의 탈수반응은 많은 에너지를 갖는 phosphoenolpyruvate 분자를 생성한다.

10. 최종 기질-수준 인산화반응은 ATP와 pyruvate를 만든다.

다. 이 부분은 그 경로의 첫 번째 다섯 반응을 포함한다. 두 번째 주요한 부분은 알짜 에너지를 생성하는 그 경로의 나머지 반응(6-10 단계)과 관련있다.

효소 이름은 반응에 관하여 많은 것을 설명한다(4.1절). 접미사 -kinase는 이 경우에 ATP로부터 기질로 인산 원자단을 전이하는 전이효소라는 것을 설명한다. 접두사 hexo-는 기질이 6-탄소당이라는 것을 말한다. hexokinase는 우선 6-탄소당 글루코오스를 포스포릴화 한다.

반응 1

글루코오스 기질은 한 짝의 포스포릴화 반응에서 hexokinase 효소에 의해 포스포릴화 된다(–PO_3^{2-} 포스포릴 원자단). 포스포릴 원자단의 공급원은 ATP다. 우선 이 반응은 전체 분해대사 목적과 반대, 즉 ATP 생성처럼 보인다. 이들 초기 반응에서 ATP 소비는 "투자"라고 생각해야 한다. 그 세포는 실제로 이들 초기 반응에서 에너지 "채무"(debt)이지만 이것은 설명한 그 경로에 절대로 필요하다.

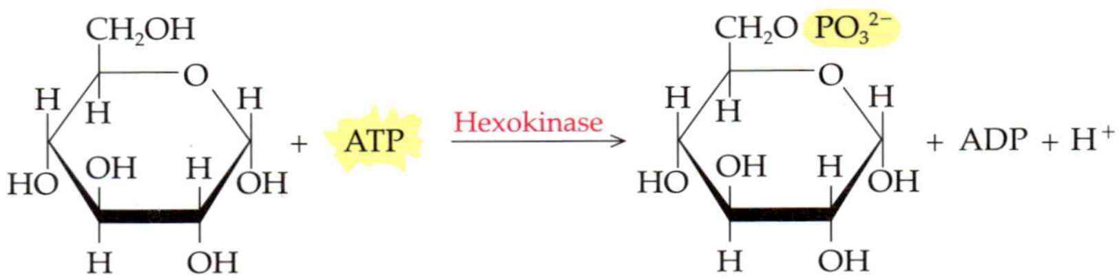

글루코오스 글루코오스-6-인산

포스포글루코오스 이성질화 효소라는 효소이름은 효소작용하는 반응에 대한 실마리를 제공한다(4.1절). 이성질화효소는 한 이성질체를 또다른 이성질체로 변화를 촉매작용한다는 것을 설명한다. 포스포글루코오스는 기질이 글루코오스의 한 포스포릴화 형태라는 것을 암시한다.

반응 2

첫 번째 반응에서 생성된 글루코오스-6-인산은 재배열하여 프룩토오스-6-인산 구조이성질체를 만든다. 포스포글루코오스 이성질화 효소는 이성질화 반응을 촉매작용한다. 그 결과로 6-탄소 당의 C-1 탄소가 노출된다. 그것은 더 이상 고리 구조가 아니다. 열린-사슬 구조의 실험에 의하면 이 이성질화 반응은 알도오스(aldose)를 케토오스(ketose)로 변환한다.

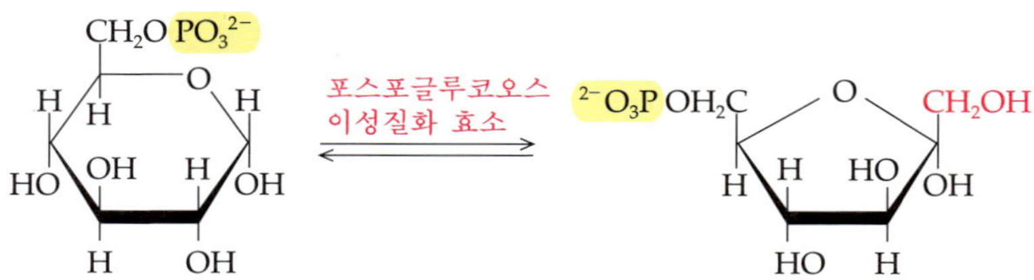

글루코오스-6-인산 글루코오스-6-인산

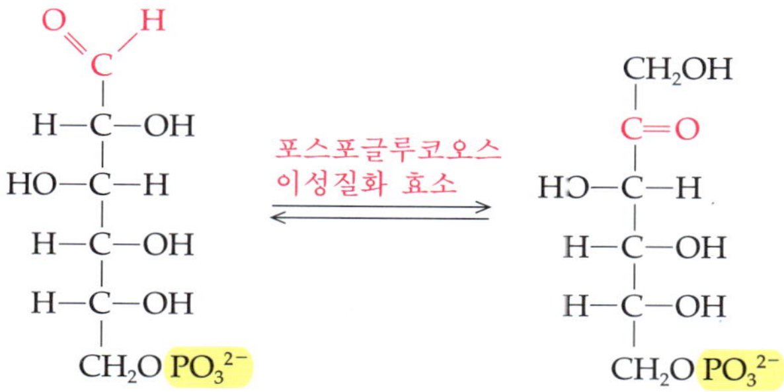

글루코오스-6-인산
(알도오스)

프룩토오스-6-인산
(케토오스)

이것은 enediol 반응이다. 그것은 1.4절에서 설명한 프럭토스에서 글루코오스로 변환과 똑같은 단계를 통하여 일어난다.

효소 이름의 접미사 -kinase는 다시 한번 이것이 ATP가 가수분해되어 인산원자단을 방출하고 또 다른 분자로 전이하는 한 짝의 반응이라는 것을 설명한다.

반응 3

이차 에너지 "투자"는 phosphofructokinase 효소에 의한 촉매작용이다. ATP에서 포스포무수인산 결합은 가수분해 되고, 포스포릴 원자단과 프룩토오스-6-인산의 C-1 하이드록시 원자단 사이에 포스포에스터 결합이 생긴다. 그 생성물은 프룩토오스-1,6-비스인산(bisphosphate)이다.

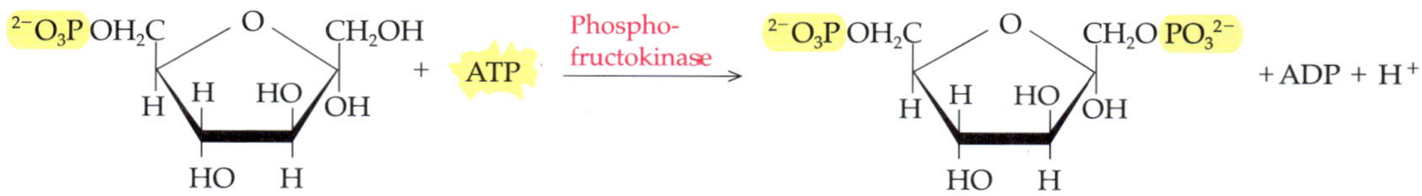

프룩토오스-6-인산

프룩토오스-6-비스인산

반응 4

프룩토오스-6-비스인산은 aldolase효소에 의한 촉매작용에서 두 가지 3-탄소 중간체로 분할된다. 그 생성물은 글리세르알데하이드-3-인산(glyceraldehyde-3-phosphate, 약자는 G3P)과 디하이드록시아세톤 인산이다.

Aldol 축합반응에서 알데하이드와 키톤은 반응하여 더 큰 분자를 생성한다. 이 반응은 aldol 축합반응의 반대이다. 큰 키톤 당, 즉 fructose-1,6-bisphosphate는 dihydroxy-acetone(키톤)과 glyceralde-hyde-3-phosphate(alde-hyde)로 분해한다. 이중결합 화살표는 이것이 가역반응이라는 것을 설명한다. 역 반응은 aldol 축합 반응이고 우리들이 포도당신생 합성이라는 글루코오스합성경로에서 (5.6절) 배울 것이다.

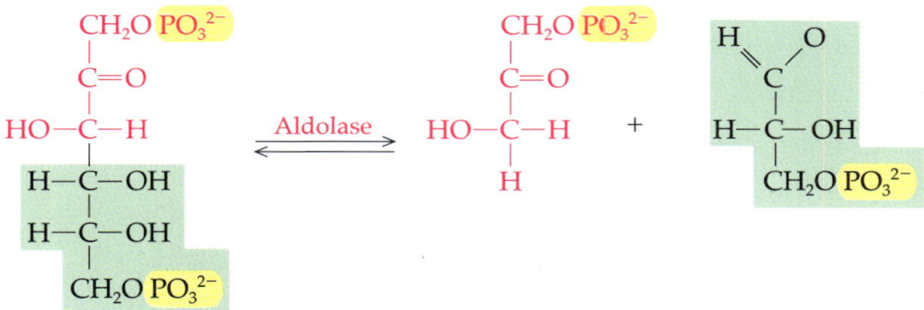

프룩토오스-6-인산

디하이드록시아세톤
인산

글리세르알데하이드-
3-인산

반응 5

G3P는 그 경로에서 다음 효소에 의해 사용할 수 있는 기질 뿐이므로 디하이드록시 인산은 재배열되어 G3P의 이차 분자로 된다. 이 이성질화 중간체 효소는 트리오스 인산 이성질화효소이다.

그 효소이름은 가인산화 3-탄소당의 두가지 이성질체가 상호변환하는 것을 암시한다(4.1절). Ketone dihydroxy-acetone phosphate와 그것의 이성질체 알데하이드, 즉 phosphoglyceraldehyde-3-phosphate는 enediol 중간체를 통해 상호 변환한다.

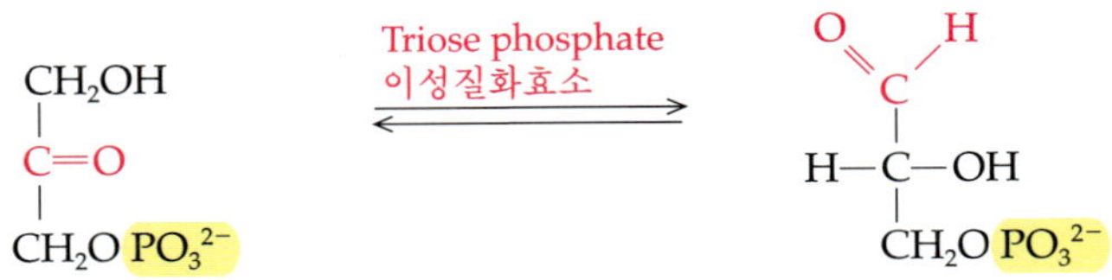

디하이드록시아세톤 인산 글리세르알데하이드 인산

반응 6

이 반응에서 글리세르알데하이드-3-인산의 알데하이드는 글리세르알데하이드-3-인산 탈수소효소에 의한 촉매반응에서 카복시산으로 산화된다. 이것은 에너지를 수확(harvest)하는 해당작용의 첫단계이고, 그것은 nicotinamide adenine dinucleotide(NAD^+) 조효소 반응과 관련있다. 이것은 두 단계로 일어난다. 첫째 글리세르알데하이드-3-인산의 알데하이드 원자단이 카복실 원자단으로 산화될 때 NAD^+는 NADH로 환원된다. 둘째 무기 인산 원자단은 카복실 원자단으로 전이되어 1,3-비스포스포글리세르산으로 된다. 새로운 결합은 고에너지 결합을 표시하는 짧은 곡선 표시(~)로 나타낸다. 이것과 해당작용의 모든 나머지 반응은 각 글루코오스에 대하여 두 번 일어난다. 왜냐하면 각 글루코오스는 두 분자의 글리세르알데하이드-3-인산으로 변환되기 때문이다.

그 효소는 글리세르알데하이드-3-인산-탈수소효소다. 이것은 글리세르알데하이드-3-인산기질이 산화된다는 것을 설명한다. 유기(그리고 생화학) 반응에서 산화는 전형적으로 산소 획득 또는 수소 상실이라고 알려진 것을 기억하라. 이 반응에서 알데하이드 원자단은 카복실 원자단으로 산화되는 것으로 알고 있다. 실제로 산화반응 중간체는 효소와 기질 사이에 생성된 고에너지 thioester이다. 이 결합이 산화될 때 충분한 에너지를 방출하여 무기 인산 받게 원자단의 산소와 기질 사이에 한 결합을 만든다.

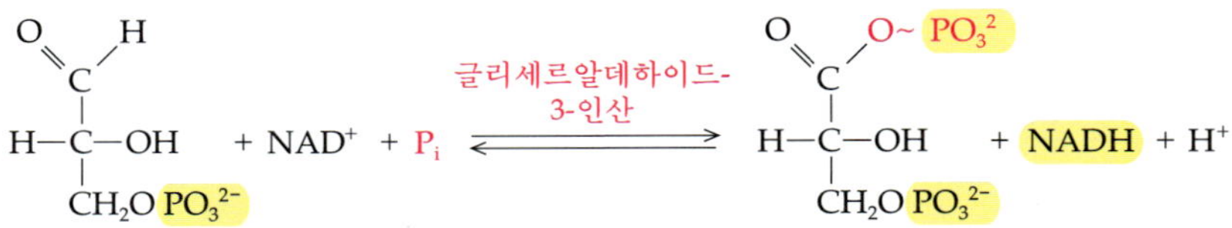

글리세르알데하이드-3-인산 1,3-비스포스포글리세르산

반응 7

이 반응에서 에너지는 ATP 형태로 수확된다. Phosphoglycerate kinase 효소는 1,3-bisphosphoglycerate의 포스포릴 원자단을 ADP로

이동을 촉매작용한다. 이것은 해당작용의 첫째 기질-수준 포스포릴화 반응이고 그것은 ATP와 3-phosphoglycerate를 생성한다. 그것은 고에너지 결합이 가수분해하여 방출 에너지를 ATP 합성의 구동력으로 이용하는 한 쌍의 반응이다.

다시 한번 효소이름은 반응에 관하여 많은 것을 밝혀준다. 접미사 -kinase는 인산원자단이 전이하는 것을 설명한다. 이 경우에 기질 1,3-bisphosphoglycerate에 결합한 phosphoester는 가수분해되고 ADP는 가인산화 반응한다. 이것은 가역반응이라는 것에 유의하라.

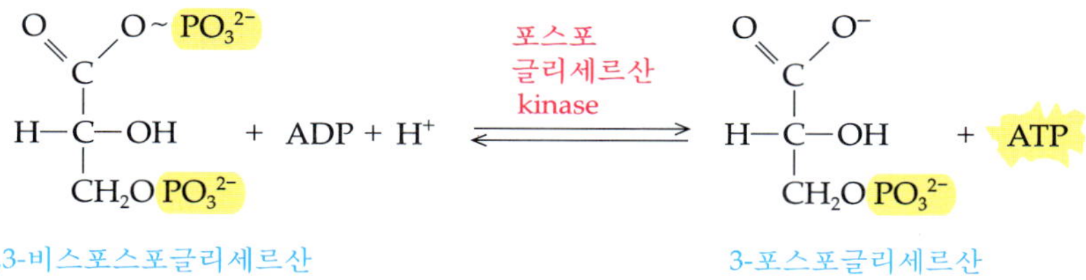

반응 8

3-Phosphoglycerate가 Phosphoglycerate 자리옮김효소(mutase)에 의한 촉매반응에서 2-phosphoglycerate 생성을 이성질화한다. 3-Phosphoglycerate의 셋째 탄소에 결합한 포스포릴 원자단은 둘째 탄소로 이동한다.

접미사 -mutase는 또 다른 이성질화효소 종류를 나타낸다. 기질과 반응물의 화학식이 같다는 것에 유념하라. 다만 그 차이는 포스포릴 원자단의 위치다.

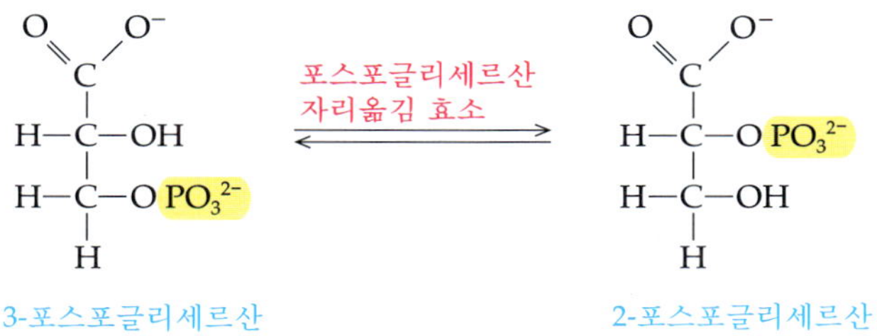

반응 9

이 단계에서 enolase 촉매는 2-phosphoglycerate의 탈수(물분자 제거)를 촉매작용한다. 에너지-풍부 생성물은 대사에서 고에너지 포스포릴화 화합물, 즉 phosphoenolpyruvate이다.

알데하이드와 키톤은 keto와 enol 형태라는 두가지 호변이성체의 평형 혼합물로 존재한다. α-포스포글리세르산의 탈수반응은 enol 형태의 phosphoenolpyruvate 분자를 만든다. 이 경우에 enol은 대단히 불안정하다. 이러한 불안정성 때문에 그 생성물 중 포스포에스터 결합은 고에너지 결합이다. 즉 이 결합이 끊어질 때 많은 양의 에너지를 방출한다.

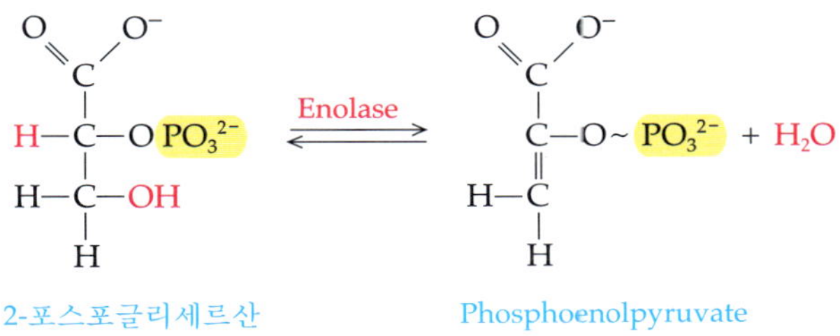

반응 10

효소 이름은 포스포릴 원자단을 전이하고 그 생성물이 pyruvate라는 것을 나타낸다. Pyruvate는 keto tautomer이고 enol보다 훨씬 더 안정하다.

여기에서 우리는 그 경로에서 최종의 기질-수준 포스포릴화 반응을 볼 수 있다. 그리고 그것은 pyruvate kinase에 의하여 촉매작용한다. Phosphoenolpyruvate는 ATP를 생성하려고 ADP로 이동하는 포스포릴 원자단 주게로 사용한다. 이것은 phosphoenolpyruvate에서 포스포에스터 결합의 가수분해가 ATP의 포스포무수물 결합형성에 에너지를 제공하는 또 다른 한 쌍의 반응이다. 해당작용의 최종 생성물은 pyruvate다.

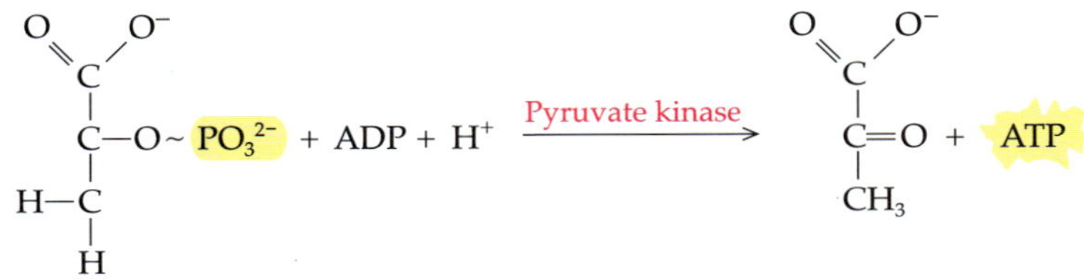

6에서 10까지 반응은 글루코오스 분자마다 두 번 일어나는 것에 유의해야 한다. 왜냐하면 그 출발 6-탄소 당은 두 개 3-탄소 분자로 분할되기 때문이다. 그리하여 반응 6에서 두 개 NADH 분자를 생성하고 전체 네 개 ATP 분자를 생성한다(7 단계와 10 단계). 그러나 이 경로로부터 알짜 ATP 이득은 두 개 ATP 분자뿐이다. 왜냐하면 그 경로의 초기 단계에서 두 개 ATP 분자의 에너지 투자가 있기 때문이다. 이 투자는 7 단계에서 기질-수준 포스포릴화 반응에 의해 생성된 두 개 ATP 분자에 의해 되돌려 받기 때문이다. 실제 에너지 수율은 반응 10에서 기질-수준 포스포릴화 반응에 의해 생성된다.

문제 5.3 기질-수준 포스포릴화 반응은 무엇인가?

문제 5.4 해당작용의 개요를 설명하라.

해당작용 조절

학습목적 5

해당작용과 같은 에너지-수확 경로는 세포의 에너지 요구에 반응한다. 그 반응경로는 ATP를 요구할 때 속도는 증가한다. ATP가 많을 때 그 세포의 에너지 요구에 맞추기 위하여 그 경로의 반응은 느려진다.

해당작용 경로의 속도조절에 대한 주요한 메카니즘 중 하나는 다른자리 입체성 효소(allosteric enzyme)의 이용이다. 기질이 결합하는 활성자리 이외에 다른자리 입체성 효소는 한 결합자리 입체성 효과기(allosteric effector)를 갖는다. 효과기 결합은 반응속도를 증가(양성 다른 자리 입체성) 또는 감소(음성 다른 자리 입체성)할 수 있다.

세포의 에너지 요구를 지시하는 화학신호 또는 효과기는 ATP같은 분자를 포함한다. ATP 농도가 진하면 그 세포는 충분한 에너지를 가졌음에 틀림없다. 마찬가지로 ATP의 선구물질, 즉 ADP와 AMP는 그 세포가 ATP 필요상태에 있는 것을 나타내는 지시자이다. 실제로 이들 모든 분자는 해당작용 경로에서 효소에 의해 촉매작용하는 비가역 반응속도를 변경하는 다른 자리 입체성 효과기다.

글루코오스의 포스포릴화반응을 촉매작용하는 hexokinase 효소는 그것이 촉매작용하는 반응생성물, 즉 글루코으스-6-인산에 의해 입체적으로 억제된다. 이 생성물의 증가는 해당작용 반응이 빠른 속도로 진행하지 않는 것을 나타낸다. 왜냐하면 아마 그 세포의 에너지 요구와 일치하기 때문일 것이다.

해당작용의 셋째 반응을 촉매작용하는 phosphofructokinase 효소는 그 경로에서 주요한 조절효소다. ATP는 phosphofructokinase의 다른 자리 입체성 억제제이고 그 반면에 AMP와 ADP는 다른 자리 입체성 활성제다. 또 다른 phosphofructokinase의 다른 자리 입체성 억제제는 시트르산(citric acid)이다. 다음 장에서 보는 것처럼 시트르산은 시트르산 회로에서 첫째 중간체다. 시트르산 회로는 해당작용에 의해 생성된 pyruvate를 완전히 산화하는 한 경로다. 고농도 시트르산은 충분한 기질이 시트르산 회로에 들어오는 것을 신호한다. 시트르산에 의한 phosphofructokinase 억제는 되먹임 억제의 한 예다. 시트르산 생성물은 그 경로에서 초기에 효소 활성도를 입체적으로 억제한다.

해당작용에서 마지막 pyruvate kinase 효소도 다른 자리 입체성 조절을 받는다. 이 경우에 프룩토오스-1,6-비스인산은 phosphofructoki-

해당작용 속도를 조절하는 또 다른 메카니즘이 있지만 이미 설명한 원리와 관련 있는 것에 초점을 맞추었다(4.9절)

nase에 의한 촉매반응 생성물이다. 그리하여 phosphofructokinase 활성화는 pyruvate kinase의 활성화를 초래한다. 이것은 되먹임 억제의 예다. 왜냐하면 이전의 반응생성물은 그 경로에서 그 후에 한 효소를 활성화하기 때문이다.

5.4 발효

학습목적

6

공기 호흡은 6장에서 설명한다.

해당작용의 개요에서 우리는 생성된 pyruvate를 몇 가지 방법으로 모두 소비해야만 그 경로가 계속해서 ATP를 생성하는 것에 주목한다. 마찬가지로 단계 6에서(그림 5.8을 보라) 해당작용에 의해 생성된 NADH는 그 다음에 다시 산화되어야 한다. 또는 해당작용은 이용가능한 NAD^+를 모두 소비할 때 정지하려고 한다. 세포들이 호기성 상태에서 기능을 발휘하면 NADH는 다시 산화되고 pyruvate는 공기 호흡에 의해 완전히 산화될 것이다. 그러나 혐기성 상태에서 발효라는 다른 종류의 과정으로 이 목적을 달성한다. **발효**(fermentation)는 알짜 산화반응 아닌 것으로 일어나는 분해대사 반응이다. Pyruvate 또는 pyruvate로부터 생성된 유기화합물은 NADH가 산화될 때 환원된다. 두 가지 종류, 즉 젖산 발효와 알코올 발효의 경로를 상세히 살펴보겠다.

젖산발효

젖산발효는 심하게 운동하는 사람들에게 친밀하다. 당신의 폐와 순환계가 심하게 운동할 때 근육이 일하기에 충분한 산소를 공급할 수 없다면, 당신의 호기성(산소필요) 에너지 수확 경로는 당신의 근육에 충분한 ATP을 공급할 수 없다. 그러나 근육은 에너지를 요구한다. 이러한 상태에서 젖산발효를 시작한다. 이 반응에서 젖산 탈수소화효소는 pyruvate를 젖산으로 환원한다. NADH는 이 과정에서 환원제다(그림 5.9). Pyruvate를 환원할 때 NADH는 환원되고 NAD^+는 다시 이용할 수 있고 해당작용은 계속된다.

근육 운동으로 생성된 젖산은 혈액으로 통과한다. 결과적으로 심한 운동을 계속하면 젖산 농도는 대단히 크므로 이 발효는 더 이상 계속되지 않는다. 해당작용을 하고 ATP를 생성하고 정지한다. 에너지를 박탈당한 근육은 더 이상 기능을 발휘할 수 없다. 이러한 탈진 시기를 **혐기**

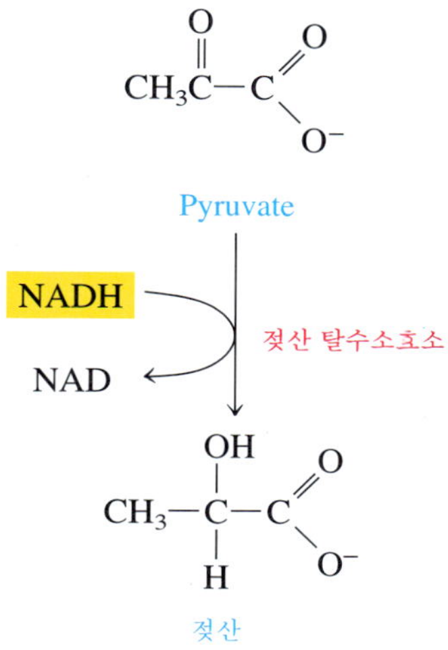

그림 5.9
젖산발효의 최종 반응

성 한계(anaerobic threshold)라고 한다.

물론 우리들 대부분은 이 혐기성 한계까지 운동하지 않는다. 운동이 끝날 때 인체는 젖산 형태로 잃은 모든 퍼텐셜 에너지를 재생하여 이용하는 과정을 시작한다. 간은 혈액으로부터 젖산을 취하고 그것을 다시 pyruvate로 변환한다. 이제 충분한 산소공급을 이용할 수 있고 pyruvate는 ATP 창고를 다시 채우기 위하여 훨씬 더 효과적 호기성 에너지-수확 반응에서 완전히 산화될 수 있다. 다른 방법으로 pyruvate는 글루코오스로 변환하여 간과 근육 글리코겐의 회복에 이용할 수 있다. 근육과 간 사이에 이러한 대사 교환을 *Cori* 회로라고 부른다.

Cori cycle은 5.6절과 그림 5.13에서 설명한다.

여러 가지 박테리아는 혐기성 상태에서 젖산을 발효할 수 있다. 이것은 식이 산업에 대단히 중요하다. 왜냐하면 요구르트와 어떤 치즈 생산에 이들 미생물을 이용하기 때문이다. 톡 쏘는 요구르트 향기는 이러한 박테리아에 의해 생성된 젖산 때문이다. 불행하게도 비슷한 미생물은 우유를 상하게도 만든다.

인간관련 토픽; 치아부식과 간단한 당류(1장)에서 설명한 것처럼 구강 박테리아에 의해 생성된 젖산은 치아 에나멜에서 점점 칼슘을 제거하고 치아 구멍을 만든다.

알코올발효

알코올발효는 문명 발생이래 이해 되지 않았을지라도 유용하게 사용되어져 왔다. 발효과정 그 자체는 Louis Pasteur에 의해 그의 양조화학과 "술 병(disease)"을 연구하는 동안 발견되었다. 효모는 혐기성 상태에서 과실과 곡물에 의해 생성된 당류 발효에 이용할 수 있다. 당류는

응용과 기타 발효는 [인간관련 토픽; 발효 : 선악과 추한 것]을 보라.

인간관련 토픽; 발효:선악과 추한 것

이 장에서 발효는 해당작용에 의하여 ATP 생성을 계속하는 한 혐기성 세포질 과정이라는 것을 알았다. 그 과정에 의하여 생성된 pyruvate는 발효에 이용하므로 그리고 NAD^+는 재생성되므로 ATP 생성은 계속될 수 있다.

알코올 발효의 안정한 최종 생성물은 CO_2와 알코올이다. 이들은 알코올 음료 생산, 제빵, 대체연료원을 포함하는 여러 가지 방식으로 인류에 이용되었다.

과일 쥬스를 이용하여 배기통에서 알코올이 발효하면 CO_2는 날아가고, 그 결과는 거품이 없는 술로 된다. 그러나 그 조건은 혐기성을 유지해야 한다. 그렇지 않으면 발효는 중지되고 호기성 에너지-수확 반응이 그 술을 못쓰게 만들 것이다. 양조자에게는 다행스럽게 그 술통이 활발하게 발효되고 있을 때 충분한 CO_2 양이 발효 쥬스의 위에 한 층을 형성하여 혐기성 분위기를 유지한다.

이제 샴페인같은 거품나는 술을 만들기 원한다고 생각해 보자. 이것을 만들려면 우리는 생산된 CO_2를 간단히 포집해야 한다. 이 경우에 그 발효는 밀폐된 병에서 계속한다. CO_2와 에탄올 발효생성물은 축적된다. 밀폐된 병속의 압력에서 CO_2는 용액에 남아 있다. 마개를 "폭" 하고 열 때 그 압력이 방출되고 CO_2는 거품 형태로 용액에서 나온다.

어느 경우에 알코올 농도가 12~13%에 도달할 때까지 발효는 계속된다. 그 시점에서 효모는 자신이 만든 쥬스속에서 요리된다." 즉 12~13% 에탄올은 에탄올을 생산하는 효모 세포를 죽인다. 이것을 발효의 최종결과라고 지적한다. 그것이 젖산이든 또는 알코올이든 안정한 발효, 최종 생성물은 결과적으로 그 미생물(효모)에 대하여 독성 농도로 축적된다. 근육피로는 일하는 근육에 젖산의 축적 효과다. 같은 방식으로 발효생성물의 지속적 축적은 그 독성 생성물로부터 피하거나 그것으로부터 멀리하는 방법이 없으면 치명적 농도에 이를 수 있다. 단일 세포 미생물은 그 결과 때문에 일반적으로 죽는다. 우리 몸은 젖산 축적이 근육피로에 기여하여 운동하는 사람들이 그 운동을 정지하는 그러한 방식으로 전개되고 있다. 그 다음 젖산은 혈액으로부터 이동하여 당 신생합성(gluconeogene-

발효과정에 의존하는 빵, 포도주, 치즈의 생산

인간관련 토픽; 발효:선악과 추한 것

sis) 과정에 의해 글루코오스로 변환한다.

알코올 발효의 또 다른 응용은 제빵에 효모 이용이다. 물, 설탕, 건조 효모를 섞을 때 그 효모세포는 성장하기 시작하여 발효과정을 수행한다. 이 혼합물은 다음에 밀가루, 우유, 쇼팅, 소금과 섞고 가루반죽이 부풀어오르게 따뜻한 장소에 놓는다. 물론 빵을 구울 때 효모세포는 죽는다. 그리고 알코올은 증발하지만 가벼운 공기가 들어있는 빵으로 된다.

오늘날 발효에 의해 생성된 알코올은 어떤 화석연료 이용의 대체 연료로 생각하고 있다. 유전학자와 생물공학자들은 더 높은 알코올 농도에서 생존할 수 있는 효모 균주를 개발하여, 옥수수 당과 기타 곡식을 알코올로 더 많이 변환하는 방법을 개발하려고 노력하고 있다.

박테리아는 여러 가지 다른 발효를 수행한다. Propionibacteria는 propionic acid와 CO_2를 생성한다. 그 산은 Swiss치즈를 그것의 특성있는 냄새로 만들고 CO_2 기체는 치즈에 특성적 구멍을 만든다. 다른 박테리아, 즉 clostridia는 무서운 가스 괴저 증상을 일으키는 발효를 한다. 이 박테리아가 자상(puncture wound)에 의한 깊은 조직에 부주의하게 도입될 때 그들은 성장하기에 좋은 혐기성 환경을 발견한다. 실제로 이들 미생물은 편성 염기성균(obligate anaerobe)이다. 즉 그들은 소량 산소 존재에서도 죽는다. 그들이 자랄 때 butyric acid, butanol, acetone 발효라고 부르는 한 발효를 수행한다. 이것은 가스 괴저(gas gangrene)와 관련있는 CO_2를 생성한다. 그 CO_2는 국소 조직에 침투하고 혐기성 환경의 유지를 돕는다. 왜냐하면 국소적 혈액공급의 차단은 산소를 상처에 들어갈 수 없게 만들기 때문이다. 이들 박테리아는 이제 잘 자랄 수 있어서 광범위한 근육 사망과 괴사를 일으키는 여러 가지 독소와 효소를 생산한다. 그밖에 그 발효는 에탄올, 아세톤, 이소프로판올, 부탄올, 부티르산(괴저와 함께 가스 괴저의 특성적 썩는 냄새의 원인)을 생성한다. 분명히 상처에서 이들 화합물 존재는 조직의 사망을 증가시킨다.

가스 괴저는 치료하기 매우 어렵다. 그 박테리아는 세포가 괴사되는 혐기성 영역을 확정하여 국소적으로 혈액순환을 차단하므로 계통적 항생제는 그 상처에 침투하여 박테리아를 죽일 수 없다. 우리의 면역 반응도 방해한다. 치료는 일반적으로 항생제 요법을 수반한 괴사조직의 외과적 제거와 관련있다. 어떤 경우에는 고압 산소통을 이용한다. 그 감염 말단 조직을 산소의 큰 부분압을 갖는 환경으로 만들면, 그 조직에 강제로 들어간 산소는 그 박테리아에 독성이므로 박테리아는 죽는다.

그러나 인간에 효과를 갖는 몇 가지 발효 예들이 있다. 특이한 화학반응과 관계없이 모든 발효는 다음 특성을 공유한다.

- 그들은 해당작용에서 생성된 pyruvate를 이용한다.
- 그들은 해당작용에서 생성된 NADH를 다시 산화한다.
- 그들은 결과적으로 그것을 생산한 세포를 죽이는 안정한 발효 최종 생성물을 축적하므로 자신을 제한한다.

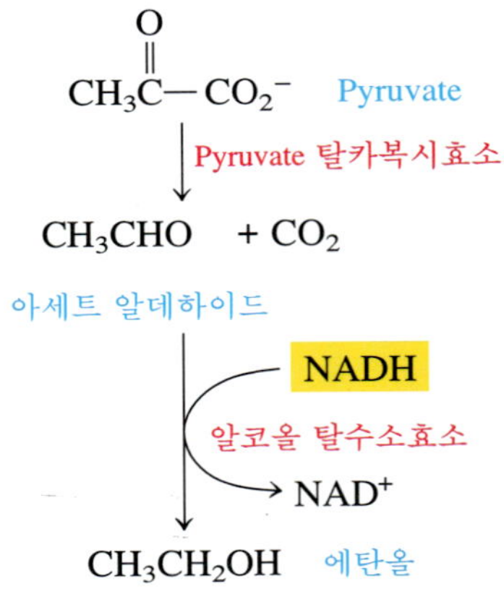

그림 5.10
알코올 발효의 최종 두 가지 반응

해당작용에 의해 pyruvate로 분해된다. 이것은 두 가지 알코올 발효반응이 뒤따른다. 첫째 pyruvate 탈카복실효소는 알데하이드를 생성하는 pyruvate로부터 CO_2를 제거한다(그림 5.10). 둘째 알코올 탈수소효소는 아세트알데하이드를 에탄올로 환원 반응을 촉매작용하지만 더 중요한 것은 그 과정에서 NADH를 다시 산화한다. NAD^+의 재생성은 젖산의 경우처럼 해당작용을 계속한다.

그러므로 알코올 발효의 두 가지 생성물은 에탄올과 CO_2다. 우리는 양조와 기타 알코올 음료 그리고 제빵 과정에서 이 발효의 유리한 점을 이용한다.

문제 5.5 효모에 의한 알코올 발효는 뼈대 근육에서 젖산 생성과 어떻게 비슷 한가?

5.5 펜토스 인산 경로

학습목적 7

펜토스 인산 경로(pentose phosphate pathway)는 글루코오스 산화의 또 다른 경로다. 그것은 생합성에서 에너지를 환원 형태로 세포에 제공한다. 특히 NADPH는 이 경로의 산화단계에서 생성된다. NADPH는 많은 경로에 필요한 환원제다.

상세한 펜토스 인산 경로는 이 교과서의 범위 밖이다. 그러나 주요한 반응의 개요는 우리에게 그 경로의 중요성을 이해시켜 줄 것이다(그림 5.11). 그 경로는 세 단계로 생각할 수 있다. 첫째는 산화 단계이고, 다음과 같이 요약할 수 있다.

$$\text{글루코오스-6-인산} + 2NADP^+ + H_2O \longrightarrow \text{ribulose-5-인산} + 2NADPH + CO_2$$

이들 반응은 생합성에 필요한 NADPH를 제공한다.

둘째 단계는 ribulose-5-인산을 리보스-5-인산 또는 xylulose-5-인산으로 변환하는 이성질화 반응과 관련있다. 그 경로 이름은 이러한 포스포릴화 5-탄소 당(펜토스 인산)의 생성을 반영한다.

셋째 단계는 C-C 결합 분해 및 형성과 관련있는 일련의 복잡한 반응이다. 이들의 반응 결과는 세 분자의 펜토스 인산으로부터 두 분자의 프룩토오스-6-인산과 한 분자 글리세르알데하이드-3-인산의 형성이다.

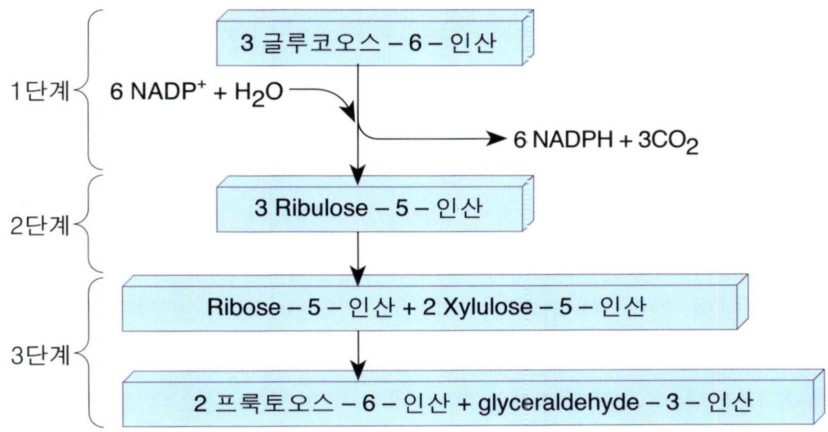

그림 5.11
펜토스 인산 경로의 주요한 단계

펜토스 인산 경로는 환원력(NADPH)을 제공하는 것 이외에 생합성에 필요한 당 인산을 제공한다. 예를 들어 리보스-5-인산은 ATP 같은 뉴클레오타이드 합성에 이용한다. 4-탄소당 인산, 즉 erythrose-4-인산은 펜토스 인산 경로의 셋째 단계에서 생성되고 phenylalanine, tyrosine, tryptophan 아미노산의 선구물질이다.

지방산 생합성 경로는 2.4절에 있다.

펜토스 인산 경로는 콜레스테롤 및 지방산 생합성과 관련있는 조직에서 가장 활발하다. 이들 두 가지 과정은 풍족한 NADPH가 필요하다. 그리하여 콜레스테롤 합성 자리이면서 지방산 생합성의 주요한 자리, 즉 간장과 활발한 지방산 합성이 일어나는 지방조직은 매우 진한 농도의 펜토스 인산 경로의 효소를 갖는다.

5.6 글루코오스 신생합성: 글루코오스 합성

학습목적

8

정상 상태에서 우리는 필요를 만족하는 글루코오스를 충분히 가지고 있다. 그러나 어떤 조건에서 인체는 글루코오스를 만들어야 한다. 이것은 격렬한 운동 다음에 간과 근육에 글리코겐 공급을 다시 채우기 위해 필요하다. 그것은 또한 굶은 동안에도 일어나므로 인체는 뇌 세포와 적혈구 세포의 공급에 적당한 혈당 수준을 유지할 수 있다. 정상상태에서 이러한 두 가지 조직은 글루코오스만 에너지에 이용한다.

극단적 기아 상태에서 뇌는 결과적으로 키톤체의 이용으로 바꾼다. 키톤체는 지질분해로 부터 특정 상황에서 생성된다(7.3절).

글루코오스는 **글루코오스 신생합성**(gluconeogenesis) 과정, 즉 비-탄수화물 출발물질로부터 글루코오스 생성 과정에 의해 생산된다(그림 5.12). 글루코오스 신생합성은 혐기성 과정이고 우선 간에서 일어난다. 젖산, leusine, lysine을 제외한 모든 아미노산, 그리고 지방질로부터 생기는 글리세롤은 모두 글루코오스 제조에 이용할 수 있다. 그러나 그 아미노산과 글리세롤은 일반적으로 기아상태에서만 이용한다.

얼핏 보기에 글루코오스 신생합성은 간단히 해당작용의 반대로 나타난다(그림 5.12와 5.7을 비교하라). 왜냐하면 그 두 가지 경로의 중간체는 같기 때문이다. 그러나 이것은 그 경우가 아니다. 왜냐하면 해당작용의 단계 1,3,10은 비가역성이고 그러므로 역반응은 다른 효소에 의해 일어나야 한다. 해당작용 단계 1에서 hexokinase는 글루코오스의 포스포릴화반응을 촉매작용한다. 글루코오스 신생합성에서 글루코오스-6-인산의 포스포릴화반응은 간에서 발견되고 근육에서 발견되지

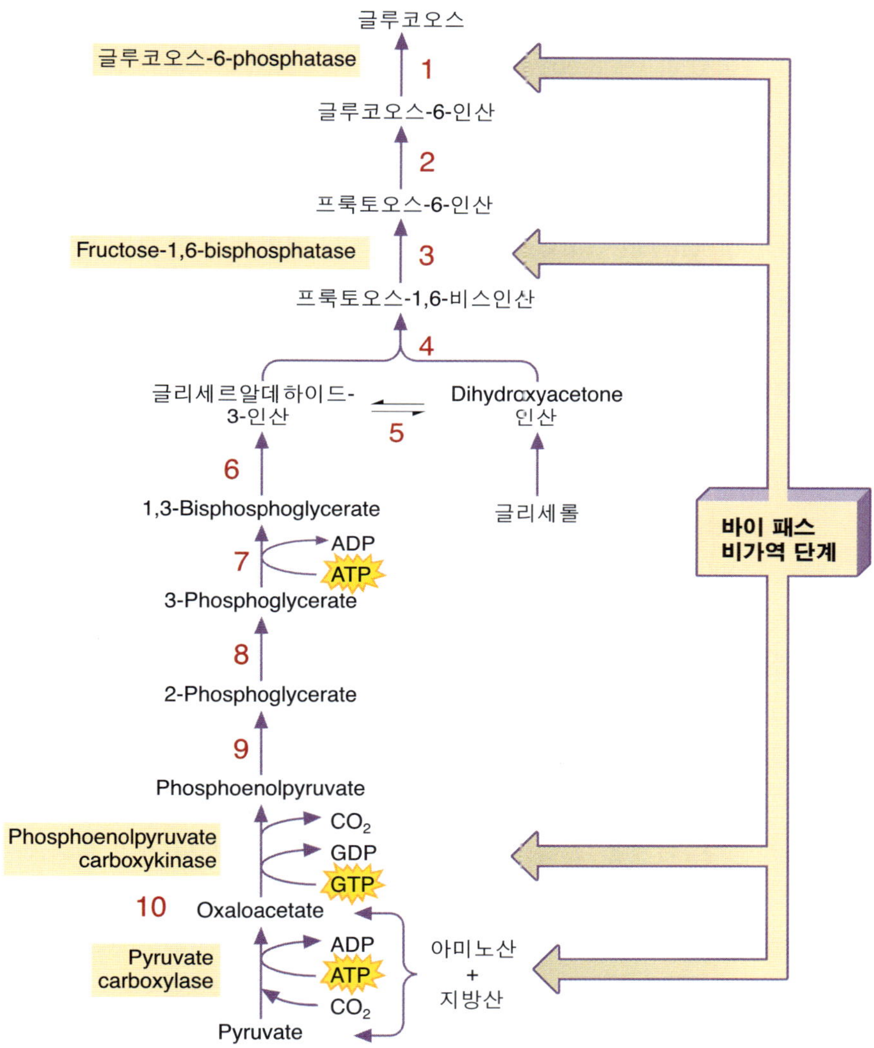

그림 5.12
해당작용과 글루코오스 신생합성 반응의 비교. 모든 해당작용 반응은 세포질에서 일어난다. 그러나 pyruvate 카복실화효소는 사람 세포의 mitochondria에서 발견되고 phosphoenolpyruvate carboxykinase는 세포질에 있다. Pyruvate 카복실화효소에 의한 촉매반응 생성물은 mitochondria에서 나와서 한 벌의 복잡한 반응에 의해 세포질로 옮겨간다.

않는 글루코오스-6-인산가수분해효소에 의해 일어난다. 마찬가지로 반응 3, 즉 phosphofructokinase에 의하여 촉매작용한 프룩토오스-6-인산의 포스포릴화반응은 비가역성이다. 그 단계는 글루코오스 신생합성에서 프룩토오스-1,6-비스인산가수분해효소를 이용하여 우회한다(bypass). 마지막으로 pyruvate kinase에 의하여 촉매작용한 ADP 포스포릴화반응 (해당작용의 단계 10)은 비가역반응이다. Pyruvate로부터 phosphenolpyruvate로 변환은 실제로 두 가지 효소 및 어떤 비정상 반응과 관련있다. 우선 pyruvate 카복실화효소는 CO_2를 pyruvate에 첨가된다. 그 생성물은 4-탄소 oxaloacetate 화합물이다. 그 다음 phosphoenolpyruvate carboxykinase는 CO_2를 제거하고 한 포스포릴 원자단을 첨가한다. 이 비정상 반응에서 포스포릴 원자단 주개는 guanosine triphosphate(GTP)이다.

이러한 마지막 한 쌍의 반응은 pyruvate carboxykinase가 mitochondria에서 발견되고 그 반면에 phosphoenolpyruvate carboxykinase는 세포질에서 발견되는 사실 때문에 복잡하다. 5장과 6장에서 보는 것처럼 mitochondria는 식품분자의 최종 산화가 일어나고 많은 양의 ATP를 생성하는 세포소기관이다. 복잡한 왕복 시스템은 mitochondria에서 생성된 oxalatoacetate를 두 가지 mitochondria 막을 통하여 그리고 세포질로 수송한다. 거기에서 phosphoenolpyruvate carboxykinase는 phosphoenolpyruvate로 변환을 촉매작용한다.

해당작용과 글루코오스 신생합성이 어떤 방식으로 조절되지 않으면 그 두 가지 경로는 동시에 일어나서 아무것도 하지 못하는 비참한 결과를 갖는다. 이것을 조절하는 세 가지 편리한 자리는 세 가지 우회 반응이다. 해당작용의 단계 3은 phosphofructokinase 효소에 의해 촉매작용한다. 이 효소는 고농도 AMP, ADP, 무기물 인산에 의해 촉진되고 그 세포는 에너지를 필요로 하는 신호를 보낸다. 그 효소는 활성일 때 해당작용을 계속한다. 그와 반대로 ATP가 많을 때 phosphofructokinase는 억제되고 프룩토오스-1,6-비스인산은 촉진된다. 그 알짜 결과는 에너지 과량(고농도 ATP)일 때 당 신생합성이 일어난다.

우리들이 배운 것처럼 젖산이 글루코오스로 변환은 포유류에 중요하다. 근육이 일 할 때 근육은 젖산을 생성하고 그것은 간에서 글루코오스로 다시 변환한다. 그 글루코오스는 혈액으로 수송되고 거기로부터 다시 근육으로 되돌아간다. 근육에서 글루코오스는 분해작용하여 ATP

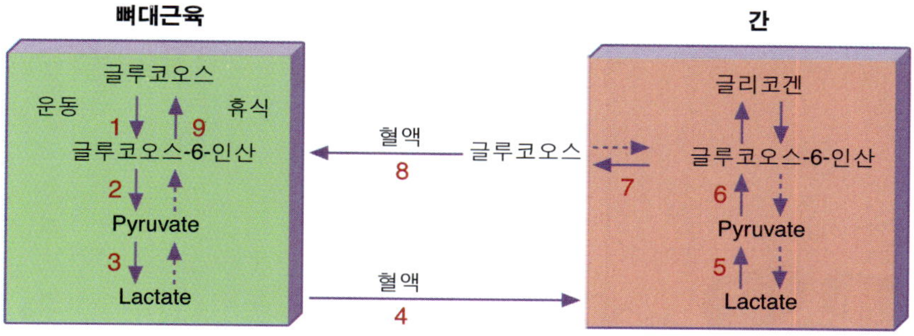

그림 5.13
Cori 회로

를 생성할 수 있고 또는 글리코겐의 근육저장을 다시 채울 때 이용할 수 있다. 간과 뼈대 근육 사이에 이 회로과정을 Cori 회로라 부르고 그것을 그림 5.13에 제시한다. 이 회로를 통하여 글루코오스 신생합성은 48시간 이내에 충분한 글루코오스를 생산하여 고갈된 근육 글리코겐 저장창고를 회복한다.

글루코오스 신생합성과 해당작용 사이에 주요한 차이는 무엇인가? **문제 5.6**

5.7 글리코겐 합성과 분해

학습목적 9

글루코오스는 포유류 적혈구세포에서 단 하나의 에너지 공급원이고 뇌의 주요한 에너지 공급원이다. 적혈구 세포와 뇌는 글루코오스를 저장할 수 없다. 그러므로 혈당은 일정하게 공급하여 이용해야 한다. 이것은 식이 글루코오스, 글루코오스 생성, 글루코오스 신생합성, 또는 글리코겐 분해(glycogenolysis)에 의해 공급된다. 글리코겐은 글루코오스의 긴-곁 사슬 중합체다. 간과 뼈대 근육에 저장은 글루코오스의 주요한 저장 형태다.

체중 70 kg(약 150 lb) 어른의 혈액중에 전체 글루코오스는 약 20 g이고 뇌는 단독으로 시간당 5~6 g을 소비한다. 호르몬 신호들이 혈당의 농도증가 필요를 명령할 때 간에서 글리크겐이 분해하여 글루코오스를 동원한다. 뼈대 근육도 실질적으로 글리코겐을 저장한다. 그리고 그 글리코겐은 빠른 근육수축을 위하여 에너지를 제공한다. 그러나 이

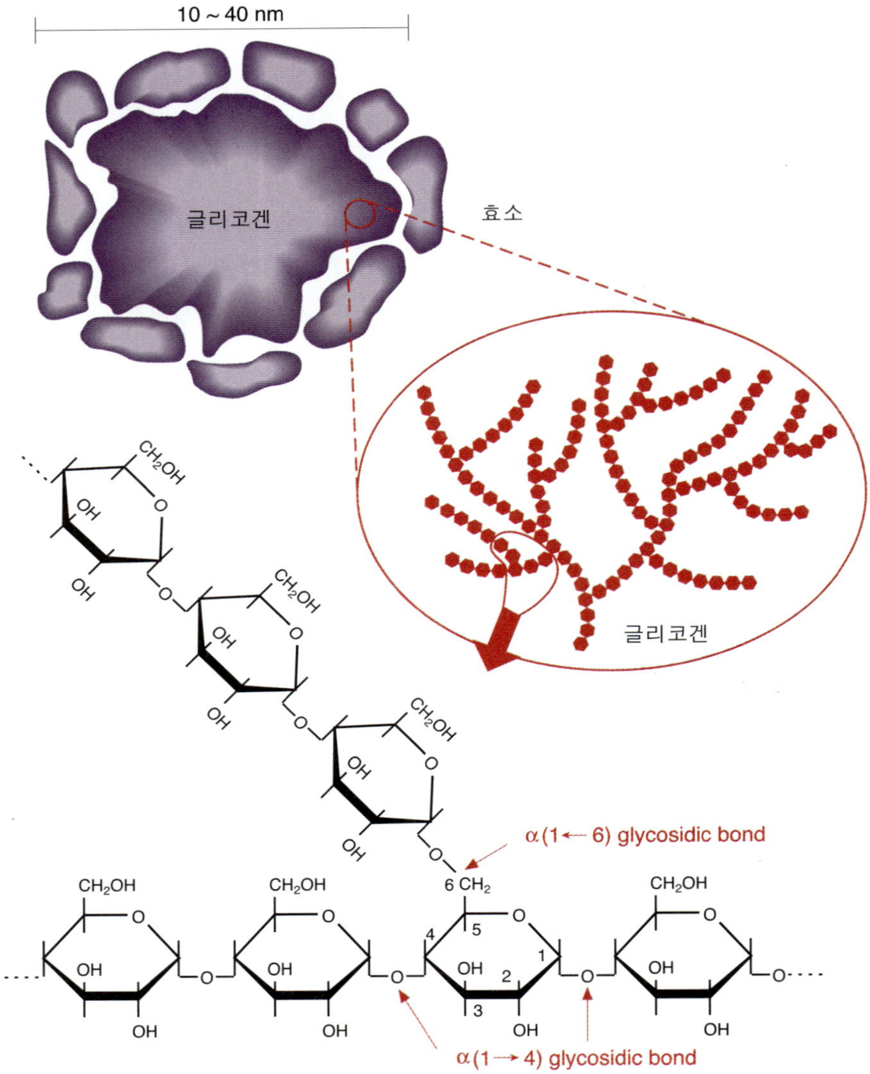

그림 5.14
글리코겐과 글리코겐 구형 입자의 구조

글리코겐은 혈당에 기여할 수 없다. 왜냐하면 근육세포는 글루코오스-6-인산효소를 갖지 않기 때문이다. 글루코오스는 글루코오스-6-인산으로부터 형성될 수 없기 때문에 혈액에 방출할 수 없다.

글리코겐 구조

글리코겐(glycogen)은 가지(branch)가 대단히 많은 글루코오스 중합체이고 "주 사슬"은 $\alpha(1 \rightarrow 4)$ 글라이코시드 결합(glycosidic bond)으로 연결되어 있다. 그 중합체도 수많은 $\alpha(1 \rightarrow 6)$ 글라이코시드 결합을 갖고 그것은 그 사슬에 따라 많은 가지점(branchpoint)을 제공한다. 이 구조는 그림 5.14에 계통적으로 보여준다. **글리코겐 구형 입자**는 지름이 10~40 nm이고 간과 근육세포의 세포질에서 발견된다. 이들 구형입자는 글리코겐 합성과 분해에 원인을 제공하는 효소와 복합물로 존재한다. 그러한 구형입자 구조도 그림 5.14에 있다.

글리코겐 분해

두 가지 호르몬이 글리코겐 분해(glycogenolysis)를 조절한다. 이들은 **글루카곤**(glucagon), 즉 췌장에서 합성된 펩타이드 호르몬이고 *epinephrine*은 부신에서 생성된다. 글루카곤은 낮은 혈당에 대응하여 췌장에서 방출되고 epinephrine은 위험이나 스트레스에 대응하여 부신으로부터 방출된다. 그 두 가지 상항은 혈당 증가를 필요로 하고 그 두 가지 호르몬은 두 가지 효소, 즉 글리코겐 가인산분해효소와 글리코겐 합성효소의 활동도를 변경하여 기능을 발휘한다. 글리코겐 가인산분해효소는 글리코겐과 관련이 있고 활성화된다. 글리코겐 합성효소는 글리코겐 합성과 관련있고 비활성화된다. 글리코겐 분해 단계를 다음과 같이 요약한다.

단계 1 글리코겐 가인산분해효소는 글리코겐 중합체의 한 말단에서 글루코오스의 가인산분해(phosphorolysis)를 촉매작용한다(그림 5.15). 그 반응은 인산 원자단에 의한 글리코겐의 글루코오스 단위 치환과 관련있다. 가인산분해의 결과 때문에 글루코오스-1-인산은 포스포릴 원자단 주개로서 ATP를 이용하지 않고 생성할 수 있다.

단계 2 글리코겐은 $\alpha(1 \rightarrow 6)$ 글라이코시드 결합에 의해 $\alpha(1 \rightarrow 4)$ 뼈대와 결합한 많은 가지를 포함한다. 이들 가지는 글리코겐을

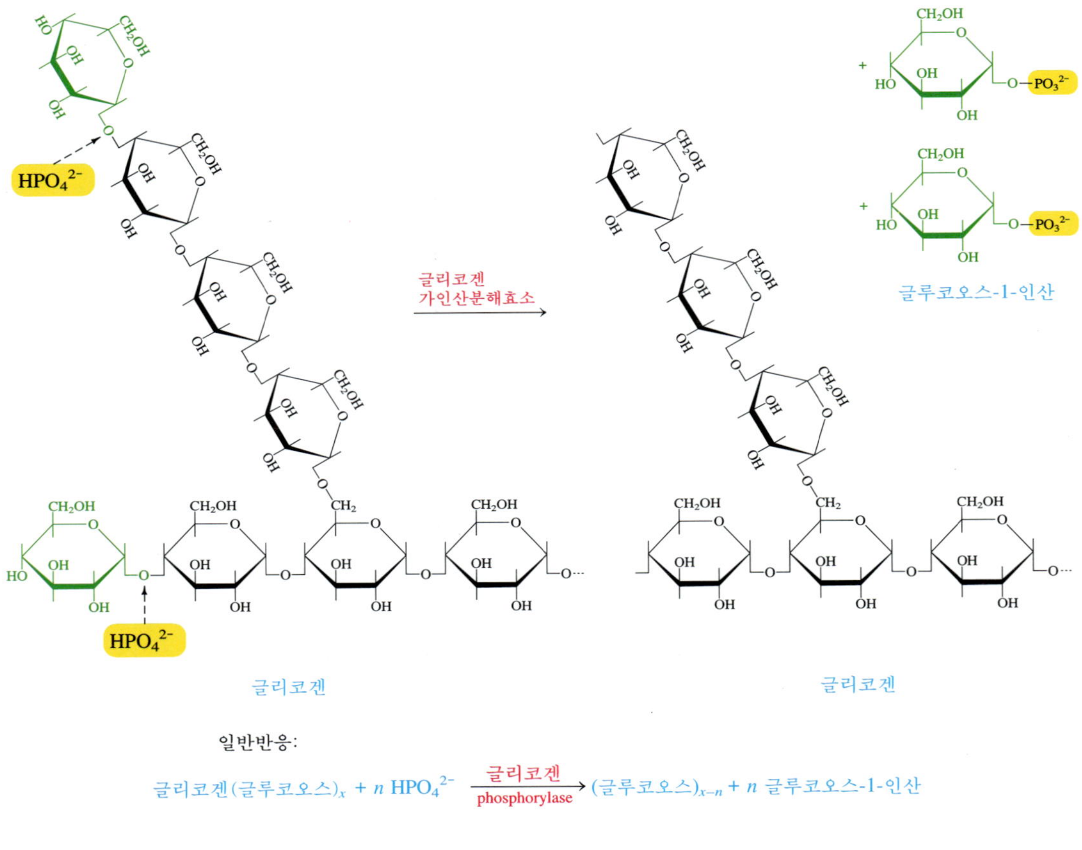

그림 5.15
글리코겐분해에서
글리코겐 가인산분해효소 반응

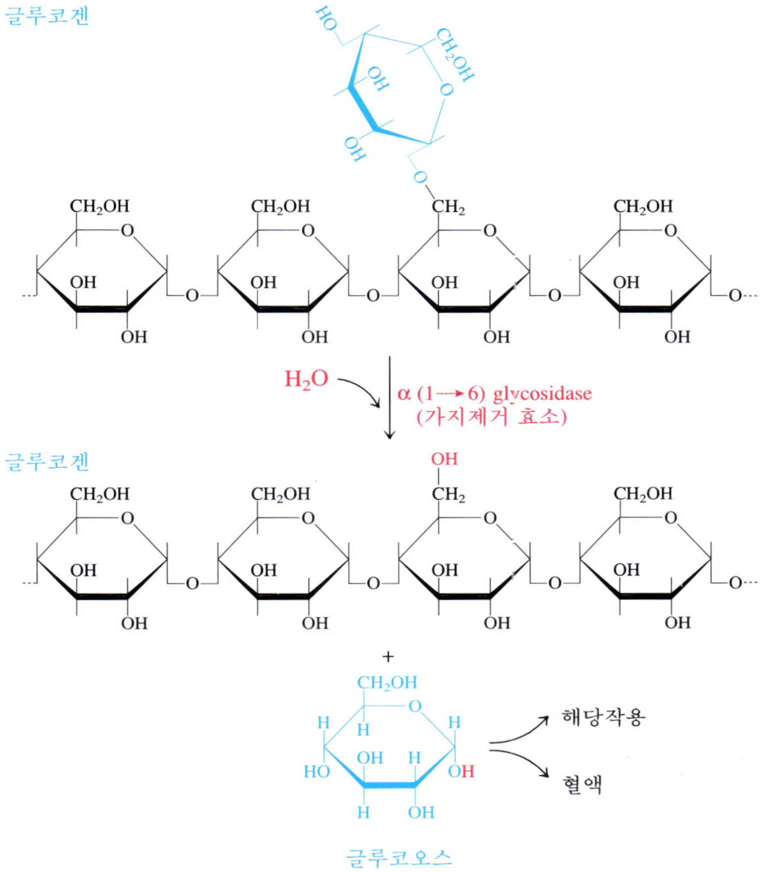

그림 5.16
글리코겐 분해에서 α(1→6) 배당체 가수분해효소(가지 제거 효소) 반응

완전분해하게 제거하여야 한다. 글리코겐 인산분해효소의 광대한 반응은 주 사슬에 대한 α(1 → 6) 글라이코시드 결합으로 붙잡혀있는 단일 글루코오스와 함께 더 작은 다당류를 생성한다. α(1 → 6) 배당체 가수분해효소도 가지제거효소(debranching enzyme)라 부르고 가지-점(branch-point)에서 α(1 → 6) 글라이코시드 결합을 가수분해하고 한 글루코오스 분자를 해리한다(그림 5.16). 이 글루코오스 분자는 포스포릴화되어 해당작용에 이용할 수 있고 또는 그밖의 이용을 위해 혈액에 방출할 수 있다. 가지 결합 가수분해는 글리코겐 가인산 분해효소 작용을 위해 또 다른 α(1 → 4) 결합 글루코오스를 해리한다.

단계 3 글루코오스-1-인산은 phosphoglucomutase에 의해 글루코오스-6-인산으로 변환된다(그림 5.17). 글리코겐에 저장된 글루

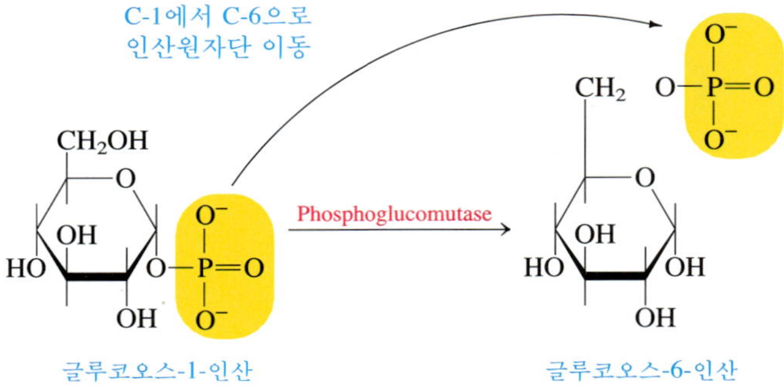

그림 5.17
글리코겐 분해에서 phosphoglucomutase 반응

코오스는 본래 phosphoglucomutase 반응을 통해 해당작용에 참여한다. 또다른 방법으로 간과 신장에서 글루코오스-1-인산은 혈액으로 수송하기 위하여 탈포스포릴화될 수 있다.

문제 5.7 글리코겐 분해에서 글리코겐 가인산분해효소 역할을 설명하라.

글리코겐 합성

고혈당 수준에 대응해서 췌장에서 생성된 **인슐린** 호르몬은 **글리코겐 합성**(glycogenesis)을 촉진한다. 인슐린은 아마 인체에서 가장 영향력이 큰 호르몬 중 하나다. 왜냐하면 인슐린은 인체의 몇 세포를 제외한 모든 세포에서 글루코오스 대사와 섭취를 직접 변경하기 때문이다.

식사 후에 혈당이 증가할 때 췌장의 β-세포는 인슐린을 분비한다. 뇌와 어떤 혈액세포를 제외한 모든 인체 세포는 글루코오스 섭취를 즉시 가속한다. 이들 세포에서 글루코오스 섭취는 인슐린-의존성이다. 글루코오스 섭취 증가는 특히 간, 심장, 뼈대근육, 지방조직에서 주목받는다.

인슐린은 간에서 글리코겐 가인산분해효소 억제에 의하여 글리코겐 합성과 저장을 증진하여 글리코겐 분해를 억제한다. 인슐린은 또한 글리코겐 합성과 관련있는 글리코겐 합성효소와 glucokinase 두 가지 효소를 자극한다.

글리코겐 합성과 글리코겐 분해는 일반적으로 어떤 반응을 공유하지만 그 두 가지 경로는 서로 단순한 반대가 아니다. 글리코겐 합성은 몇몇의 흔치않은 반응과 관련있고, 그것을 더 상세히 살펴보겠다.

간에서 글리코겐 합성의 첫째 반응은 글리코겐을 포스포릴화하여 세포안에 글루코오스를 저장한다. Glucokinase 효소가 촉매작용하는 이 반응에서 ATP는 포스포릴 주개로 이용하고 글루코오스-6-인산을 생성한다.

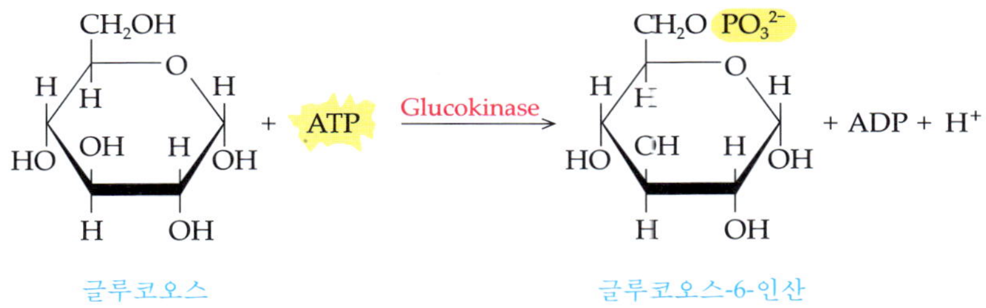

글리코겐 합성의 둘째 반응은 글리코겐 분해반응의 반대다. 첫 단계에서 생성된 글루코오스-6-인산은 글루코오스-1-인산으로 이성질화된다. 이 단계를 촉매작용하는 효소는 phosphoglucomutase다.

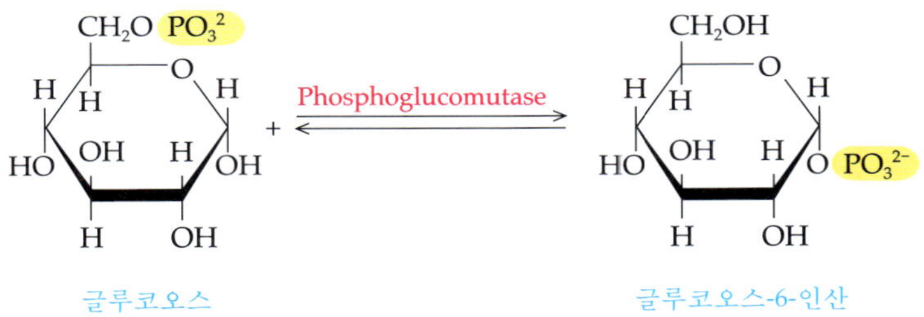

글루코오스-1-인산은 성장하는 글리코겐 사슬에 첨가되기 전에 활성화되어야 한다. 이것을 완결하는 고에너지 화합물은 uridine triphosphate(UTP)의 뉴클레오타이드이다. 이 반응에서 pyrophosphoylase 효소에 의한 중간체, 즉 글루코오스의 C-1 프스포릴 원자단은 UTP의 α-포스포릴 원자단과 결합하여 UDP-글루코오스를 생성한다.

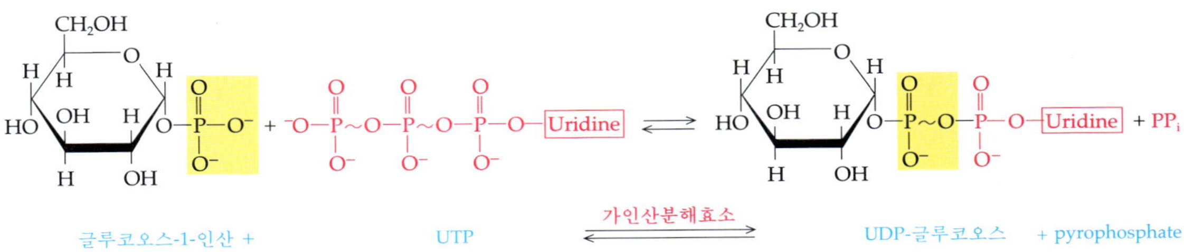

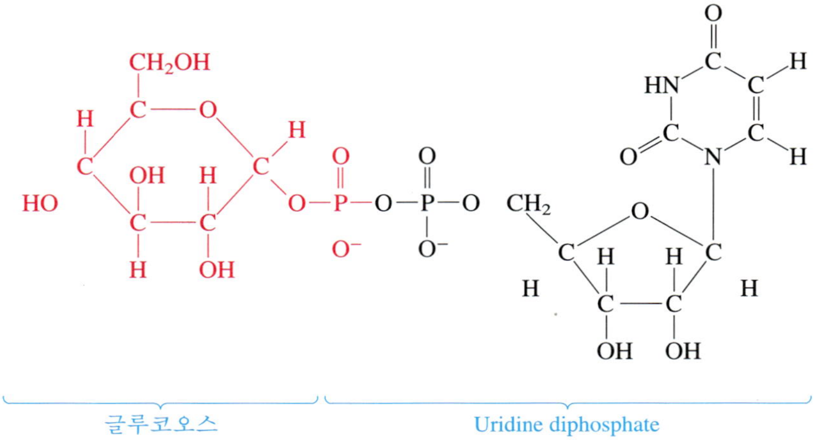

그림 5.18
UDP-글루코오스 구조

이것은 파이로인산(pyrophosphate, 약자 PPi) 원자단 방출을 수반한다. UDP-글루코오스 구조는 그림 5.18에 있다.

UDP-글루코오스는 이제 확장된 글리코겐 사슬에 이용한다. 글리코겐 합성효소는 UDP-글루코오스의 포스포에스터 결합을 분해하여 글루코오스와 성장하는 글리코겐 사슬 사이에 α(1→4) 글라이코시드 결합을 생성한다. UDP는 그 과정에서 방출된다.

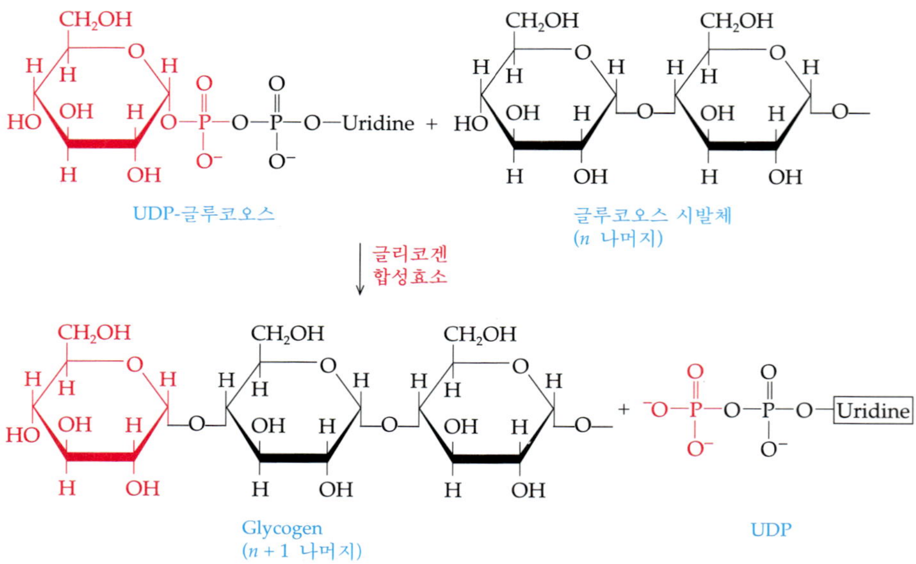

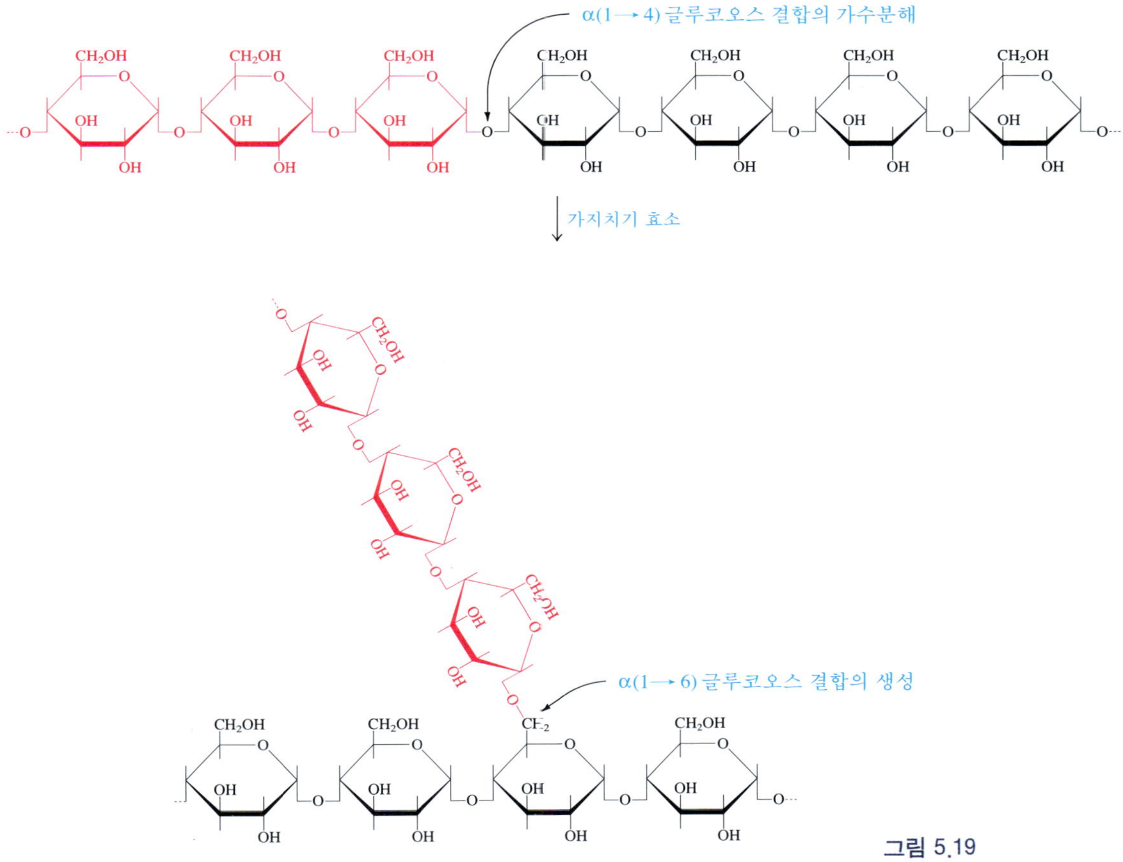

그림 5.19
글리코겐 합성에서 가지치는 효소 반응

마지막으로 가지를 형성하는 α(1→6) 글라이코시드 결합을 소개하겠다. 그 가지들은 적절한 글리코겐 이용에 대단히 중요하다. 그림 5.19처럼 가지치기 효소(branching enzyme)는 선형 α(1→4)결합 글리코겐 부분을 제거하고 그 사슬의 다른 장소에 α(1→6) 글라이코시드 결합이 다시 부착된다.

문제 5.8

간 세포 내부에서 glucokinase와 글루코오스가 결합하는 방법을 설명하라.

글리코겐 합성과 분해의 양립성

글리코겐 분해와 당 신생합성을 이용하는 경우 글리코겐 합성과 분해를 동시에 수행하는 세포는 쓸모없을 것이다. 한 경로의 반응에 의해 완결된 결과는 다른 것에 의하여 일어나지 않는다. 이 문제는 다른 경로의 효소를 비활성화하는 동안 한 경로의 효소를 활성화하는 일련의 호르몬 조절에 의해 피할 수 있다.

혈당 농도가 너무 높을 때 **과혈당증**(hyperglycemia)이라 알려져 있고 인슐린은 수송 메카니즘을 거쳐 글루코오스 섭취를 자극한다. 인슐린은 glucokinase 활동도를 증가하여 글루코오스 섭취를 더 자극한다. 마지막으로 인슐린은 글리코겐 합성효소, 즉 글리코겐 사슬을 합성하는 마지막 효소를 활성화한다. 글리코겐 저장을 더 촉진하기 위하여 인슐린은 첫째 글리코겐 분해효소, 즉 글리코겐 가인산분해효소를 억제한다. 그림 5.20처럼 그 알짜효과는 글루코오스를 혈액으로부터 제거하여 간에서 글리코겐으로 변환한다. 글리코겐 저장부분을 채울 때 과량 글루코오스는 지방으로 변환하여 지방조직에 저장된다.

글루카곤(glucagon)은 **저혈당증**(hypoglycemia)이라고 알려진 저혈당 수준에 대응하여 생성되고 인슐린과 반대효과를 갖는다. 글루카곤은 글리코겐 가인산분해효소를 자극하고 그 효소는 글리코겐 분해의 첫 단계를 촉매작용한다. 이것은 글리코겐 분해를 가속하고 글루코오스를 혈액에 방출된다. 글루카곤은 글리코겐 합성효소를 억제하므로 그 효과는 더 증진된다. 인슐린과 글루카곤의 반대 효과를 그림 5.20에 요약한다.

이 우아한 호르몬 조절 시스템은 글리코겐 합성 및 분해 반응이 서로 경쟁하지 않는 것이 확실하다. 이 방법으로 그들은 혈당 수준이 너무 낮을 때 글루코오스를 제공하고 과량일 때 글루코오스를 저장한다.

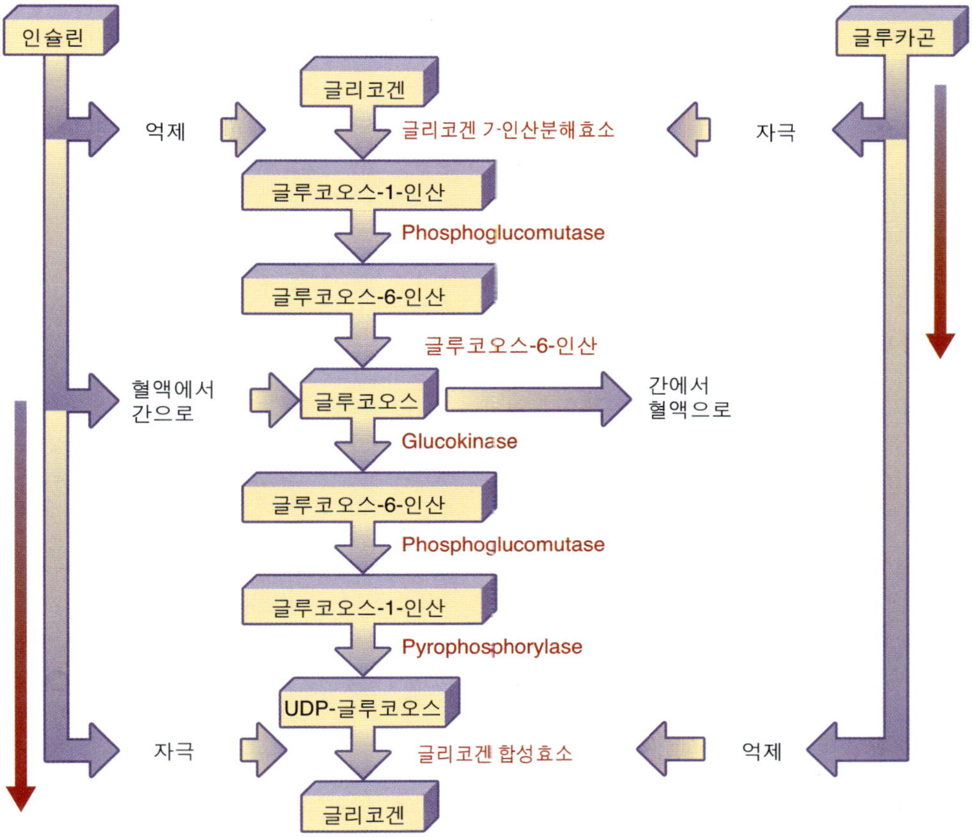

그림 5.20
글리코겐 대사의 인슐린과 글루카곤 효소의 반대 효과

문제 5.9

글루카곤이 글리코겐의 합성과 분해에 어떻게 영향을 주는가 설명하라.

임상관련 토픽; 당뇨진단

당뇨병을 진단할 때 의사들은 많은 인자와 증상을 이용한다. 그러나 각 개인이 혈당수준을 적절하게 조절하는 여부를 결정하려고 우선 두 가지 검사를 실시한다. 첫째, 단식 혈당 검사다. 밤 12시 이후에 단식한 사람은 아침에 70과 110 mg/dL 사이에 있어야 한다. 그 혈당수준이 적어도 두 번의 검사에서 140 mg/dL이면 일반적으로 당뇨라고 진단한다.

보편적으로 이용하는 둘째 검사는 당 부하검사(glucose tolerance test)다. 이 검사를 위해 적어도 10시간 단식해야 한다. 이것은 바탕수준 검사에 이용한다. 처음 혈액 시료는 단식혈당 수준을 측정하려고 취한다. 검사자는 50~100 g 글루코오스(40 g/m^2 인체 표면)을 섭취하고, 그 혈당수준은 섭취 후 30분에서 측정하고 1, 2, 3 시간 후에도 측정한다.

시간에 대한 혈당농도를 그래프로 그린다. 당뇨가 아닌 사람은 그 점시 곡선이 대략 한 시간에서 최대 혈당을 나타낸다. 그 이후에 농도는 감소할 것이고, 아마 그 시간 이후는 약간 저혈당일 것이다. 그 다음 혈당농도는 정상수준으로 안정화될 것이다.

어떤 사람이 혈당 수준을 140~200 mg/dL 사이에 유지하면 해로운 내당력(glucose tolerance)이라고 말한다. 이것은 그 사람이 당뇨병으로 발전할 위험이 있다는 것을 알고 미리 조절하려고 주기적으로 검사와 처방하는 이유다.

두 시간 후에 200 mg/dL, 또는 그 이상을 유지하면 일시적으로 당뇨라고 진단한다. 그러나 이 결과는 혈당수준에 관한 약물효과와 같은 일시적 문제를 제외하고, 다음 날 더 검사를 받아 보아야 한다.

그것은 최근에 상위 혈당수준이 200 mg/dL 이면, 손상된 내당력과 당뇨병을 진단하는 기준으로서 180 mg/dL보다 낮아야 한다는 것을 제시한다. 이것은 초기에 검출하고 조정해야 할 것이다. 장기간에 걸친 당뇨 합병증을 고려하면, 일정한 혈당수준을 유지하는 초기단계에서 치료를 시작하는 것이 매우 좋다고 생각한다. 당뇨병에 관한 더 많은 정보는 7장에서 임상관련 토픽: 진성 당뇨병과 키톤체를 보라.

인간관련 토픽; 글리코겐 저장병

글리코겐 대사는 여러 가지 세포대사의 적절한 기능이 중요하다. 글리코겐 대사에 관한 여러 가지 질병이 발견되었다. 일반적으로 이들은 간, 근육, 신장의 가는 관에 과량 글리코겐 축적의 결과 때문이다. 때때로 그들은 글리코겐 분해와 관련있는 효소 중 하나의 결손 때문에 생긴다.

한 예는 von Gierke질병 이라고 알려진 글리코겐 대사의 유전 결손이다. 이 질병은 당 신생합성과 글리코겐 분해의 최종단계를 촉매작용하는 글루코오스-6-가인산분해 효소의 결손 유전자로부터 생긴다. 글루코오스-6-가인산분해 효소가 부족한 사람들은 글루코오스-6-인산을 글루코오스로 변환할 수 없다. 우리들이 배운 것처럼 간은 혈당의 주요한 공급원이고, 이 글루코오스의 대부분은 당 신생합성에 의해 생성된다. 글루코오스와 다르게 글루코오스-6-인산은 세포막을 통과할 수 없고, von Gierke 질병으로부터 고생하는 사람의 간은 그 사람에게 글루코오스를 제공할 수 없다. 혈당수준은 식사 사이에 갑자기 감소한다. 그밖에 글루코오스-6-인산 가수분해효소도 글리코겐 대사에 영향줄 수 있다. 글루코오스-6-가인산분해 효소가 존재하지 않으면 간에서 글루코오스-6-인산을 많이 공급한다. 이 글루코오스-6-인산은 글리코겐으로 변환할 수도 있다. von Gierke 질병으로부터 고통받는 사람은 글리코겐 저장이 크게 증가하기 때문에 크게 확장된 간을 갖는다.

글리코겐 대사의 다른 효소결손도 존재한다. Cori 질병은 가지제거 효소의 유전결손 때문에 생긴다. 결과적으로 이 질병을 갖는 사람은 글리코겐을 완전히 감소할 수 없으므로 저장 글리코겐을 매우 비효과적으로 이용한다.

동전의 양면처럼 Andersen 질병은 가지치기 효소의 유전결손으오부터 생긴다. 이 질병으로부터 고생하는 사람은 매우 긴 가지없는 사슬 화합물을 생성한다. 이 유전 장애는 글리코겐 저장 효율의 감소를 가져온다.

글리코겐 저장병의 마지막 예는 McArdle 질병이다. 이 징후군에서 근육세포는 글리코겐 가인산분해효소가 부족하고, 글리코겐을 글루코오스로 만들 수 없다. 이 질병을 갖는 사람은 운동에 내성이 없다. 왜냐하면 그들의 근육은 필요한 에너지-수확 과정에 충분한 글루코오스를 제공할 수 없기 때문이다. 간에서 글리코겐 가인산분해효소는 완전히 정상이고, 이러한 사람들이 글루카곤 또는 epinephrine 영향에서 혈당수준 증가에 따라 적절하게 대응하는 것은 흥미있다.

요약

5.1 ATP: 세포 에너지 유통

Adenosine triphosphate(ATP)는 adenine, ribose sugar, triphosphate로 구성된 뉴클레오타이드다. 둘째와 셋째 포스포릴 원자단 사이에 인산무수물 결합의 가수분해에 의해 방출된 에너지는 대부분 세포 작업에 에너지로 공급한다.

5.2 분해대사 과정의 개요

인체는 생명과정의 수행에 ATP 공급이 필요하다. 이 ATP를 제공하기 위하여 여러 가지 에너지-풍부 식품분자, 즉 탄수화물, 지방질, 단백질을 소비한다. 소화관에서 이러한 큰 분자는 세포에 흡수되는 더 작은 분자(단당류, 글리세롤, 지방산, 아미노산)로 분해된다. 이들 분자는 더 분해되어 ATP로 된다.

5.3 해당작용

해당작용은 글루코오스가 pyruvate로 되는 분해대사의 경로다. 세포질에서 효소는 혐기성 과정으로 일어난다. 해당작용 중 ATP의 알짜 수확은 글루코오스 분자마다 두 분자 ATP의 생성이다. 두 분자 NADH도 생성된다. 해당작용 속도는 그 세포의 에너지 요구에 의존한다. 해당작용 조절은 hexokinase, phosphofructokinase, pyruvate kinase와 같은 다른자리 입체성 효소를 통해 일어난다.

5.4 발효

혐기성 상태에서 해당작용에 의해 생성된 NADH는 pyruvate를 환원하여 뼈대근육의 젖산으로 (젖산발효) 또는 아세트알데하이드를 효모에 의하여 에탄올(알코올 발효)로 변환에 이용한다.

5.5 펜토스 인산 경로

펜토스 인산 경로는 특히 간과 지방조직에 풍부한 글루코오스 분해의 또 다른 경로다. 그것은 생합성 반응의 환원제로 이용하기 위하여 어떤 NADPH 근원을 갖는 세포를 제공한다. 그것은 또한 뉴클레오타이드 합성에 리보스-5-인산 그리고 tryptophan, tyrosin, phenylalanine 아미노산의 생합성에 erythrose-4-인산을 제공한다.

5.6 글루코오스 신생합성: 글루코오스 합성

당 신생합성은 비-탄수화물 출발물질로부터 글루코오스 합성 경로다. 그것은 포유류의 간에서 일어난다. 글루코오스는 lysine과 leucine을 제외한 모든 아미노산, 그리고 글리세롤로부터 만들 수 있다. 당 신생합성은 해당작용의 반대처럼 간단하지 않다. ATP를 생성하거나 소비하는 세 단계 해당작용은 당 신생합성에서 다른 효소에 의해 우회해서 일어난다. 당 신생합성에서 기타 모든 효소는 해당작용을 공유한다.

5.7 글리코겐 합성과 분해

글리코겐 합성반응은 글리코겐 합성 과정이고 글리코겐 분해반응은 글리코겐 분해 과정이다. 혈당농도는 간에 의해 조절한다. 이 호르몬은 글리코겐 합성을 자극하고 글리코겐 분해를 억제한다. 혈당수준이 너무 낮으면 글루카곤 호르몬은 글루콘 합성 반응을 자극하고 간에서 글리코겐 분해를 자극한다.

주요한 용어

- 고혈압(5.7)
- 글루카곤(5.7)
- 글리코겐 구형입자(5.7)
- 글리코겐 분해(5.7)
- 글리코겐 합성(5.7)
- 글리코겐(5.7)
- 기질 수준 포스포릴화반응(5.3)
- 뉴클레오타이드(5.1)
- 당 신생합성(5.6)
- 발효(5.4)
- 분해대사(5.1)
- 산화성 포스포릴화반응(5.3)
- 인슐린(5.7)
- 저혈압(5.7)
- 펜토스 인산 경로(5.5)
- 합성대사(5.1)
- 해당작용(5.3)
- 혐기성 한계값(5.4)
- adenosine triphosphate(5.1)
- cori 회로(5.6)
- guanosine triphosphate(GTP) (5.6)
- nicotineamide adenine dinucleotide (NAD^+)(5.3)
- uridine triphosphate(UTP) (5.7)

문제

ATP: 세포 에너지 유통

5.10 분해대사에서 방출된 에너지 보존에 주로 관여하는 분자는 무엇인가?

5.11 ATP의 말단 인산 무수물 결합의 가수분해를 보여주는 반응을 쓰라.

5.12 해당작용은 그 기능에 NAD^+ 공급이 왜 필요한가?

5.13 해당작용에서 ATP의 알짜 에너지 수율은 무엇인가?

5.14 ATP 공급은 한 순간의 빠른 근육 수축에만 충분하다. 그런데 어떻게 장기간 빠른 근육 수축이 가능한가? 설명하라.

5.15 해당작용의 균형 화학반응식을 쓰라.

5.16 다음 각 효소는 어느 해당작용 반응을 촉매작용하는가?

5.17 다음 쌍의 반응을 살펴보고 그들을 문제 5.17-5.19의 해답에 이용하라. 어떤 종류 효소가 이들 반응을 각기 촉매작용하는가?

(a)

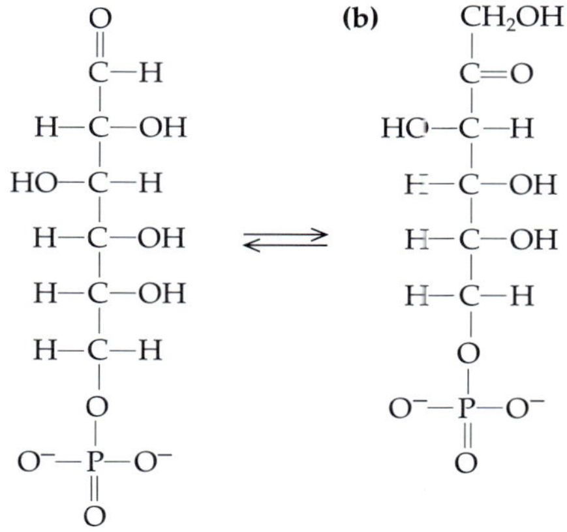

(b)

(c)

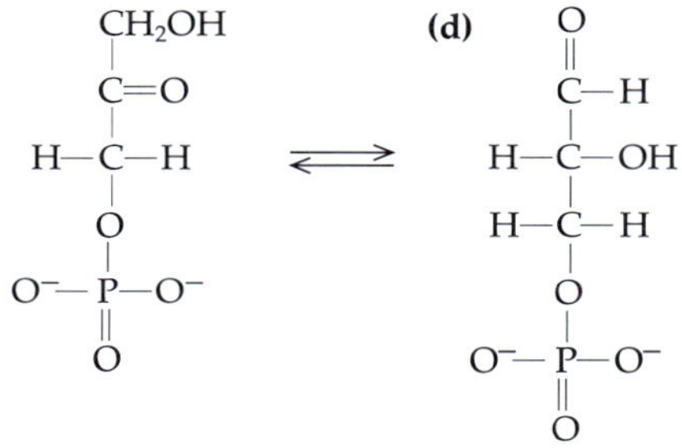

(d)

5.18 문제 5.17의 각 반응에서 형성되는 중간체를 종류의 이름을 쓰라.

5.19 한 효소가 kinase라는 이름을 가질 때 어떤 종류 반응을 촉매작용하는 것으로 예상하는가?

5.20 생화학적 산화반응에서 NAD^+ 역할은 무엇인가?

5.21 해당작용의 단계 9를 촉매작용하는 효소는 enolase라고 부른다. 그 이름의 의미는 무엇인가?

5.22 해당작용 조절의 중요성은 무엇인가?

5.23 phosphofructokinase의 다른자리 입체성 효과기로 어떤 분자를 이용하는가?

5.24 해당작용의 되먹임 억제에서 citrate역할을 설명하라.

발효

5.25 아세트알데하이드에서 에탄올로 변환에 대한 균형 화학반응식을 쓰라.

5.26 100m를 달린 다음 그 선수는 고농도의 근육 젖산을 축척했다. 젖산 생성은 어떤 과정인가?

5.27 어떤 식품생성물이 젖산발효 결과의 최종 생성물인가?

5.28 Pyruvate에서 젖산으로 환원은 어떤 효소가 촉매작용하는가?

5.29 이상한 증상으로 고생하는 아이를 병원으로 데려왔다. 그 아이가 심하게 운동할 때, 그 아이는 현기증이 나고 술취한 것처럼 거동했다. 이러한 증상의 대사 기초를 무엇이라고 생각하는가?

펜토스 인산 경로

5.30 펜토스 인산 경로의 세 단계를 설명하라.

5.31 펜토스 인산 경로에서 생성된 리보스-5-인산과 erythrose-4-인산은 어떤 가치가 있는가?

글루코오스 신생합성

5.32 어떤 기관이 주로 당 신생합성에 관련이 있는가?

5.33 젖산은 당 신생합성에 의해 글루코오스로 변환한다. 젖산이 변환할 때 당 신생합성 효소에 대하여 한 기질이 될 수 있는 대사 중간체는 무엇인가?

5.34 당 신생합성은 왜 간단한 해당작용의 반대가 아닌가를 설명하라.

5.35 해당작용 경로에서 어느 단계가 비가역인가?

글리코겐 합성과 분해

5.36 적당한 혈당수준 유지에 주로 관련있는 기관은 무엇인가?

5.37 고혈압 용어는 무엇을 의미하는가?

5.38 a. 어떤 효소가 인슐린에 의해 자극받은 글리코겐 대사와 관련있는가?

b. 이것은 글리코겐 대사에 어떤 효과를 갖는가?

c. 이것은 혈당수준에 어떤 효과를 갖는가?

5.39 글리코겐 대사에 한 결함이 어떻게 고혈압을 발생할 수 있는가 설명하라.

6장 산소호흡과 에너지 생산

내 용

Aerobic Respiration and Energy Production

학습목적

1. 미토콘드리아 영역과 각 영역의 기능을 설명하라.
2. Pyruvate 탈수소효소 착물의 반응위치와 성분을 설명하는 pyruvate로부터 acetyl CoA으로 변환반응을 설명하라.
3. 산소호흡 반응을 요약하라.
4. 시트르산 회로에서 일어나는 어떤 화학반응을 나타내는 반응식을 살펴보고 일어나는 반응종류와 그 경로의 반응 중요성을 설명하라.
5. 시트르산 회로의 조절에 대한 메카니즘을 설명하라.
6. 산화성 포스포릴화반응 과정을 설명하라.
7. 시트르산 회로에 들어갈 수 있는 아미노산의 변환을 설명하라.
8. 요소 회로의 중요성과 그것의 필수 단계를 설명하라.
9. 고혈압 원인과 결과를 설명하라.
10. 분해대사와 합성대사에서 시트르산 역할을 설명하라.

화학관련 토픽; 어머니로부터 물려받은 미토콘드리아

이 장에서 우리는 당 및 아미노산과 같은 연료분자를 완전히 분해하는 놀랍고 복잡한 반응을 배울 것이다. 이들 산소-요구 반응은 미토콘드리아(mitochondria)라고 부르는 세포소기관에서 일어난다.

우리는 세포소기관이 세포핵에서 유전정보 지시에 따라 합성되는 막-결합 구조의 집합체라고 생각하는 것이 보통이다. 미토콘드리아는 그렇지 않다. 이들 세포소기관은 그들 자신의 유전 정보를 갖고, 어떤 그들 자신의 단백질을 합성한다. 그들은 간단한 박테리아와 매우 비슷한 방법으로 성장하고 증식한다. 이것은 미토콘드리아 구조와 활동도에 관한 기타 정보와 함께 미토콘드리아는 실제로 수만년 전에 진핵세포에 포획된 박테리아 후손이라고 연구원들이 결론내렸다.

미토콘드리아 유전정보(DNA)의 최근 연구는 놀랍고 새로운 정보를 발표한다. 예를 들어 우리들 각자는 어머니와 아버지로부터 절반씩 유전정보를 물려받는다. 이것에 대한 이유는 정자들이 난자에 수태할 때 정자 핵만 세포에 들어가기 때문이다.

우리들의 모든 미토콘드리아는 어머니로부터 물려받는다. 그 결과는 Dr. A. Wilson이 전 세계의 수천 명의 부인들에게서 얻은 미토콘드리아 DNA를 연구하여 알게 되었다. 그는 미토콘드리아 DNA의 유사성과 차이점을 살피고 "Mitochondrial Eve", 즉 모든 인류의 어머니를 확인할 수 있을 것이라고 생각했다. 그는 수 만년전에 살았던 한 부인을 확인할 수 있다고 실제로 생각하지 않았다. 그러나 그는 인류기원에 관한 문제해답의 도움을 위하여 인류 부인들의 첫 번째 집단의 위치를 결정하기 원했다. 그 아이디어는 좋았지만 그 연구는 실험적으로 수많은 결함을 가졌다. 현재 수백명의 과학자들 사이에 Mitochondrial Eve에 관하여 뜨거운 논쟁이 진행되고 있다.

미토콘드리아 그 자신처럼 에너지 대사의 몇 가지 유전성 질병은 모계로부터 유전된다. Leber 시신경병증(hereditary optic neuropathy, LHON)은 실명과 심장문제를 발생한다. LHON을 갖는 사람들은 ATP를 만드는 능력이 감소한다. 그러므로 많은 에너지량이 필요한 조직이 죽는다. LHON은 결국에 시신경이 에너지 부족으로 죽기 때문에 그들은 시력을 잃는다.

연구원들은 LHON에 책임있는 돌연변이 미토콘드리아 유전자를 확인하고 클론(clone)했다. 그 결함은 NADH 탈수소화효소의 한 돌연변이 형태다. NADH 탈수소화효소는 거대한 효소 착물이고 그것은 NADH로부터 전자를 받아 전자 수송계를 통하여 내보낸다. 전자 수송계를 통한 전자통과는 덜 효율적이고 ATP를 덜 만든다. LHON 환자들은 결국에 실명한다.

이 장과 다음 장에서 우리는 미토콘드리아에서 일어나는 중요한 몇 가지 생화학 반응을 배울 것이다. 건강한 미토콘드리아 기능에 관한 더 좋은 이해는 결과적으로 LHON와 기타 미토콘드리아 유전병으로부터 고통받는 사람들을 돕게 될 것이다.

서론

세포소기관은 특수한 기능을 갖는 세포질 내부의 한 구역이다.

이미 알고 있는 것과 같이 혐기성 해당작용 경로는 글루코스 분해를 시작하고 소량 ATP와 NADH를 생산한다. 그러나 글루코스를 CO_2와 H_2O로 완전 산화하고 인체에 필요한 대부분 ATP를 공급하는 것은 바로 호기성 분해대사 경로다. 실제로 산소호흡(aeorbic respiration)이라고 부르는 이 과정은 해당작용에 들어가는 각 글루코스 분자로부터 수확된 에너지를 이용하여 36 ATP분자를 생산한다. 이 반응은 미토콘드

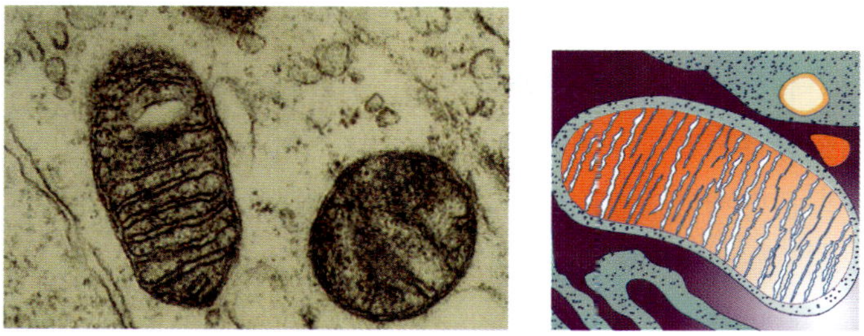

(a) (b)

그림 6.1
미토콘드리아 구조.
(a) 미토콘드리아 전자현미경 사진.
(b) 미토콘드리아의 모식도

리아에 위치한 세포 "발전소"의 대사 경로에서 일어난다. 미토콘드리아는 한 막으로 밀폐된 세포소기관 형태다.

이 때 미토콘드리아에서 탄수화물, 지방질, 그리고 단백질의 최종 산화반응이 일어난다. 여기에서 또한 이 산화반응은 수확된 전자를 ATP 제조에 이용한다. 이러한 주목받는 효율적 반응에서 거의 글루코스 퍼텐셜 에너지의 40%를 ATP에 저장한다.

6.1 미토콘드리아

학습목적 1

미토콘드리아(mitochondria)는 대략 박테리아 크기이고, 축구공 모양이다. 미토콘드리아는 **외부 미토콘드리아 막**(outer mitochondrial membrane)과 **내부 미토콘드리아 막**(inner mitochondrial membrane)으로 둘러싸여 있다(그림 6.1). 그 두 가지 막 사이에 공간은 **막 사이 공간**(intermembrane space)이고 내부 막의 내부 공간은 **매트릭스 공간**(matrix space)이다. 아미노산 분해와, 지방산 분해에 대한 β-산화 경로의 시트르산 회로 효소들은 모두 미토콘드리아 매트릭스 공간에서 발견된다.

구조와 기능

외부 미토콘드리아 막은 작은 분자들(10,000 g/mol)이 통과할 수 있는 많은 작은 구멍을 갖는다. 그러므로 ATP 생산을 위해 산화되는 작은 분자들은 미토콘드리아 막사이의 공간에 쉽게 들어갈 수 있다.

내부 막은 큰 표면적을 만들게 많이 접혀있다. 그 접혀진 막은 **크리스테**(cristae)라고 알려져 있다. 그 내부 미토콘드리아 막은 대부분 물질이 거의 완전히 통과할 수 없다. 이러한 아유 때문에 특수한 연료분자들을 매트릭스 공간으로 가져오는 많은 수송 단백질을 갖는다. 또한 내부 미토콘드리아 막에 존재하는 단백질도 전자수송계와 ATP 합성효소의 단백질 운반체다. ATP 합성효소는 ATP 합성을 촉매작용하는 많은 단백질의 큰 복합물이다.

미토콘드리아 기원

미토콘드리아는 대략 박테리아 크기뿐만 아니라, 진핵세포에 포획된 한때는 독립생활을 했던 박테리아일 수 있다고 연구원들이 추측하는 몇 가지 다른 특징이 있다. 미토콘드리아는 그들 자신의 유전정보를 가지고 있다. 미토콘드리아는 또한 박테리아와 매우 비슷한 그들 자체의 리보솜(ribosome)을 갖는다. 이러한 리보솜은 미트콘드리아가 그들 자신의 몇 가지 단백질을 합성한다. 마지막으로 미토콘드리아는 실제로 자기-복사를 한다. 즉 미토콘드리아는 크게 성장하고 새로운 미토콘드리아를 생산하려고 분할한다. 이러한 모든 특성은 우리 세포에서 대부분 ATP를 생산하는 미토콘드리아가 아마 1.5×10^9년 전에 포획된 박테리아로부터 진화한 것이라고 암시한다.

8장에서 알게 되는 것처럼 ribosomes은 단백질 합성의 작은 발판으로 작용하는 단백질과 RNA의 복합물이다.

문제 6.1 미토콘드리아 기능은 무엇인가?

문제 6.2 미토콘드리아 계통도를 그린 다음 이 세포기관의 부분을 표시하라.

6.2 Pyruvate로부터 아세틸 CoA로 변환

학습목적 2

5장에서 배운 것처럼 혐기성 상태에서 글루코스는 안정한 발효 생성물로 변환되는 두 가지 pyruvate 분자로 분해한다. 이러한 제한된 글루코스 분해는 매우 소량의 글루코스 퍼텐셜 에너지를 방출한다. 호기성 상태에서 세포는 산소를 이용할 수 있고 시트르산 회로라고 부르는 대사경로에서 글루코스를 완전히 CO_2로 산화한다.

이 경로는 때때로 Sir Hans Krebs를 기념하여 Krebs 회로라 부른다.

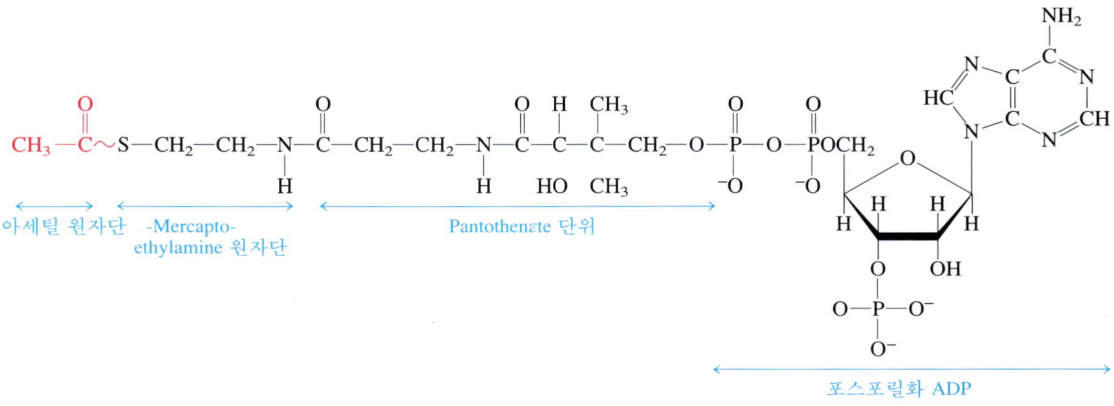

아세틸 조효소 A
(아세틸 CoA)

그림 6.2
아세틸 CoA 구조. 아세틸 원자단과 CoA 사이에 결합은 한 고에너지 thioester 결합이다.

그는 그 자신의 실험자료와 다른 연구원들의 자료로부터 이 회로의 경로 단계를 연구했다. 그것은 또한 트리카복실산 회로(tricarboxylic acid cycle, TCA Cycle)라고도 부른다. 왜냐하면 그 경로에서 처음 몇 가지 중간체는 세 개 카복실 원자단을 갖기 때문이다.

Pyruvate들이 일단 미토콘드리아로 들어가면 2-탄소 아세틸 원자단(acetyl, CH_3CO-)으로 변환해야 한다. 이 아세틸 원자단은 "활성화" 되어 시트르산 회로 반응에 들어가야 한다. 아세틸 원자단이 CoA의 티올(thiol, RSH, 알케인에서 한 수소를 -SH로 치환 화합물) 원자단과 결합할 때 활성화가 일어난다. CoA는 ATP와 pantothenic acid 비타민으로부터 나온 큰 티올분자다(그림 6.2). 그것은 아세틸 원자단의 받개이고(그림 6.2에서 빨간색)그것은 thioester 결합을 통해 결합한다. 아세틸 CoA(acetyl CoA)는 아세틸 원자단의 "활성화" 형태다.

Pantothenic acid 구조와 기능은 부록 C 수용성 비타민에서 설명한다.

그림 6.3은 pyruvate가 아세틸 CoA로 변환되는 반응을 보여준다. 첫째, pyruvate는 탈카복실화되고 그것은 CO_2로 방출되는 카복실 원자단이 상실되는 것을 의미한다. 둘째, 그것은 산화되고 제거되는 수소화물 음이온이 NAD^+에 의해 받아들여지는 것을 의미한다. 셋째, 마지막으로 나머지 아세틸 원자단은 thioester 결합에 의해 CoA와 결합한다. 이러한 매우 복잡한 반응은 **pyruvate 탈수소화효소 복합물**이라고 부르는 한 묶음으로 함께 3 종류 효소와 5 종류 조효소에 의해 일어난다(그림 6.3). 이러한 조직은 각 화학반응이 일어날 때 기질이 한 효소로부터 다음 효소로 통과하는 것을 보여준다. 이러한 "분해과정"은 그림 6.3b

인간관련 토픽; 운동과 에너지 대사

올림픽 단거리 선수들이 출발점에 정열한다. 총성이 울리고 대략 10초에서 100m 경기는 끝난다. 그밖에 마라톤 경주자들도 출발한다. 그들은 약 두 시간에 걸쳐 26 mile 385 yard를 달린다. 이 두 가지 운동은 달리는 것과 관련있지만 이들은 매우 다른 에너지 공급원을 이용한다.

우선 단거리 선수를 살펴보자. 단거리 선수를 위한 직접 에너지 공급원은 저장된 ATP다. 그러나 저장된 ATP 양은 매우 적고 대략 3 온스 정도 뿐이다. 이것은 경주선수들을 약 3 초 동안 빠르게 달릴 수 있게 한다. 분명히 또 다른 에너지 공급원이 연결되어야 하고 creatine 인산이 그 에너지를 저장한다.

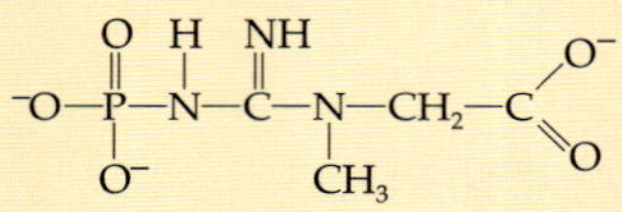

creatine 인산 구조

근육에 저장된 creatine 인산은 그것의 고에너지 인산을 ADP에 주어 새로운 에너지 공급원 ATP를 생산한다.

이것으로 운동선수들은 저장 creatine 인산이 다시 고갈하기 전에 또 다른 5~6 초 동안 운동을 유지할 것이다. 이것은 100m 완주에 거의 충분한 에너지다. 그러나 실제로 모든 달리기 선수들은 에너지 고갈 때문에 느려지고 우승자는 최소로 느려지는 달리기 선수가 차지한다.

더 멀리 달리는 400m 또는 800m 달리기를 고려하자. 이들 달리기 선수는 훨씬 더 오랫 동안 최대 능력으로 달린다. 그들이 그들의 ATP와 저장 creatine 인산이 고갈될 때 더 많은 ATP를 합성해야 한다. 물론 그 세포는 항상 ATP를 만들고 있지만 현재 에너지 요구는 훨씬 더 많다. 이러한 에너지의 증가요구에 따라 공급하기 위하여 혐기성 에너지-생성 반응(해당작용과 젖산발효, 5장)과 호기성 반응(시트르산 회로와 산화성 포스포릴화 반응)은 훨씬 더 빠르게 기능을 시작한다. 그러나 때때로 이러한 경기는 대단히 격렬하게 달리므로 그들은 효과적으로 산화성 포스포릴화 반응이 작용하게 충분한 산소를 운동근육에 공급할 수 없다. 이렇게 될 때 근육은 해당작용과 젖산 발효에 의존하여 대부분 에너지 요구에 제공해야 한다. 이러한 혐기성 과정의 부생산물, 즉 젖산은 근육에 축적되어 혈액으로 확산된다. 그러나 피할 수 없이 젖산 농도는 작업근육에 축적되고 근육피로가 생

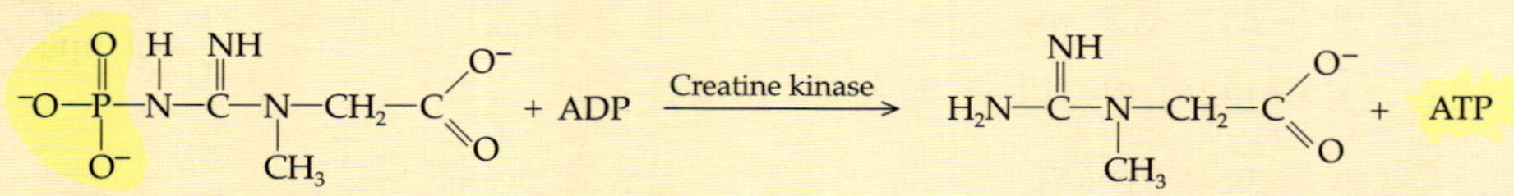

creatine 인산으로 부터 ADP로 인산 원자단 이동은 creatine kinase 효소에 의해 촉매작용한다.

겨 결과적으로 근육이 손상된다. 그리하여 주로 혐기성 ATP 생산에 의존하는 운동은 오랫 동안 계속할 수 없다.

마라톤 선수는 다른 각본을 제공한다. 마라톤 선수는 저장 ATP와 creatine 인산을 단거리 선수처럼 빠르게 소비할 것이다. 혐기성 해당작용 경로는 시트르산 회로와 산화성 포스포릴화 반응처럼 혈액에 의해 제공된 글루코스를 더 빠른 속도로 분해하기 시작할 것이다. 장거리 선수와 중-단거리 선수 사이에 주요한 ATP생산 차이는 장거리 선수의 근육이 호기성 경로를 통하여 거의 모든 에너지를 끌어낸다. 이들 선수는 실제로 운동근육에 필요한 모든 산소를 공급하여 일정한 속도로 장거리를 계속해서 달린다. 실제로 호기성 경로만 몇 시간 계속하는 운동을 위해 일정한 ATP를 공급할 수 있다. 이론적으로 그러한 상태에서 달리는 선수들은 저장된 글리코겐과 저장된 지방질을 이용하여 끝없이 달릴 수 있다. 물론 실제로 탈진과 피로 위치 같은 기타 인자들은 선수들의 계속하는 능력을 제한한다.

그러므로 장거리 선수들은 미토콘드리아에서 호기성으로 ATP를 생산하는 능력이 크고 그와 반대로 중-단거리 선수들은 근육 세포질에서 혐기성으로 에너지를 생산하는 능력이 크다는 것을 알았다. 선수들의 근육은 이러한 여러 가지 요구를 반영한다는 것에 주목하는 것이 흥미있다.

수술로 제거한 근육조직을 살펴볼 때 두 가지 우세한 근육섬유 형태를 발견한다. 빠른 연축 근육섬유(fast twitch muscle fiber)는 크고 비교적 토실토실하고 엷은 세포다. 이들은 몇 개 미토콘드리아만 갖지만 많은 글리코겐 보존량과 젖산발효에 필요한 고농도 효소를 함유한다. 이들 근육섬유는 대단히 빠르게 피로한다. 왜냐하면 발효는 불충분하고 세포의 글리코겐 저장을 빠르게 소비하고 젖산을 축적하기 때문이다.

느린 연축 근육섬유(slow twitch muscle fiber)는 빠른 연축 근육세포 지름의 대략 절반이고 빨간색이다. 이 빨간색은 이들 세포에 미오글로빈 농도가 진하기 때문이다. 미오글로빈은 세포에 산소를 저장하고(3.9절) 세포를 통한 산소의 빠른 확산이 촉진되는 것을 기억하라. 그밖에 느린 연축 근육섬유 세포는 미토콘드리아와 함께 충진된다. 이러한 풍부한 산소와 미토콘드리아를 이용하여 이들 세포는 지구력 운동으로서 마라톤 경기와 같은 호기성 경로를 거쳐 ATP 생산을 확장하는 능력을 갖는다.

그러므로 연구원들이 100m 달리기 선수의 근육이 많은 빠른 연축 근육섬유를 갖고, 지구력이 필요한 장거리 달리기 선수들이 느린 연축 근육섬유를 더 많이 갖는 것을 발견한 것은 놀라운 일이 아니다. 많은 연구원들이 대답하려고 시도하는 문제는 각 개인들의 근육섬유 형태가 유전체질인가 또는 훈련인가 여부의 결정이다. 마라톤 선수는 장거리 달리기 선수로 선천적으로 태어나는 것인가 또는 그 능력이 훈련형태 때문인가? 지구력이 필요한 달리기 선수의 훈련섭생이 실제로 느린 연축 근육섬유 수를 증가하는 것은 틀림없다. 그러나 이들이 훈련받기 전에 지구력 경기 근육은 느린 연동 수축근육 섬유의 비율이 더 크다는 것을 암시하는 증거들이 호기심을 끌고 있다. 우리들 중 어떤 사람은 달리기에 적당하게 선천적으로 태어난 것으로 나타난다.

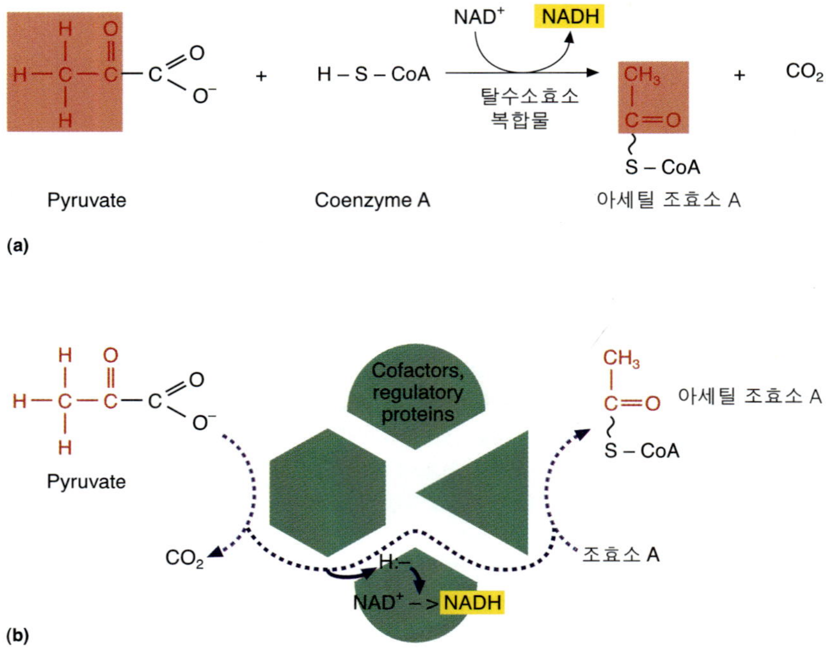

그림 6.3
아세틸 CoA를 생산하기 위한 pyruvate 탈카복실화반응과 산화반응.
(a) CO_2와 한 H:⁻를 pyruvate로부터 제거하고 나머지 아세틸 원자단이 CoA와 결합하는 전체 반응. 이것은 3 종류 효소와 5 종류 조효소의 협동 반응이 필요하다.
(b) 이 반응을 수행하는 pyruvate 탈수소화효소 복합물은 실제로 효소와 조효소의 한 뭉치 화합물이다. 그 기질은 반응이 일어날 때 한 효소로부터 다음 효소로 통과한다.

이들 비타민은 부록 C, 수용성 비타민에서 설명한다.

에 나타나 있다.

이 단일 반응은 조효소 지질아마이드(lipoamide) 이외에 서로 다른 4 종류 비타민으로부터 만든 4 종류 조효소가 필요하다. 이들은 thiamine(비타민 B_1)으로부터 유래한 thiamine pyrophosphate, riboflavin(비타민 B_2)으로부터 유래한 FDA, niacin으로부터 유래한 NAD^+, pantothenic acid로부터 유래한 CoA들이다. 분명히 이들 중 어떤 비타민 부족은 우리 세포를 생산할 수 있는 아세틸 CoA 양을 크게 감소한다. 다음에 이것은 인체가 만들 수 있는 그리고 비타민 부족-질병에 기여하는 ATP 양을 제한한다. 다행스럽게 잘 균형을 이룬 식이는 이러한 것들과 적절한 기타 비타민을 제공한다.

그림 6.4에서 CoA는 세포 대사에 중심적 특성을 이룬다. 그것은 글루코스, 지방산, 몇가지 아미노산의 분해 등에서 생산된다. 에너지-수확 과정에서 아세틸 CoA의 주요한 기능은 다량 ATP생산에 이용하는 시트르산 회로에 아세틸 원자단의 운반이다. 이들 분해대사에 추가하여 아세틸 CoA의 아세틸 원자단도 콜레스테롤과 지방산 생산에 합성대사 또

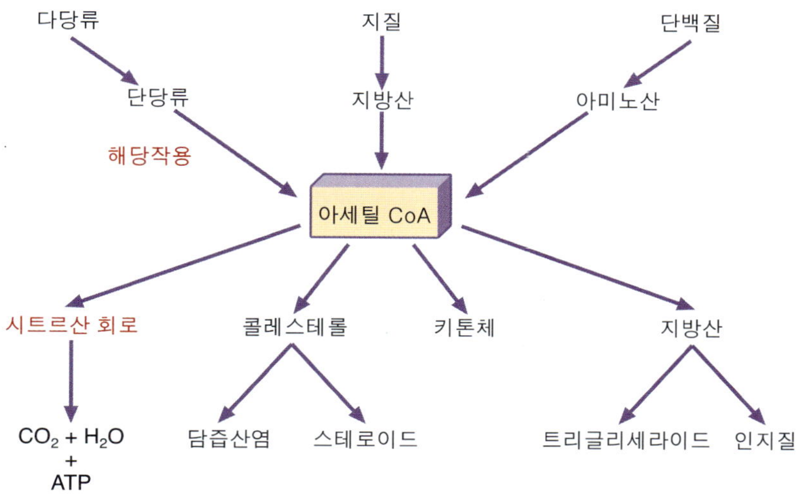

그림 6.4 세포대사 작용에서 아세틸 CoA의 중심 역할.

는 생합성반응에 이용할 수 있다. 그것은 모든 에너지 근원(지방, 단백질, 탄수화물)이 이러한 상호변환이 가능한 CoA 중간체를 경유한다.

문제 6.3 Pyruvate로부터 아세틸 CoA 생산에 어떤 비타민이 필요한가?

6.3 산소호흡의 개요

학습목적 3

산소호흡은 식품분자의 산소-요구 분해와 APT 생성이다. 서로 다른 산소호흡 단계는 서로 다른 미토콘드리아 부분에서 일어난다.

시트르산 회로의 효소는 미토콘드리아 매트릭스 공간에서 발견된다. 첫째 효소는 아세틸 CoA(2-탄소)의 아세틸 원자단이 4-탄소 분자(oxaloacetate)와 결합하여 시트르산(6-탄소)를 생성하는 반응을 촉매작용한다. 나머지 효소는 일련의 재배열, 탈카복실화반응(CO_2 제거), 그리고 산화-환원 반응을 촉매작용한다. 이 회로의 결과 생성물은 두 개 CO_2 분자와 처음에 가지고 시작한 oxaloacetate 분자다.

> 실제로 그것은 NAD^+에 전이하여 NADH를 만드는 전자쌍($H:^-$)을 갖는 수소 음이온이라는 것을 기억하라(4.7절).

시트르산 회로의 몇 단계에서 한 기질이 산화된다. 이러한 세 단계에서 한 쌍 전자는 그 기질로부터 NAD^+로 전이하여 NADH(그 회로 한 회전마다 3 NADH 분자)를 생성한다. 또 다른 단계에서 한 쌍 전자는 한 기질로부터 FAD로 전이하여 $FADH_2$(그 회로 한 회전마다 한

$FADH_2$ 분자)를 생성한다.

그 전자들은 NADH 또는 $FADH_2$로부터 내부 미토콘드리아 막에 위치한 전자수송계를 통하여 그리고 마지막으로 최종 전자받개, 즉 산소 분자(O_2)로 통과한다. 전자수송계를 통한 전자전이는 양성자(H^+)를 미토콘드리아로부터 막 사이 부분으로 펌핑한다. 그 결과로 고에너지 H^+ 저장기에 모인다.

최종단계에서 H^+ 저장기 에너지는 ATP 제조에 이용한다. 이 마지막 단계는 ATP 생성효소 복합물에 의해 수행된다. 양성자들이 ATP 생성효소 복합물의 구멍을 통하여 미토콘드리아 매트릭스로 다시 흐를 때 효소는 ATP생성효소를 촉매작용한다.

이러한 긴 관련이 있는 과정을 산화적 포스포릴화 반응(oxidative phosphorylation)이라고 부른다. 왜냐하면 시트르산 회로에서 기질산화로부터 전자 에너지는 ADP 포스포릴화와 ATP 생성에 이용하기 때문이다. 상세한 이들 각 단계는 다음 절에서 살펴보겠다.

문제 6.4 산화성 포스포릴화 반응 용어는 무엇을 의미하는가?

6.4 시트르산 회로(krebs cycle)

학습목적 4

시트르산 회로 반응

Citric acid 회로는 발견자 Dr. Hans Krebs의 이름에서 유래되어 Krebs 회로라고 부른다. 시트르산 회로는 탄수화물, 지방, 그리고 식이 단백질에서 방출된 아미노산의 최종 분해단계다(그림 6.5).

Acety CoA 형성은 6.2절에서 설명했다.

이 중요한 시트르산 회로를 이해하기 위하여 시트르산 회로를 통과할 때 아세틸 CoA의 아세틸 원자단을 추적해 보자. 다음에 나열한 여러 가지 단계는 그림 6.5에 요약한 시트르산 회로의 단계에 상당한다.

Aldol 축합반응은 더 큰 분자를 만드는 알데하이드와 키톤 사이에 반응이다.

반응 1. 이것은 아세틸 CoA의 아세틸 원자단과 oxaloacetate 사이에 축합반응이다. 실제로 이것은 aldol 축합반응의 또 다른 생화학적 예다. 그것은 시트르산 생성효소에 의해 촉매작용한다. 생성된 물질은 시트르산이다.

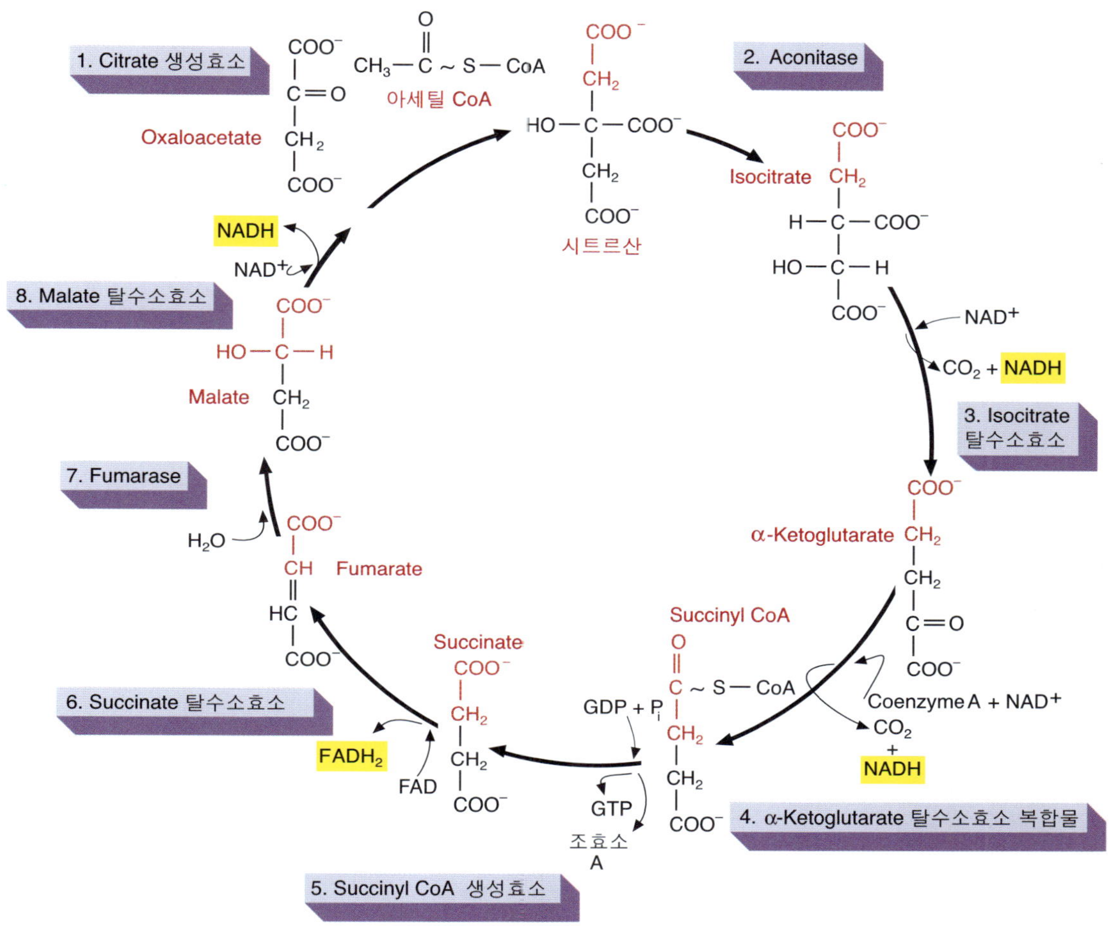

그림 6.5
시트르산 회로의 반응.

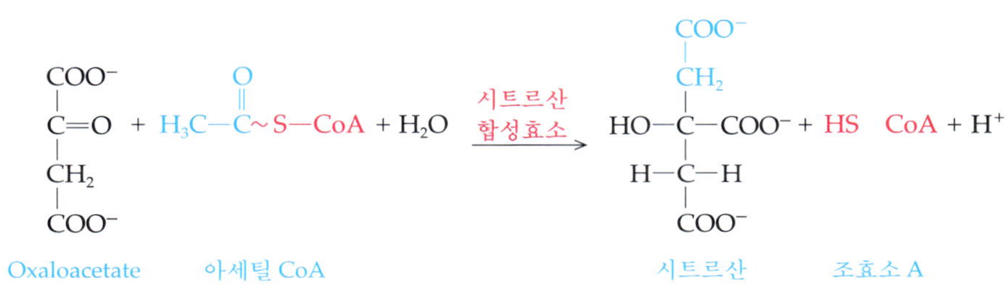

시트르산으로부터 *cis*-aconitate로 변환은 알코올 탈수에 의해 alkene을 만드는 생물학적 예라는 것에 유의하라. *cis*-aconitate에서 isocitrate로 변환은 alkene이 수화반응하여 알코올을 만드는 생물학적 예이다.

반응 2. Aconitase 효소는 시트르산 탈수를 촉매작용하여 cis-aconitate를 생성한다. 동일한 aconitase 효소는 그 다음에 cis-aconitate에 대한 한물분자 첨가를 촉매작용하여 isocitrate로 변환한다. 이러한 두 단계의 알짜 효과는 시트르산을 isocitrate로 이성질화한다.

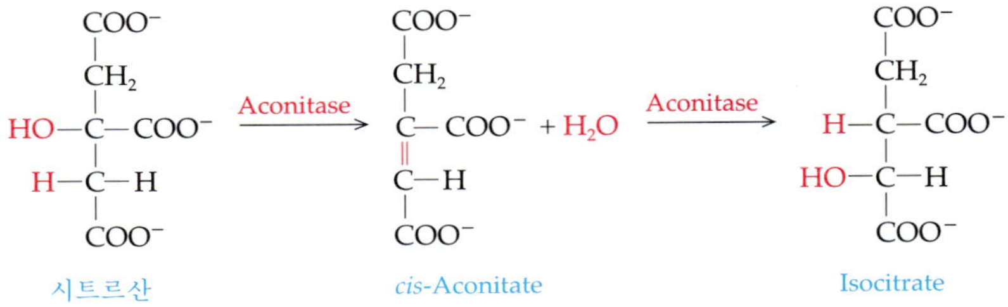

반응 3. 시트르산의 첫째 산화단계는 isocitrate 탈수소화효소에 의해 촉매작용한다. 그것은 복잡한 세 가지 반응이 일어난다.

a. isocitrate의 하이드록시 원자단은 키톤(ketone)으로 산화된다.

b. 이산화탄소를 방출된다.

c. NAD^+는 NADH로 환원된다.

이러한 산화성 탈카복실화반응의 생성물은 α-ketoglutarate다.

NAD^+ 구조와 NAD로 NAD^+의 환원은 그림 4.8에 있다.

유기화학 반응에서 산화는 산소를 얻는 것 또는 수소를 잃는 것이라고 기억하라.

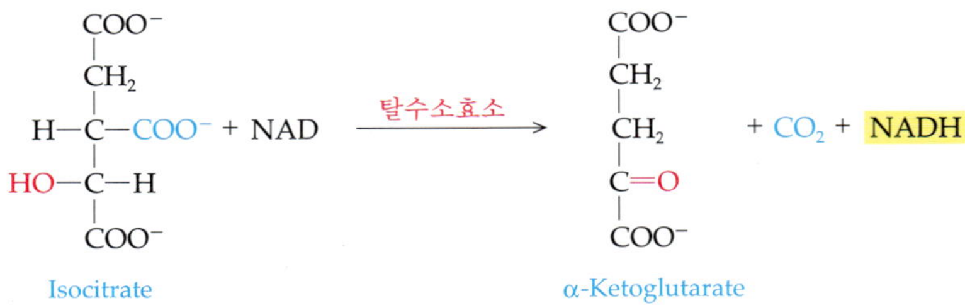

pyruvate 탈수소효소 복합물은 6.2절과 그림 2.3에서 설명한다.

반응 4. CoA는 이 단계의 시트르산 회로에 다시 들어간다. α-ketoglutarate 탈수소화효소 복합물은 이 반응 계열을 진행한다. 이 복합물은 pyruvate 탈수소화효소와 매우 비슷하고 동일한 조효소가 필요하다. 다시 한번 다음과 같은 세 가지 반응이 일어난다.

a. α-ketoglutarate는 카복실산 원자단을 CO_2로 잃는다.

b. 그것은 산화되고 NAD^+를 NADH로 환원한다.

c. CoA는 succinate생성물과 결합하여 succinyl CoA를 형성한다. 그리하여 succinate와 CoA 사이에 형성된 결합은 고에너지 thioester 결합이다.

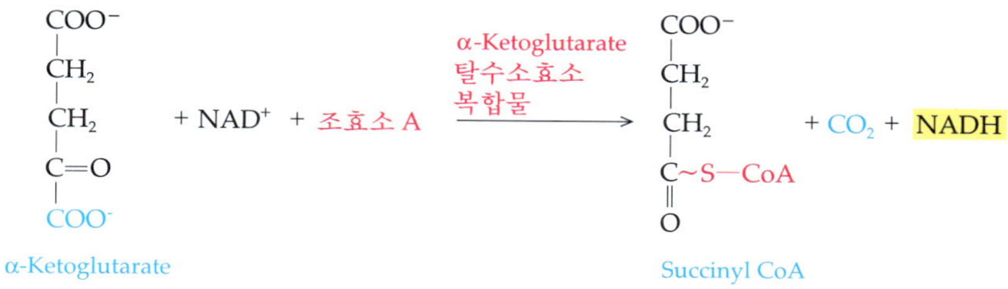

반응 5. Succinyl CoA는 이 단계에서 succinate로 변환되고, 그것은 다시 한번 더 화학적으로 매우 복잡해진다. Succinyl CoA 생성효소는 succinyl CoA의 고에너지 thioester 결합을 가수분해하고, 무기 인산 원자단을 GDP에 첨가하여 GTP를 만드는 그 두 가지 반응을 촉매작용한다.

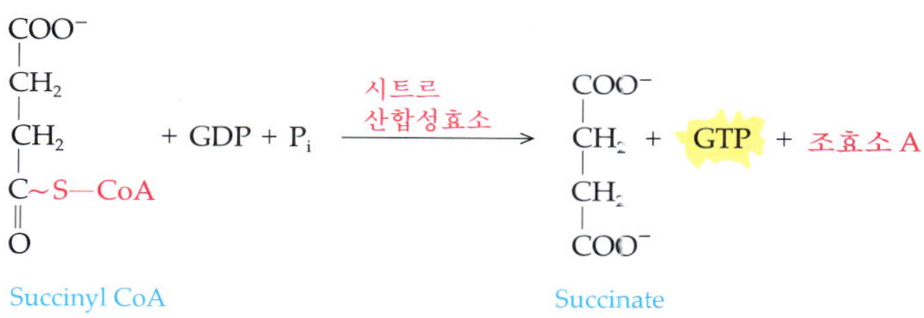

또 다른 dinucleotide diphosphokinase 효소는, 그 다음에 포스포릴 원자단을 GTP로부터 ADP로 전이하여 ATP 생성을 촉매작용한다.

FAD 구조는 그림 4.8에 있다.

반응 6. 그 다음에 succinate 탈수소화효소는 다음 단계에서 succinate를 fumarate로 산화를 촉매작용한다. Flavin adenine dinucleotide(FAD) 산화제는 이 단계에서 환원된다.

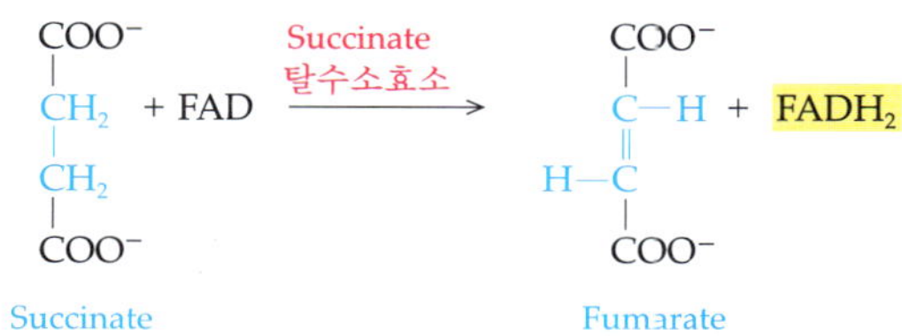

반응 7. Fumarate의 이중결합에 H_2O 첨가는 malate로 된다. Fumarase 효소는 이 반응을 촉매작용한다.

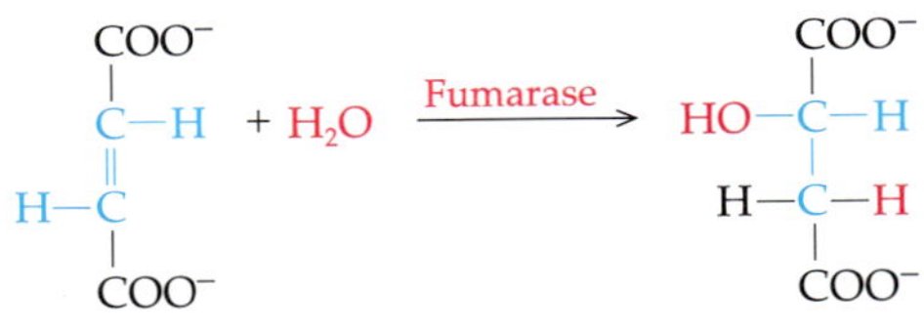

Fumarate Malate

이 반응은 2차 알코올이 산화하여 키톤으로 변환되는 생화학적 예다

반응 8. 시트르산 회로의 마지막 단계에서 malate 탈수소화효소는 NAD^+를 NADH로 환원반응 그리고 malate를 oxaloacetate로 산화반응을 촉매작용한다. 시트르산 회로는 아세틸 원자단을 oxaloacetate에 첨가반응하는 것으로 "시작" 한다.

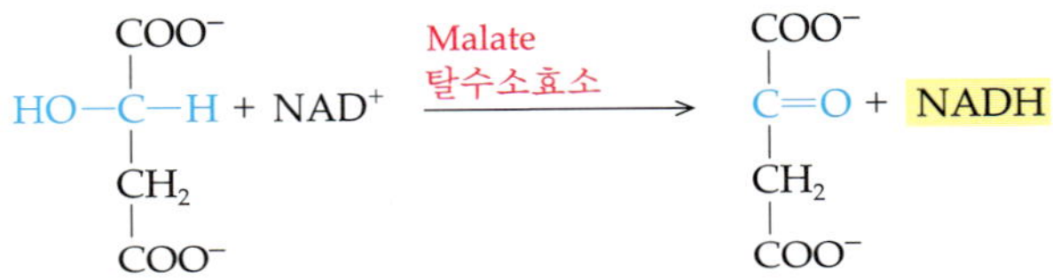

Malate Oxaloacetate

6.5 시트르산 회로의 조절

학습목적 5

해당작용처럼 시트르산 회로는 세포의 에너지 요구에 반응한다. 그 경로는 ATP 에 대한 요구가 더 많을 때 촉진되고 ATP 에너지가 과량일 때 느려진다. 마지막 장에서 해당작용 반응을 촉매작용하는 몇 가지 효소는 다른자리 입체성 효소(allosteric enzyme)라는 것을 보게 될 것이다. 마찬가지로 시트르산 회로를 거치는 pyruvate 완전 산화와 관련있는 네 가지 효소 복합물은 다른자리 입체성 효소이다. 그들은 ATP 또는 ADP와 같은 효과기(effector)와 결합할 수 있고 그 ATP 또는 ADP는 반응속도를 촉진(양성 다른자리 입체성) 또는 그 반응을 억제(음성 다른자리 입체성)하여 활성자리 입체성 효소의 모양을 변형한다.

경로 조절은 정밀해야 하므로 조절하는 몇 가지 효소단계가 있다. 이들을 그림 6. 6에 요약한다.

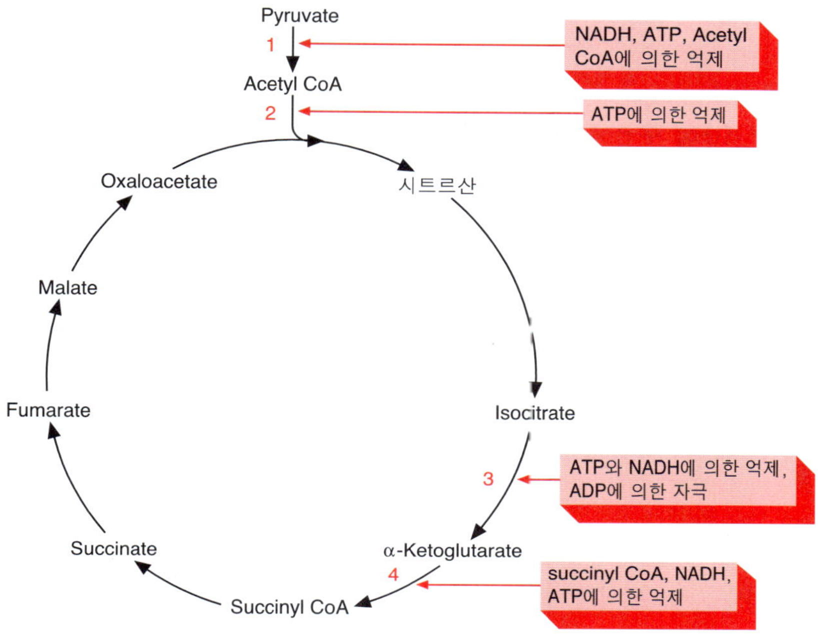

그림 6.6
Pyruvate 탈수소화효소 복합물과 시트르산 회로의 조절.

1. Pyruvate에서 아세틸 CoA로 변환. Pyruvate 탈수소화효소 복합물은 고농도 ATP, 아세틸 CoA, NADH에 의해 억제된다. 물론 이들 화합물이 풍부하게 존재하면 그 세포는 적당한 에너지 공급을 갖는 신호를 보내고 그리하여 에너지 대사는 느려진다.
2. Oxaloacetate와 아세틸 CoA로부터 시트르산 합성. 시트르산 합성효소는 다른자리 입체성 효소다. 이 경우에 음성 효과기(negative effector)는 ATP다. 다시 과량 ATP는 그 세포가 풍부한 에너지를 갖는 것을 나타낸다.
3. Isocitrate를 α-ketoglutarate로 산화와 탈카복시화 반응. Isocitrate 탈수소화효소도 다른자리 입체성 효소다. 그러나 그 효소는 ADP 양성 다른자리 입체성 효과기에 의해 조절된다. ADP는 ATP 농도가 낮아야 한다는 신호를 보낸다. 그리고 그 결과로 시트르산 회로 속도는 증가해야 한다. 흥미롭게 isocitrate 탈수소화효소도 고농도 NADH와 ATP에 의해 억제된다.
4. α-Ketoglutarate에서 succinyl CoA로 변환. α-ketoglutarate 탈수소화효소 복합물은 그것을 촉매작용하는 반응생성물, 즉 NADH

와 succinyl CoA의 고농도에 의해 억제된다. ATP 농도가 진할 수록 더 억제된다.

6.6 산화성 포스포릴화 반응

6.3절에서 NADH에 의하여 운반된 전자들은 3 ATP 분자 생성에 이용할 수 있고 $FADH_2$에 의해 운반된 전자들은 2 ATP 분자 생성에 이용할 수 있다. 이제 이들 조효소에 의해 운반된 전자 에너지가 ATP 에너지로 변환되는 과정을 살펴보자. 그것은 일련의 **산화성 포스포릴화 반응**(oxidative phosphorylation)이라고 부르는 반응이고 그것은 NADH와 $FADH_2$가 산화되어 ADP 포스포릴화 작용으로 ATP를 생성한다.

전자수송계와 수소이온

학습목적 6

산화성 포스포릴화 메카니즘을 이해하려고 노력하기 전에 우선 이 복잡한 과정을 진행하는 분자들을 살펴보자. 미토콘드리아 내부 막에 파묻힌 것을 **전자수송계**(election transport system)라고 한다. 이들은 조효소와 사이토크롬(cytochrome)을 포함하는 일련의 전자 운반체로 구성한다. 이러한 모든 분자들은 막 안에서 다음 차례로 전자들이 통과하는 배열로 위치한다. 이 전자 운반체 배열을 호흡 전자수송계(respiratory electron transport system)라고 부른다(그림 6.7). 그러한 순차적 산화-환원 반응에서 예상하는 것처럼 전자들은 각 전이와 함께 약간 에너지를 잃는다. 이 에너지의 약간은 ATP 제조에 이용한다.

전자수송계의 세 자리에서 양성자(H^+)는 미토콘드리아 매트릭스로부터 막 사이공간으로 펌프질할 수 있다. 이들 H^+는 고에너지 H^+ 저장기에 모인다. 각 세 자리에 충분한 H^+를 H^+ 저장기에 펌프질하여 한 ATP 분자를 생성한다. 첫째 자리는 NADH 탈수소화효소다. NADH로부터 전자들은 NADH 탈수소화효소로 전이에 의하여 전자수송계에 들어가므로 모든 세 자리는 활발하게 H^+를 펌프질한다. 그리고 3 ATP분자를 생성한다(그림 6.7). $FADH_2$는 덜 "강력한" 전자 주개다. 그것의 전자들은 NADH 탈수소화효소에 따르는 전자 운반체로 전이한다. 결과적으로 $FADH_2$가 산화될 때 둘째와 셋째 자리만 H^+를 펌프질하고 두 ATP분자만 만든다.

산화성 포스포릴화에 필요한 마지막 성분은 **ATP 생성효소** 또는 F_0F_1

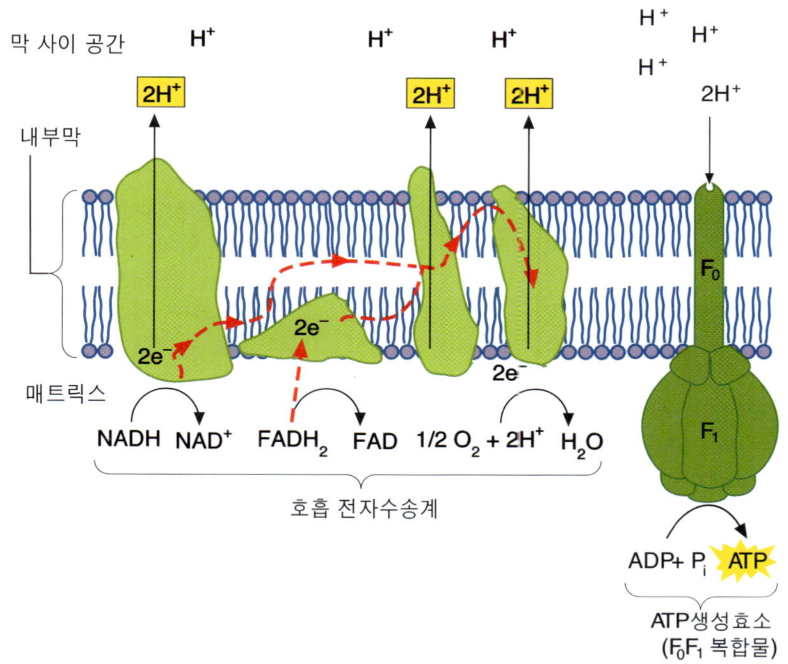

그림 6.7
내부 미토콘드리아 막에 파묻힌 일련의 전자운반체를 통하여 NADH에서 산소분자로 전자흐름. 양성자는 미토콘드리아로부터 막 사이 공간으로 펌프질한다. 이것은 막 사이 공간의 수소이온 저장기로 가져온다. 양성자들이 ATP 생성효소의 통로를 통하여 통과할 때 그들 에너지는 ADP 포스포릴화와 ATP 생산에 이용한다.

복합물이라고 부르는 한 멀티단백질이다(그림 6.7). 그 분자의 F_0 부분은 H^+가 통과하는 한 통로다. 그것은 그림 6.7처럼 내부 미토콘드리아 막을 팽창한다. 그 분자의 F_1 부분은 ADP 포스포릴화작용을 촉매작용하여 ATP를 생성하는 효소다.

ATP 생성효소와 ATP생산

이러한 모든 복잡한 기계가 실제로 어떻게 기능을 발휘하는가? NADH는 전자를 본래 글루코스로부터 첫째 전자수송계 운반체로, 즉 NADH 탈수소화효소로 운반한다(그림 6.7을 보라). 거기에서 NADH는 NAD^+로 산화되고 그것은 다시 환원되는 시트르산 회로의 자리로 되돌아온다. 그림 6.7처럼(빨간색의 선) 그 전자쌍은 다음 전자 운반체로 통과하고 H^+는 막 사이 부분으로 펌프질한다. 그 전자들은 순차적으로 전자수송계를 통과하고 추가로 두 자리에서 매트릭스로부터 H^+는 막 사이 부분으로 펌프질한다. 각 전이에서 전자들은 퍼텐셜 에너지를 약간 잃는다. 이것은 H^+가 미토콘드리아 내부를 거치고, 그리고 H^+저장기로 수송에 이용하는 에너지다. 앞에서 설경한 것처럼 $FADH_2$는 더 낮은 에너지 운반체에 주고 더 적은 수의 H^+를 저장기로 펌프질한다.

전자수송계 기능을 유지하는 중요성은 시안화물 독성이 일어날 때 분명해진다. 시안화물은 cytochrome 산화효소의 헴 원자단 철과 결합하여 항상 전자전이를 정지하고 수분 내에 사망하게 만든다.

인간관련 토픽; 갈색 지방: 당신을 날씬하게 만드는 지방

인간은 두 가지 종류의 지방조직(fat tissue 또는 adipose tissue)을 갖는다. 백색 지방(white fat)은 모든 인체에 분포하고, 저장 트리글리세라이드를 함유한 막 액포(membranous vacuole)를 갖는 세포 집합체로 구성한다. 이들 저장 액포의 크기와 수는 사람이 과체중인가 또는 아닌가에 따라 여부가 결정된다. 다른 종류의 지방은 갈색 지방(brown fat)이다. 갈색 지방은 추위에 떨지 않는 열유발반응(nonshivering thermogenesis)이라고 부르는 열을 생산하는 특별한 조직이다. 그 이름이 암시하는 것처럼 이것은 열을 발생하여 오한이 없는 것을 의미한다. 갈색 지방세포는 백색 지방세포처럼 아무것도 아닌 것처럼 보인다. 이들은 작은 지방 액포를 함유한다. 그러나 갈색 지방을 구별하는 특징은 세포질 안에 대단히 많은 수의 세포들이 있다. 그밖에 갈색 지방조직은 대단히 많은 수의 혈관을 함유한다. 이들은 열 유발 대사반응에 산소를 제공한다.

갈색 지방은 새로 태어나서 추위에 적응하는 포유류와 동면 동물에서 가장 특이하다. 신생아들이 직면한 주요한 한 가지 어려움은 온도조절이다. 신생아들은 일정한 37℃ 체액의 환경에 있다가 갑자기 신생아는 훨씬 더 추운 세계로 그리고 신생아들은 자기 자신을 내부에서 따뜻하게 가온해야 하는 세계로 나온다. 열을 발생하는 활성 갈색 지방을 많이 가지므로서 그 신생아는 출생시에 차가운 충격에서 보호된다. 그러나 이 열유발반응은 문자 그대로 대부분 갈색 지방조직을 연소하고 어른들은 전형적으로 대단히 적은 지방을 가지므로 온도기록법(thermography)이라는 특수한 방법을 이용해서만 발견할 수 있다. 온도기록법은 전체 체온의 온도 차이를 검출한다. 그러나 어떤 사람들은 갈색 지방이 매우 잘 발달되어 있다. 예를 들어, 우리나라에서 매일 6~7시간 찬물에 잠수하는 해녀들은 추위에 떨지 않는 열유발반응에 의해 자신을 보온하기 위해 다량의 갈색지방을 가지고 있다. 그리하여 갈색 지방 발전은 추위에 적응하는 한 메카니즘이다.

이러한 추위에 적응하는 사람들이 가끔 과체중이라는 것에 주목해 보면 체내의 갈색 지방량과 과체중 경향 사이에 상호관계가 있다. 쥐를 이용한 연구는 어느 정도 비만도를 일반적으로 측정할 수 있다는 것을 제시한다. 바꿔 말하면 당신의 유전자가 당신을 허용해야 당신은 날씬해 진다. 이 연구에서 추위에 적응된 쥐와 추위에 적응되지 않은 쥐들에게 그들이 원하는 대로 먹는 식품, 즉 카페테리아 식품(cafeteria food)을 먹이고 그들의 체중 증가를 검사했다. 더 많은 갈색 지방량을 갖고 추위에 적응된 쥐들은 추위에 적응하지 못하는 쥐만큼 많이 먹는 사실에도 불구하고 추위에 적응하지 못하는 쥐보다 훨씬 더 작은 체중 증가를 나타냈다. 이것과 기타 연구들은 갈색 지방이 고칼로리 중 과량 지방을 연소한다고 연구원들이 결론을 내렸다.

갈색 지방은 어떻게 열을 발생하고 과량 열량을 연소하는가? 그 해답을 위하여 미토콘드리아로 돌아가야 한다. 모든 미토콘드리아에서 발견되는 ATP 생성효소와 전자수송계 단백질에 추가하여 한 단백질이 thermogenin이라고 부르는 갈색 지방조직의 내부 미토콘드리아 막에 있다. 이 단백질은 막 사이 공간의 양성자(H^+)들이 미토콘드리아 매트릭스로 다시 통과할 수 있는 중심에 한 통로를 갖는다. 정상상태에서 이 통로는 한 GDP 분자에 의해 막히므로 그것은 닫힌 상태로 남아있고 양성자 농도는 계속해서 변화하여 ATP 생성효소를 산화성 포스포릴화반응에 의하여 구동한다.

갈색 지방이 추위에 노출 또는 어떤 호르몬에 대응하여 반응을 시작할 때 해당작용 속도와 저장 지방의 β-산화를 즉시 증가한다(7장). 이들 반응은 아세틸 CoA를 생성하고, 그 다음 시트르산 회로에서 연소한다. 물론 시트르산 회로는 전자를 전자수송계로 운반하는 NADH와 $FADH_2$를 생산한다. 마지막으로 전자수송계는 양성자를 막 사이 공간으로 펌프질한다. 정상 상태에서 양성자 농도 기울기(gradient) 에너지는 ATP 합성에 이용할 것이다. 그러나 갈색 지방이 자극받을 때 thermogenin 구멍을 막는 GDP를 잃는다. 이제 양성자는 자유롭게 매트릭스 공간으로 다시 통과할 수 있고 양성자 농도 기울기는 없어진다. 더 이상 ATP 발생에 유용하지 않는 그 기울기 에너지는 열로 방출하고 그 열은 따뜻하게 가온되고 신생아와 사람들을 추위에 적응할 수 있도록 보호한다.

갈색 지방은 외부환경 상태와 관련없이 일정한 내부환경을 유지하는 많은 인체 시스템 중 하나다. 항상성 메카니즘(homeostatic mechanism)이라고 부르는 이러한 메카니즘은 항상 변하는 환경에 적응하여 살아남는 인체에 절대로 필수적이다.

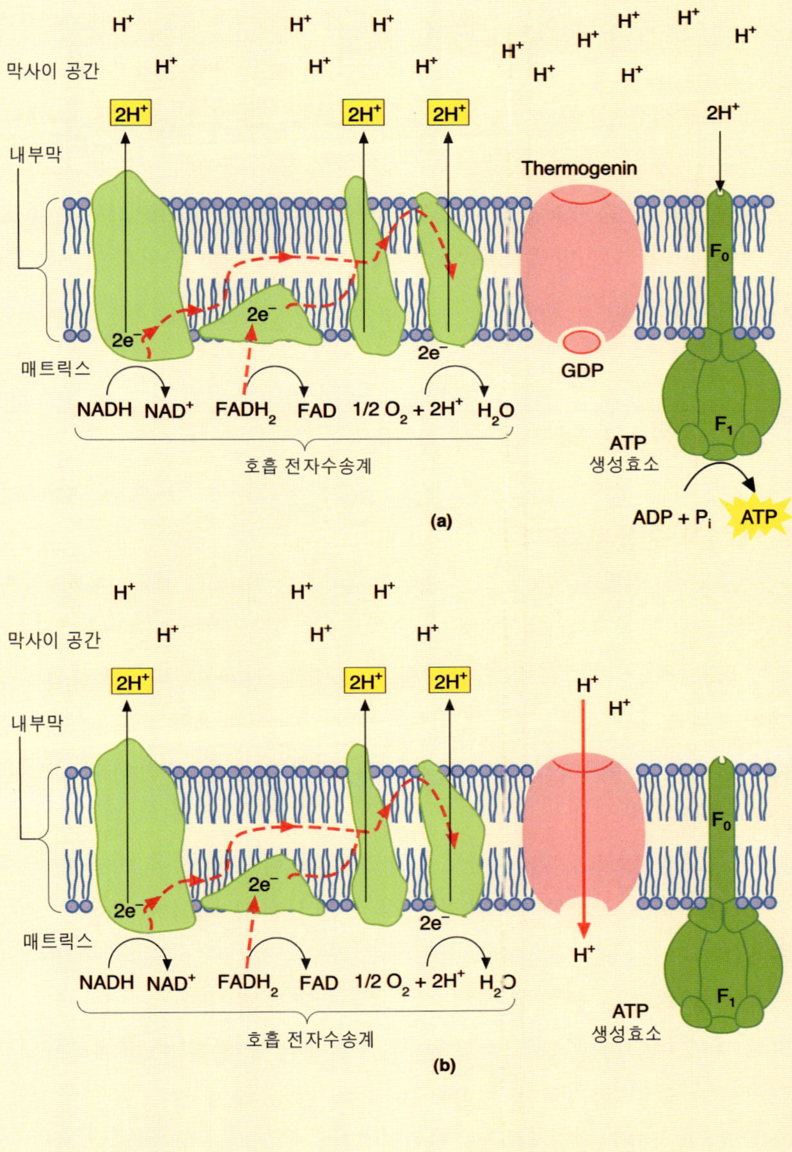

(a) 갈색 지방 mitochondria의 내부막은 thermogenin을 갖는다. 정상 상태에서 thermogenin 중심 구멍이 GDP 분자에 의해 막힌다.
(b) 갈색 지방이 열 유발을 활성화할 때 GDP 분자는 구멍에서 제거되고 H^+ 저장체로부터 양성자는 mitochondria 매트릭스로 자유롭게 되돌아 흐른다. 그 농도 기울기가 분산될 때 열에너지를 방출한다.

마지막으로 그 전자들은 마지막 운반체에 도달한다. 이제 그들은 어떤 일을 더 하기에 너무 작은 에너지를 갖는다. 그러나 그들은 어떤 마지막 전자 받개에 주어야 하므로 전자수송계는 기능을 계속할 수 있다. 호기성 기관에서 **최종전자수용체**(terminal electron acceptor)는 산소분자(O_2)이고, 그 생성물은 물이다.

전자수송계가 기능을 계속할 때 막 사이 공간에 양성자들이 고농도로 축적된다. 이것은 내부 미토콘드리아 막을 통한 H^+ 농도 기울기를 유발한다. 그러한 농도 기울기는 댐에 저장한 물처럼 거대한 에너지 근원이다. 미토콘드리아는 퍼텐셜 에너지 기울기를 ATP 에너지 생성에 이용한다.

ATP 생성효소는 ATP를 만들어 이러한 기울기 에너지를 수확한다. H^+는 F_0 통로를 통하여 매트릭스로 다시 통과한다. 이것은 ADP 포스포릴화작용을 촉매작용하여 ATP를 생성하는 활성 효소로 되게 F_1을 발생한다. 이러한 방법으로 저장기는 H^+ 에너지를 수확하여 ATP를 만든다.

문제 6.5 NAD$^+$ 환원의 균형 화학반응식을 쓰라.

에너지 수율의 요약

시트르산 회로의 한 회전은 2 CO_2 분자, 3 NADH 분자, 1 $FADH_2$ 분자, 2 ATP 분자/$FADH_2$ 분자를 생산한다. 이들 에너지 수율의 예외는 해당작용 동안 세포질에서 생성된 NADH다. 산화성 포스포릴화작용은 다만 2 ATP 분자/세포질 NADH 분자다. 이것에 대한 이유는 세포질의 NADH로부터 미토콘드리아의 $FADH_2$로 전자들을 운반하여 소비해야 하기 때문이다.

인체의 어떤 조직에 세포질 NADH마다 3개 ATP를 생산하는 더 효과적 왕복 시스템이 있다.

이 정보를 알고 2 회전 시트르산 회로가 필요한 것을 마음에 간직하면서 한 글루코스 분자의 완전 산화로부터 전체 에너지 수율을 계산할 수 있다.

호기성 대사는 혐기성 대사보다 훨씬 더 효과적이다. 호기성 대사에 의하여 수확된 풍부한 에너지는 생물세계에서 굉장한 결과를 갖는다. 연료산화에 의해 방출된 많은 에너지는 열로 잃지 않고 ATP형태로 저장한다. 충분한 에너지를 갖는 생물은 다세포 생물로 진화하여 특수한

예 6.1

산소호흡으로부터 ATP의 수율 측정

한 분자 글루코스의 완전 산화에 의해 생성된 ATP 분자수를 계산하라.

해답

해당작용:	
기질-수준 포스포릴화반응	2 ATP
2 NADH x 2 ATP/세포질 NADH	4 ATP
2 pyruvate 분자에서 2 아세틸 CoA분자로 변환:	
2 NADH x 3 ATP/NADH	6 ATP
시트르산 회로(2 회전)	
2 GTP × 1 ATP/GTP	2 ATP
6 NADH × 3 ATP/NADH	18 ATP
$2\ FADH_2 \times 2\ ATP/FADH_2$	4 ATP
	36 ATP

이것은 글루코스의 퍼텐셜 에너지를 약 40% 수확하는 에너지다.

기능이 발전되었다. 그들 에너지 요구의 결과 때문에 모든 다세포 생물은 호기성이다.

6.7 아미노산 분해

학습목적 7

탄수화물은 우리들의 유일한 에너지 공급원이 아니다. 5장에서 본 것처럼 식이 단백질은 에너지 공급원으로 이용할 수도 있는 아미노산으로 소화된다. 그러나 이것은 그들의 주요한 대사 기능이 아니다. 에너지에 이용한 대부분 아미노산은 식이로부터 온다. 실제로 그것은 저장 글리코겐이 고갈 될 때 인체들이 예를 들어 근육으로부터 연료로 그 자신의 단백질을 연소하기 시작하는 기아상태에서만 가능하다.

단백질 소화에 의해 제공된 아미노산 혼합물의 운명은 생합성용으로 아미노산 요구와 세포 에너지용으로 요구 사이에 한 균형에 의존한다. 단백질 합성에 필요없는 아미노산만 결국에 시트르산 중간체로 변환하여 연료로 이용된다.

아미노산 분해는 우선 간에서 두 단계로 일어난다. 첫 단계는 α-아미노산 제거이고 둘째는 탄소골격 분해다. 육지 포유류에서 아미노산

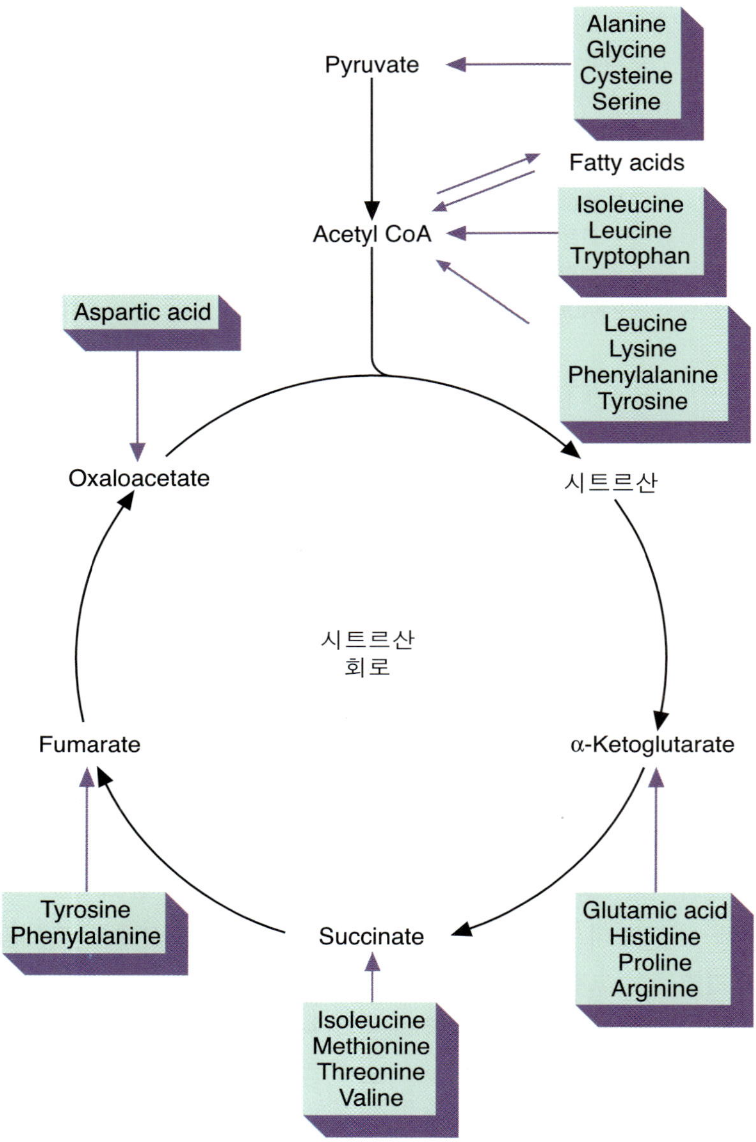

그림 6.8
아미노산의 탄소 뼈대는 시트르산 회로의 중간체로 변환하고, 완전히 산화되어 ATP 에너지를 생성한다.

분해는 일반적으로 요소로 끝나고 오줌으로 배설된다. 탄소골격은 시트르산 회로 중간체, pyruvate, 아세틸 CoA, 또는 아세토아세틸 CoA를 포함하는 여러 가지 화합물로 변환할 수 있다. 탄소 골격 분해는 그림 6.8에 요약한다. 탈아미노화 반응과 아미노산의 탄소골격 운명은 이 절의 초점이다.

α-아미노산 원자단의 제거: 아미노 전이반응

첫 단계 아미노산 분해, 즉 α-아미노 원자단 제거는 일반적으로 **아미노 전이반응**(transamination reaction)에 의해 완결된다. **아미노기 전달효소**(transaminase)는 α-아미노산으로부터 α-키토산으로 α-아미노 원자단 전이를 촉매작용한다.

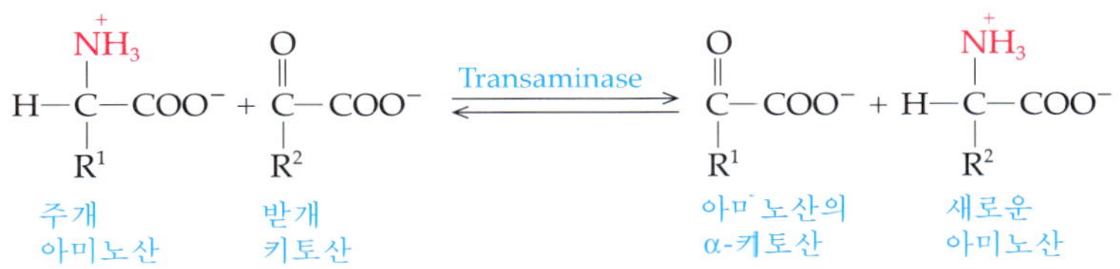

대단히 많은 아미노산의 α-아미노 원자단은 α-ketoglutarate로 전이하여 아미노산 glutamate와 새로운 키토산(keto acid)을 생성한다. 이러한 glutamate 계열의 아미노기 전달효소는 특히 중요하다. 왜냐하면 glutamate에 상당하는 α-키토산이 α-glutamate, 즉 시트르산 회로의 중간체이기 때문이다. 그리하여 glutamate 아미노기 전달효소는 아미노산 분해와 시트르산 회로 사이에 직접 결합을 제공한다.

Aspartate 아미노기 전달효소는 aspartate의 α-아미노 원자단을 α-ketoglutarate로 전이를 촉매작용하여 oxaloacetate와 glutamate를 생성한다.

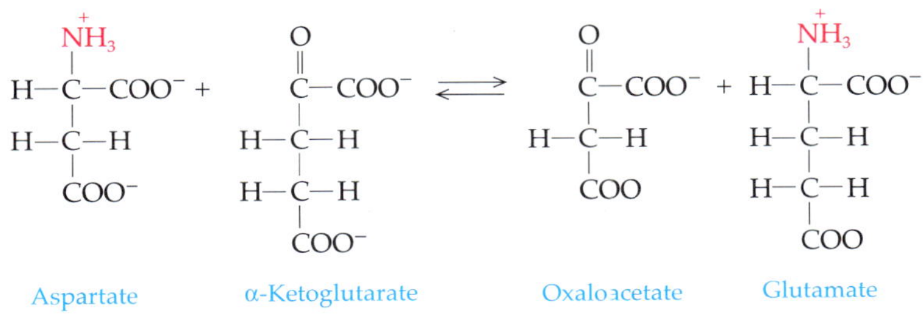

포유류 조직에서 또 다른 중요한 아미노기 전달효소는 alanine 아미노기 전달효소이고, 그것은 alanine의 α-아미노 원자단을 α-glutarate로 전이를 촉매작용하고 pyruvate와 glutarate를 생성한다.

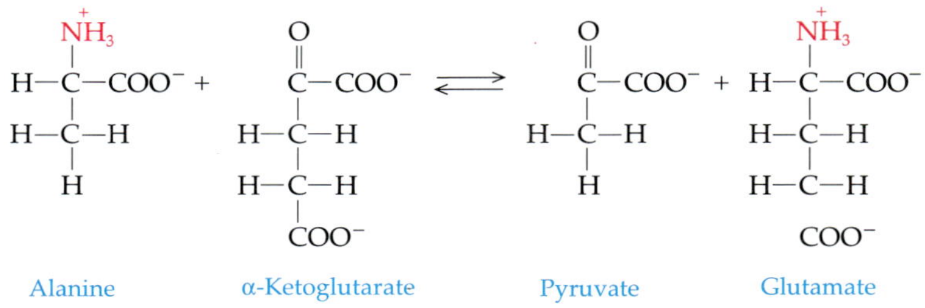

발견된 모든 50종류 이상의 아미노기 전달효소들은 **pyridoxal phosphate** 조효소가 필요하다. 이 조효소는 비타민 B_6(pyridoxine, 그림 6.9)에서 유래된다.

이들 비타민과 그들을 만드는 조효소는 부록 수용성 비타민을 보라.

앞에 제시한 아미노기 전달반응은 간단한 전이반응으로 그림 6.9에 제시했다. 그러나 실제로 그 반응은 훨씬 더 복잡하다. 아미노기 전달효소는 아미노산 활성자리에서 아미노산과 결합한다(그림 6.10a). 그 다음 aspartate의 α-아미노 원자단은 pyridoxal phosphate로 전이하여 pyridoxamine phosphate와 oxaloacetate를 생성한다(그림 6.10a). 그 다음 아미노 원자단은 α-키토산, 이 경우에는 α-ketoglutarate(그림

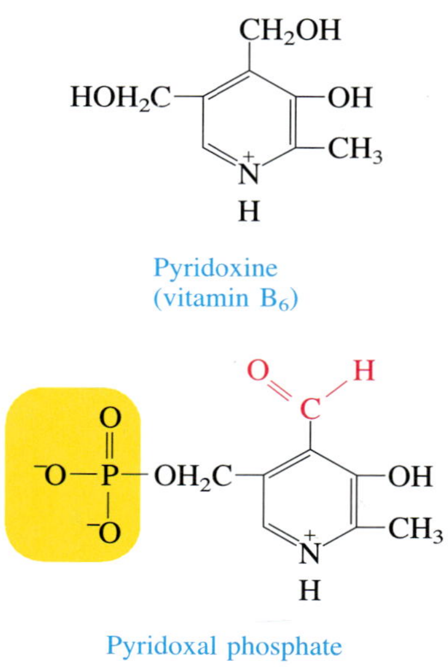

그림 6.9
모든 아미노기 전달반응에 필요한 pyridoxal phosphate 조효소의 구조와 그것으로부터 유래된 pyridoxine, 즉 비타민 B_6 구조.

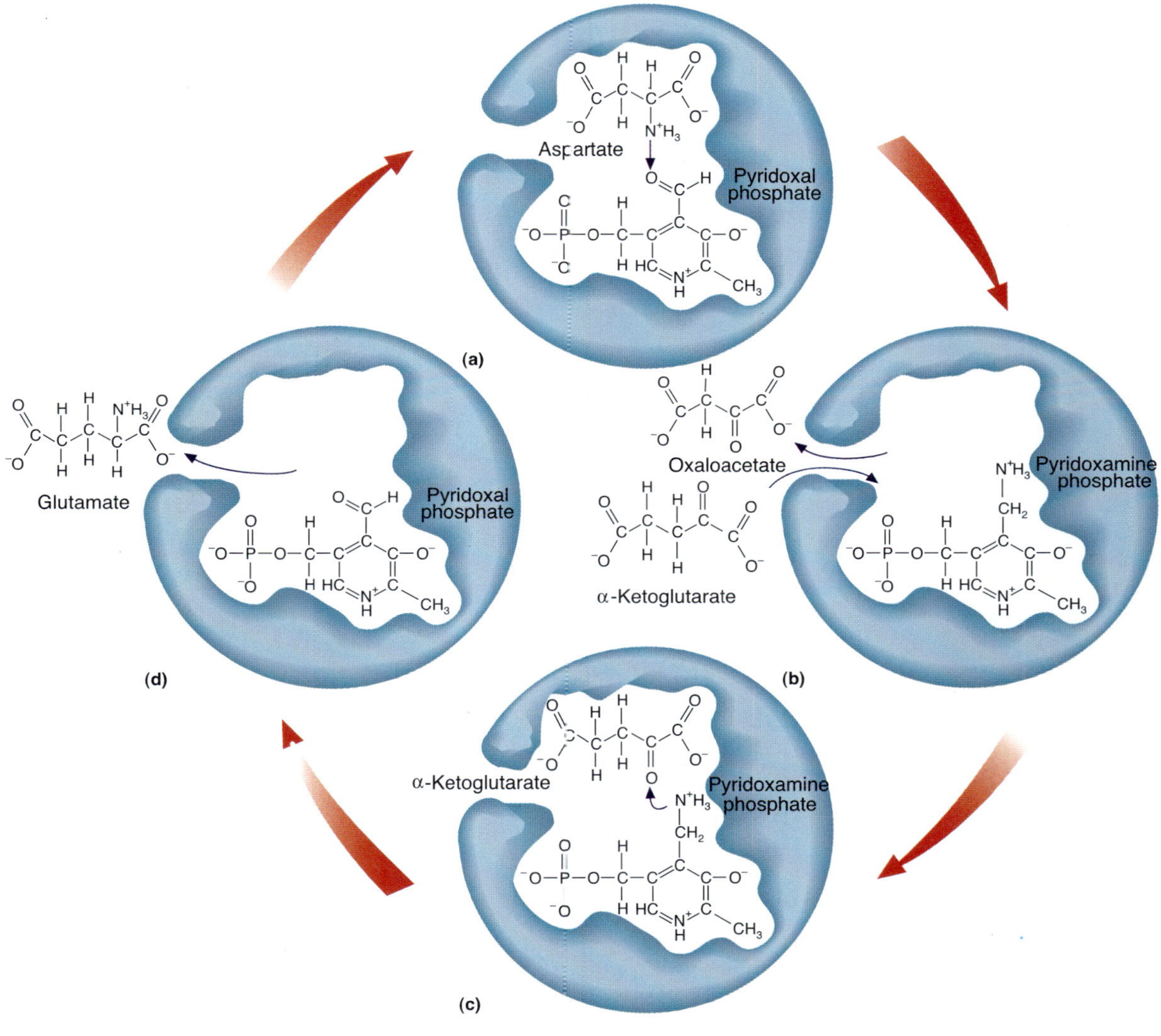

그림 6.10
탈아미노화반응의 메카니즘.

6.10c)로 전이하여 glutamate 아미노산을 생성한다(그림 6.10d). 그 다음에 아미노 원저단이 α-ketoglutarate로 전이하여 glutamate를 생성하는 아미노 원자단 운명을 살펴보겠다.

문제 6.6 아미노기 전달반응에서 pyridoxal phosphate 역할은 무엇인가?

α-아미노 원자단의 제거:산화성 탈아미노화반응

아미노산 분해의 다음 단계에서 암모늄 이온이 아미노기 전달효소에 의해 생성된 glutamate로부터 유리된다. Glutamate 탈수소화효소의 촉매작용에 의한 glutamate 분해는 다음처럼 일어난다.

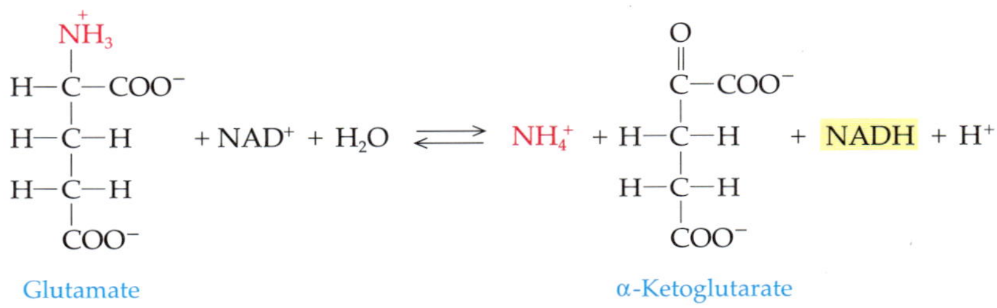

이것은 **산화성 탈아미노화반응**(oxidative deamination), 즉 NAD^+를 NADH로 환원하고 아미노산을 탈아미노화반응(아미노 원자단을 제거한다)하는 산화-환원 반응의 한 예다. 설명한 탈아미노화반응의 요약을 그림 6.11에 제시한다.

아미노산 탄소 뼈대의 운명

이것과 기타 탈아미노화반응에 의해 생성된 탄소 뼈대는 해당작용 또는 시트르산 회로의 여러 단계에 들어간다. 예를 들어 우리는 아미노

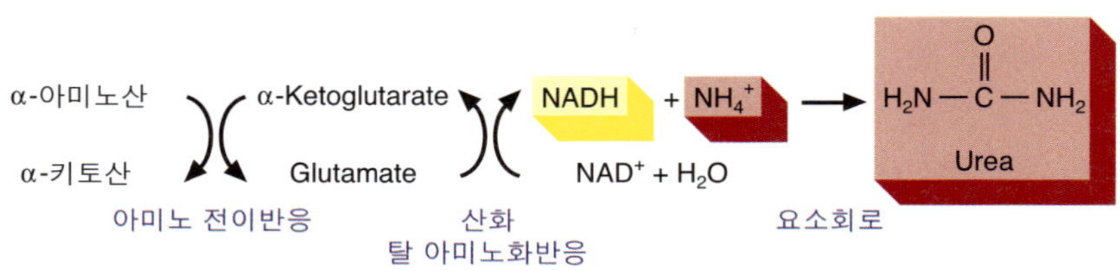

그림 6.11
α-아미노산의 탈아미노산 요약과 암모늄 이온(NH_4^+)의 운명.

기 전달반응이 aspartate를 oxaloacetate로 그리고 alanine을 pyruvate로 변환하는 것을 보았다. 여러 가지 아미노산의 탄소뼈대가 에너지-수확 경로에 들어가는 위치는 그림 6.8에 요약하였다.

6.8 요소 회로

학습목적 8

산화성 탈아미노화반응은 다량 암모늄 이온을 생성한다. 암모늄 이온은 대단히 독성이므로 그들은 필요한 에너지 소비와 관계없이 인체로부터 제거해야 한다. 인간은 간에서 암모늄 이온을 요소로 변환하여 독성을 제거한다. 요소 회로(urea cycle)라고 부르는 이 경로는 독성 암모늄 이온을 혈액 밖으로 내보내는 경로다. 요소로 합성된 과량 암모늄 이온은 오줌으로 배설된다(그림 6.12).

요소 회로의 반응

요소 회로의 5 단계 반응을 그림 6.12에 제시하고 상세한 반응을 다음처럼 요약한다.

단계 1. 요소회로 첫 단계는 CO_2와 NH_4^+들이 carbamoyl phosphate를 형성하는 한 반응이다. ATP와 H_2O도 필요한 이 반응은 미토콘드리아에서 일어나고 carbamoyl phosphate 생성효소에 의해 촉매작용한다.

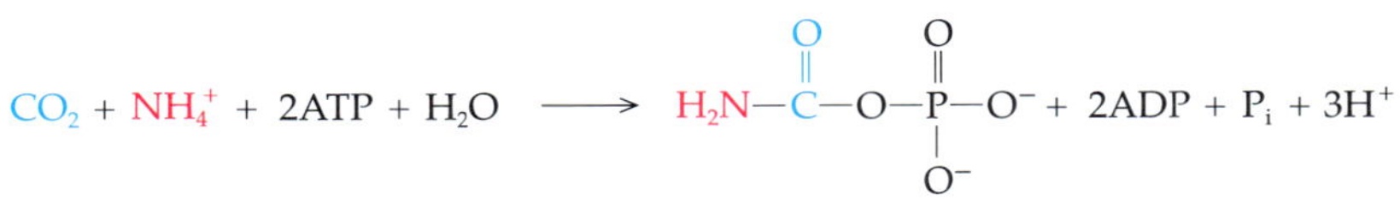

Carbamoyl phosphate

단계 2. 그리하여 생성된 carbamoyl phosphate는 ornithine 아미노산과 축합반응하여 citrulline 아미노산을 생성한다. 이 반응도 미토콘드리아에서 일어나고 ornithine transcarbamoylase에 의해 촉매작용한다.

요소회로는 polypeptide에서 발견되지 않는 몇 가지 특이한 아미노산과 관련있다.

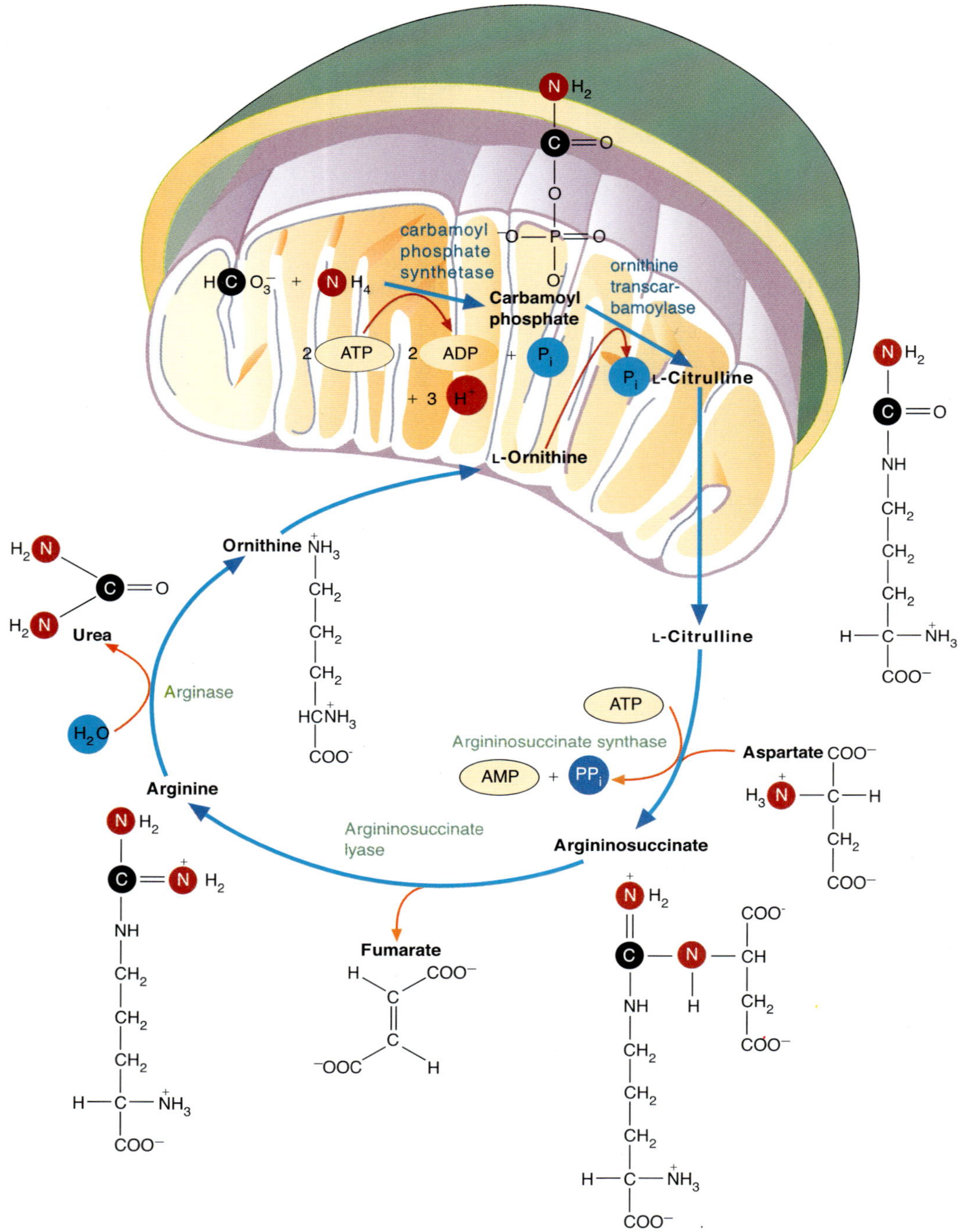

그림 6.12

요소 회로는 암모늄 이온을 약한 독성의 요소로 변환한다. 원자들의 공급원은 색으로 제시하고 세포 내부의 반응 위치를 표시한다. Ornithine과 carbamoyl phosphate 사이의 반응에서 생성된 citrulline은 미토콘드리아에서 나와서 세포질로 수송된다. Citrulline을 형성하는 기질, 즉 ornithine은 세포질에서 미토콘드리아로 수송된다.

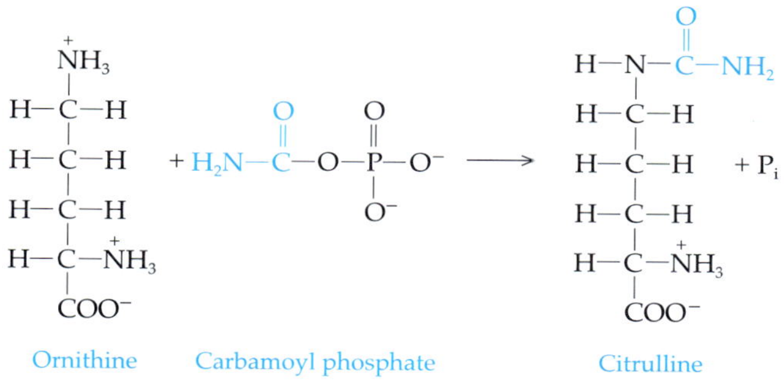

단계 3. Citrulline은 세포질로 수송되고 이제 aspartate와 축합반응하여 argininosuccinate를 생성한다. ATP 가수분해에 의해 방출된 에너지에 필요한 이 반응은 argininosuccinate 생성효소에 의해 촉매작용한다.

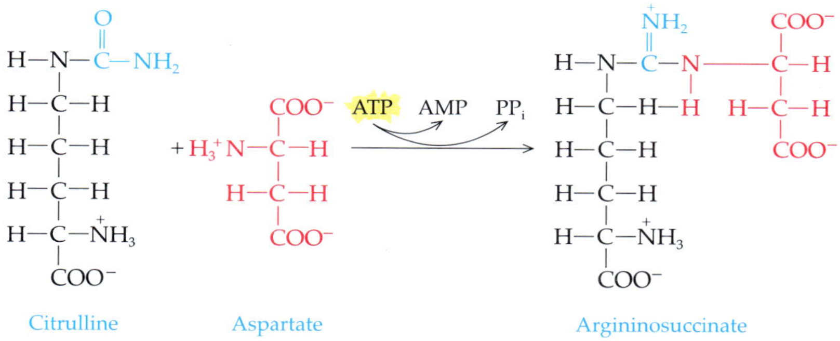

약자 PP_i은 인산 원자단을 나타낸다. 그것은 인산 무수물 결합에 의해 결합된 두 개 인산 원자단으로 구성한다.

단계 4. 이제 argininosuccinate는 분해되어 arginine 아미노산과 시트르산 회로의 fumarate 중간체를 생성한다. 이 반응은 argininosuccinate 분해효소에 의해 촉매작용한다.

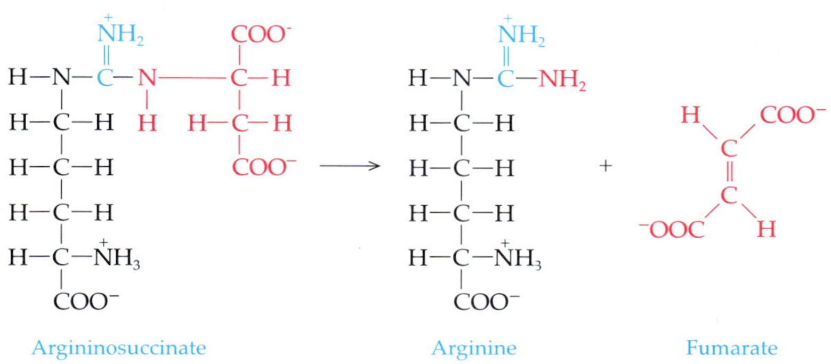

단계 5. 마지막으로 arginine은 가수분해하여 배설되는 반응 생성물, 즉 요소와 요소 회로의 본래 반응물인 ornithine을 생성한다. Arginase는 이 반응을 촉매작용하는 효소다.

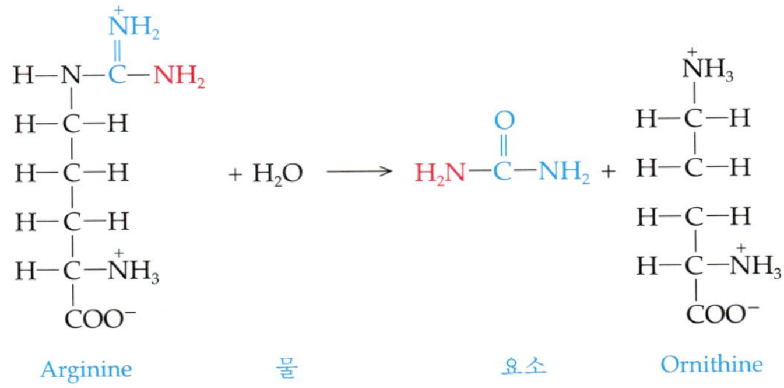

요소 중 아미노 원자단의 하나는 암모늄 이온에서 유래하고 그 둘째는 aspartate 아미노산으로부터 유래한 것에 유념하라.

의학관련 토픽; Pyruvate 카복실화효소 결핍증

Pyruvate 카복실화효소는 pyruvate를 oxaloacetate로 변환하는 한 효소다.

$$\text{pyruvate} + CO_2 + ATP + H_2O \longrightarrow \text{oxaloacetate} + ADP + 2H^+$$

이 반응은 중요하다. 왜냐하면 생합성의 요구 때문에 oxaloacetate 공급이 적을 때 시트르산 회로에 oxaloacetate를 공급하기 때문이다. Pyruvate 탈카복실화효소는 당 신생합성의 첫 단계, 즉 저장 글리코겐을 고갈하는 기아상태 또는 운동 시간에 필요한 글루코스를 인체에 공급하는 경로의 첫 단계에서 촉매작용하는 효소다. 아무튼 이들 설명은 이 효소의 중요성과 그 일의 뜻에서 우리들은 만족하지 못한다. 우리들이 이 효소의 큰 영형을 보여주는 pyruvate 카복실화효소 결핍을 가지고 태어난 한 아이에 관한 경우의 연구를 조사할 때까지 만족하지 못하였다.

Pyruvate 카복실화효소 결핍은 대략 250,000명 출생아 중 한 명이 발견된다. 그러나 Algonquin 방언을 사용하는 북아메리카 인디언 원주민과 프랑스에서 그 증거들이 증가하고 있다. 이러한 유전장애는 두 종류가 있다. 그 질병의 신생아 형태에는 효소가 완전히 없는 경우다. 그 증상은 출생에서 분명하게 나타나고, 그 아이는 뇌의 비정상과 함께 출생한다. 영아 상태에서 그 환자는 영아기 초기에 증상이 생긴다. 다시 말해서, 그것은 건강상태에 대하여 주의를 집중해야 되는 신경학적 증상이다. 그 유아들은 정신기능 또는 정신운동 기능이 발전되지 않는다. 그들은 경련과 호흡곤란이 생길 수 있다. 이 두 가지 경우에 가장 크게 손상되는 것은 뇌다. 실제로 이것은 대부분 경우에 에너지 대사를 감소하는 경우다. 왜냐하면 그 뇌는 고에너지가 필요하기 때문이다.

생화학적으로 환자들은 여러 가지 증상을 나타낸다. 그들은 혈액에 젖산 축적과 대단히 진한 pyruvate 농도 때문에 산성 혈액증(낮은 혈액 pH)을 나타낸다. 혈액 중 alanine 농도를 진하고 다량 alanine을 투여하면 당 신생합성이

학습목적

9

요소 회로 중 한 효소 부족으로 생긴 유전학적으로 물려받은 질병들이 있다. 괴로움으로 고생하는 사람들의 무서운 증상을 생각하면 요소 회로의 중요성이 분명해진다. 요소회의 효소 결핍은 **고암모니아증상**(hyperammonemia)이라고 알려진 상태, 즉 NH_4^+ 농도 증가를 발생한다. 요소회로 중 한 효소가 완전히 결핍되면 초기 유년시대에 죽게 된다. 요소회로의 효소 중 하나가 부분적으로 결핍되면, 그 결과로 지진아, 경련, 구토가 생길 수 있다. 이러한 더 온화한 고암모니아 증상의 형태에서는 낮은 단백질 식이 방법으로 혈액 중 NH_4^+ 농도를 더 낮게 유도하여 임상학적 증상을 더 약하게 유도한다.

요소 회로의 목적은 무엇인가?

문제 6.7

촉진된다. 게다가 환자 세포는 지방질을 축적한다.

이러한 한 효소가 없기 때문에 영향받는 경우를 고려하여 이들 각 증상을 우리는 이해할 수 있다. 젖산 산성혈액증은 인체가 해당작용과 대부분 에너지를 요구하는 젖산발효에 의존해야하는 사실로부터 시작된다. 아미노기는 효과적으로 pyruvate에 전이하지 못하므로 alanine 농도는 진하게 존재한다. 왜냐하면 pyruvate 농도는 대단히 진하기 때문이다. 그외에 alanine은 당 신생합성에 의해 글루코스로 변환할 수 없다. 과량 alanine은 간에서 섭취되어 pyruvate로 변환하지만 pyruvate는 글루코오스로 변환할 수 없다. 다량 pyruvate는 아세틸 CoA로 변환하기 때문에 지방질이 축적된다. 그러나 아세틸 CoA은 oxaloacetate가 없는 결과 때문에 시트르산 생성에 이용되지 않는다. 그러므로 아세틸 CoA는 지방산 합성에 이용하지 못하고 그것은 트리글리세라이드로 저장한다.

식이 조정을 시도하였다. 한 가지 그러한 식이요법은 aspartic acid와 glutamic acid의 공급이다. 이러한 치료 배경의 이론은 여러 가지 장애의 증상처럼 복잡하다. 그 두 가지 아미노산은 비-신경 조직을 아미노화(아미노 원자단 첨가) 할 수 있다. 이것은 asparagine과 glutamine을 생성하고 그 두 가지는 혈액-뇌 장벽을 횡단할 수 있다. Glutamine은 glutamate를 탈아미노화 할 수 있고, 그것은 다음에 α-ketoglutarate로 아미노 원자단을 전이하여 간접으로 oxaloacetate를 보충한다. 이것은 oxaloacetate의 이차 공급으로 이용된다. 현재까지 이러한 식이 조절 노력은 성공적으로 증명하지 못하였다. 아마 조만간 연구는 그 증상을 완화할 수 있는 효소치환 치료법 또는 유전자 치료법에 대한 방법을 제공할 것이다.

6.9 합성대사 개요: 생합성 중간체 공급원으로서 시트르산 회로

학습목적

10

지금까지 우리는 시트르산 회로에 관하여 에너지-수확 메카니즘으로만 설명했다. 식이 탄수화물과 아미노산이 여러 가지 단계로 시트르산 회로의 경로에 들어가고 산화되어 산화성 포스포릴화 반응에 의해 ATP 제조에 이용하는 NADH와 $FADH_2$ 생성을 보았다.

그러나 세포대사에서 시트르산 회로 역할은 분해반응보다 더 관련있다. 시트르산 회로는 합성대사 또는 생합성 작용에 주요한 역할을 한다. 마찬가지로 그림 6.13은 해당작용과 에너지-수확 반응으로서 시트르산 회로의 중심 역할을 보여주고 또한 생합성 선구물질의 공급원으로서 역할도 함께 보여준다.

아미노산이 시트르산 회로 중간체로 변환할 수 있는 사실로부터 이미 짐작할 수 있는 것처럼, 이들과 동일한 시트르산 회로 중간체는 아미노산 합성에 출발물질로 이용할 수도 있다. Oxaloacetate는 아미노기전달반응에 의한 aspartate의 한 단계 합성에 탄소 뼈대를 제공한다.

$$\text{oxaloacetate} + \text{glutamate} \rightleftharpoons \text{aspartate} + \alpha\text{-ketoglutarate}$$

Aspartate는 단백질 합성에 제공하는 것 이외에 이 반응은 요소 회로에 aspartate를 제공한다.

Asparagine은 아미노화반응에 의해 aspartate로부터 생성된다.

$$\text{aspartate} + NH_4^+ + \text{ATP} \longrightarrow \text{asparagine} + \text{AMP} + PP_1 + H^+$$

9 아미노산은 그림 6.13에 있다. 이들 histidine, isoleucine, leucine, lysine, methionine, phenylalanine, threonine, tryptophan, valine을 필수아미노산이라고 부른다(3.11절). 왜냐하면 그들은 인간에 의해 합성될 수 없기 때문이다. Arginine은 유아와 스트레스를 받는 어른들에게 필수 아미노산이다.

α-ketoglutarate는 glutarate, glutamine, proline, arginine을 포함하는 아미노산 계열에 출발 탄소 사슬로 이용한다. Glutamate는 거의 모든 기타 아미노산의 α-아미노 원자단 주개로 이용하므로 glutamate는 특히 중요하다. Glutamate는 glutamate 탈수소화효소에 의하여 조절된 반응에서 NH_4^+와 α-ketoglutarate로부터 합성된다. 이것은 그림 6.11 및 이미 설명한 것과 반대 반응이다. 이 경우에 환원제로 이용하는 조효소는 NADPH이다.

$$NH_4^+ + \alpha\text{-ketoglutarate} + \text{NADPH} \rightleftharpoons \text{L-glutamate} + \text{NADP}^+ + H_2O$$

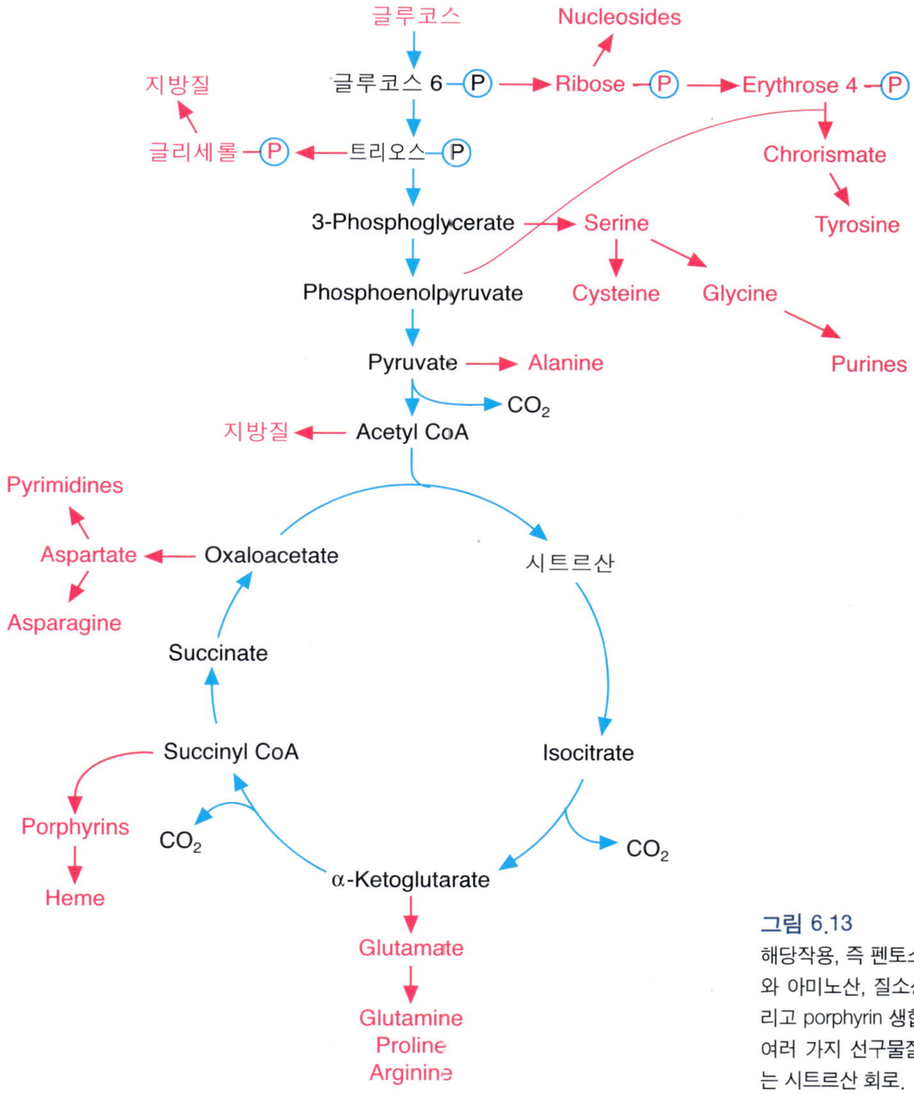

그림 6.13
해당작용, 즉 펜토스인산 경로와 아미노산, 질소성 염기, 그리고 porphyrin 생합성에 대한 여러 가지 선구물질을 제공하는 시트르산 회로.

실제로 인체는 tyrosine을 필수아미노산 phenylalanine으로부터 만든다.

Glutamine, proline, arginine은 glutamate로부터 합성한다.

그림 6.13을 살펴보면 serine, glycine, cysteine은 3-phosphoglycerate로부터 합성되는 것을 나타낸다. Alanine은 pyruvate로부터 합성되고 tyrosine은 phosphophenolpyruvate와 4-탄소 당 erythrose-4-phosphate(이것은 pentose phosphate 경로에서 글루코스-6-인산으로부터 합성된다)으로부터 합성된다. 아미노산 선구물질 이외에 해당작용과 시트르산 회로도 유전정보를 운반하는 DNA분자 제조에 필요한

질소성 염기와 지방질에 대한 선구물질도 제공한다. 그들은 또한 헤모글로빈, 미오글로빈, 사이토크롬에 필요한 보결 원자단, 즉 헴에 대한 선구물질을 생성한다.

분명히 해당작용 반응과 시트르산 회로는 합성대사와 분해대사의 세포 활성도 두 가지의 중심이다. 해당대사와 분해대사 두 가지 기능역할을 하는 대사경로를 **불안정 경로**(amphibolic pathways)라고 부른다. 이들 경로의 이중 성질이 세포에 존재할 수 있는 어려움을 잠간 생각해보자. 세포들이 활발하게 성장할 때 새로운 세포 구조를 만드는 생합성 선구물질이 많이 필요하다. 그림 6.13을 상세하게 살펴보면 활성 세포 성장과 생합성 동안 시트르산 중간체를 고갈할 수 있는 것을 나타낸다. 그 문제는 성장과정과 생합성도 다량 ATP가 필요하다!

이 문제에 대한 해답은 충분한 oxaloacetate를 생성하여 세포의 합성대사와 분해대사에 공급할 수 있게 oxaloacetate 합성을 위한 다른 경로를 갖는 것이다. 박테리아와 식물(plant)은 몇 가지 메카니즘을 갖지만 포유류 세포들이 더 많은 oxaloacetate를 생성할 수 있는 단 한 가지 방법은 pyruvate 카복실화반응이고 그 반응은 당 신생합성에도 중요하다. 이 반응은 다음과 같다.

$$\text{pyruvate} + CO_2 + \text{ATP} \longrightarrow \text{oxaloacetate} + \text{ADP} + P_1$$

이 반응을 촉매작용하는 효소는 pyruvate 카복실화효소이다. 그것은 biotin 비타민이 보결 분자단과 공유결합할 때 갖는 한 컨쥬게이트 단백질이다. 이 효소는 고농도 아세틸 CoA에 의해 "시작한다". 고농도 CoA는 세포들이 고농도 시트르산 중간체, 특히 출발 기질로서 oxaloacetate가 필요한 것을 신호로 보낸다.

Pyruvate 카복실화효소에 의해 촉매작용한 반응을 **보충대사반응**(anaplerotic reaction)이라고 부른다. Anaplerotic이라는 용어는 가득 채우는 것을 의미한다. 실제로 이 중요한 효소는 일정하게 oxaloacetate를 재충전해야 하고 그리하여 그림 6.13에 요약한 반응에 생합성 선구물질로서 빠져나가는 모든 시트르산 회로 중간체를 간접적으로 재보충한다.

문제 6.8 시트르산 회로는 불안정 경로로서 어떻게 이용되는가 설명하라.

요약

6.1 미토콘드리아

미토콘드리아는 진핵세포에서 대부분 ATP 생산에 책임있는 호기성 세포기관이다. 그들은 한 이중 막으로 둘러싸여 있다. 외부 막은 저분자량 분자들이 통과한다. 그것에 비하여 내부 미토콘드리아 막은 대부분 분자들이 거의 완전히 투과할 수 없다. 내부 미토콘드리아 막은 산화성 포스포릴화반응이 일어나는 자리다. 아미노산 분해대사와 지방산 산화의 시트르산 회로 효소는 미토콘드리아의 매트릭스 공간에 위치한다.

6.2 Pyruvate로부터 아세틸 CoA로 변환

호기성 상태에서 pyruvate는 pyruvate 탈수소화효소 복합물에 의해 산화된다. 이 반응에서 생성된 아세틸 CoA는 분해대사와 합성대사의 중심이다.

6.3 산소호흡의 개요

산소호흡은 식품 분자의 분해와 ATP 생산의 최종 경로다. 산화성 포스포릴화는 시트르산 회로의 기질을 산화하여 ATP를 생산하기 위하여 수확된 고에너지 전자를 이용하는 과정이다.

6.4 시트르산 회로(krebs cycle)

시트르산 회로는 탄수화물, 아미노산, 그리고 지방산의 분해에 최종 경로다. 시트르산 회로는 미토콘드리아 매트릭스에서 일어난다. 그것은 식품 분자의 탄소 뼈대를 완전히 산화하는 생화학 반응의 한 고리 계열이다.

6.5 시트르산 회로의 조절

세포에 의한 ATP 생산 속도는 어떤 특수한 시간에 이용가능한 산소 및 인체의 에너지 요구와 함께 변하므로 시트르산 회로는 몇 단계로 변한다. 이것은 세포들이 운동할 때처럼 필요할 때 더 많은 에너지를 발생하고 인체들이 휴식을 취할 때 에너지를 적게 발생한다.

6.6 산화성 포스포릴화 반응

산화성 포스포릴화는 NADH와 $FADH_2$를 산화하고 ATP를 생산하는 과정이다. 두 분자 ATP는 $FADH_2$를 산화할 때 생성되고 세 분자 ATP는

NADH를 산화할 때 생성된다. 해당작용, 시트르산 회로, 그리고 산화성 포스포릴화에 의한 한 글루코스 분자의 완전 산화는 36 분자 ATP를 생산하고 그것에 비하여 해당작용과 발효에 의한 글루코스의 혐기성 분해는 2 분자 ATP를 생산한다.

6.7 아미노산 분해

아미노산은 미토콘드리아에서 산화된다. 첫 단계의 아미노산 대사는 탈아미노화반응, 즉 아미노 원자단의 제거다. 아미노산의 탄소 뼈대는 시트르산 회로에 들어갈 수 있는 분자로 변환한다.

6.8 요소 회로

요소 회로에서 아미노산의 탈아미노화에 의하여 방출된 독성 암모늄 이온은 요소와 결합하여 오줌으로 배설된다.

6.9 합성대사 개요: 생합성 중간체 공급원으로서 시트르산 회로

분해대사에서 시트르산 회로의 역할에 추가하여 그 회로는 또한 세포 합성대사 또는 생합성 반응에서 중요한 역할도 한다. 시트르산 회로에서 많은 중간체는 세포에 필요한 아미노산 합성과 거대분자의 선구물질이다. 분해대사와 합성대사 두 가지에서 기능을 발휘하는 경로를 불안정 경로라고 한다.

주요한 용어

- 고암모니아증상(6.8)
- 내부 미토콘드리아 막(6.1)
- 능선(6.1)
- 막 사이 공간(6.1)
- 말단 전자 받개(6.6)
- 매트릭스 공간(6. 1)
- 미토콘드리아(6.7)
- 보충대사반응(6.9)
- 분해대사(6.9)
- 불안정 경로(6.9)
- 산소호흡(6.3)
- 산화성 탈아미노화반응(6.7)
- 산화성 포스포릴화반응(6.6)
- 시트르산 회로(6.4)
- 아미노 전이반응(6.7)
- 아미노기 전달효소(6.7)
- 아세틸 CoA(6.2)
- 외부 미토콘드리아 막(6.1)
- 요소 회로(6.8)
- 전자수송계(6.6)
- 조효소(6.2)
- 합성대사(6.9)
- ATP 생성효소(6.6)
- F_0F_1 복합물(6.6)
- pyridoxal phosphate(6.7)
- pyruvate 탈소화효소 복합물(6. 2)

문제

미토콘드리아

6.9 미토콘드리아의 막 사이에 부분의 역할은 무엇인가?

6.10 내부와 외부 미토콘드리아 막의 중요한 방법은 무엇이 다른가?

Pyruvate로부터 아세틸 CoA로 변환

6.11 어떤 대사 조건에서 pyruvate는 아세틸 CoA로 변환하는가?

6.12 Riboflavin, thiamine, niacin, pantothenic acid 결핍은 인체가 생산할 수 있는 ATP 양을 어떻게 감소할 수 있는가?

시트르산 회로

6.13 다음 각 설명이 사실인가 또는 거짓인가? 표시하라.

a. 해당작용과 시트르산 회로는 호기성 과정인가?

b. 해당작용과 시트르산 회로는 혐기성인가?

c. 해당작용은 세포질에서 일어나고 시트르산 회로는 미토콘드리아에서 일어 나는가?

d. 미토콘드리아 내부 막은 실제로 대부분 물질이 투과하지 않는가?

6.14 a. 어떤 대사 중간체가 아세틸 CoA의 아세틸 원자단을 시트르산 회로에 전이하는가?

b. 이 반응 생성물은 무엇인가?

6.15 시트르산 회로의 한 회전은 얼마나 많은 NAD^+ 이온을 NADH 분자로 환원하는가?

6.16 혐기성 해당작용에서 ATP의 알짜 수율은 얼마인가?

6.17 시트르산 회로에서 아세틸 CoA 기능은 무엇인가?

6.18 GTP는 시트르산의 한 단계에서 형성된다. 이 GTP는 어떻게 ATP로 변환하는가?

6.19 시트르산 회로의 첫째 반응은 aldol 축합반응이다. 이 반응의 반응식을 쓰고 그것의 중요성을 설명하라.

6.20 Aconitase 효소는 시트르산을 촉매작용하여 isocitrate로 만든다. 알코올과 알켄 화학으로 aconitase에 의하여 촉매작용하는 두 가지 반응을 설명하라.

6.21 Malate로부터 oxaloacetate로 산화에서 산화반응이 일어나는 구조적 증거는 무엇인가? 어떤 작용기들이 관여하는가?

6.22 어느 종류 효소들이 dinucleotide diphosphokinase에 속하는가? 당신의 해답을 설명하라.

시트르산 회로의 조절

6.23 시트르산 회로의 조절은 무엇이 중요한가?

6.24 시트르산 회로의 속도를 증가하는 신호로서 어떤 분자를 이용하는가?

산화성 포스포릴화반응

6.25 한 분자 NADH는 산화성 포스포릴화에 의해 산화될 때 얼마나 많은 ATP 분자를 생성하는가?

6.26 미토콘드리아에서 ATP 합성 에너지 공급원은 무엇인가?

6.27 미토콘드리아의 전자수송계 기능은 무엇인가?

6.28 a. 해당작용에 의해 생성된 ATP 분자수를 산소호흡에 의하여 글루코스를 산화하여 생성된 ATP 분자수와 비교하라.

b. 어느 경로에서 더 많은 ATP를 생성하는가?

아미노산 분해

6.29 어떤 화학적 변환이 아미노기전달효소에 의해 일어나는가?

6.30 Glutamate 계열의 아미노기전달효소는 왜 대단히 중요한가?

6.31 다음 각 아미노산은 어느 시트르산 회로 중간체로 변환하는가?

a. Alanine

b. Glutamate

c. Aspartate

d. Phenylalanine

e. Threonine

f. Argnine

6.32 Glutamate 탈수소화효소에 의해 조정되는 glutamate 합성에 대한 균형반응식을 쓰라.

요소 회로

6.33 요소 회로가 적절하게 기능을 발휘하지 못하면 어떤 대사 상태를 발생하는가?

6.34 요소 구조는 다음과 같다.

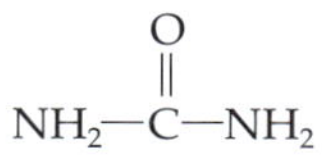

a. 어떤 물질이 요소 분자에서 각 아미노 원자단의 공급원인가?

b. 어떤 물질이 카보닐 원자단의 근원인가?

합성대사 개요: 생합성 중간체 공급원으로서 시트르산 회로

6.35 어느 시트르산 회로로부터 glutamate 아디노산이 합성되는가?

6.36 생합성에서 시트르산 회로 역할은 무엇인가?

6.37 필수 아미노산은 무엇인가?

6.38 Pyruvate 카복실화효소에 의해 촉매작용하는 반응의 균형식을 쓰라.

7장 지방산 대사

내 용

Fatty Acid Metabolism

학습목적

1. 지방질 소화와 저장을 요약하라.
2. β-산화게 의한 지방산 분해를 설명하라.
3. 지방산 대사에서 아세틸 CoA 역할을 설명하라.
4. β-산화에서 키톤체 생성 역할을 이해하라.
5. 지방산의 β-산화와 지방산 생합성을 비교하라.
6. 지방질 조절과 탄수화물 대사를 간, 지방조직, 근육조직, 뇌와 연관하여 설명하라.
7. 글루카곤과 인슐린의 길항효과를 요약하라.

화학관련 토픽; 비만증: 유전장애?

미국사람들은 대략 ⅓이 비만이다. 그들은 정상 체중보다 20%이상 과체중 이다. 그 중에서 백만명은 병적으로 비만이다. 그들은 훨씬 많은 과체중으로 인하여 그들의 건강이 위협받고 있다. 비만인 사람들은 간단히 말해서 너무 많이 먹고 운동량이 너무 작다. 그러나 다른 비만인 사람들은 실제로 정상체중 사람들보다 더 적은 열량을 먹어도 체중이 증가한다. 이러한 실험은 사람들의 비만이 유전장애라고 과학자들이 가정했다.

이러한 가정은 1950년에 실험용 쥐에서 비만 돌연변이를 발견하여 지지를 받았다. 본래 돌연변이 쥐로부터 유전적 비만 변형을 생성하여 선택적으로 사육했다. 그 가정은 1970년대에 Douglas Coleman에 의해 수행된 실험결과 로 인하여 한층 더 많은 지지를 받았다. Coleman은 유전적 비만 쥐와 정상 쥐의 순환계를 연결했다. 비만 쥐는 적게 먹고 체중을 잃는 것으로 출발했다. 정상 쥐의 혈액에는 그 뇌가 식욕감퇴 신호를 보내는 한 물질이 있다고 Coleman은 결론내렸다. 비만 쥐는 이러한 "만족 인자"를 생성할 수 없고, 그리하여 비만 쥐들은 계속해서 먹고 체중이 증가한다고 Coleman은 가정했다.

1987년에 Jeffrey Friedman은 유전자 지도를 그리려고 한 연구팀을 모은 다음 식욕 조절에 책임있는 비만유전자를 클론(clone, 무성번식)했다. 열심히 연구한 결과 1994년에 그 과학자들은 그들의 목적을 달성했다. 그러나 무성번식한 비만 유전자에 암호화 단백질이 실제로 대사효과를 갖는 것은 아직 더 연구해야 했다. 그 유전자는 박테리아 유전계와 양립할 수 있게 변형되었기 때문에 그들은 단백질 제조에 이용할 수 있었다. 처리된 유전자는 그 다음에 박테리아에 도입할 때 많은 단백질을 생산했다. 그 단백질은 다음에 동물실험용으로 정제했다.

연구원들은 정상 쥐들이 혈액에 약 12.5 mg 단백질을 갖는다고 계산했다. 그들은 그 양을 10마리 쥐에 각기 주사하고 지방이 정상인 쥐에 이용한 공급 통로로 들어갈 수 없게 했다. 첫번째 주사한 다음 날에 대학원생 Jeff Halass는 쥐들이 덜 먹은 것을 관찰했다. 매일 주사했고 비만인 쥐들은 적게 먹었다. 2 주일 후에 각 10마리 쥐들은 약 30% 체중이 감소했다. 그밖에 쥐들은 더 활발해졌고 그들의 메카니즘은 촉진되었다.

정상 쥐들을 같은 조건으로 처리할 때 그들의 체지방은 12.2%로부터 0.67%로 감소했고,

서론

지방산과 지방질 대사는 아세틸 CoA의 운명에 의해 좌우된다. 우리는 6장에서 pyruvate는 호기성 상태에서 아세틸 CoA로 변환하고 그 것을 시트르산 회로에 공급되는 것을 보았다. 지방산도 어떤 아미노산처럼 아세틸 CoA로 분해되고 시트르산 회로에 의해 산화된다. 게다가 아세틸 CoA는 그 자신이 지방산, 콜레스테롤, 스테로이드 호르몬의 생합성에 출발물질이다. 그러므로 아세틸 CoA는 지방질 대사의 주요한 중간체다.

그것은 쥐들이 과량 지방조직이 없다는 것을 의미한다. 지방으로 표시된 그들 체중의 0.67%는 쥐 몸의 각 세포를 둘러싼 막 때문이라고 생각한다! 그 드라마같은 결과 때문에 Friedman과 그의 동료들은 leptin protein(날씬한 단백질)이라고 불렀다. 그 말은 그리스어 leptos로부터 유래했고 그것은 날씬한(slender) 것을 의미한다.

Leptin protein은 한 호르몬이고 진행되는 연구는 leptin이 대사조절과 음식섭취에 어떻게 작용하는가 이해에 목적이 있다. Friedman은 그것이 한 대사 항온기에서 보내는 신호라고 가정했다. 지방세포는 leptin을 생산하고 그것을 혈액에 분비한다. 결과적으로 정상인의 혈액 중 leptin 농도는 체지방량에 비례한다. 혈액 중 그 호르몬 농도는 뇌 중심에서, 아마 식욕과 대사속도를 조절하는 것으로 알려진 시상하부 영역에서 제어할 것이다. 그 농도가 어떤 수준에 도달할 때 시상하부는 식욕 억제를 시작한다. 유전학적 비만 사람들 또는 쥐들이 leptin을 생성하지 않거나 또는 소량만 생성하면 그 시상하부는 각 사람들이 너무 적은 체지방을 갖거나 단식한다고 "생각한다". 이러한 환경에서 leptin protein은 배고픔을 억제하고 그 사람들에게 계속해서 먹는 신호를 보내지 않는다.

인간의 leptin 유전자도 무성생식하였고 쥐의 비만 유전이 옳다는 것을 증명했다. 그러나 인간 비만에 대하여는 어떤가? 소수 비만인들에게 leptin을 시험했다. 불행하게도 쥐에서 얻은 드라마틱한 결과는 인간에서 관찰되지 않았다. 거의 모든 비만인들은 이미 풍부한 leptin을 생성한 것처럼 보인다. 실제로 10명보다 적은 사람들이 그 날까지 leptin을 생성하지 않았다. 이 사람들은 leptin을 주사하면 실제로 그들의 식욕이 감소하고 체중도 크게 감소했다.

Leptin을 생성하는 대부분의 비만인들은 아마 leptin 수용체에 유전자 결손이 존재할 것이다. 또는 인간의 비만 유전자들이 쥐보다 더 복잡할 것이다. 분명히 동물의 지방질 대사는 복잡한 과정이고, 아직 완전하게 이해하지 못하였다. Leptin 유전자 발견과 그것을 생성하는 호르몬은 그 이야기의 일부분일 따름이다. 이 장에서 우리들은 다른 관점의 지방질 대사, 즉 지방산 분해와 생합성 그리고 식이 지방질을 소화하고, 과량 지방질을 저장하는 과정을 공부할 것이다.

7.1 동물의 지방질 대사

식이 트리글리세라이드의 분해와 흡수

학습목적 1

트리글리세라이드는 대단히 소수성(물을 싫어하는 성질)이다. 이러한 성질 때문에 트리글리세라이드는 소화하여 흡수되고 대사하기 전에 처리과정을 거쳐야 한다. 식이 지방질의 처리과정은 소장에서 일어나기 때문에 위장과 타액에서 발견되면서 한편으로 트리글리세라이드를 가수분해하는 수용성 **지질가수분해효소**(lipase)는 매우 효과적이지 않다. 실제로 대부분 식이 지방은 소장의 첫 부분, 즉 십이지장에 지방 구형입자 형태로 도착한다. 이들의 지방 구형입자는 담낭(담)으로부터 담즙 분비를 자극한다. **담즙**(bile)은 레시틴(lecithin), 콜레스테롤, 단백

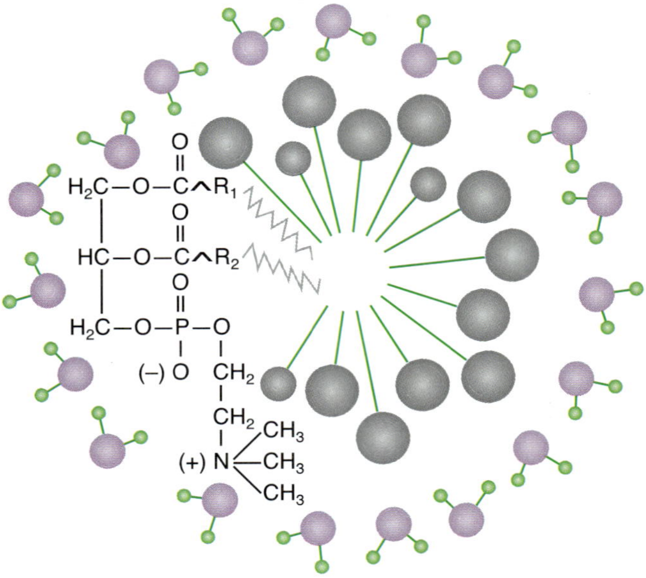

그림 7.1
Lechitin 포스포인산지방질로부터 형성된 한 미셀 구조. 직선은 긴 지방산 꼬리를 나타내고 구형은 인산지방질의 친수성 머리를 나타낸다.

질, 담즙산염, 무기이온, 담즙 색소로 구성한다. **미셀**(micelle, 그림 7.1)은 극성 영역과 무극성 영역을 갖는 분자 집합체다. 담즙산염(bile salts)의 무극성 말단은 물에 있을 때 함께 다발로 묶이는 경향이 있다. 이들 분자의 친수성(물을 좋아하는 성질) 영역은 물과 상호작용한다. 담즙산염은 간에서 만들고 담낭에 저장한 다음 십이지장으로 분비되는 자극을 기다린다. 인간에서 주요한 담즙산염은 cholate와 chenodeoxycholate다(그림 7.2).

콜레스테롤은 물에 거의 완전히 불용성이지만 콜레스테롤이 담즙산염으로 변환하면 그것의 극성 머리들이 수용액상에 녹고 무극성 꼬리가 트리글리세라이드와 결합하는 계면활성제(detergent)처럼 변한다. 음식을 먹은 다음 담즙은 일반적으로 담즙 도관을 통하여 십이지장으로 흐르고, 거기에서 담즙산염은 지방 구형입자를 작은 방울로 에멀젼화한다. 이것은 지방질 분자의 표면적을 증가하여 더 쉽게 지질가수분해효소에 의해 가수분해되게 한다(그림 7.3).

트리글리세라이드는 2.3절에서 설명했다.

이러한 작은 방울 중 대부분 지방질은 **트리글리세라이드**(triglyceride) 또는 트리아실글리세롤(triacylglycerol)이고 그것은 글리세롤의 지방산 에스터(ester)다. **Colipase**라고 부르는 한 단백질은 지방질의 작은 방울 표면에 결합하고 그 표면과 결합하는 췌장 지질가수분해효소를 돕고 글리세롤과 트리글리세라이드 사이에 에스터 결합을 가수분해한

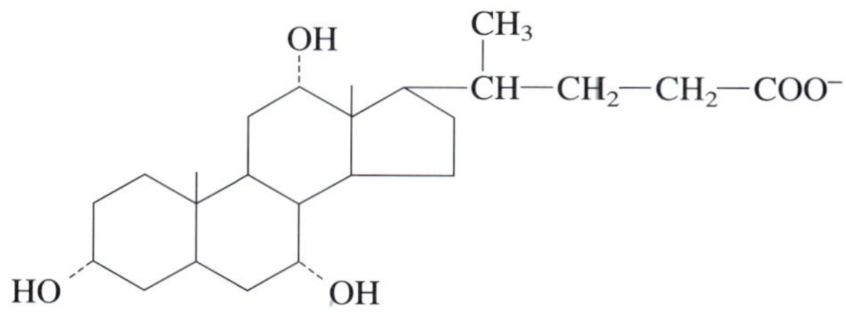

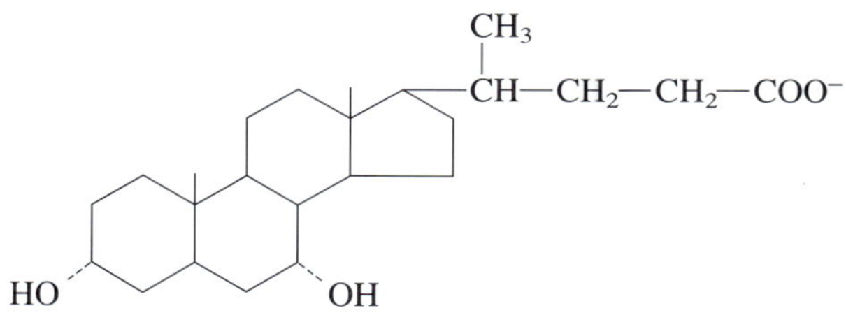

그림 7.2
인간 담즙에서 가장 보편적 cholate와 chenodeoxycholate 담즙산의 구조,

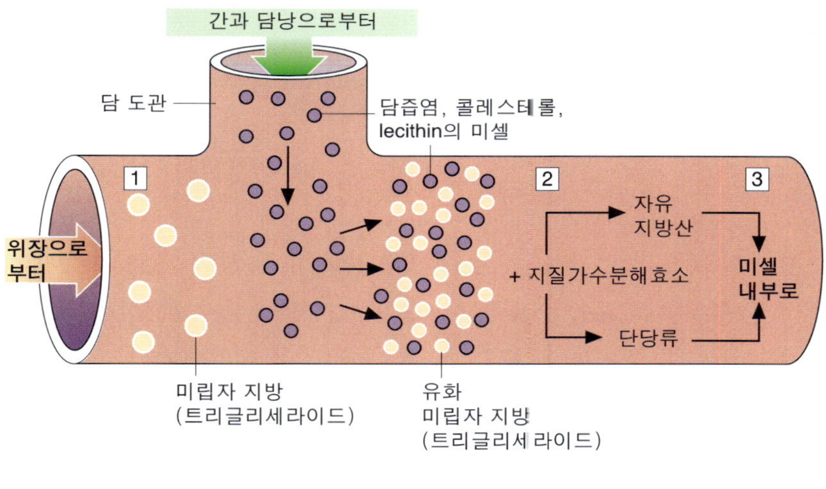

그림 7.3
장관에서 지방질 소화 단계. 단계 1은 담즙산염에 의한 작은 지방 방울의 에멀존화다. 단계 2는 에멀존화 작은 지방 방울의 트리글리세라이드를 지방산과 모노글리세라이드로 가수분해한다. 단계 3은 지방산과 모노글리세라이드들이 미셀에 녹아 "혼합 미셀"을 생성하는 것과 관련있다.

다(그림 7.4). 이 과정에서 세 가지 지방산 중 두 가지는 유리되고 모노글리세라이드와 자유 지방산은 담즙 미셀과 자유롭게 섞인다. 이러한 미셀은 장내상피 세포 막을 통해 쉽게 흡수된다(그림 7.5).

놀랍게도 모노글리세라이드와 지방산은 그 다음에 단백질과 결합한 트리글리세라이드로 다시 집합하여 유미입자(chylomicron)라고 부르는 혈장 지질단백질 종류를 생성한다(그림 7.5). 이러한 지방질과 단백질 집합체는 작은 림프관으로 분비되고 결과적으로 혈관에 도착한다.

혈장 지질단백질은 2.5절에서 설명했다.

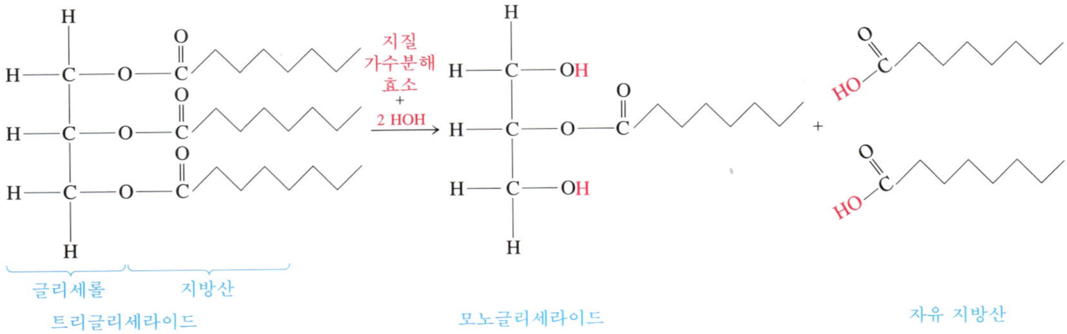

그림 7.4
식이지방질 가수분해에서 췌장 지질가수분해효소의 반응.

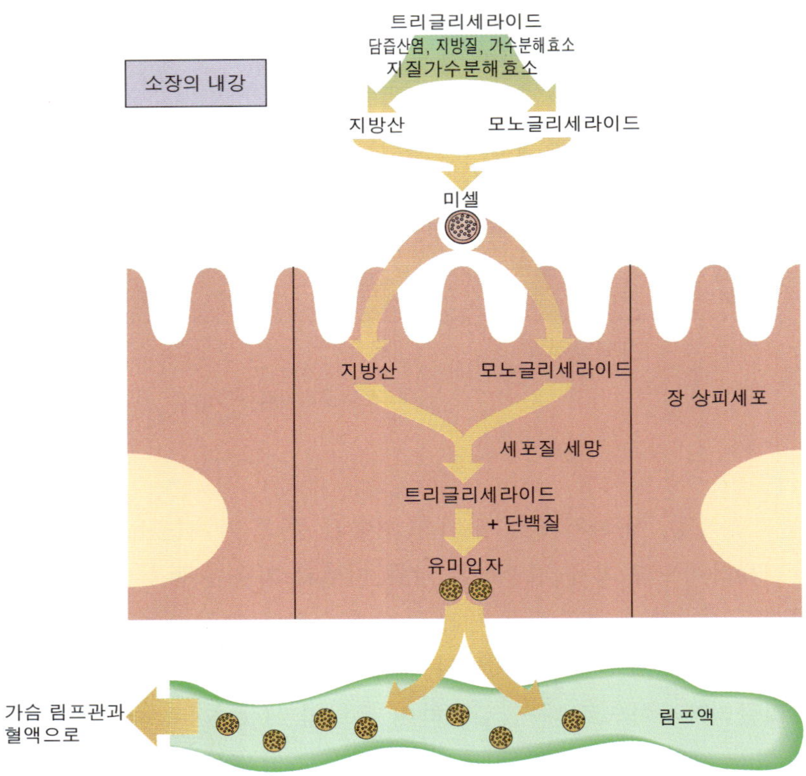

그림 7.5
미셀 중 트리글리세라이드들이 장 상피세포 안으로 통과하는 과정

혈관에서 트리글리세라이드는 다시 한번 가수분해되고, 그 다음에 세포에 흡수되는 글리세롤과 자유 지방산을 생성한다. 사람의 몸이 에너지를 요구하면 이들 분자는 분해하여 ATP를 생성한다. 인체가 에너지를 필요로 하지 않으면 이들 에너지는 많은 분자들로 저장된다.

지방질 저장

지방산은 트리글리세라이드 형태로 저장한다. 인체의 대부분 트리글리세라이드 분자들은 **지방조직**(adipose tissue)을 만드는 **지방세포**(adipocyte)의 세포질에 지방분자로 저장된다. 각 지방세포는 거의 모든 세포의 부피를 차지하는 큰 지방 방울로 함유된다. 심장근육과 같은 기타 세포는 몇 가지 작은 지방 방울을 함유한다. 이들 세포에서 작은 지방 방울은 미토콘드리아로 둘러싸인다. 그 세포들은 에너지가 필요할 때 트리글리세라이드를 가수분해한 다음 미토콘드리아의 매트릭스 공간으로 수송하여 지방산을 방출한다. 거기에서 지방산은 완전히 산화되고 ATP를 생성한다.

트리글리세라이드의 가수분해에 의해 제공된 지방산은 인체에 매우 풍부한 에너지 공급원이다. 지방산의 완전 산화는 상당하는 글리코겐 양의 산화보다 훨씬 더 많은 에너지를 방출한다.

담즙산염은 식이 지방질 소화에 무엇을 돕는가? **문제 7.1**

7.2 지방산 분해

지방산 분해의 개요

학습목적 2 3

지방산의 단계적 β-탄소 산화와 관련있기 때문에 이 경로를 β-산화라고 부른다.

20 세기 초에 매우 현명한 사람들은 지방산이 어떻게 분해하는가를 실험으로 측정했다. 방사성 원소를 이용하여 생물 분자를 표지한 다음 인체를 통하여 추적했다. 독일 화학자 Franz Knoop는 방사성 추적자를 이용할 수 있게된 오래 전에 같은 종류의 표지실험을 계획했다. Knoop는 개에게 공통적으로 말단 메틸 원자단이 페닐 원자단에 결합된 지방산을 제공했다. 그러한 분자는 ω-표지 지방산이라고 부른다(그림 7.6). 그는 개의 오줌에서 대사 지방산을 분리했을 때 사슬에 짝

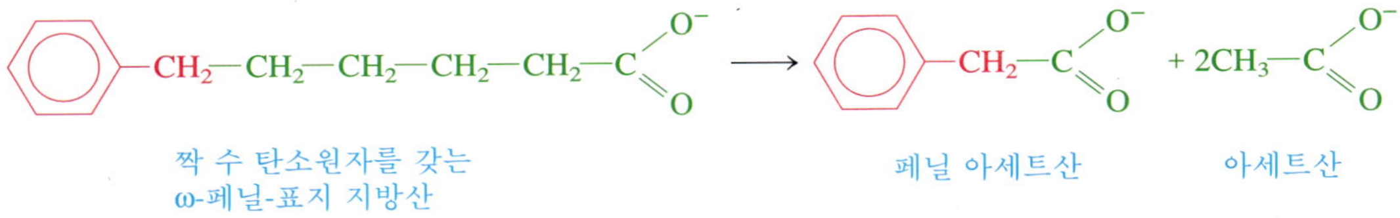

(a)

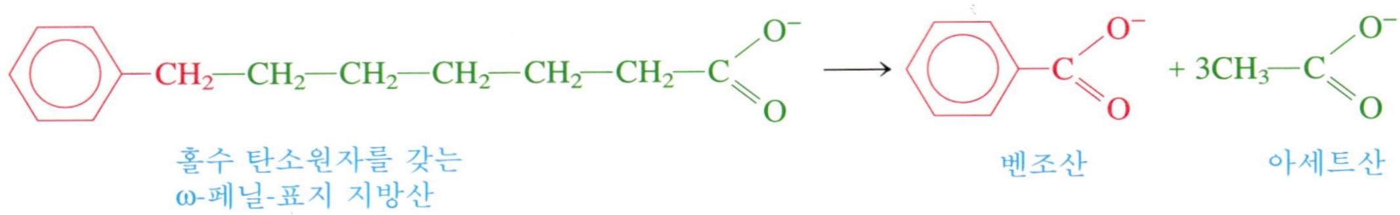

(b)

그림 7.6
사슬의 마지막 탄소를 ω-탄소(omega-carbon)라고 부르므로 결합된 페닐 원자단은 ω-페닐 원자단이다.
(a) ω-페닐-표지 지방산 산화는 단번에 두 가지 탄소에서 일어난다. 짝수 탄소원자를 갖는 지방산은 페닐아세트산과 "아세트산"으로 분해한다.
(b) 홀수 탄소원자를 함유하는 ω-페닐-표지 지방산의 산화는 벤조산과 "아세트산"을 만든다.

$FADH_2$와 NADH 산화로부터 생기는 ATP 수율은 6.6절을 보라.

수 탄소를 가진 경우 페닐 아세트산이 생성된 것을 발견했다. 지방산이 그 사슬에 홀수 탄소 원자를 가질 때 벤조산(benzoate)이 생성되었다. 지방산 분해는 지방산 말단의 카복실 말단으로부터 2-탄소 아세트 원자단의 제거에 의해 생긴다고 Knoop는 이 자료를 해석했다. 우리는 현재 지방산 분해에 의해 생성된 2-탄소 조각 분자는 아세트산이 아니고 아세틸 CoA라는 것을 알게 되었다. 지방산이 아세틸 CoA로 분해되는 경로를 **β-산화**라고 한다.

β-산화 회로(단계 2-5, 그림 7.7)는 전체 형태가 시트르산 회로의 마지막 네 가지 반응과 비슷한 한 벌의 네 가지 반응으로 구성한다. 반응 순서를 통한 각 단계는 아세틸 CoA를 방출하고 두 개 탄소가 더 적은 지방성 아실 CoA분자로 되돌아간다. 세 분자 ATP에 상당하는 한 분자 NADH는 각 β-산화 회로에서 생성된다.

예 7.1

지방산의 β-산화 생성물의 예측

10-phenyldecanoic acid 산화에 의하여 어떤 생성물이 만들어지는가?

해답

10-탄소 지방산이 아세틸 4 분자 CoA와 한 분자 페닐아세트산으로 분해한다. β-산화를 통한 4 회전은 10-탄소 지방산 분해가 필요하므로 4 분자 NADH와 4 분자 $FADH_2$도 생성된다.

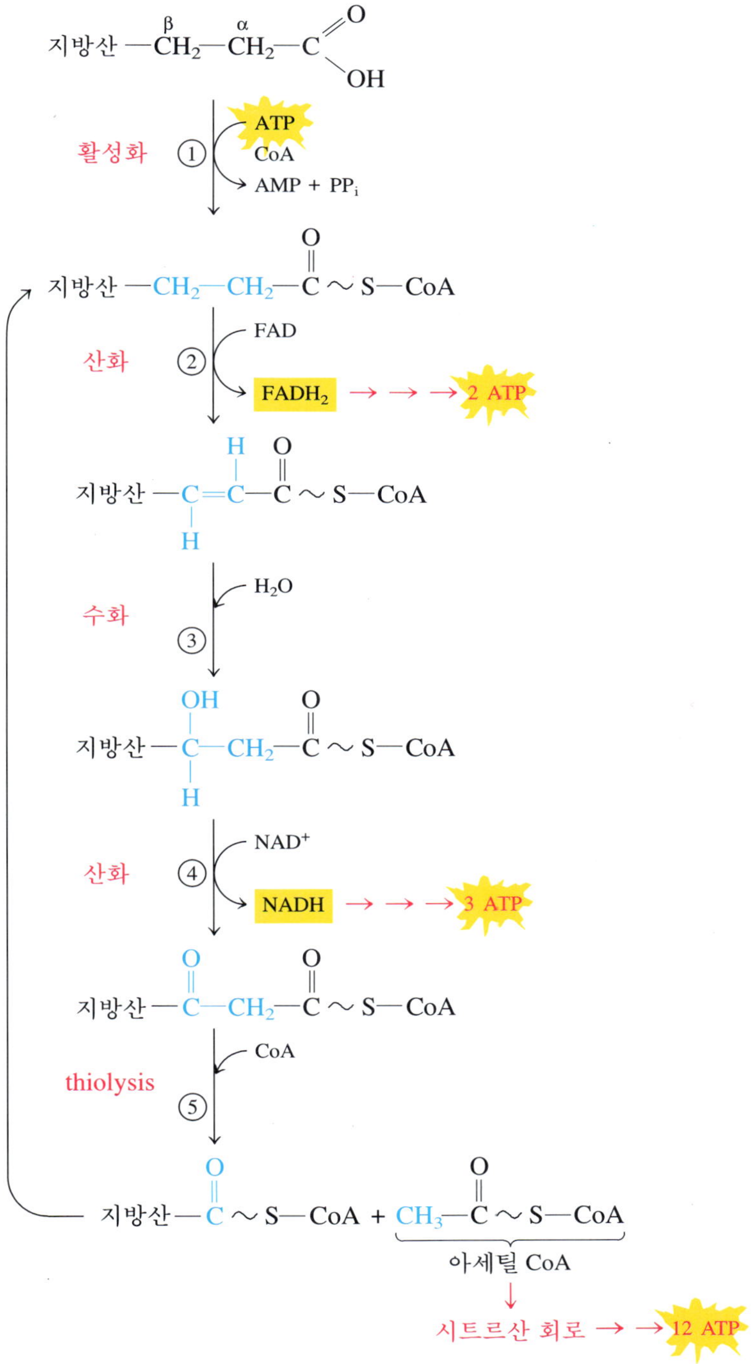

그림 7.7
지방산의 β-산화 반응.

인간관련 토픽; 원하지 않는 지방조직의 무게 감소.

체중 또는 과체중은 미국 사람들에게 큰 관심거리다. 거의 모든 인기있는 잡지를 잠시 훑어보면, 현재의 표준 "아름다움"은 대단히 날씬하다는 것과 동일한 의미라는 것을 우리들에게 알려준다. 이러한 세 가지 잡지에서 모델들은 대단히 날씬하고 또한 문자 그대로 체중을 감소하는 수십 가지 프로그램 광고들이 실려있다. 미국 사람들은 이러한 날씬한 패션 모델과 같아지려고 매년 수백만 달러를 소비한다.

이러한 날씬한 체형은 가끔 바람직스런 건강한 체중이 아니라고 연구에 의해 밝혀졌다. 실제로 18~39세 사이 6-foot 남성에 제시된 체중은 179 pound다. 동일한 연령의 5′~6″ 여성은 바람직스런 체중이 142 pound다. 5′~6″ 여성은 126 pound를 추천한다. 너무 날씬한 것은 건강에 문제를 발생할 수 있는 것처럼, 너무 지나친 것 또한 비만일 수 있다.

비만은 무엇이고 미관상으로 불리한가? 사람들의 체중이 신장에 대한 전형 채중보다 20% 이상이면 비만이라고 생각한다. 과체중은 혈액 콜레스테롤 수준 증가, 혈압, 당뇨 발병율 증가, 암, 심장병, 조기사망 확율 증가 등을 포함하는 넓은 범위의 건강문제를 수반한다. 비만은 때때로 범죄의식과 자부심같은 심리학적 문제들도 함께 발생한다.

많은 인자들이 비만에 영향준다. 이들은 유전인자, 앉아있는 생활방식, 고칼로리 선호, 고지방 음식을 포함한다. 그러나 실제 관심은 어떻게 체중을 감소하는가 이다. 어떻게 우리는 현명하고 안전하게 체중을 감소하고 그 체중을 우리 생활의 여가를 위해 유지할 수 있는가? 불행스럽게 그 해답은 대부분 사람들이 듣기 원하는 대답이 아니다. 신속한 체중감소 프로그램의 보급과 재정적 성공은 대부분 사람들이 빠르고 효과없는 프로그램을 원하고 있는 것을 암시한다. 불행하게도 적은 노력으로 빠른 체중 감소를 약속하는 대부분 프로그램은 일반적으로 효과없거나 또는 좋지 않고 안전하지도 않다. 사실은 다음 세 가지 요소를 포함하는 프로그램이 최상으로 체중을 감소하고 관리하는 방법이다.

남자*					여자**				
신장					신장				
Feet	Inch	소인	중인	대인	Feet	Inch	소인	중인	대인
5	2	128-134	131-141	138-150	4	10	102-111	109-121	118-131
5	3	130-136	133-143	140-153	4	11	103-113	111-123	120-134
5	4	132-138	135-145	142-156	5	0	104-115	113-126	122-137
5	5	134-140	137-148	144-160	5	1	106-118	115-129	125-140
5	6	136-142	139-151	146-164	5	2	108-121	118-132	128-143
5	7	138-145	142-154	149-168	5	3	111-124	121-135	131-147
5	8	140-148	145-157	152-172	5	4	114-127	124-138	134-151
5	9	142-151	148-160	155-176	5	5	117-130	127-141	137-155
5	10	144-154	151-163	158-180	5	6	120-133	130-144	140-159
5	11	146-157	154-166	161-184	5	7	123-136	133-147	143-163
6	0	149-160	157-170	164-188	5	8	126-139	136-150	146-167
6	1	152-164	160-174	168-192	5	9	129-142	139-153	149-170
6	2	155-168	164-178	172-197	5	10	132-145	142-156	152-173
6	3	158-172	167-182	176-202	5	11	135-148	145-159	155-176
6	4	162-176	171-187	181-207	6	0	138-151	148-162	158-179

* 25~59세 체중은 최소 치사율에 바탕을 두었다. pound로 표시한 체중은 실내에서 5 lb 의류와 1″신발을 신고 있는 경우다.

** 25~59세 체중은 최소 치사율에 바탕을 두었다. pound로 표시한 체중은 실내에서 3 lb 의류와 1″신발을 신고 있는 경우다(metropolitan life insurance copmanies statistical bulletin).

활동도	kcal/hr*
단식 배드민턴	480
농구	360-660
자전거	
10 mph	420
11 mph	480
12 mph	600
13 mph	660
심한 미용체조	660
핸드볼	660
심한 줄넘기	800
노젓는 기계	840
속도	
5 mph	600
6 mph	750
7 mph	870
8 mph	1,020
9 mph	1,130
10 mph	1,285
빠른	700
스키(언덕)	600
스키(크로스 컨트리)	
2.5 mph	560
4 mph	600
5 mph	700
8 mph	1,020
수영(25-50 yd/min)	306-750
걷기	
보행로	420
계단	600-1,080
언덕 3.5 mph	480-900
점원 노동	500
제초기 작업	450
톱질	600
삽질	660
나무 자르기	560

* 칼로리 열량은 150 lb 사람에 근거를 두었다. 이 체중보다 15 lb 더 무거울때 마다 10%씩 더 열량을 소비하고 15 lb 감소마다 10%씩 감소한다.

E.L. Wynder, The Book of Heath: The American Halth Foundation. © 1981, Franklin Watts, Inc., New York.

1. 칼로리의 섭취의 감소. 체지방 1 pound는 3500 Cal(kilocal)에 상당한다. 그러므로 매주 2 pound를 감소하기 원하면 칼로리 섭취를 매일 1000 Cal(그것은 이상적 목표다) 감소해야 한다. 매일 1200 Cal 이하를 추천하는 식이는 매우 만족스럽지 않다. 왜냐하면 그것은 유지하기 어렵고 필요한 비타민과 미네랄을 모두 공급하지 못하므로 안전하지 않다는 것을 기억하라. 열량을 감소하는 최선 방법은 식이에서 지방을 감소하고 복합 탄수화물을 증가하는 것이다.
2. 운동. 매일 200~400 Cal씩 에너지 소비를 증가하라. 걷기, 달리기, 잔디깎기를 선택할 수 있다. 움직인다면 활동 종류는 문제되지 않는다. 운동은 그밖의 잇점도 있다. 그것은 심장 적응력을 증가하고 심리적 기분의 상승을 제공하고 운동이 끝난 다음 칼로리를 연소하는 기본 속도를 증가할 수 있다. 다음 표에 몇 가지 활동의 열량 소비를 요약한다.
3. 활동 변형. 어떤 과체중 사람은 신체적 문제와 함께 심리적 문제도 많고, 그 투쟁의 절반은 과식을 발생하는 원인을 인식할수 있게 가르친다. 활동변형의 몇 가지 원칙은 매우 도움되는 것으로 알려졌다.
   a. 기록을 하라. 먹은 식사량과 환경을 기록한다. 즉 예를 들어 부엌 식탁에서 식사 또는 귀가하는 도중에 차안에서 한 봉지의 감자 칩 등을 기록한다.
   b. 당신의 식사 원인을 확인하라. 당신은 스트레스, 지루함, 피로, 즐거움 등을 느낄 때 먹는가?
   c. 현실적 목표를 설정하고 당신이 그 목표에 도달할 때 당신 자신에게 보상하라. 그 보상은 식사와 관련없어야 한다.

당신이 알 수 있는 것과 같이 효과적 체중조절에 안전하고 "신속하고 확실한 방법"은 없다. 현재의 식이를 변경하고 운동습관을 변경하는 약속을 해야한다. 가장 중요한 것은 이러한 나쁜 습관들은 영원히 피해야 하고 새롭고 더 건강한 마음가짐으로 대처해야 한다.

문제 7.2 다음 각 지방산의 β-산화에 의해 어떤 생성물이 만들어지는가?

a. 9-Phenylnonanoic acid
b. 8-Phenyloctanoic acid
c. 7-Phenylheptanoic acid
d. 12-Phenyldodecanoic acid

β-산화반응

학습목적 2

지방산의 β-산화를 촉매작용하는 효소는 미토콘드리아의 매트릭스 공간에 있다. 지방산 분자를 미토콘드리아 매트릭스로 가져올 때 특수한 메카니즘이 필요하다. 한 차례 내부에서 지방산이 β-산화반응에 의해 분해한다. 알게 되는 바와 같이 이들 반응은 산화성 포스포릴화 및 시트르산 회로와 상호작용하여 ATP를 생성한다.

반응 1. 첫째 단계는 지방성 아실 CoA 분자를 생성하는 반응의 활성화다. 티오에스터(thioester) 결합은 조효소 A와 지방산 사이에 형성된다.

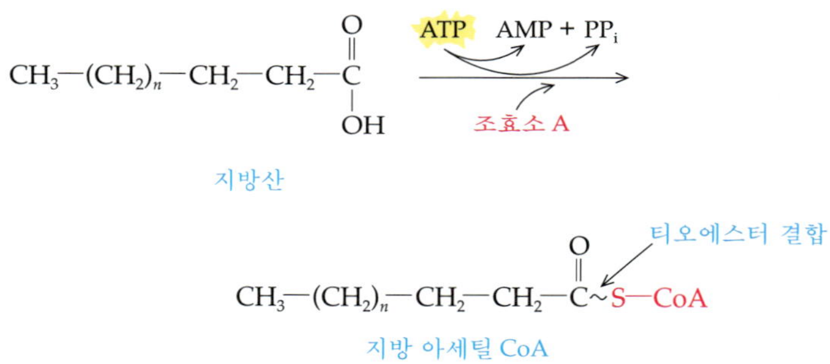

이 반응은 AMP와 파이로인산(pyorophosphate)으로 분해되는 ATP 형태에 에너지가 필요하다. 이것은 두 개 포스포무수물 결합의 가수분해와 관련있다. 여기에서 다시 우리는 소량 에너지의 투여가 필요하므로 후에 그 경로에서 훨씬 더 많은 에너지량을 수확할 수 있다. CoA도 이 단계에서 필요하다. 지방성 아실 CoA 생성물은 지방산과 CoA 사이에 한 고에너지 티오에스터 결합을 갖는다. 이 반응을 촉매작용하는 아실-CoA 지방질가수분해효소(ligase)는 미토콘드리아 외부막에 있다. 지방성 아실CoA를 미토콘드리아 매트릭스로 가져오는 메카니즘은 *carnitine*이라고 부르는 운반체 분자와 관련있다. Carnitine acyltransferase I 효소에 의해 촉매작용하는 첫 단계는 지방성 아실 원자단을 carnitine으로 전이하여 acylcarnitine과 CoA를 생성한다. 다음에 미토콘드리아 내부막에 위치한 단백질 운반체는 acylcarnitine을 미토콘드리아 매트릭스로 전이한다. 거기에서 carnitine acyltransferase II는 지방성 아실 CoA의 재생성을 촉매작용하고 그것은 나머지 β-산화반응과 관련있다.

반응 2. 다음 반응은 지방산으로부터 한 쌍의 수소원자를 제거하는 산화 반응이다. 이 탈수소화 반응은 acyl-CoA 탈수소화효소에 의하여 촉매작용하고, 탄소-탄소 사이에 이중결합을 형성한다.

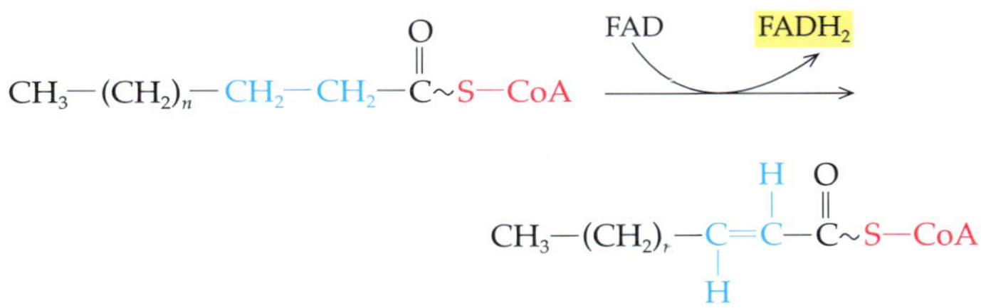

산화성 포스포릴화는 이 산화-환원 반응에 의해 생성된 각 $FADH_2$ 분자마다 두 분자 ATP를 생성한다.

반응 3. 셋째 반응은 반응 2에서 생성된 이중결합의 수화 반응과 관련있다. 결과적으로 β-탄소는 가수분해된다. 이 반응은 enol-CoA 가수분해효소에 의해 촉매작용한다.

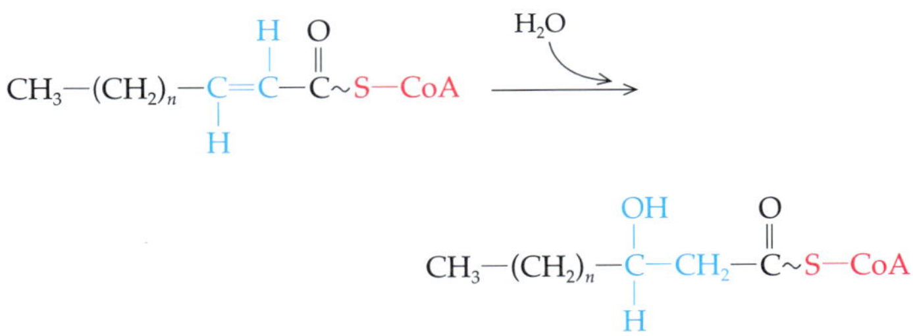

반응 4. 이 산화 반응에서 β-탄소의 하이드록시 원자단은 이제 탈수소화된다. NAD^+는 환원되고 다음에 산화성 포스포릴화에 의해 3 분자 ATP 생성에 이용하는 NADH를 형성한다. L-β-Hydroxyacyl-CoA 탈수소화효소는 이 반응을 촉매작용한다

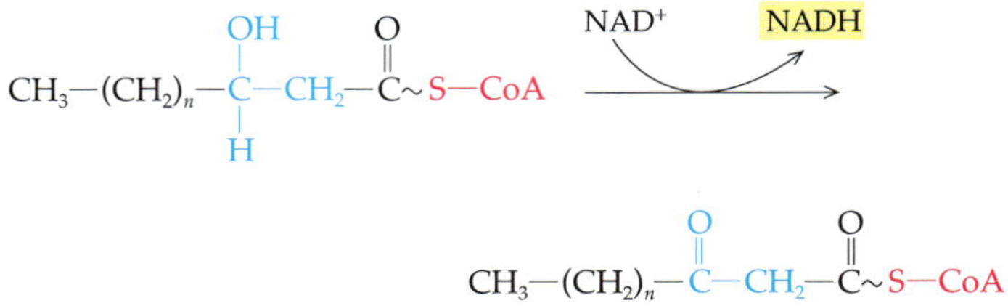

반응 5. Thiolase 효소에 의하여 촉매작용하는 이 마지막 반응은 아세틸 CoA를 방출하는 분해반응이다. 이것은 β-탄소에 대한 조효소 A 분자의 공격에 의해 가티올분해(thiolysis) 반응을 완결한다. 그 결과는 출발하는 지방산보다 두 개 가 더 짧은 아세틸 CoA와 지방성 아실 CoA를 방출한다.

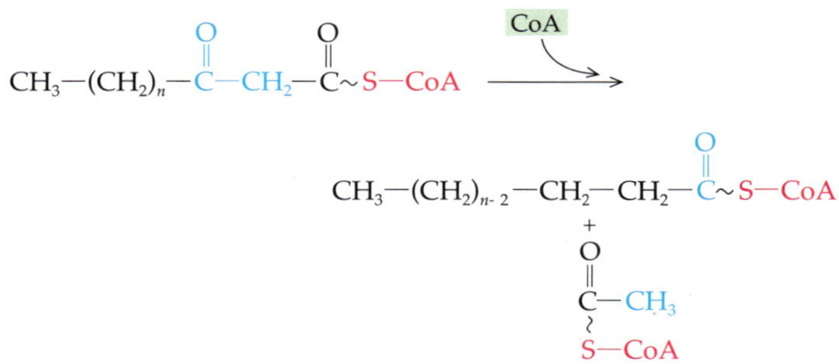

짧아진 지방성 아실 CoA는 지방산 탄소사슬이 아세틸 CoA로 완전히 분해될 때까지 반응 2-5 반복 회전에 의해 더 산화된다. 지방산의 β-산화에 의해 생성된 아세틸 CoA는 그 다음에 시트르산 회로의 반응에 들어간다. 물론 이것은 결과적으로 β-산화 동안에 방출된 아세틸 CoA 분자마다 12 분자 ATP를 생성한다.

β-산화로부터 에너지 생산의 예로서 16-탄소 palmitic acid 지방산이 β-산화에 의해 분해될 때 ATP 생성에 대한 수지계산표를 그림 7.8에 요약한다. Palmitic acid의 완전 산화는 129분자 ATP 생성과 그 것에 상당하는 글루코오스 양의 완전 산화로부터 생기는 것보다 더 $3\frac{1}{2}$ 에너지를 더 생성한다.

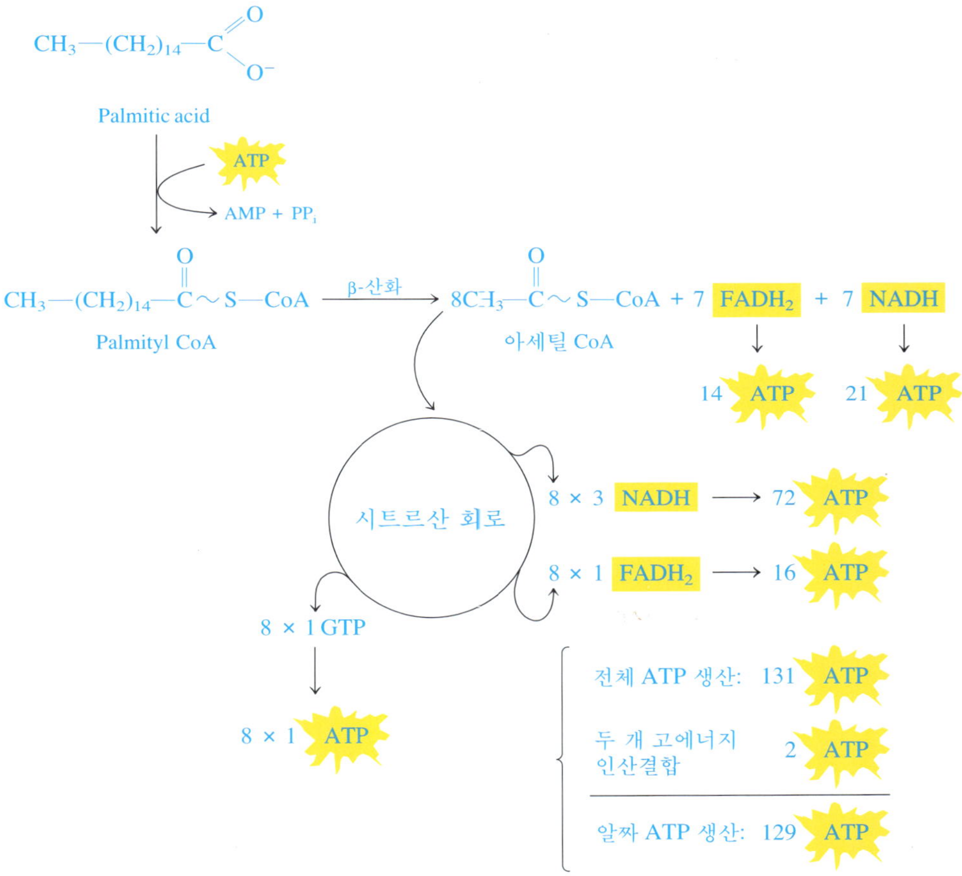

그림 7.8
Palmitic acid의 완전 산화는 129 분자 ATP를 생성한다. ATP는 AMP + PP_i로 가수분해하므로 활성화 단계는 두 개 고에너지 포스포무수물 결합을 소비하는 것으로 생각되는 것에 유념하라.

예 7.2

지방산의 완전 산화에서 생성된 ATP 양의 계산

18-탄소 포화 지방산 stearic acid의 완전 산화에서 생성된 ATP 분자는 얼마인가?

해답

단계 1 (활성화)	−2 ATP
단계 2-5	
8 $FADH_2$ × 2 ATP/$FADH_2$	16 ADP
8 NADH × 3 ATP/NADH	24 ATP
9 아세틸 CoA(시트르산 회로에서)	
9 × 1 GTP × 1 ATP/GTP	9 ATP
9 × 3 NADH × 3 ATP/NADH	81 ATP
9 × 1 $FADH_2$ × 2 ATP/$FADH_2$	18 ATP
	146 ATP

문제 7.3 Butyryl CoA의 β-산화에 대한 순차적 단계를 쓰라.

7.3 키톤체

학습목적 4

Oxaloacetate를 제공하는 반응의 개요는 6.9절을 보라.

지방산 β-산화에 의해 생성된 아세틸 CoA들이 시트르산 회로에 효과적으로 들어가려면 oxaloacetate를 적절하게 공급해야 한다. 해당작용과 β-산화반응이 동일한 속도로 일어나면 oxaloacetate로 변환할 수 있는 pyruvate(해당작용으로부터)를 일정하게 공급할 것이다. 그러나 모든 아세틸 CoA가 시트르산 회로에 들어가기에는 oxaloacetate 공급이 너무 적으면 어떤 일이 생기는가? 이러한 상태에서 아세틸 CoA는 **키톤체**(ketone body)라고 부르는, 즉 β-hydroxybutyrate, acetone, acetoacetate로 변환된다.

키톤증

당뇨병은 고혈당 때문에 오줌에 글루코오스가 나타나는 특성의 질병이다. 당뇨병은 일반적으로 호르몬 인슐린 생산이 불가능하여 생긴다.

키톤증(ketosis)은 비정상적으로 혈액 키톤체가 높은 수준이고 탄수화물이 극히 낮은 식이(고단백 액체 식이같은) 또는 조절하지 않은 **진성 당뇨병**(diabetes mellitus)과 같은 기아(starvation)상태 식이의 어떤 병리학적 조건에서 일어나는 한 상황이다. 당뇨병은 정상으로 탄수화

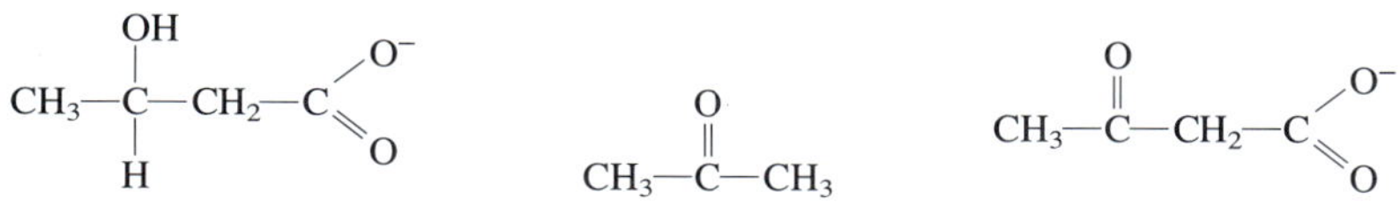

β-Hydroxybutyrate　　아세톤　　아세트 아세트산

그림 7.9
키톤체 구조

물을 섭취하지만 그 탄수화물은 세포에 들어가서 연료로 이용할 수 없다. 그리하여 당뇨병은 전체가 풍부하면서 기아상태에 있다. 당뇨병에서 혈액 중 매우 고농도 키톤산은 **키톤산독증**(ketacidosis)을 유발한다. 키톤산은 비교적 센 산이다. 그러므로 쉽게 해리되어 H^+를 방출한다. 이러한 상태에서 혈액 pH는 산성으로 되고 죽음에 이를 수 있다.

키톤체 생성

키톤체의 생성 경로(그림 7.10)는 최종 β-산화단계와 "반대"로 시작한다. Oxaloacetate 수준이 너무 낮으면 정상적으로 최종 β-산화반응을 진행하는 효소가 이제는 두 가지 아세틸 CoA 분자와 결합하여 아세토아세틸(acetoacetyl) CoA의 생성을 촉매작용한다.

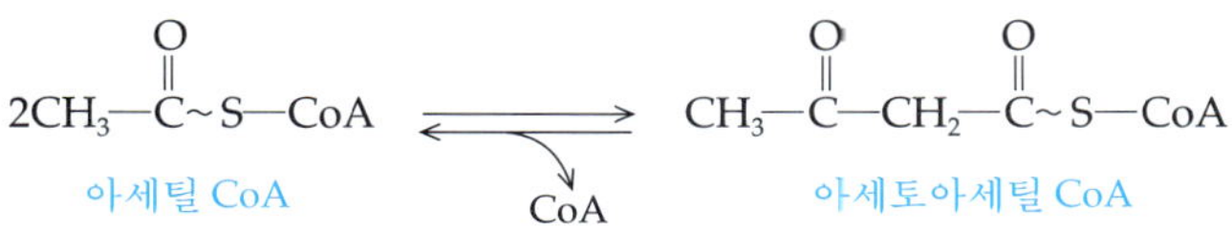

아세토아세틸 CoA는 셋째 아세틸 CoA 분자와 반응하여 β-hydroxy-β-methylglutaryl CoA(HMG-CoA)를 만들 수 있다.

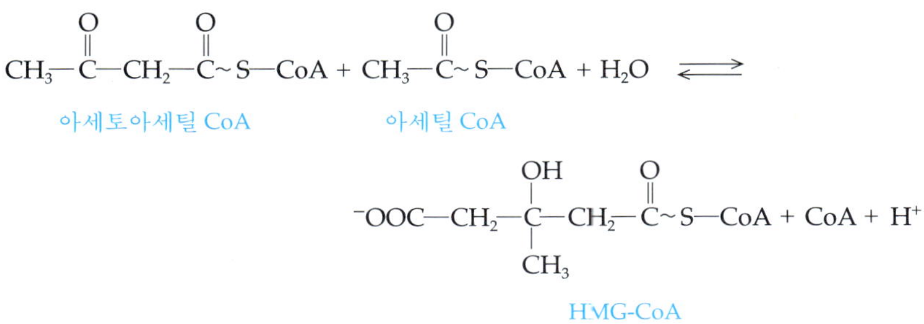

HMG-CoA가 세포질에서 형성되면 그것을 콜레스테롤 생합성의 선구물질로 이용할 것이다. 그러나 β-산화처럼 키톤체 생성은 미토콘드리아 매트릭스에서 일어나고 여기에서 HMG-CoA는 분해하여 아세토

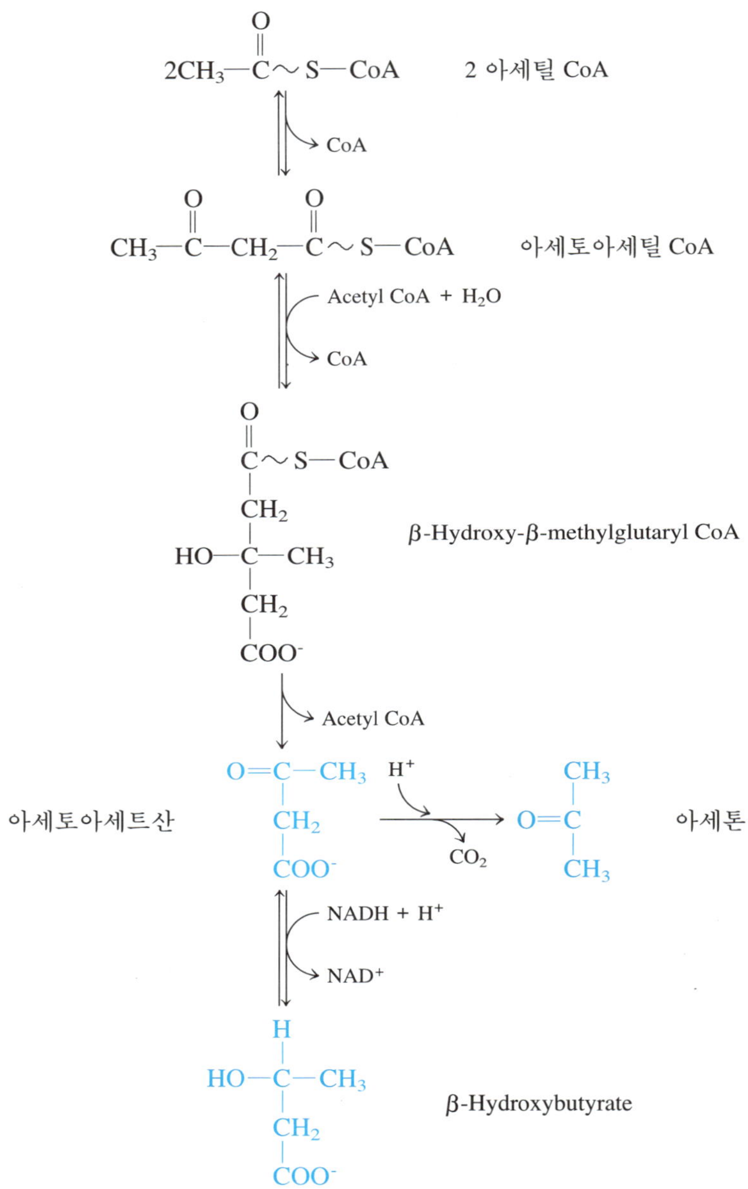

그림 7.10
키톤체 생성과 관련있는 반응.

아세트산과 아세틸 CoA를 만든다.

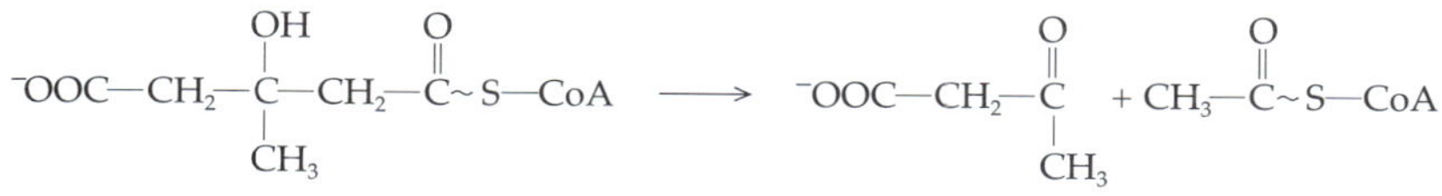

아세토아세트산이 매우 적은 양이면 자발적으로 이산화탄소를 잃고 아세톤으로 된다. 이것은 때때로 조절되지 않은 진성당뇨병과 관련있는 "아세톤 호흡병"(acetone breath)을 일으키는 반응이다. 그것은 더 자주 NADH를 환원하여 β-hydroxybutyrate를 생성한다.

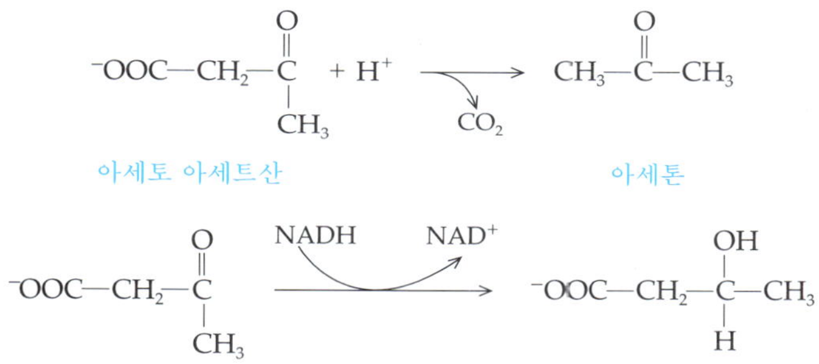

아세토아세트산과 β-hydroxybutyrate는 본래 간에서 생성된다. 이러한 대사 물질은 혈액으로 확산되고 다른 조직으로 순환한다. 거기에서 그들은 아세틸 CoA로 다시 변환하여 ATP생성에 이용할 수 있다. 실제로 심장근육은 글루코오스 산화로부터가 아니고 키톤체 산화로부터 나오는 대사 에너지에 의해 대부분 구동한다. 글루코오스 이용에 최선으로 적응되는 기타 근육은 글루코오스를 이용할 수 없거나 제한받을 때 에너지를 키톤체에 의존한다.

어떤 상황이 키톤체를 과량 생성하는가? **문제 7.4**

임상관련 토픽; 진성 당뇨병과 키톤체

주요도시의거리에서 무의식 상태로 있는 사람들은 조절하지 않은 진성 당뇨병으로부터 생기는 합병증으로 죽으면 병원으로 옮겨진다. 보통 사람들은 그런대로 병원 응급실에 도착하는 행운이 있다. 진성 당뇨병-유발 혼수에 대한 신속한 검사 방법은 그 병으로 고생하는 사람의 호흡에서 아세톤의 냄새를 맡는 것이다. 아세톤은 총괄적으로 키톤체라고 알려진 당뇨병 때문에 생성된 몇 가지 대사물질 중 하나다.

당뇨병(diabetes)이라는 용어는 고대 그리스에서 과량 오줌을 생성하는 질병 표시에 이용했다. 몇 천년 후 18세기에 어떤 사람의 오줌에서 당이 함유된 것을 발견하고 diabetes mellitus(라틴어 mellitus는 꿀처럼 달다)라는 명칭으로 이 질병을 명명했다. 진성 당뇨병으로 고생하는 사람들은 다량의 당함유 오줌을 배설하여 당을 허비한다.

인슐린-의존 진성 당뇨병 원인은 인체에 의한 부적절한 인슐린 생산이다. 인슐린은 고혈당 수준에 대응하여 분비한다. 인슐린은 표적 세포에서 막 수용체 단백질과 결합한다. 그 결합은 막을 통하여 글루코오스 수송속도를 증가하고 글리코겐 합성, 지방질 생합성, 단백질 합성을 자극한다. 결과적으로 혈당수준은 감소한다. 분명한 것은 인슐린 생산불능은 대사를 조절하는 인체 능력을 심각하게 손상한다.

진성 당뇨병으로 고생하는 사람들은 혈당수준을 적절하게 조절하는 인슐린을 생산하지 못한다. 이것은 일반적으로 Langerhans islet(췌장에서 인슐린을 분비하는 세포군)의 β-세포 파괴로부터 생긴다. 이들 세포의 신비스런 실종을 설명하는 한 이론은 바이러스 감염이 면역계를 자극하여 β-세포를 파괴하는 항체를 생산하는 것으로 본다.

인슐린이 없으면 글루코오스를 조직에 섭취하게 자극하지 않고 다량의 당을 오줌으로 배설한다. 그러므로 인슐린이 없으면 지방세포는 트리글리세라이드 합성에 필요한 당을 섭취할 수 없다. 결과적으로 지방 가수분해 속도는 지방 재합성 속도보다 훨씬 더 크고 다량의 자유 지방산이 혈액으로 유리된다. 글루코오스는 세포에 효과적으로 섭취되지 않으므로 탄수화물 대사는 느려지고 지방질 분해대사 속도는 증가한다. 간에서 이러한 지방질 분해대사는 아세톤, 아세토아세트산, β-hydroxybutyrate 같은 키톤체를 생성한다.

비슷한 상황은 부적절한 식사, 단식, 식이요법, 즉 인체가 탄수화물 형태로 충분한 에너지를 제공하지 못하는 어떤 상항으로부터 발전할 수 있다. 이들 키톤체는 oxaloacetate 공급에 의해 제한 받는 시트르산 회로에서 모두 산화될 수 없다. 혈액 중 아세톤 농도는 대단히 많이 증가하므로 아세톤은 치료하지 않은 당뇨환자의 호흡에서 검출할 수 있다. 혈액 중 키톤 농도증가는 혈액의 완충능력을 압도하여 키토산독증(ketoacidosis)을 발생한다. 키톤도 역시 신장을 통하여 분비한다. 실제로 오줌에 과량의 키톤이 존재하면 오줌의 삼투농도를 증가할 수 있으므로 많은 양의 물을 배설하는 "삼투성 이뇨제"로 작용한다. 결과적으로 그 환자는 심각하게 탈수된다. 극단적인 경우에 탈수와 키토산독증은 혼수와 사망에 이를 수 있다.

당뇨병도 역시 혈액에서 글루카곤이 정상수준보다 높다는 것이 관찰되었다. 알고 있는 것과 같이 글루카곤은 지방질 분해대사와 키톤체 생성을 자극한다. 앞에서 설명한 증상은 인슐린 부족과 글루카곤 수준 증가의 두 가지로부터 생긴다고 할 수 있다. 인슐린이 없으면 혈당과 지방산 수준이 증가하는 반면에 키톤체 생성을 자극하여 글루카곤은 키토산독증과 탈수에 원인일 수 있다.

당뇨병은 치료되지 않는다. 그러나 활성 인슐린을 생산하는 능력이 불가능한 문제일 때 혈당수준은 무성생식 유전자로부터 생산된 동물 인슐린 또는 인간 인슐린을 주사하여 알맞게 잘 조절할 수 있다. 불행하게도 매일 한번 또는 몇 번의 인슐린 주사만으로는 췌장에 의해 수행되는 정밀한 혈당조절을 할 수 없다.

결과적으로 당뇨환자는 조기에 사망을 초래하는 점진적 조직붕괴로 고생한다. 이 퇴화의 한 주요한 결과는 동맥경화, 즉 혈관 벽에 플라그(plaque) 침착이다. 이것은 대단히 잦은 빈도의 혼수, 심장발작, 발과 머리끝 사지의 괴저, 신체 부위의 절단 등의 원인이다. 신장 부전증은 40세 이하에서 당뇨병 때문에 죽는 사람의 약 20%를 차지한다. 그리고 당뇨병 각막증(눈의 각막에 대한 여러 가지 손상)은 미국에서 실명의 주요한 원인 중에 네 번째를 차지한다. 신경도 손상되어 특히 발에서 고통 또는 무감각이 발생할 수 있는 신경병증을 초래한다.

인슐린 주사방법이 당뇨환자의 생명을 연장하는 것은 확실하다. 그러나 완전한 기능을 발휘하는 췌장의 존재만 당뇨환자들이 여기에서 지적한 합병증으로부터 자유스럽게 생활을 영위할 수 있다. 현재 췌장 이식은 좋은 성과를 갖지 못한다. 이식환자 중 약 50%만 1년후에 기능을 발휘한다. 개선된 이식기술이 발전하여 당뇨환자들이 당뇨병에서 자유스럽고 정상적인 삶을 살 수 있기 바란다.

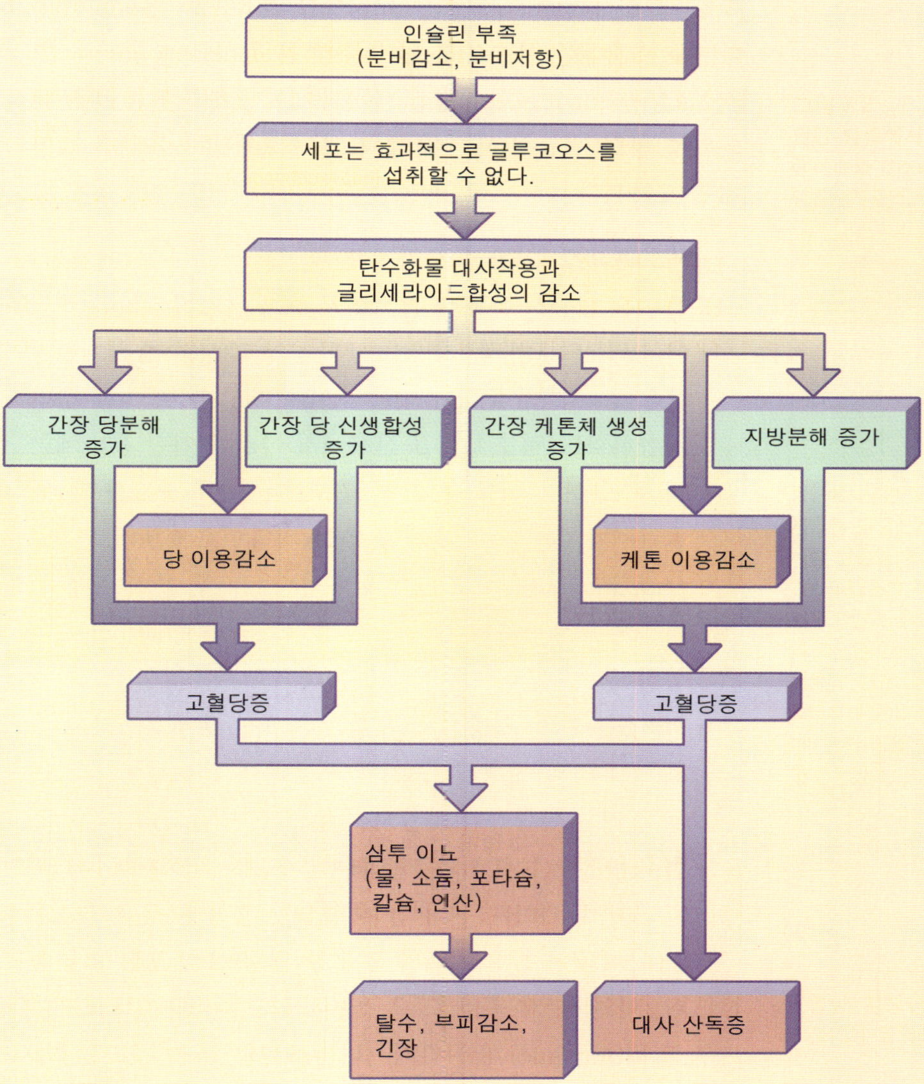

조절하지 않은 당뇨에서 생기고 혼수상태와 죽음에 이를 수 있는 대사 이벤트

7.4 지방산 합성

모든 생물은 지방산을 합성하는 능력을 갖는다. 인간에서 탄수화물 분해에 의해 생성된 과량 아세틸 CoA는 그 다음에 트리글리세라이드로 저장되는 지방산 제조에 이용한다.

지방산 합성과 분해의 비교

첫 번째 시험에서 지방산 합성은 간단하게 β-산화와 반대로 나타난다. 특히 지방산 사슬은 2-탄소 아세틸 원자단의 순차적 첨가에 의해 구성된다(그림 7.11). 지방산 합성화학과 분해화학은 비슷하지만 β-산화와 지방산 생합성 사이에 몇 가지 주요한 차이가 있다. 이들은 다음처럼 요약된다.

- **세포내 위치**. 지방산 생합성에 관여하는 효소는 세포질에 있고 그 반면에 지방산 분해에 관여한 효소는 미토콘드리아에 있다.
- **아실 원자단 운반체**. 지방산 생합성의 활성화 중간체는 아실 운반체 단백질(acyl carrier protein, ACP)이라고 부르는 한 운반체 분자와 결합한다(그림 7.12). β-산화에서 아실 원자단 운반체는 조효소 A이다. 그러나 이들 두 가지 운반체 사이에 중요한 유사성이 있다. 그 두 가지는 pantothenic acid 비타민으로부터 만들어진 phosphopantetheine 원자단을 함유한다. 그 두 가지 경우에 지방산 원자단은 티오에스터 결합에 의해 phosphopantetheine 원자단과 결합한다.
- **관련있는 효소**. 지방산 생합성은 지방산 생성효소라고 알려진 멀티효소에 의해 진행된다. 지방산 분해에 관여하는 효소는 물리적으로 그러한 복합물과 화합하지 않는다.
- **전자 운반체**. NADH와 $FADH_2$는 지방산 산화에 의해 생성되고 그 반면에 NADPH는 지방산 생합성용 환원제다. 일반적으로 NADH는 분해대사 반응으로 생성되고 NADPH는 생합성 반응의 환원제다. 이들 두 가지 조효소는 NADPH의 리보스 고리와 결합한 한 인산 원자단의 존재에 의해서만 차이가 있다(그림 7.13). 그러나 이러한 조효소를 이용하는 효소는 이 바탕에서 쉽게 분간할 수 있다.

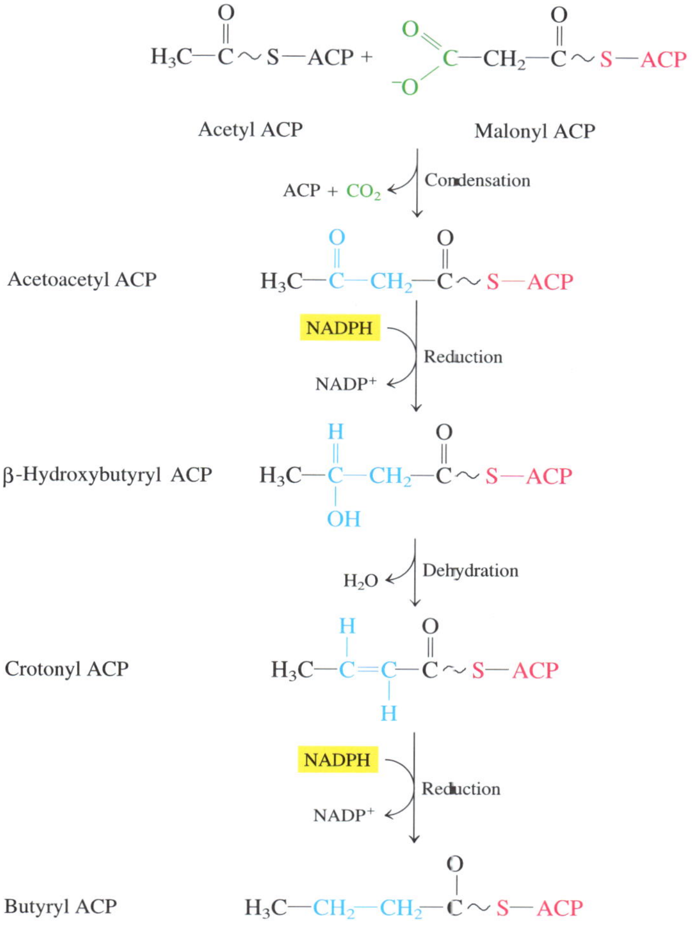

그림 7.11
지방산 합성반응.
Malonyl ACP는 두 가지 반응에서 생성된다. 즉 그 반응은 malonyl CoA를 생성하는 아세틸 CoA의 카복실화 반응과 malonyl 아실 CoA로부터 ACP로 malonyl 아실 원자단의 전이반응이다.

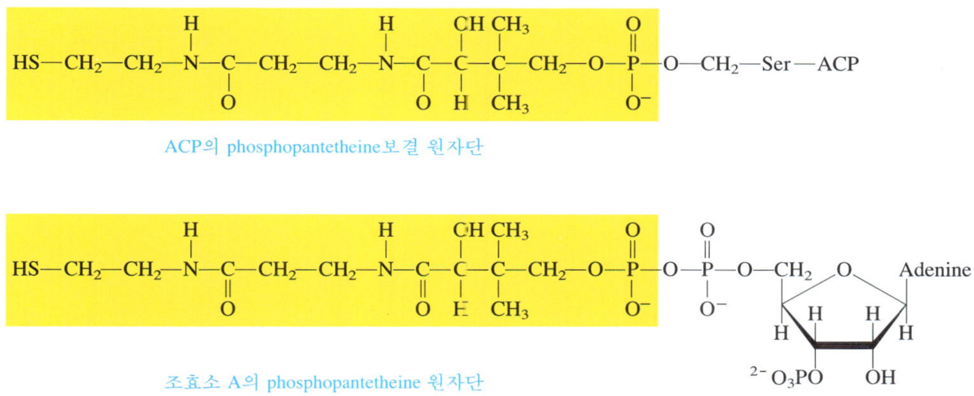

그림 7.12
Phosphopantetheine 원자단 구조는 노란색으로 표시했고, 그것은 CoA와 아실 운반체 단백질의 보편적 반응 원자단이다.

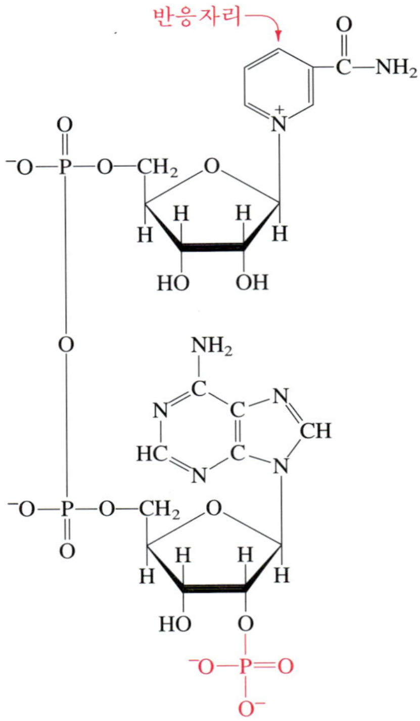

그림 7.13
NADH 구조. 빨간색으로 표시한 인산 원자단은 NADH로부터 NADPH를 구별하는 구조적 특징이 있다.

문제 7.5 β-산화와 지방산 생합성이 서로 반대 뿐만이 아니라는 것을 밝히는, 그들 반응 사이에 네 가지 주요한 차이를 나열하라.

7.5 지방질 조절과 탄수화물 대사

학습목적 6

지방산과 탄수화물 대사는 서로 다른 기관에서 서로 다른 정도로 일어난다. 이 절에서 보는 것처럼 이들 두 가지 관련있는 대사의 조절은 생리학적으로 대단히 중요하다.

간

간은 근육과 뇌에 글루코오스를 일정하게 공급하고 혈당농도 조절에 주요한 역할을 한다. 이 조절은 호르몬이 조정한다. 혐기성 상태에서 근육에 의해 생성된 젖산도 간 세포에 의해 섭취되고 당 신생합성에 의해 글루코오스로 변환된다. 글리코겐 분해(glycogenolysis)와 당 신생합성(글루코오스 신생합성이라고도 한다.)의 두 가지는 에너지가 필요

당 분해작용은 5.7절에 있다.

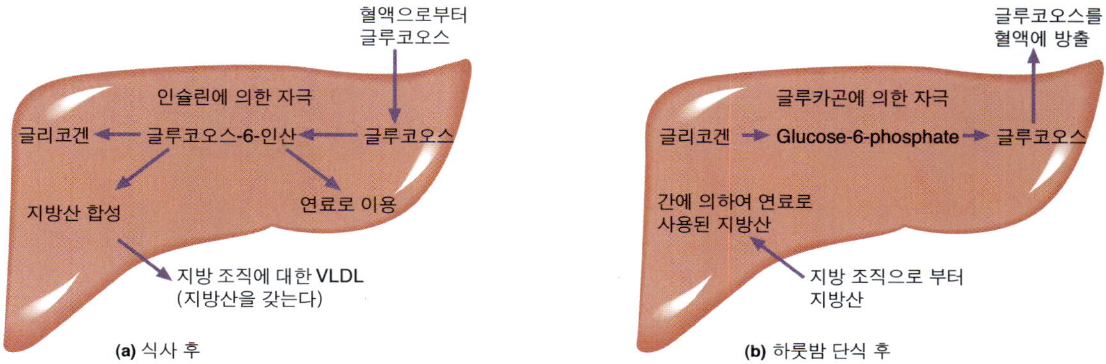

그림 7.14
간은 혈당농도를 조절한다.

할 때 다른 기관으로 보내기 위해 글루코오스를 생성하는 경로다(그림 7.14).

간도 역시 지방질 대사에 중심 역할을 한다. 과량의 영양물질을 이용할 때, 그 간은 지방산을 합성한다. 이들은 간으로부터 지방조직으로 매우 저밀도 지방질단백질(very low density lipoprotein, VLDL) 복합물에 의해 수송되는 트리글리세라이드 생성에 이용된다. 실제로 VLDL 복합물은 지방조직을 그것의 주요한 지방산 공급원과 함께 제공된다. 이 수송은 연소하는 것보다 더 많은 칼로리를 먹을 때 특히 활발하다! 그러나 단식이나 기아상태 동안에 간은 지방산을 아세토아세트산과 기타 키톤체로 변환된다. 간은 키톤체를 이용할 수 없다. 왜냐하면 아세토아세트산을 아세틸 CoA로 변환하는 효소가 부족하기 때문이다. 그러므로 간에서 생성된 키톤체는 산화되어 ATP를 만드는 기타 기관으로 내보낸다.

지방조직

지방조직은 지방산의 주요한 저장 창고다. 간에서 생성된 트리글리세라이드는 혈액을 통하여 VLDL 복합물성분으로 수송한다. 그 트리글리세라이드는 유미입자(chylomicron)에 작용하는 동일한 지방질가수분해효소에 의해 가수분해되고 그 지방산은 지방조직에 흡수된다. 지방조직에서 트리글리세라이드 합성은 글리세롤-3-인산이 필요하다. 그러나 지방조직은 글리세롤-3-인산을 만들 수 없고 이 분자 공급은 해당작용에 의존한다. 그리하여 지방세포는 트리글리세라이드 합성과

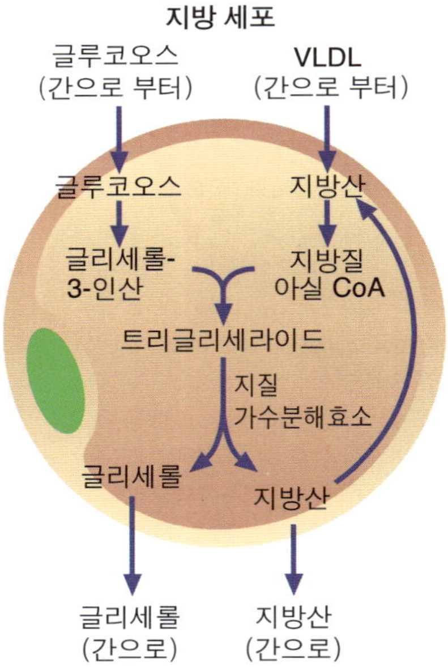

그림 7.15
지방조직에서 트리글리세라이드 합성과 분해.

저장을 위한 글루코오스의 한 준비된 공급원을 가져야 한다.

글리세롤-3-인산

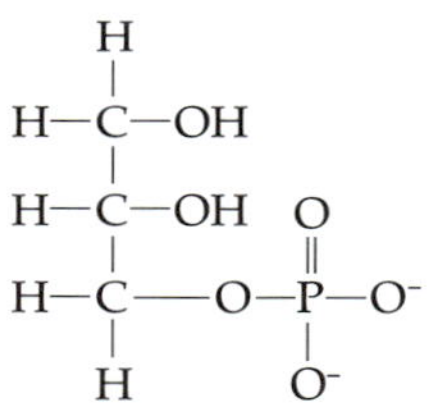

글리세롤-3-인산

트리글리세라이드는 지방질 조직세포에서 일정하게 가수분해하고 재합성되어야 한다. 호르몬을 조절하는 지질가수분해효소는 트리글리세라이드를 지방산과 글리세롤로 가수분해하는 속도를 결정한다. 글루코오스 공급이 제한되면 트리글리세라이드 재합성용 글리세롤-3-인산이 충분하지 않을 것이고 그 지방산과 글리세롤을 더 만들려고 간에 수송한다(그림 7.15).

근육조직

휴식 근육의 에너지 요구는 일반적으로 지방산의 β-산화에 의해 공급된다. 심장근육은 실제로 글루코오스보다 키톤체를 선호한다.

그러나 작업 근육은 그 자체의 공급 글리코겐을 분해하여 에너지를 얻는다. 글리코겐 분해는 글루코오스-6-인산을 생성하고 그것은 해당작용에 공급한다. 그 근육이 충분한 산소를 얻지 못할 정도로 심하게 작업하면 다량 젖산을 생성한다. 이 발효 말단 생성물은 alanine(단백질 분해대사와 pyruvate의 아미노기 전달반응으로부터)과 함께 간으로 내보낸다. 여기에서 그들은 당 신생합성에 의해 글루코오스로 변환된다.

당 신생합성은 5.6절에서 설명하였다.

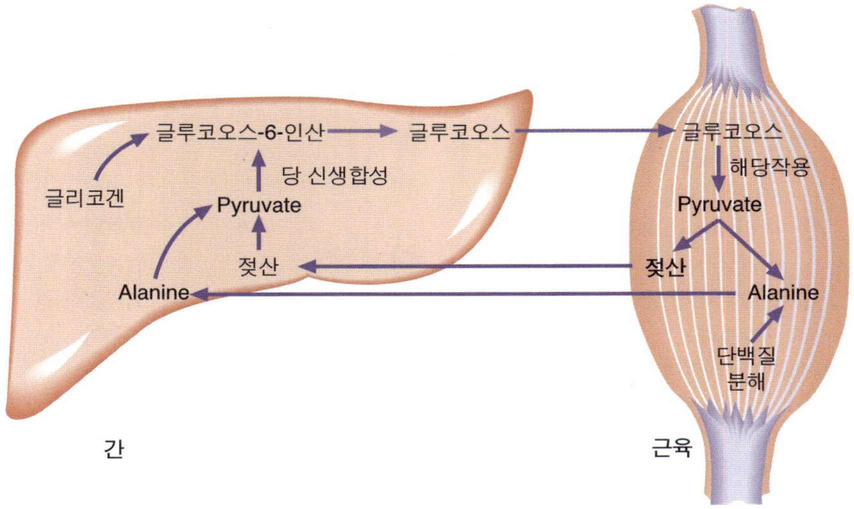

그림 7.16
간과 근육 사이에 대사 관계.

뇌

정상 상태에서 뇌는 대사 에너지의 단일 공급원으로 글루코오스를 이용한다. 인체가 휴식상태에 있을 때 뇌는 인체 중 자유 글루코오스의 약 60%를 이용한다. 기아상태는 저장된 글리코겐을 모두 소비시키고, 뇌에 이용가능한 글루코오스 양은 갑자기 감소한다. 키톤체 아세토아세트산과 β-hydroxybutyrate는 그 다음에 뇌에 대체 에너지 공급원으로 이용한다. 지방산은 혈액에 단백질과 복합물로 수송되고 뇌세포에 에너지 공급원으로 이용하는 혈-뇌 장벽(blood-brain barrier)을 통과할 수 없다. 그러나 자유 카복실 원자단을 갖는 키톤체는 혈액에 녹아 뇌에 들어갈 수 있다.

간은 혈당수준을 어떻게 조절하는가?

문제 7.6

표 7.1 인슐린과 글루카곤의 대사효과 비교

반응	인슐린	글루카곤
세포 글루코오스 수송	증가	효과없다
글리코겐 합성	증가	감소
간에서 당분해	감소	증가
당 신생합성	감소	증가
α-아미노산 섭취와 단백질분해	증가	효과없다
아미노산 방출의 억제와 단백질분해 억제	감소	효과없다
지방질 생합성	증가	효과없다
지방분해	감소	증가
케톤체 생성	감소	증가

7.6 세포대사에 관한 인슐린과 글루카곤 효과

글리코겐 대사에 관한 인슐린 효과는 5.7절에서 설명했다.

인슐린 호르몬은 췌장에서 Langerhans islet의 β-세포에 의해 생성된다. 인슐린은 이들 세포로부터 혈당수준 증가에 대응하여 분비한다. 인슐린은 대사에서 여러 가지를 변화하여 혈당농도를 감소한다(표 7.1).

혈당수준을 감소하는 가장 간단한 방법은 저장 글루카곤을 글리코겐과 트리글리세라이드 두 가지로 되게 자극하는 방법이다. 그러므로 인슐린은 생합성 과정을 촉진하고 분해대사 과정을 억제한다.

인슐린은 목표세포라고 알려진 세포들만 반응하고 그것은 그들의 혈장 막에서 특정한 인슐린 수용체 단백질을 갖는다. 인슐린의 주요한 표적세포는 간, 지방조직세포, 근육세포다.

혈당수준은 정상적으로 10 mM이다. 그러나 실제 식사는 혈당농도를 크게 증가하고 인슐린 분비를 자극한다. 혈장 막 인슐린 수용체에 대한 인슐린의 다음 결합은 그 막을 통하여 세포 안으로 글루코오스 수송속도를 증가한다.

인슐린은 세포대사의 전체에 여러 가지 영향을 미친다.

- **탄수화물 대사** : 인슐린은 글리코겐 합성을 자극한다. 동시에 글리코겐 분해와 당신생합성을 억제한다. 이들 활동도의 전체 결과는 과량 글루코오스의 저장이다.
- **단백질 대사** : 인슐린은 아미노산을 단백질로 결합하는 것과 함께

아미노산의 수송과 섭취를 촉진한다.

- **지방질 대사** : 인슐린은 트리글리세라이드 합성 및 저장과 함께 지방세포에 의한 글루코오스 섭취를 자극한다. 살펴본 것과 같이 지방질 저장은 글루코오스 공급원이 필요하고 인슐린은 이용가능한 글루코오스를 증가하는 과정을 돕는다. 동시에 인슐린은 저장 트리글리세라이드 분해를 억제한다.

이미 알고 있는 것처럼 인슐린은 인체의 세포 대사에서 전체를 조절하는 한 부분이다. 둘째 **글루카곤** 호르몬은 혈당수준 감소에 대응하여 Langerhans islet의 α-세포에 의하여 분비된다. 글루카곤 효과는 일반적으로 인슐린 효과와 반대이고 표 7.1에 요약되어 있다. 그것은 글루코오스 섭취에 직접 효과없지만 글루카곤은 글루카곤 합성을 억제하고 글리코겐 분해와 당신생합성을 촉진한다. 그것은 또한 지방분해와 키톤체 생성을 촉진한다.

그림 7.17처럼 이들 두 가지 호르몬의 길항효과(antagonistic effect)

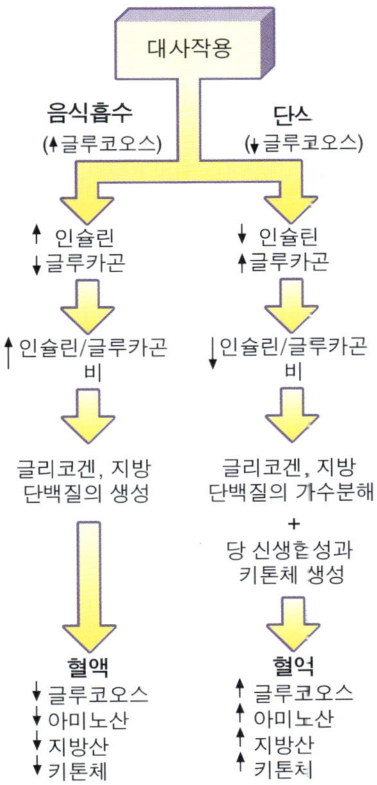

그림 7.17
인슐린과 글루카곤의 길항효과 요약.

는 적당한 혈당수준 유지에 중요하다. 단식하는 동안 저혈당 수준은 글루카곤 생산을 촉진하고, 그것은 글리코겐 분해를 촉진하여 혈당을 증가하고 당신생합성에 의하여 글루코오스 생산을 증가한다. 이것은 특히 뇌에서 그 조직을 위하여 준비된 글루코오스를 공급하는 것이 확실하다. 다른 한편으로 혈당수준이 너무 높을 때 인슐린을 분비한다. 그것은 섭취를 증가하고 저장경로를 유발하여 과량 글루코오스 제거를 자극한다.

문제 7.7 탄수화물, 지방질, 아미노산 등의 대사에서 인슐린 호르몬 효과를 요약하라.

요약

7.1 동물의 지방질 대사

식이 지방질(트리글리세라이드)은 담즙산염 반응에 의하여 장내에서 작은 지방 방울로 에멀존화된다. 췌장 지질가수분해효소는 트리글리세라이드를 모노글리세라이드와 지방산으로 가수분해를 촉매작용한다. 이들은 장 상피세포에 흡수되고 트리글리세라이드로 다시 집합하고 단백질과 결합하여 유미입자를 형성한다. 유미입자는 혈액을 통하여 인체 세포로 수송한다. 지방산은 지방세포의 세포질에 작은 지방 방울의 트리글리세라이드(트리아실글리세롤)로 저장된다.

7.2 지방산 분해

지방산은 β-산화 경로에 의해 미토콘드리아에서 아세틸 CoA로 분해되고, 그것은 다음 다섯 단계와 관련있다. (1) 지방질 아실 CoA 분자의 생성, (2) FAD-의존성 탈수소화효소에 의한 지방산 산화, (3) 수화, (4) NAD^+-의존성 탈수소화효소에 의한 산화, (5) 출발 지방산보다 두 탄소가 더 짧은 아세틸 CoA와 지방성 아실 CoA 방출과 함께 그 사슬의 분해. 마지막 네 가지 반응은 그 지방산이 완전히 아세틸 CoA로 분해할 때까지 반복한다.

7.3 키톤체

몇 가지 상태에서 지방산분해는 해당작용보다 빠르게 일어난다. 결과적으로 다량 아세틸 CoA이 지방산으로부터 생성되지만 pyruvate로부터 소량 oxaloacetate를 생성한다. Oxaloacetate 수준이 너무 낮을 때 과량 아세틸 CoA는 acetone, acetoacetate, β-hydroxybutyrate의 키톤체로 변환한다.

7.4 지방산 합성

지방산 생합성은 아세틸 원자단의 순차적 첨가에 의해 일어나고 얼핏 보기에 β-산화 경로와 반대로 나타난다. 생화학 반응은 비슷하지만 지방산 합성은 다음 방법으로 β-산화와 다르다. 그것은 세포질에서 일어나고 아실 운반체 단백질과 NADPH를 이용하고 지방산 생성효소의 멀티효소 복합물에 의해 진행된다.

7.5 지방질 조절과 탄수화물 대사

지방질과 탄수화물 대사는 서로 다른 기관에서 서로 다른 정도로 일어난다. 간은 뇌, 근육, 지방조직 등으로 대사물질 흐름을 조절하고 결국에 혈당농도를 조절한다. 지방조직은 지방산의 주요한 저장고다. 트리글리세라이드는 일정하게 지방조직을 가수분해하고 재합성한다. 근육은 글루코오스, 지방산, 키톤체를 산화한다. 뇌는 키톤체를 에너지원으로 이용할 때 오랫 동안 단식과 기아를 제외하면 연료로 글루코오스를 이용한다.

7.6 세포대사에 관한 인슐린과 글루카곤 효과

인슐린은 생합성 과정을 촉진하고 간, 근육, 지방조직에서 분해대사를 억제한다. 인슐린은 췌장의 β-세포에서 합성되고 혈당수준이 너무 많을 때 분비된다. 이 결합은 글루코오스와 지방질의 저장을 포함하는 목표조직에서 여러 가지 반응을 조정한다. 글루카곤은 혈당수준이 너무 낮을 때 분비된다. 그것은 지방질과 글리코겐의 분해를 포함하는 대사에 반대효과를 갖는다.

주요한 용어

- 글루카곤(7.6)
- 담즙산(7.1)
- 미셀(7.1)
- 아실 운반체 단백질(7.4)
- 유미입자(7.1)
- 인슐린(7.6)
- 지방세포(7.1)
- 지방조직(7.1)

- 지질가수분해효소(7.1)
- 진성당뇨병(7.3)
- 케토산독증(7.3)
- 키톤증(7.3)
- 키톤체(7.3)
- 트리글리세라이드(7.1)
- b-산화(7.2)
- colipase(7.1)
- phosphopantetheine(7.4)

문제

동물의 지방질 대사

7.8 지방산의 주요한 저장형태는 무엇인가?

7.9 지방세포의 특이한 구조특징은 무엇인가?

7.10 지질가수분해효소가 촉매작용하는 일반적 반응은 무엇인가?

7.11 아세틸 CoA가 선구물질인 세 가지 주요한 생물분자를 나열하라.

7.12 유미입자는 무엇이고, 그들의 기능은 무엇인가?

7.13 식이 지방질 소화에서 담즙산염의 기능은 무엇인가?

7.14 식이지방질 소화에서 colipase 기능은 무엇인가?

지방산 분해

7.15 ω-페닐-표지 카복실산의 14-phenylpentanoic acid가 β-산화에 의해 분해할 때 어떤 생성물이 생기는가?

7.16 14-탄소 포화지방산의 tetradecanoic acid(관용명: myristic acid)가 완전한 β-산화에 의해 생성된 ATP 분자수를 계산하라.

7.17 β-산화에 의해 생성된 각 NADH 분자에 대하여 몇 분자 ATP를 생성하는가?

7.18 β-산화에 의해 생성된 아세틸 CoA 운명은 어떻게 되는가?

키톤체

7.19 아세토아세트산과 β-hydroxybutyrate 그룹의 구조를 그려라.

7.20 조절되지 않은 당뇨는 왜 많은 양의 키톤체를 생성하는가?

7.21 심장은 키톤체를 언제 이용하는가?

지방산 합성

7.22 a. 지방산 생합성에서 phosphopantetheine 역할은 무엇인가?

b. phosphopantetheine은 어떤 분자로부터 만드는가?

7.23 지방산 생성효소는 β-산화를 진행하는 그 효소와 어떻게 다른가?

지방질 조절과 탄수화물 대사

7.24 간의 주요한 대사 기능은 무엇인가?

7.25 심장, 뇌, 간의 주요한 연료는 무엇인가?

7.26 지방세포에서 트리글리세라이드 대사를 간단히 설명하라.

7.27 인슐린은 어디서 생성되는가?

7.28 인슐린은 탄수화물 대사에 어떻게 영향주는가?

7.29 인슐린은 지방질 대사에 어떻게 영향주는가?

7.30 진성 당뇨병은 풍부한 중에 기아에 이른다고 왜 말하는가?

8장 분자 유전학 개요

내 용

Introduction to Molecular Genetics

학습목적

1. DNA와 RNA 뉴클레오타이드의 일반구조를 그려라.
2. DNA 구조를 설명하고 그것을 RNA와 비교하라.
3. DNA 복제를 설명하라.
4. RNA 분자의 종류를 나열하고 그들의 기능을 설명하라.
5. 전사 과정을 설명하라.
6. 진핵생물 mRNA에 관한 세 종류의 전사후 변형을 나열하고 설명하라.
7. 유전암호의 필수요소와 그것의 우아함에 관한 "센스"를 설명하라.
8. 번역과정을 설명하라.
9. 돌연변이를 정의하고 돌연변이는 암과 세포 사망을 어떻게 발생하는가?
10. DNA 연구와 유전공학에 이용한 방법을 설명하라.
11. 중합효소 연쇄반응 과정을 설명하고 그 과정의 유력한 용도를 설명하라.
12. 게놈 분석과 DNA 염기순서에 대한 계획을 설명하라.

화학관련 토픽; 분자 유전학과 인간 유전질환의 검출

인류의 3~5%는 중대한 유전결함으로 고생한다고 추정된다. 그것은 2억명이 해당된다! 유전병을 검출하고 고칠 수 있으면 어떻게 될가? 유전자 치료와 예비착상 진단(gene therapy and preimplantation diagnosis)이라는 두 가지 새로운 방법이 이 꿈의 실현에 도움을 줄 수 있다.

가족중에서 유전병 이력을 갖는 한 부부는 임신이 걱정거리다. 유전학적 상담을 통하여 이들 부부는 그들 아이가 질병을 가질 수 있는 확률을 알 수 있다. 약 20종류의 유전병은 불확실성을 배제할 수 있다. 태아 세포를 얻을 때 양수천자(amniocentesis, 태아 주머니로부터 액체 10~20 mL 제거)와 융모막 융모(chroionic villus, 태아 막으로부터 세포 제거)라는 방법을 유전시험에 이용한다. 태아세포는 유전질병을 찾기 위하여 배양하고, 효소 분석법으로 검사하고 DNA 시험을 한다. 어떤 유전질병을 진단하여 발견하면 그 부모는 태아를 유산하거나 그 아이를 만삭까지 기다린 다음 유전질병의 결과에 대하여 어려운 결정을 해야한다.

현대 분자 유전학의 위력은 몇 개 세포만으로도 "나쁜" 유전자를 발견하는 능력이 확실하다. 그러나 과학자들은 태아가 자궁 벽에 착상하기 전에 유전질병을 시험하는 대단히 인상적 방법을 개발했다. 예비착상 진단이라는 이 방법은 인간 난자를 수태하고, 그 결과의 태아를 살균 배양 접시에서 분할하는 것과 관련있다. 그 태아가 8~16 세포로 분열할 때 유전 시험용으로 한 세포를 제거한다. 유전학적으로 정상 배아만 그 어머니에 이식한다. 그리하여 우리들이 검출할 수 있는 "좋은" 유전자를 갖는 태아만 이용하므로 유전병을 인간으로부터 예비이식 진단법으로 제거할 수 있다.

유전 치료법은 유전 질병을 장래에 제거할 수 있는 둘째 방법이다. 성장 호르몬을 포함하는 외부 유전자를 수태한 쥐 난자에 도입하고 그 배아를 암컷 쥐에 이식한다. 외부 성장 호르몬 유전자와 더불어 태어난 새끼 쥐는 그들의 정상 동복자(liettermate)보다 약 세배 더 컸다. 장래에 이 종류의 방법은 정상 유전자를 결함 유전자를 갖는 인간 수태 난자에 도입하여 그 결함 유전자를 정상 유전자로 대치할 때 이용할 수 있다.

이 장에서 우리는 우리들의 유전정보, 즉 DNA와 RNA를 운반하고 표시하는 분자를 살펴볼 것이다. 이들 분자의 구조와 기능을 이해하는 것만으로도 우리들은 현재 존재하는 놀라운 유전자 배열을 발전할 수 있다. 우리는 인간 유전자에 관하여 배움을 더 계속할 때 알려진 유전 질병을 검출할 수 있고, 또한 최선의 방법으로 치료할 수 있기를 희망한다.

서론

주위 학생들을 둘러보면, 그들은 모두 여러 가지 특징, 즉 바른자세, 두 눈을 가진 머리, 앞으로 향한 입, 머리 양쪽에 귀, 등등을 공유한다. 당신과 당신 동료들이 Homo sapiens라고 정의하는 유사성을 어려움 없이 나열할 것이다.

당신이 더 자세히 사람들을 바라본다면 많은 차이에 주목하기 시작할 것이다. 눈의 색, 머리색. 피부색, 코 높이, 신장, 체격, 등등 이러한 모든 특징과 더 많은 것들이 사람마다 놀라운 변화를 보여준다. 유사성이 더 많이 나타날 수 있는 한 가족 안에서도 각 구성원은 특별한 외모를 갖는다. 실제로 동일한 쌍둥이는 아주 비슷하게 보인다.

모든 이러한 유사성과 차이에 원인을 제공하는 분자는 deoxyribonucleic acid(DNA)이다. 세포핵에서 세포핵 내의 단단히 감겨있는 DNA구조를 염색체(chromosome)라고 한다. DNA는 우리들이 만드는 수천 가지 서로 다른 단백질 합성에 대한 유전암호를 전한다. 이들 단백질은 멜라닌(melanin) 색소의 생성에 원인이 되는 효소들을 포함한다. 우리들이 유전학적으로 더 많은 멜라닌을 만들게 프로그램하면 더 검은 머리카락, 눈 그리고 피부를 만들 것이다. 다른 것들은 구조 단백질이다. 머리카락을 만드는 α-케라틴(keratin)에 대한 유전자는 우리 머리카락이 파도형, 직선형, 곱슬곱슬형인가의 여부를 결정한다. 수천 가지 유전자들은 우리의 형태를 명령하는 수천 가지 단백질의 유전정보를 전하고 어떤 사람들은 우리의 거동까지도 명령하는 단백질의 유전정보를 전한다고 믿는다.

유전 특징은 한 세대로부터 다음 세대로 전한다. 한 정자가 난자를 수태할 때 한 벌의 어미 염색체와 한 벌의 아비 염색체로부터 한 태아를 창조한다. 이 수태 난자가 분할될 때 각 딸 세포는 이들 각 염색체의 한 사본(copy)을 받을 것이다. 이들 염색체 유전자는 수태세포로부터 우리들이 인간이라고 인식하는 모든 특성을 갖는 신생아로 태아의 발전을 지시한다.

이 장에서 우리는 DNA 구조와 한 유전자의 유전정보를 단백질 구조로 번역하는 분자의 경우를 공부할 것이다.

8.1 뉴클레오타이드 구조

DNA와 RNA의 화학성분

학습목적 1

DNA는 1869년에 Friedrich Meischer에 의해 발견되었다. 그러나 그것은 1950년까지 유전 정보로서 인정되지 않았다. 1953년에 James Watson과 Francis Crick은 DNA 분자구조를 설명하는 한 논문을 발표했다. 그 논문과 다른 많은 연구로부터 deoxyribonucleic acid (DNA)와 ribonucleic acid(RNA)는 **뉴클레오타이드**(nucleotide)의 긴 중합체라는 것이 알려졌다. 모든 뉴클레오타이드는 5-탄소 당, 질소성

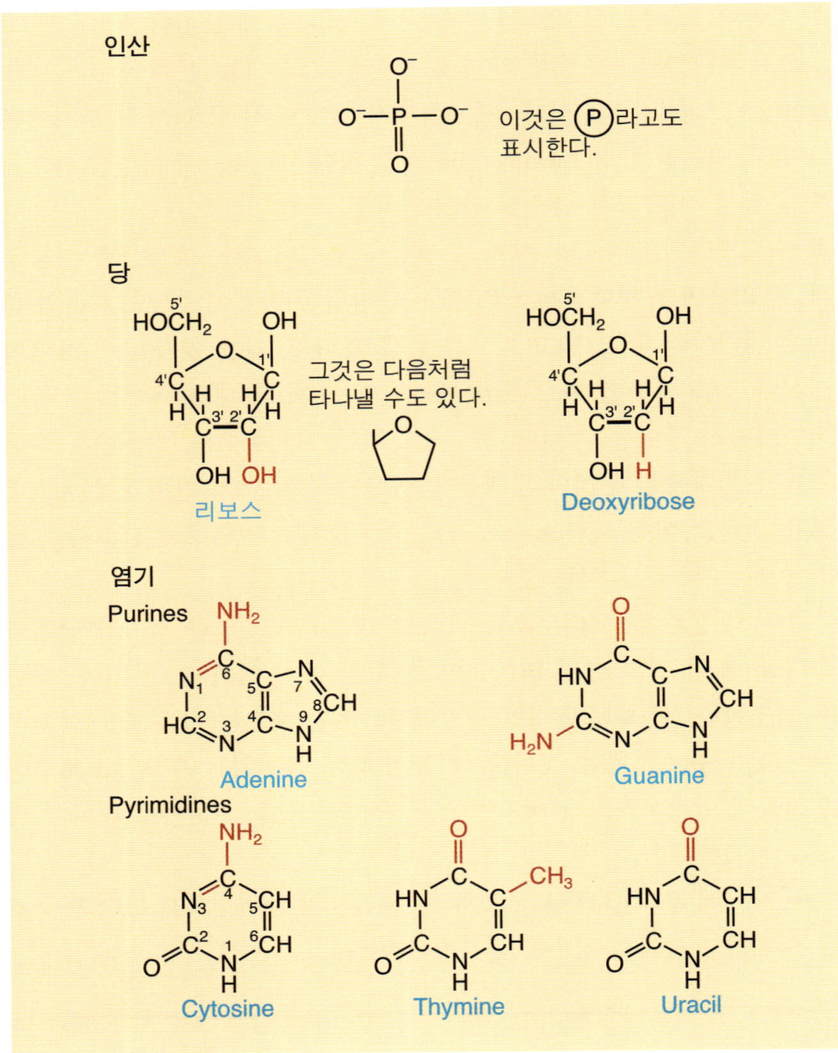

그림 8.1
핵산 성분은 인산 원자단, 5-탄소 당 리보스와 deoxyribose, 그리고 purine과 pyrimidine 질소성 염기를 포함한다. 당의 성분은 그들을 염기의 고리 위치로부터 구별하려고 (′)를 이용하여 표시한다.

염기, 그리고 하나, 둘 , 또는 셋 단위 포스포릴 원자단으로 구성한다. 질소성 염기는 탄소와 질소 원자로 구성된 뼈대를 갖는 헤테로 고리구조다. 질소성 염기(nitrogenous base)는 두 가지 종류가 있다. **Purine** 질소성 염기는 5-원소 고리가 붙은 6-원소 고리로 구성한다. **pyrimidine** 질소성 염기는 한 단일 6-원소 고리로 구성한다. 이 구조는 그림 8.1에 있다.

핵산에서 발견된 당의 탄소원자는 1′, 2′, 3′ 처럼 prime으로 표시한다. 이것은 질소성 염기의 고리원자로부터 구별되기 때문이다.

RNA에서 5-탄소 당은 리보스이고 DNA에서 5-탄소 당은 2′-deoxyribose다. 이들 두 가지 사이에 차이는 다만 2′-deoxyribose의 2′-탄소에 하이드록시 원자단이 없다는 것이다. 두 가지 RNA와 DNA

표 8.1 핵산의 화학성분

	DNA	RNA
당	2′-Deoxyribose	Ribose
Purine 질소성 염기	Adenine (A)	Adenine (A)
	Guanine (G)	Guanine (G)
Pyrimidine 질소성 염기	Cytosine (C)	Cytosine (C)
	Thymine (T)	Uracil (U)

에서 purine은 adenine과 guanine이다. RNA과 DNA 두 가지는 pyrimidine과 cytocine을 함유한다. 그러나 넷째 염기는 DNA에 있는 thymine과 RNA에 있는 uracil이다. RNA와 DNA의 화학성분은 표 8.1에 요약되어 있다.

그 밖에 RNA와 DNA를 구성하는 뉴클레오타이드는 포스포릴 원자단을 함유한다. 뉴클레오타이드는 *mono*-, *di*-, 또는 *tri*phosphate를 가질 수도 있다.

문제 8.1

그림 8.1과 8.2를 참고하여 다음의 단위로 구성되는 뉴클레오타이드 구조를 그린 다음 이름을 쓰라.

a. 리보스, adenine, 두 가지 포스포릴 원자단
b. 2′-Deoxyribose, guanine, 세 가지 포스포릴 원자단

뉴클레오타이드 구조

뉴클레오타이드는 그림 8.2처럼 당, 질소성 염기, 그리고 적어도 한 포스포릴 원자단의 결합으로 생성된다. 이러한 큰 구조는 당과 염기의 두 가지 고리분자를 포함하므로, 각 고리원자를 설명하기 쉬운 방법을 가져야 한다. 이 이유 때문에 당의 고리 원자들은 그들을 염기의 원자와 구별하려고 (′) 프라임 표시를 이용한다. 당과 포스포릴 원자단 사이에 공유결합은 당의 5′-OH와 포스포릴 원자단의 -OH 사이에 축합반응으로 형성된 한 포스포에스터(phosphoester) 결합이다. 그 염기와 그 당 사이에 결합은 β-N-글루코시드 결합이고, 그것은 당의 1′-탄소와 질소성 염기의 질소 원자(purine의 N-9와 pyrimidine의 N-1)의 결합이다.

뉴클레오타이드를 명명하기 위하여 간단히 질소성 염기와 함께 시작하고, 다음 간단한 규칙을 적용하자.

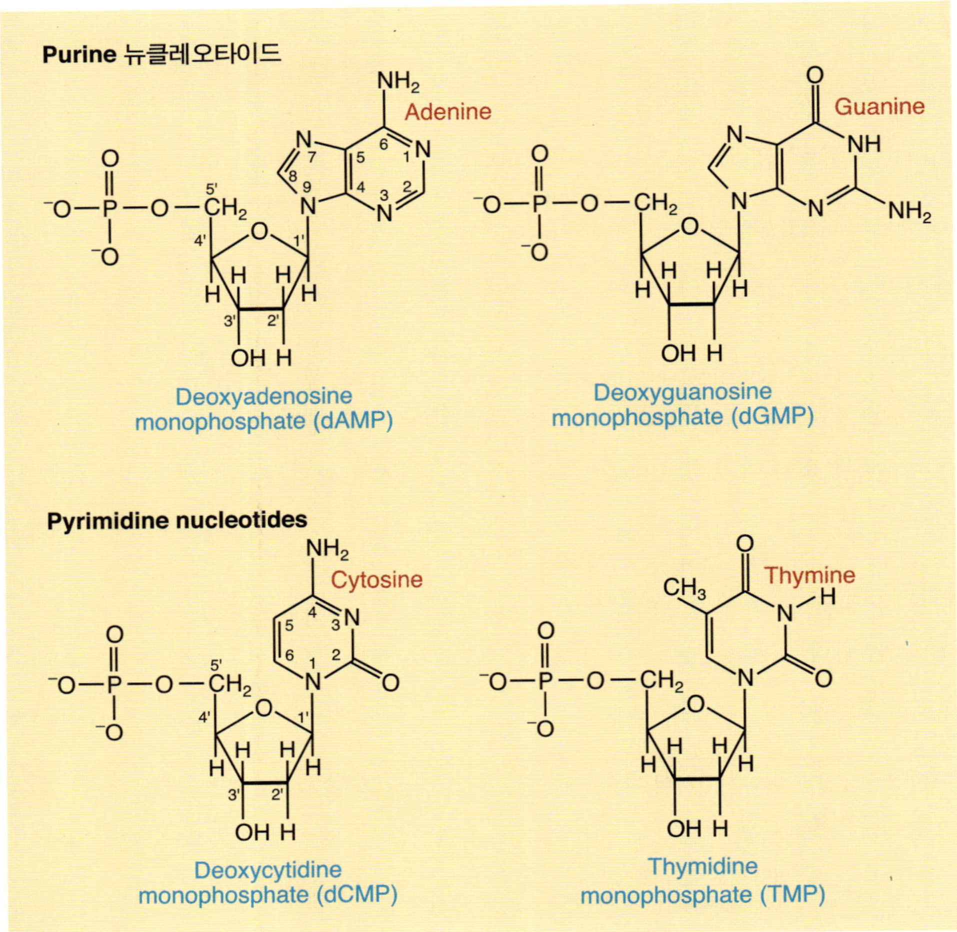

그림 8.2
네 가지 deoxyribonucleotide 또는 deoxyribonucleotide-5' -phosphate의 구조, 이름, 그리고 약자와 관용명.

- 접미사-*ine*를 제거하고 purine에 대하여 -*osine*으로 그리고 pyrimidine에 대하여 -*idine*으로 대치한다. Uracil은 이 규칙에서 한 예외다. 이 경우에 -*acil* 접미사는 -*idine*으로 대치하고 *uridine* 이름을 갖는다.
- 리보스 당을 갖는 뉴클레오타이드는 **ribonucleotide**이고 2′-deoxyribose 당을 갖는 이들은 **deoxyribonucleotide**이다. Deoxyribonucleotide에서 접두사 deoxy-는 변형 질소성 염기 이름 앞에 놓는다. 그 접두사는 ribonucleotide 또는 DNA에서만 발견되는 thymine에 필요없다.
- 결합된 포스포릴 원자단 수를 표시하는 접두사를 첨가하라. *mono*phosphate는 한 포스포릴 원자단을 갖는다. *di*phosphate는 두 개 포스포릴 원자단을 갖는다. 그리고 *tri*phosphate는 세 개의

표 8.2 Adenine을 함유하는 ribonucleotide와 deoxyribonucleotide의 이름과 약자

뉴클레오타이드	약자
Deoxyadenosine monophosphate	dAMP
Deoxyadenosine diphosphate	dADP
Deoxyadenosine triphosphate	dATP
Adenosine monophosphate	AMP
Adenosine diphosphate	ADP
Adenosine triphosphate	ATP

포스포릴 원자단을 갖는다.

뉴클레오타이드의 전체 명명은 대단히 번거롭기 때문에 간단한 약자를 일반적으로 이용한다. 이들 약자는 표 8.2에 요약되어 있다.

문제 8.2

Guanine의 deoxyribonucleotide와 ribonucleotide의 이름과 약자를 쓰라.

8.2 DNA와 RNA 구조

학습목적 2

DNA의 한 가닥은 3′-5′-포스포디에스터 결합에 의해 서로 결합한 뉴클레오타이드 중합체다. 그 중합체 뼈대를 당-인산 뼈대라고 부른다. 왜냐하면 그것은 포스포디에스터 결합에서 번갈아 나타나는 5-탄소 당 2′-deoxyribose와 포스포릴 원자단의 단위로 구성하기 때문이다. 질소성 염기는 *N*-글루코시드 결합에 의해 각 당과 결합한다(그림 8.3).

DNA 구조: 이중나선

James Watson과 Francis Crick은 1953년에 처음으로 DNA의 삼차원 구조를 설명했다. 그들은 다른 실험결과에 근거하여 모델을 구성하고 그 구조를 추정했다. Irwin Chargaff는 어떤 DNA 분자에서 adenine과 thymine 함량이 동일한 것을 관찰했다. 마찬가지로 그는 cystosine과 guanine 함량이 동일한 것을 발견했다. Rosalind Franklin과 Maurice Wilkens의 X-선 연구는 DNA 구조특성을 나타내는 몇 가지 반복거리,

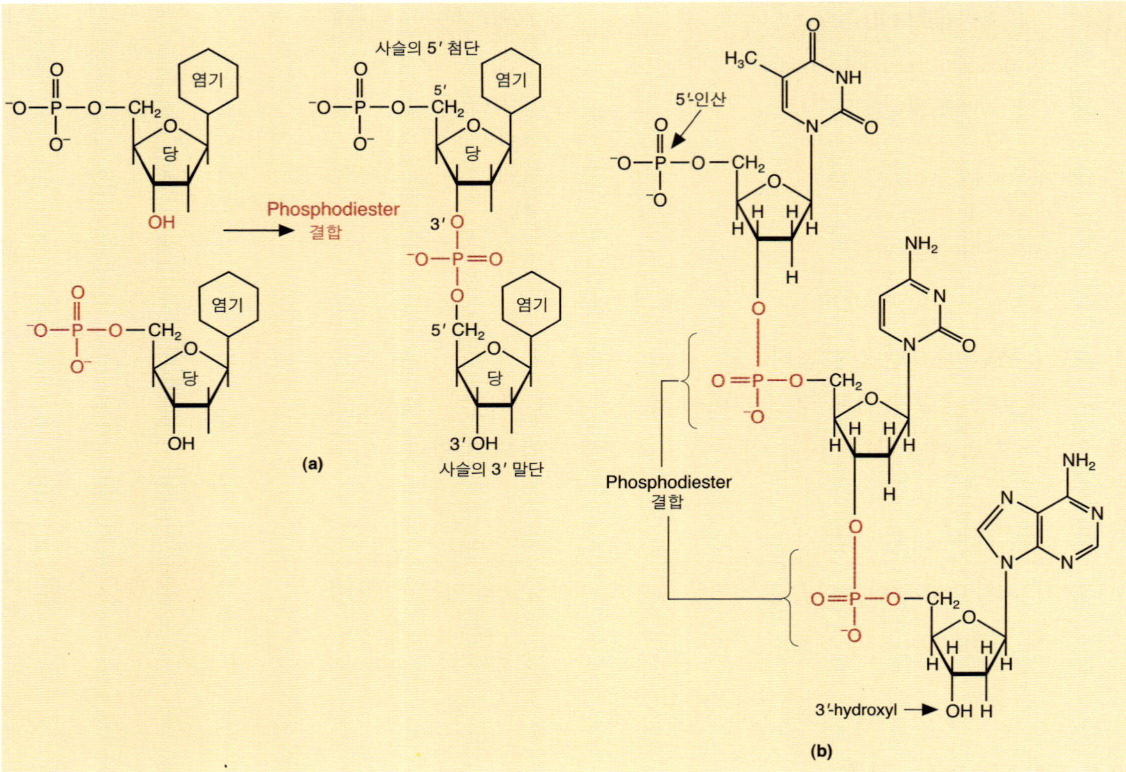

그림 8.3
공유결합성 일차구조의 DNA.
(a) 두 가지 뉴클레오타이드들이 포스포디에스터 결합으로 연결된 에스터화반응.
(b) 일련의 세 공유성 결합 deoxyribonucleotide.

즉 0.34 nm, 3.4 nm, 그리고 2 nm를 밝혔다(이들 측정의 중요성을 보려면 그림 8.4에서 DNA 구조를 보라). Watson과 Crick은 이 정보를 이용하여 DNA는 두가닥 DNA가 서로 감기면서 오른쪽으로 선회하는 **이중나선**(double helix)이라고 결론지었다. 이중나선 구조는 나선형 계단과 비교하는 것이 유용하다. 그 나사선 외부에 DNA 나사선의 두 가닥 당-인산 뼈대는 나선형 계단의 난간과 같다. 질소성 염기는 나사선 축에 대하여 90°에서 중심으로 확장된다. 질소성 염기는 계단의 각 단계를 형성한다고 상상할 수 있다. 이 우아한 분자구조를 그림 8.4에 제시한다.

두 가닥 DNA는 그 나선의 중심에서 질소성 염기 사이에 수소결합으로 함께 결합되어 있다. Adenine은 thymine과 두 개 수소결합을 형성한다. 그리고 cytosine은 guanine과 세 개 수소결합을 형성한다(그림

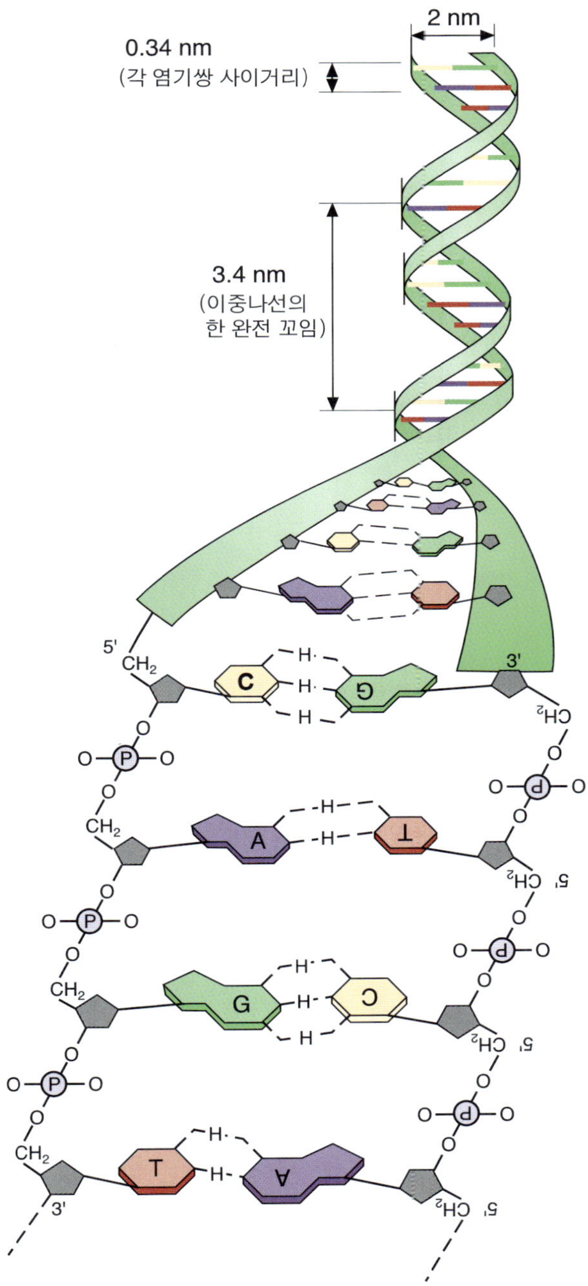

그림 8.4
DNA 분자의 삼차원 구조와 두 가닥의 반대-평행 방향을 보여주는 DNA 이중나선의 리본 그림.

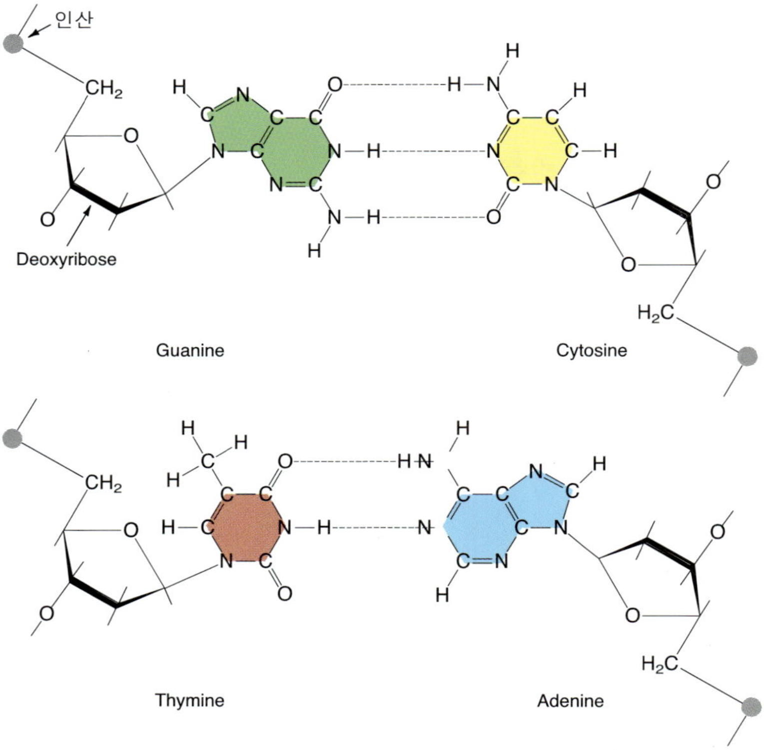

그림 8.5
DNA에서 염기쌍. Adenine은 항상 thymine과 염기쌍, 즉 (A-T)를 만들고 guanine은 cytosine과 염기쌍, 즉 (G-C)를 만든다.

8.4와 8.5). 이들을 **염기 쌍**(base pair)이라고 부른다. 두 가닥 DNA는 **상보성 가닥**(complementary strand)이다. 왜냐하면 한 가닥에서 염기 순서는 자동적으로 다른 가닥의 염기 순서를 결정하기 때문이다. 한 가닥에 adenine이 있을 때 반대 가닥의 동일한 위치에 항상 thymine이 있을 것이다.

이중나선의 지름은 2.0 nm다. 이것은 purine-pyrimidine 염기 쌍의 크기로 나타낸다. 그 나선은 한 회전이 10 염기 쌍이다. 완전한 1 회전은 3,4 nm다. 그리하여 각 염기 쌍은 나선을 0.34 nm씩 전진한다.

마지막으로 한 가지 DNA 이중나선의 중요한 특징은 다음 예처럼 두 가닥이 **반대-평행 가닥**(antiparallel strand)이다.

```
5′ P—S—P—S—P—S—P—S—P—S—P—S—OH 3′
     |   |   |   |   |   |
     A   T   G   C   G   A
     :   :   :   :   :   :
     T   A   C   G   C   T
     |   |   |   |   |   |
3′ OH—S—P—S—P—S—P—S—P—S—P—S—P 5′
```

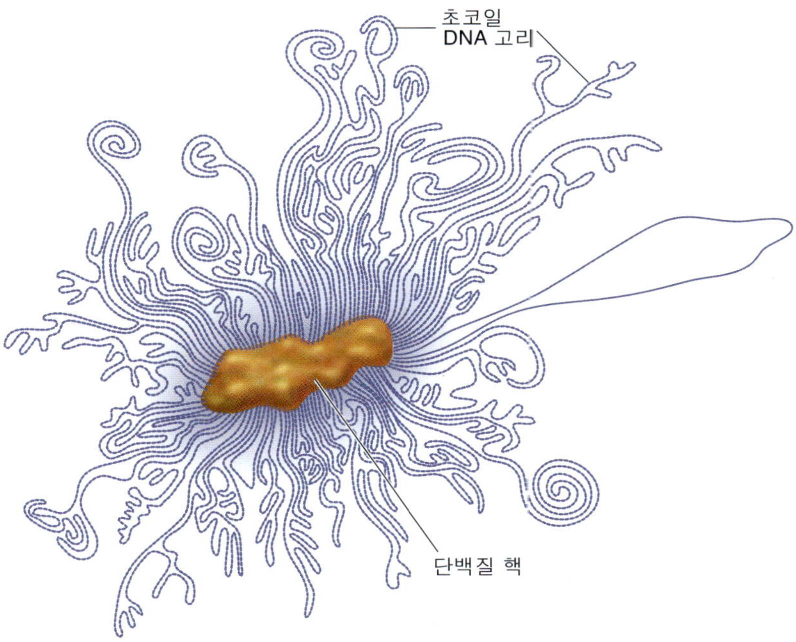

그림 8.6
박테리아 핵 물질의 구조. 그 핵 물질은 단백질 핵에 결합한 초코일 원형 염색체로 구성한다.

바꿔 말하면, 두 가닥 나선은 서로 반대 방향으로 맞붙어 있다(그림 8.4를 보라). 그 두 가닥이 반대-평행일 때만 염기 쌍이 수소결합을 형성하여 두 가닥을 함께 붙잡는다.

염색체

염색체(chromosome)는 생물의 유전정보 또는 유전자를 전하는 DNA 조각분자다. 원핵생물(prokaryote)과 같은 생물은 단일 염색체만 갖고 그것의 구조는 비교적 간단하다. 다른 진핵생물(eukaryote)은 많은 염색체를 갖고 그것은 각기 여러 가지 서로 다른 수준의 구조를 갖는다. 모든 생물 염색체에서 완전한 한 벌의 유전정보를 게놈(genome)이라고 한다.

원핵생물(prokaryote)은 핵의 막으로 둘러싼 진짜 핵이 없는 단일 세포구조를 갖는 생물이다. 이 그룹은 모든 박테리아를 포함한다. 이들 생물에서 염색체는 초코일(supercoil) 형태의 원형 DNA 분자이고, 그것은 두 나선이 그 자신에 의해 돌돌 감기는 것을 의미한다. 초코일 DNA 분자는 그 길이에 따라 대략 40 자리(site)에서 복잡한 단백질과 결합하여 일련의 루프(loop)를 형성한다. 이 구조를 핵물질(nucleoid)이라 부르고 그림 8.6에서 볼 수 있다.

임상관련 토픽; "매우 흡사한" 뉴클레오타이드를 이용한 AIDS 바이러스 속이기

후천성 면역결핍 증후군(acquired immune deficiency syndrome, AIDS)에 원인이 되는 바이러스를 인간 면역결핍 바이러스(human immunodeficiency virus, HIV)라고도 부른다. HIV는 레트로바이러스(retrovirus)라고 부르는 바이러스 계열의 한 종류이고, 그것의 전체 구조는 단일-가닥 RNA를 유전물질로 갖는다. RNA는 역전사효소(reverse transscriptase)라고 부르는 바이러스 효소에 의해 이중-가닥 DNA 분자로 복제된다. 이 과정은 유전정보가 DNA로부터 RNA로 흐른다고 설명하는 기본이론과 반대다. 그러나 이러한 바이러스는 RNA로부터 DNA로 흐르는 것과 반대다. 이러한 이유 때문에 이들 바이러스를 레트로바이러스(retrovirus)라 부르고 그것은 문자 그대로 '역방향 바이러스'를 의미한다. RNA을 DNA에 복제하는 과정을 역전사(reverse transcription)라고 부른다.

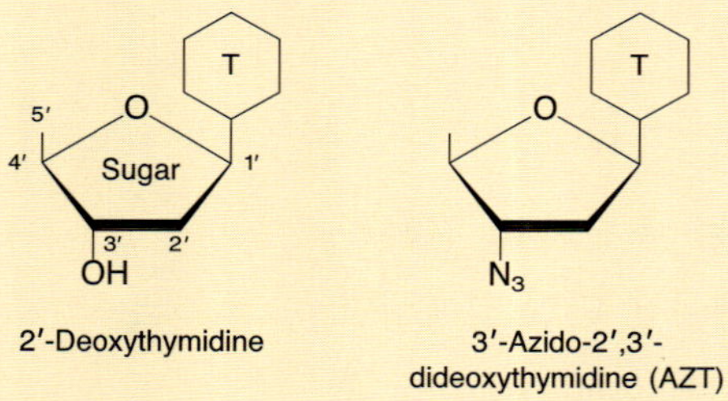

2′-deoxythymidine 정상 뉴클레오사이드와 3′-azido-2′,3′-dideoxythymidine 뉴클레오사이드 유사물질의 구조 비교.

우리들의 유전정보는 DNA에 있고, 그것은 고전적 DNA → RNA → 단백질의 경로로 표시하고 우리들 세포는 역전사효소가 필요없다. 그리하여 HIV 역전사효소는 항바이러스 화학요법(antiviral chemotherapy)의 좋은 목표다. 왜냐하면 역전사 억제는 바이러스를 죽이지만 인간 숙주에는 영향이 없기 때문이다. 많은 약물들이 HIV 역전사를 선택적으로 억제하는 능력의 시험에 이용한다. 이들 중에는 보편적으로 AZT 또는 zidovudine이라고 부르는 3′-azido-2′, 3′-dideoxythymidine DNA 사슬 종결제(terminator)가 있다.

AZT는 어떻게 일을 하는가? 그것은 정상적 뉴클레오사이드 중 하나처럼 보이는 여러 가지 약물 중 하나다. 이들을 뉴클레오사이드 유사체(nucleoside analog)라고 한다. 뉴클레오사이드는 결합된 어떤 인산 원자단이 없는 뉴클레오타이드 바로 그것이다. 그 유사체는 세포에 의해 포스포릴화되고 그 다음에 한 중합효소, 즉 이 경우에 바이러스 역전사효소는 정상 포스포릴화 뉴클레오사이드 대신에 성장하는 DNA 사슬 안으로 들어간다. AZT는 deoxyribose 당의 3′ 위치에 3′−OH 원자단이 아니고 azido 원자단(−N_3)이 있는 것을 제외하면 뉴클레오사이드 thymine처럼 보이는 한 뉴클레오사이드 유사체다. 제시한 그림에서 thymidine과 AZT 구조를 비교하라. 3′−OH 원자단은 더 많은 DNA 중합화반응에 필요하다. 왜냐하면 포스포에스터 결합은 성장하는 DNA 가닥과 다음 뉴클레오타이드 사이에서 만들어야 하기 때문이다. Azido 원자단 또는 어떤 다른 원자단이 3′ 위치에 있으면 뉴클레오타이드 유사체는 성장하는 DNA 가닥 안으로 들어가지만 그림에서 보는 것처럼 사슬이 더 길어지는 것을 봉쇄한다. 바이러스 RNA를 DNA 형태로 역전사할 수 없으면 그 바이러스는 복제할 수 없고 죽는 것으로 간주할 수 있다.

HIV 역전사효소는 실제로 정상 뉴클레오타

이드, 즉 thymidine보다 우세하므로 AZT는 특히 효과적이다. AZT는 치료제가 아니다. 그것은 최대로 1~2년 동안 AIDS 환자의 수명을 연장한다. 그러나 결과적으로 AZT는 그 인체에 대하여 부정적 효과를 갖는다. 우리 골수세포는 항상 새로운 혈액세포, 즉 산소를 조직에 운반하는 적혈구 세포, 면역계의 백혈구 세포, 그리고 혈소판 등을 생성하려고 분할한다. 분할되는 세포들은 그들의 DNA를 복제해야 한다. 이들 분할 세포의 DNA 중합효소도 잘못되어서 골수세포가 죽기 시작하는 결과와 함께 AZT를 성장하는 DNA 사슬 안으로 끼어 넣는다. 이것은 빈혈의 결과와 면역반응을 훨씬 더 억제하는 결과를 가져올 수 있다.

AZT를 오래 동안 이용하여 생기는 또 다른 문제는 바이러스의 AZT-저항 돌연변이가 생기는 것이다. HIV는 빠르게 돌연변이하는 바이러스라고 잘 알려져 있다. 이들 바이러스의 어떤 돌연변이 형태는 AZT를 더 이상 이용하지 못하는 변형 역전사효소를 갖는다. 이러한 돌연변이가 나타날 때 AZT는 그 감염 치료에 더 이상 유용하지 않다.

그 밖의 뉴클레오사이드 유사체, 즉 다른 형태의 항바이러스 치료와 배합 약물은 HIV 감염을 효과적으로 치료하는 한 방법을 제공한다. 그러한 치료법은 독성 부작용이 더 적어야하고 한편으로 그 바이러스 복제와 그 질병의 진행을 정지하여야 한다.

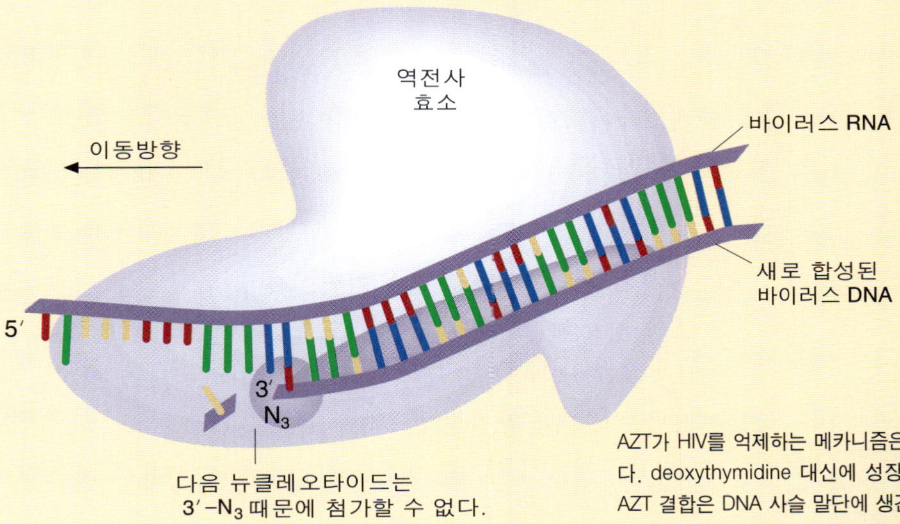

AZT가 HIV를 억제하는 메카니즘은 역전사효소다. deoxythymidine 대신에 성장하는 가닥과 AZT 결합은 DNA 사슬 말단에 생긴다. 즉 당의 3′탄소 azido 원자단은 반응하여 다음 phosphoester 결합을 생성할 수 없다.

진핵생물(eukaryote)은 핵막으로 둘러싼 진짜 핵을 포함하는 세포를 갖는 생물이다. 그들도 다른 세포기능을 다른 구획으로 격리되는 여러 가지 막-결합 세포소기관을 갖는다. 예로 산소호흡 과정은 미토콘드리아 내부에서 일어난다.

모든 동물, 식물, 그리고 곰팡이는 진핵생물이다. 진핵생물 염색체의 수와 크기는 종에 따라 변한다. 예를 들어, 인간은 23 쌍 염색체를 갖고, 한편 Adder's Tongue 양치식물은 631 쌍 염색체를 갖는다. 그러나 염색체 구조는 연구된 모든 생물들이 동일하다.

진핵생물 염색체는 매우 복잡한 구조다(그림 8.7). 첫째 구조 단위는 **뉴클레오솜**(nucleosome)이고 그것은 histone 단백질로 구성된 작은 디스크(disk) 주위를 둘러싼 한 가닥의 DNA으로 구성한다. 이 단위에서 DNA는 한 현(string)의 머리처럼 보인다. 그 다음 그 구슬의 현은 30 *nm* 섬유라고 부르는 더 큰 구조로 꼬인다. 다음에 이들은 200 *nm* 섬유로 더 꼬인다. 다른 단백질은 아마 200 nm 섬유 조직과 관련있을 것이다. 진핵세포 염색체의 전체 복잡성은 아직 이해하지 못했지만 아마 코일 구조중에 그러한 단위들이 많이 있을 것이다.

RNA 구조

RNA의 당-인산 뼈대는 3′-5′ 포스포디에스터 결합으로 연결된 리보뉴클레오타이드로 구성한다. 이러한 포스포디에스터 결합은 DNA에서 알려진 것과 동일하다. 그러나 RNA 분자와 DNA 분자는 다음 세 가지 기본 성질이 다르다.

- RNA 분자는 일반적으로 단일 가닥이다.
- RNA의 당-인산 뼈대는 3′-5′ 포스포디에스터 결합으로 연결된 리보뉴클레오타이드로 구성한다. 그리하여 리보스 당이 2′-데옥시리보스 대신에 발견된다.
- Uracil (U) 질소성 염기는 thymine(T)을 대신한다.

RNA 분자는 단일 -가닥이지만 uracil과 adenine 사이에 그리고 guanine과 cytosine 사이에 염기 쌍이 더 생길 수 있다. RNA 분자들이 DNA에서 유전정보 표시에 관여하는 방법을 살펴볼 때 이 성질의 중요성을 제시하겠다.

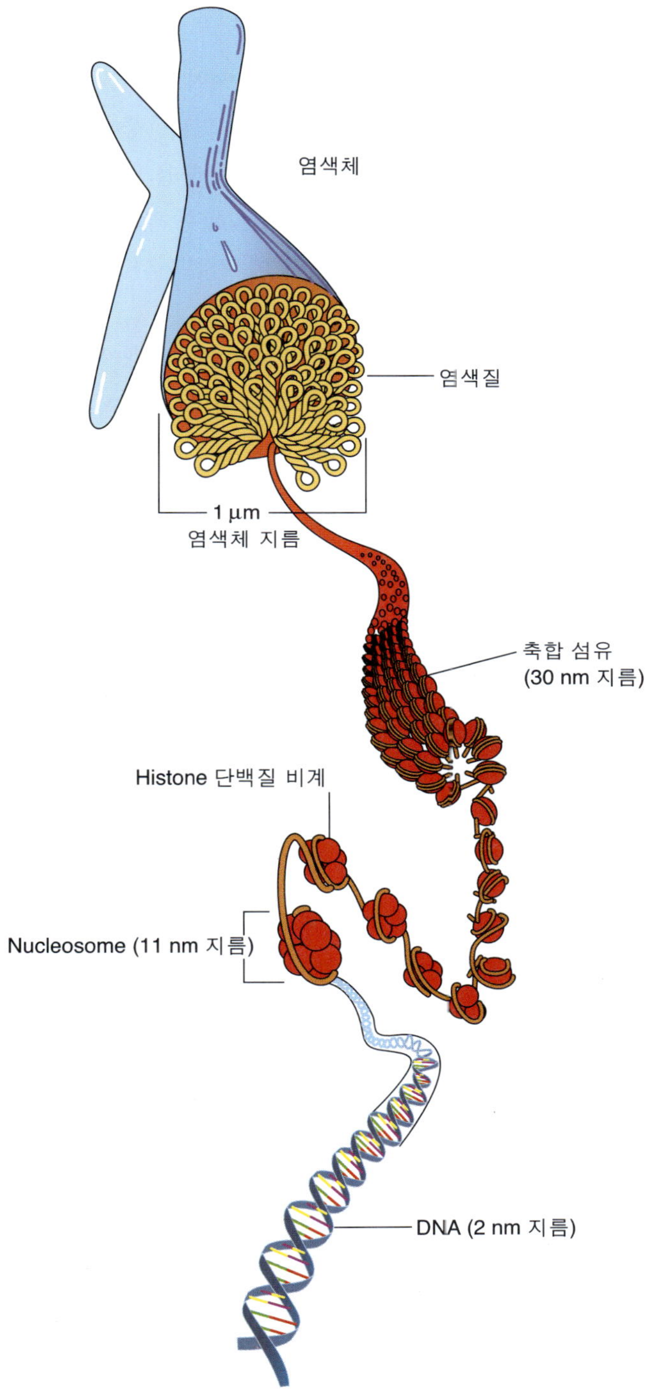

그림 8.7
진핵생물 염색체는 여러 가지 수준의 구조를 갖는다.

8.3 DNA 복제

학습목적 3

DNA는 세포들이 분할되기 전에 복제하여야 한다. 그래야만 각 딸 세포는 각 유전자의 복사물을 이어 받을 수 있다. 중요한 유전자를 잃어버리는 세포는 유전 질병을 갖는 사람처럼 죽을 것이고 중요한 유전 결함은 조기에 죽을 수 있다. 그리하여 DNA 복제과정은 본래 유전정보를 절대적으로 정확하게 복제하는 것이 기본이다. 중요한 유전자의 복제에 오류가 있으면 그 결과는 치명적이다.

DNA 복제의 첫 단계는 DNA 가닥의 분리다. 단백질은 염기 쌍 사이에 수소결합을 분해하여 가닥을 분리한다. 그 다음 **DNA 중합효소**는 주형(template)이라고도 부르는 각 어미 가닥을 "읽는다". 그리고 상보성 딸 가닥의 중합화를 촉매작용한다. Deoxynucleotide triphosphate 분자는 DNA 복제의 선구물질이다. 그러나 말단쪽 두 개의 포스포릴 원자단은 그 과정에서 분해된다. 이 분해는 DNA 중합효소에 필요한 에너지를 방출하여 DNA 사슬에 첨가되는 2′-deoxyribose의 3′-OH와 deoxyribonucleotide monophosphate의 5′-포스포릴 원자단을 형성한다.

DNA 중합효소는 각 어미 가닥(parental strand)을 "읽고" 새로운 상보성 딸 DNA 가닥을 생성하므로 각 새로운 DNA 분자는 한 어미 가닥과 한 새로 합성된 딸 가닥으로 구성한다. 이러한 DNA 복제방식을 **반보존 복제**(semiconservative replication)라고 한다(그림 8.8).

DNA 중합효소는 성장하는 사슬에 첨가하게 되는 뉴클레오타이드의 5′-포스포릴 원자단과 성장하는 딸 가닥의 하이드록시 원자단 사이에만 반응을 촉매작용할 수 있다. 그리하여 어미 DNA 가닥은 한 방향으

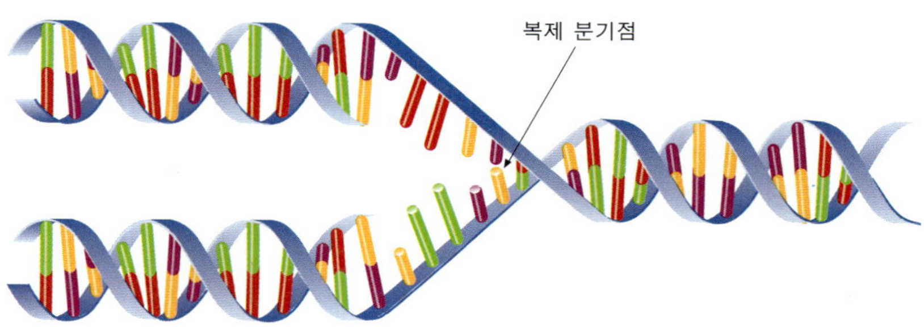

그림 8.8
반보존(semiconserrative) DNA 복제에서 각 어미 가닥은 새로운 딸 가닥이 합성에 주형으로 이용된다.

로만 복제할 수 있다. 이것이 문제다. 왜냐하면 한 DNA 분자의 두 가닥은 반대로 평행하기 때문이다. 결과적으로 한 딸 가닥만 **복제 분기점**(replication folk)에서 계속해서 생성될 수 있기 때문이다. 그 점에서 새로운 뉴클레오타이드는 성장하는 딸 가닥에 첨가된다.

다른 가닥은 이동하는 복제 분기점에서 서로 반대 방향으로 성장해야 한다. 이러한 이유 때문에 가닥은 짧은 조각분자로 합성되어야 한다. 이들이 각기 서로 반대 방향으로 이동할 대 복제 분기점에서 출발한다. 새롭게 만들어진 DNA 조각들은 DNA 연결효소(DNA ligase)에 의해 공유결합으로 연결된다(그림 8.9).

어미 DNA를 정확하게 복제하는 것은 중요하므로 복제과정에서 오차를 피하는 것이 매우 중요하다. 촉매작용에 추가하여 DNA 중합효소는 새로 합성된 가닥을 교정(proofread)할 수 있다. 잘못된 뉴클레오타이드를 자라는 DNA 가닥에 첨가하면 제거되어 옳은 것으로 치환된다. 이 방식으로 정확한 어미 DNA 복제가 확실해 진다.

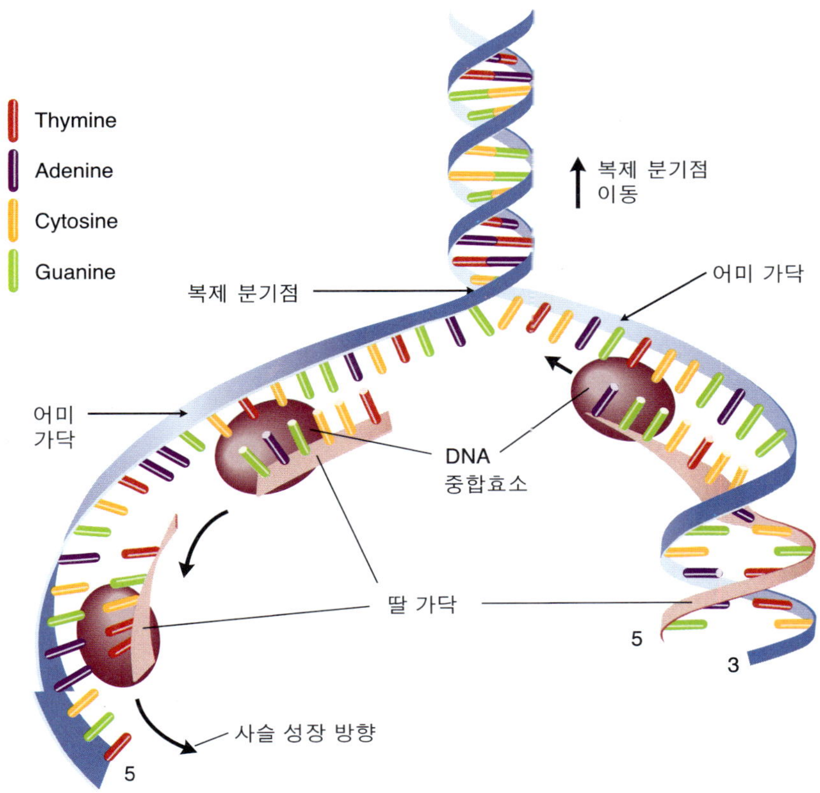

그림 8.9
두 가닥 DNA는 서로 반대방향으로 평행하고 DNA 중합효소는 두 DNA 가닥(오른쪽) 중 하나만 계속해서 읽어 딸 가닥을 생성할 수 있다. 다른 가닥은 복제 분기점의 이동 방향으로부터 확장된 조각분자에서 합성되어야 한다(왼쪽). 이러한 불연속 조각분자는 그 다음에 DNA 연결효소에 의해 함께 공유결합한다.

E.coli와 같은 박테리아의 모든 유전정보는 염색체라고 부르는 약 3백만 뉴클레오타이드로 구성된 단일 가닥 DNA 조각 분자에 함유되어 있다. E.coli의 DNA 복제는 **복제 개시점**(replication origin)이라고 알려진 원형 염색체에서 특이한 염기순서로 시작한다. 매초마다 약 5백 개 속도로 새로운 뉴클레오타이드를 양쪽 방향으로 복제한다! DNA는 양쪽 방향으로 합성되므로 서로 반대 방향으로 이동하는 두 복제 분기점이 있다. 그 두 분기점이 원형 염색체의 중간에서 만날 때 복제는 완결된다.

진핵생물에서 DNA 복제는 더 복잡하다. 인간 제놈은 대략 3억 뉴클레오타이드 쌍이다. 한 염색체는 박테리아 염색체보다 거의 백배 더 길다. 이 거대한 작업을 완수하기 위하여 DNA 복제는 많은 복제 개시점에서 시작하고 각 염색체에 따라 양쪽 방향으로 진행한다.

8.4 생물계에서 정보흐름

분자생물학의 중심원리(entral dogma)는 세포에서 DNA에 함유된 유전정보가 DNA → RNA → 단백질로 향하는 일방통행이라고 설명한다. 단일 가닥의 DNA를 RNA 분자 합성용 주형으로 사용하는 과정을 **전사**(transcription)라고 한다. 전사라는 말은 희랍어 transcribere에서 유래하였고 "사본을 만든다"를 의미한다. 그리하여 이 과정에서 DNA의 정보 부분을 RNA 가닥에 복제한다. 또한 메시지(message)를 단백질로 변환하는 과정을 **번역**(translation)이라고 한다. 번역과정은 전사와 다르게 정보를 한 언어로부터 다른 언어로 변환하는 것과 관련있다. 이 경우에 뉴클레오타이드의 선형 염기순서는 단백질, 즉 아미노산의 선형 염기순서로 번역한다. DNA에 포함된 정보 표시는 모든 생물의 성장, 발전, 그리고 유지에 기본이다.

RNA 분자의 분류

학습목적 4

RNA의 세 종류는 모두 전사에 의해 만들어지며 다음과 같다: 전령 RNA(messenger), 전달 RNA(transfer RNA), 리보솜 RNA(ribosomal RNA).

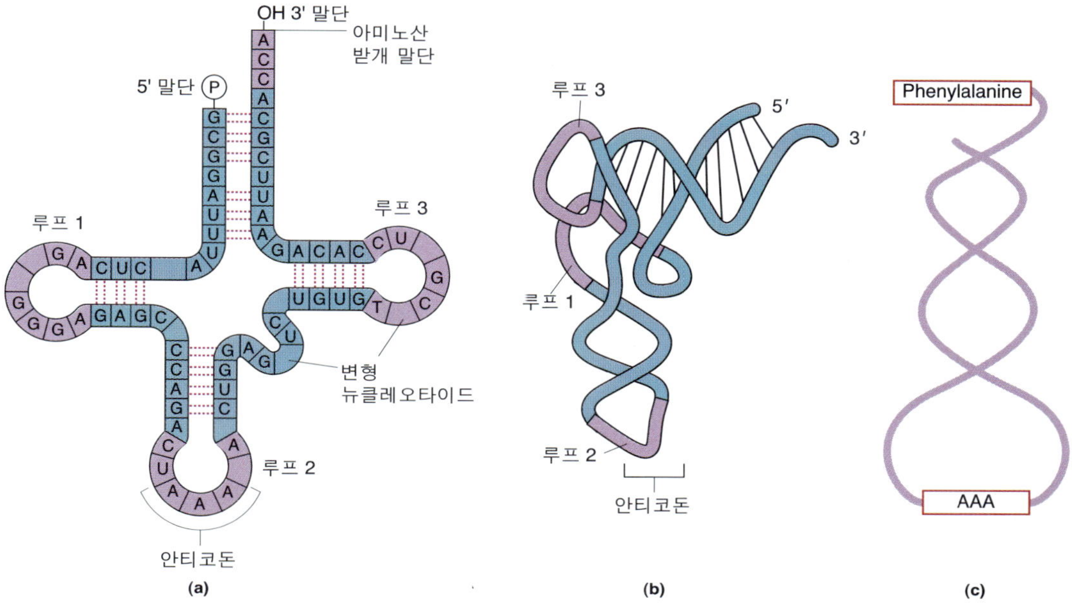

그림 8.10
tRNA 구조.
(a) tRNA의 일차구조는 리보뉴클레오타이드의 선형 순서이다. 여기에서 우리는 세 가지 루프와 아미노산-받개 말단을 보여주는 tRNA의 수소결합 이차구조를 본다.
(b) tRNA의 삼차원 구조.
(c) 이 장 전체를 통하여 tRNA의 표시에 이용하는 계통도.

1. **전령 RNA(mRNA)**는 단백질에 대한 유전정보를 RNA로부터 리보솜으로 전한다. 그것은 DNA에 관한 어떤 유전정보의 상보적 RNA 사본이다.
2. **리보솜 RNA(rRNA)**은 리보솜의 한 구조이고 기능 성분이다. 그 리보솜은 단백질 합성이 일어나는 "공장"이다. 박테리아 리보솜은 세 종류 rRNA 분자들이 있고 진핵생물의 리보솜은 네 종류 rRNA 분자들이 있다.
3. **전달 RNA(tRNA)**는 mRNA 유전암호를 단백질의 일차 아미노산 순서에 번역한다. 일차구조에 추가하여 tRNA 분자는 염기 쌍 수소결합(A-U와 G-C)과 대략 L-모양 삼차구조로부터 생기는 클로버 잎사귀-모양 이차구조를 갖는다(그림 8.10). CCA 염기순서는 tRNA의 3′말단에서 발견된다. 말단 뉴클레오타이드, 즉 adenosine의 3′-OH 원자단은 아미노산에 공유결합할 수 있다. 클로버 잎사귀 구조의 염기에서 세 뉴클레오타이드는 **안티코돈**(anticodon)를 형성한다. 8.6절에서 더 상세하게 설명하겠지만, 이러한 세 쌍 염기는 단백질을 합성하는 동안 리보솜 표면의 전령

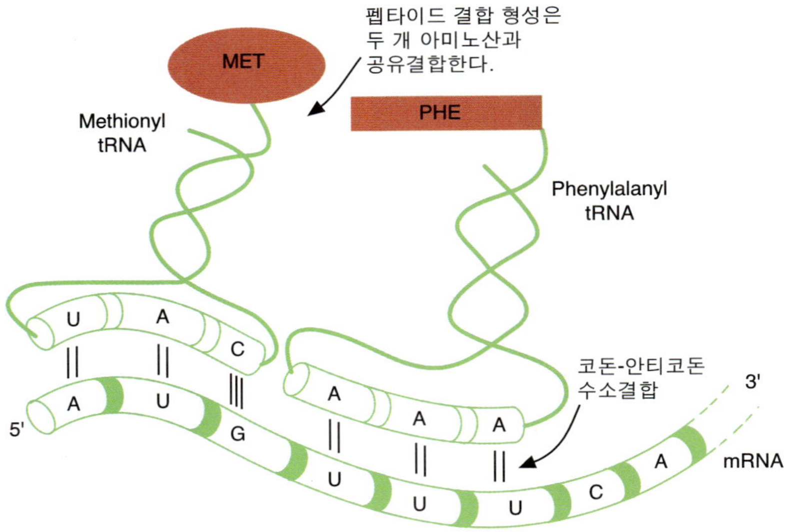

그림 8.11
코돈-안티코돈 결합

RNA 분자(mRNA)에서 **코돈**(codon, 염기의 상보성 순서)과 수소결합을 형성한다. 이러한 코돈과 안티코돈의 수소결합은 성장하는 펩타이드 사슬에서 적절한 위치의 단백질 합성 자리로 순서에 맞는 정확한 아미노산을 가져온다(그림 8.11).

학습목적
5

전사

그림 8.12에 제시한 전사(transcription)는 **RNA 중합효소**에 의해 촉매작용한다. 그 과정은 세 단계로 일어난다. 개시(initiation)라고 부르는 첫 단계는 RNA 중합효소를 한 유전자 시작에서 특정한 뉴클레오타이드 서열, 즉 **촉진제**(promoter)로 가져오는 것과 관련있다. RNA 중합효소와 특정한 DNA 염기순서 촉진제의 상호반응은 RNA 중합효소들이 전사 시발점을 인식한다. 그것은 또한 DNA 가닥이 전사되는 것을 결정한다. DNA 복제와 다르게 전사는 두 가닥 DNA 중 한 가닥만 상보적으로 복제한다. 그것이 DNA와 결합할 때 RNA 중합효소는 두 DNA 가닥을 분리하므로 그것은 DNA의 염기순서를 "읽을 수 있다."

둘째 단계, 즉 사슬 신장(elongation)은 RNA 중합효소가 DNA 주형을 읽고 상보성 RNA 사본의 중합화를 촉매작용할 때 시작된다. 각 촉매단계에서 RNA 중합효소는 상보성 RNA 리보뉴클레오타이드를 성장

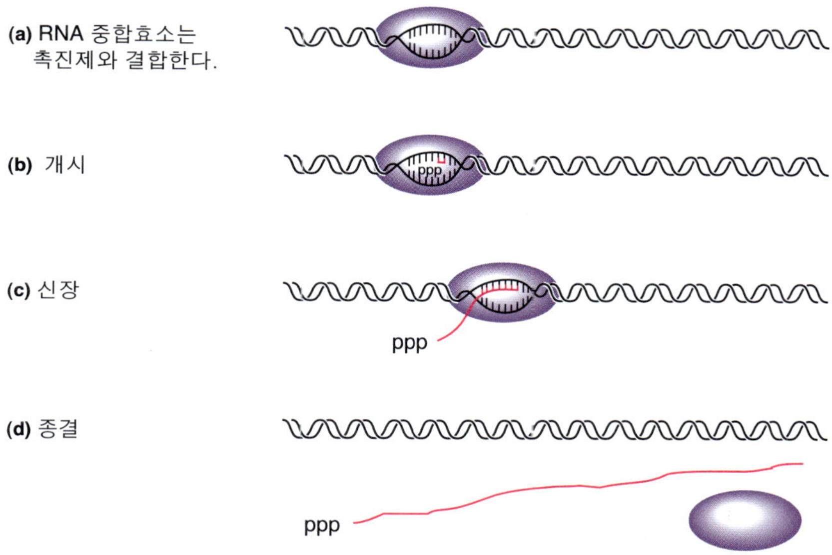

그림 8.12
전사단계

하는 RNA 사슬에 전달하고 들어오는 리보뉴클레오타이드의 5′ 포스포릴 원자단과 성장하는 RNA 사슬의 마지막 리보뉴클레오타이드의 3′-OH 원자단 사이에 3′-5′포스포디에스터 결합 형성을 촉매작용한다. 이 반응은 그림 8.13에 있다.

전사의 마지막 단계는 종결(termination)이다. RNA 중합효소는 유전자 끝에서 종결 염기순서를 발견하고 새로 형성된 RNA 분자를 해리한다.

전사 과정에서 RNA 중합효소 기능은 무엇인가? **문제 1.2**

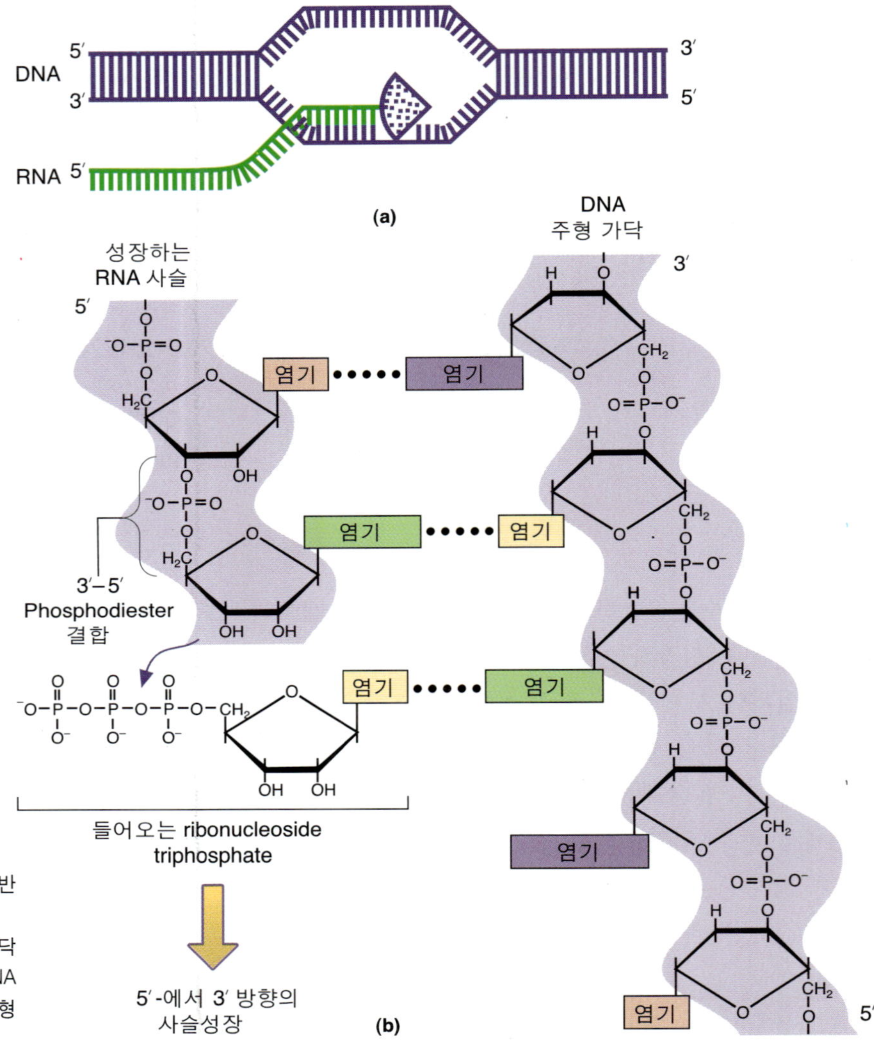

그림 8.13
RNA 중합효소에 의한 촉매반응.

(a) RNA 중합효소는 두 가닥 RNA를 분리하고 두 RNA 중 하나의 RNA 사본을 형성한다.

(b) 뉴클레오타이드를 성장하는 RNA 사슬에 첨가될 때 포스포디에스터 결합이 형성된다.

RNA의 전사후 처리

원핵생물의 박테리아에서 종결은 번역을 위하여 성숙한 mRNA를 해리한다. 실제로 원핵생물은 DNA를 세포질에서 분리하는 핵 막을 갖지 않으므로 mRNA이 완성되기 오래 전에 번역을 시작한다. 진핵생물에선 **일차 전사**(primary transcript)는 번역을 위해 핵의 밖으로 나가기전에 광범위한 **전사후 변형**(post-transcriptional modification)을 거친다.

진핵생물 일차 전사는 세 가지 전사후 변형을 한다. 이들은 한 5′ **캡 구조**(cap structure)와 3′poly(A) tail, 그리고 RNA 이어맞추기(RNA splicing)의 추가반응이다.

첫째 변형에서 캡 구조는 일차 전사의 5′ 말단에서 효소에 의하여 추가된다. 캡 구조(그림 8.14)는 한 5′-5′ 트리인산 다리의 5′ 말단에 결합된 7-methylguanosine으로 구성한다. mRNA의 첫째 두 뉴클레오타이드도 메틸화된다. 그 캡 구조는 최종 성숙 mRNA의 효과적 번역에

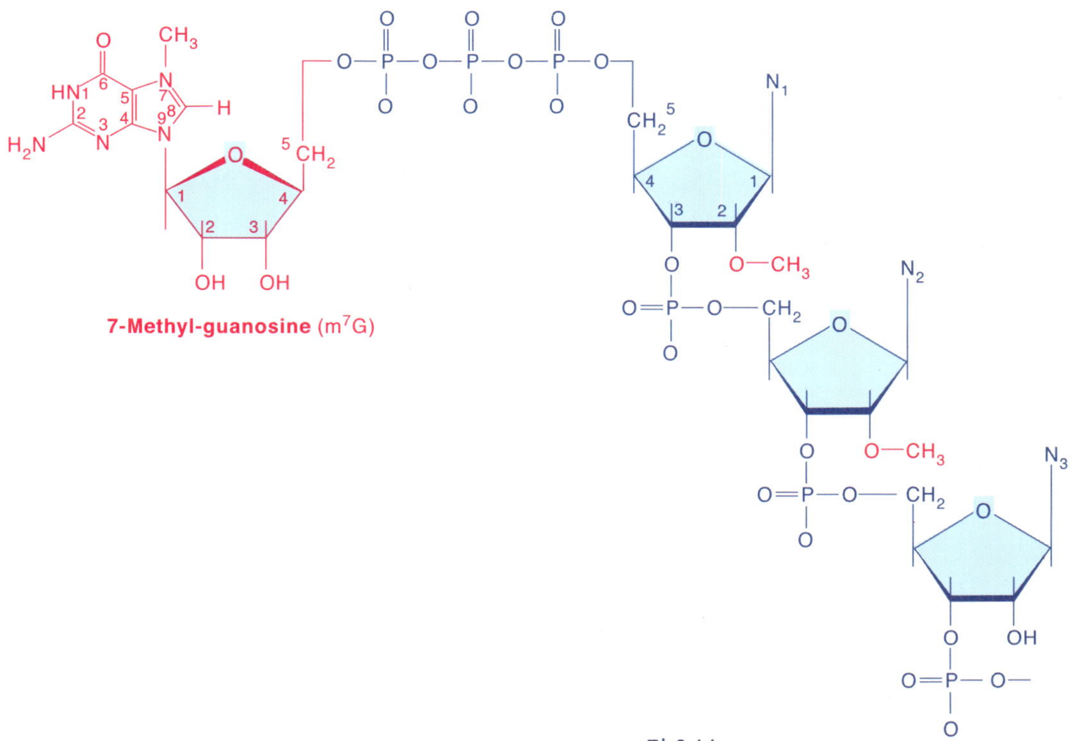

그림 8.14
진핵생물 mRNA의 5′ -메틸화 캡 구조

필요하다.

둘째 변형은 전사 말단에 **poly(A) tail**의 효소적 첨가다. poly(A) 중합효소는 ATP를 이용하고 RNA의 3′ 말단에 100～200 adenosine 뉴클레오타이드의 단계적 중합화를 촉매작용한다. 그 poly(A) tail은 효소분해로부터 mRNA의 3′ 말단을 보호하고 그리하여 mRNA의 수명을 연장한다.

셋째 변형, 즉 **RNA 이어맞추기**(splicing)는 일차 전사 중 단백질로 번역되지 않는 부분의 제거과정이다. 박테리아 유전자는 연속적이다. 유전자의 모든 뉴클레오타이드 순서는 mRNA에서 발견된다. 그러나 진핵생물의 유전자 구조는 흥미있는 차이를 나타냈다. 진핵생물 유전자는 불연속적이다. 단백질을 암호화하고 있지 않은 여분의 DNA를 유전자 내부에 가지고 있다. 이러한 염기순서를 개재순서(intervening sequence) 또는 **인트론**(intron)이라고 부른다. 일차 전사는 인트론과, **엑손**(exon)이라는 단백질 암호화 염기순서 두 가지를 포함한다. mRNA에 인트론 존재는 정확하게 단백질을 합성하는 번역 과정을 불가능하게 만든다. 그러므로 그들은 제거해야 하고 그것은 RNA 이어맞추기 과정으로 제거한다.

상상할 수 있는 것처럼 RNA 이어맞추기는 매우 정밀해야 한다. 너무 많으면 또는 너무 작으면 RNA는 제거되고 mRNA는 단백질에 대한 정확한 코드를 운반할 수 없다. 그리하여 DNA에 '신호"를 보내서 인트론의 경계를 표시한다. GpU 순서는 항상 인트론의 5′ 경계에서 발견되고 ApG 순서는 3′ 경계에서 발견된다.

이어맞추기 경계의 인식과 이어맞추기 복합물의 안정화는 spliceosome이라고 부르는 입자의 도움이 필요하다. Spliceosome은 여러 가지 작은 핵 ribonucleoprotein(snRNPs, "snurps"라고 읽는다)으로 구성된다. 각 snRNP은 한 작은 RNA와 관련있는 단백질로 구성된다. 다른 snRNPs의 RNA 성분은 이어맞추기와 관련있는 다른 순서에 대하여 상보적이다. 이어맞추기 경계 또는 인트론 순서에 대한 수소결합 때문에 snRNPs는 이어맞추기 반응과 관련있는 순서를 인식하고 함께 맞춘다.

인트론 함유를 나타낸 첫 번째 진핵생물 유전자 중 하나는 성인 헤모글로빈의 β-소단위에 대한 유전자였다(그림 8.15). DNA에서 β-헤모글로빈에 대한 유전자는 비교적 긴 1200 뉴클레오타이드이다. 그러나 438 뉴클레오타이드만 단백질에 대한 유전정보를 전한다. 그 나머지

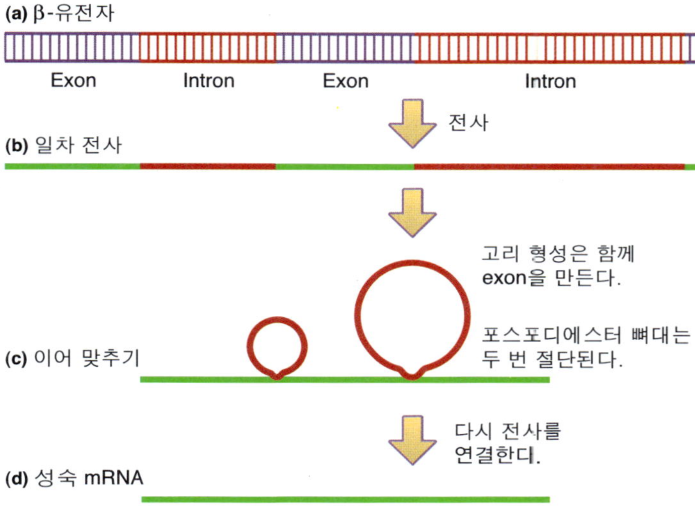

그림 8.15
mRNA 이어맞추기의 계통도.
(a) β-글로빈 유전자는 인트론이라고 부르는 noncoding 순서와 함께 단백질코딩 엑손을 포함한다.
(b) DNA의 일차 전사는 인트론과 엑손 두 가지를 운반한다.
(c) 인트론은 루프를 빠져나오고 mRNA의 포스포디에스터 뼈대는 두 번 절단되고 그 조각은 함께 결합한다.
(d) 마지막의 성숙 mRNA는 이제 유전자의 코딩 순서(엑손)만 운반한다.

염기순서는 번역하기 전에 이어맞추기에 의하여 제거된 116 인트론과 646 뉴클레오타이드 두 가지에서 발견된다. 더 큰 인트론이 마지막 β-헤모글로빈 mRNA보다 더 긴 것은 재미있다. 공부한 유전자에서 인트론은 그 길이가 50~20,000 뉴클레오타이드 크기의 범위이고, 한 유전자 전체를 통하여 많이 존재한다. 그리하여 전형적 인간 유전자는 마지막 mRNA보다 10~30배 더 길 수 있다.

8.5 유전 암호

mRNA는 단백질에 유전 코드를 전달한다. 그러나 이 코드의 성질은 무엇인가? DNA 알파벳에 4 "글자"(A, T, G, C)만 있으므로 그리고 20 종류 아미노산이 있으므로 유전자 코드는 DNA 알파벳의 4 글자로부터 취한 적어도 3 글자로 만든 단어를 포함해야 한다고 George Gamow는 1954년에 제안했다. 그는 이 결론에 어떻게 도달했는가? 어떤 4 글자의 조합으로부터 구성된 2-글자 단어의 코드는 16 단어(4^2)의 "어휘"만 갖는다고 George Gamow는 그 이유를 설명했다. 바꿔 말하면 A, T, C, G를 함께 한번에 두 염기를 놓는 방법은 16만 방법을 제공한다(AA, AT, AC, AG, TT, TA, 등등). 그것은 전체 20종류 아미노산의 코드화에 충분하지 않다. 4-글자 단어의 코드는 필요한 것보다 훨씬 더 많은 256 단어(4^4)를 제공한다. 그러나 3-글자 코드는 64 단어(4^3)의 가능한 어휘를 갖고, 20종류 아미노산의 코드화에 충분하고 너무 많지도 않다.

일련의 세련된 실험은 실제로 유전코드가 3 염기조암호(triplet code)라는 것을 논증하여 Gamow가 정확하다는 것을 증명했다. 돌연변이는 박테리아 바이러스의 DNA에 전해졌다. 이러한 돌연변이는 한 유전자에 하나, 둘, 또는 셋 뉴클레오타이드를 삽입 또는 제거된다. 그 때 연구원들은 그 유전자에 의한 코드화 단백질을 찾았다. 하나 또는 둘 뉴클레오타이드를 삽입할 때 mRNA 의미(sene)는 복원되고 단백질이 만들어졌다. 이 실험은 3-글자 단어로만 구성된 한 문장을 이용한다고 생각하라. 예를 들어

THE CAT RAN OUT

한 글자를 삽입하면 그 문장의 "의미"는 어떻게 될까?

THE FCA TRA NOU T

그 문장을 읽는 틀(frame)은 변하고 그 문장은 이제 무의미하다. 둘째 글자를 삽입하여 그 문장의 의미를 회복할 수 있는가?

THE FAC ATR ANO UT

아니다. 우리는 그 문장의 의미를 복원하지 못한다. 다시 한번 읽는 틀을 바꾼다. 그러나 우리 코드는 3-글자 단어 뿐이므로 그 문장은 아직 무의미하다. 이제 셋째 글자를 삽입하면 정확하게 읽는 틀이 복원되어야 한다.

THE FAT CAT RAN OUY

실제로 새로운 3-글자를 삽입하면 읽는 틀이 회복되어 메시지(message)의 의미가 복원된다. 이것은 mRNA 메시지를 해석하는 정확한 방법이다. mRNA 순서에서 세 뉴클레오타이드의 각 그룹을 코돈(codon)이라 부르고 각기 단일 아미노산을 코드화한다. 그 순서가 중단되거나 변하면 생성되는 단백질의 아미노산 성분이 변할 수 있거나 또는 전혀 단백질 아닌 다른 생성물로 된다.

일차염기	이차염기				삼차염기
	U	C	A	G	
U	UUU Phenylalanine	UCU Serine	UAU Tyrosine	UGU Cysteine	U
	UUC Phenylalanine	UCC Serine	UAC Tyrosine	UGC Cysteine	C
	UUA Leucine	UCA Serine	UAA STOP	UGA STOP	A
	UUG Leucine	UCG Serine	UAG STOP	UGG Tryptophan	G
C	CUU Leucine	CCU Proline	CAU Histidine	CGU Arginine	U
	CUC Leucine	CCC Proline	CAC Histidine	CGC Arginine	C
	CUA Leucine	CCA Proline	CAA Glutamine	CGA Arginine	A
	CUG Leucine	CCG Proline	CAG Glutamine	CGG Arginine	G
A	AUU Isoleucine	ACU Threonine	AAU Asparagine	AGU Serine	U
	AUC Isoleucine	ACC Threonine	AAC Asparagine	AGC Serine	C
	AUA Isoleucine	ACA Threonine	AAA Lysine	AGA Arginine	A
	AUG *(START)* Methionine	ACG Threonine	AAG Lysine	AGG Arginine	G
G	GUU Valine	GCU Alanine	GAU Aspartic acid	GGU Glycine	U
	GUC Valine	GCC Alanine	GAC Aspartic acid	GGC Glycine	C
	GUA Valine	GCA Alanine	GAA Glutamic acid	GGA Glycine	A
	GUG Valine	GCG Alanine	GAG Glutamic acid	GGG Glycine	G

그림 8.16
유전코드. 표는 mRNA에서 발견된 가능한 코돈을 보여준다. 이 표로부터 범용 생물학적 언어를 읽으려면 왼쪽 세로 칸에 첫 염기를 찾고 위를 가로지른 옆줄로부터 둘째 염기를 찾고 오른쪽 세로칸으로부터 셋째 염기를 찾는다. 이것은 그 매트릭스 중에서 64 직사각형 중 하나를 당신에게 지시한다. 그 직사각형 안에서 일일이 명시하는 코돈과 아미노산을 찾을 것이다. 세포에서 이 메시지는 표의 오른쪽에 제시한 것처럼 tRNA 분자에 의해 해독된다.

지적한 것처럼 3-글자 유전 코드는 코돈이라고 부르는 64 단어를 포함한다. 그러나 아미노산은 20 종류만 있다. 그리하여 단백질에서 발견된 모든 아미노산을 일일이 열거하기에 필요한 것보다 44 코돈이 더 많다. 그 코돈의 세 가지, 즉 UAA, UAG, UGA는 그 해석 과정에 대한 종결(termination) 신호를 일일이 열거한다. 이것은 아직 41 추가 코돈이 남아있다. "여분"(extra) 코드 단어의 기능은 무엇인가? Francis Crick(Watson과 Crick 그리고 이중나선을 기억하라)에 의하여 유전자 코드는 **퇴화 코드**(degenerate code)라고 제안되었다. 퇴화(degenerate)라는 용어는 서로 다른 세 겹 코돈을 동일한 아미노산에 대한 코드 단어로 이용할 수 있다는 것을 표시할 때 이용한다.

완전한 유전 코드를 그림 8.16에 제시한다. 유전 코드에 관하여 몇 가지를 관찰할 수 있다. 첫째 methionine과 tryptophan은 단일 코돈을 갖는 유일한 아미노산이다. 다른 모든 아미노산은 적어도 두 가지 코돈을 갖는다. 그리고 serine과 leucine은 각기 6 코돈을 갖는다. 유전 코드도 약간 돌연변이한다. 다수 코돈을 갖는 이러한 아미노산에서 첫 두 염기는 때때로 동일하고 그러므로 그 아미노산은 동일하다고 간주한다. 그리고 셋째 위치만 변할 수 있다. 돌연변이, 즉 셋째 위치에서 뉴클레오타이드 염기순서 변화는 때때로 단백질과 결합한 아미노산에 영향없다.

문제 8.4 유전 코드는 왜 퇴화라고 말하는가?

8.6 단백질 합성

학습목적 8

단백질 합성과정을 번역(translation)이라 한다. 그것은 유전정보를 뉴클레오타이드 순서로부터 단백질 일차구조의 아미노산 순서로 번역과 관련있다. 번역은 리보솜 RNA (rRNA)와 단백질의 복합물, 즉 **리보솜**(ribosome)에서 실행된다. 각 리보솜은 작은 리보솜 소단위와 큰 리보솜 소단위 두 가지로 구성한다(그림 8.17a). 진핵생물 세포에서 작은 리보솜 소단위는 한 rRNA 분자와 서로 다른 33 리보솜 단백질을 함유하고 큰 소단위는 셋 rRNA 분자와 서로 다른 대략 49 단백질을 함유한다.

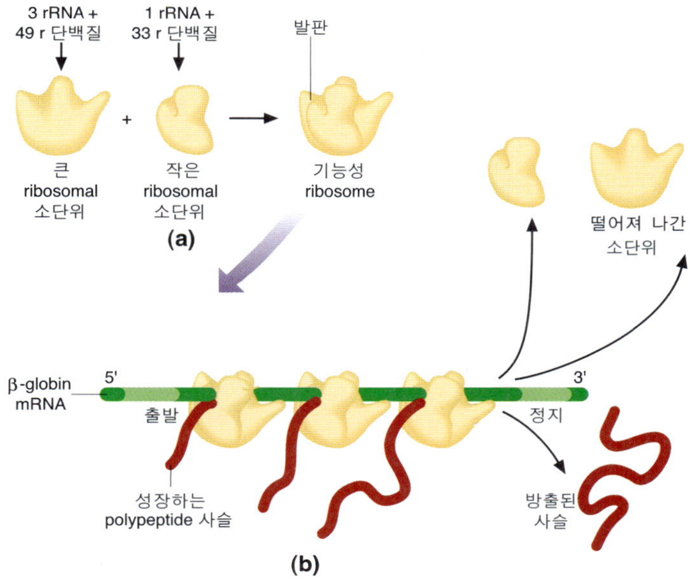

그림 8.17
리보솜 구조.
(a) 큰 소단위와 작은 소단위는 mRNA 분자와 관련있는 기능성 복합물을 형성한다.
(b) 헤모글로빈의 *β*-글로빈 사슬에 대한 mRNA를 번역하는 폴리리보솜.

단백질 합성은 한 단일 mRNA 분자에서 많은 리보솜의 동시반응과 관련있다. 한 단일 mRNA에 따르는 이러한 많은 리보솜 복합물은 폴리리보솜 또는 **폴리솜**(polysome)이라고 알려져 있다(그림 8.17 b). 각 리보솜은 mRNA에 의하여 코드를 매긴 단백질 분자의 한 사본을 합성한다. 그리하여 한 단백질의 많은 사본이 동시에 생성된다.

전달 RNA의 역할

유전 메시지를 단백질로 번역하려면 mRNA 코돈을 읽어야 한다. mRNA 분자정보를 단백질의 일차구조로 해독하는 분자는 전달 RNA (tRNA)이다. 유전 정보를 단백질의 일차순서로 해독하려면 tRNA는 두 가지 기능을 신뢰성있게 수행해야 한다.

첫째, *tRNA*는 공유결합해야 한다. 그리고 한 특정한 아미노산과 공유결합해야 한다. 각 아미노산은 적어도 한 전달 RNA가 있다. 그림 8.10처럼 모든 tRNA 분자는 그들의 3′ 말단에 CCA 순서를 갖는다. 이것은 tRNA 분자와 공유결합하는 자리다. 각 tRNA는 aminoacyl tRNA 생성효소라고 부르는 활성 효소자리에 의하여 특이하게 인식된다. 이 효소도 정확한 아미노산을 인식하고 아미노산이 tRNA 분자의 3′말단

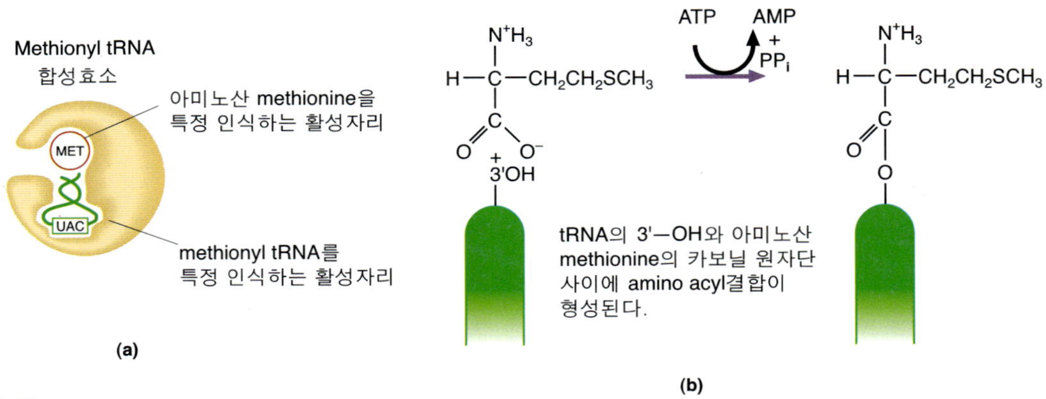

그림 8.18
Methionyl tRNA 생성효소.
(a) 그 효소는 특히 methionine 아미노산을 활성 자리 지역으로 그리고 methionyl tRNA를 앵커(anchor)로 인식한다.
(b) 아미노산이 tRNA와 공유결합하는 아실화반응.

과 공유결합한다. 그림 8.18a는 methionine 아미노산 인식과 methionyl tRNA 생성효소에 의한 그것의 tRNA 인식을 보여준다. 그 결과의 구조를 **aminoacyl tRNA**라고 한다. 이 경우에는 methionyl tRNA이다. 그림 8.18b에 tRNA에 대한 aminoacyl 원자단의 결합에서 생기는 반응을 제시한다.공유결합 아미노산은 단백질 합성 동안에 tRNA로부터 성장하는 폴리펩타이드 사슬로 전이할 것이다.

둘째, tRNA는 그 아미노산을 요구하는 mRNA에서 적절한 코돈을 인식해야 한다. 이것은 안티코돈(anticodon)이라고 부르는 세 염기순서를 통하여 조정하고 그것은 tRNA 클로버 잎사귀 바닥에 놓여있다(그림 8.10을 보라).각 tRNA에 대한 안티코돈 순서는 특정한 아미노산을 명시하는 mRNA의 코돈에 대하여 상보적이다. 그림 8.11에서 보는 것처럼 안티코돈-코돈 상보성 수소결합은 정확한 아미노산을 단백질 합성 자리에 가져올 것이다.

문제 8.5 코돈은 안티코돈과 어떤 관련이 있는가?

전사 과정

개시(initiation)

학습목적 8

단백질 합성의 첫 단계는 개시다. **개시 인자**(initiation factor)라고 부르는 단백질은 한 mRNA 분자, 즉 작은 리보솜 소단위와 큰 리보솜 소단위 그리고 개시 tRNA로 구성된 번역 복합물의 형성 조절이 필요하다. 이러한 개시 tRNA는 AUG 코돈을 인식하고 mrthionine 아미노산을 운반한다.

리보솜은 결합 tRNA 분자에 두 자리를 갖는다. Peptyl tRNA binding site(P-site)라고 부르는 첫째 자리는 peptyl tRNA, 즉 tRNA 분자와 결합하고 성장하는 펩타이드를 갖는다. Aminoacyl tRNA binding site(A-site)라고 부르는 둘째 자리는 펩타이드 사슬에 첨가된 다음 아미노산을 운반하는 aminoacyl tRNA를 갖는다. 각 tRNA 분자는 코돈-안티코돈 상보성에 의해 mRNA와 결합한 수소를 갖는다. mRNA도 리보솜과 결합하는 사실 때문에 전체 복합물은 더 안정화된다. 그림 8.19a는 개시 복합물을 형성하는 연속 경우를 제시한다. Methionyl 개시 tRNA는 이 복합물에서 P-자리를 점유한다.

사슬 신장(Chain Elongation)

번역의 둘째 단계는 사슬 신장(chain elongation)이다. 이것은 단백질 합성이 완료될 때까지 반복되는 세 단계로 일어난다. 우리는 한 테트라펩타이드를 먼저 조립된 다음 반응에 들어간다. 그리고 한 peptidyl tRNA 분자는 P-자리를 점유한다(그림 8.19b).

첫째 경우는 aminoacyl-tRNA 분자들이 빈 A-자리와 결합한다. 다음에 펩타이드 결합 형성이 생긴다. 이것은 peptidyl 전이효소라고 부르는 리보스에서 한 효소에 의해 촉매작용한다. 이제 펩타이드 사슬은 A-자리를 점유하는 tRNA로 이동한다. 이러한 리보솜 운동을 **자리옮김**(translocation)이라고 부른다. 그 과정은 새로운 peptydyl tRNA를 A-자리로부터 P-자리로 이동한다. 자리옮김의 사슬 신장단계는 GTP를 GDP와 P_i으로 가수분해가 필요하다. 몇 가지 신장 인자(elongation factor)도 이 과정과 관련있다.

최근 정보는 peptidyl 전달효소는 28S ribosomal RNA의 촉매 구역이라는 것을 나타낸다.

종결(termination)

번역의 최종단계는 종결(termination)이다. **세 종결 코돈**(termination codon), 즉 UAA, UAG, UGA이 있다. 그것은 상응하는 tRNA 분자들이 없다. 이러한 "정지"(stop) 코돈 중 하나를 만날 때 번역이 끝난다. 한 **유리인자**(release factor)는 빈 A-자리와 결합한다. 이미 펩타이드 결합 형성을 촉매작용한 peptidyl 전이효소는 새로 합성된 단백질의 마지막

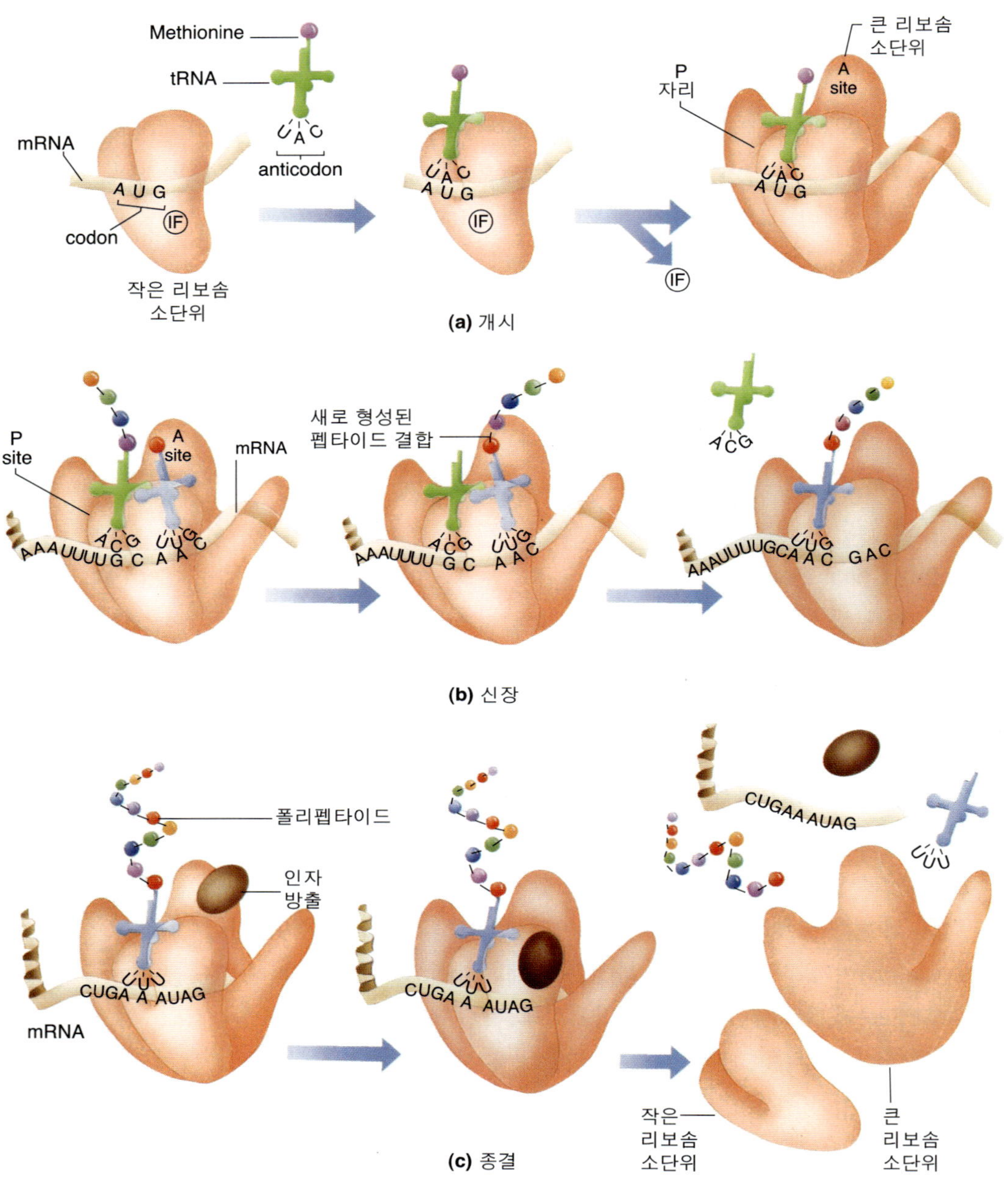

그림 8.19

(a) 개시 복합물의 형성은 움직이는 중에 단백질 합성을 설정한다. 개시인자라고 부르는 mRNA와 단백질은 작은 리보솜 소단위와 결합한다. 다음에 전하를 띈 methionyl tRNA 분자는 결합하고, 마지막으로 개시인자는 해리하고 큰 소단위는 결합한다. (b) 단백질 합성의 신장 상(elongation phase)은 새로운 아미노산을 성장하는 펩타이드의 C-말단으로 첨가와 관련있다. 한 aminoacyl tRNA 분자는 빈 A-자리에 결합하고 펩타이드 결합을 형성한다. 전하를 띠지 않은 tRNA 분자는 해리되고 peptidyl tRNA는 리보솜이 mRNA에 따라 이동할 때 P-자리로 이동한다. (c) 단백질 합성의 종결은 유리인자(release factor)가 mRNA에서 정지 코돈과 결합할 때 일어난다. 이것은 펩타이드를 P-자리의 peptidyl tRNA 분자와 연결하는 에스터 결합을 가수분해 한다. 그 리보솜은 다음에 두 소단위와 결합하여 mRNA를 해리하고 새로 펩타이드를 합성한다.

아미노산과 peptidyl tRNA 사이에 에스터(ester) 결합을 가수분해한다(그림 8.19c). 이 때 tRNA, 즉 새로 합성된 펩타이드와 두 리보솜 소단위를 해리한다.

단백질 합성에서 리보솜 P-자리 기능은 무엇인가? **문제 8.6**

다음 번역을 방출하는 펩타이드는 최종 기능 형태에서 반드시 필요한 것이 아니다. 어떤 경우에 펩타이드는 기능을 발휘하기 전에 단백질을 가수분해한다. 소화효소 합성은 이 방법을 이용한다. 때때로 단백질은 다른 펩타이드와 결합하여 헤모글로빈처럼 기능성 단백질을 형성해야 한다. 세포효소는 탄수화물 또는 지방질 원자단을 어떤 단백질에 첨가하고 특히 그들은 그 세포 표면에서 중단된다. 이러한 마지막 변형은 특수한 단백질에서 특이하고 단백질 그 자체의 염기순서처럼 세포 유전정보에 의하여 명령을 받는다.

소화 효소의 번역후 단백질분해 절단은 4.11절에서 설명했다.

헤모글로빈 4차 구조는 3.9절에서 설명했다.

8.7 돌연변이, 자외선 그리고 DNA 수선

돌연변이의 성질

학습목적 9

한 DNA의 뉴클레오타이드 염기순서에서 변화가 일어날 수 있다. 그러한 유전자 변화를 **돌연변이**(mutarotation)라고 부른다. 돌연변이는 DNA 복제 동안 DNA 중합효소에 의해 만든 오류로부터 생길 수 있다. 돌연변이도 **돌연변이 유발원**(mutagen)이라고 부르는 화합물 반응으로부터 생기고 DNA를 손상한다.

돌연변이는 DNA에서 일어나는 변화의 종류에 따라 분류한다. 또 다른 것에 대한 단일 뉴클레오타이드 치환을 **점 돌연변이**(point mutation)라고 부른다.

ATG<u>G</u>ACTTC :	정상 DNA 순서
ATG<u>C</u>ACTTC :	점 돌연변이

때때로 단일 뉴클레오타이드 또는 훨씬 큰 DNA 부분을 잃는다. 이들을 **결손 돌연변이**(deletion mutation)라고 부른다.

ATGGACTTC : 정상 DNA 순서
ATGTTC : 결손 돌연변이

때로는 하나 이상 뉴클레오타이드를 DNA 염기순서에 첨가한다. 이들은 **삽입 돌연변이**(insertion mutation)라고 한다.

ATGGACTTC : 정상 DNA 순서
ATGCTCGACTTC : 삽입 돌연변이

돌연변이 결과

어떤 돌연변이는 **침묵 돌연변이**(silent mutation)다. 즉 그들은 단백질에 변화가 없다. 그러나 때때로 돌연변이는 그 생물체의 건강에 한 부정적 효과를 갖는다. 돌연변이 효과는 그것이 어떻게 단백질 유전코드를 변화 하는가에 의존한다. Glutamic acid의 두 가지 코돈, 즉 GAA와 GAG을 생각하자. 셋째 뉴클레오타이드 GAA를 GAG로 변화하는 점 돌연변이는 단백질의 정확한 위치에서 glutamic acid의 결합이 조용하게 이루어진다. 마찬가지로 GAG에서 GAA으로 돌연변이도 침묵으로 일어난다.

돌연변이로부터 생기는 인간의 유전 질병은 4,000 종류가 있다. 이러한 질병은 DNA 돌연변이가 코돈을 변화하고 아미노산을 단백질에 잘못 끼워 넣는 결과로 생긴다. 이것은 단백질이 기능을 못하게 또는 기능을 적절하지 못하게 만드는 원인이다.

낫세포 빈혈이라는 인간 유전질병을 생각하자. 헤모글로빈의 정상적 β-사슬에서 여섯 번째 아미노산은 glutamic acid다. 낫세포 헤모글로빈의 β-사슬에서 여섯 번째 아미노산은 valine이다. 이 아미노산 치환은 어떻게 일어나는가? 그 해답은 glutamic acid와 valine에 대한 코돈을 살펴서 안다.

Glutamic acid : GAA or GAG
Valine : GUG, GUC, GUA, 또는 GUU

둘째 뉴클레오타이드에서 A → U의 점 돌연변이는 glutamic acid의 어떤 코돈을 valine에 대한 코돈으로 변화한다.

GAA : ⟶ GUA
GAG : ⟶ GUG

임상관련 토픽; 발암물질에 대한 Ames test

매일 우리는 살충제, 식품 첨가제, 머리 염색제, 자동차 방출물, 담배연기 등을 포함하는 여러 가지 화합물과 접촉한다. 이들 몇 가지 화합물은 암발생 가능성이 있다. 이들 물질이 해로운 여부를 어떻게 결정하는가?

예로 담배연기를 생각하면 우리는 화합물과 암 사이에 관계를 수 세기전에 이미 알고 있었다. 유럽과 미국 사람들은 담배를 Sir Walter Raleigh에 의해 17세기경 영국에 소개한 다음 담배를 피우고 있다. 그러나 그 후 3 세기를 지날 때까지 의사와 과학자들이 흡연과 폐암 사이 관계를 증명하지 못하였다. 분명히 이 실험은 너무 오랜 시간이 걸렸다. 그리고 너무 많은 사람들이 죽었다. 다른 방법으로 쥐와 같은 실험실 동물로 시험하여 화합물을 시험하고 여러 가지 암 종류를 관찰할 수 있었다. 그러나 이것도 시간이 수년 걸릴 수 있고 비용도 많이 또 한 들고 많은 실험동물의 희생이 필요하다. 그러면 어떻게 빠르고 값싸게 화합물이 발암성(암을 발생하는 능력)인가를 시험할 수 있는가? 1970년대에 대부분 발암물질도 돌연변이제라고 인정하였다. 즉 그들은 DNA에서 돌연변이하여 암을 발생하고 돌연변이는 성장 조절을 상실하여 인체세포에 발병하게 만든다. 생화학자이고 박테리아 유전학자인 Bruce Ames는 Salmonella typhimurium 박테리아 돌연변이제를 이용하여 48~72시간 안에 어떤 화합물이 돌연변이 유발원이고, 의심되는 발암물질인가를 증명할 수 있는 시험법을 개발했다.

Ames는 histidine 아미노산을 성장 매질에 첨가하지 않으면 성장할 수 없는 몇 가지 S. typhimurium 돌연변이체를 선택했다. Ames는 이 박테리아들이 어떤 화합물에 지배를 받는가, 그리고 그 화합물이 돌연변이의 복귀돌연변이(reversion)를 발생하는 여부를 결정하는 것과 관련있는가를 시험했다. 바꿔 말하면 그 연구원들은 본래 돌연변이와 반대되는 어떤 돌연변이를 찾는다. 어떤 복귀돌연변이가 일어날 때 그 박테리아는 histidine 없이 성장할 수 있다.

상세한 Ames test는 아래 그림에 있다. 본 실험과 대조시험(control test) 두가지를 함께 실시한다. 대조실험은 발암물질을 포함하지 않고, 배양에서 일어나는 자발적 복귀 돌연변이체의 수를 나타낼 것이다. 배양 접시 표면에 많은 군체들이 있으며, 음성 조절접시(negative control plate)에 몇 개 군집만 있으면, 그 시험 화합물은 돌연변이 유발원이라고 결론지을 수 있다. 그러므로 그 화합물도 발암물질일 가능성이 있다.

Ames test는 돌연변이성 효과와 가능성 있는 돌연변이 유발성 효과에 대한 새로운 화합물 시험을 위하여 우리의 능력을 크게 발전했다. 그러나 일단 Ames test로 돌연변이 유발성 화합물이라고 확인되면 결론적으로 그 화합물도 암을 발생하는 것을 증명하기 위해 동물시험을 해야 한다.

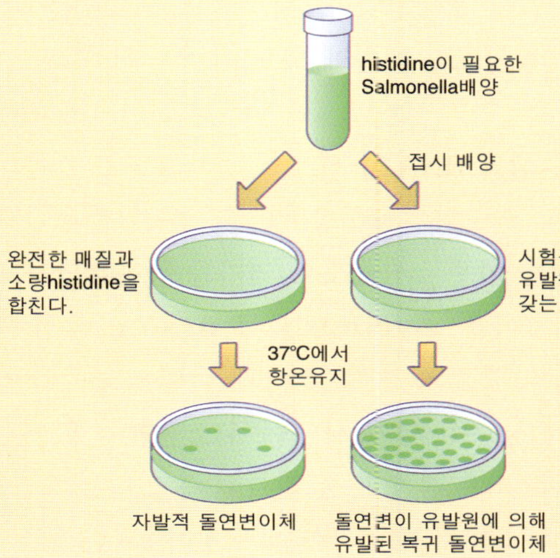

암발생 화합물에 대한 Ames test

Glutamic acid codon Valine 코돈

한 단일 코돈에서 이러한 돌연변이는 인간 헤모글로빈의 β-사슬 중 6 번째에 위치한 아미노산 순서가 glutamic acid로부터 valine으로 바꾼다. 겉으로 보기에 이것은 작은 변화지만 그 결과는 돌연변이 유전자의 두 가지 사본을 유전하는 사람에게 낫세포 빈혈을 만든다.

문제 8.7

mRNA에서 유전자 염기순서는 정상적으로 AUGCCCGACUUU이다. 그 유전자의 돌연변이는 mRNA 순서가 AUGCGCGACUUU이다. 정상과 돌연변이 단백질의 아미노산 순서는 무엇인가? 이것은 침묵 돌연변이라고 기대하는가?

돌연변이 유발원과 발암물질

DNA 염기순서에서 변화가 일어나는 어떤 화합물을 돌연변이 유발원(mutagen)이라고 한다. 때때로 돌연변이 유발원을 **발암물질**(carcinogen), 또는 암 발생 화합물이라고도 부른다. 대부분 암은 단일 정상 세포에서 돌연변이로부터 생기는 결과 때문이다. 이들의 돌연변이는 정상적 성장조절을 상실하여 비정상 세포들을 갑자기 증식한다. 그 성장을 조절하지 못하거나 파괴하지 못하면 그 사람은 사망하는 결과를 초래할 것이다. 우리는 살아가는 과정에서 많은 발암물질에 노출된다. 때때로 우리는 우연히 발암물질에 노출되고 어떤 경우는 선택에 따라 노출된다. 담배연기는 약 3,000 종류 화학성분이 있고 몇 가지는 가능성있는 돌연변이 유발원이다. 결과적으로 담배를 피우는 사람들은 피우지 않는 사람들보다 폐암에 걸릴 위험이 훨씬 더 많다.

자외선 손상과 DNA 수선

자외선(UV)은 DNA를 손상하는 또 다른 작용인자다. DNA에 의한 자외선 흡수는 이웃 pyrimidine 염기를 공유결합하게 만든다. 그 생성물(그림 8.20)을 **pyrimidine dimer**(이합체)라고 부른다. Pyrimidine 아합체의 형성 결과로 이들의 pyrimidine 분자와 다른 DNA 가닥의 상보성 염기 사이에 수소결합이 없어진다. 이러한 DNA 신장(elongation)은 복제 또는 전사될 수 없다!

Escherichia coli와 같은 박테리아는 자외선 손상의 수선(repair)에

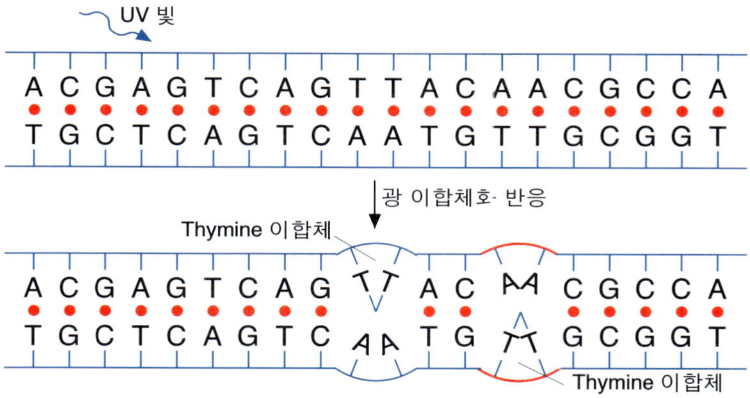

그림 8.20
인접 pyrimidine의 광이합체 형성(이 예에서 thymine)은 자외선 흡수로부터 생긴다.

서로 다른 네 가지 메카니즘을 갖는다. 그러나 어떤 수선과정에서 잘못될 수도 있다. UV 손상 수선 시스템에 오류가 있을 때 그리고 DNA의 뉴클레오타이드 순서에 어떤 변화가 발생할 때 돌연변이가 일어난다.

의약학에서 pyrimidine 이합체화반응은 빈 수술실과 같은 공기와 환경 표면에서 박테리아 살균에 살균용 UV를 이용하는 것이 병원에 유리하다. 이러한 세포 죽음은 대규모로 pyrimidine 이합체 형성에 의해 생긴다. 박테리아의 수선 시스템은 압도적이고 그 세포는 죽는다.

물론 동일한 종류의 pyrimidine 이합체 형성은 인간 세포에서도 마찬가지로 생긴다. 최근에 유행하는 황갈색 피부를 만들려고, 온 종일 햇빛에 누어있는 것은 피부를 다량 UV 빛에 노출하는 것이다. 이것은 pyrimidine 이합체를 많이 형성하여 피부를 손상한다. 햇빛 또는 갈색 피부 처리실에서 고농도 UV에 노출은 인간의 피부암 발생증가와 관련있다.

DNA 수선에서 결함으로 인한 영향

pyrimidine 이합체에 대한 인간 수선 시스템은 대단히 복잡하고 최소 다섯 가지 효소가 필요하다. Pyrimine 이합체 수선의 첫 단계는 손상 자리 근처 DNA의 당-인산 뼈대를 분해하는 것이다. 이러한 당-인산 뼈대를 분해하는 효소를 수선 내부핵산 가수분해효소라고 한다. 이 효소를 코드화하는 유전자가 결손이면 pyrimidine 이합체는 수선할 수 없다. DNA 수선 메카니즘 효율의 감소와 동시에 합쳐진 돌연변이 축적은 암 발생 증가를 초래한다. 예를 들어 수선 내부핵산 가수분해효소 유전자의 돌연변이와 그 수선 경로에서 기타 유전자의 돌연변이는 유전 피부장애를 가져오고 그것을 xeroderma pigmentosum이라고 부른다. Xeroderma pigmentosum으로 고통받는 사람들은 햇빛의 자외선에 극히 민감하고 일반적으로 20세 이전에 다발성 피부암을 발생한다.

8.8 재조합 DNA

DNA 연구에 이용한 방법

학습목적 10

과학자들은 때때로 그들이 박테리아 DNA 복제와 같은 겉보기에 중요하지 않은 그러한 제목을 왜 연구하는가라고 질문한다. 매우 중요한 이유는 그러한 연구들를 가끔 인간 유전자계의 연구에 차용하기 때문이다. 그 둘째 이유는 그러한 연구들이 가끔 새로운 연구로 크게 도약하는 방법을 제공하기 때문이다. 재조합 DNA 방법의 발전에서 이것보다 더 사실인 것은 아무것도 없다. 재조합 DNA 연구에서 이용한 많은 기술과 방법은 박테리아 DNA 복제와 유전자 표시에서 기초연구를 하는 동안에 발전되고 발견된 것들이다. 이들은 DNA 분자반응을 촉매작용하는 많은 효소, 젤 전기이동, cloning vector, 혼성체형성 방법을 포함한다.

제한 효소

제한 효소(restriction enzyme)는 DNA 분자의 당-인산 뼈대를 특정한 뉴클레오타이드 염기순서를 "절단"하는 박테리아 효소다. 정제하여 연구한 이러한 첫째 효소를 EcoR1이라고 부른다. 그 이름은 그것을 분리한 것으로부터, 이 경우는 E. coli로부터 유전자와 특이한 박테리아 이름으로부터 유래한다. 다음은 EcoR1에 의해 인식된 특이 뉴클레오타이드 염기순서이다.

5′···············GAATTC ··············· 3′
3′···············CTTAAG ··············· 5′

EcoR1들이 DNA를 이 자리에서 끊을 때 엇갈린 방식으로 절단된다. 그것은 특이하게 양쪽 가닥에서 G와 첫째 A사이에 끊어진다. 그 절단은 다음 구조로 두 가지 DNA 조각분자를 생성한다.

5′···············G　　　　AATTC ··············· 3′
3′···············CTTAA　　　　G ··············· 5′

표 8.3 몇 가지 보편적 제한효소와 그들의 인식 순서

제한효소	인식 순서
BamHI	5′-G/GATCC-3′
	3′-CCTAG/G-5′
HindIII	5′-A/AGCTT-3′
	3′-TTCGA/A-5′
SalI	5′-G/TCGAC-3′
	3′-CAGCT/G-5′
BglII	5′-A/GATCT-3′
	3′-TCTAG/A-5′
PstI	5′-CTGCA/G-3′
	3′-G/ACGTC-5′

이러한 엇갈린 말단을 점착성 말단(sticky end)라고 부른다. 왜냐하면, 그들은 서로 수소결합에 의해 재결합할 수 있기 때문이다. 이것은 유전자 클론(clone)에 매우 중요한 제한 효소에 의해 발생된 DNA 조각분자의 성질이다.

기타 제한효소의 예와 그들의 특이 인식염기순서는 표 8.3에 있다. 그 효소에 의해 절단된 당-인산 뼈대의 자리는 사선으로 표시했다.

이들 효소는 큰 DNA 분자를 더 작은 특이한 크기의 조각분자로 만드는 소화에 이용한다. 제한 효소는 항상 동일한 자리에서 절단하므로 어떤 특정한 개체로부터 생긴 DNA는 재생가능한 한 벌의 DNA 조각분자를 발생한다. 이것은 어떤 공급원으로부터 DNA의 연구 또는 클론(cloning)에 편리하다.

Agarose 젤 전기이동

제한효소 분해에 의해 생성된 DNA 조각분자를 연구하는 한 방법은 agarose 젤 전기이동(agarose gel electrophoresis)이다. 분해된 DNA 시료는 젤의 시료 구멍(sample well)에 놓고 전류를 통한다. 당-인산 뼈대 중 음전하 포스포릴 원자단은 DNA 조각분자로 되어 젤을 통하여 (–)전극(환원음극)으로부터 (+)전극(산화양극)쪽으로 이동한다. DNA 조각분자는 작을 수록 큰 분자보다 빠르고 결과적으로 DNA 조각분자는 마침내 그 젤을 통하여 그들의 크기에 따라 분포한다. 각 조각분자 크기는 알려진 크기의 DNA 조각분자들이 이동하는 양상과 비교하여 결정할 수 있다.

혼성체형성

Agarose 젤 전기이동은 DNA 조각분자의 크기를 결정한다. 그러나 그것은 재조합 DNA 연구에서 특정한 DNA 조각분자에 의해 운반된 유전자 확인에도 중요하다.

혼성체형성(hybridization)은 특정한 DNA 조각분자에서 한 유전자의 존재확인에도 이용한다. 이 방법은 상보성 DNA 순서가 서로 수소결합 또는 혼성체를 형성하는 사실에 바탕을 둔다. 실제로 RNA 까지도 혼성체형성 연구에 이용할 수 있다. RNA는 DNA 분자와 또는 기타 RNA 분자와 혼성체를 형성한다.

Southern blotting이라고 부르는 한 방법은 agarose 젤로부터 DNA 조각분자의 혼성체형성과 관련있다(그림 8.21). 제한효소에 의하여 분해된 DNA는 agarose 젤에서 전개한다. 다음에 DNA 조각분자는 흡입하여 특수한 막 필터에 옮긴다. 그 필터 위에 DNA 분자는 단일 가닥으로 녹아서 혼성체형성을 준비한다. 그 필터는 다음에 방사성 DNA 또는 RNA 분자를 함유하는 용액에 넣는다. 이 시험은 그 것에 대하여 상보적 필터에서 어떤 DNA 조각분자와 혼성체를 형성한다. 관심있는 혼성체형성 유전자 띠 위치의 방사선 시험확인에 X-선 필름을 이용한다.

DNA cloning vector

DNA 클론 실험은 이러한 방법과 한 유전자의 단일 가닥을 분리한 다음 수백만 사본을 생성하는 몇 가지 추가 방법을 합친 것이다. 한 유전자를 많이 복제하기 위하여 **cloning vector**와 연결할 수 있다. cloning vector는 그 자체의 복제 개시점을 갖는 DNA 조각이므로 숙주 세포 내부에서 복제할 수 있다. 때때로 *E. coli* 박테리아는 클론 DNA를 운반하는 vector를 많이 복제하는 숙주세포로 이용한다.

Cloning vector는 두 가지 주요한 종류가 있다. 그 첫째는 박테리아 바이러스 또는 phage vector다. 이들은 유전학적으로 변하여 클론 DNA 조각분자에 첨가되는 박테리아 바이러스다. 이들 박테리아는 모두 감염 세포마다 100~200 바이러스 사본(그리고 클론 조각분자)의 복제가 필요하다.

두 번째 보편적으로 사용하는 vector는 plasmid이다. Plasmid는 대부분 박테리아 종류에서 발견된 원형 DNA의 여분 조각이다. Cloning

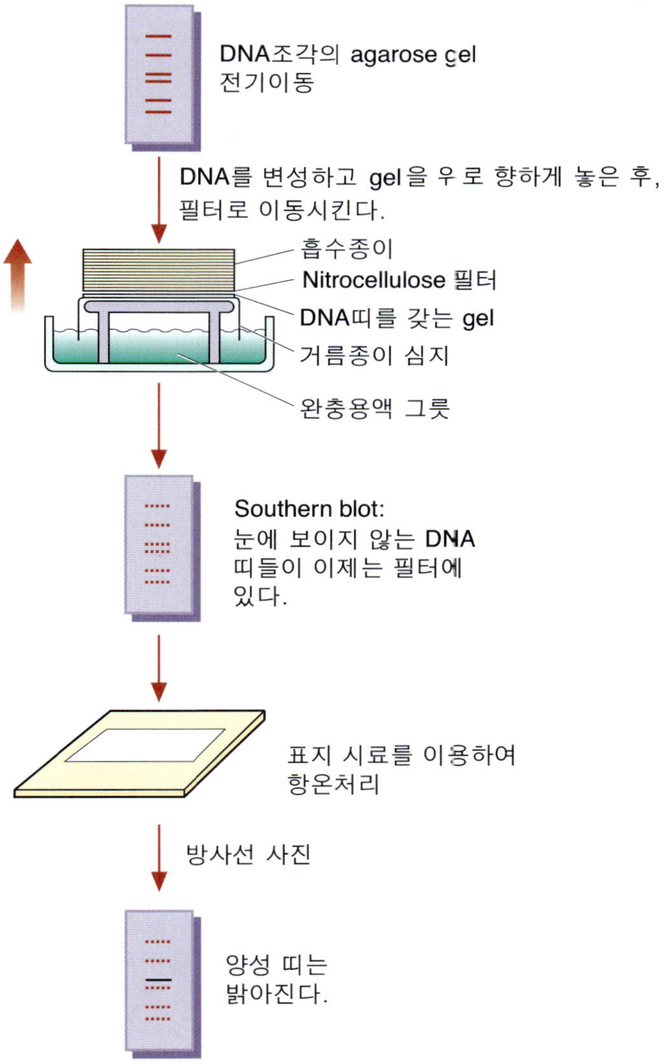

그림 8.21
Southern blotting의 혼성체 형성

인간관련 토픽; DNA 지문

DNA 지문(fingerprinting)은 여러 가지 범죄 수사에 활용되는 방법이다. DNA 지문은 법의학 과학자들에 의하여 범죄 확인에 이용할 수 있다. 법정은 아이들의 부계를 결정하는 민사소송에서 DNA 지문을 이용한다. 야생동물 보호자들은 그들이 몰수한 상아들이 위험에 처한 코끼리 종에서 불법으로 얻었는가 여부의 조사에 그 방법을 이용한다.

DNA 지문은 1980년대에 Alec Jeffries, University of Leicester in England에 의해 발전되었다. 그 아이디어는 인간 게놈의 기초 분자 유전학 연구에서 시작되었다. 과학자들은 어떤 DNA 염기순서가 사람에 따라 크게 변하는 것을 관찰했다. 그러한 과도한 변화 영역은 짧은 DNA 염기순서가 반복되는 변수로 구성한다. 그들은 서로 다른 염색체의 많은 자리에 놓여 있다. 사람들은 서로 다른 반복되는 수치를 갖고 제한효소를 이용하여, 사람들의 DNA를 분해할 때 특이한 한 벌의 DNA 조각분자들이 생긴다. Jeffries는 Southern blot을 이용하여 혼성체형성에 이용할 때 이러한 변수 직열식 반복(variable number tandem repeat, VNTRs)을 검출하는 한 벌의 DNA 시험법을 개발하여 DNA 지문을 발견했다.

DNA 지문은 몇 가지 변화가 존재하지만 기본방법은 대단히 간단하다. DNA는 제한효소로 분해하여 한 벌의 DNA 조각분자를 생성한다. 이들은 argarose 젤을 통한 전기이동으로 분리한다. DNA 조각분자는 그 다음에 막 필터로 이동하고 방사성 시험 DNA로 혼성체를 형성한다. 방사성 시험으로 혼성체를 형성한 때는 그 막을 X-선 필름에 노출하고 그 젤의 "그림"을 전개하여 눈으로 볼 수 있다. 그 결과는 Jeffries에 의해 DNA 지문이라 불렀고 한 사람의 톡특한 DNA 띠 수는 25~60이다.

동일한 DNA 지문을 갖는 두 사람의 비율비(odds)(쌍둥이를 제외하고)는 1/백만 또는 1/일억보다 작다. 언뜻 보기에 이러한 비율비는 조직 시료를 이용한 범죄 확인에 DNA 지문이 매우 강력한 방법이라고 암시한다.

그러나 최근에 그 방법은 강력하고 신중한 조사를 받게 되었다. 어떤 과학자들은 DNA 지문의 개성 비율비 계산에 이용한 통계적 방법에 의문을 가졌고, 그 변동성은 특수한 인종집단 내에서 앞에서 주장한 것보다 크게 작을 수 있다고 관심을 가졌다. 사람들은 서로 다른 실험실을 이용하여 조금씩 서로 다른 방법이 다른 결과를 초래할 수 있다고 주장한다. 그럼에도 불구하고 범죄현장 시료에서 취한 DNA는 일부분이 분해될 수 있고, 그리하여 잘못된 결과를 생성하는 것에 관심을 가졌다.

1992년에 미국 National Academy of Science(NAS)에 의하여 설립된 한 위원회는 법정소송에서 DNA 지문 증거의 이용을 지지하였다. 그러나 그들은 엄중하게 품질관리하여야 한다고 설명했다. 그 위원회도 확률의 추정 계산에 더 보수적 방법을 확립했다. 이러한 새로운 통계분석 방법에 기초한 확률 추정은 1/수십억~1/백만 범위이다. 훨씬 더 인상적 비율이다! 마지막으로 그 위원회는 여러 인종집단과 주민에서 이러한 VNTRs의 변동성 정도의 광범한 연구를 추천했다. 이러한 추천의 이행은 DNA 지문방법을 개선할 것이고 적절하게 수행되고 그 자료를 정확하게 해석되는 것을 보증할 것이다.

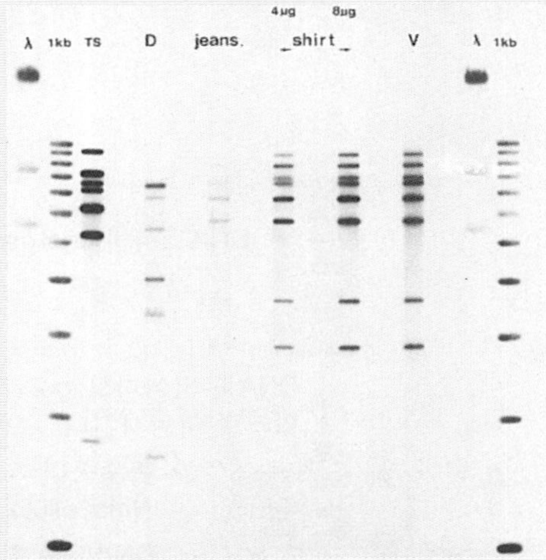

범죄 사건에 이용한 DNA 지문의 예 : V라고 표기한 DNA 시료는 희생자 지문이고 D로 표기한 시료는 피고의 지문이다. Jeans와 Shirt라고 표기한 시료는 피고의 의류에서 취하였다. 피고의 의류에서 취한 DNA 띠는 희생자의 DNA 띠와 분명히 일치한다. 그러므로 피고의 범죄 증거를 제공한다.

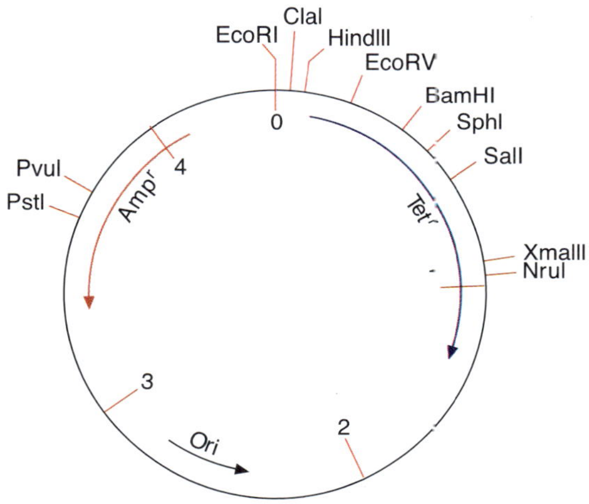

그림 8.22
Plasmid cloning vector pBR322의 제한효소. 11 종류 효소에 대한 제한효소 분해 자리는 ampicillin 내성 유전자(빨간색 화살표)와 tetracycline 내성 유전자(남색 화살표)의 위치와 함께 제시한다. "Ori"는 plasmid의 DNA 복제 개시점이다.

vector로 이용한 plasmid는 때때로 plasmid를 함유하는 세포 선택에 유용한 항생물질 내성 유전자를 함유한다.

항생제 저항은 박테리아 감염 치료에 수많은 문제를 야기한다.

그러한 유전자는 pBR322이다. pBR322의 제한효소 지도를 그림 8.22에 예로 제시한다. 이 plasmid는 두 가지 항생물질, 그 하나는 ampicillin 그리고 또 하나는 tetracycline에 내성 유전자를 갖는다. 항생물질 내성 유전자 내부에 클론에 편리한 몇 가지 제한효소 자리들이 있다.

유전공학

이제 우리는 클론 실험에 필요한 대부분 방법을 요약하였다. 우리는 이제 어느 유전자를 클론하는가 결정해야 한다. 우리들이 이용하는 예는 정상 헤모글로빈과 낫 세포 헤모글로빈에 대한 β-글로빈 유전자의 클론이다. 정상 헤모글로빈을 갖는 사람으로부터 DNA는 제한효소, 아마 BamHI를 이용하여 분해한다. 이것은 목표 DNA이다. 그 vector DNA는 동일한 효소로 분해해야 할 것이다(그림 8.23). 우리들의 예에서는 plasmid vector pBR322를 이용하였다.

분해 vector와 목표 DNA는 그 목표의 BamHI 점착성 말단과 vector DNA를 서로 혼성화하는 상태에서 함께 섞는다. 그 점착성 말단은 그 다음에 DNA 연결효소에 의해 공유결합으로 연결된다. 이 효소는 두 조각 DNA 사이에 포스포에스터 형성을 촉매작용한다. 이제 재조합 DNA 분자는 변환(transformation)이라는 과정을 통해 박테리아 세포

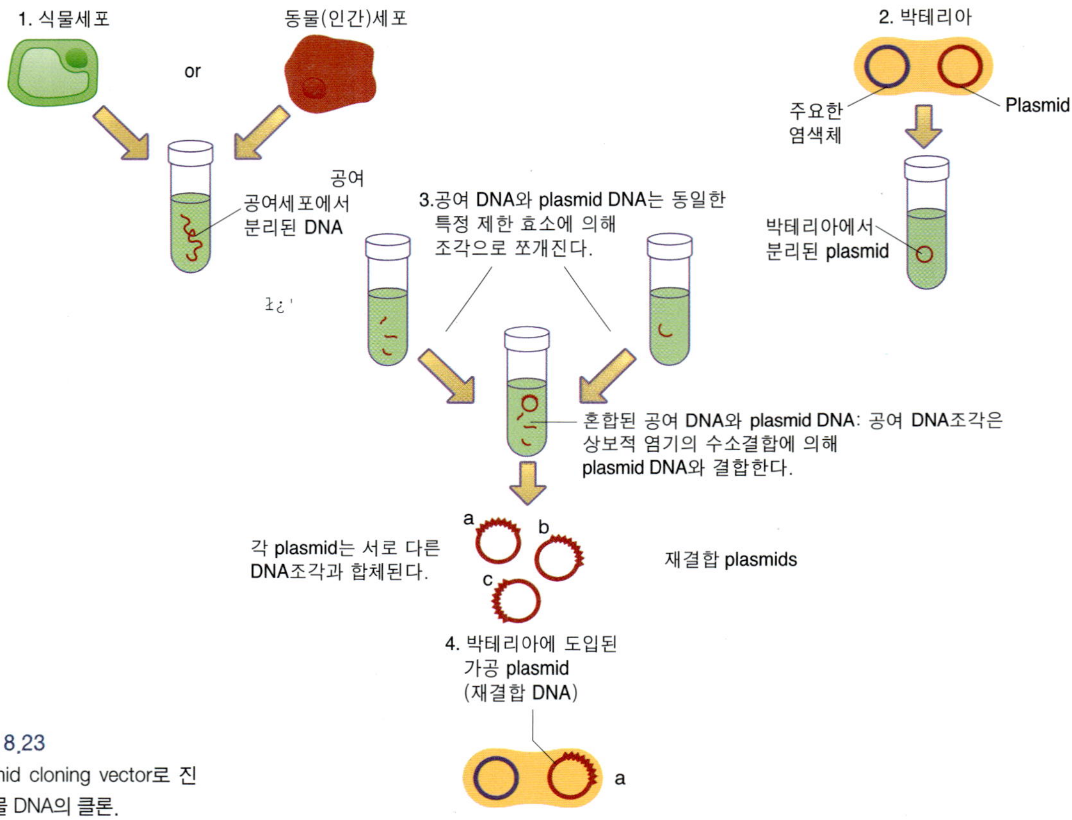

그림 8.23
Plasmid cloning vector로 진핵생물 DNA의 클론.

로 들어간다. 다음에 변환 혼합물 세포는 ampicillin 항생제를 포함하는 고체 영양 한천 배지에 평판한다. 항생제 내성 유전자를 함유하는 세포들만 살아남아 박테리아 군체로 성장할 것이다.

이제 혼성체형성은 β-글로빈 유전자를 운반하는 클론의 검출에 이용할 수 있다. 각 세포군체의 일부세포들이 막으로된 필터위에 그대로 옮겨 찍히는 과정을 통해 실험평판을 만든다. 이들 세포는 온화하게 분해되어 열려지므로 방출된 DNA는 그 막에 부착한다. 혼성체형성이 이들 필터위에서 수행될 때 방사성 시험은 β-글로빈 유전자의 상보성 염기순서에 대하여만 혼성체형성을 할 것이다. 그 막 필터를 X-선 필름에 노출할 때 원하는 클론을 운반하는 한 군체(colony)의 자리에서만 전개 필름에 "점"이 나타날 것이다. 본래 평판으로 되돌아가서 우리들은 더 연구를 위해 그 군체로부터 세포를 선택하여 배양할 수 있다(그림 8.24).

동일한 방법은 낫세포 헤모글로빈의 β-사슬 유전자의 클론에 이용

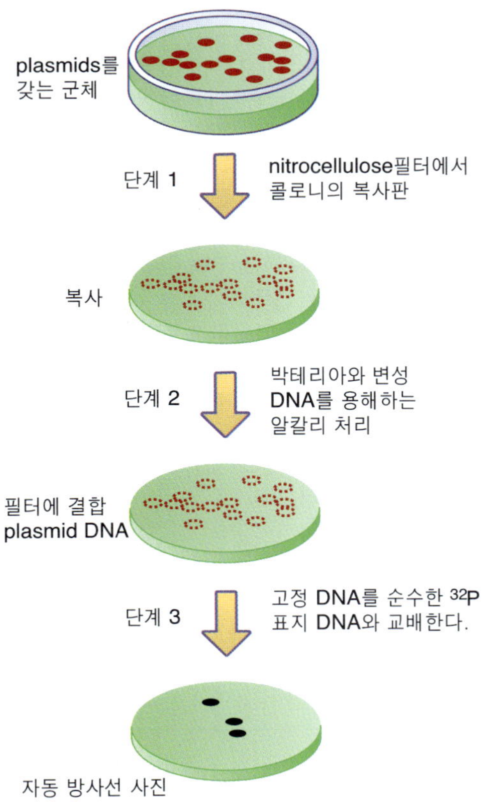

그림 8.24
헤모글로빈의 β-사슬 유전자의 플라스미드 클론을 운반하는 세포검출에 대한 군체 점 혼성체 형성.

의학관련 토픽; 가족의 기종에 대한 유전학적 연구

가족의 기종(familial emphysema)은 α_1-antitrypsin을 생성할 수 없는 능력으로부터 생기는 한 인간 가족 유전질병이다. 4장의 의학관련 토픽: α_1-antitrypsin과 가족의 기종을 보라. 하나 또는 두 α_1-antitrypsin 유전자 복제를 유전받은 사람에서 이 혈청 단백질은 엘라스틴 분해효소로부터 폐를 보호한다. 정상적으로 엘라스틴 분해효소는 박테리아와 싸워 죽은 폐 조직파괴와 제거를 돕는다. 그러나 그 효소도 폐 손상을 발생할 수 있다. α_1-antitrypsin은 엘라스틴 분해효소를 억제하여 폐 손상을 방지한다. 두 가지 결손 α_1-antitrypsin 유전자를 물려받은 사람은 이 단백질을 생성하지 못하고 가족의 기종 또는 A1AD 기종으로부터 고생한다. α_1-antitrypsin이 없으면 엘라스틴 가수분해효소와 기타 단백질 분해효소들이 그 기종의 심한 폐 손상 특성을 발생한다.

A1AD는 Caucasian에서 둘째로 가장 보편적 유전장애다. 미국에는 10만명 환자들이 있고 미국인 5명 중 한명은 그 유전자를 갖는 것으로 추정한다. 1963년에 발견된 그 장애는 때때로 천식 또는 만성 폐쇄성 폐질환으로 잘못 진단되었다. 실제로 환자의 5% 이하는 A1DA로 진단한 것으로 추정한다.

α_1-antitrypsin 유전자는 클론하였다. 양을 이용한 초기 실험은 그 단백질을 에어졸로 투여할 때 안정하게 남아있고, 폐질환 상피를 통하여 통과한 다음 기능이 남아있는 것을 나타냈다. 이 연구는 질병의 효과적인 치료에 희망을 가지게 되었다.

현대 치료는 α_1-antitrypsin를 매주 IV 주사와 관련있다. 바이러스 없는 것으로 증명된 인간 혈청으로부터 정제한, 그 단백질 공급은 대단히 제한되어 있다. 그리하여 그 주사는 비싸다. 게다가 그들은 고통스럽다. 이러한 두 인자는 어떤 환자들이 그 치료를 거절하는 원인을 제공하였다.

최근에 University of Florida, Dr. Terry Flotte와 그의 동료들은 새로운 연구를 시작했다. 그들은 adeno-관련 바이러스의 DNA에 α_1-antitrypsin 유전자를 클론하였다. 이 바이러스는 인간 유전자 치환 치료법에 이상적인 매개체다. 왜냐하면 그것은 분할되지 않는 세포만 복제하고 강력한 면역 또는 염증반응을 자극하지 않기 때문이다. 연구원들은 클론 α_1-antitrypsin 유전자를 갖는 바이러스를 쥐의 근육조직에 주사한 다음 혈액에서 α_1-antitrypsin 수준을 시험했다. 그 결과는 매우 고무적이었다. α_1-antitrypsin의 효과적 수준은 쥐의 근육세포에서 생성되었고 혈액으로 분비되었다. 게다가 α_1-antitrypsin 수준은 4개월 이상 치료수준을 유지했다. 그 연구팀은 더 큰 동물을 이용한 시험을 계획하고 있으며, 결과적으로 그 결과는 인간 시험에서 확인 될 것이다.

할 수 있다. 그 다음 그 두 가지를 연구하여 유전결손의 성질을 측정하기 위하여 비교할 수 있다.

이 간단한 예는 모든 유전자 클론이 매우 쉽고 매우 간단한 것으로 보이게 한다. 하지만 사실은 그렇지 않다. 유전공학자들은 의약적으로 관심있는 특정 진핵세포의 유전자를 클론하기위해 수 많은 장애물을 극복해야만 했다. 클로닝에 사용하는 박테리아는 인트론을 splicing하는 효소기작을 가지고 있지 않다. 분자 생물학자들은 진핵생물 mRNA의 DNA는 retrovirus라고 부르는 한 바이러스 계열로부터 역전사효소를 이용하여 복제할 수 있다(8.2 절에서 임상관련 토픽: 매우 흡사한 뉴클레오타이드를 이용한 AIDS 바이러스 속이기를 보라). mRNA의 그러한 DNA 복제는 한 유전자의 모든 단백질-부호결정 순서를 운반하지만 인트론 순서는 아무 것도 없다. 그리하여 박테리아는 클론 DNA를 전사하여 번역할 수 있고, 의약과 기타 응용에 가치있는 제품을 생산한다.

이것은 재조합 DNA 기술에서 놀라운 발전에 의해 극복된 여러 기술적 문제 중 하나일 따름이다. 유전공학 중 의약학적으로 중요한 제품 중에서 간단하지만 인상적 목록을 표 8.4에 제시한다.

표 8.4 유전공학에 의해 생산된 의약학적으로 중요한 단백질의 간단한 목록

단백질	의학적 치료상태
Insulin	인슐린-의존성 당뇨병
Human growth hormone	뇌하수체 왜소증
Factor VIII	A형 혈우병
Factor IX	B형 혈우병
Tissue plasminogen factor	뇌졸중, 심근경색증
Streptokinase	심근경색증
Interferon	암, 어떤 바이러스 감염
Interleukin-2	암
종양괴사 인자	암
심방 나트륨배설 인자	고혈압
Erythropoietin	빈혈
Thymosin α-1	면역계통 자극
Hepatitis B virus (HBV) vaccine	H3V 바이러스 감염 방지
Influenaz vaccine	인플루엔자 감염예방

8.9 중합효소 연쇄반응

미국 Yellowstone Natonal Park 온천에서 분리된 본래의 한 박테리아는 DNA 연구에서 강력한 분자 연구의 열쇠를 제공했다. 중합효소 연쇄반응(polymerase chain reaction, PCR)은 관심있는 어떤 유전자의 양을 제한없이 생산하게 만들고 Thermus aquaticus 박테리아는 그 과정을 수행하는 열-안정 DNA 중합효소(Taq polymerase)를 생성한다.

인간 게놈은 대략 30억 염기 쌍의 DNA로 구성한다. 그러나 아마 근육 영양장애 또는 낭상성섬유증에 원인이 되는 한 유전자만 연구에 흥미있다고 생각하자. 그것은 건초더미에서 한 바늘을 찾는 것과 같다. PCR을 이용하면 과학자들은 연구에 원하는 유전자 사본을 수백만 개 만들 수 있고 한 편으로 인간 염색체에서 다른 수천 개 유전자는 무시한다.

이 특이성에 대한 비밀은 DNA 프라이머(DNA primer)의 합성이다. primer는 특정 유전자의 시작부위와 상보적 혼성체를 형성하는 짧은 단일-가닥 DNA이다. DNA 중합효소는 DNA 합성의 개시에 한 primer가 필요하다. 왜냐하면, 그들은 새로운 뉴클레오타이드를 그 개시제의 마지막 뉴클레오타이드의 3′-OH에 첨가되어 반응하기 때문이다.

학습목적 11

PCR을 수행하려면 소량 DNA를 Taq 중합효소, primer 및 네 개의 DNA 뉴클레오타이드 트리인산과 섞는다. 그 다음에 그 혼합물은 thermocycler라고 부르는 기기에 넣는다. thermocycler 온도는 두 가닥 DNA를 분리하기 위하여 몇 분간 94~96℃로 올린다. 그 다음 그 온도는 50~56℃로 낮춰 그 primer를 목표 DNA에 혼성화시킨다. 마지막으로 온도를 72℃로 올려 Taq 중합효소를 반응시키고 주형 DNA 가닥을 읽고 그 시발체로부터 확장된 딸 가닥을 중합체화한다. 이 단계의 말단에서 유전자 량은 두배로 된다(그림 8.25).

이제 세 단계를 반복한다. 각 순환에서 유전자량은 두 배로 된다. 이론적으로는, 30번의 과정반복으로 처음의 10억배 만큼의 DNA를 얻을 수 있다.

PCR은 유전자 선별에 이용하여 근육 영양장애에 원인이 되는 유전자를 검출할 수 있다. 그것은 또한 질병진단에도 이용할 수 있다. 예를 들어 AIDS 환자의 혈액에서 소량 HIV의 증식에 이용할 수 있다. 법의학 과학자들은 한 머리카락의 모낭세포로부터 또는 범죄현장에서 한

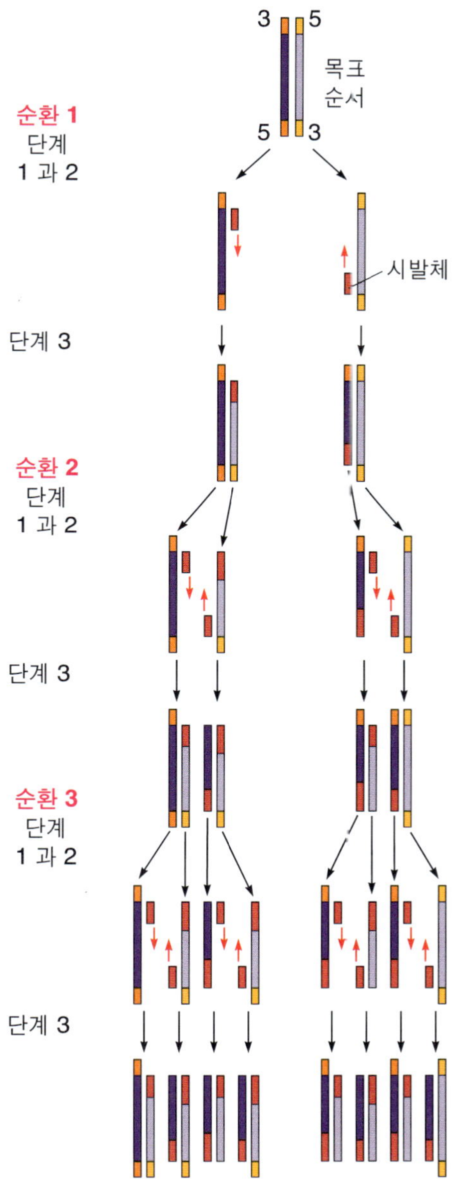

그림 8.25
중합효소 연쇄반응

방울의 혈액을 DNA 증식에 이용할 수 있다.

학습목적 12

8.10 인간 게놈 계획

1990년에 미국 Department of the Energy and the National Institutes of Health는 Human Genome Project(HGP)를 시작했고 그것은 다음 천년기(millenium)로 확장되는 다국적 계획이다. HGP 목적은 인간 DNA의 모든 유전자를 확인하고, 3억 뉴클레오타이드의 전체 게놈 쌍을 차례로 나열하는 것이다. 이 목표를 완수하려고 그 정보를 저장하는 거대한 컴퓨터 데이터베이스를 개발해야 했고, 그것을 분석하게 컴퓨터 소프트웨어를 계획해야 했다.

처음에 HGP는 2005년경에 그 연구를 완료하기로 계획했다. 그러나 그 계획에서 이들에 의한 기술발전의 결과로 그 인간 게놈의 연구 계획은 2001년 2월에 발표되었다. 그 계획의 가속 때문에 새로 완성되는 시기는 2003년으로 예상된다.

게놈분석에 대한 유전자 계획

HPG에 대한 방법은 오히려 간단하다. 인간 게놈의 순서를 결정하기 위하여 게놈 라이브러리를 만들어야 했다. Genomic library는 전체 게놈을 나타내는 한 벌의 클론(clone)이다. 그 때 이러한 각 클론의 DNA 염기순서를 결정할 수 있었다. 물론 일단 이러한 각 클론의 염기순서는 결정되지만 그들이 염색체에 따라 어떻게 배열하는가를 아는 방법은 없다.

Chromosome walking이라고 부르는 둘째 방법은 DNA 순서정보와 함께 염색체에서 DNA 순서를 확인하는 방법을 제공한다. 이 방법은 겹치는 클론이 필요하다. 이것을 완수하려고 많은 서로 다른 제한효소를 이용하여 클론 라이브러리를 만들었다. 한 조각분자의 DNA 순서를 결정한다. 그 다음 그 정보는 겹치는 라이브러리에서 어떤 클론에 대한 한 표지물 개발에 이용한다. 항상 DNA 조각분자의 염기순서를 결정하고 그 정보는 겹치는 클론의 확인에 이용한다. 이 과정은 전체 과정을 클론하고 지도를 그린 다음 순서를 매길 때까지 염색체를 따라 두 방향으로 이동하여 계속해서 연구한다.

DNA 염기순서결정

이용하는 DNA 염기순서결정 방법은 Frederick Sanger에 의해 개발된 한 방법에 근거를 둔다. 한 DNA의 클론 조각은 두 가닥으로 분리한다. 이들을 각기 주형 가닥으로 이용하여 시험관에서 DNA를 복제한다. 한 primer 가닥도 필요하다. 이것은 주형 가닥을 가수분해하는 짧은 조각의 DNA이다. 그 primer는 DNA를 합성하는 동안 새로운 뉴클레오타이드를 첨가하는 출발점이다.

DNA는 그 다음에 DNA 합성에 필요한 모든 효소와 뉴클레오타이드를 함께 네 개 시험관에 넣는다. 그 외에 각 시험관은 dideoxynucleotide라고 부르는 비정상 뉴클레오타이드를 함유한다. 이러한 뉴클레오타이드는 deoxyribose의 3′ 위치에서 -OH 원자단이 아닌 수소결합을 갖는 표준 뉴클레오타이드와 다르다. Dideoxynucleotide는 성장하는 DNA 사슬과 결합할 때 한 말단 사슬로 반응한다. 그것은 3′-OH를 갖지 않으므로 다른 뉴클레오타이드와 포스포디에스터 결합을 형성하지 않고 더 이상 중합반응이 일어날 수 없다.

DNA, 효소, 복제에 필요한 과량 뉴클레오타이드를 함유하는 각 네 개 시험관도 각기 소량씩 네 개 분량이 필요하다. 예를 들어, dideoxyadenosine triphosphate (ddA)를 받는 시험관에서 DNA 합성이 시작될 것이다. 복제를 계속할 때 표준 뉴클레오타이드는 과량으로 존재하고 dideoxynucleotide는 때때로 그리고 불규칙하게 결합한다. 이것은 그 분자에서 deoxyadenosine 중 한 위치에서 끝나는 DNA 조각분자 계열을 생성한다.

동일한 반응은 각 dideoxynucleotide에서도 일어난다. 그 다음에 DNA 조각분자는 DNA 염기순서결정 젤에서 젤 전기이동에 의해 분리된다. 그 네 가지 반응물은 차례로 젤 위의 네 개의 구멍에 놓는다. 전기이동한 다음 DNA 염기순서는 그림 8.26처럼 젤에서 직접 읽을 수 있다.

처음에 사슬 말단 DNA 염기순서결정을 수행할 때 방사성 동위원소를 DNA 가닥표시에 이용한다. 그러나 새로운 자동화 시스템이 생겼다. 그것은 각 dideoxynucleotide들이 서로 다른 색을 나타내는 형광염료로 표시하는 dideoxynucleotide를 이용한다. 각 반응(A, G, C, T)은 서로 다른 색이므로 모든 반응은 단일 반응혼합물에서 일어날 수 있

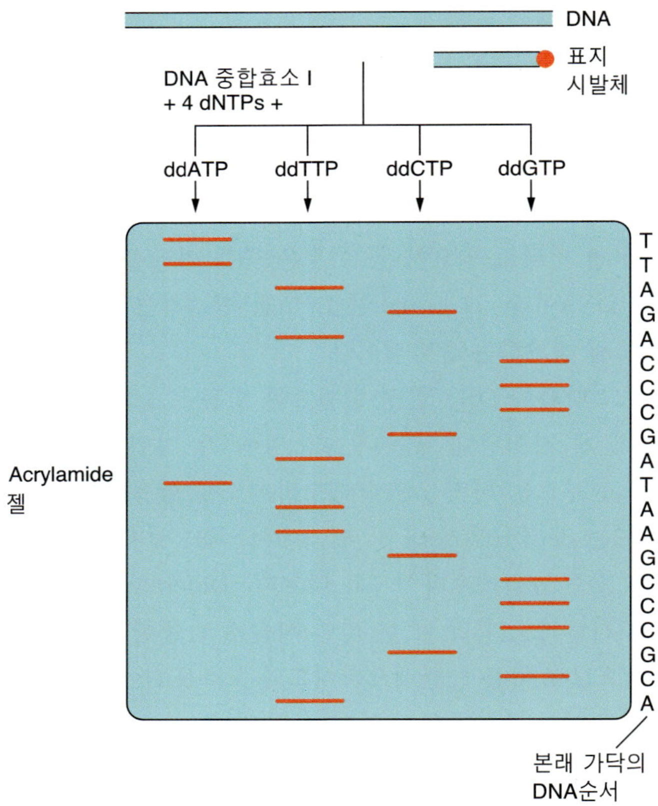

그림 8.26
사슬 말단에 의한 DNA 염기순서의 결정은 주형 DNA 가닥과 방사성 시발체가 필요하다. 이들은 각 네 가지 반응 혼합물에 넣는다. 그 반응혼합물은 DNA 중합효소, 네 가지 DNA 뉴클레오타이드(dATP, dCTP, dGTP, TTP), 네 가지 dideoxynucleotide 중 하나를 함께 함유한다. 반응 다음에 그 생성물은 DNA 염기순서 결정 젤에서 분리한다. 그 염기순서는 젤의 자동기록기로부터 읽는다.

고, 그 생성물은 한 줄의 염기순서결정 젤에서 분리한다. 그 다음에 컴퓨터로 각 DNA 띠의 색을 분간하여 "젤"을 읽는다. 그 염기순서 정보는 그 다음 분석을 위해 데이터 뱅크에 직접 저장한다.

현재 인터넷에 이용가능한 방대한 양의 DNA 정보들이 있다. 많은 박테리아의 완전한 게놈이 Human Genome project에 의하여 얻은 염기순서 정보와 함께 보고되어 있다. 우리는 유전자 코드를 알고 있으므로 유전자에 의하여 코드를 매긴 단백질의 아미노산 순서를 예상할 수 있다. 연구원들도 정상 유전자 순서를 유전장애로부터 사람들의 고통받는 사람들의 유전자 순서과 비교할 수 있다. 이용 가능한 거대한 DNA 정보는 연구에 필요한 많은 종류의 분석과 함께 완전히 새로운 과학분야로 떠오르고 있다. **Bioinformatics**라는 분야는 컴퓨터 정보과학과 DNA 기술이 합친 것이고 우리들이 모으는 DNA 순서 정보를 이해하고 분석하고 응용하는 방법의 연구를 돕고 있다.

요약

8.1 뉴클레오타이드 구조

DNA와 RNA는 뉴클레오타이드의 중합체이고 그것은 5-탄소당 (RNA의 리보스와 DNA의 2′-데옥시리보스), 질소성 염기, 그리고 하나, 둘, 또는 세 포스포릴 원자단으로 구성한다. 질소성 염기는 두 가지 종류, 즉 purine(adenine과 guanine) 그리고 pyrimidine(cytosine, thymine, uracil)이 있다. Deoxyribonucleotide는 DNA의 소단위다. *Ribonucleotide*는 RNA의 소단위다.

8.2 DNA와 RNA 구조

뉴클레오타이드는 DNA와 RNA 두 가지에서 3′-5′ 포스포디에스터 결합으로 합쳐진다. DNA는 이중나선이고 DNA 두 가닥이 서로 주위를 나선형 오른쪽으로 감고 있다. 당-인산 뼈대는 나사선 밖에 있고 상보성 염기쌍이 나사선 중심을 확장한다. 그 염기 쌍은 수소결합으로 함께 결합되어 있다. Adenine 염기는 thymine과 쌍으로 그리고 cytosine 염기는 guanine과 쌍을 이룬다. 이중나선에서 두 가닥 DNA는 서로 역평행이다. RNA는 단일 가닥이다.

8.3 DNA 복제

DNA 복제는 DNA 분자의 신뢰성있는 사본의 합성과 관련있다. 그것은 반-보전성이다. 즉 각 딸 분자는 한 양친 가닥과 한 새로운 합성 가닥으로 구성한다. *DNA* 중합효소는 각 양친 가닥을 '읽고" 염기 쌍 규칙에 따라 상보성 딸 가닥을 합성한다.

8.4 생물계에서 정보흐름

중심원리는 세포에서 생물 정보흐름이 DNA → RNA → 단백질이다. 거기에는 세 종류 RNA가 있다. 즉 그것은 전령 RNA, 전달 RNA, 리보솜 RNA이다. 전사는 RNA를 합성하는 과정이다. RNA 중합효소는 RNA 합성을 촉매작용한다. 전사는 개시, 신장, 종결이라는 세 단계로 일어난다. 진핵생물 유전자는 단백질을 암호화하지 않는 염기순서, 즉 인트론을 함유한다. 이들은 RNA 이어맞추기 과정에 의해 일차 전사로부터 제거된다. 최종 mRNA는 단백질 보호화 염기순서 또는 엑손만 함유한다. 이 최종

mRNA도 5′ 캡 구조와 3′poly(A) tail을 갖는다.

8.5 유전 암호

유전 코드는 삼중 암호다. 각 코드 단어는 codon이라 부르고 세 뉴클레오타이드로 구성한다. 유전 코드는 64 코돈이 있다. 이들 중에서 세 종류는 종결 코돈(UAA, UAG, UGA)이고 나머지 61은 아미노산을 명시한다. 대부분 아미노산은 몇 가지 코돈을 갖는다. 결과적으로 유전코드는 퇴화라고 부른다.

8.6 단백질 합성

단백질 합성과정을 번역이라고 부른다. mRNA에서 유전자 코드 단어는 tRNA에 의해 해독한다. 각 tRNA는 mRNA의 코돈에 대하여 상보적 한 안티코돈을 갖는다. 그 밖에 tRNA는 그것의 정확한 아미노산과 공유결합한다. 그리하여 코돈과 안티코돈 사이에 수소결합은 단백질 합성 자리에 정확한 아미노산을 가져온다. 번역도 개시, 사슬신장, 종결이라는 세 단계로 일어난다.

8.7 돌연변이, 자외선 그리고 DNA 수선

DNA 순서에서 어떤 변화는 돌연변이다. 돌연변이는 DNA 변화 종류에 따라 점 돌연변이, 결손 돌연변이, 삽입 돌연변이 세 종류가 있다. 자외선은 pyrimidine 이합체를 형성하는 원인이다. Pyrimidine 이합체 수선 동안에 오류를 발생하여 UV-유발 돌연변이를 발생할 수 있다. 살균(UV) 램프는 환경 표면에서 박테리아를 죽일 때 이용한다. 피부에 대한 UV 손상은 피부 암을 초래할 수 있다.

8.8 재조합 DNA

유전 공학은 제한효소, agarose 겔 전기이동, 혼성체형성, cloning vector를 포함하는 몇 가지 방법이 필요하다. DNA 클론은 한 제한효소를 이용한 그 목표의 분해 및 vector DNA와 관련있다. DNA 연결효소는 그 목표 및 vector DNA와 공유결합하고 재조합 DNA 분자는 박테리아 세포로 변환하여 들어간다. 원하는 클론은 항생제 선택과 혼성체형성을 이용하여 위치를 정한다. 많은 진핵생물 유전자는 의학적으로 중요한 단백질을 생산하는 목적으로 클론한다.

8.9 중합효소 연쇄반응

Thermus aquaticus 박테리아와 특이 DNA 시발체에 의하여 생성된 열-안정 DNA 중합효소를 이용하는 중합체효소 연쇄반응은 소량으로 존재하는 DNA 염기순서를 증폭한다. 이 기술은 유전자 선별, 바이러스 진단, 또는 박테리아성 질병 그리고 법의과학에 유용하다.

8.10 인간 게놈 계획

인간 게놈 계획의 목적은 인간 게놈의 유전자를 확인하고 지도를 그린 다음 각 염색체의 완전한 DNA 염기순서를 결정하는 것이다. 이것을 하려면 게놈 라이브러리를 만들고 클론의 DNA 염기순서를 결정한다. 각 염색체를 따라 염기순서의 지도를 그리려면 염색체 이동을 이용한다. DNA 염기순서는 DNA 중합효소가 특이 DNA 염기순서를 복제하는 것과 관련있다. 사슬 종결(dideoxynucleotide)의 원인을 발생하는 뉴클레오타이드 동족들은 그 성장에서 불규칙하게 결합한다. 이것은 한 뉴클레오타이드 만큼 크기가 다른 DNA 조각분자 계열을 발생한다. DNA 염기순서 젤은 이러한 조각분자를 분리하고 DNA 염기순서 자료를 제공한다.

주요한 용어

- 게놈(8.2)
- 결손 돌연변이(8.7)
- 돌연변이(8. 7)
- 돌연변이유발원(8.7)
- 리보솜(8.6)
- 리보솜의 아미노아실 tRNA 결합자리(8.6)
- 반대평행 가닥(8. 2)
- 반보존성 복제(8.3)
- 발암물질(8.7)
- 번역(8.4)
- 복제분기점(8.3)
- 복제원점(8.3)
- 삽입 돌연변이(8.7)
- 상보성 가닥(8.2)
- 시발인자(8.6)
- 신장인자(8. 6)
- 아미노아실 tRNA 합성효소(8.6)
- 점 돌연변이(8.7)
- 제한효소(8.8)
- 종단코돈(8.6)
- 중심이론(8.4)
- 진핵세포(8.2)
- 촉진제(8.4)
- 침묵 돌연변이(8.7)
- 캡 구조(8.4)
- 코돈(8. 4)
- 퇴화 코드(8. 5)
- 해리인자(8.6)
- 혼성체형성(8.8)
- Bioinfomatics(8.10)
- cloning vector(8. 8)
- deoxyribonucleic acid(DNA)(8.1)
- deoxyribonucleotide(8.1)
- DNA 중합효소(8.3)

- 아미노아실 tRNA(8.6)
- 안티코돈(8.4)
- 엑손(8. 4)
- 염기 쌍(8.2)
- 염색체(8. 2)
- 원핵생물(8.2)
- 이중나선(8.2)
- 인트론(8.4)
- 일차 전사(8.4)
- 자리옮김(8.6)
- 전달 RNA(tRNA)(8. 4)
- 전령 RNA(mRNA)(8.4)
- 전사(8.4)
- 전사후 변형(8. 4)
- nucleosome(8. 2)
- nucleotide(8.1)
- peptidyl tRNA binding site of ribosome(P-site) (8.6)
- poly(A) tail(8.4)
- polysome(8. 6)
- purine(8.1)
- pyrimidine 이합체(8.7)
- pyrimidine(8.1)
- ribonucleic acid(RNA)(8. 1)
- ribonucleotide(8.1)
- ribosomal DNA(rRNA)(8.4)
- RNA 이어맞추기(8.4)
- RNA 중합효소(8.4)

문제

뉴클레오타이드 구조

8.8 Purine 구조를 그린 다음 뉴클레오타이드에서 당과 결합한 질소를 지적하라.

8.9 ATP는 세포의 범용 에너지다. 어떤 화합물이 ATP 뉴클레오타이드를 만드는가?

DNA와 RNA 구조

8.10 한 DNA 분자의 두 가닥은 반대평행이다. 이 설명은 무엇을 의미하는가?

8.11 Adenine-thymine 염기 쌍은 얼마나 많은 수소결합으로 연결되는가?

8.12 Deoxycytosne-5′-monophosphate는 3′ → 5′ phosphordiester 결합에 의해 thymidine-5′-monophosphate으로 결합할 때 생기는 구조를 그려라.

DNA 복제

8.13 반보존성 DNA 복제는 무엇을 의미하는가?

8.14 DNA 중합효소의 두 가지 주요한 기능은 무엇인가?

8.15 DNA 가닥이 다음 뉴클레오타이드 염기순서를 가지면

5′-ATGCGGCTAGAATATTCCA-3’

상보성 딸 가닥의 순서는 무엇인가?

8.16 V 분자의 복제 원점은 무엇인가?

생물계에서 정보흐름

8.17 분자 생물학의 중심원리는 무엇인가?

8.18 어떤 분자들이 안티코돈에서 발견되는가?

8.19 한 유전자가 다음 뉴클레오타이드 순서를 가지면

5′-TACCTAGCTCTGGTCATTAAGGCAGTA-3′

mRNA 순서는 무엇인가?

8.20 RNA 이어맞추기는 무엇을 의미하는가?

8.21 세 종류 RNA 분자를 나열하라.

8.22 Spliceosome 기능은 무엇인가?

8.23 Poly(A) tail은 무엇인가?

8.24 캡 구조는 무엇인가?

유전 암호

8.25 얼마나 많은 코돈이 유전코드를 구성하는가?

8.26 한 유전자를 읽는 틀은 무엇을 의미하는가?

8.27 어느 아미노산이 한 코돈에 의해서만 코드화되는가?

8.28 한 필수 유전자는 결정적 위치에서 5′-UUU-3′ 코돈을 갖는다. 이 코돈이 5′-UUG-3′ 염기순서로 돌연변이하면 그 세포에 대하여 기대하는 결과는 무엇인가?

단백질 합성

8.29 리보솜 기능은 무엇인가?

8.30 번역의 세 단계, 즉 개시, 신장, 종결을 간단히 설명하라.

8.31 아미노아실 tRNA 분자에서 한 아미노산이 tRNA와 어떤 결합 형태로 결합하는가?

돌연변이, 자외선 그리고 DNA 수선

8.32 UV는 DNA에 어떤 손상을 주는가? 그리고 이것은 돌연변이를 어떻게 초래하는가?

8.33 발암물질은 무엇인가? 발암물질도 왜 돌연변이하는가?

재조합 DNA

8.34 제한효소는 무엇인가?

8.35 혼성체형성의 분자기본을 설명하라.

8.36 의약 분야에서 가치있는 재조합 DNA의 세 가지 생성물을 나열하라.

중합효소 연쇄반응

8.37 10회전 중합효소 반응 후 그 혼합물에서 각 본래 분자에 대하여 당신이 갖는 목표 DNA 사본은 얼마인가?

인간 게놈 계획

8.38 인간 게놈 계획의 주요한 목적은 무엇인가?

8.39 게놈 라이브러리는 무엇인가?

8.40 Dideoxynucleotide는 무엇인가?

8.41 한 연구원은 다음 다섯 조각의 DNA 순서를 결정했다. 이 순서 정보를 이용하여 서로 상대적인 이러한 조각의 위치를 그림으로 그려라.

a. 5′-AGCTCCTGATTTCATACAGTTTCTACTACCTACTA-3′

b. 5′-AGACATTCTATCTACCTAGACTATGTTCAGAA-3′

c. 5′-TTCAGAACTCATTCAGACCTACTACTATACCTTGG-GAGCTCCT 3′

d. 5′-ACCTACTAGACTATACTACTACTAAGGGGACTATTCCAG-ACTT 3′

용 어

A

absolute specificity

(절대 특이성. 4장. 5절) 한 번의 반응에만 결합하여 촉매작용하는 효소의 성질.

acetyl coenzyme A (acetyl CoA)

(아세틸 조효소. 6.2) 조효소 A와 아세틸 원자단으로 구성된 분자. 산소호흡에 의한 완전 산화에 acetyl 원자단을 제공하는 중간체.

active site

(활성자리 4.4) 기질 결합자리에 있는 효소 표면의 틈새.

active transport

(능동수송 2.6) 농도 기울기에 따라 막을 통하여 분자의 이동.

acetyl carrier protein (ACP)

(아세틸 수송 단백질 7.4) 지방산을 합성하는 동안 지방산과 thioester 결합을 형성하는 단백질.

adenosine triphosphate (ATP)

(5.1) purine, adenine, 당 리보스, 그리고 세 개 포스포릴 원자단으로 구성된 뉴클레오타이드; 세포대사에서 세포에 의해 사용된 일차 에너지 저장과 수송분자.

adipocyte

(지방세포 7.1) 지방 세포

adipose tissue
(지방질 조직 7.1) 인체 지방질의 대부분을 저장하는 지방조직.

aerobic respiration
(산소호흡 6.3) 식품분자 분해와 ATP 생성에 필요한 산소.

aldose
(알도스 1.2) 알데하이드(카보닐) 원자단을 함유하는 당.

allosteric enzyme
(다른자리입체성 효소 4.9) 한 효과기 결합자리와 활성자리를 갖는 효소; 효과기 결합은 활성자리 모양을 변화하고 활성 또는 비활성을 나타낸다.

α-amino acid
(α-아미노산 3.2) 한 카복실산 원자단, 한 양성자화 아미노 원자단, 한 수소, 여러 R 원자단과 결합한 α-탄소로 구성된 소단위 단백질.

aminoacyl tRNA
(8.6) 정확한 아미노산과 공유결합한 전달 RNA.

aminoacyl tRNA binding site of ribosome (A-site)
(리보좀의 아미노아실 tRNA 결합자리 8.6) 번역하는 동안 aminoacyl tRNA를 붓잡고 있는 리보좀 표면의 주머니.

amphibolic pathway
(불안정 경로 6.9) 합성대사(또는 동화작용)와 분해대사의 양쪽으로 작용하는 대사경로.

amylopectin
(아밀로펙틴 1.6) 많은 가지를 갖는 아밀로스 형태; 그 가지들은 α(1 6) 글리코시드 결합에 의해 C-6 하이드록실과 결합한다. 전분의 한 성분.

amylose
(아밀로스 1.6) 주요한 전분성분인 α(1 4) 글리코시드 결합에 결합된 α-D-글루코스 분자의 선형 폴리머. 폴리당류의 저장 형태.

anabolism
(합성대사 또는 동화대사 5.1, 6.9) 세포의 모든 에너지-요구 생합성 경로.

anaerobic threshold
(혐기성 최저한계 5.4) 운동 근육 중 젖산 수준이 해당작용과 근육을 억제하여 에너지를 탈취하고 기능을 중지하는 포인트.

anaplerotic reaction

(보충대사 반응 6.9) 성화학 경로에 필요한 기질을 보충하는 반응.

anomer

(아노머 1.4) 헤미아세탈 탄소 주위의 결합배열이 서로 다른 고리 단당류의 이성질체.

antibody

(항체 3.1) 면역글로불린; 감염성 인자의 침입에 감응하여 면역계 세포에 의해 생성된 특수한 당단백질.

anticodon

(안티코돈 8.4) mRNA에서 한 코돈을 보충하는 tRNA에 대한 세 가지 리보뉴클레오타이드의 순서.

antigen

(항원 3.1) 면역계를 자극할 수 있는 어떤 물질; 일반적으로 단백질 또는 큰 탄수화물.

antiparallel

(반대평형 8.2) DNA 이중나선의 두 가닥 극성을 설명하는 용어. 한 가닥에서 당-인산 뼈대는 5' → 3' 방향으로 진행하고 반대쪽 상보 가닥에서 당-인산 뼈대는 3'-5' 방향으로 진행한다.

apoenzyme

(주효소 4.7) 촉매작용에 조효소가 필요한 효소의 단백질 부분.

arachidonic acid

(2.2) linoleic acid로부터 유도한 지방산; prostaglandin의 선구 물질.

asymmetric carbon

(비대칭 탄소 1.3) 카이랄 탄소; 서로 다른 네 개 원자단과 결합한 한 탄소.

atherosclerosis

(축상경화증 2.4) 동맥의 벽에 과량의 혈장 콜레스테롤과 기타 지방질, 단백질이 침착하여 동맥의 지름이 감소하고 혈압이 증가하는 질병.

ATP synthase

(APT 합성효소 6.6) APT를 생성하기 위하여 양성자(H+) 기울기 에너지를 이용하는 내부 미토콘드리아 막 내부의 멀티단백질 복합물.

B

base pair

(염기쌍 8.2) DNA 이중나선 내부에 있는 수소가 결합된 염기쌍; 표준 염기쌍은 항상 purine과 pyrimidine을 포함한다. 특히 adenine은 항상 thymine과 염기쌍을 그리고 cytosine은 guanine과 염기쌍을 이룬다.

Benedict' s reagent

(Benedict 시약 1.4) 환원당을 시험하기 위하여 또는 알데하이드와 키톤을 식별하기 위하여 사용하는 Cu2+이온의 완충용액.

bile

(쓸개즙 7.1) lecithin, 콜레스테롤, 쓸개즙염, 단백질, 무기물 이온, 지방 방울을 에멀죤화하여 지질의 소화를 돕는 쓸개즙 색소 등의 미셀.

bioinformatics

(생물정보학 8.10) DNA 순서 정보의 이해, 분석, 응용 등에 관한 방법을 연구하기 위하여 컴퓨터 정보과학과 DNA 기술을 이용하는 학문협동 분야.

C

C-terminal amino acid

(C-말단 아미노산 3.3) 자유 α-CO_2^- 원자단을 갖는 펩타이드 중 아미노산; 한 펩타이드에서 마지막 아미노산.

cap structure

(모자구조 8.4) 5' -5' triphosphate 다리에 의해 mRNA의 5' 말단과 공유결합한 7-methylguanosine 단위의 구조.

carbohydrate

(일반적으로 당과 당 폴리머; 세포를 위한 주요한 에너지 공급원.

carcinogen

(발암물질 8.7) 세포성장이나 암을 조절하지 못하게 만들어 DNA에서 돌연변이를 발생하는 어떤 화학적 또는 물리적 약물.

atabolism

(분해대사 5.1, 6.9) 연료 분자의 분해와 세포기능을 위한 ATP 생성.

cellulose

(셀룰로스 1.6) β(1 4) 글리코시드 결합에 의하여 결합된 β-D-글루코스의 폴리머.

central dogma

(중심원리 8.4) 세포에서 유전정보의 방향전달을 설명; DNA RNA 단백질.

chiral molecule

(카이랄 분자 8.2) 거울상 형태로 존재할 수 있는 분자.

cholesterol

(콜레스테롤 2.4) 스테로이드 호르몬의 선구물질로 이용하는 27 탄소 스테로이드 고리의 구조.

chromosome

(염색체 8.2) 모든 유전명령 또는 생물체의 유전자를 운반하는 DNA의 한 부분.

chylomicron

(유미입자 2.5, 7.1) 장관으로부터 혈액을 통하여 모든 인체조직으로 트리글리세라이드를 운반하는 단백질과 트리글리세라이드의 혈장 지방단백질(단백질과 트리글리세라이드의 집합체).

citric acid cycle

(시트르산 회로 6.4) 생화학적 회로의 경로이고 탄수화물, 지방질, 아미노산을 분해하는 최종단계다. 이러한 식이 연료로부터 나온 아세틸원자단을 완전 산화한다.

cloning vector

(클로닝 벡터 8.8) 클론 DNA 파편을 세포로 운반하고 주세포 내에서 DNA를 많이 복사할 수 있는 복제 개시점을 갖는 DNA.

coagulation

(응집 3.10) 단백질이 용액 중에서 변성되어 고체를 만들려고 서로 응집되는 과정

codon

(코돈 8.4) 성장하는 펩타이드 사슬에 특수한 아미노산 첨가를 명시하는 mRNA에 있는 한 그룹의 세 개 리보뉴클레오타이드.

coenzyme

(조효소 4.7) 어떤 효소에 필요한 유기물 원자단; 일반적으로 전자의 주개

또는 받개로 그리고 반응에서 작용기로 작용한다.

coenzyme A

(조효소 A 6.2) ATP와 바이타민 pantothenic acid 로부터 나온 분자. 조효소 A는 지방질과 탄수화물대사에서 아세틸 원자단의 전달작용을 한다.

cofactor

(보조인자 4.7) 무기물 원자단이고 일반적으로 금속이온이다. 그것은 활성자리의 정확한 위치배열을 유지하기 위하여 주효소와 결합하여야 한다.

colipase

(7.1) 작은 지질방울과 결합하여 췌장 지방질 가스분해효소의 결합을 촉진하여 지질소화를 돕는 단백질.

competitive inhibitor

(경쟁적 저해제 4.10) 구조 유사물; 한 효소의 자연 기질과 매우 유사한 구조를 갖는 분자는 효소활성자리 결합을 위하여 자연 기질과 경쟁하고 그 반응을 저해한다.

complementary strands

(상보성 가닥 8.2) 이중나선의 반대가닥은 항상 짝을 형성하는 adenine과 thymine 또는 guanine과 cytosine처럼 서로 수소결합한다.

complete protein

(완전 단백질 3.11) 필수아미노산과 비-필수 아미노산을 모두 포함하는 단백질 공급원.

complex lipid

(복합지질 2.5) 다른 종류의 분자와 결합한 지질.

Cori Cycle

(Cori 회로 5.6) 일하는 근육에 의하여 생성된 젖산이 간 세포에 섭취되고 글루코스 신생합성에 의하여 글루코스로 다시 되돌아가는 대사경로.

cristae

(크리스테 6.1) 미토콘드리아 내부막의 주름.

D

degenerate code

(퇴보 코드 8.5) 몇 가지 유전암호에서 한 아미노산을 명시하기 위하여 삼

중 코돈을 사용할 수 있는 사실의 설명에 이용하는 용어

deletion mutation

(결실 돌연변이 8.7) DNA 순서로부터 하나 이상 뉴클레오타이드가 손실되는 돌연변이.

denaturation

(변성 3.10) 단백질의 조직구조가 파괴되어 완전히 비조직화된 단백질이 기능을 상실하는 형태의 과정.

deoxyribonucleic acid(DNA)

(8.1) 한 생물의 모든 유전정보를 운반하는 핵산분자; DNA 분자는 두 가닥으로 구성된 이중나선이고 각 나선은 인산원자단, 데옥시리보스, 질소성 염기, thymine, cytosine, adenine, guanine으로 구성한다.

deoxyribonucleotide

(8.1) 뉴클레오시드 인산 또는 뉴클레오타이드는 당 2'-데옥시리보스의 1'-탄소와 결합한 β-N-글리코시드 결합의 질소성 염기로 구성되고 5'-탄소의 하이드록실에서 에스터화된 1, 2, 또는 3 포스포릴 원자단을 갖는다.

diabetes mellitus

(진성 당뇨병 7.3) 불충분한 수준의 인슐린을 생성하고 혈액과 오줌에 높은 수준의 글루코스가 존재하는 특성을 갖는 질병.

diglyceride

(디글리세라이드 2.3) 두 자리에서 에스터화된 글리세롤의 생성물.

disaccharide

(이당류 4.1) 산소원자 다리를 통하여 결합된 두 개 단당류로 구성된 당.

DNA polymerase

(DNA 중합효소 8.3) 주형으로 어미가닥을 사용하여 딸 DNA 가닥의 중합화를 촉매작용하는 효소.

double helix

(이중나선 8.2) 두 개 당-인산 뼈대가 외부에 감겨있고 질소성 염기가 중심으로 확장되는 특성을 갖는 DNA 분자구조와 비슷한 나선 계단

E

eicosanoid

(2.2) prostaglandin, leukotriene, thromboxane을 포함하는 20-탄소 지방산 유도체.

electron transport system

(전자 전달계 6.6) NADH와 FADH2로부터 고에너지 전자를 받아 분자산소에 단계적 방식으로 전자를 전달하는 내부 미토콘드리아 막에 매몰된 전자전달 단백질 계열.

elongation factor

(연장인자 8.6) 연장 상(phase)의 평행이동을 촉진하는 단백질.

emulsifying agent

(유화제 2.3) 물에서 지방질의 서스펜젼을 돕는 이중극 분자.

enantiomers

(거울상 이성질체 1.3) 서로 겹치지 않는 거울상을 갖는 입체이성질체.

enzyme

(효소 3.1, 4:서론) 생체 촉매로 작용하는 단백질.

enzyme specificity

(효소 특이성 4.5) 한 기질만 또는 매우 드물지만 몇 개 기질과 결합하여 한 반응만 촉매작용하는 효소의 기능.

enzyme-substrate complex

(효소-기질 복합체 4.4) 기질이 효소의 활성자리와 결합할 때 형성되는 분자 집합체.

essential amino acid

(필수아미노산 3.11) 인체에서 합성되지 않고 식이에 의하여 공급되어야 하는 아미노산.

essential fatty acids

(필수지방산 2.2) 인체에 의하여 합성되지 않으므로 식이에 의하여 공급되어야 하는 linolenic acid와 linoleic acid의 지방산.

esterification

(에스터화 2.2) 카복실산과 알코올 반응에 의한 에스터 형성.

eukaryote

(진핵생물 8.2) 핵의 막으로 둘러싸인 참 핵을 포함하고 서로 다른 세포 기능이 서로 다른 부분으로 분리된 여러 가지 막-결합 소기관 세포를 갖는 생물체.

exon

(엑손 8.4) 마지막으로 성숙된 mRNA에서 발견된 유전자의 단백질-코딩 순서

F

F0F1 complex

(F0F1 복합체 6.6) ATP 합성효소에 대한 또 다른 용어; ATP를 생성하기 위하여 양성자 농도 기울기의 에너지를 이용하는 내부 미토콘드리아 막에서 멀티 단백질 복합체.

facilitated diffusion

(촉진 확산 2.6) 막을 통하여 고농도 영역으로부터 막 횡단 단백질을 통하여 저농도 영역으로 용질의 이동 또는 투과효소의 이동

fatty acid

(지방산 2.2) 일반적으로 4-20 탄소원자를 함유하는 연쇄 카복실산 족의 계열; 세포에 의하여 사용되는 가장 진한 에너지 공급원.

feedback inhibition

(되먹임 억제 4.9) 생합성 과정의 과량 생성물이 생성물 자신을 합성하는 전 과정을 피하는 과정

fermentation

(발효 5.4) 알짜 산화반응 없이 일어나는 혐기성(산소가 없는) 분해대사. NADH가 산화될 때 pyruvate 또는 pyruvate로부터 생성된 유기화합물이 환원된다.

fibrous protein

(섬유상 단백질 3.5) 긴 판상 또는 섬유상으로 배열된 펩타이드로 구성된 단백질

Fischer Projection

(Fischer 투영도 2.3) 분자를 보여주는 이차원 그림. 그것은 두 선의 교점에 카이랄 탄소가 있고 수평선은 종이평면을 벗어나 투영되는 결합을 나타내고 수직선은 종이평면 안으로 투영되는 결합을 나타낸다.

fluid mosaic model

(유동 모자익 모델 2.6) 지질 이중층의 유동성질과 막 안에 내장된 여러 가지 단백질의 존재를 설명하는 막 구조의 모델

fructose

(프럭토스 1.4) levulose와 과당이라고도 부르는 키토헥소스; 모든 당 중에서 가장 달고 꿀과 과일에 많이 들어있다.

G

galactose

(갈락토스 1.4) 락토스(유당) 성분을 갖는 알도헥소스.

galactosemia

(갈락토스 축적증 1.5) 갈락토스를 세포대사 반응에 사용할 수 있는 글루코스의 포스포릴화 형태(글루코스-1-인산)로 변환할 수 없기 때문에 발생되는 인간의 유전질환.

genome

(지놈 8.2) 모든 생물의 염색체에서 완전한 한 벌의 유전정보.

globular protein

(구형 단백질 3.6) 조밀한 구형으로 단단하게 겹친 폴리펩타이드 사슬로 구성된 단백질.

glucagon

(글루카곤 5.7, 7.6) 췌장에서 Langerhans 섬의 α-세포에 의하여 합성되고 저혈당 수준에 대응하여 분비되는 펩타이드 호르몬; 글루카곤은 글라이코젠 분해와 글라이코젠 합성을 촉진하고 혈당농도를 증가한다.

gluconeogenesis

(글루코스 신생합성 5.6) 탄수화물 아닌 선구물질로부터 글루코스의 합성.

glucose

(글루코스 1.4) 알도헥소스이고 가장 풍부한 단당류다. 락토스와 슈크로스 같은 여러 가지 이당류의 성분이고 셀룰로오스, 전분, 글라이코젠 같은 폴리당류의 성분이다.

glyceraldehyde

(글리세르알데하이드 1.3) 가장 간단한 탄수화물의 알도트리오스; 글리세르알데하이드의 포스포릴화 형태는 세포대사 반응에서 중요한 중간체다.

glyceride

(글리세라이드 2.3) 글리세롤을 함유하는 지질.

glycogen

(글라이코젠 1.6, 5.7) 동물의 간과 근육에 저장된 글루코스의 길고 가지 달린 중합체; α(1-4)결합에서 α-D-글루코스의 선형 뼈대로 구성되고 그것은 α(1 6)에 의하여 C-6 하이드록실 원자단에 결합된 여러 가지 짧은 가지를 갖는다.

glycogenesis

(글라이코젠 합성 5.7) 혈당이 높을 때 글루코스를 첨가하여 글라이코젠 중합체가 성장하는 대사경로.

glycogen granule

(당원 과립 5.7) 글라이코젠의 합성과 분해에 기여할 수 있는 효소로 둘러싸인 글라이코젠의 혁.

glycogenolysis

(글라이코젠 분해 5.7) 혈당수준이 낮을 때 글라이코젠 중합체로부터 글루코스 분자를 제거하는 생화학적 경로.

glycolysis

(해당작용 5.3) 글루코스 분자를 두 분자의 pyruvate로 변환하는 효소작용의 경로; 이 혐기성 과정은 두 분자 ATP와 두 분자 NADH를 만드는 알짜 에너지를 발생한다.

glycoprotein

(당단백질 3.7) 당 원자단과 결합된 단백질.

glycosidic bond

(글리코시드 결합 1.2) 어떤 당의 C-1 탄소에 있는 하이드록실 원자단과 또 다른 당의 하이드록실 원자단 사이의 결합

group specificity

(원자단 특이성 4.5) 동일한 작용기를 갖는 같은 분자와 관련있는 반응을 촉매작용하는 효소

guanosine triphosphate(GTP)

(구아노신 삼인산, GTP 5.6) purine guanosine, 당 리보스, 세 개 포스포릴 원자단으로 구성된 뉴클레오타이드.

H

Haworth projection

(Haworth 투영도 1.4) 고리 당 분자 주위에 치환원자단의 방향을 나타내는 한 방법.

α-helix

(α-나선형 3.5) 사슬에서 조금 떨어진 네 개의 나머지 아미노산 카보닐 산소와 한 아미노산의 아마이드 수소 사이에 수소결합된 오른쪽 꼬임 이차구조(그림 3.5).

heme group

(heme 원자단 3.9) 산소 운반의 능력에 기여하는 헤모글로빈과 미오글로빈에서 발견된 화합물 원자단

hemiacetal

(헤미아세탈 1.4) 산 촉매 존재하에서 한 분자의 알코올과 알데하이드의 반응을 통하여 생성된 유기화합물 계열; 헤미아세탈은 다음의 일반구조를 갖는다.

구조식을 넣으시오

hemiketal

(헤미키탈 1.4) 산 촉매 존재하에서 한 분자의 알코올과 키톤의 반응을 통하여 생성된 유기화합물 계열; 헤미키탈은 다음의 일반구조를 갖는다.

구조식을 넣으시오

hemoglobin

(헤모글로빈 3.9) 적혈구 세포의 주요한 단백질 성분; 이 적색의 철-함유 단백질 기능은 산소의 수송이다.

hexose

(헥소스 1.2) 6-탄소 단당류

high-density lipoprotein(HDL)

(고밀도 지질단백질, HDL 2.5) 말초조직으로부터 간으로 콜레스테롤을 수송하는 혈장 지질단백질.

holoenzyme

(완전효소 4.7) 보조인자와 결합된 주효소로 구성되는 활성효소.

hybridization

(보합결합 8.8) 방사성 탐침과 상보 DNA 또는 RNA 순서 사이에 특수한 수소결합에 바탕을 두는 DNA 또는 RNA의 순서를 확인하는 방법.

hydrogenation

(수소화반응 2.2) 수소(H2)를 이중결합 또는 삼중결합에 첨가하는 반응.

hydrolase

(가수분해효소 4.2) 가수분해반응을 촉매작용하는 효소.

hydrophobic amino acid

(소수성 아미노산 3.2) 물을 싫어하는 것; 물과 접촉하는 것보다 무극성 아미노산과 접촉하는 것을 더 좋아하는 무극성 아미노산.

hyperammonemia

(고암모니아혈증 6.8) 인체에 암모니아 이온 농도가 독성을 나타내거나 또는 대단히 치명적 증가를 초래하는 요소회로 중 한 효소가 없는 유전적 결함.

hyperglycemia

(과혈당증 5.7) 정상보다 높은 혈당농도

hypertonic solution

(고창성 용액 2.6) 반투막에 의하여 분리된 두 가지 용액 중 더 진한 용액.

hypoglycemia

(저혈당증 5.7) 정상보다 낮은 혈당 농도

I

incomplete protein

(불완전 단백질 3.11) 모든 필수 아미노산과 비-필수 아미노산을 포함하지 않는 단백질 공급원

induced fit model

(유도 적합 모델 4.4) 효소-기질 복합물을 형성할 때 효소는 유연성 분자이고 기질과 효소는 그들의 모양을 변경하여 서로 적응한다고 가정하는 효소-기질 결합의 이론

initiation factor

(개시인자 8.6) 번역개시 복합물의 형성에 필요한 단백질; 그것은 크고 작은 리보솜 소단위, mRNA, 개시 tRNA, methionyl tRNA로 구성한다.

inner mitochondrial membrane

(안쪽 미토콘드리아 막 6.2) 전자들이 위치한 미토콘드리온 내부에서 많이 겹치고 투과되지 않는 막.

insertion mutation

(삽입 돌연변이 8.7) 하나 이상 뉴클레오타이드가 DNA 순서에 첨가되는 돌연변이

insulin

(인슐린 5.7, 7.6) 고혈당 농도에 대응하여 췌장에서 방출되는 호르몬; 인슐린은 글라이코젠 합성, 지방질 저장, 혈액으로부터 세포의 당 저장과 섭취를 자극한다.

intermembrane space

(막 사이의 공간 6.1) 미토콘드리아 막 외부와 내부사이의 영역. 그 영역은 ATP를 합성하는 양성자(H+) 저장고가 위치한다.

intron

(인트론 8.4) mRNA를 생성하기 위하여 일차 전사로부터 제거되어야 하는 진핵생물 유전자 내부의 비-암호화 순서

irreversible enzyme inhibitor

(비가역 효소 억제 4.10) 활성자리에서 아미노산의 R 원자단과 세게 결합하여 효소 활동도를 제거하는 화합물

isoelectric point

(등전점 3.10) 단백질이 동일한 수의 양전하와 음전하를 갖고 전체 알짜전하 값이 0이 되는 상태

isomerase

(이성질화 효소 4.1) 한 이성질체가 다른 이성질체로 변환을 촉매 역할하는 효소

isotonic solution

(등장성 용액 2.6) 다른 용액과 비교할 때 동일한 용질 농도를 갖는 용액; 용액이 세포 안에 존재할 때 동일한 삼투압을 갖는 용액.

K

α-keratin

(대부분 육지동물의 표피를 형성하는 여러 가지 섬유상 단백질 계열; 깃털, 피부, 부리, 손톱의 중요한 성분

ketoacidosis

(키토아시도스 7.3) 키톤 농도 증가 때문에 생기는 혈액의 pH 감소

ketone bodies

(키톤체 7.3) 아세틸 CoA를 경유하여 간의 지방산으로부터 생성된 아세톤, acetoacetone, β-hydroxybutyrate 화합물

ketose

(키토스 1.2) 키톤(카보닐) 원자단을 함유하는 당

ketosis

(키톤증 7.3) 혈액 중 키톤체 농도의 비정상적 증가

L

lactose (락토스 1.5)

(1 4)글리코시드 결합에서 β-D 갈락토스와 α- 또는 β-D 글루코스로 구성된 이당류

lactose intolerance

(젖산 소화장애증 1.5) 소화효소의 젖당 분해효소 생성의 불가능; 젖당 분해효소는 락토스를 갈락토스와 글루코스로 분해하는 효소다.

ligase

(연결효소 4.2) 두 분자의 연결을 촉매작용하는 효소

lipase

(지방질 가수분해효소 7.2) 글리세롤과 트리글리세라이드의 지방산 사이에 에스터 결합을 가수분해하는 효소

lipid

(지방질 2.1) 무극성 용매 중에서 용해도에 바탕을 두고 함께 분류하는 여러 가지 성분의 생화학적 분자 그룹

lyase
(분해효소 4.1) 이중결합과 관련있는 반응을 촉매작용하는 효소

M

maltose
(말토스 1.5) α(1 4)글리코시드 결합에서 α-D 글루코스와 둘째 글루코스 분자로 구성되는 이당류

matrix space
(매트릭스 공간 6.1) 내부 막 안에서 미토콘드리아의 영역; 시트르산 회로의 반응과 지방산의 β-산화를 수행하는 효소의 위치

messenger RNA
(전령 RNA 8.4) 전사에 의하여 생성되고 단백질의 아미노산 순서를 명시하는 RNA 화학종.

micelle
(미셀 7.1) 무극성과 극성 영역을 갖는 분자의 집합체; 분자 집합체의 무극성 영역은 주위의 물과 만나는 극성 영역을 갖는다.

mitochondria
(미토콘드리아 6.2) 세포의 발전소; 시트르산 회로의 반응, 전자 수송계, ATP를 생산하는 ATP 합성효소 기능 등을 갖는다.

monoglyceride
(모노글리세라이드 2.3) 한 위치에서 글리세롤의 에스테르화 생성물

monosaccharide
(단당류 6.2) 간단한 당류 단위로 구성되는 탄수화물의 가장 간단한 형태

movement protein
(운동단백질 3.1) 세포의 어떤 운동, 예를 들어 근육조직과 박테리아 편모 중에서 actin 및 myosin과 관련있는 단백질

mutagen
(돌연변이 유발원 8.7) 유전자의 뉴클레오타이드 순서를 변화시키는 화학 또는 물리적 화합물

mutation
(돌연변이 8.7) 유전자의 뉴클레오타이드 순서 변화

myoglobin

(미오글로빈 3.4) 근육에서 발견된 산소 저장 단백질

myosin

(마이오신 3.5) 근육조직 중 주요한 단백질의 한 가지; 서로 감긴 두 가지 α-나선의 막대모양 구조를 갖는다.

N

N-terminal amino acid

(N-말단 아미노산 3.3) 자유 α-N^+H_3를 갖는 펩타이드의 아미노산; 한 펩타이드의 첫 번째 아미노산

negative allosterism

(음성 다른 자리 입체성 4.9) 다른 자리 활성효소를 비활성화 하는 효과기의 결합

neutral glyceride

(중성 글리세라이드 2.3) 1, 2, 또는 3 위치에서 글리세롤의 에스터화 생성물

nicotinamide adenine dinucleotide(NAD+)

(5.3) 바이타민, niacin과 뉴클레오타이드 ATP로부터 합성된 분자이고 수소화물 음이온의 운반체로 작용한다; 여러 가지 대사과정에 사용되는 산화제 조효소

nonessential amino acid

(비-필수 아미노산 3.11) 인체에서 합성할 수 있는 아미노산

nonreducing sugar

(비환원당 1.5) Benecict 시약 또는 Tollen 시약으로 산화되지 않는 당

nucleosome

(8.2) 히스톤 단백질의 작은 디스크 주위를 둘러싼 DNA 가닥으로 구성되는 첫 번째 염색체 구조

nucleotide

(뉴클레오타이드 5.1, 8.1) 질소성 염기, 5-탄소 당, 1, 2, 또는 3 포스포릴 원자단으로 구성되는 분자

nutrient protein
(영양 단백질 3.1) 태아와 유아의 아미노산 공급원으로 이용하는 단백질

O

oligosaccharide
(올리고당류 1.1) 3-10 단당류로 구성된 중간 크기 탄수화물.

osmosis
(삼투현상 2.6) 농도 기울기에 대응하여 반투막을 통한 용매의 알짜 흐름.

osmotic pressure
(삼투압 2.6) 물이 반투막을 통하여 용질로 들어가는 알짜 힘; 또는 반투막을 통한 용매의 알짜 흐름의 중지에 필요한 압력.

outer mitochondrial membrane
(외부 미토콘드리아 막 6.1) 미토콘드리아를 둘러싸고 그것을 세포질 내용물로부터 분리하는 막; 작은 '식품' 분자는 대단히 투과성이다.

β-oxidation
(β-산화 7.2) 지방산을 산화하고 아세틸 CoA를 생성하는 생화학적 경로.

oxidative deamination
(산화성 탈아미노화 반응 6.7) NAD+는 환원되고 아미노산은 탈아미노화되는 산화-환원 반응.

oxidative phosphorylation
(산화성 인산화 반응 5.3, 6.6) 생물학적 산화-환원 반응 동안 수확된 전자를 이용한 ATP 생성.

oxidoreductase
(산화환원 효소 4.1) 산화-환원 반응을 촉매작용하는 효소.

P

pancreatic serine proteases
(췌장 세린 단백질 분해효소 4.1) 트립신, 키모트립신, 엘라스타제를 포함하는 단백질 분해의 효소계.

passive transport

(수동수송 2.6) 진한 농도 지역에서 묽은 농도 지역으로 용질 이동.

pentose

(펜토스 1.2) 5-탄소 단당류.

pentose phosphate pathway

(펜토스 인산 경로 5.5) NADPH 형태로 환원력을 갖는 세포를 제공하는 글루코스 분해의 또 다른 경로.

peptide bond

(펩타이드 결합 3.3) 펩타이드 사슬에서 두 아미노산 사이에 아마이드 결합.

peptidyl tRNA binding site of ribosome

(8.6) 성장하는 펩타이드 결합 사슬과 결합한 tRNA를 갖는 리보솜 표면의 주머니.

peripheral membrane protein

(표재성 막 단백질 2.6) 막의 외부 또는 내부 표면과 결합한 단백질.

pH optimum

(취적 pH 4.8) 효소가 반응을 최대 효율로 촉매반응하는 pH.

phosphatidate

(2.3) 글리세롤의 C-1과 C-2에서 에스터화된 지방산과 C-3에서 에스터화된 포스포릴 원자단을 갖는 글리세롤 분자.

phosphoglyceride

(포스포글리세라이드 2.3) 글리세롤의 C-1과 C-2에서 에스터화된 지방산과 C-3 위치에서 에스터화된 포스포릴 원자단을 갖는 분자.

phospholipid

(인지방질 2.3) 포스포릴 원자단을 갖는 지질.

phosphopantetheine

(7.4) 바이타민 pantothenic acid로부터 나온 아실 운반체 단백질과 조효소 A의 부분.

plasma lipoprotein

(혈장 지질단백질 2.5) 인체를 통한 지질 수송과 관련있는 지질과 단백질로 구성된 복합체.

β-pleated sheet
(β-주름판 3.5) 부채 주름과 비슷한 펩타이드 사슬의 보편적 이차구조.

point mutation
(점 돌연변이 8.7) 유전자 안에서 다른 것에 대한 한 뉴클레오타이드 쌍의 치환.

poly(A) tail
(8.4) 진핵생물 전령 RNA 분자의 3' 말단과 공유결합한 100-200 아데노신 모노인산 단위의 지역.

polysaccharide
(폴리당류 1.1) 단당류의 긴 사슬로 구성된 크고 복잡한 탄수화물.

polysome
(폴리솜 8.6) 단일 mRNA를 모두 동시에 번역하는 여러 리보솜의 복합체.

positive allosterism
(양수 다른자리 입체성 4.9) 다른자리 입체성 효소의 활성 자리를 활성화하는 효과기의 결합

primary structure (of a protein)
(단백질의 일차구조 3.4) 각 단백질에 대한 유전자의 유전정보에 의해 결정된 단백질 사슬에서 아미노산의 선형 순서.

primary transcript
(일차전사물 8.4) 후-전사를 변경하기 전에 진핵세포에서 RNA의 전사 생성물.

product
(생성물 4.2) 화학반응에서 생성되는 화학반응식의 오른쪽에 나타낸 화학종.

prokaryote
(진핵류 8.2) 핵 막으로 포위된 참 핵이 없고 세포질에 참 막-결합 소기관이 없는 간단한 세포구조의 생물체.

promoter
(촉진제 8.4) RNA 중합효소에 의해 인식되는 유전자 바로 앞에 그리고 출발점과 전사방향을 신호보내는 뉴클레오타이드 순서.

prostaglandins

(2.2) 20-탄소 지방산, 즉 arachidonic acid로부터 나온 호르몬 비슷한 물질계; 인체의 여러 세포에 의해 생성되고 여러 인체 기능을 조절한다.

prosthetic group

(보결원자단 3.7) 단백질의 생물학적 활동도에 필수 단백질의 비-단백질 부분; 때때로 복합 유기화합물이다.

protein

(단백질 3.서론) 일차구조는 α-아미노산의 선형 순서이고 최종 구조는 사슬이 특수한 삼차원 구조로 겹치는 거대분자; 단백질은 촉매, 구조성분,세포의 영양소로 사용한다.

protein modification

(단백질 변형 4.9) 화학 원자단을 단백질에 첨가하거나 단백질에서 제거하는 효소의 조절 방법; 화학적 변형은 효소를 작동하거나 작동하지 않는다.

proteolytic enzyme

(단백질 분해효소 .11) 단백질 사슬의 아미노산 사이에 펩타이드 결합을 가수분해하는 효소.

purine

(6.4) DNA와 RNA 성분의 질소성 염기(헤테로고리 아민)계열이고 5-결 고리에 붙은 6-결 고리로 구성한다; 핵산 중에서 보편적 purine은 adenine과 guanine이다.

pyridoxal phosphate

(6.7) 모든 아미노전이 반응에 필요한 바이타민 B6에서 나온 조효소.

pyrimidine

(8.1) 핵산 성분의 질소성 염기(헤테로고리 아민) 계열이고 단일 6-결 고리로 구성한다; DNA의 보편적 pyrimidine은 cytosine과 thymine이다. RNA의 보편적 pyrimidine은 cytosine과 uracil이다.

pyrimidine dimer

(pyrimidine 이합체 8.7) DNA 가닥에서 두 이웃 pyrimidine 염기를 자외선 유발로 공유결합된 이합체.

pyruvate dehydrogenase complex

(pyruvate 탈수소화효소 복합물 6.2) pyruvate로부터 CO2와 아세틸 CoA의 합성에 필요한 모든 효소와 조효소이 복합물,

R

reducing sugar

(환원당 1.4) Benedict 시약 또는 Tollens 시약에 의해 산화될 수 있는 당; 모든 단당류와 대부분 이당류를 포함한다.

regulatory proteins

(조절 단백질 3.1) 대사와 생식 같은 세포 기능을 조절하는 단백질.

release factor

(유리인자 8.6) 리보솜의 빈 A-자리에서 졸결 코돈과 결합하고 펩타이드와 peptidyl tRNA 사이에 결합을 가수분해하기 위하여 peptidyl 전달효소를 발생하는 단백질.

replication fork

(복제 분기점 8.3) 새로운 뉴클레오타이드가 성장하는 딸 DNA 복제에 첨가되는 점.

replication origin

(복제 개시점 8.3) DNA 복제를 항상 시작하는 DNA 분자의 영역.

restriction enzyme

(제한 효소 8.8) DNA 분자에서 특수한 뉴클레오타이드 순서를 인식하고 DNA의 당-인산 뼈대 또는 그 자리 가까이에서 절단되는 박테리아 효소.

reversible, competitive enzyme inhibitor

(가역 경쟁 효소 억제제 4.10) 자연 기질의 구조와 전하 분포가 비슷하고 효소활성 자리를 경쟁하는 화합물.

reversible, noncompetitive enzyme

(가역 비경쟁 효소 억제제 4.10) 효소의 아미노산 R 원자단과 약하게 결합하고 활동도를 억제하는 화합물; 억제제가 해리될 때 효소는 활성 형태로 회복된다.

ribonucleic acid(RNA)

(8.1) 포스포릴 원자단, 리보스, 질소성 염기 uracil, adenine, guanine으로 구성되는 단일 가닥 핵산 분자.

ribonucleotide

(리보뉴클레오타이드 8.1) 당 리보스의 1' 탄소에 대한 β-N-글리코시드 결합에서 질소성 염기로 구성된 리보뉴클레오타이드 인산 또는 뉴클레오타

이드이고 리보스의 5' 탄소의 하이드록실에서 에스터화된 1, 2, 또는 3 포스포릴 원자단을 갖는다.

ribose

(리보스 1.4) RNA와 여러 조효소 성분을 갖는 5-탄소 단당류.

ribosomal RNA (rRNA)

(8.4) 작고 큰 리보솜 소단위의 구조와 기능 성분을 갖는 RNA 화학종.

ribosome

(리보솜 8.6) 각기 리보솜 RNA와 단백질로 구성된 크고 작은 소단위를 갖는 세포소기관; 번역이 일어나고 펩타이드 결합을 형성하는 효소 활동도를 수행하는 발판.

RNA polymerase

(RNA 중합효소 8.4) 주형으로 DNA를 이용하여 RNA 분자의 합성을 촉매작용하는 효소.

RNA splicing

(RNA 이어맞추기 8.4) 단백질 순서를 코드화하지 않는 일차전사 부분의 제거.

S

saccharide

(당류 1.1) 당 분자

saponification

(비누화 2.2) 비누를 만드는 과정; 더 일반적으로 말하면 염기수용액에 의한 에스터의 가수분해.

saturated fatty acid

(포화 지방산 2.2) 사슬의 각 탄소들이 최대 수소수로 결합한 긴 사슬 모노탄수화물.

secondary structure

(of a protein) (단백질의 이차구조 3.5) 단백질의 일차구조가 α-나선형 또는 β-주름판으로 겹침; 겹침은 펩타이드 결합의 아마이드 수소와 카보닐 산소 사이의 수소결합에 의해 유지된다.

semiconservative DNA replication

(반-보존 DNA 복제 8.3) DNA 중합효소는 DNA의 각 어미 가닥을 읽고 상보성 딸 가닥을 생성한다; 그리하여 모든 새로운 합성 DNA 분자는 한 어미 가닥과 한 딸 가닥으로 구성한다.

semipermeable membrane

(반투막 2.6) 용매는 투과하지만 용질은 투과하지 못하는 막; 막의 한쪽으로부터 다른 쪽으로 어떤 물질을 수송하는 물질

sickle cell anemia

(낫 세포 빈혈 3.9) 양쪽 부모로부터 유전되는 돌연변이 헤모글로빈 유전자에 의하여 생기는 인간 유전병

silent mutation

(잠재성 돌연변이 8.7) DNA 순서는 변하지만 DNA에 의하여 암호화된 단백질의 아미노산 순서는 변경하지 못하는 돌연변이

sphingolipid

(2.4) 글라이세롤보다 아미노 알코올 sphingosine에서 유도된 phospholipid

sphingomyelin

(2.4) 중추신경계 세포를 둘러싸고 차단하는 myelin 판에서 많이 발견되는 sphingolipid.

stereochemical specificity

(입체화학 특이성 4.5) 물질의 한 거울상 이성질체만 관여하는 반응을 촉매작용하는 효소의 성질

stereochemistry

(입체화학 4.5) 분자에서 원자의 공간적 배열에 대한 연구

stereoisomers

(입체 이성질체 1.3) 동일한 구조식과 결합모양을 갖되 원자의 공간배열이 다른 한 쌍의 분자

steroid

(스테로이드 2.4) 콜레스테롤로부터 나왔고 하나의 5-결 고리와 세 개의 6-결 고리로 구성되는 지질; 스테로이드는 여섯 가지의 호르몬과 반-염증 화합물을 포함한다.

structural analog

(구조유사성 4.10) 자연효소기질과 매우 유사한 구조와 전하 분포를 갖는 화합물

structural protein

(구조단백질 3.1) 여러 가지 식물과 동물에서 기계적 지주 역할을 하는 단백질

substrate

(기질 4.1) 효소 활성자리에 결합하여 생성물로 변환되는 화학반응의 반응물

substrate-level phosphorylation

(기질-수준 인산화반응 5.3) 반응의 기질로부터 ADP로 포스포릴 원자단의 전달에 의한 ATP 생성

sucrose

(슈크로스 1.5) (α1 → β2)글리코시드 결합에서 α-D-글루코스와 β-D-프럭토스로 구성된 이당류

T

temperature optimum

(최적온도 4.8) 효소 기능을 최적으로 발휘하고 반응속도가 최대로 되는 온도

terminal electron acceptor

(끝머리 전자 받게 6.6) 어떤 계로부터 작은 에너지 전자를 제거하는 전자수송 계에서 최종 전자 받게; 호기성 생물에서 끝머리 전자 받게는 분자 산소다.

termination codon

(종결 코돈 8.6) tRNA에서 대응하는 안티코돈이 없는 삼중 리보뉴클레오타이드; 결과적으로 번역은 끝난다. 왜냐하면, 펩타이드 사슬로 전달되는 아미노산이 없기 때문이다.

terpene

(테르펜 2.4) 아이소프렌 단위로부터 합성되는 지질에 대한 일반 용어; 테르펜은 스테로이드, 담즙산염, 지용성 바이타민, 클로로필을 포함한다.

tertiary structure (of a protein)

(단백질의 삼차구조 3.6) 이차구조 영역의 겹침으로부터 생기는 단백질의 삼차원적 구형 구조; 이 겹침은 아미노산의 곁사슬 또는 R원자단의 상호작용 때문에 자연적으로 생긴다.

tetrose

(테트로스 1.2) 4-탄소 단당류

transaminase

(아미노기 전달효소 6.7) 한 분자로부터 다른 분자로 아미노원자단의 전달을 촉매작용하는 효소

transamination

(아미노기 전달반응 6.7) 한 분자로부터 다른 분자로 아미노원자단을 전달하는 반응

transcription

(전사 8.4) DNA 주형으로부터 RNA 합성

transferase

(전이효소 4.1) 한 분자로부터 다른 분자로 작용기의 전달을 촉매작용하는 효소

transfer RNA (tRNA)

(전달 RNA (tRNA) 8.4) 3' 말단에서 특절한 아미노산과 결합하고 성장하는 펩타이드 사슬에서 적당한 자리에 첨가를 중재 역할하는 작은 RNA; tRNA에서 상보성 안티코돈에 의하여 mRNA에서 정확한 코돈의 인식을 완결한다.

transition state

(전이상태 4.6) 효소가 기질의 형태를 변화하여 기질과 생성물의 두 가지 성질을 공유하는 촉매반응에서 불안정한 중간체

translation

(번역 6.4) mRNA에서 수행된 유전암호로부터 단백질의 합성

translocation

(자리옮김 8.6) 번역하는 동안 mRNA에 따른 리보좀의 이동

transmembrane protein

(막 횡단 단백질 2.6) 막 안에 매몰되어 있으면서 세포의 내외 막으로부터 생성되는 지질 이중층을 횡단하는 단백질.

transport protein

(수송단백질 3.1) 수송물질이 세포막을 통과하여 또는 인체를 통하여 이동하는 단백질

triglyceride

(트리글리세라이드 2.3, 7.1) 트리글리세롤; 세 가지 지방산으로 에스터화된 글리세롤로 구성되는 분자

triose

(트리오스 1.2) 3-탄소 단당류

U

unsaturated fatty acid

(불포화 지방산 2.2) 적어도 한 탄소-탄소 이중결합을 갖는 긴 사슬 모노카복실산

urea cycle

(요소회로 6.8) 인체로부터 배설되는 요소로 암모니아 이온을 배설하여 해독하는 일련의 고리반응

uridine triphosphate

(5.7) 글라이코젠 합성에서 글루코스-1-인산 운반체로 작용하는 세 개 포스포릴 원자단, pyrimidine uracil, 당 리보스로 구성된 뉴클레오타이드

V

very low density lipoprotein(VLDL)

(매우 저밀도 지질단백질(VLDL) 2.5) 간에서 합성된 트리글리세라이드를 지방조직으로 저장하기 위하여 운반하는 혈장 지질단백질

vitamin

(바이타민 4.7) 식이에서 소량이 필요한 유기물질; 수용성 바이타민은 세포효소의 기능에 필요한 조효소의 합성에 이용한다; 지용성 바이타민은 칼슘대사, 시각, 혈병화와 관련있다.

W

wax

(왁스 2.4) 일반적으로 긴 사슬 알코올의 에스터화라고 생각되는 지질 집합체

Z

zymogen

(효소원 4.9) 선구효소; 지질가수분해효소의 비활성 형태

부록

부록 A
입체화학과 입체이성질체

A.1 이성질체

동일한 분자식을 갖지만 구조가 다른 화합물을 이성질체(isomer)라고 부른다. 여러 가지 종류의 이성질체들이 존재하고 그들 중 몇 가지를 이 교재에서 설명하겠다. 구조 이성질체는 서로 위치배열(configuration)이 다르다. 즉 그들은 원자들의 결합이 서로 다르다. 구조 이성질체(constitutional 또는 structural isomer)는 분자 내에서 결합의 분해 그리고 새로운 결합의 형성에 의해서만 상호변환할 수 있다. 작용기 이성질체(functional group isomer)는 동일한 분자식을 갖되 서로 다른 작용기를 갖는 분자다. 예를 들어 동일한 탄소수를 갖는 알코올과 에터는 다음처럼 작용기 이성질체다.

$CH_3CH_2CH_2OH$	$CH_3CH_2OCH_3$
1-Propanol(C_3H_8O)	Ethylmethyl ether(C_3H_8O)

마찬가지로 동일한 탄소수를 갖는 카복실산과 카복실 에스터도 알데하이드와 키톤처럼 작용기 이성질체다. 기하 이성질체(geometric isomer)는 *cis*-*trans* 이성질체라고도 부르고 이중결합 또는 고리에 성분 위치가 서로 다르다.

입체 이성질체(stereoisomer)는 이 부록의 주요한 초점이다. 정의에 따라 입체 이성질체는 동일한 구조식을 갖되 공간에서 원자 배열이 서로 다르다. 입체 이성질체는 그들의 서로 다른 광학적 성질에 의해 서로 구별할 수 있다. 그들은 평면편광을 서로 다른 방향으로 회전한다.

A.2 평면편광 회전

백색 광은 전자기 복제선의 한 종류이고 운동하는 파동으로 구성한다. 실제로 백색 광은 여러 가지 서로 다른 파장(색)의 빛으로 구성한다. 빛의 파동은 모든 방향 또는 평면에서 진동하지만 항상 빛살의 방향에 대하여 수직이다(그림 1.5a와 b). 소듐 램프와 수은 램프같은 특별한 광원과 필터는 단일 파장만으로 구성하는 단색광(monchromatic light) 생성에 이용할 수 있다.

단색광이 폴라로이드 렌즈같은 편광 물질을 통과할 때 한 평면에 있는 빛 파동만 통과하고 기타 모든 파동은 걸러진다. 렌즈에서 나오는 빛은 평면편광(plane-polarized light)이라고 부른다. 폴라로이드 색안경에서 발견된 것처럼 폴라로이드 렌즈는 Venetian blind 판처럼 보이는 것으로 상상할 수 있는 평면 결정의 배열로 구성한다. 빛이 이 물질과 상호작용할 때 나오는 빛살은 규칙배열구조에 의해 평면-편광한다.

이 원리를 응용하여 과학자들은 분자의 광학 활성도(activity) 측정에 이용하는 편광계라는 한 기기를 개발했다. 특히 그 편광계는 한 화합물이 평면-편광의 평면 각도를 변화하는 능력을 측정한다(그림 1.5c를 참고하라).

편광계의 단색 광원은 일반적으로 소듐 램프를 이용한다. 그 광 파동은 편광계(polarimeter)를 통하여 직진하고 거기에서 나온 평면편광은 시료를 통과한다. 마지막으로 그 빛은 분석기(analyzer)를 통과한다. 그 빛의 평면이 시료에 의해 변하지 않으면 그 화합물은 광학 비활성이다. 그러나 광 평면이 시계 방향 또는 시계 반대방향으로 회전하면 그 시료는 광학 활성이다.

평면광의 회전 각도와 방향은 분석기를 회전하여 측정한다. 그 분석기는 각도 눈금을 표시한 원형 다이알이 부착되어 있다. 처음에 분석기의 0점은 시료없는 편광계를 통하여 빛을 통과한다. 통과하는 광량이 최대로 되는 위치가 바로 0점이다. 다음에 시료를 그 편광계에 놓고 분석기를 다시 회전하여 통과하는 광량이 최대로 되게 회전한다. 회전각(angle of rotation) 또는 광회전(optical rotation)은 0점과 시료를 놓고 측정한 새로운 각도 사이에 차이값이다.

회전 측정각은 빛과 상호작용하는 시료 중 광학 활성 분자 수에 비례한다. 그리하여 광회전은 시료농도와 시료를 넣는 시료관의 길이에 비례한다. 왜냐하면 그 두 가지는 그 광통로에 있는 전체 분자수에 영향주기 때문이다. 서로 다른 농도와 기기를 이용하는 서로 다른 실험실 사이에 측정값을 비교하기 위하여 표준 기준, 즉 고유광회전도를 개발했다. 화학자들은 고유광회전도(specific rotation) [α]를 길이 1.00 decimeter(dm) 시료관에 넣은 1.00 mL 용액 중 시료 1.00 g에 의해 생성된 회전량으로 정의한다. 광회전량은 또한 온도, 단색광 파장, 이용한 용매의 함수이므로 이들의 실험 변수들도 보고해야 한다. 다음 식은 고유회전도 계산과 표시에 이용한다.

$$[\alpha]^{t}_{D} = \frac{[\alpha_{obs}]}{l \times c}$$

[α] = 고유광회전도
$[\alpha_{obs}]$ = 측정 회전값
l = 시료관 길이(dm)
c = 시료 농도(g/L로 표시)
t = 온도(℃)
D = 가장 센 소듐 스펙트럼 선(589.3 nm)

A.3 분자구조와 광 활성도 사이의 관계

이 교재의 1.3절에서 지적한 것처럼 어떤 광활성 화합물은 평면편광을 시계방향으로 회전한다. 이들을 우회전성(dextrorotatory)이라 말하고 그 고유광회전도 값의 앞에 (+) 부호를 표시한다. 평면편광을 시계 반대방향으로 회전하는 물질은 좌회전성(levorotatory)이라 말하고 그 고유광회전도 값의 앞에 (–) 부호를 표시한다.

화합물 구조와 광활성 사이에 관계를 처음 밝힌 것은 Louis Pasteur의 실험적 연구였다. 그러나 네덜란드 화학자 van't Hoff와 불란서 화학자 Lebel이 각기 독립적으로 사면체 탄소원자에 서로 다른 네 원자 또는 원자단이 결합한 화합물의 광활성 측정의 기본을 확립한 것은 1874년에 이루어졌다. 4 단일결합과 관련있는 탄소원자는 사면체 기하구조를 갖는다. 그 탄소원자가 동일한 2 치환기 및 동일하지 않은 2 치환기와 결합하면 그 결과의 화합물은 대칭구조다(그림 A.1). 바꿔 말하면 이 분자를 통하여 대칭면을 그릴 수 있다. 게다가 이 분자는 그것의 거울상으로 겹칠 수 있다.(이것은 당신 자신이 분자 모델 또는 이쑤시

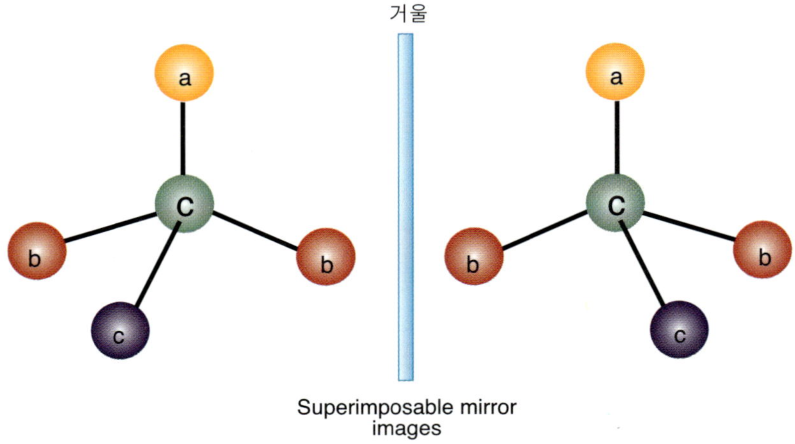

그림 A.1
서로 겹칠 수 있는 한 쌍의 거울상. 이 분자들은 a-C-c 원자를 통하여 그릴 수 있는 내부 대칭평면을 갖는다.

개로 그 분자들을 구성하여 증명하라).

그림 A.1 구조를 이 교재의 그림 1.3과 비교하라. 그 분자에서 사면체 탄소는 동일하지 않은 네 원자단과 결합한다. 그 분자를 통하여 대칭면을 그릴 수 없고, 그 분자는 거울상으로 겹칠 수도 없다. 그 결과의 분자를 비대칭(asymmetric)이라고 한다. 그 분자를 통하여 대칭면을 그릴 수 없고 그것의 거울상이 겹칠 수도 없다. (이러한 특성을 제시하게 분자를 조립하라).

1.3절에서 설명한 것처럼 그 유사체들은 이러한 거울상 분자와 당신의 왼손 및 오른손 사이에서 만들 수 있다. 실제로 당신의 손은 서로 거울상이다. 당신은 당신의 손을 통하여 대칭면을 그릴 수 없고, 당신의 왼손과 오른손을 서로 겹칠 수 없다.

거울상으로 겹칠 수 없는 분자를 카이랄(chiral)이라고 말한다. 한 탄소원자가 서로 다른 네 원자 또는 원자단과 결합할 때 그것을 카이랄 탄소(chiral carbon)라고 부른다. 서로 겹치지 않는 거울상의 두 가지 입체이성질체를 거울상이성질체(enantiomer) 쌍이라고 한다. 1.3절에서 설명한 것처럼 거울상 이성질체의 물리화학적 성질은 동일하지만 예외는 그들이 평면편광을 반대방향으로 동일한 각도로 회전한다는 것이다. 이것은 Pasteur이 타르타르산염의 거울상 결정으로 실험한 현상과 정확하게 일치한다.

글리세르알데하이드의 거울상이성질체 구조는 이 교재의 그림 1.4를 참고하라. 두 분자들이 거울상이성질체인가 여부를 결정하려고 두 구조를 비교할 때 당신은 그 구조를 180° 만큼 회전할 수 있지만 그 구조를 이 책의 종이평면 밖으로 절대 뒤집을 수 없다는 것에 유념하라. 다음을 항상 기억하라: 당신이 한 분자의 삼차원 구조에 관하여 의심스럽다면 한 분자 모델을 이용하여 조립하라. 이것은 특히 유기화학 공부를 시작할 때 유용하고 당신의 장래 생화학 공부에 도움줄 것이다.

A.4 라세미 혼합물

Pasteur는 왼쪽과 오른쪽 타르타르산염 결정혼합물의 고유광회전도를 측정했을 때 그것이 광학 비활성이라고 관찰했다. 그 이유는 그 혼합물이 (+) 거울상 이성질체와 (−) 거울상 이성질체를 동일한 양으로 함유하기 때문이었다. 한 쌍의 거울상 이성질체를 동일한 양으로 섞은 혼합물은 라세미 혼합물(racemic mixture), 또는 간단히 라세미체(racemate)라고 한다. 접두사 (±) 부호는 라세미 혼합물 표시에 이용한다. 다음 상황을 고려해 보자.

50%(+)tartrate	+ 50%(−)tartrate	= (±)tartrate
= +4.7	= −4.7	= 0

50%(+) enantiomer + 50%(−) enantiomer = racemic mixture

50%(+)거울상 이성질체 + 50%(−)거울상 이성질체 = 라세미 혼합물

이 상황에서 고유광회전도는 0이다. 왜냐하면 한 거울상 이성질체에 의하여 생긴 광 회전도는 다른 거울상 이성질체에 의하여 생긴 반대 광 회전도에 의하여 소거되기 때문이다.

A.5 부분입체 이성질체

지금까지 한 탄소만 함유하는 분자만 살펴 보았다. 이 경우에 두 거울상 이성질체만 가능하다. 그러나 두 개 이상 카이랄 탄소를 발견하는 것은 대단히 보편적이다. *n*개 카이랄 탄소를 갖는 한 분자에서 서로 다른 가능한 최대 위치배열 수는 2^n이다. 알게 되는 바와 같이 실제로는 더 작다.

예 A.1

한 개 이상 카이랄 탄소를 갖는 화합물의 입체 이성질체 그리기

2, 3, 4-trichlorobutanol의 가능한 모든 입체 이성질체를 그려라.

해답

1. 이 분자에 C-2와 C-3에 두 카이랄 탄소가 있다. 그리하여 가능한 입체 이성질체는 2^2 즉 4이다.
2. 각 카이랄 탄소에 가능한 위치배열은 둘이다(왼쪽 또는 오른쪽에 Cl). 오른쪽 (a)에 두 Cl 원자를 갖는 이성질체를 그리기 시작하라. 이제 거울상 (b)를 그려라. 이제 거울상 이성질체의 첫 번째 쌍, 즉 (a)와 (b)를 그렸다.

(a) (b)

거울상 이성질체

3. 다음에 한 카이랄 탄소에 결합한 두 Cl 원자 중 한 위치를 변화하여 또 다른 가능한 이성질체 (c)를 만들어라. 마지막으로 (c)의 거울상을 그려 두 번째 셋트의 거울상 이성질체, 즉 (c)와 (d)를 만들어라.

(c) (d)

거울상 이성질체

4. 이러한 계통적 방법으로 2,3,4-trichlorobutanol의 네 가지 가능한 이성질체를 그렸다.

예 A.1에서 구조 (a)와 (b)는 (c)와 (d)처럼 분명히 거울상 이성질체다. 그러나 구조 (a)와 (c) 사이 또는 거울상 이성질체가 아닌 어떤 입체이성질체의 쌍 사이의 관계를 어떻게 설명하는가? 부분입체 이성질체(diasstereomer)라는 용어는 거울상이성질체가 아닌 한 쌍의 입체 이성질체의 설명에 이용한다

거울상 이성질체는 서로 평면편광의 회전방향만 다르다. 그러나 부분입체 이성질체는 그들의 물리화학적 성질이 서로 다르다.

A.6 메소 화합물

앞에서 설명한 것처럼 두 카이랄 탄소를 갖는 한 분자의 최대 위치배열 수는 2^2 즉, 4이다. 그러나 두 카이랄 탄소들이 각기 네 가지 동일하지 않은 원자단과 결합하면 넷보다 적은 수의 입체 이성질체들이 존재한다. Pasteur에 의하여 연구한 타르타르산의 예는 이 현상의 설명에 도움준다.

예 A.2

하나 이상 카이랄 탄소를 갖는 입체 이성질체 그리기

타르타르산(tartaric acid), HOOC-CHOH-CHOH-COOH의 가능한 입체 이성질체를 모두 그려라.

해답

1. 예 A.1처럼 계속하면 다음 네 가지 구조를 만든다.

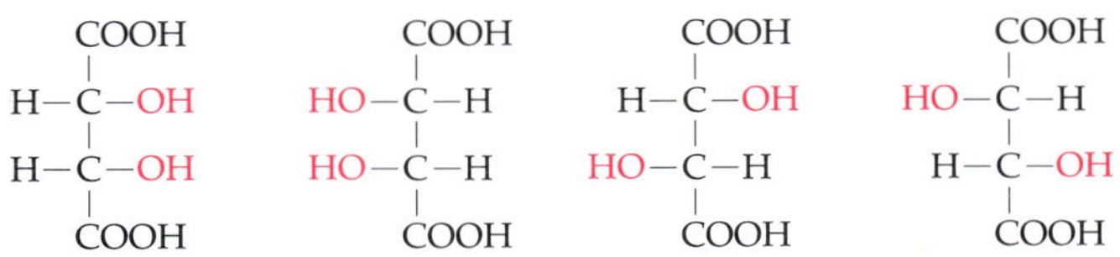

(a) (b) (c) (d)

동일하다 거울상 이성질체

2. (c)와 (d) 쌍을 주의해서 살피면 이 분자들이 겹치지 않는 거울상이라는 것이 밝혀진다. 그리하여 그들은 거울상이성징체다.
3. (a)와 (b) 구조를 마찬가지로 살피면 그들이 거울상이지만 동일하다는 것이 밝혀진다. (b) 구조는 간단히 180°회전할 수 있고 (a)구조를 만든다. 그러므로 그들은 동일하다.

예 A.2에서 (a) 또는 (b) 구조의 카이랄 탄소-2와 카이랄 탄소-3 사이에 한 선을 그리면 그 분자의 위쪽 절반은 아래쪽 절반의 거울상이다. 그 분자 내부에 대칭평면이 있다.

50% (+) tartrate	+ 50% (−) tartrate	(±) tartrate
$[\alpha]_D^{20} = +\ 4.7$	$[\alpha]_D^{20} = -\ 4.7$	$[\alpha]_D^{20} = 0$

50% (+) enantiomer + 50% (−) enantiomer = racemic mixture

결과적으로 (a)구조는 광비활성이다. 두 카이랄 탄소가 있지만 카이랄 탄소-2에 의한 평면편광 회전은 카이랄 탄소-3에 의하여 생긴 반대 평면편광회전 때문에 소거된다. 이 분자는 비카이랄(achiral)이고 그것을 *meso*-tartaric acid라고 한다.

내부 대칭면을 갖는 어떤 화합물(예를 들어 그것의 거울상에서 겹칠 수 있는)은 광비활성의 *meso*-화합물이라고 한다.

A.7 절대위치배열의 배정 : (R)와 (S) 시스템

절대배열은 카이랄 탄소 주위에 있는 네 그룹의 실제 배열이다. (*R*)와 (*S*) 시스템은 어떤 카이랄 탄소에 대한 절대 위치배열을 나타낸다.

표 A.1 우선 순위에 대한 규칙

규칙	예
1. 원자에 대하여 가장 많은 원자수를 갖는 가장 큰 우선순위를 제공한다.	F < Cl < Br < I
2. 한 원소의 두 동위원소가 존재하면 더 큰 질량 동위원소에 더 큰 우선순위를 제공한다.	$^1H < ^2H < ^3H$
3. 두 원자가 동일하면 다음 원자의 원자번호를 우선순위 배정에 이용한다.	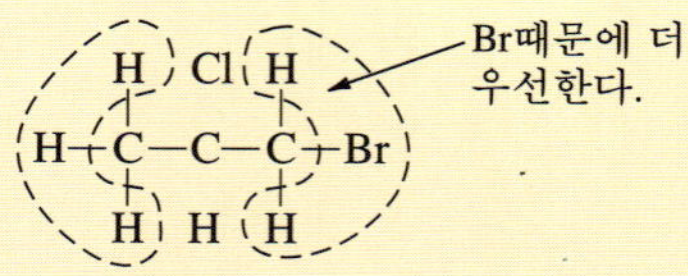
4. 이중결합 또는 삼중결합에 의해 결합된 원자들은 단일결합 등가성을 배정한다. 모든 이중결합은 두배, 그리고 삼중결합은 세배를 배정한다.	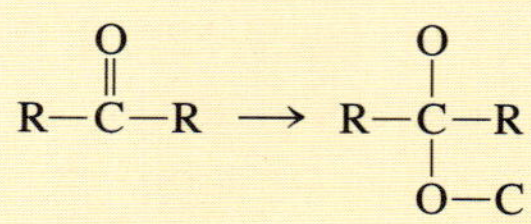 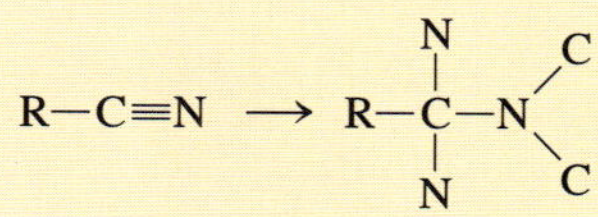

이 시스템에서 (R)은 오른쪽 위치배열(R은 타틴어 rectus로부터)이고 (S)는 왼쪽 위치배열(L은 라틴어 sinister로부터)을 의미한다.

카이랄 탄소에 (R) 또는 (S)를 배정할 때 다음 규칙을 이용한다.

1. 표 A.1에 나열한 순서 규칙에 따라 카이랄 탄소와 결합한 원자 또는 원자단의 우선순위를 정한다.
2. 후면으로 투사되는 가장 낮은 우선순위 그룹을 갖는 분자를 그려라.
3. 가장 큰 우선순위 그룹으로부터 다음으로 가장 큰 우선순위를 갖는 그룹으로 원형 화살표를 그려라.
4. 그 화살표가 시계방향(오른쪽)이면 카이랄 탄소의 위치배열은 (R)이다. 그 화살표가 시계반대방향(왼쪽)이면 그것은 (S)다.

부록 B 지용성 비타민

비타민(vitamin)은 식이에 필요한 유기물질이고 세포에서 여러 가지 필수반응을 촉진한다. 그들은 에너지원이 아니므로 소량만 필요하다. 그러나 식이에 어떤 비타민이 없으면그 결과는 치명적이다.

비타민 A, D, E, K는 지방질에 녹고(지용성) 생체 막에 녹는다. 지용성 비타민의 여러 기능은 직접 그 막에서 일어나는 대사과정과 관련있다. 지용성 비타민의 일반 공급원과 기능을 표 B.1에 요약한다.

미국의 The Food and Nutriion Board of the National Research Council of the National Academy of Science는 식이에 필요한 비타민과 무기질 양에 관한 정보를 발행한다. 이들을 recommended dietary allowance(RDA)라 하고 "실제로 이미 알려진 모든 건강한 사람들의 영양 필요량을 충족하게 적당하다고 생각되는 필수 영양소의 섭취수준"이라고 정의한다. RDA는 정상적 인간요구의 추정범위를 수집하여 결정한다. 그 범위의 높은 말단 값을 선택하고 추가 안전인자를 가산한다. 그리하여 RDA는 결코 최소 값이 아니고 높은 매일 요구 추정량이다. 심각한 신체적 문제는 여러 무기질 또는 비타민의 대량 투여량이 분해될 수 있다는 것을 기억하는 것이 중요하다.

어떤 경우에 무기질 또는 비타민의 RDA는 불충분한 정보 때문에 결정할 수 없다. 이러한 경우에 미국 Food and Nutriyion Board는 제안된 매일의 투여량을 "안전하고 적절하게 추정한 매일 식이섭취"[estimated safe and adequate daily dietary intake(ESADDI)]라고 표시한다.

표 B.1 지용성 비타민의 영양공급원, 기능, 그리고 결핍 증후군

비타민	공급원	기능	결핍 증후군
A, carotene	난황, 간, 녹황색 채소, 과일	가시색소의 합성	야맹증과 아동의 실명
D_3, calciferol	우유, 피부에 햇빛 반응	칼슘 대사조절	구루병(뼈 기형)
E	식물성 기름	항산화제, 세포막 보호	허약한 적혈구 세포
K	채소 잎사귀, 내장 박테리아	응혈소와 기타 혈액 응고 인자의 탈카복시화반응에 필요	혈액응고 장애

최근에 스트레스와 싸움, 보통 감기 예방, 여러 가지 종류의 암과 심장병에 대한 보호, 월경전 증후군 증상의 상쇠, 노화 지연, 성생활 개선 등에 대한 비타민 첨가제에 관하여 많이 강조하고 있다! 대부분 영양학자들은 잘 균형잡힌 식이가 인체에 필요한 비타민을 포함하는 모든 영양소를 제공한다고 믿는다. 실제로 American Cancer Society는 어떤 비타민이 암 방지를 도울 수 있다고 암시할 때, 그들은 비타민 보충제보다 자연식품 공급원으로부터 섭취하는 것을 추천한다.

B.1 비타민 A

비타민 A는 간과 난황같은 동물공급원으로부터 retinal이라고 부르는 활성 형태로 얻는다. 식물 식품으로부터 provitamin A 또는 creatine 선구물질 형태로 얻을 수도 있다. 녹색과 황색 채소 그리고 과실은 비타민 A의 좋은 공급원이다. 당근은 특히 이 비타민이 풍부하다.

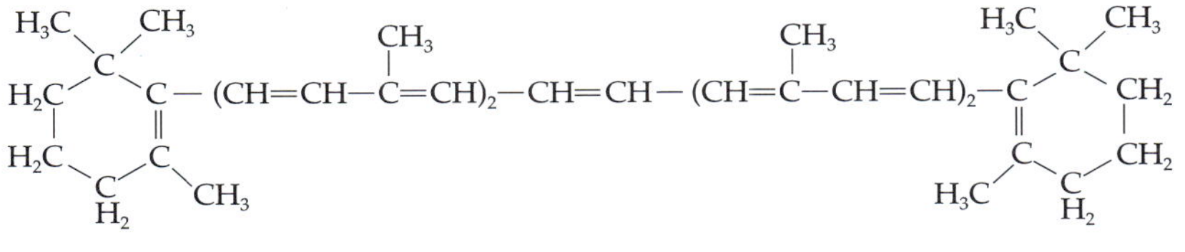

β-carotene

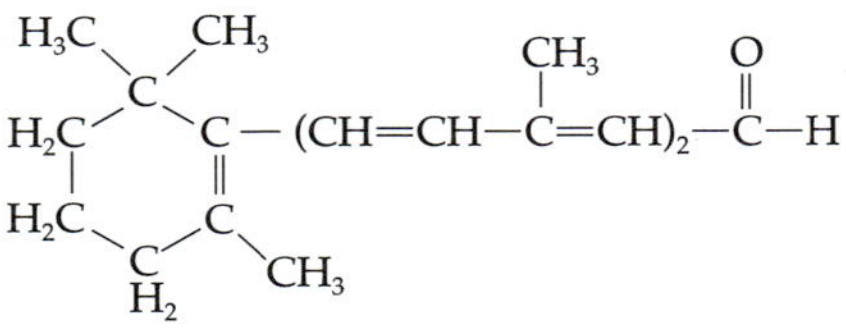

Retinal

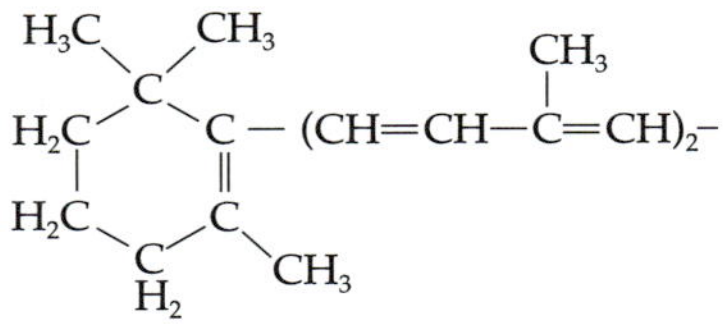

Retinol (vitamin A)

비타민 A는 피부 및 구강과 소화관, 호흡관, 생식기관, 뇨도관의 점성막 유지를 돕는다. 비타민 A의 알데하이드 형태를 retinal이라 부르고 opsin이라는 단백질과 결합하여 눈이 사물을 보게 만드는 rhodopsin 색소를 형성한다. 이 색소는 눈의 망막 간상세포에서 발견된다. 이들 세포는 흑색-그리고-백색 시각에 책임이 있다. 예상하는 것처럼 비타민 A 결핍은 무서운 결과를 갖는다. 아이들에서 비타민 부족은 처음에 야맹증을 그리고 결국에 전체 실명을 초래하는 눈 질병, 즉 xerophthalmin을 가져온다. 그 질병은 적절한 식이 또는 비타민 A 보강제의 공급에 의해 방지할 수 있다. 비타민 A는 간에 저장하므로 0.03 mg 투여는 6개월 동안 한 아이를 보호할 수 있다. 그러나 심각한 식량 부족으로 고통받는 나라에서 이러한 작은 양도 이용할 수 없고, 영양실조와 질병은 수천명 아이들을 전체 실명으로 이어진다.

현재 비타민 A의 권장 영양소요량(RAD)은 국제단위(I.U.)로 표시한다. 비타민 A에 대한 RDA는 5000 I.U.이다. 그리고 그것은 retinal 1 ㎍ 또는 β-carotene 6 ㎍에 상당한다. 비타민 A는 간에 저장되는 지용성 비타민이므로 RDA보다 많은 양을 섭취하는 것은 위험하다. 비타민 A의 독성 증상은 척추 액체와 뇌 주위 액체의 압력 증가 그리고 시신경 주위의 팽창과 관련있다. 기타 증상은 식욕감퇴, 비장과 간의 팽창, 자극과민성, 머리카락 유실, 비늘 피부병을 포함한다. 초기 북극 탐험가들이 비타민 A 중독으로 고생한 것에 유의하는 것은 흥미있다. 그 후에 이것은 북극 곰의 간을 먹은 결과라는 것이 발견되었다. 그 간은 비정상적으로 고농도 비타민 A를 갖는다.

B.2 비타민 K

어떤 부상에 반응하는 혈액 응혈의 형성은 혈액 중 최소 열두 가지 단백질과 관련있는 복잡한 과정이다. 비타민 K는 혈액에 포함되어 있다.

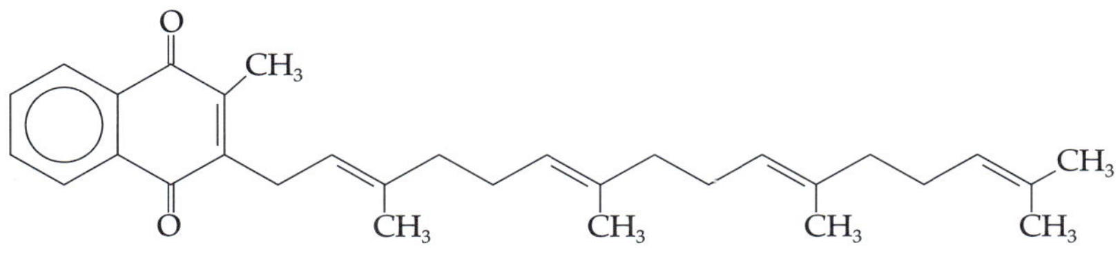

Vitamin K

응혈 과정에서 prothrombin 혈청 단백질은 thrombin 생성을 활성화하여야 한다. 왜냐하면 thrombin은 응혈 과정의 최종단계를 시작하기 때문이다. 이것은 Ca^{2+}과 prothrombin 중 비정상적 γ-carrboxyglutamate 아미노산의 결합이 필요하다. 비타민 K는 카복시 원자단을 정상적 glutamate 아미노산에 첨가하여 γ-carrboxyglutamate를 형성하는 효소에 한 조효소로서 필요하다. 그리하여 식이에서 비타민 K 결핍은 혈액 응혈을 불량하게 만든다.

비타민 K에 대한 안전하고 적절하게 추정한 매일 식이섭취(ESADDI)는 70～140 μg/day이다. 이것은 채소 잎을 먹으므로서 쉽게 얻는다. 게다가 비타민 K는 우리들의 정상적 장 박테리아에 의해 생산된다. 어른들이 비타민 K결핍으로부터 고생하는 것은 극히 드믈다. 그러나 항생제 치료 또는 지방 흡수에 문제있는 어떤 사람에서는 비타민 K 결핍이 관찰된다. 그러나 신생아는 때때로 비타민 결핍으로 고생한다. 왜냐하면 신생아는 장 박테리아가 없기 때문이다. 신생아는 때때로 비타민 K의 주사제로 치료하여 그 신생아의 초기 생활에서 과량 출혈을 방지한다.

비타민 K는 또 다른 지용성 비타민이므로 비타민 K 과다증으로 고생할 수 있다. 그 증상은 위장장애와 빈혈을 포함한다.

B.3 비타민 D

비타민 D는 칼슘 수준 조절에 중요한 역할을 하므로 뼈와 치아의 적절한 형성에 필요하다.

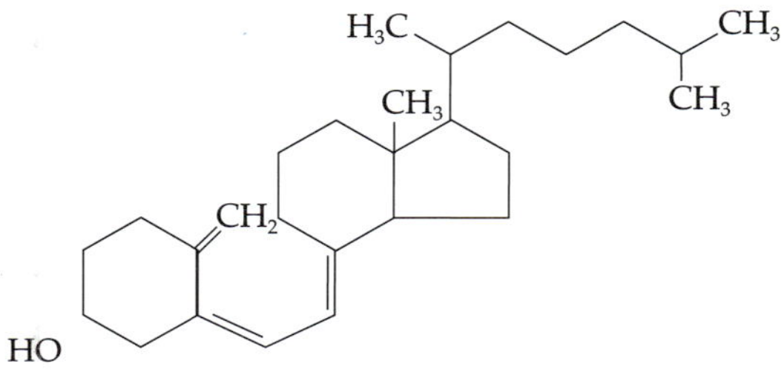

Vitamin D_3

비타민 D에 대한 RDA는 아이들에게 10 ㎍/day 그리고 어른에게 5 ㎍/day이다. 우유와 생선기름은 비타민 D가 풍부하다. 비타민 D는 또한 피부에 햇빛을 쪼여 생성할 수도 있다.

아이들에게 비타민 D 결핍은 뼈들이 연해서 변형되고 나쁘게 석회화되는 구루병(ricket)을 발생한다. 비타민 D 결핍은 거의 모두 아이들에게 한정되어 있다. 그러나 외부에 나갈 수 없는 가정-주거 년장자와 우유를 거의 마시지 않는 년장자들은 비타민 D결핍으로 고생할 수 있다.

피부에서 생성된 비타민 D는 7-dehydrocholesterol에 자외선을 쪼여 생성한다. 이 계열의 반응은 그림 B.1에 제시한다. 자외선은 7-dehydrocholesterol을 비타민 D_3 (cholecalciferol)로 변환한다. 이 알코올은 그 다음에 간에서 가수분해되어 25-hydroxyvitamin D_3를 생성한다. 그것은 또한 25-dehydroxycholecalciferol이라고도 부른다. 신장에서 최종 하이드록시화반응은 1,25-dihydroxyvitamin D_3 (1,25-dihydroxycholecalciferol) 호르몬을 생성하고 그 호르몬은 그 비타민의 활성 형태다. 1,25-dihydroxyvitamin D_3는 한 호르몬으로 석회화된다. 왜냐하면 그것은 인체의 한 부분으로 합성되지만 그 밖에 효과는 없기 때문이다. 인체의 칼슘 중 약 1%만 뼈의 외부에 존재하지만 혈액 중 칼슘이온 농도조절은 중요하다. 왜냐하면 이러한 용해성 칼슘이온은 혈액응혈로부터 근육수축으로 여러 가지 생리과정에 관여하기 때문이다. 혈액에서 칼슘 수준이 낮으면 1,25-dihydroxyvitamin D_3는 장에서 칼슘 섭취와 혈액으로 수송을 촉진한다. 신장에서 이 호르몬은 부갑상선호르몬과 함께 칼슘 재흡수를 자극하여 오줌으로 유실되지 않게 한다. 혈액 중 칼슘수준이 너무 낮으면 1,25-dihydroxyvitamin D_3까지도 뼈로부터 칼슘제거를 자극한다. 물론 이것은 노년에 매우 부서지기 쉬운

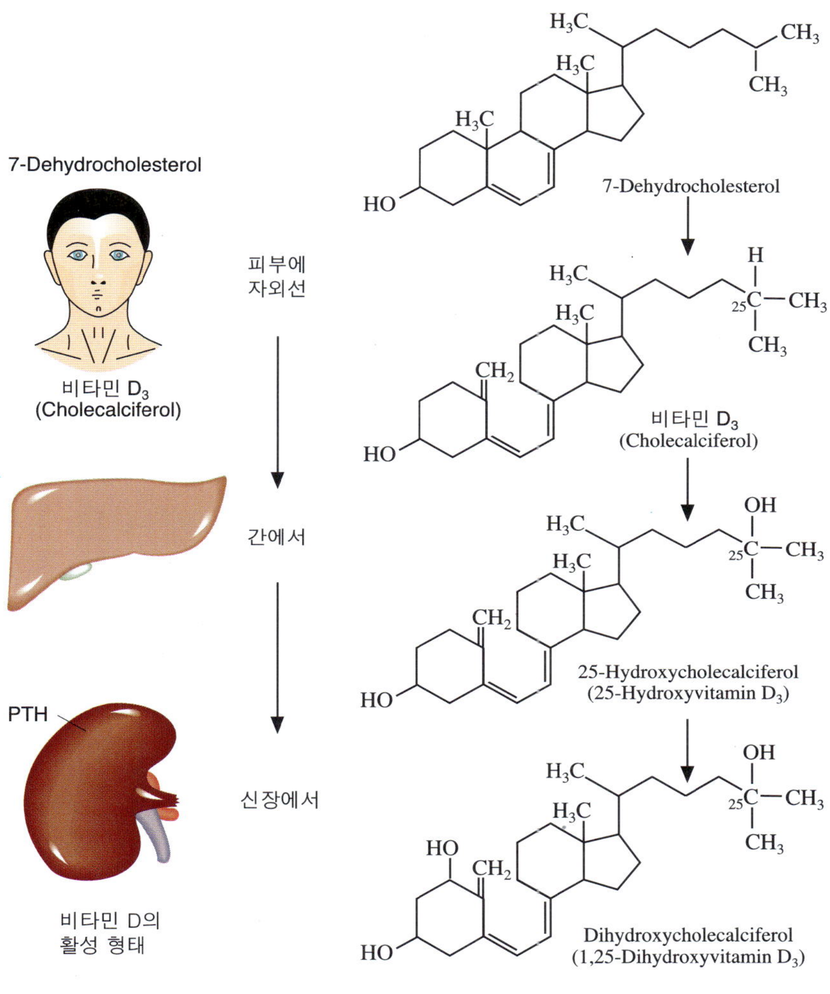

그림 B.1
피부에서 비타민 D_3의 합성경로와 칼슘 대사에서 활성화 호르몬으로 변환.

석회화 뼈를 만드는 골연화증(osteomalacia)을 초래할 수 있는 뼈의 약화를 가져온다.

과량 비타민 D의 소화는 신부전증, 체중감소, 연한 인체조직의 석회화 같은 증상을 나타낸다.

B.4 비타민 E

비타민 E는 지용성 비타민 중에서 가장 적게 알려져 있다. 실제로 비타민 E라는 용어는 토코페롤(tocopherol)이라고 부르는 8 종류 화합물의 한 계열과 관련있다.

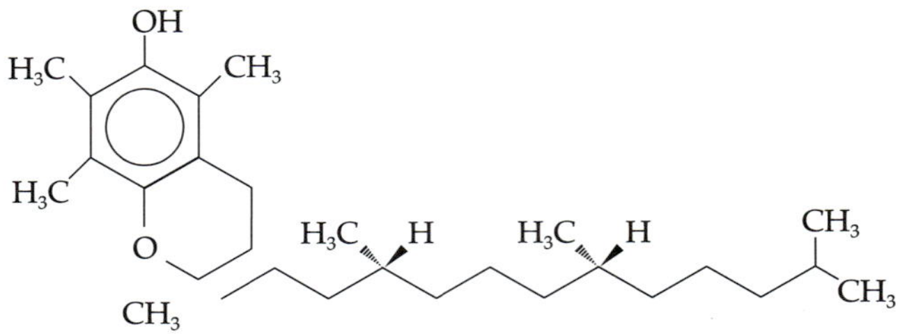

비타민 E

비타민 E를 주지 않는 쥐는 유산하지만 이 효과에 대한 이유는 일려져 있지 않다. 비타민 E는 막 지방질의 탄화수소 꼬리에 이중결합의 산화를 방지하는 것으로 알려져 있고 이것은 그것의 주요한 기능일 수 있다. 산화반응은 노화를 촉진함으로 어떤 연구원들은 비타민 E가 노화과정 지연을 도울 수 있다고 믿는다. 비타민 E에 대한 RDA는 α-토코페롤 당량(α-Tocpherol Equivalent, α-TE)으로 표시한다. 왜냐하면 이것은 비타민 E 중에서 가장 활발한 형태이기 때문이다. 매일 섭취 권장량은 남성에 대하여 10 α-TE 그리고 여자에 대하여 8 α-TE이다. 이것은 대략 한 숟가락의 식물성 식용유 중 비타민 E의 함량이다.

비타민 A와 D에 비하여 비타민 E는 큰 농도에서 비교적 독성이 없다. 그러나 RDA를 크게 초과하는 것은 현명하지 못하다. 왜냐하면 높은 수준의 비타민 E는 설사, 구토, 두통, 피로를 발생하기 때문이다.

부록 C
수용성 비타민

수용성 비타민은 식이에 소량 필요한 유기물질이다. 왜냐하면 수용성 비타민은 세포에서 여러 가지 기본적 효소반응에 필요하기 때문이다. 수용성 비타민은 효소에 의한 여러 가지 증요한 생화학반응에 필요한 많은 조효소 성분들이다. 일단 소화되면 이들 비타민은 그들이 조효소로 변하는 화학적 변화가 일어난다. 그러나 많은 양의 수용성 비타민을 비타민 정(tablet)으로 다량 투여하여 섭취하고 목적없이 허비된다. 왜냐하면 수용성 비타민은 인체에 저장되지 않기 때문이다. 그들은 물에 녹기 때문에 과량은 오줌에 배설된다. 표 4. 1에 수용성 비타민과 그들의 화학적 기능으로부터 유도된 조효소를 수록한다. 표 C.1은 수용성 비타민의 주요한 영양원과 그들의 결핍으로부터 생기는 임상학적 결과를 제시한다.

C.1 Panthotenic acid

Panthotenic acid는 지방과 탄수화물의 정상 대사에 필수다. 많은 기타 비타민처럼 panthotenic aciud는 살코기, 생선, 가금류, 알곡식, 두류에 풍부하다. Pantothenic acid의 RDA는 4~7 mg/day이다. 미국에서 위장장애, 운동신경계 장애, 심장장애를 나타내는 알코올 환자를 제외하면 pantothenic acid 결핍은 드물다. Pantothenic acid는 체내에서 CoA라고 알려진 생물학적 기능형태로 변환한다. CoA는 지방산과 탄수화물 대사에서 아실 원자단의 전이에 중요하다.

표 C.1 인간에 필요한 수용성 비타민의 주요한 영양 공급원과 그 결핍의 몇 가지 생리학적 효과.

비타민	근원	결핍 증후군
Thiamine(B_1)	뇌, 간, 심장, 알곡식	각기병, 신경염, 정신장애
Riboflavin(B_2)	우유, 계란, 간	수병, 피부염
Niacin(B_3)	알곡식, 간	pellagra, 피부염, 소화문제
Pyridoxine(B_{12})	알곡식, 간, 생선, 신장	피부염, 신경장애
Cobalamin(B_{12})	간, 신장, 뇌	악성 빈혈
Folic acid	간, 야채잎사귀, 장 박테리아	빈혈
Panthotenic acid	대부분 식품	운동신경계와 심장장애
Biotin	계란노른자, 장 박테리아	비늘 피부염, 근육통, 허약
Ascorbic acid(C)	귤, 녹색 야채, 토마토	괴혈병, 콜라젠 형성 장애

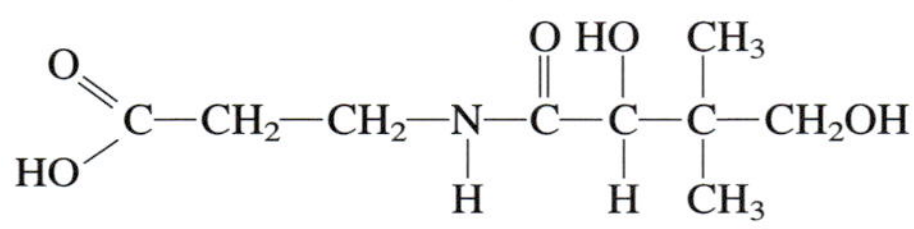

Pantothenic acid

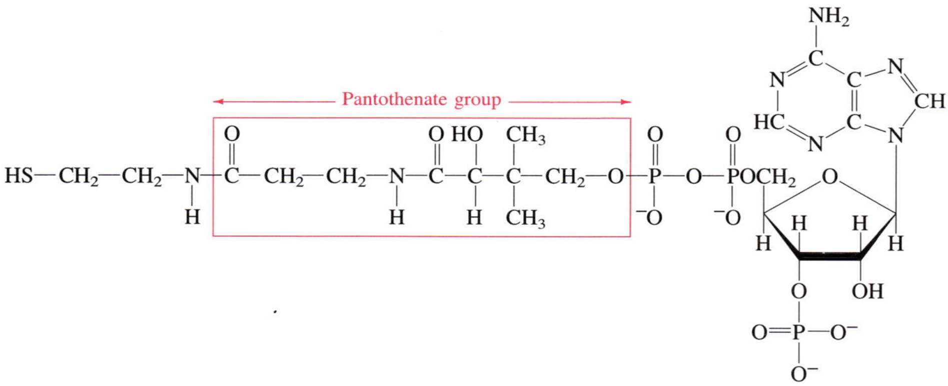

CoA

C.2 Niacin

Niacin(비타민 B_3)은 nicotinic acid 및 nicotinamide와 관련있다. Nicotinamide는 nicotinamide adenine dinucleotide (NAD^+)에 대한 필수 선구물질이다.

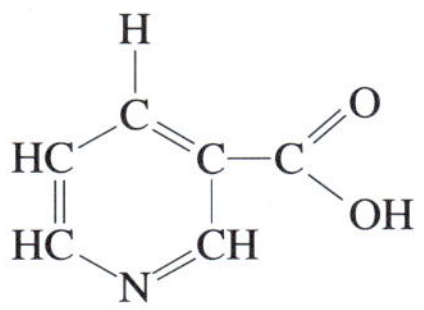

Nicotinic acid

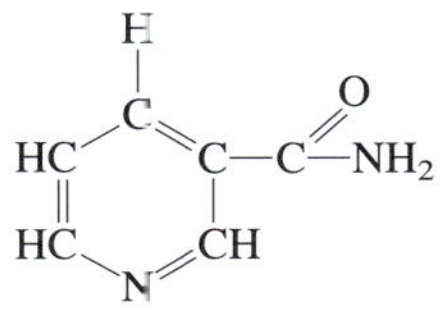

Nicotinamide

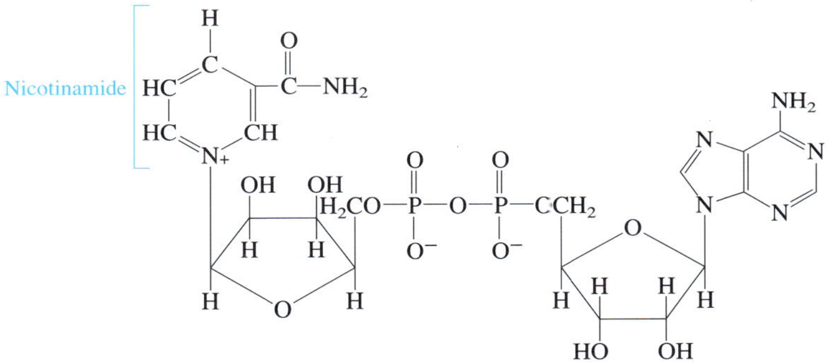

NAD^+ 또는 nicotinamide adenine dinucleotide

Niacin은 생선, 살고기, 두류(legiume), 우유, 알곡식(whole-grain), 강화곡류(enriched cereal)에서 발견된다. Niacin의 RDA는 20 mg/day이다. Niacin 결핍은 피부염, 설사, 사망에 이른다. Niacin 결핍으로 발병하는 가장 보편적 질병은 한 피부병 형태의 pellagra이다. 이 영양학적 질병은 옥수수를 주식으로 그리고 육류가 부족한 곳에서 발견된다.

옥수수는 실제로 다량 niacin을 함유지만 이 곡물을 간단히 요리하면 niacin을 이용하지 못하는 형태로 존재한다. 미국인과 남미 인디언들은 수세기 전에 옥수수 가루를 석회수(묽은 수산화칼슘 용액)에 담구는 것이 유익하다는 것을 발견했다. 석회수는 장을 통하여 흡수될 수 있는 한 형태로 nicotinamide를 분해된다.

C.3 Riboflavin

Riboflavin 또는 비타민 B_2는 우유, 계란, 암녹색 잎 채소에 풍부하다.

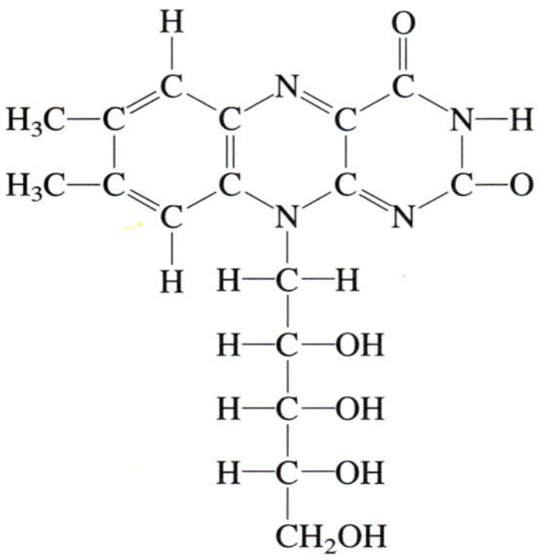

Riboflavin
(비타민 B_2)

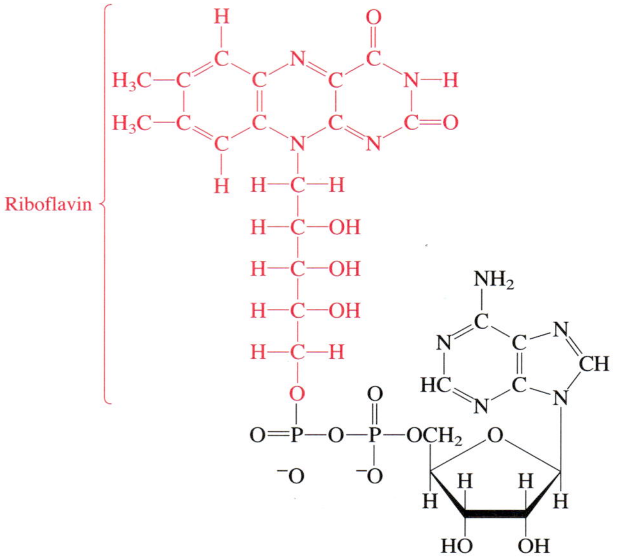

Flavin adenine dinucleotide
(FAD)

Flavin adenine dinucleotide (FAD) 조효소의 한 성분으로서 riboflavin은 세포의 에너지-방출 반응에 필수다. Rivoflavin의 RDA는 약 1.7 mg/day이다. 심각한 rivoflavin 결핍은 대부분의 세계에서 드물지만 이 비타민의 최저 결핍은 미국에서도 보통이다. 중간 정도의 rivoflavin 결핍은 마르고 갈라진 입술과 기타 자극성이 적은 형태의 피부염을 초래한다. 그러나 심한 경우에 rivoflavin 결핍은 햇빛에 극히 민감하고 아이들의 성장지연을 초래한다.

C.4 Thiamine

Thiamine은 비타민 B_1이라고도 알려져 있고 모든 동물의 식이에 필요하다. 생물학적으로 활성 형태는 thiamine pyrophosphate CoA다. 이 CoA는 해당작용과 시트르산 회로 사이에서 pyruvate를 CO_2와 아세틸 CoA를 형성하는 여러 가지 탈카복시화반응에 필요하다.

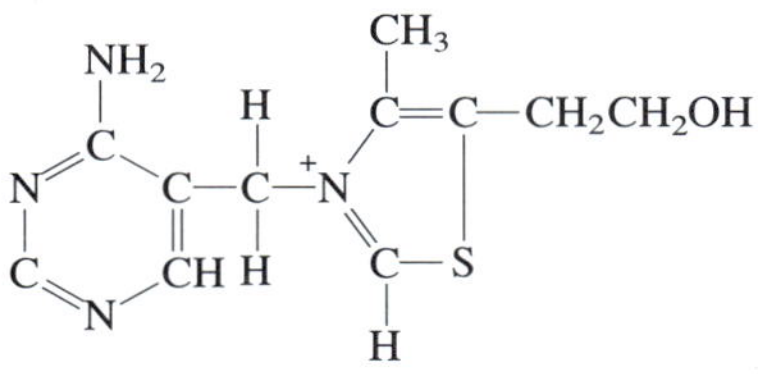

Thiamine (비타민 B_1)

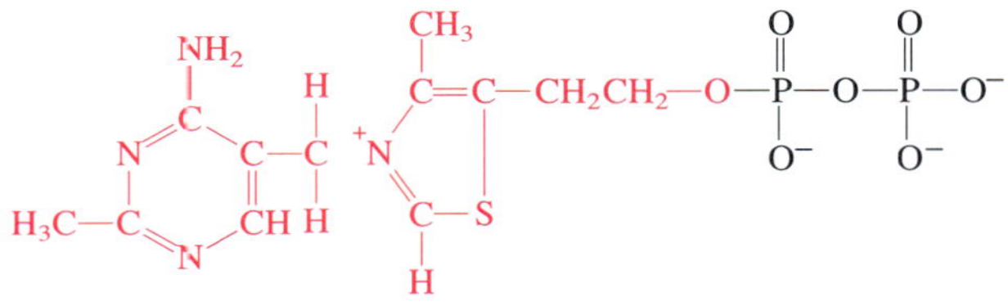

Thiamine pyrophosphate (TPP)

Thiamine은 알곡식과 강화곡류, 육류, 가금류, 녹색채소 같은 많은 식품에서 발견된다. Thiamine에 대한 RDA는 약 1.5 mg/day이다. Thiamine은 정제과정 중에 알곡식으로부터 소실된다. 그러나 thiamine 결핍은 대부분 방지된다. 왜냐하면 빵과 곡류 제품을 포함하는 여러 가지 식품은 첨가제로 thiamine을 함유하기 때문이다.

그 식이 결핍은 근육 약화와 심리불안의 특성을 갖는 각기병(beriberi)을 초래한다. 각기병 효과로부터 빠른 회복은 thiamine을 투여한 몇 시간 이내에 관찰된다.

C. 5 Pyridoxine

Pyridoxine은 비타민 B_6라고도 알려져 있고 아미노산의 합성과 분해에 필요하다.

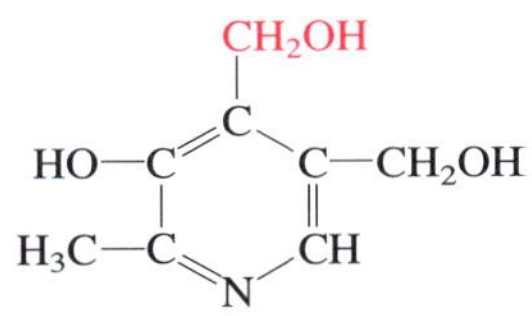

Pyridoxine
비타민 B_6

Pyridoxine은 생선, 육류, 가금류, 녹색 야채와 같은 많은 식품에서 발견된다. 이들은 비타민 B_6의 우수한 공급원이다. 이 비타민은 대단히 쉽게 여러 가지 식품에 이용할 수 있으므로 그것의 결핍은 드물다. Pyridoxine 결핍이 생길 때 그 증상은 신격쇠약과 근육약화와 관련있다. 비타민 B_6의 RDA는 2.0 mg/day이다.

비타민 B_6는 수용성이므로 과량섭취는 간단히 과량배설을 초래한다. 그러나 월경전 증후군의 증상을 감소하려고 섭취한 과량 비타민 B_6(50~100배 RDA)는 몇 사람의 젊은 부인네들에서 말초신경병을 초래한다. 이것은 사지마비와 서툴게 비틀거리는 걸음거리 특성을 나타낸다.

C.6 Folic acid

Folic acid는 세 가지 성분, 즉 pterin, p-aminobenzoic acid, 그리고 glutamic acid 아미노산으로 알려진 헤테로 고리계로 구성된 구조의 복잡한 분자다.

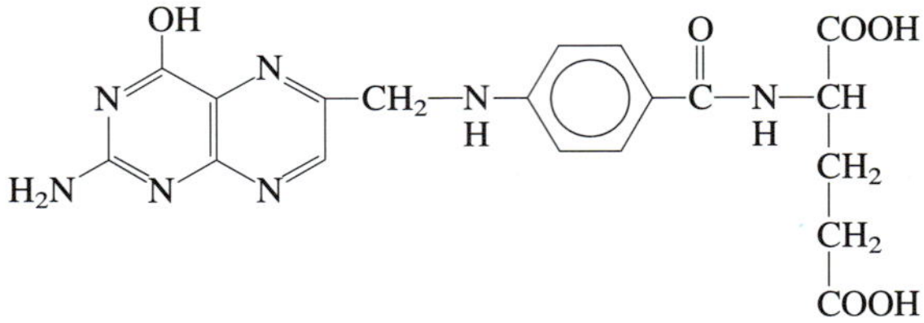

Folic acid

이것은 methionine 아미노산과 핵산 선구물질, 즉 purine과 pyrimidine의 합성에 필요하다. Folic acid의 RDA는 다만 약 0.4 mg/day이다. 매일 그렇게 작은 양이 필요하므로 folic acid 결핍은 드물것으로 생각할 수 있다. 그러나 그 반대가 진실이다. Folic acid 결핍은 매우 보편적 비타민 결핍이다. 녹색 채소, 알곡식, 육류는 풍부한 folic acid를 함유하지만 조리 중에 파괴된다. Folic acid 결핍은 빈혈과 성장장애를 초래하므로 folic acid는 특히 아이들과 임신부에 필요하다.

C.7 Biotin

Biotin은 때때로 비타민 H라 부르고 지방질, 탄수화물, 단백질 등의 대사에서 카복실화반응 및 탈카복실화반응과 관련있다. 간, 계란, 요구르트, 치즈, 땅콩은 biotin의 우수한 공급원이다. 게다가 그것은 장에서 박테리아에 의해 생성된다.

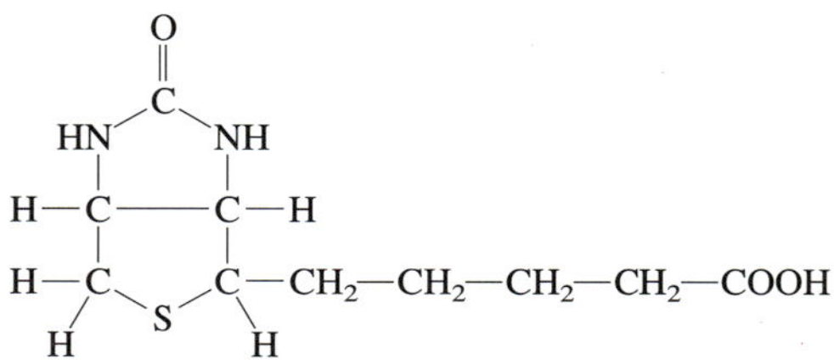

Biotin

Biotin에 대한 ESADDI(estimated safe and adequate dily dietary intake)는 0.30 mg/day이고 정상 식이에서 biotin 결핍은 거의 알려져 있지 않다. 그러나 그 결핍이 생기면 그 증상은 피부병(비늘 피부병과 피부 표면경도), 식용감소와 구토, 근육통, 혈액 콜레스테롤의 농도 증가 등과 관련있다.

C.8 비타민 B_{12}

비타민 B_{12}는 특별한 화학구조를 갖는다.

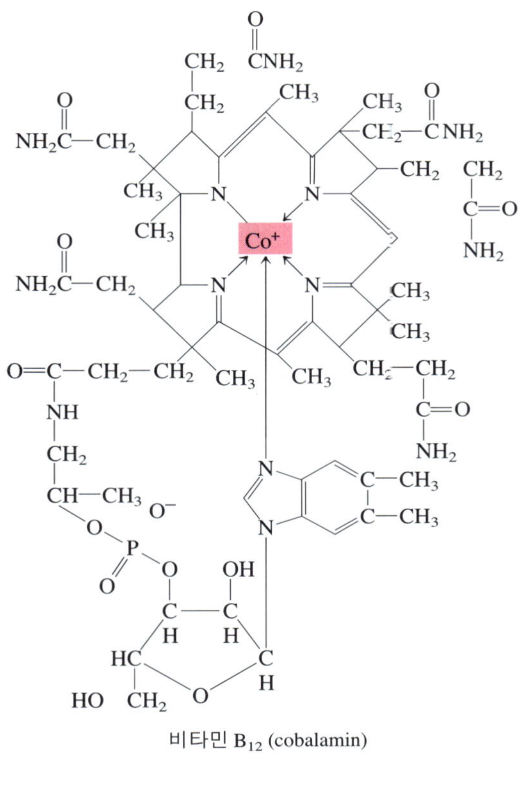

비타민 B_{12} (cobalamin)

비타민 B_{12}는 적혈구 세포와 백혈구 세포의 생성 그리고 신경조직의 정상성장과 유지에 필요한 매우 중요한 비타민이다.

비타민 B_{12} 섭취에 대한 불완전 메카니즘은 악성 빈혈을 가져온다. 그 질병은 혈액에 큰 미숙 적혈구 세포의 특성을 갖는다. 그 증상은 아픈 혀, 체중 감소, 정신장애와 신경장애를 포함한다. 중추신경계에 대한 손상은 팔과 다리에서 말초신경의 탈수도 발생할 수 있다. 결과적으로 이것은 척추에서 진행될 수 있다. 비타민 B_{12}에 대한 요구는 다만 약 6 ㎍/day이다. 육류, 계란, 식이 식품을 포함하는 여러 가지 식품은 이 비타민을 포함하므로 동물제품이 완전히 없는 것을 제외한 거의 모든 식이는 충분한 양의 비타민 B_{12}를 제공한다. 실제로 인간의 장에서 박테리아는 충분한 비타민 B_{12}를 생산하여 정상적 매일 요구량을 만족한다.

C.9 비타민 C

비타민 C는 연결조직의 성장과 수선, 치아, 뼈, 연골에 중요하다. 게다가 그것은 부상치료, 철분 흡수증진, 몇 가지 호르몬의 생합성에서 그 기능을 증진한다. 비타민 C도 많은 생물 반응에서 항산화제로 작용한다. 거의 모든 민간 의약에 의하면 비타민 C 또는 ascorbic acid의 다량 투여는 보통 감기와 기타 다수의 가벼운 병을 방지 또는 치료할 수 있다.

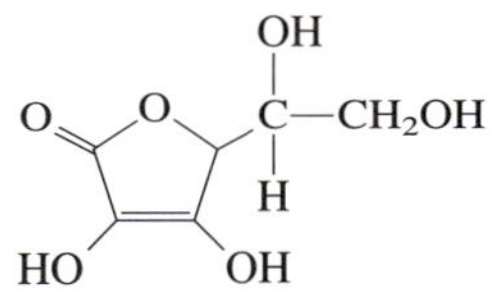

비타민 C
(ascorbic acid)

그러나 비타민 C의 위력을 공격하는 많은 주장들은 광범한 임상시험으로 그것을 입증하지 못하였다. 많은 사람들은 비타민 C의 대량투여를 추천하지만 RDA는 다만 60 mg/day이다. 실제로 다량투여의 섭취가 1～2 g/day 이상이면 장 경련, 구토, 설사, 신장결석을 발생하는 것으로 보고되었다. 신선한 과일, 특히 귤, 그리고 토마토를 포함하는 채소는 풍부한 비타민 C의 식이공급원이다.

비타민 C 결핍은 괴혈병을 초래한다. 그 질병은 잇몸 출혈, 치아상실, 관절통증, 느린 부상치유 등의 특성을 나타낸다.

부록 D
산소호흡으로부터 에너지 획득 : 몇 가지 다른 방법

5장에서 세 단계로 일어나는 분해반응을 설명했다. 단계 1에서 식이 단백질, 탄수화물, 지방질은 장의 세포막을 통과할 수 있는 작은 소단위로 가수분해되고 몸의 세포로 수송한다. 단계 2에서 이러한 단위체는 몸의 세포로 들어가서 완전산화할 수 있는 한 형태로 변환한다. 탄수화물에서 글루코스는 해당작용 경로, 즉 탄수화물 대사의 첫 단계 물질로 이용한다. 이 경로에서 글루코스는 두 pyruvate 분자로 변환한다. 그 과정에서 알짜 두 ATP는 기질 수준 포스프릴화반응에 의해 생성되고 두 NADH는 글리세르알데하이드 산화에 의해 생성된다. 호기성 상태에서, 즉 산소가 존재할 때 pyruvate는 mitochondria라고 부르는 세포기관으로 수송한다. 여기에서 pyruvate 탈수소화효소 복합물은 다음 반응과 관련있다.

$$\text{pyruvate} + \text{coenzyme A} + \text{NAD}^+ \longrightarrow \text{acetyl CoA} + \text{CO}_2 + \text{NADH}$$

단계 III에서 2-탄소 아세틸 원자단은 시트르산 회로 반응에서 완전 산화된다.

해당반응이 혐기성 상태에서 일어날 때 젖산과 알코올 발효와 같은 발효반응에 따른다. 이러한 반응은 pyruvate를 환원하고 또는 pyruvate로부터 생성된 한 분자를 환원하고 동시에 해당작용에서 생성된 NADH를 산화한다. 결과적으로 혐기성 상태의 해당작용으로부터 알짜 에너지 획득은 두 ATP뿐이다. NADH 산화로부터 더 이상 ATP 에너지를 수확하지 못한다. 그것은 발효반응에서 간단히 다시 산화된다.

호기성 상태에서 해당작용의 에너지 획득은 훨씬 더 크다. 왜냐하면 NADH에 의해 운반된 고-에너지 전자는 미토콘드리아로 왕복하고 산화 포스포릴화반응에 이용되어 더 ATP를 생성한다.

두 가지 왕복과정 시스템이 있다. 그 두 가지는 골격근육과 신경세포에서 발견된 글리세롤-3-인산 왕복 그리고 심장과 간세포에서 발견된 oxaloacetate-malate 왕복과정이다. 골격근육은 인체에 대한 대부분 ATP를 생성하므로 그것은 대사 에너지 획득을 설명할 때 가장 일반적으로 이용하는 글리세롤-3-인산 왕복과정이다. 예 6.1에서 해당작용의 ATP 수확 계산은 이 왕복과정에 기본을 둔다.

글리세롤-3-인산 왕복과정과 관련있는 반응을 고려하자. 이 왕복과정에서 세포질에서 생성된 NADH는 dihydroxyacetone 인산을 글리세롤-3-인산으로 환원하는 반응에서 산화된다.

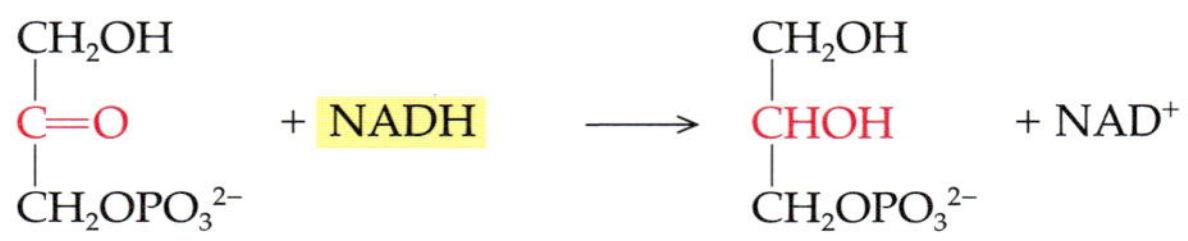

Dihydroxyacetone phosphate　　　Glycerol-3-phosphate

그 다음에 글리세롤-3-인산이 외부 미토콘드리아 막을 통과하고 글리세롤-3-인산 탈수소효소에 의해 dihydroxyacetone 인산으로 산화된다. 내부 미토콘드리아 막에 놓인 효소는 동시에 FAD를 $FADH_2$로 환원한다. 각 $FADH_2$로부터 전자는 그 다음에 산화 포스포릴화반응 동안 2 ATP를 생성에 이용한다. Dihydroxyacetone 인산은 세포질로 되돌아가서 왕복과정을 생성한다.

글리세롤-3-인산 왕복과정의 주요한 결점은 각 세포질 NADH에서 2 ATP만 생성하는 것이다. 그 이유는 전자들이 $FADH_2$로 왕복이동하고 산화 포스포릴화반응에 의해 2 ATP만 만들기 때문이다. 그리하여 근육과 신경세포에서 호기성 상태의 해당작용으로부터 전체 에너지 수율은 기질 수준 포스포릴화반응에 의해 생성된 2 ATP와 산화 포스포릴화반응에 의해 생성된 4 ATP(2 ATP/NADH)이다.

Oxaloacetate-malate 왕복 시스템은 더 효과적이다. 이 시스템에서 세포질 NADH는 oxaloacetate를 malate로 환원한다.

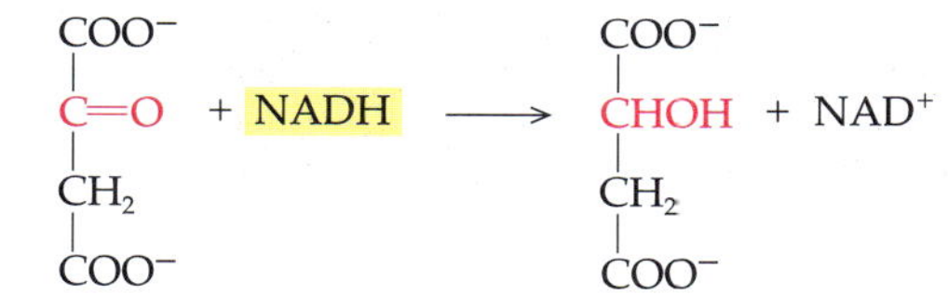

Oxaloacetate　　　Malate

그 다음에 malate는 oxaloacetate로 다시 산화되는 미토콘드리아로 수송된다. 미토콘드리아 NAD^+는 그 과정에서 환원된다. 이러한 전자들은 그 다음에 산화포스포릴화빈응에 이용하여 3 ATP/NADH를 생성한다. 그리하여 심장과 간 세포에서 해당작용의 에너지 수율은 기질 수준 포스포릴화반응에 의해 생성된 2 ATP와 산화 포스포릴화반응에 의해 생성된 6 ATP (3 ATP/NADH)이다. 이것은 8 ATP/glucose의 에너지 수율이다.

Oxaloacetate는 미토콘드리아 막을 통하여 세포질로 되돌아가서 그 회로를 계속할 수 없다. 그것은 glutamate 및 aspartate 아미노산과 관련있는 일련의 반응 후에만 되돌아갈 수 있다.

요약하면 해당작용의 에너지 수율은 제시된 상태(호기성-대-혐기성)와 세포종류에 의존한다. 다음 표는 여러 가지 상태에서 해당작용으로부터 얻는 에너지를 요약한다.

상태	기질수준 포스포릴화반응에 의한 ATP	산화포스포릴화반응에 의한 ATP
혐기성	2	0
호기성, 근육 (글리세롤-3-인산 왕복 과정)	2	4
호기성 (oxaloacetate-malate 왕복 과정)	2	6

부록 E
무기질과 세포기능

많은 무기질이 인간 식이에 필요하고 무기질은 두 가지 영양 종류로 나눌 수 있다. 주 무기질(major mineral)은 100 mg/day 보다 많은 양을 소비해야 한다. 미량 무기질(trace mineral)은 훨씬 더 작은 양(100 mg/day보다 작은 양)이 필요하다. 어떤 경우에 필요한 수준은 대단히 적으므로 정확하게 측정할 수 없다.

E.1 주 무기질

칼슘과 인은 건강한 뼈와 치아의 발전에 필요한 주요한 무기질이다. 이러한 두 무기질은 뼈와 치아의 무기질 매트릭스를 만드는 hydroxyapatite[$Ca_{10}(PO_4)_6(OH)_2$]라고 알려진 인산칼슘 결정에서 발견된다. 게다가 칼슘은 정상적 혈액 응혈과 근육기능에 필요하다. 칼슘에 대한 RDA는 19~24세에 대하여 1200 mg/day 그리고 25세 이상은 800 mg/day이다. 우유, 치즈, 깡통 연어, 암녹색 야채는 모두 식이 칼슘이 풍부한 근원이다.

인은 뼈에서 hydroxapatite 성분으로 필요할 뿐만 아니라 핵산과 기타 많은 생물학적으로 중요한 분자의 성분으로도 필요하다. 인이 없으면 우리는 ATP와 creatine phosohate 같은 에너지-저장 분자를 갖지 못한다. 왜냐하면 에너지는 해당작용과 시트르산 회로로부터 나오기 때문이다. 인에 대한 RDA는 칼슘과 같다. 칼슘은 대부분 식품에 풍부하므로 적절한 식이에서 인 결핍은 실제로 불가능하다.

소듐, 포타슘, 염화물 이온은 인간 식이에 모두 필요하다. 물에 녹을 때 소듐과 포타슘은 양전하 이온(양이온)이고 염화물 이온은 음전하 이온(음이온)이다. 이러한 세 가지 무기질을 혈액 전해질(blood electrolyte)이라고 한다. 왜냐하면 그 이온들은 전류를 전도할 수 있기 때문이다. 소듐은 주로 세포외액(extracellular fluid)에서 발견되고 포타슘은 주로 세포내에서 발견된다. 그 두 가지 원소는 세포의 내외에서 적당한 액체 유지에 필요하다. 이러한 세 가지 무기질은 대부분 식품에서 발견되므로 그 결핍은 드믈다.

미국 Food and Nutrition Board는 그 세 가지 전해질을 ESADDI의 표로 부터 제거하였다. 왜냐하면 권장량의 결정에 충분한 정보를 이용할 수 없기 때문이다. 소듐과 염하물 이온의 주요한 식이 공급원은 소금(소듐 40%, 염화물 60%)이다. 의사들은 아직도 소듐 섭취를 1~3 g/day로 제한을 권장한다. 염화물의 권장 섭취는 대략 1.7~5.1 g/day 이다. 그러나 소듐과 염화물의 충분한 섭취는 문제아니나다. 실제로 미국에서 소듐 섭취는 5~7 g/day이고 정상 어른에 필요한 1~2 g/day보다 훨씬 과량이다.

포타슘은 주요한 세포내부의 양이온이다. 포타슘은 귤, 바나나, 토마토에서 발견된다. 포타슘의 식이섭취는 미국에서 약 1.9~5.6 g/day이다. 포타슘 결핍은 드믈다. 그러나 콜레라같은 심한 설사에서 포타슘이 손실된다. 진성 당뇨병으로 고생하는 사람에 의한 포타슘 배설은 허약해지는 결과를 초래한다. 그러나 포타슘 결핍은 이뇨제를 먹는 사람에서 가장 보편적으로 나타난다.

식이에서 주요한 소듐 공급원은 식탁용 소금이고, 그것은 가능성있는 사람에게 고혈압(hypertension)을 발생할 수 있는 한 인자다. 고혈압을 피하는 한 방법으로 "저-염"(low-salt)을 상당히 강조한다. 그러나 소듐만이 그 범인이 아닌 것으로 알려져 있다. 혈압 조절에 중요한 것으로 나타나는 것은 소듐 이온-대-포타슘 이온 비이다. 이상적으로 Na^+/K^+ 비는 약 0.6이지만 평균 미국인이 소비한 Na^+/K^+ 비는 1.0보다 크다. 노년기에서 고혈압을 피하려면 식이에서 소듐량을 줄이고 포타슘량을 증가하는 것이 중요하다.

마그네슘 이온은 세포대사에 중요하다. 마그네슘 이온은 글리코겐을 글루코오스로 변환하는 간에서 그 반응에 필요하다. 마그네슘 이온은 정상적 근육기능, 신경의 전도, 그리고 뼈 발달에도 중요하다. Mg^{2+}

은 AMP, ADP, ATP, 핵산 등과 결합한다. 글루코오스의 분해대사와 관련있는 여러 효소는 보조인자로서 마그네슘 이온이 필요하다. 전형적 어른은 약 25 g 마그네슘을 함유하고 매일 섭취 권장량은 약 300 mg/day이다. 마그네슘은 녹색 입사귀 채소, 두류, 곡류, 살코기에 풍부하다.

E.2 미량무기질

철은 헴-함유 단백질에 필요한 무기질이고 정상적 생리기능에 절대적으로 필요하다. 철은 산소수송과 저장 단백질, 헤모글로빈과 미오글로빈에서 발견되고, 또한 호흡전자 수송 사슬에 참여하는 사이토크롬의 성분이다. 철의 필요는 잘 알려져 있으므로 아무도 철 결핍 효과로 고생하는 사람은 없다고 생각할 수 있다. 그러나 실제로 철 결핍은 미국에서 특히 부인들 사이에 오히려 보통이다. 철은 Fe^{2+} 산화상태로만 인체에 흡수된다. 육류 중 철은 대부분 기타 식품보다 더 효과적으로 흡수된다. 단백질을 대부분 곡류 형태로부터 섭취하는 채식주의자들은 철 결핍의 위험이 있다. 왜냐하면 곡물 중 철은 인체에 약하게 흡수되기 때문이다.

헤모글로빈, 미오글로빈, 그리고 호흡전자 수송사슬의 사이토크롬은 모두 헴을 함유한다. 물론 헴은 철을 함유한다. 그리고 이것의 필요는 식이에 의하여 만족된다. 철의 결핍은 적혈구에 헤모글로빈량이 비정상적으로 낮는 상태, 즉 철-결핍 빈혈증을 초래한다.

구리는 여러 필수 효소에 필요한 한 무기질이다. 호흡전자 수송사슬은 헴 원자단과 구리 이온을 함유하는 사이토크롬 산화효소를 함유한다. 그러므로 구리는 이 필수효소의 기능을 위한 식이에 필요하다. 구리는 연결근육 단백질의 합성에 책임있는 몇 가지 효소에도 필요하다. 바다식품, 채소, 견과, 간과 같은 육류는 구리이온의 훌륭한 공급원이다. 어른에 대한 구리의 ESADDI는 1.5~3.0 mg/day이다. 고농도 구리 이온은 독성이다. 실제로 정신장애와 조기 청소년 사망은 인체로부터 과량 구리 이온의 제거 불능 때문에 생긴다. 생활 어디에서나처럼 그 시스템의 균형은 그것의 기능에 중요하다.

아이오딘은 갑상선 샘의 적절한 기능에 필요한 한 무기질이다. 갑상선 샘은 아이오딘을 영양소로부터 추출하고 그것을 여러 호르몬과 섞는다. 갑상선종의 갑상선 확대는 낮은 아이오딘 섭취를 상쇄하려는 노력으로부터 생기는 결과다. 아이오딘이 식이에 포함되면 갑상선종을 방지할 수 있다. 바다식품을 이용할 수 없는 지역에서 식이 요오드는 대부분 식품점에서 발견되는 요오드화 소금 형태에서 쉽게 얻는다.

플루오르화 이온은 치아 골저(공동)의 방지를 돕는다. 많은 도시의 물 공급에서 플루오르화물 이온의 존재는 미국에서 가장 널리 퍼진 '질병', 즉 치아공동의 유발을 크게 감소한다. 불행하게도 대부분 불충분한 정보의 결과 때문에 생기는 물의 플루오로화에 대한 저항은 여러 지방자치제들이 이러한 플루오르화를 포기하게 만들었다. 대략 1 ppm F-은 독성효과들이 관찰되지 않는다. 플루오르화물은 calcium hydroxyapatite 중 hydroxide를 치환하여 fluorapaptite[$Ca_3(PO_4)_2 \cdot CaF_2$]라고 알려진 치아의 무기질 결정으로 만드는 일을 하고 그 fluorapatite는 hydroxyapatite 그 자체보다 구강 박테리아에 의해 생성된 산에 훨씬 더 저항성이다.

여러 기타 미량 무기질은 식이에 필요하다. 그들 사이에는 아연, 니켈, 바나듐, 주석, 규소, 몰리브데늄, 크롬, 셀레늄, 코발트 들이 있다. 아연과 몰리브데늄은 여러 효소에 필요하고 코발트는 비타민 B_{12}의 성분이다.

미량 무기질의 결핍은 실제로 존재하지 않는다. 왜냐하면 그들은 대단히 소량이 필요하므로 그들에 대한 요구는 거의 모든 식이에서 해결되는 것처럼 보인다. 그러나 구리의 경우처럼 대부분 미량 무기질은 다량 섭취할 때 대단히 독성이다. 그리고 "중금속 독성"은 전세계를 통한 산업도시의 재앙이다.

문제 해답

1장

1.1 현재 식이에서 칼로리의 58%는 탄수화물여야 한다고 권장한다. 그 칼로리 중에서 간단한 당류는 10%보다 작아야 한다.

1.2 알도스는 알데하이드 원자단을 갖는 당이다. 케토스는 키톤 원자단을 갖는 한 당이다.

1.3 a. Ketose　　d. Aldose

b. Aldose　　e. Ketose

c. Ketose　　f. Aldose

1.4

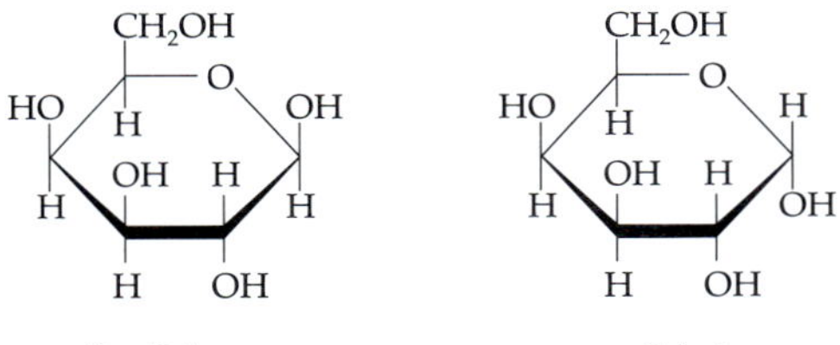

1.5 α-아밀아제와 β-아밀라제는 아밀로스 전분을 분해하는 소화효소다. α-아밀라제는 불규칙하게 아밀로스 사슬의 글루코시드 결합을 분해하여 더 짧은 다당류 사슬로 만든다. β-아밀라제는 순차적으로 환원되는 폴리당류 말단에서 말토스(글루코스의 이당류)를 분해한다.

1.6 단당류는 가장 간단한 당이고 간단한 당류 단위로 구성한다. 이당류는 글루코시드 결합으로 공유결합한 두 단당류로 구성한다.

1.7 짓이긴 감자 튀김, 쌀, 옥수수 전분은 아밀로스와 아밀로펙틴을 함유한다. 그 두 가지는 폴리당류다. 캔디는 슈크로스, 즉 이당류를 함유한다. 오렌지 쥬스는 프럭토스, 즉 단당류를 함유한다. 상표에 당을 첨가했다고 표시하면 슈크로스를 함유할 수도 있다.

1.8 네 개

1.9

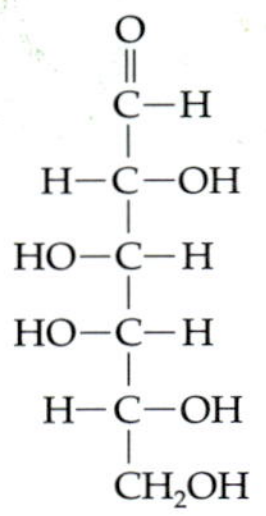

D-Galactose
(An aldohexose)

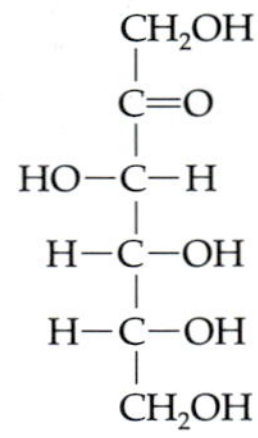

D-Fructose
(A ketohexose)

1.10 a. β-D-글루코스는 헤미아세탈이다.
b. β-D-프럭토스는 헤미케탈이다.
c. β-D-갈락토스는 헤미아세탈이다.

1.11

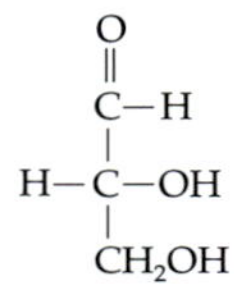

D-Glyceraldehyde

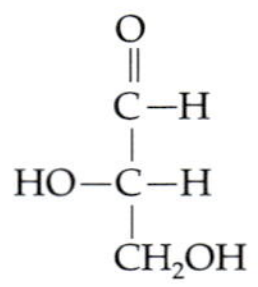

L-Glyceraldehyde

1.12 덱스트로스는 D-글루코스의 관용명이다.

1.13 D-와 L-글리세르알데하이드는 한 쌍의 거울상이성질체다. 즉 그들은 서로 겹치지 않는 거울상이다.

1.14 입체이성질체는 동일한 구조식과 결합 모양을 갖되 공간에서 원자 배열이 다른 한 쌍의 분자다.

1.15 카이랄 탄소는 서로 다른 네 화학 원자단과 결합한 탄소다.

1.16 편광계는 단색광을 단색 평면-편광으로 변환한다. 이 평면-편광은 시료를 통과하고 분석기를 통과한다. 시료가 광 활성이면 광 평면이 회전한다. 그 회전 각도는 분석기로 측정한다.

1.17

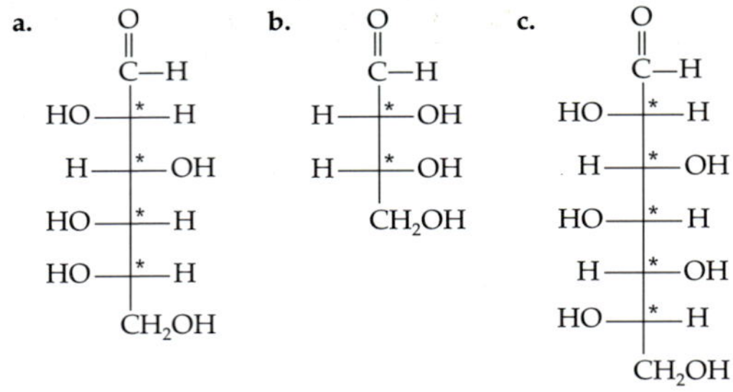

1.18 D-글루코스의 C-1에서 카보닐 원자단이 C-5 하이드록시 원자단과 반응할 때 새로운 카이랄 탄소는 (C-1)을 만든다. 고리 당의 α-이성질체에서 C-1 하이드록시 원자단은 고리 밑에 있고 β-이성질체에서 C-1 하이드록시 원자단은 고리 위에 있다.

1.19 β-말토스와 α-락토스는 양성 Benedict test 결과를 나타낸다. 글라이코젠은 약한 반응만 나타낸다. 왜냐하면 그 탄소화물의 질령이 일정할 때 환원되는 말단이 더 적기 때문이다.

1.20 거울상이성질체는 서로 겹치지 않는 거울상이성질체다. 예를 들어

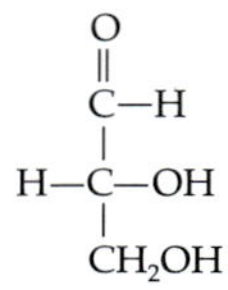

D-Glyceraldehyde

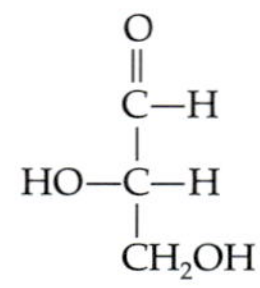

L-Glyceraldehyde

1.21 단당류의 카보닐 원자단이 다른 한 탄소 원자에 있는 하이드록시 원자단과 반응할 때 분자내에서 헤미아세탈을 형성한다.

1.22

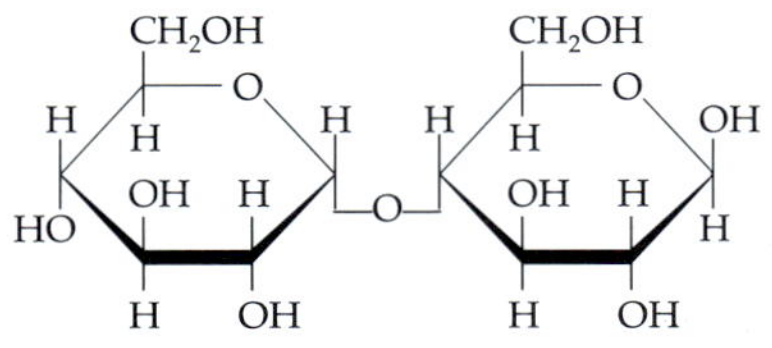

β-Maltose

1.23 우유

1.24 식이로부터 우유와 우유 제품을 제거한다.

1.25 젖당 소화장애증은 유당 락토스를 그것의 단당류 성분, 즉 글루코스와 갈락토스로 가수분해하는 락타즈 효소 생산이 불가능하다.

1.26 아밀로스의 글루코스 단위는 α(1→4) 글루코시드 결합에 의해 결합하고 셀룰로스의 글루코스 단위는 β(1→4) 글루코시드 결합에 의해 함께 결합한다.

1.27 글라이코젠은 글루코스에 대한 저장 분자로 이용한다.

1.28 침샘과 췌장

2장

2.1 a. $CH_3(CH_2)_7CH = CH(CH_2)_7COOH$

b. $CH_3(CH_2)_{10}COOH$

c. $CH_3(CH_2)_4CH = CH - CH_2 - CH = CH(CH_2)_7COOH$

2.2 a. lauric acid와 ethanol의 에스터화반응

$$CH_3(CH_2)_{10}-\overset{\displaystyle O}{\overset{\|}{C}}-OH + CH_3CH_2OH \longrightarrow CH_3(CH_2)_{10}-\overset{\displaystyle O}{\overset{\|}{C}}-OCH_2CH_3 + H_2O$$

b. NaOH와 oleic acid의 반응

$$CH_3(CH_2)_7CH{=}CH(CH_2)_7-\overset{\displaystyle O}{\overset{\|}{C}}-OH + NaOH \longrightarrow CH_3(CH_2)_7CH{=}CH(CH_2)_7-\overset{\displaystyle O}{\overset{\|}{C}}-O^- \; Na^+ + H_2O$$

c. arachidonic acid의 수소화반응

$$CH_3(CH_2)_4CH{=}CHCH_2CH{=}CHCH_2CH{=}CHCH_2CH{=}CH(CH_2)_3-\overset{\displaystyle O}{\overset{\|}{C}}-OH + 4H_2 \xrightarrow{Ni} CH_3(CH_2)_{18}-\overset{\displaystyle O}{\overset{\|}{C}}-OH$$

2.3

a.

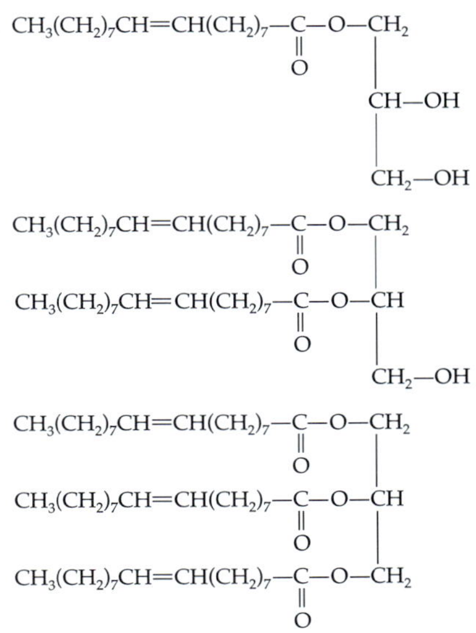

b.

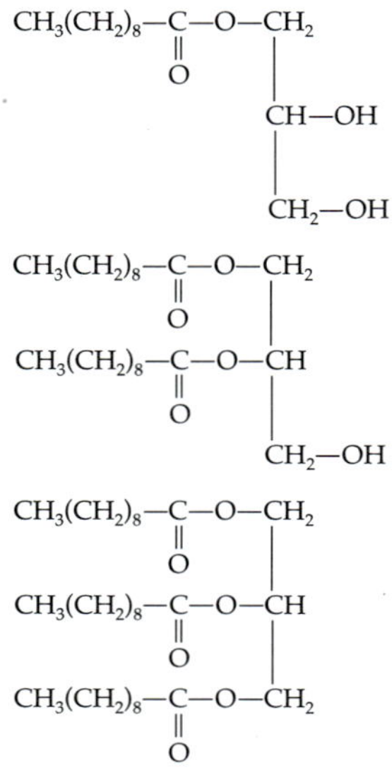

c.

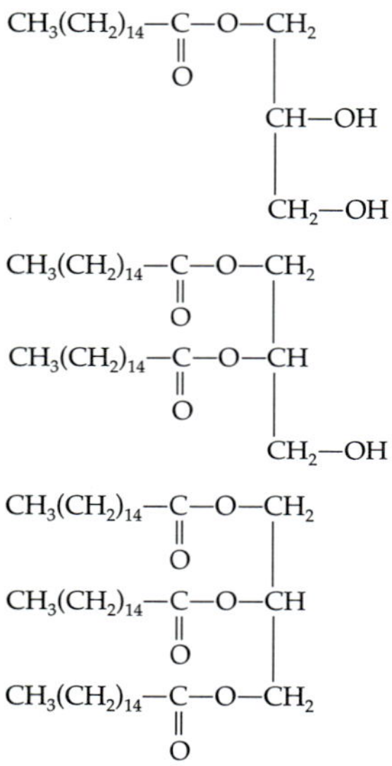

d.

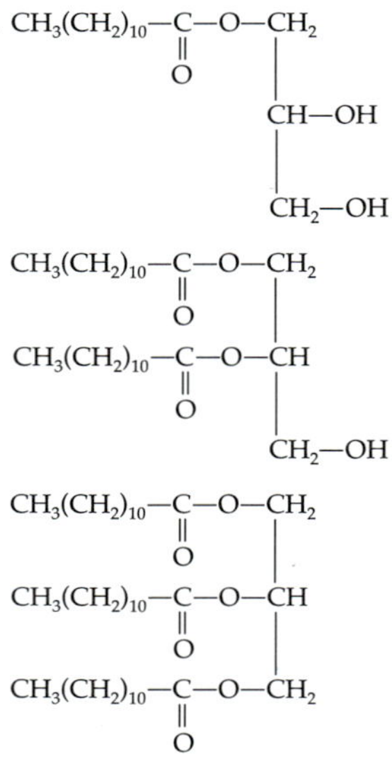

2.4

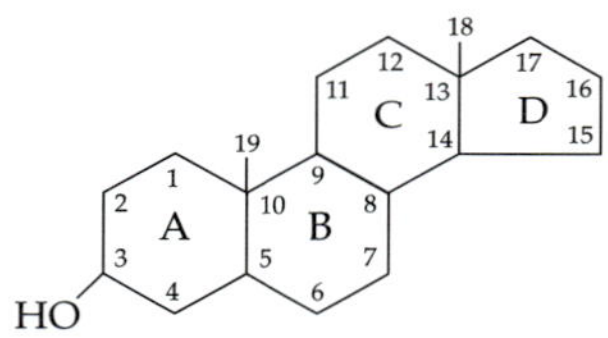

Steroid nucleus

2.5 수용체-매개 세포내 흡입 작용

2.6 막 수송은 촉매작용 효소와 비슷하다. 왜냐하면 그 두 가지 과정은 고도의 특이성을 나타내기 때문이다.

2.7 지방산, 글리세라이드, 비-글리세라이드 지방질, 착물 지방질.

2.8 포화 지방산은 탄화수소 꼬리에 탄소-대-탄소 단일결합만 갖는다. 불포화 지방산은 적어도 탄소-대-탄소 이중결합을 하나 이상 갖는다.

2.9 녹는점이 증가한다.

2.10 a. Decanoic acid

$CH_3(CH_2)_8COOL$

b. Stearic acid

$CH_3(CH_2)_{16}COOH$

c. *trans*-5-Decenoic acid

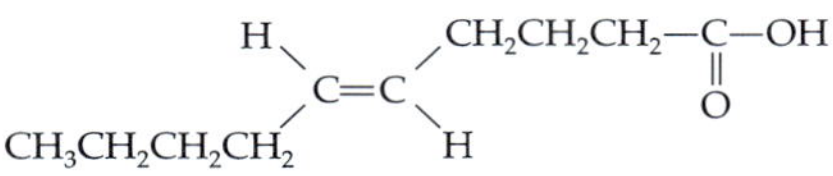

d. *cis*-5-Decenoic acid

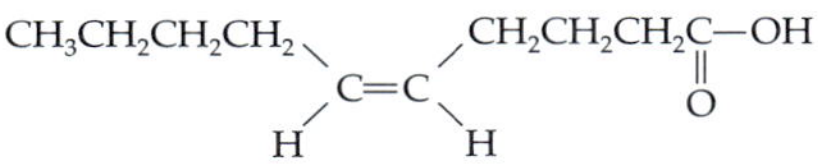

c. 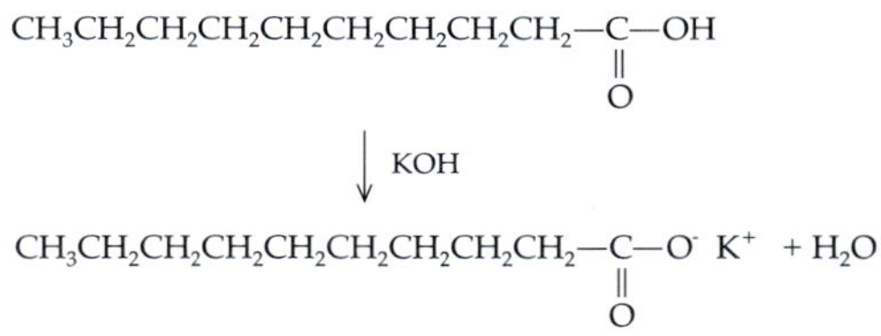

d. 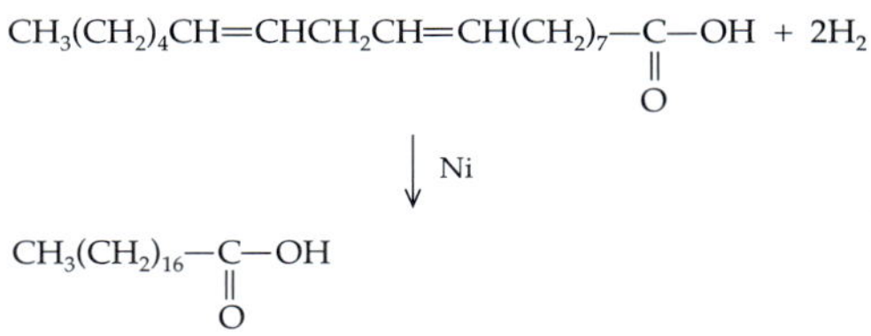

2.11

a. 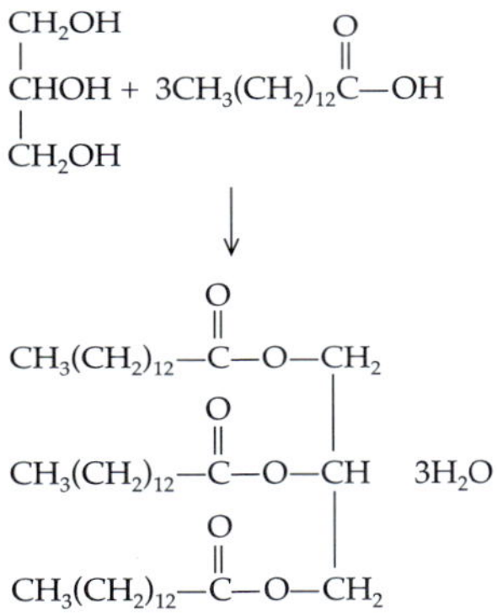

b. 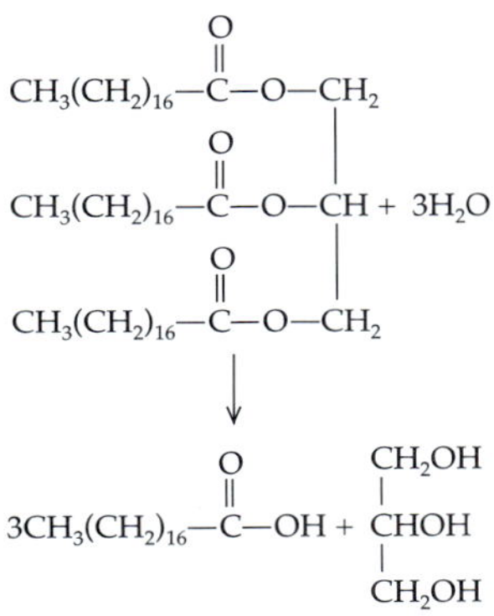

2.12 필수 지방산 linoleic acid는 호르몬 분자 비슷한 한 원자단, 즉 prostaglandin 합성용 선구물질인 arachidonic acid 합성에 필요하다.

2.13 아스피린은 모든 prostaglandin 합성을 억제하여 감염반응을 감소한다. 아스피린은 cyclooxygenase를 억제한다. 그 효소는 prostaglandin 생합성의 첫 번째 효소다. 이것은 아스피린으로부터 그 효소로 아세틸 원자단의 전달을 어제한다. Cyclooxygenase는 모든 세포에서 발견되므로 모든 prostaglandin 합성이 억제된다.

2.14 원활한 근육수축, 열 증가 및 감염 반응과 관련있는 팽창, 기관지 확대, 위장으로 산 분비 억제.

2.15

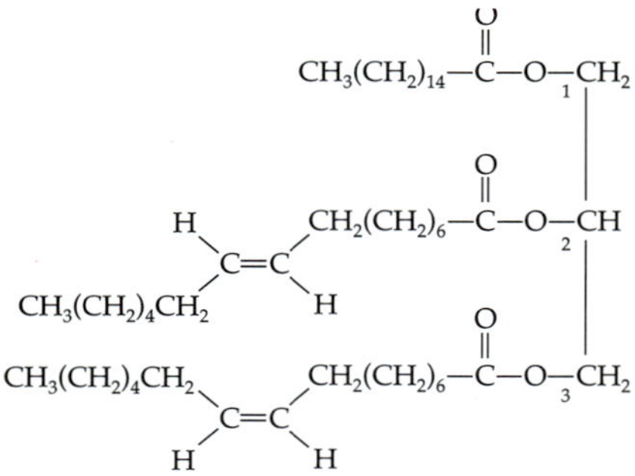

2.16

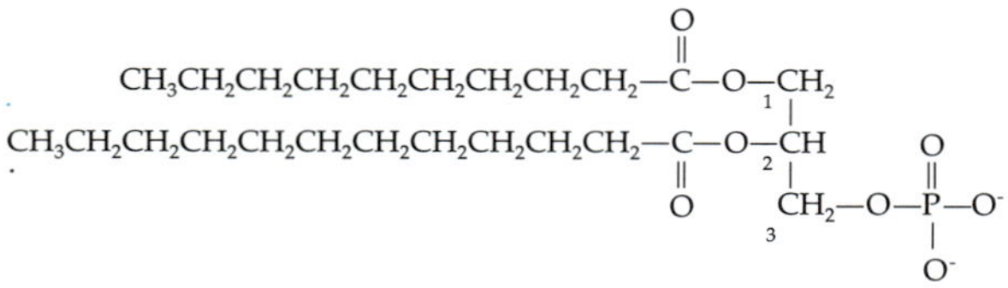

2.17 글리세라이드는 글리세롤의 세 하이드록시 원자단이 에스터화된 세 지방산으로 구성한다. 포스포지질에서 두 지방산만 글리세롤로 에스터화한다. 한포스포릴 원자단은 셋째 하이드록시 원자단과 에스터화(포스포에스터 결합)한다.

2.18 Sphingolipid는 글리세롤보다 sphingosine에서 유도한 포스포지질이다. Sphingosine은 한 질소-함유 (아미노) 알코올이다.

2.19 콜레스테롤은 생물 막의 소수성 영역에 쉽게 녹는다. 그것은 막의 유동성을 조절한다.

2.20 Progesterone은 임신과 관련있는 가장 중요한 호르몬이다. Testerone은 숫컷의 이차 성 특징의 발전에 필요하다. Esterone은 암컷 이차 성 특징의 적절한 발전에 필요하다.

2.21 Cortisone은 신경 관절염, 천식, 위장장애, 여러 피부 상태의 치료에 이용한다.

2.22 Myricyl palmitate(밀봉)는 palmitic acid 지방산과 myricyl alcohol($CH_3(CH_2)_{28}CH_2OH$)로 만든다.

2.23 Isoprenoid는 isoprene 단위로부터 합성되는 큰 여러 지방질 집합체다.

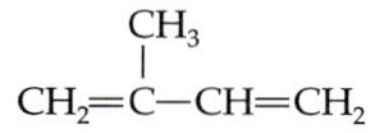

2.24 스테로이드, 담즙산염, 지용성 바이타민, 어떤 식물 호르몬, 클로로필.

2.25 Chylomicron, 고밀도 지질단백질, 저밀도 지질단백질, 매우 저밀도 지질단백질.

2.26 콜레스테롤과 기타 물질이 동맥을 피복하여 그 혈액 경로를 좁게 만들 때 동매경화가 생긴다. 그 경로가 더 좁아지면 적당한 혈액흐름에 더 많은 압력이 필요하다. 이것은 고혈압을 초래한다.

2.27 LDL 수용체가 결손이면 혈액으로부터 콜레스테롤-함유 LDL 입자를 제거 하는 기능을 할 수 없다. 기타 물질과 함께 과량 콜레스테롤이 동맥 벽에 도포되어 동맥경화를 발생한다.

2.28 막 인산지질의 지방질 아실 꼬리가 포화로 화합물로부터 불포화 화합물로 변하면 그 막의 유동성이 증가한다.

2.29 생체막의 기본구조는 배열된 인산지질 분자들이 이중층이므로 소수성 탄화수소 꼬리는 그 중심에 충진되고 친수성 머리 원자단은 내외부 표면에 노출된다.

2.30 한 표제성 막 단백질은 세포의 내부 또는 외부 막의 한 표면에만 결합한다.

2.31 콜레스테롤은 생체 막의 소수성 층에 자유롭게 녹는다. 막 인산지질의 지방산 꼬리 층을 파괴하여 막의 유동성을 적절하게 조절한다.

2.32 L. Frye와 M. Edidin은 인간과 쥐 세포의 특이 막 단백질을 각기 빨간색과 초록색 형광 염료로 표시하는 방법을 연구하였다. 인간과 쥐 세포를 단일-세포 혼합물로 섞고 현미경을 이용하여 자외선 광원으로 관찰하였다. 그 염표는 자외선에 의해 형광을 발생하였다. 처음에 그 염료는 본래 인간 또는 쥐 세포를 나타내는 막 영역에 편재하였다. 한 시간 이내에 그 단백질은 그 초점 세포의 막 전체에 균등하게 분포하였다.

2.33 간단한 확산에서 분자는 직접 막을 통하여 이동하는 반면에 촉진확산에서는 막을 통한 단백질 통로가 필요하다.

2.34 능동 수송은 기울기(더 묽은 농도 지역에서 더 진한 농도 지역으로)에 대항하여 분자 또는 이온을 수송하기 위한 에너지 투입에 필요하다. 촉진확산은 투과효소 단백질을 통하여 더 진한 농도 영역으로부터 더 묽은 농도 영역으로 분자 또는 이온이 통과하는 한 수동수송 방법이다. 세포는 촉진확산 중에 에너지를 소비하지 않는다.

2.35 역-수송 메카니즘은 한 분자 또는 이온을 세포로 수송하는 방법이고 그 반면에 서로 다른 분자나 이온은 그 세포 밖으로 수송하는 방법이다.

2.36 각 투과효소 또는 통로 단백질은 세포막을 통하여 결합하고 수송할 수 있는 분자나 이온에 대하여 상보적 모양과 전하를 갖는 결합자리를 갖는다.

2.37 한 ATP 분자는 가수분해하여 그 세포 밖으로 3 Na^+를 그리고 그 세포 안으로 2 K^+를 수송한다.

2.38 능동수송은 막을 통하여 분자나 이온들이 농도 기울기(더 묽은 농도 영역으로부터 더 진한 농도 영역으로)에 대항하는 흐름이다.

3장

3.1 a. Glycine (gly) :

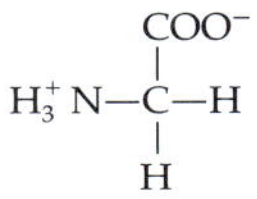

b. Proline (pro) :

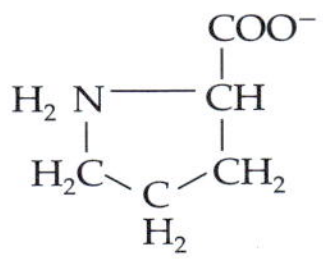

c. Threonine (thr) :

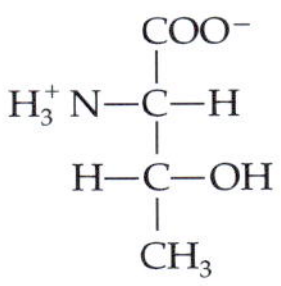

d. Aspartate (asp) :

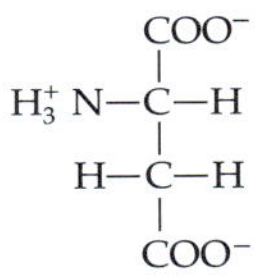

e. Lysine (lys) :

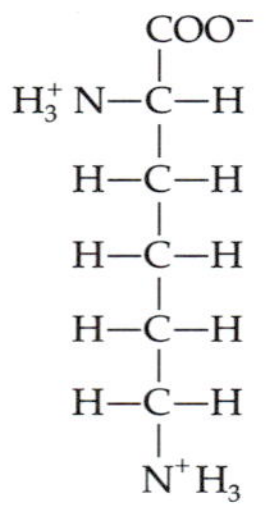

3.2 a. Alanyl-phenylalanine :

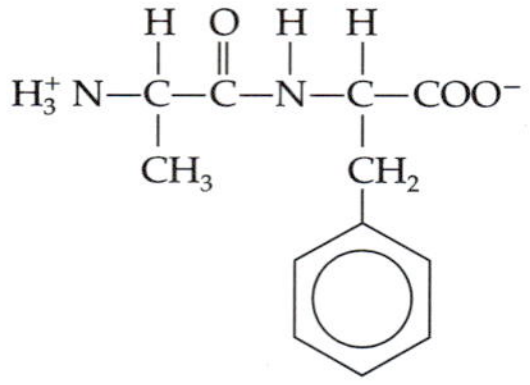

b. Lysyl-alanine :

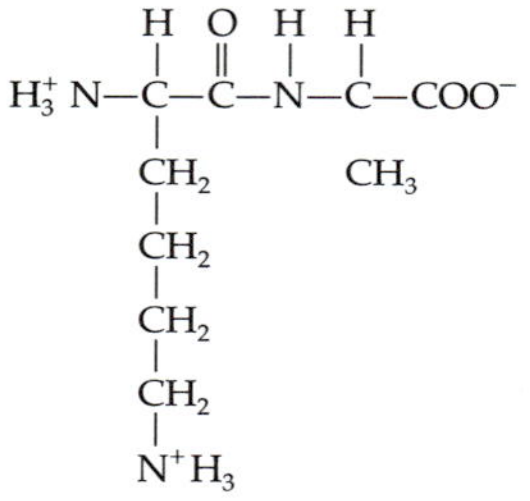

c. Phenylalanyl-tyrosyl-leucine :

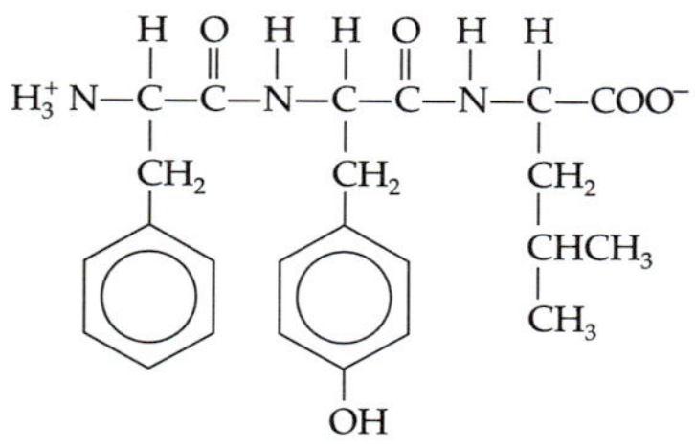

3.3 단백질의 일차구조는 단백질 사슬의 아미노산 서열이다. 단백질의 이차구조는 아마이드 질소와 그 펩타이드 결합의 카보닐 산소 사이에 수소결합에 의해 생긴 규칙적으로 반복된 펩타이드 사슬의 겹침이다. 그 이차구조의 가장 보편적 두 가지 종류는 α-나선과 β-병풍구조다. 삼차구조는 α-나선과 β-병풍구조 영역이 조밀한 구형 구조로 더 겹친 구조다. 삼차구조의 형성과 유지는 아미노산 R 원자단 사이에 약한 인력으로부터 생긴다. 두 펩타이드 이상이 결합하여 기능성 단백질을 생성하는 것을 사차구조라고 정의한다.

3.4 미오글로빈은 산소에 대하여 더 큰 친화도를 가지므로 산소는 근육에서 헤모글로빈으로부터 미오글로빈으로 효과적으로 이동한다.

3.5 고온은 단백질 구조를 유지하는 수소결합과 기타 약한 상호인력을 파괴한다.

3.6 채소는 아미노산 성분이 서로 다르다. 단일 채소만으로 인체에 필요한 모든 아미노산을 제공할 수 없다. 여러 서로 다른 채소를 먹어야 모든 아미노산의 요구를 해결할 수 있다.

3.7 단백질에 의해 수행되는 다섯 가지 생체기능은 생체기능을 촉진하기 위한 효소로서 작용, 질병에 대항하여 인체를 보호하기 위한 항체로서 반응, 인체를 통한 그리고 세포 내외로 무기질 수송, 세포기능 조절, 그리고 동물에 대한 구조지지체로서 이용이다.

3.8

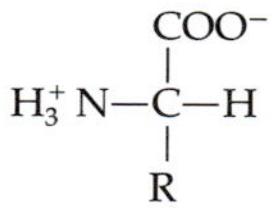

3.9 한 펩타이드 사슬에서 아미노산의 R 원자단 사이에 상호반응은 단백질의 삼차와 사차 구조의 형성과 유지에 중요하다.

3.10

Glycine

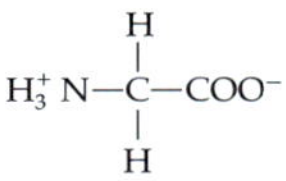

Alanine

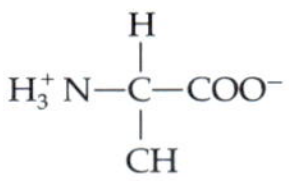

Valine

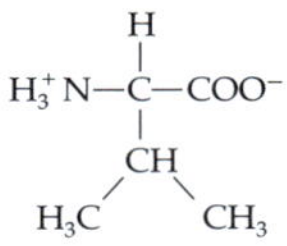

Leucine

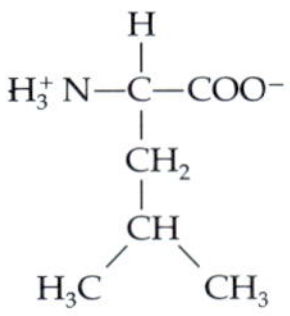

Isoleucine

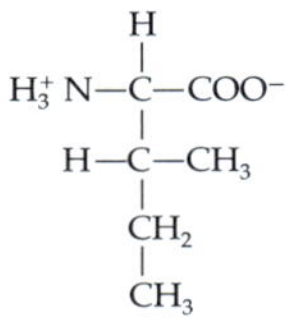

Phenylalanine

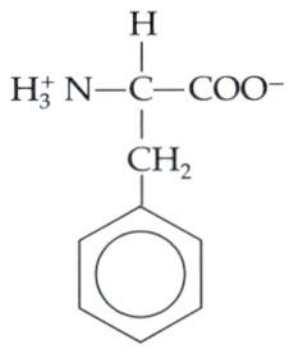

Proline

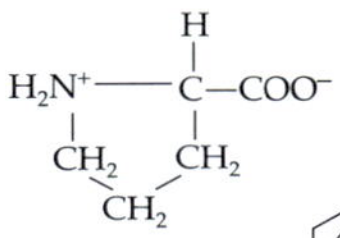

Tryptophan

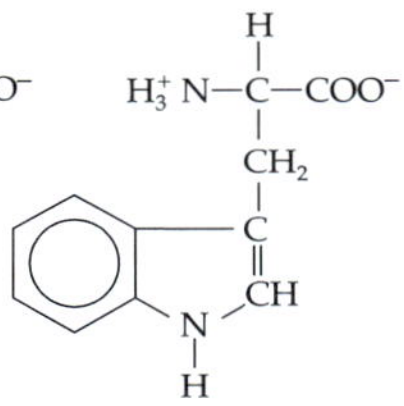

Methionine

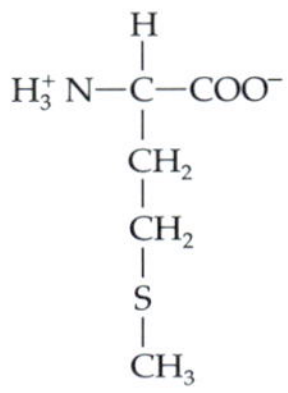

3.11

a. His-trp-cys:

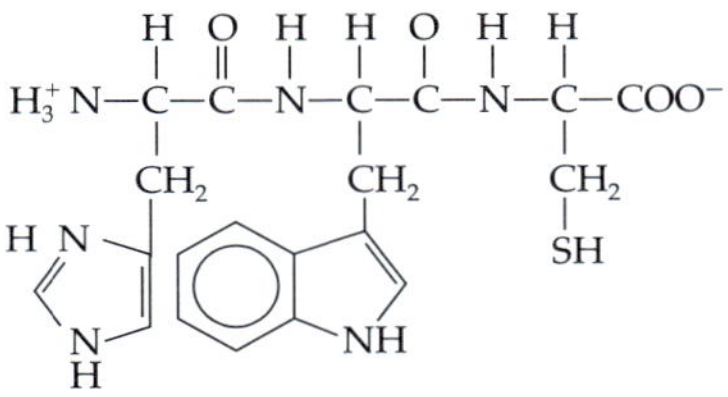

b. Gly-leu-ser:

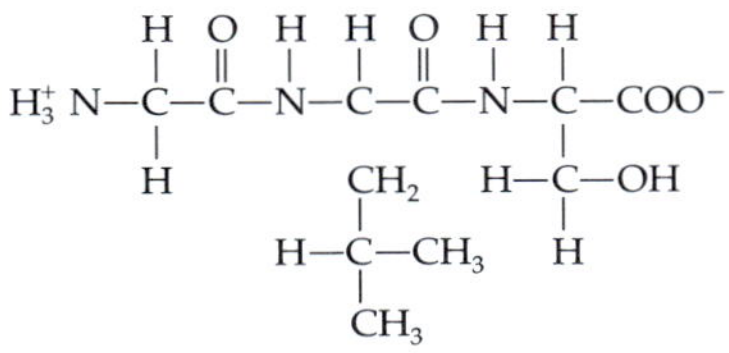

c. Arg-ile-val:

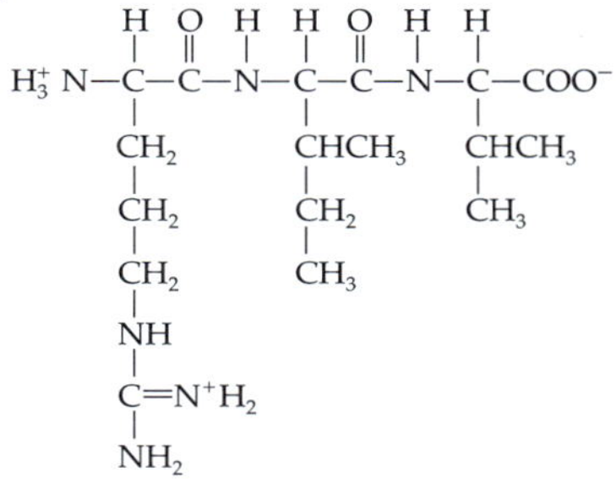

3.12 펩타이드 결합은 아마이드 결합으로 구성한다. 펩타이드 결합 주위에 자유회전은 없다. 왜냐하면 질소 원자의 고립 전자쌍은 카보닐 원자단의 탄소 및 산소와 상호작용하기 때문이다. 이것은 부분적 이중결합 특성을 갖는 공명구조의 결과를 갖는다.

3.13 DNA 유전정보는 아미노산이 단백질에 첨가되는 순서를 명령한다. 그 아미노산 순서는 단백질의 일차구조다.

3.14 단백질의 일차구조는 아미노산이 펩타이드 결합에 의해 서로 결합한 선형 배열이다.

3.15 단백질의 이차구조는 단백질의 일차구조가 α-나선과 β-병풍구조로 겹친다.

3.16 (a). α-나선
(b). β-병풍구조

3.17 섬유상 단백질은 긴 판상 또는 섬유로 배열된 펩타이드로 구성한다.

3.18 평행 β-병풍구조 판은 수소결합 펩타이드 사슬이 머리-대-머리로 배열된 아미노-말단을 갖는다.

3.19 단백질의 삼차구조는 이차구조 영역이 겹쳐 생기는 한 단백질의 구형 삼차원 구조다.

3.20

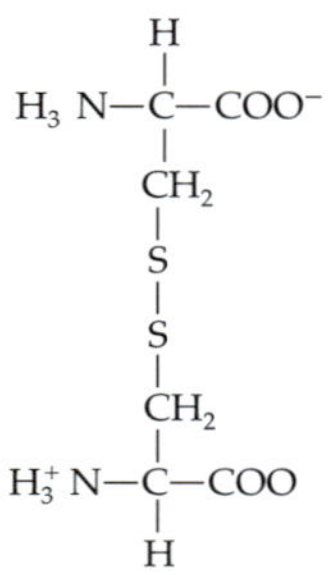

3.21 삼차구조는 이미 이차구조를 갖는 단백질 사슬이 겹치는 수준이다. α-나선과 β-병풍구조 영역은 구형구조로 겹친다.

3.22 사차구조는 두 개 이상 접힌 펩타이드 사슬이 집합하여 기능성 단백질을 생성한다.

3.23 당단백질은 공유결합한 당을 갖는 단백질이다.

3.24 수소결합은 단백질의 이차구조를 유지하고 삼차구조와 사차구조 수준의 안정도에 기여한다.

3.25 펩타이드 결합은 공명을 나타내고 그것은 부분적으로 이중결합 특성을 갖는다. 이것은 펩타이드 결합을 경직되게 만든다.

3.26 일차구조의 코드는 유전정보(DNA)로 전한다.

3.27 헤모글로빈 기능은 인체 전체를 통하여 산소를 페로부터 산소-요구 조직으로 운반한다. 헤모글로빈은 적혈구에서 발견된다.

3.28 헤모글로빈은 네 소단위, 즉 두 α-글로빈과 두 β-글로빈 소단위로 구성한다. 각 소단위는 헴 원자단을 갖고 그것은 번갈아 Fe^{2+} 이온을 운반한다.

3.29 헤모글로빈과 미오글로빈에서 헴 원자단 기능은 분자 산소와 결합이다.

3.30 일산화탄소는 헤모글로빈의 헴 원자단과 단단히 결합하므로 산소에 의해 쉽게 제거 또는 치환되지 않는다. 결과적으로 산소결핍 효과(질식)를 발생한다.

3.31 낫세포 헤모글로빈(sickle cell hemoglobin, HbS)이 탈산소화될 때 valine 아미노산은 또 다른 HbS 분자의 표면에서 소수성 주머니속에 들어간다. 그러한 많은 낫세포 헤모글로빈은 적혈구 세포를 낫세포로 만드는 긴 막대로 중합체화된다. 정상 헤모글로빈에서 glutamic acid는 valine 대신에 발견된다. 이러한 음전하 아미노산은 소수성 막에 적합하지 않다.

3.32 사람들이 낫세포 유전자의 한 카피(copy)와 정상 유전자의 한 카피를 가질 때 그들은 적혈구겸상형성경향(sickle cell trait)를 운반한다고 말한다. 이러한 사람들은 심각한 부작용으로 고생하지 않지만 그들의 후손에게 적혈구 겸상형성경향을 유전할 수 있다. 낫세포 글로빈 유전자의 두 카피를 갖는 사람은 낫세포빈혈증을 갖는다고 말한다.

3.33 돌연변이는 단백질의 구성 단백질이 파괴되어 완전히 조직이 분해되고 기능성 없는 단백질 형태로 변하는 과정이다.

3.34 열은 효과적 멸균 방법이다. 왜냐하면 곰팡이, 박테리아, 바이러스를 포함하는 미생물 형태의 단백질이 파괴되기 때문이다.

3.35 혈액 pH의 비교적 작은 변동은 생명을 위협할 수 있다. 이러한 작은 변화는 단백질의 정상적 전하를 변화하고 그들의 상호인력을 변화한다. 이들 변화는 단백질이 그것의 기능

을 수행불가능하게 만들 수 있다.

3.36 단백질은 낮은 pH에서 폴리양이온으로 된다. 왜냐하면 추가 양성자는 카복실산 원자단을 양성자화하기 때문이다. 이 음전하를 중화할 때 그 단백질 전하는 양성자화 아미노 원자단($-NH^+H_3$)에 의해서만 기여한다.

3.37 요구르트의 낮은 pH는 그들의 성장을 억제하는 미생물 오염 단백질을 변성한다.

3.38 채식주의자들의 식이에서 채소만이 식이 단백질의 공급원이다. 채소 공급원은 모든 필요한 아미노산을 공급하지 못하므로 채소는 생합성에 필요한 필수와 비필수 아미노산을 모두 제공하기 위하여 혼합되어야 한다.

3.39 비필수 아미노산은 인체에 의해 합성할 수 있으므로 식이에 필요없다. 필수아미노산은 인체에 의해 합성할 수 없으므로 식이에서 제공되어야 한다.

3.40 소화 효소의 합성은 조심스럽게 조절해야 한다. 왜냐하면 활성 효소는 분해 될 것이고 그리하여 그것을 생성하는 세포를 파괴하기 때문이다.

4장

4.1 a. Transferase
b. Ligase
c. Isomerase
d. Oxidoreductase
e. Isomerase

4.2 a. Sucrose
b. Pyruvate
c. Succinate

4.3 유발적합 모델은 효소를 유연성이라고 생각한다. 효소와 기질 두 가지는 모양을 변화하여 효소-기질 착물을 형성한다. 열쇠-자물쇠 모델에 의하면 효소는 가연성이 없고(잠을쇠) 기질(열쇠)은 특이 경직 자리(활성 자리)에 들어맞아 효소-기질 착물을 형성하는 것으로 생각한다.

4.4 한 효소는 결합에 압력을 가하여 결합 파괴를 촉매작용할 수 있다. 한 효소는 두 반응물을 가깝게 가져와서 적절한 방향에서 반응이 일어나게 할 수 있다. 마지막으로 효소는 활성자리의 미소환경 pH를 변화하여 일시적으로 H^+ 주개 또는 받개로 작용한다.

4.5 수용성 바이타민은 여러 효소의 기능에 필요한 조효소 합성을 위하여 필요하다.

4.6 pH 감소는 펩타이드 사슬 안에서 R 원자단의 이온화도를 변화한다. 이것은 효소의 구조를 유지하는 약한 상호인력을 방해한다. 그리고 그것은 효소를 변성할 수 있다. 효소의 활성 자리에서 R 원자단에 맡겨져 있는 변화는 크지 않고 또는 활성 자리의 촉매 능력을 크게 파괴하지 못한다.

4.7 비가역 억제제는 효소 홀성자리의 R 원자단과 매우 단단하게, 때때로 공유 결합으로 결합한다. 그들은 일반적으로 여러 서로 다른 효소를 억제한다. 효소 활성도 상실은 정상적 세포대사를 손상하여 세포 또는 사람을 죽게 만든다.

4.8 한 구조 유사체는 효소의 자연적 기질과 매우 비슷한 구조와 전하분포를 갖는 한 분자다. 일반적으로 그들은 효소 활성 자리와 결합할 수 있다. 이것은 효소 활성도를 억제한다. 왜냐하면 정상적 기질은 효소-기질 착물

을 형성하는 것과 비슷한 구조와 경쟁해야 하기 때문이다.

4.9

a.

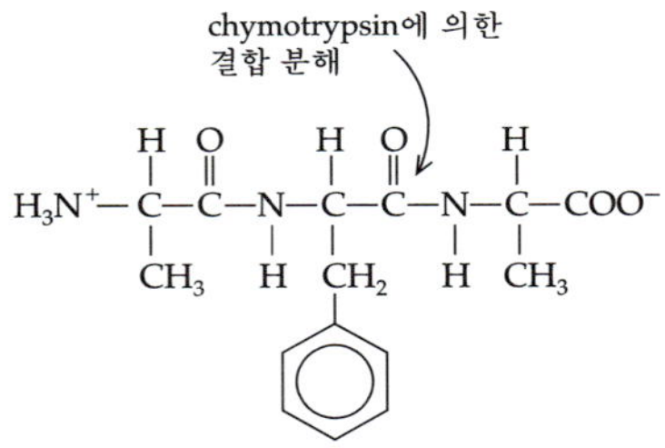

ala-phe-ala

b.

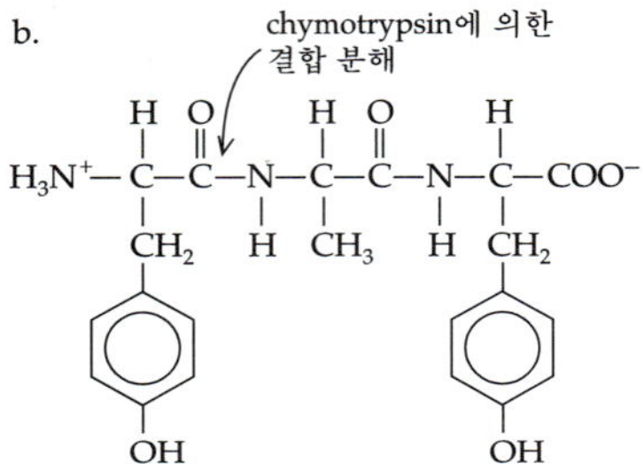

tyr-ala-tyr

c.

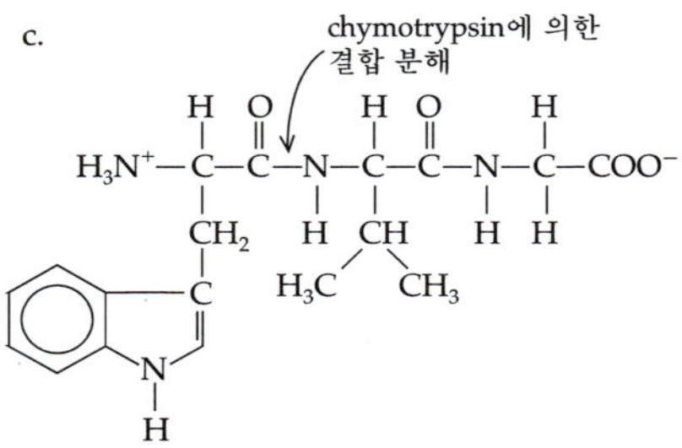

trp-val-gly

d.

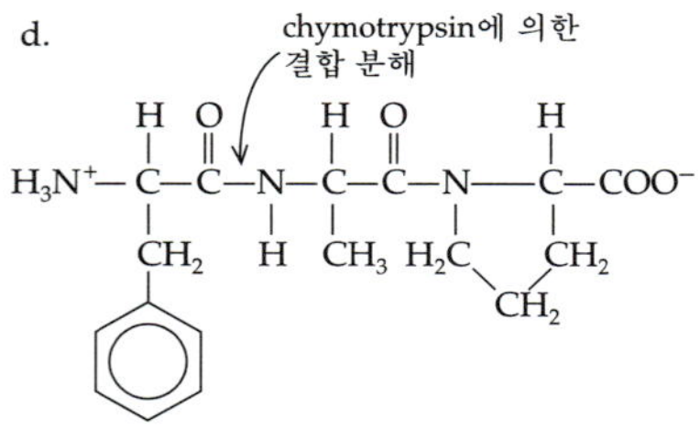

phe-ala-pro

4.10 1. Urease

2. Peroxidase

3. Lipase

4.11 a. citrate 탈카복실화효소는 citrate로부터 카복실 원자단 분해를 촉매작용한다.

b. adenine diphosphate phospholylase는 ADP에 인산 원자단 첨가를 촉매 작용한다.

c. oxalate 산화효소는 oxalate 환원을 촉매작용한다.

d. 아질산 산화효소는 아질산 산화를 촉매작용한다.

e. *cis-trans* 이성질화효소는 cis와 *trans* 이성질체의 상호변환을 촉매작용한다.

4.12 한 반응의 활성화 에너지는 반응이 일어나기에 필요한 에너지다.

4.13 화학반응 평형상수는 반응물과 생성물의 에너지 차이에 영향준다. 다음 반응을 생각하자.

$$aA + bB \rightarrow cD + dD$$

이 반응의 평형상수는:

$K_{eq} = [D]^d[C]^c/[A]^a[B]^b$ = [생성물]/[반응물]

반응물과 생성물 사이에 에너지 차이는 어떤 경로를 취하든 무관하게 동일하고 효소는 반응의 평형상수를 변경하지 않는다.

4.14 촉매작용 없는 화학반응 속도는 전형적으로 기질농도를 두 배로 증가 할 때 항상 두 배로 된다.

4.15

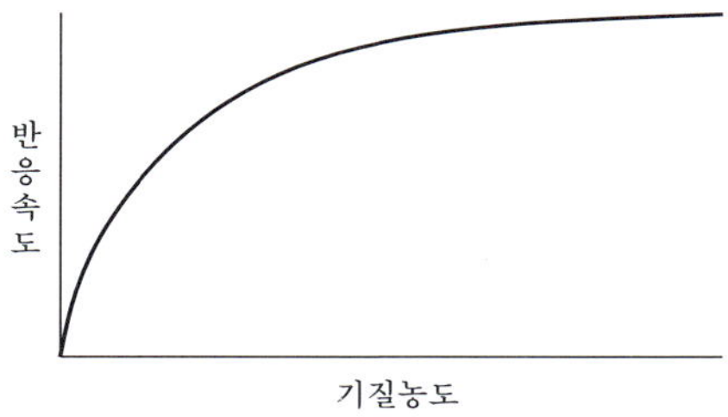

4.16 효소 활성 자리는 촉매작용과 관련있는 결합과 R 원자단의 표면에 주머니를 갖는다. 활성자리 모양은 기질 모양에 대하여 상보성이다. 그리하여 활성 자리의 입체배열은 효소 특이성을 결정한다. 효소-기질 결합은 약한 비공유 결합 상호반응이다.

4.17 효소-기질 결합의 열쇠-잠을쇠 모델은 1894년에 Emil Fischer에 의해 제안 되었다. 활성 자리는 그 기질이 완전히 들어맞는 경직된 효소 영역이라고 Emil Fischer에 의해 제안되었다. 그리하여 그 모델은 Jigsaw puzzle의 두 조각을 함께 맞추는 것처럼 기질은 활성 자리의 위치에 간단히 들어맞는 것을 의미한다.

4.18 절대 특이성-효소는 한 기질의 반응만 촉매작용한다.

원자단 특이성-효소는 동일한 작용기를 갖는 비슷한 분자와 관련있는 반응을 촉매작용한다.

결합 특이성-효소는 한 종류 결합만 형성 또는 분해를 촉매작용한다.

입체화학 특이성-효소는 한 거울상이성질체를 다른 것으로부터 분별한다.

4.19 효소-촉매작용의 첫 단계는 전이상태를 형성하는 단계다. 이것은 기질이 본래 기질과 그 생성물 사이에 한 중간체 형태로 생각한다고 설명한다. 단계 3에서 그 기질은 생성물로 변환하고 효소-생성물 착물을 형성한다. 단계 4는 그것의 본래 형태로 효소의 생성물 및 재생성물의 방출과 관련있다.

4.20 결합분해와 관련있는 반응에서 효소는 한 결합에 압력을 가하여 그 결합이 스트레스를 받는 전이상태를 만들 수 있다. 효소는 두 가지 반응물을 가깝게 반응이 일어나게 적절한 방향으로 가져와서 그 접근 반응물이 결합형성을 촉진하는 전이상태로 만들 수 있다. 마지막으로 효소는 활성 자리의 미소환경 pH를 변화할 수 있고 그것에 의하여 일시적 H^+의 주개 또는 받개로 작용한다.

4.21 한 보조인자는 효소의 활성 자리 모양의 유지를 돕는다.

4.22 NAD^+는 생화학 반응에서 수소화 음이온의 주개 또는 받개로 작용한다. NAD^+는 산화환원효소의 조효소로 작용한다.

4.23 기질농도 또는 어떤 이온농도가 변할 때처럼 pH 또는 온도 변화는 효소 활성도에 영향준다.

4.24 효소에 대한 최적 pH 이상 또는 이하로 큰 pH 변화는 단백질을 변성한다. 단백질의 입체배열 변화는 그것의 활성 자리를 크게 변화하므로 그 기질과 결합할 수 없고 반응을 촉매작용할 수 없다.

4.25 고온은 박테리아 효소와 구조 단백질을 변성한다. 세포 생명은 이 단백질의 기능에 의존하므로 그 세포는 죽는다.

4.26 Lysosome은 약 50 종류의 가수분해 효소를 함유하는 세포질에 있는 막-결합 소수포이다.

4.27 병원에서 임상분석에 이용하는 효소는 전형적으로 열에 의해 변성되지 않는 것으로 생각하여 냉장고 온도에서 저장한다. 이 방법으로 그들은 장기간 그들의 화성도를 유지한다.

4.28 a. 세포는 에너지를 보존하기 위하여 효소 활성도 수준을 조절한다. 그것의 기질이 없거나 그것의 생성물이 과량이면 세포 에너지를 허비하여 효소를 생성한다.

b. 단백질 가수분해효소의 생성은 조심스럽게 조절해야 한다. 왜냐하면 활성 효소는 그것을 생성하는 세포를 파괴할 수 있기 때문이다. 그리하여 그들은 그 세포에서 비활성 형태로 생성되고 그들이 분해되는 장소에서만 활성화된다.

4.29 양성 다른자리입체성에서 효과인자 분자의 결합은 효소에 반항한다. 음성 다른자리입체성에서 효과인자 분자의 결합은 효소를 생산한다.

4.30 선구효소는 그것의 활성 자리에서 그 효소의 활성 형태로 변환하는 비활성 효소 형태다.

4.31 *경쟁효소 억제*는 정상 기질의 구조 유사체가 효소 활성 자리를 점유하여 반응이 일어날 수 없을 때 일어난다. 구조 유사체와 정상 기질은 활성자리에 대하여 경쟁한다. 그리하여 그 반응속도는 두 분자의 상대 농도에 의존한다.

4.32 한 구조 유사체는 한 효소의 정상 기질에 대한 것과 매우 비슷한 모양과 전하를 갖는다.

4.33 비가역 억제제는 효소 활성 자리에 단단히 결합하여 봉쇄하고 그 자리에서 촉매작용을 제거한다.

4.34 그 화합물은 효소의 경쟁 억제제이다.

4.35 Chymotrypsin, trypsin, elastase 사이에 구조 유사성은 이 효소들이 복사한 단일 선조 유전자로부터 발생된 것을 암시한다. 각 카피는 그 다음에 독립적으로 발전한다.

4.36

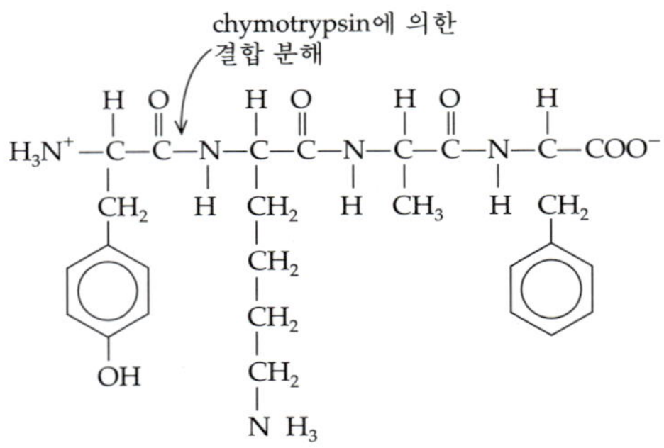

tyr-lys-ala-phe

4.37 Elatase는 alanine과 glysine의 카보닐 쪽에서 펩타이드 결합을 분해한다. Trypsin은 lysine과 arginine의 카보닐 쪽에서 펩타이드 결합을 분해한다. Chymotrypsin은 trypsin과 phenylalanine의 카보닐 쪽에서 펩타이드 결합을 분해한다.

4.38 Creatine phosphskinase(CPK), lactate dehydrogenase(LDH), aspartate aminotransferase(AST/SGOT).

5장

5.1 ATP는 범용 에너지 유통물이다. 왜냐하면 그것은 에너지를 저장하기 위하여 모든 생물이 이용하는 주요한 분자다.

5.2 분해대사의 첫 단계는 위장과 내장에서 식이 거대분자의 분해다. 분해대사의 둘째 단계에서 단당류, 아미노산, 지방산, 글리세롤은 대사반응에 의해 완전히 산화될 수 있는 분자

로 변환한다. 분해대사의 셋째 단계에서 아세틸 CoA의 2-탄소 아세틸 원자단은 시트르산 회로의 반응에 의해 완전히 산화된다. 이러한 산화반응에서 수확된 전자 에너지는 ATP를 만든다.

5.3 기질 수준 포스포릴화반응은 세포가 ATP를 만들 수 있는 한 방법이다. 이 반응에서 기질의 고-에너지 포스포릴 원자단은 ADP로 전이하여 ATP를 만든다.

5.4 해당작용은 10 종류의 반응과 관련있는 경로다. 1~3 반응에서 에너지는 개시 글루코스 기질에 투자한다. 이것은 고-에너지 포스포릴 원자단을 ATP로부터 그 경로의 중간체로 전이에 의하여 이루어 진다. 그 생성품은 프럭토스 -1,6-비스인산이다. 해당작용의 에너지-수확 반응에서 프럭토스-1,6-비스인산은 일련의 재배열, 즉 산화-환원과 4 ATP, 2 NADH, 2 pyruvate 분자의 재배열을 시작하는 두 개의 3-탄소 분자로 분할된다. 해당작용의 초기 단계에서 2 ATP의 투자 때문에 ATP의 알짜 수율은 2이다.

5.5 알코올과 젖산 발효는 pyruvate를 이용하고 해당작용에서 생성된 NADH를 다시 산화하는 혐기성 반응이다.

5.6 글라이코젠 합성(탄수화물이 아닌 공급원으로부터 글루코스 합성)은 해당작용(탄수화물 분해의 첫 단계)의 반대로 나타난다. 왜냐하면 그 두 경로에서 중간체는 같기 때문이다. 그러나 해당작용의 1, 3, 10 반응은 가역반응이 아니다. 그리하여 가역반응은 서로 다른 효소에 의해 수행되어야 한다.

5.7 글라이코젠 가인산분해효소는 글라이코젠 분자의 한 말단에서 한 글루코스 의 가인산분해를 촉매작용한다. 그 반응은 글루코스를 인산 원자단으로 치환과 관련있다. 그 생성물은 글루코스-1-인산과 한 글루코스 단위만큼 더 짧은 한 글라이코젠 분자다.

5.8 포도당효소는 그것을 인산화하여 간 세포에 글루코스를 저장한다. 글루코스 -6-인산 생성물은 전하를 띠므로 그 세포로부터 내보낼 수 없다.

5.9 글루카곤은 간접으로 글라이코젠 가인산분해효소를 자극하므로 글라이코젠 분해의 첫 효소다. 이것은 글라이코젠 분해를 가속한다. 글루카곤도 글라이코젠 합성효소, 즉 글라이코젠 합성의 첫 효소를 억제한다. 이것은 글라이코젠 합성을 억제한다.

5.10 ATP

5.11

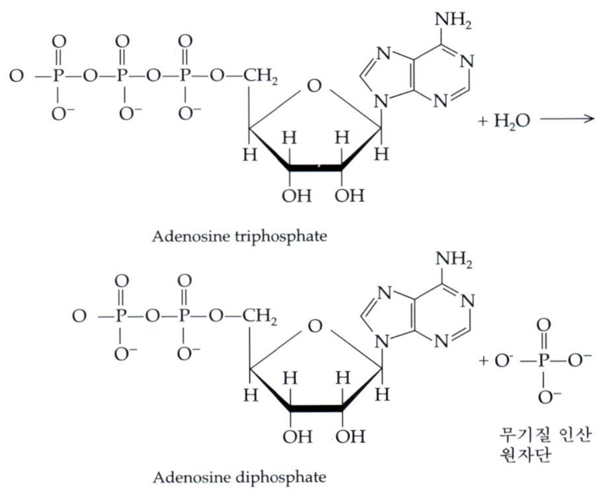

5.12 해당작용은 글리세르알데하이드-3-인산 탈수소화효소가 글리세르알데하이드-3-인산의 산화를 촉매작용하는 반응 6에 NAD^+가 필요하다. NAD^+는 환원된다.

5.13 2 ATP/glucose

5.14 근육 세포는 몇초의 활동만을 위해 저장된 충분한 ATP를 갖지만 더 에너지가 필요할 때 해당작용을 크게 가속한다. 그 세포에 충분한 산소를 공급하면 산소호흡(시트르산 회로와 산화성 포스포릴화반응)은 다량의 ATP 생산에 기여한다. 산소를 제한하면 젖산 발효는 가속된다. 이것은 pyruvate를 써버리고 해당작용에 의해 생성된 NADH를 다시 산화하고 근육 수축을 위해 ATP 합성을 계속한다.

5.15 $C_6H_{12}O_6 + 2ADP + 2P_i + 2NAD^+ \rightarrow$
Glucose
$2C_3H_3O_3 + 2ATP + 2NADH + 2H_2O$
Pyruvate

5.16 a. Hexokinase는 글루코스의 포스포릴화반응을 촉매작용한다.
b. Pyruvate kinase는 phosphoenolpyruvate로부터 ATP로 한 포스포릴 원자단 전이를 촉매작용한다.
c. Phosphoglycerate 자리옮김효소는 3-phosphoglycerate를 2-phosphoglycerate로 변환하는 이성질화반응을 촉매작용한다.
d. 글리세르알데하이드-3-인산 탈수소화효소는 글리세르알데하이드-3-인산의 산화와 포스포릴화반응 그리고 NAD^+를 NADH로 환원을 촉매작용한다.

5.17 이성질화효소

5.18 Enediol

5.19 Kinase는 포스포릴 원자단을 한 분자로부터 또 다른 분자로 전이한다.

5.20 NAD^+는 환원되어 수소화음이온을 받는다.

5.21 Enolase는 enol을 생성하는 한 반응을 촉매작용한다. 이 특수한 반응에서 그것은 phosphoenilpyruvate다.

5.22 효율을 최대화하고 허비를 최소화하기 위하여 해당작용과 같은 에너지-수확 경로는 세포의 에너지 요구에 반응하는 것이 중요하다. ATP 형태의 에너지가 풍부하면 빠른 속도로 계속하는 그 경로가 필요없다. 이것이 그 경로일 때 그 경로의 반응을 촉매작용하는 자리옮김효소는 그들의 음성 효과 인자와 결합하여 억제한다. 마찬가지로 다량 ATP가 필요할 때 그 경로는 양성 효과인자와 결합하는 자리옮김효소의 결과 때문에 가속된다.

5.23 ATP와 시트르산은 phosphofructokinase의 억제제이고 그 반면에 AMP와 ADP는 다른자리 활성체다.

5.24 시트르산 회로에서 첫째 중간체, 즉 시트르산은 phosphofructokinase의 다른자리 억제제다. 시트르산 회로는 해당작용에 의하여 생성된 pyruvate의 완전 산화에서 생성되는 한 경로다. 고농도 시트르산은 충분한 기질이 시트르산 회로에 들어가는 것을 신호한다. 시트르산에 의한 phosphofructokinase 억제는 되먹임 억제의 한 예다. 시트르산 생성물은 초기에 그 경로에서 효소 활성도를 다른자리 입체성으로 억제한다.

5.25

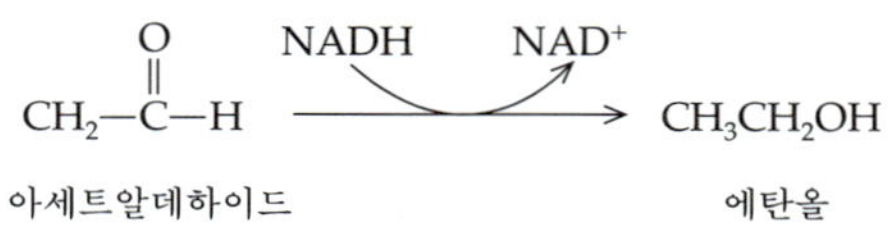

5.26 젖산발효

5.27 요구르트와 몇 가지 치즈

5.28 젖산 탈수소화효소

5.29 이 어린이는 알코올 발효를 수행하는 효소를 가져야 한다. 어린이가 심하게 운동할 때 세포에 산소호흡을 유지하기 위한 충분한 산소가 없다. 결과적으로 해당작용과 알코올 발효는 어린이가 생성하는 대부분 ATP에 책임이 있다. 어린이에서 알코올(에탄올) 축적은 명정상태(drunkenness)를 발생한다.

5.30 펜토스 인산 경로의 첫째 단계는 글루코스-6-인산이 리불로스-5-인산으로 변환하는 산화단계다. 두 NADPH 분자와 한 CO_2 분자는 이 과정에서도 생성된다. 펜토스 인산 경로의 둘째 경로는 리불로스-5-인산이 기타 5-탄소당, 즉 리보스-5-인산과 실룰로스-5-인산으로 변하는 이성질체화반응과 관련있다. 그 경로의 셋째 단계는 세 분자 펜토스 인산으로부터 두 프럭토스-6-인산과 한 글리세르알데하이드-3-인산 분자를 생성하는 한 복잡한 계열의 재배열 반응과 관련있다.

5.31 리보스-5-인산은 뉴클레오타이드 생합성에 이용한다. 에리트로스--4-인산은 방향족 아미노산 합성에 이용한다.

5.32 간

5.33 저산은 첫 번째로 pyruvate로 변환한다.

5.34 해당작용의 1, 3, 10 단계는 비가역이므로 글라이코젠 합성은 간단히 해당작용의 역반응이 아니다. 그 역반응은 다른 효소에 의해 수행되어야 한다.

5.35 해당작용의 1. 3. 10 단계는 비가역이다. 단계 1은 ATP로부터 글루코스의 탄소-6으로 포스포릴 원자단의 전이이고 hexokinase에 의해 촉매작용한다. 단계 3은 ATP로부터 프럭토스-6-인산의 탄소-1로 포스포릴 원자단의 전이이고 phosphofructokinase에 의해 촉매작용한다. 단계 10은 포스포릴 원자단이 phosphoenolpyruvate로부터 ADP로 전이하는 기질 수준 포스포릴화반응이고 pyruvate kinase에 의해 촉매작용한다.

5.36 간과 췌장

5.37 저혈당증(hypoglycemia)은 혈당 수준이 너무 낮은 상태다.

5.38 a. 인슐린은 글라이코젠 합성효소, 즉 글라이코젠 합성의 첫 효소를 자극한다. 그것은 또한 혈액으로부터 세포로 글루코스 섭취와 glucokinase 효소에 의한 글루코스의 포스포릴화반응을 자극한다.

b. 이것은 글루코스를 간 세포 내부에 가두고 글루코스를 글라이코젠 형태로 저장한다.

c. 이러한 과정은 혈당 수준을 감소한다.

5.39 간 세포로부터 글라이코젠 분해와 글루코스 송출에 필요한 효소의 어떤 결손은 때때로 혈당수준이 낮을 때 글루코스를 제공하는 능력을 감소한다. 이것은 저혈당증을 발생한다.

6장

6.1 미토콘드리아는 산소호흡에 책임있는 세포기관이다.

6.2

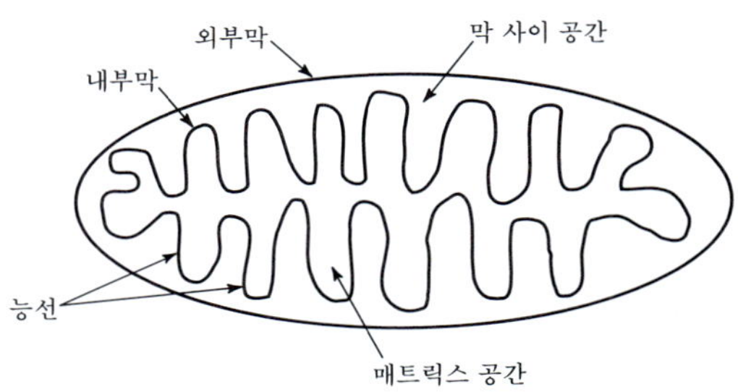

6.3 Pyruvate는 pyruvate 탈수소화효소 착물에 의해 아세틸 CoA로 변환한다. 이 거대한 효소 착물은 네 조효소가 필요하고 각기 서로 다른 바이타민으로 만든다. 네 조효소는 thiamine pyrophosphate(thiamine으로부터 만든), FAD(riboflavin으로부터 만든), NAD^+(niacin으로부터 만든), 조효소 A(pantothenic acid 바이타민으로부터 만든)이다. Lipoamide 조효소도 이 반응과 관련있다.

6.4 산화성 포스포릴화반응은 한 연료 분자의 산화로부터 수확된 전자 에너지를 ADP 포스포릴화에 이용하여 ATP를 생성하는 과정이다.

6.5 $NAD^+ + H:^- \rightarrow NADH$

6.6 아미노전달반응 동안 α-아미노 원자단은 pyridoxal 인산 조효소로 전이한다. 그 반응의 마지막 부분에서 α-아미노 원자단은 pyridoxal 인산으로부터 α-케토산으로 전한다.

6.7 요소 회로의 목적은 독성 암모늄 이온을 요소로 변환하고 육지 동물의 오줌으로 배설한다.

6.8 어떤 불안정 경로는 합성대사와 분해대사 두 가지 기능이 작용하는 대사경로다. 시트르산 회로는 불안정 경로다. 왜냐하면 불안정 경로는 분해대사 경로를 갖기 때문이다. 즉 아세틸 CoA에 의해 운반된 아세틸 원자단은 완전 산화되어 ATP 합성용 전자를 제공하기 때문이다. 시트르산 회로 중간체는 여러 다른 분자의 생합성에 선구물질이므로 분해대사 기능으로도 작용한다.

6.9 막 사이에 구획은 전자수송계에 의해 생성된 고에너지 양성자(H^+) 저장의 위치다. 이 H^+ 저장 에너지는 ATP제조에 이용한다.

6.10 외부 미토콘드리아 막은 10,000 g/mol 이하 분자량 물질이 자유롭게 투과 할 수 있다. 내부 미토콘드리아 막은 투과성이 대단히 크다. 내부 미토콘드리아 막의 내포물질은 전자 수송계의 전자 운반체이고 ATP 합성효소는 ATP를 만드는 멀티-소단위 효소다.

6.11 호기성 상태에서 pyruvate는 아세틸 CoA로 변환한다.

6.12 NAD^+ 조효소, FAD, thiamine pyrophosphate, 조효소 A는 pyruvate 탈수소화효소 착물에 의해 pyruvate를 아세틸 CoA로 변환에 필요하다. 이러한 조효소는 각기 niacin, riboflavin, thiamine, pantothenic acid 등의 바이타민으로부터 합성한다. 그 바이타민을 이용할 수 없으면 조효소를 이용할 수 없고 pyruvate는 아세틸 CoA로 변환할 수 없다. 아세틸 CoA의 아세틸원자단 완전 산화는 인체용 ATP의 많은 부분을 생성하므로 ATP 생성은 이러한 바이타민 중 어떤 결핍 때문에 억제된다.

6.13 a. 거짓이다.
b. 거짓이다.
c. 사실이다
d. 사실이다.

6.14 a. 아세틸 CoA의 아세틸 원자단은 oxaloacetate로 전달한다.
b. 그 생성물은 시트르산이다.

6.15 셋

6.16 2 ATP/글루코스

6.17 시트르산 회로에서 아세틸 CoA 기능은 해당작용으로부터 pyruvate의 2-탄소 나머지(아세틸 원자단)를 가져와서 그것을 oxaloacetate로 전달한다. 이 방법에서 아세틸 원자단은 최종 산화 단계의 시트르산 회로에 들

어간다.

6.18 GTP의 고에너지 포스포릴 원자단은 ADP로 전이하여 ATP를 생성한다. 이 반응은 dinucleotide diphosphokinase 효소에 의해 촉매작용한다.

6.19

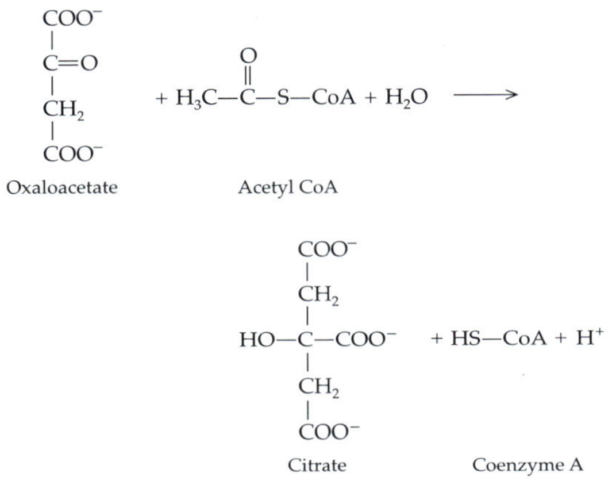

이 반응의 중요성은 아세틸 원자단, 즉 글루코스 분자의 2-탄소 나머지를 완전 산화하는 시트르산 회로에 가져오는 것이다. 이 반응을 통하여 그리고 계속되는 산화성 포스포릴화반응에서 세포 ATP 에너지의 대부분을 제공한다.

6.20 시트르산을 cis-Aconitate로 변환은 한 알코올을 탈수하여 알켄(이중결합)을 만드는 예다. cis-aconitate를 isoaconitate로 변환은 알켄의 수화, 즉 이중결합에 물을 첨가하여 알코올(-OH)을 만든다.

6.21 이 반응은 이차알코올을 키톤으로 산화하는 예다. 두 작용기는 알코올의 하이드록시 원자단과 키톤의 카보닐 원자단이다.

6.22 그것은 푸스포릴 원자단을 한 분자로부터 다른 분자로 전이하므로 한 kinase다. Kinase는 한 특이한 종류의 전이효소다.

6.23 시트르산 회로같은 에너지-획득 경로는 세포의 에너지 요구에 반응해야 한다. 운동하는 동안처럼 에너지 요구가 많으면 그 방응은 가속되어야 한다. 에너지 요구가 작고 ATP가 과량이면 그 경로의 반응은 느려진다.

6.24 ADP

6.25 3 ATP

6.26 탄수화물, 아미노산의 뼈대 골격, 그리고 지방산을 포함하는 여러 연료 분자의 산화는 전자를 제공한다. 이러한 전자의 에너지는 H^+를 저장에 이용한다. 이러한 양성자 저장 에너지는 ATP 합성에 이용한다.

6.27 전자 수송계는 연료 분자를 산소 분자로 산화하는 동안 수확된 전자들이 통과한다. 세 자리에서 양성자들은 미토콘드리아 매트릭스로부터 막 사이 구획으로 펌핑한다. 그리하여 전자 수송계는 ATP 합성에 에너지를 제공하는 고에너지 H^+ 저장 그릇을 구성한다.

6.28 a. 2 ATP/glucose(알짜 수율)은 해당작용에서 생성되고 그 반면에 호흡에서 글루코스의 완전산화(해당작용, 시트르산 회로, 산화성 포스포릴화반응)는 36 ATP/glucose를 생성한다.

b. 그리하여 산소호흡은 글루코스의 퍼텐셜 에너지를 거의 40% 수확하고 혐기성 해당작용은 글루코스의 퍼텐셜 에너지를 약 2%만 수확한다.

6.29 아미노기전달효소는 아미노 원자단을 아미노산으로부터 케토산으로 전이한다.

6.30 아미노기전달효소의 glutamate 계열은 glutamate에 상당하는 케토산이 α-ketoglutarate, 즉 시트르산 중간체 중 하나이므로 아미노기전달효소의 glutamate 계열은 매우 중요하다. 이것은 시트르산 회로와 아미노산 대사 사이에 어떤 관계를 제공한다. 이러한 아미노기전달효소는 아미노산 합성에 아미노 원자단을 제공하고 아미노산 분해대사 동안에 아미노 원자단을 수집한다.

6.31 a. Pyruvate
b. α-Ketoglutarate
c. Oxaloacetate
d. Acetyl CoA
e. Succinate
f. α-Ketoglutarate

6.32

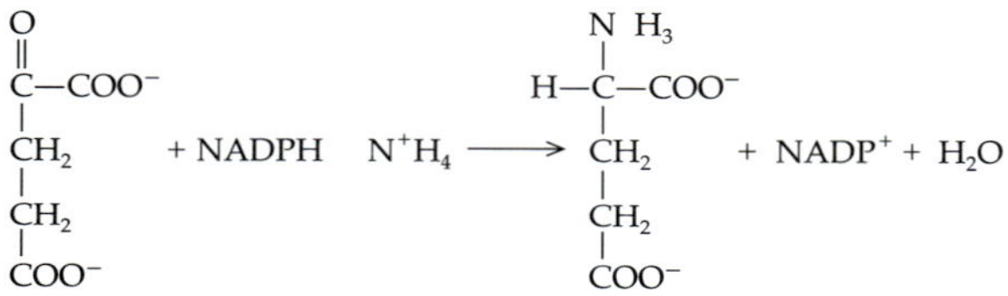

α-Ketoglutarate Ammonia Glutamate

6.33 고암모니아혈증

6.34 a. 요소의 한 아미노 원자단 근원은 암모늄 이온이고 그 밖에 다른 근원은 aspartate 아미노산의 α-아미노 원자단이다.

b. 요소의 카보닐 원자단은 CO_2로부터 유래한다.

6.35 α-Ketoglutarate

6.36 시트르산 회로 중간체는 여러 생물 분자의 생합성에 출발 물질이다.

6.37 필수 아미노산은 인체에 의해 합성될 수 없는 것이고 식이에서 제공되어야 한다.

6.38

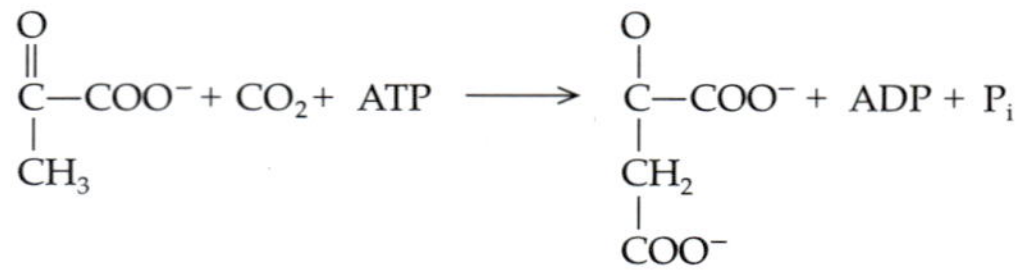

Pyruvate Oxaloacetate

7장

7.1 식이 지방질은 소수성이므로 소장에 큰 지방 입자로 도착한다. 담즙산염은 이 지방 덩어리를 작은 지방 입자로 에멀전화한다. 이것은 지방질의 표면적을 크게 증가하여 췌장이 지방질가수분해효소를 더 쉽게 접근하게 허용하여 더 쉽게 소화하게 만든다.

7.2 a. 4 아세틸 CoA, 1 phenyl acetate, 3 NADH, 4 $FADH_2$.
b. 3 아세틸 CoA, 1 phenyl acetate, 3 NADH, 3 $FADH_2$.
c. 3 아세틸 CoA, 1 benzoate, 3 NADH, 3 $FADH_2$.
d. 5 아세틸 CoA, 1 phenyl acetate, 5 NADH, 5 $FADHH_2$.

7.3

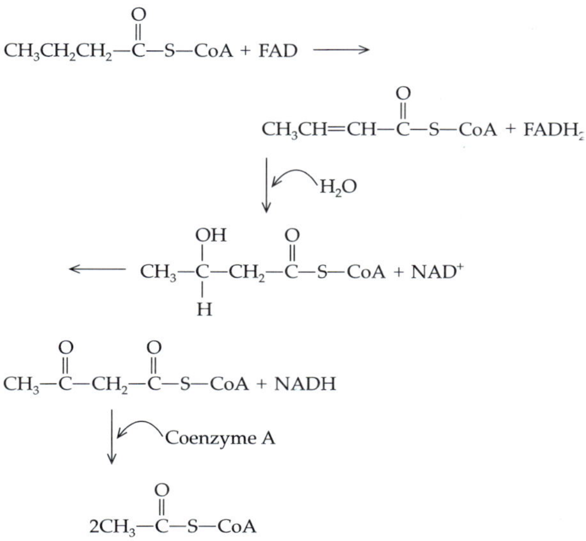

7.4 기아, 낮은 탄수화물 식이, 그리고 진성 당뇨병은 키톤체를 생성하는 조건이다.

7.5 (1) 지방산 생합성은 세포질에서 일어나고 그 반면에 β-산화는 미토콘드리아에서 일어난다.

(2) 지방산 생합성에서 아실 원자단 운반체는 아실 운반체 단백질이고 한편 β-산화에서 아실 원자단 운반체는 조효소 A이다.

(3) 지방산 생합성의 7 종류 효소는 지방산 합성효소라는 멀티효소 착물로서 관련있다. β-산화와 관련있는 효소는 물리적으로 서로 관련없다.

(4) NADH는 지방산 생합성에서 환원제다. NADH와 $FADH_2$는 β-산화에 의해 생성된다.

7.6 간은 인슐린과 글루카곤 호르몬의 조절에 의하여 혈당을 조정한다. 혈당이 너무 높을 때 인슐린은 간 세포에 의한 당 섭취와 글라이코젠 중합체에서 글루코스 저장을 촉진한다. 혈당이 너무 낮을 때 글루카곤 호르몬은 글라이코젠 분해와 혈액으로 글루코스 방출을 자극한다. 글루카곤도 간을 자극하여 글라이코젠 합성 과정에 의하여 혈액으로 내보내기 위하여 글루코스를 생성한다.

7.7 인슐린은 세포에 의한 글루코스와 아미노산 섭취, 글라이코젠과 단백질 합성, 지방질 저장을 자극한다. 인슐린은 글라이코젠 분해, 글라이코젠 합성, 저장 트리글리세라이드 분해, 케톤체 생성을 어제한다.

7.8 트리글리세라이드

7.9 거의 모든 세포질을 흡수하는 큰 지방 입자

7.10 지방질가수분해효소는 트리글리세라이드의 에스터 결합 가수분해를 촉매작용한다.

7.11 아세틸 CoA는 지방산, 몇 가지 아미노산, 콜레스테롤, 기타 스테로이드에 대한 선구물질이다.

7.12 Chylomicron은 장으로부터 혈액을 거쳐 모든 조직으로 식이 트리글리세라이드를 운반하는 혈장 지질단백질(단백질과 트리글리세라이드의 집합체)이다.

7.13 담즙산염은 세정제로 작용한다. 지방입자는 쓸개로부터 그들의 방출을 자극한다. 그 다음에 담즙산염은 지방질을 에멀죤화하여 지방입자 표면적을 증가하고 분해 효소(췌장 지질가수분해효소)에 더 접근하게 만든다.

7.14 지발질 입자형태로 식이지방이 십이지장에 도달할 때 그들은 담즙산염에 의해 에멀전화된다. 아주 작은 지방질 방울로 되는 트리글리세라이드는 췌장 지질가수분해효소 반응

에 의하여 그리고 colipase 도움에 의하여 모노글리세라이드와 지방산을 가수분해한다. 모노글리세라이드와 지방산은 장 내부를 둘러싼 세포에 의해 흡수된다.

7.15 6 아세틸 CoA, 1 phenyl acetate, 6 NADH, 6 $FADH_2$.

7.16 112 ATP

7.17 2 ATP

7.18 β-산화에 의해 생성된 아세틸 CoA는 시트르산 회로에 들어간다.

7.19

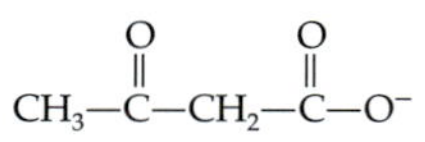

Acetoacetate

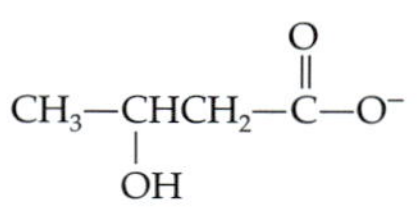

β-Hydroxybutyrate

7.20 조절하지 않은 당뇨로부터 고생하는 사람은 혈당이 인체세포로 들어갈 수 없다. 과량 글루코스는 오줌으로 배설된다. 인체 세포는 글루코스를 이용할 수 없으므로 지방산을 분해한다. 지방산의 β-산화는 많은 양의 아세틸 CoA를 생성하므로 실제로 많은 에세틸 CoA는 모두 시트르산 회로에 들어 갈 수 없다. 왜냐하면 이용가능한 충분한 oxaloacetate가 없기 때문이다. 과량 아세틸 CoA는 키톤체 생성에 이용한다.

7.21 키톤체는 열의 에너지 근원보다 우선한다.

7.22 phosphoantetheine 원자단은 한 지방산과 고에너지 thioester 결합을 형성한다. 그것은 pantothenic acid 바이타민으로부터 유래한다.

7.23 지방산 합성효소는 지방산 합성과 관련있는 7 효소로 구성하는 거대한 멀티효소 착물이다. 그것은 세포질에서 발견된다. β-산화와 관련있는 그 효소는 물리학적으로 서로 관련이 없다. 그들은 미토콘드리아 매트릭스 공간에서 자유롭다.

7.24 간의 주요한 기능은 혈당수준을 조절하는 것이다.

7.25 키톤체는 심장에 주요한 연료다. 글루코스는 뇌의 주요한 에너지 근원이다. 그리고 간은 대부분 에너지를 아미노산 탄소 골격으로부터 얻는다.

7.26 지방산은 지방세포에 의해 혈액으로부터 흡수한다. 해당작용의 부산물로 생성된 글리세롤-3-인산을 이용하여 트리글리세라이드를 합성한다. 트리글리세라이드는 일정하게 가수분해되고 지방세포에서 재합성된다. 가수분해와 합성 속도는 호르몬으로 조절하는 지질가수분해효소에 의해 결정된다.

7.27 인슐린은 췌장에서 Langers islet의 β-세포에서 생성된다.

7.28 인슐린은 혈액으로부터 세포로 글르코스 섭취를 자극한다. 그것은 글라이코젠 합성을 자극하고 글라이코젠 분해와 당 신생합성응 억제하여 글루코스 저장을 증진한다.

7.29 인슐린은 트리글리세라이드의 합성과 저장을 자극한다.

7.30 치료하지 않은 진성 당뇨병은 풍요한 중에 굶주림이다. 왜냐하면 혈당수준이 매우 높기 때문이다. 그러나 인슐린이 없으면 혈당은 세포에 섭취할 수 없다. 과량 글루코스는 오줌에 배설되고 한편 인체 세포는 에너지에 대하여 굶주린다.

8장

8.1

a. Adenosine diphosphate:

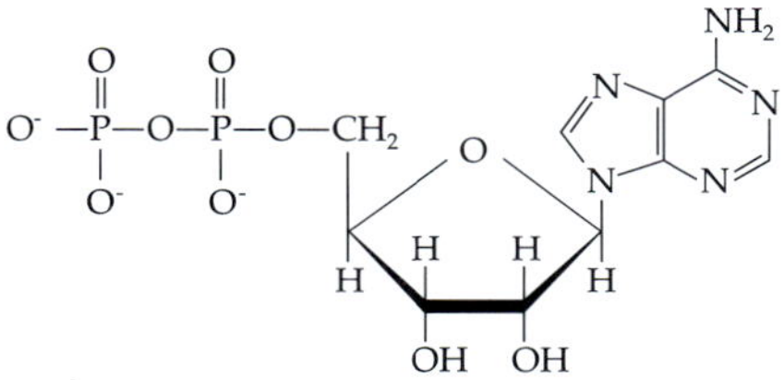

b. Deoxyguanosine triphosphate:

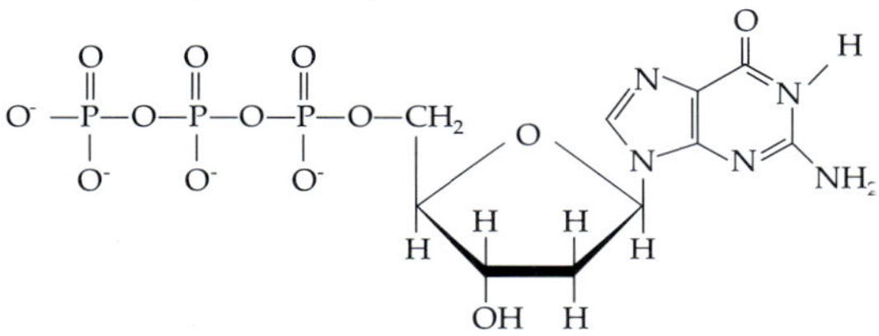

8.2 Guanine의 deoxyribonucleotide는

Deoxyguanosine monophosphate(dGMP)

Deoxyguanosine diphosphate(dGDP)

Deoxyguanosine triphosphate(dGTP)

Guanine의 ribonucleotide는

Guanosine monophosphate(GMP)

Guanosine diphosphate(GDP)

Guanosine triphosphate(GTP)

8.3 RNA 중합효소는 한 유전자에 대한 촉진제 자리를 인식하고 DNA 가닥을 분리하고 단백질에 유전암호를 운반하는 DNA 가닥에 대하여 상보적 RNA의 중합화반응을 촉매작용한다.

8.4 유전암호는 퇴화라고 말한다. 왜냐하면 몇 가지 서로 다른 삼중 코돈은 한 단일 아미노산에 대한 암호 단어로 이용할 수 있기 때문이다.

8.5 코돈의 질소성 염기는 안티코돈의 질소성 염기에 대하여 상보적이다. 결과적으로 그들은 염기 쌍 규칙에 따라 서로 결합할 수 있다.

8.6 리보솜 P-자리는 단백질 합성 동안에 peptidyl tRNA와 결합한다. Peptidyl tRNA는 성장하는 펩타이드 사슬을 운반하는 tRNA이다. 이것에 대한 단지 예외는 P-자리와 개시제 tRNA가 결합할 때 번역개시의 동안이다.

8.7 정상 mRNA 서열, 즉 AUG-CCC-GAC-UUU는 methionine-poline-aspartate-phenylamine 펩타이드 서열을 코드화한다. 돌련변이제 mRNA 서열, 즉 AUG-CGC-GAC-UUU는 돌연변이제 서열, 즉 methionine-arginine-aspartate-phenylalanine을 코드화한다. 이것은 침묵 돌연변이가 아니다. 왜냐하면 소수성 아미노산(poline)은 양전하 아미노산(arginine)에 의해 치환되기 때문이다.

8.8 그것은 5-탄소 당의 C-1과 N-글루코시드결합을 형성하는 purine의 N-9이다. Purine 고리의 일반구조는 다음과 같다.

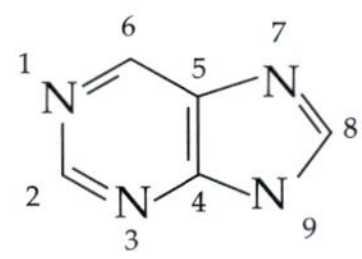

8.9 ATP 뉴클레오타이드는 5-탄소 당, 즉 ribose, purine adenine, triphosphate 원자단으로 구성한다.

8.10 이중나선에서 두 가닥 DNA는 반대평행이다. 왜냐하면 그들은 반대 방향이기 때문이다. 한 가닥은 5′→3′ 방향으로 진행하고 반대 가닥은 3′→5′ 방향으로 진행한다.

8.11 2

8.12

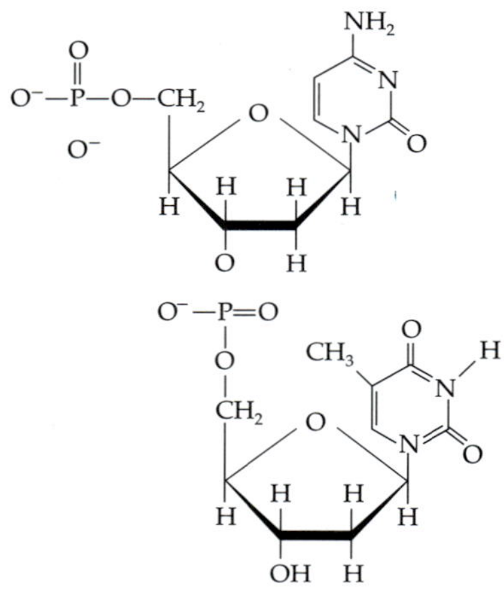

8.13 반보존성 DNA 복제라는 용어는 각 양친 DNA 가닥을 딸 가닥 합성용 주형으로 이용하는 사실과 관련있다. 결과적으로 각 딸 DNA 분자는 한 가닥의 본래 양친 DNA와 한 가닥의 새로 합성된 DNA로 구성한다.

8.14 DNA 중합효소의 두 가지 주요한 기능은 한 주형 DNA 가닥을 읽고 새로운 딸 가닥의 중합화반응을 촉매작용하고 새로 합성된 가닥을 교정하고 부정확하게 삽입된 뉴클레오타이드를 제거하여 어떤 오류를 바로잡고 적절한 뉴클레오타이드를 첨가한다.

8.15 3′-TACGCCGATCTTATAAGGT-5′

8.16 DNA 분자의 복제 개시점은 DNA 복제를 시작하는 DNA에서 특이한 서열이다.

8.17 DNA → RNA → 단백질

8.18 안티코돈은 전달 RNA 분자에서 발견된다.

8.19 3′-AUGGAUCGAGACCAGUAAUUCCGU-CAU-5′

8.20 RNA 이어맞추기는 진핵세포 mRNAdml 일차전사의 비암호화 서열(인트론)을 제거하고 단백질 코드화 서열(엑손)을 함께 이어맞추기하는 과정이다.

8.21 전령 tRNA, 전달 RNA, 리보솜 RNA,

8.22 Splicesome은 RNA 이어맞추기를 수행하는 작은 리보뉴클레오단백질 착물이다.

8.23 Poly(A) tail은 폴리(A) 중합효소에 의하여 mRNA의 3′ 말단에서 중합화된 100~200 adenosine 뉴클레오타이드 범위다.

8.24 캡 구조는 5′-5′ 트리인산 다리에 의해 mRNA의 5′ 말단과 결합한 7-merhylguanosine 뉴클레오타이드로 구성한다.

8.25 64

8.26 한 유전자를 읽는 틀은 단백질의 일차구조에 대한 유전코드를 운반하는 삼중 코돈의 염기서열 셋트다.

8.27 Methionine과 triptophan.

8.28 5′-UUU-3′은 phenylalanine 아미노산을 부호화한다. 돌연변이 코돈 5′-UUA-3′는 leucine을 부호화한다. Leucine과 phenylalanine은 소수성 아미노산이지만 leucine은 더 작은 한 R 원자단을 갖는다. 더 작은 R 원자단은 단백질 구조를 파괴할 가능성이 있다.

8.29 리보솜은 단백질 합성이 일어나는 발판으로 작용한다. 그들도 펩타이드 결합을 형성하는 효소 활성도를 운반한다.

8.30 번역 개시에서 개시인자, 즉 methionyl tRNA(개시 tRNA), mRNA, 작고 큰 리보솜 소단위는 개시 착물을 형성한다. 번역의 신장단계 동안에 아미노아실 tRNA는 리보솜의 A-자리와 결합한다. Peptidyl 전달효소는 펩타이드결합의 형성을 촉매작용하고 펩타

이드 사슬은 그 A-자리에서 tRNA로 전달한다. Peptidyl tRNA는 A-자리로부터 P-자리로 자리옮김하고 A-자리는 다음 아미노아실 tRNA이 이용할 수 있다. 번역의 종단 단계에서 종단 코돈과 맞난다. 한 방출인자는 빈 A-자리와 결합하고 peptidyl 전달효소는 petidyl tRNA와 완전한 펩타이드 사슬 사이에 결합의 가수분해를 촉매작용한다.

8.31 에스터 결합

8.32 자외선은 pyrimidine 이합체, 즉 이웃 두 pyrimidine 염기의 공유결합 형성을 발생한다. UV 손상 수선 시스템이 수선과정 동안에 잘못될 때 돌연변이가 일어난다. 이것은 DNA의 뉴클레오타이드 서열의 변화다.

8.33 a. 발암물질은 암을 발생하는 물질이다. 암은 세포분할 조절에 책임있는 유전자의 돌연변이에 의해 생긴다.

b. 발암물질은 유전자의 뉴클레오타이드 서열변화를 초래하는 DNA 손상을 발생한다.

8.34 제한효소는 DNA의 당-인산 뼈대를 특이 뉴클레오타이드 서열에서 "절단 "하는 한 박테리아 효소다.

8.35 핵산 혼성은 상보성 DNA 또는 RNA 서열이 염기 쌍 규칙에 따라 서로 수소결합하는 사실에 바탕을 둔다.

8.36 인간 인슐린, 인터페론, 인간성장 호르몬, 인간혈액 응고인자 VIII

8.37 1024 카피

8.38 Human Genome Project 목적은 모든 인간 제놈의 유전자를 확인하고 지도를 그린 다음 완전한 3억 뉴클레오타이드 쌍의 DNA 서열을 결정하는 것이다.

8.39 제놈 라이브러리는 어떤 생물의 제놈에서 모든 DNA 서열을 나타내는 한 벌의 클론이다.

8.40 Dideoxynucleotide는 5-탄소 당의 2′과 3′ 탄소 두 가지와 결합한 하이드록시 원자단이 아니고 수소 원자를 갖는다.

8.41 이들 DNA 서열이 일반적으로 갖는 서열은 굵은 글자로 표시한 것이다.

a. 5′ **AGCTCCT**GATTTCATACAGTTTC-TACT**ACCTACTA** 3′

b. 5′ AGACATTCTATCTACCTAGACTAT-G**TTCAGAA** 3′

c. 5′**TTCAGAA**CTCATTCAGACCTACTAT-ACCTTGGG**AGCTCCT** 3′

d. 5′ACCTACTAGACTATACTACTACTAA-**GGGGACTA**TTCCAGACTT 3′

서열 (C)의 5′ 말단은 서렬 (C)의 3′ 말단과 같다. 서열 (A)의 3′ 말단은 서열 (D)의 5′ 말단과 같다. 서열 (b)의 3′ 말단은 서열 (c)의 5′ 말단과 같다. 5′부터 3′까지 그 서열은 다음 지도를 형성한다.

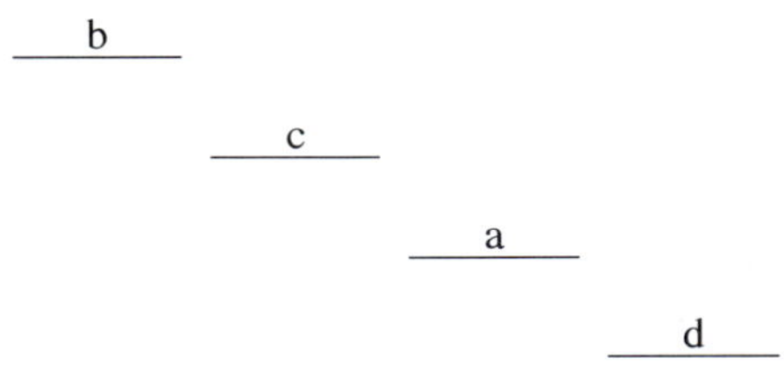

찾아보기

ㄷ

ㄹ

ㅁ

ㅂ

ㅅ

ㅇ

ㅈ

ㅊ

ㅋ

ㅌ

ㅍ

ㅎ

기타

【역 자】

■ 경상대학교	하 영 래	■ 경성대학교	박 종 옥
■ 군산대학교	주 종 래	■ 동국대학교	이 갑 득
■ 동국대학교	이 동 웅	■ 동남보건대학	이 종 현
■ 대전보건대학	윤 경 아	■ 을지대학교	박 정 오
■ 서해대학	이 화 재	■ 신라대학교	하 배 진
■ 신라대학교	하 종 명	■ 중부대학교	김 성 환
■ 진주산업대학교	김 홍 출	■ 한림대학교	강 일 준

(학교명 · 역자 가나다순)

생화학 [제4판]

2008년 2월 15일 초판인쇄
2008년 2월 20일 초판발행

저 자 | Katherine J. Denniston
Joseph J. Topping
Robret L. Caret

역 자 | 생화학교재연구회

펴낸이 | 김 중 현

펴낸곳 | **녹 문 당**

주 소 | 서울특별시 마포구 염리동 36-249 202호
전 화 | (02) 713-2711
F A X | (02) 713-2710
등 록 | 서울 제 19-100호

ISBN : 978-89-88684-56-6 93430 값 25,000 원

• 잘못된 책은 바꾸어 드립니다.
• 무단 전재나 복재를 금함